国家海水鱼产业技术体系年度报告（2022）

国家海水鱼产业技术研发中心　编著

中国海洋大学出版社
·青岛·

图书在版编目（CIP）数据

国家海水鱼产业技术体系年度报告．2022 / 国家海水鱼产业技术研发中心编著．-- 青岛：中国海洋大学出版社，2023.12

ISBN 978-7-5670-3762-5

Ⅰ．①国⋯ Ⅱ．①国⋯ Ⅲ．①海水养殖—水产养殖业—技术体系—研究报告—中国—2022 Ⅳ．① S967

中国国家版本馆 CIP 数据核字（2024）第 019662 号

GUOJIA HAISHUIYU CHANYE JISHU TIXI NIANDU BAOGAO 2022

国家海水鱼产业技术体系年度报告 2022

出版发行 中国海洋大学出版社

出 版 人 刘文菁

社　　址 青岛市香港东路23号

邮政编码 266071

网　　址 http://pub.ouc.edu.cn

电子信箱 dengzhike@sohu.com

订购电话 0532-82032573（传真）

责任编辑 邓志科　张瑞丽

电　　话 0532-85901040

印　　制 日照报业印刷有限公司

版　　次 2023 年 12 月第 1 版

印　　次 2023 年 12 月第 1 次印刷

成品尺寸 185 mm × 260 mm

印　　张 39.75

字　　数 900 千

印　　数 1 ~ 1 000

定　　价 120.00 元

国家海水鱼产业技术体系2022年亮点工作集锦

中央电视台专题宣传体系深远海养殖成果

体系组织大菱鲆引种30周年纪念活动

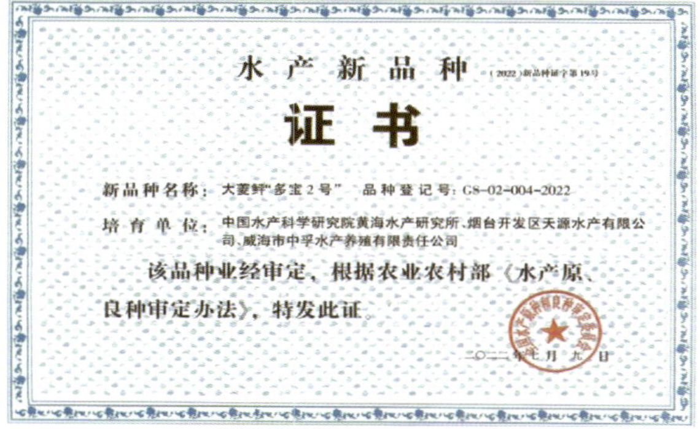

水产新品种 （2022）新品种证字第19号

证书

新品种名称：大菱鲆"多宝2号"　品种登记号：GS-02-004-2022

培育单位：中国水产科学研究院黄海水产研究所、烟台开发区天源水产有限公司、威海市中孚水产养殖有限责任公司

该品种业经审定，根据农业农村部《水产原、良种审定办法》，特发此证。

二〇二二年七月九日

大菱鲆“多宝2号”通过国家新品种审定

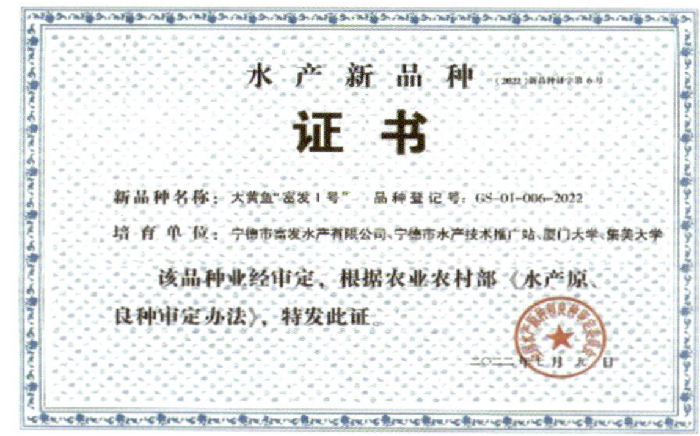

水产新品种 （2022）新品种证字第6号

证书

新品种名称：大黄鱼"富发1号"　品种登记号：GS-01-006-2022

培育单位：宁德市富发水产有限公司、宁德市水产技术推广站、厦门大学、集美大学

该品种业经审定，根据农业农村部《水产原、良种审定办法》，特发此证。

二〇二二年七月九日

大黄鱼 “富发1号” 通过国家新品种审定

一县一业：大黄鱼龙头企业对接合作

一县一业：海鲈健康养殖示范基地授牌

举办技术培训会、现场会43场

完成阶段性成果验收25项

国家海水鱼产业技术体系

- 首席科学家、执行专家组（首席办公室）
  - 国家海水鱼产业技术研发中心
    依托单位：中国水产科学研究院黄海水产研究所
    - 功能研究室
      - 遗传改良研究室
        - 大菱鲆种质资源与品种改良
        - 牙鲆种质资源与品种改良
        - 半滑舌鳎种质资源与品种改良
        - 大黄鱼种质资源与品种改良
        - 石斑鱼种质资源与品种改良
        - 海鲈种质资源与品种改良
        - 卵形鲳鲹种质资源与品种改良
        - 军曹鱼种质资源与品种改良
        - 河鲀种质资源与品种改良
      - 营养与饲料研究室
        - 鲆鲽类营养需求与饲料
        - 大黄鱼营养需求与饲料
        - 石斑鱼营养需求与饲料
        - 军曹鱼卵形鲳鲹营养需求与饲料
        - 海鲈营养需求与饲料
        - 河鲀营养需求与饲料
      - 疾病防控研究室
        - 环境胁迫性疾病与综合防控
        - 病毒病防控
        - 细菌病防控
        - 寄生虫病防控
      - 养殖与环境控制研究室
        - 养殖设施与装备
        - 养殖水环境调控
        - 网箱养殖
        - 池塘养殖
        - 工厂化养殖
        - 深远海养殖
        - 智能化养殖
      - 加工研究室
        - 保鲜与贮运
        - 鱼品加工
        - 质量安全与营养品质评价
      - 产业经济研究室
        - 产业经济
    - 综合试验站
      - 天津综合试验站
      - 秦皇岛综合试验站
      - 北戴河综合试验站
      - 大连综合试验站
      - 丹东综合试验站
      - 葫芦岛综合试验站
      - 烟台综合试验站
      - 青岛综合试验站
      - 莱州综合试验站
      - 东营综合试验站
      - 日照综合试验站
      - 南通综合试验站
      - 宁波综合试验站
      - 宁德综合试验站
      - 漳州综合试验站
      - 珠海综合试验站
      - 北海综合试验站
      - 陵水综合试验站
      - 三沙综合试验站
        - 示范县（市、区）

国家海水鱼产业技术体系组织结构图

编 委 会

前 言

海水鱼类是海洋渔业生产中的主要捕捞对象和人类优质动物蛋白质的重要来源。然而，随着海洋野生鱼类资源的日益衰退，水产品的供给侧逐步转向依靠养殖业的发展。FAO发布的报告显示，世界海水鱼类养殖业正以8%～10%的年增长率迅猛地发展，养殖鱼类产品占世界鱼类消费的比例持续增加。由此可见，海水鱼类养殖业的发展潜力巨大，前景广阔。

中国的海水鱼类繁育与养殖研究始于20世纪50年代，而规模化养殖则兴起于20世纪80年代后期。1984年，我国的海水鱼类养殖产量仅为0.94万吨，相比于海洋藻类、虾类、贝类养殖产业，海水鱼类养殖发展严重滞后。但此后，在渔业“以养为主”方针的正确指导及相关政策的支持下，我国海水鱼类苗种人工繁育技术不断取得突破，设施养殖技术与模式不断创新，推动了我国海水鱼类养殖产业的快速发展，并在2002年和2012年先后突破50万吨和100万吨养殖产量大关，为此，海水鱼类养殖也被誉为我国海水养殖的第四次产业化浪潮。2022年底，我国海水鱼类养殖产量已达192.56万吨，开发的养殖种类近百种，建立起海水网箱、工厂化和池塘三大主养模式，形成了大黄鱼、卵形鲳鲹、海鲈、石斑鱼、大菱鲆、牙鲆、半滑舌鳎、河鲀、军曹鱼等主导养殖产业。海水鱼类养殖产业的发展对开拓我国全新的海洋产业、保障水产品有效供给、改善国民膳食结构、提供沿海渔民就业机会和繁荣“三农”经济等方面，都做出了突出的贡献。

2017年，经农业农村部（原农业部）批准，原“国家鲆鲽类产业技术体系”进行了扩容和优化调整，正式更名为“国家海水鱼产业技术体系”（以下简称海水鱼体系）。本体系由产业技术研发中心和综合试验站2个层级构成，下设遗传改良、营养与饲料、疾病防控、养殖与环境控制、加工和产业经济等6个功能研究室，聘任岗位科学家29名。设综合试验站18个，辐射示范县区90个，分布于辽宁、河北、天津、山东、江苏、浙江、福建、广东、广西、海南等10个沿海省区市。“十三五”期间，海水鱼体系以“生态友好、生产发展、设施先进、产品优质”为产业发展目标，面向我国海水鱼类养殖产业发展需求，围绕制约产业发展的突出问题，开展共性关键技术研发、集成、试验和示范，突破技术瓶颈，为我国海水鱼类养殖产业持续健康发展提供技术支撑。

《国家海水鱼产业技术体系年度报告（2022）》由国家海水鱼产业技术研发中心编

著，国家现代农业产业技术体系资助（CARS-47）。本书概括了海水鱼体系2022年度的主要工作内容与成果，主要包括海水鱼产业技术研究进展报告，海水鱼主产区调研报告，轻简化实用技术，获奖成果和鉴定验收成果汇编，专利汇总等。海水鱼体系全体岗位科学家、综合试验站团队参与了编写工作，体系首席办公室对书稿进行了整合、审阅和补充。

由于编写时间仓促、学科交叉内容较多，书中错误和疏漏之处在所难免，敬请广大读者批评指正并给予谅解。

国家海水鱼产业技术体系首席科学家

2023 年10月16日

第一篇

研究进展报告

2022年度海水鱼产业技术发展报告

（国家海水鱼产业技术体系）

1　国际海水鱼生产与贸易概况

1.1　生产情况

全球海洋渔业总产量稳定，水产养殖对全球海水鱼产量的贡献持续上升，比重从2000年的3.6%升至2020年的11.1%。2020年，全球海洋捕捞①总产量7 994.8万吨，其中，海水鱼类捕捞产量6 673.3万吨，占海洋捕捞总产量的83.5%；全球海水养殖总产量6 813.1万吨，海水鱼类养殖产量834.1万吨，占海水养殖总产量的12.2%。海水鱼类养殖产量的全球区域分布为：亚洲450.3万吨、欧洲212.2万吨、美洲124.1万吨、非洲37.9万吨、大洋洲9.6万吨。全球海水鱼养殖规模较大的品种有大西洋鲑、海鲈、鲕鱼、大黄鱼、鲆鲽类等。其中，单一种类产量最大的是大西洋鲑，2020年养殖产量272.0万吨。

中国国内（不含港澳台）海水鱼类养殖产量连续4年居世界第一。2020年，中国国内海水鱼类养殖产量为174.98万吨，占全球海水鱼类养殖总产量的21%②。2021年，中国国内海水鱼养殖业整体保持增长态势，除军曹鱼和河鲀为负增长外，体系跟踪监测的其他大宗养殖海水鱼均实现正增长，同比增幅为0.1%～52.4%。

1.2　贸易情况

受全球通货膨胀和生产成本上升的影响，同时随着外部市场逐步走出新冠肺炎疫情带来的负面影响，2022年海水鱼全球贸易规模和区域特点变得复杂。具体如下：

海鲈是本体系跟踪的几大品种中全球贸易量较大的品种，其最大进口地是欧盟和美国，以鲜冷品为主，2022年1～10月其进口量分别为21 898吨和10 306吨，分别占比50.36%和23.70%，同比分别下降6.06%和上升16.9%；其进口额分别为13.8亿美元和9.07亿美元，分别占比42.01%和27.64%，同比分别下降了3.84%和上升了25.34%。海鲈最大出口国土

① 不含水生哺乳动物、鳄、短吻鳄和凯门鳄、海藻和其他水生植物。

② 资料来源：联合国粮农组织（FAO）。

耳其在出口市场中的份额占到60%以上，2022年1～11月其出口量为40 731吨，同比下降8.87%，出口额为2.48亿美元，同比上升3.35%。希腊的海鲈出口异军突起。

石斑鱼主要出口国是印度尼西亚，2022年1～11月其鲜冷和冷冻品出口量额分别为4 385吨和1 644.98万美元，同比均略有上升。美国是鲜冷石斑鱼第一大进口国，2022年1～11月的进口量额分别为4 845吨和6 083.66万美元，同比分别下降了5.77%和增加了5.99%。

半滑舌鳎第一大出口地是欧盟，出口以冷冻为主，进口以鲜冷为主。2022年1～10月其出口额占比为31.06%，同比上升了56.37%；出口量占比为25.76%，同比上升了22.05%。美国是半滑舌鳎第一大进口国，进口量占比20%左右，进口额占比30.18%，以冷冻品为主，2022年1～11月进口量额分别为2 636吨和1 655.93万美元，同比分别上升126.75%和50.54%；欧盟为第二大进口地，2022年1～10月半滑舌鳎的进口量额分别为1 161吨和1 031.35万美元，同比均下降了10%左右。

2　国内海水鱼生产与贸易概况

2.1　生产情况

2022年体系跟踪区域海水鱼工厂化养殖、工程化池塘养殖、普通网箱和深水网箱养殖面积总体呈下降趋势。不同养殖模式养殖面积变动情况具体如下：工厂化养殖由2022年第1季度的664.79万立方米下降至第4季度的658.80万立方米，降幅为0.90%，其中循环水养殖面积下降24.45%；池塘养殖由2022年第1季度的1.11万公顷升至第4季度的1.58万公顷，其中工程化池塘养殖面积下降明显，降幅为40.00%；2022年第4季度普通网箱养殖2 341.28万平方米、深水网箱养殖922.21万立方米、围网养殖165.77万平方米，较2022年第1季度分别变动−1.99%、−2.94%和45.11%。

2022年体系跟踪区域主要海水鱼养殖品种总产量为90.10万吨，如表1所示：

表1　2022年体系跟踪区域海水鱼产量统计表　（万吨）

鱼类品种	示范县产量	非示范县产量	合计
大菱鲆	4.80	0.01	4.81
牙鲆	0.37		0.37
半滑舌鳎	0.40		0.40
其他鲆鲽类	0.70		0.70
珍珠龙胆	1.77	4.88	6.65
其他石斑鱼	2.15	0.55	2.70
暗纹东方鲀	0.34	0.68	1.02
红鳍东方鲀	0.34		0.34

续表

鱼类品种	示范县产量	非示范县产量	合计
其他河鲀鱼	0.45		0.45
大黄鱼	14.25	0.98	15.24
海鲈	13.33	0.68	14.01
军曹鱼	0.19	0.75	0.94
卵形鲳鲹	3.82	5.32	9.13
鲷鱼	1.82	8.76	10.58
美国红鱼	1.13	2.87	4.00
鲕鱼	0.07	1.17	1.24
许氏平鲉	0.11		0.11
其他海水鱼	0.64	16.78	17.42
合计	46.68	43.42	90.10

2.2 贸易情况

我国是黄鱼（包括大黄鱼和小黄鱼）、军曹鱼、卵形鲳鲹、河鲀和其他鲆鲽类*最大出口国。其中黄鱼、军曹鱼、卵形鲳鲹和河鲀国际市场占有率比较高，而黄鱼和卵形鲳鲹显示性比较优势极好。2022年1～11月不同鱼种出口规模和形态各异。黄鱼出口规模和市场较为稳定，出口量额为3 048吨和2.54亿美元，同比分别下降13.09%和6.7%，目前仍以冻品为主，但冻品份额呈下降趋势，鲜冷品出口份额呈上升趋势。军曹鱼出口规模出现大幅度增长，以鲜冷品为主，出口量额分别为2 082吨和1 459.73万美元，同比分别增长353.14%和350.43%。卵形鲳鲹出口以鲜冷品为主，出口量额分别为11 350吨和1.00亿美元，同比分别下降了8.61%和16.25%。河鲀出口以活鱼为主，出口量额分别为276吨和544.92万美元，量降额升。半滑舌鳎出口量额分别为915吨和541.89万美元，出口量额双降，同比分别减少了31.6%和41.17%。我国其他鲆鲽类进出口都以冻品为主，进口全球占比29.65%，量额分别为15.70万吨和4.87亿美元，同比分别增加1.27%和11.32%，在全球出口市场占比27.16%，出口量额分别为67 877吨和37 326.72万美元，同比分别减少2.56%和增加了12.7%。我国是鲆鲽类加工贸易大国，冻大比目鱼和其他冻比目鱼分别占我国其他鲆鲽类总进口额的61.85%和37.50%，而冻比目鱼鱼片占我国其他鲆鲽类总出口额的79.88%，出口量额分别为48 576吨和29 817.97万美元。

* 其他鲆鲽类是指除大菱鲆以外的鲆鲽类。

3 国际海水鱼产业技术研发进展

3.1 海水鱼遗传改良技术

土耳其开展了大菱鲆多倍体育种研究，结果表明冷休克诱导的三倍体大菱鲆是养殖行业的可行替代品；开展了欧洲鲈抗鳗弧菌、抗病毒性神经坏死症、抗寄生虫病等性状的遗传力研究，评估了欧洲鲈种群的遗传变异性、近亲繁殖和有效种群规模；发现牙鲆*Fox*l2、*Dmrt*1、*amhy*、*amhr*2基因在性腺分化、性别决定、性腺发育中的重要作用，甲状腺激素T3−Drosha−miRNA信号通路可能是牙鲆变态发育的调控机制之一，基于耐药和敏感牙鲆家系的转录组分析，为牙鲆抗病育种提供了重要的基因标记信息；此外，国际上还开发了一种基于机器学习的基因组选择新算法（DNNGP），适合鱼类研究使用；为评估多性状线性阈值模型在鱼类抗病性状基因组预测中的优势，开发了一种鱼类多性状阈模型方法，能同时预测多个抗病性状育种值，弥补了鱼类抗病性状遗传力低、选择准确性差的问题。

3.2 海水鱼养殖与环境控制技术

（1）工厂化养殖。主要聚焦在养殖管理、环境与养殖动物的互作关系、养殖动物病害控制与免疫、消毒等水环境控制、微生态环境、新型装备研发与应用效果、精准投喂与品质控制等领域。

（2）网箱和深远海养殖。挪威Royal Salmon推出第一个北极近海养殖网箱，能够承受15米高海浪，直径达77米。各国深入开展了鱼类社会化行为研究，以支撑设施养殖装备研制与健康养殖技术开发。

（3）池塘养殖。主要集中在养殖生物的生理适应机制、池塘环境微生态调控、工程化技术应用、病害生态防控、池塘生境要素利用、养殖投入品与生物及环境互作等基础研究方面。

（4）养殖水环境控制。国际上提出了一种利用细菌将废弃的氮和磷固定在生物絮凝体中的新方法。热除虫已成为防治鲑鱼虱最常用的方法，处理温度和持续时间的组合能最大限度地提高除虫效率，并尽量减少对宿主鱼的影响。

（5）养殖设施与装备。智能化养殖技术成为各国研究的重点，采用深度学习、机器视觉、增强现实等技术开展了鱼类产卵注射激素决策、个体识别、鱼群检测等方面的探索。

3.3 海水鱼疾病防控技术

（1）流行病原。各国海水鱼类病原研究主要集中在爱德华氏菌（*Edwardsiella*）、气单胞菌（*Aeromonas*）、黄杆菌（*Tenacibaculum*）、诺卡氏菌（*Nocardia*）、发光杆菌

（*Photobacterium*）等细菌病原；传染性鲑贫血症病毒（Infectious salmon anaemia virus，SAV）、病毒性出血性败血症病毒（Viral haemorrhagic septicaemia virus，VHSV）、传染性造血坏死病毒（Infectious haematopoietic necrosis，IHNV）等病毒性病原以及鲑鱼海虱、刺激隐核虫等寄生虫病原。运用基因组编辑、功能基因组学研究手段，从感知体内外理化因子信号和病原毒力进化等方面阐明病原的分子致病机制和宿主免疫防御功能。

（2）疾病防控。病害控制手段呈现多元化，但疫苗接种依然是最为热点的病防策略。此外抗病育种、益生菌、免疫增强与调节剂等成为重要补充手段。国际上对鱼类养殖过程中环境丰容日益重视，通过生态调节提高养殖鱼类抗病能力是重要研究方向。

3.4　海水鱼营养与饲料技术

（1）营养需求研究。研究开始关注生长性能之外的其他指标，比如不同营养素水平对海水鱼免疫及肠道健康的影响、营养素与海水鱼品质形成的关联机制等。

（2）蛋白源、脂肪源开发。在豆粕等价格飙升的背景下，评估非粮型植物蛋白原料在海水鱼饲料中的应用成为重要研发方向。此外，单细胞蛋白、昆虫蛋白等在海水鱼饲料中的应用效果研究增多。

（3）免疫增强剂。大量研究通过探索特定养殖条件下（高温、高脂饲料、高糖饲料），通过添加免疫增强剂，提升海水鱼应激条件下抗病能力，从而构建特定养殖条件下绿色高效营养方案。

3.5　海水鱼产品质量安全控制与加工技术

（1）鱼品加工。国际上研究最多的加工鱼种是海鲈、鳕鱼、鲭鱼、金枪鱼和三文鱼，加工技术包括海水鱼加工过程中的品质改善、功能因子绿色制备及功能评价、海水鱼智能化感知与数字化分析技术。

（2）保鲜与贮运。保鲜技术包括生鲜水产品保鲜过程中品质劣变机制与冷链环境因素的互作网络，特定腐败微生物随环境因素变化和贮运时间的响应机制，提出了功能聚合绿色保鲜材料的多维结构设计理论。

（3）质量安全。包括赋存形态及生物吸收转化过程的精准解析，基于“3R”原则评估质量安全和营养因子，简便快速、智能化、高通量的检测技术。

4　国内海水鱼产业技术研发进展

4.1　海水鱼遗传改良技术

建立起大菱鲆等海水鱼类抗逆育种技术路线、大黄鱼多性状基因组复合选择技术、半滑舌鳎基因编辑育种技术；开发出一种新的鱼类体表标志方法，可以准确测定群体养殖条件下不同个体的摄食量和饲料效率；构建了海鲈的基因型分型及遗传分析数据库；针对斜带石斑鱼免疫及抗逆性，成功构建高密度遗传连锁图，开发了棕点石斑鱼与鞍带石斑鱼精子冷冻保存试剂及技术。开发了一种鱼类多性状阈模型方法，能同时预测多个抗病性状育种值，弥补了鱼类抗病性状遗传力低、选择准确性差的问题。

4.2 海水鱼养殖与环境控制技术

（1）工厂化养殖。主要研究聚焦于循环水系统的养殖管理、环境与养殖动物的互作关系、消毒与病害控制、微生态环境、精准投喂与品质控制、养殖池型与流态等领域的研究，工厂化循环水养殖平均单产提升至传统流水养殖的3倍。

（2）网箱、深远海养殖。黄渤海坐底式大型深海智能养殖网箱“经海系列”、舟山桃花岛大型养殖围栏设施等设计建设工作顺利推进。大陈岛海域大型铜合金网衣养殖围栏投放大黄鱼35万尾，成活率92%。国内首艘10万吨养殖工船“国信1号”顺利出坞，交付运营，首批试养的大黄鱼起捕上市。

（3）池塘养殖。研究集中在养殖模式、水环境调控、病害防控、高效养殖技术、养殖尾水处理技术等方面。建设现代工程化池塘养殖系统，培育生态适应性强的养殖品种，构建智能化管理平台与养殖标准化工艺，是海水池塘养殖高质量发展的重大科学命题。

（4）养殖水环境控制。研究聚焦于高效水处理技术工艺，探索尾水再利用方法。添加H_2O_2是一种高效去除H_2S的水处理技术。其次，基于正向渗透（FO）和纳米气泡（NB）的混合系统，为水产养殖废水处理提供了一个可持续的解决方案。

（5）养殖设施与装备。重点围绕鱼类生长行为监测、鱼类品种识别分类、鱼体定向整理、水产养殖图像增强等方向。其次，随着水产养殖机械化发展需求的增强，投饲机器人、水下除污机器人、自动收捕等装备研发工作正在加紧推进。

4.3 海水鱼疾病防控技术

（1）流行病原。我国海水鱼病害的主要细菌病原为弧菌（*Vibrio*）、爱德华氏菌、假单胞菌（*Pseudomonas*）、链球菌（*Streptococcus*）、发光杆菌和诺卡氏菌等，病毒病病原主要为石斑鱼虹彩病毒和神经坏死病毒，寄生虫则为刺激隐核虫。

（2）疾病防控。国家海水鱼体系在我国大菱鲆主养区龙头企业完成大菱鲆疫苗联合接种生产示范，实现全程“无抗”养殖，兽药减量为70%～80%。大菱鲆鳗弧菌灭活疫苗（EIBVA1株）完成注册申报工作，开展了石斑鱼虹彩病毒灭活疫苗临床试验，摸清了高温季节大黄鱼内脏白点病的病原是诺卡氏菌。研发了防治刺激隐核虫病的纳米杀虫涂料和镀锌材料，以及混养罗非鱼防控刺激隐核虫病生态防控技术。

4.4 海水鱼营养与饲料技术

（1）营养需求参数。当前我国海水鱼营养需求研究主要围绕特定养殖阶段（仔稚鱼、幼鱼、成鱼）和养殖条件（高温期、越冬后）等开展研究，相关成果进一步丰富了我国海水鱼营养需求数据库。

（2）蛋白源开发。2022年，饲料原料价格飙升提高了我国海水鱼饲料成本，棉粕、菜粕、鸡肉粉等原料在海水鱼饲料中的应用得到进一步提升。国内围绕一系列非粮蛋白源对海水鱼生长、健康及品质的影响开展了大量研究，为相关饲料企业合理调整配方奠定了基础。

（3）饲料添加剂。植物性活性物质成为我国海水鱼饲料功能性添加剂的重要研发方向，开展了黄芪多糖、杜仲提取物等系列研究。

4.5　海水鱼产品质量安全控制与加工技术

（1）鱼品加工。研究主要集中在海鲈和大黄鱼，其次是卵形鲳鲹、暗纹东方鲀、大菱鲆等鱼种。研究聚焦提高海水鱼调理加工制品的品质，解析海水鱼风味形成与代谢调控机制，开发满足各类特殊人群需求的海水鱼功能食品。

（2）保鲜与贮运。探明暗纹东方鲀商品化包装后在0℃、−3℃贮运下的货架期；大菱鲆在水温8℃、MS−222质量浓度40 mg/L、鱼水比1∶3时，24 h运输存活率为100%；175 W的多频（20/28/40 kHz）超声辅助冻结大黄鱼可实现−22℃，300天冻藏保持一级鲜度。

（3）质量安全与评价。研究砷、镉、过敏原等危害物在海水鱼中的赋存形态及其在加工和生物消化中的变化规律，基于免疫学等手段建立快速前处理及检测技术，拉曼、近红外等开始用于新鲜度等品质鉴别检测。

2023年海水鱼产业发展趋势与政策建议

国家海水鱼产业技术体系产业经济岗位

1　2022 年海水鱼产业发展特点

（1）海水鱼多种养殖模式面积下降。2022年体系跟踪区域海水鱼多种养殖模式面积下降。工厂化养殖由2022年第1季度664.79万m^3降至第4季度658.80万m^3，降幅为0.90%，其中循环水养殖降幅为24.45%；工程化池塘由2022年第1季度133.33 hm^2降至第4季度80.00 hm^2，降幅为40.00%；2022年第4季度普通网箱2 341.28万m^2、深水网箱922.21万m^3，较第1季度分别下降1.99%和2.94%。

（2）海水鱼多数品种价格呈上升趋势。2022年体系跟踪的海水鱼价格呈现不同的变化趋势，其中半滑舌鳎、暗纹东方鲀、红鳍东方鲀、大黄鱼、海鲈、军曹鱼和卵形鲳鲹等多种海水鱼价格总体呈上升趋势，大菱鲆价格总体呈小幅下降趋势。

（3）海水鱼多数品种养殖效益较好。2022年海水鱼多数品种养殖效益好于上一年。鲆鲽类三大品种、红鳍东方鲀、暗纹东方鲀、石斑鱼及军曹鱼的成本利润率均在40%以上，其中许氏平鲉和红鳍东方鲀的成本利润率超过80%，大黄鱼在50%～60%，海鲈、卵形鲳鲹相对较差，在30%以下。

（4）海水鱼养殖产业全要素生产率有待提升。2022年体系跟踪区域海水鱼养殖综合效率均值0.687，纯技术效率均值0.829，规模效率均值0.824，表明海水鱼养殖技术和管理水平仍有待提升。发展状况上，大菱鲆、半滑舌鳎、珍珠龙胆、卵形鲳鲹和军曹鱼总体表现为规模报酬递减；牙鲆、河鲀、海鲈、大黄鱼和许氏平鲉则总体表现为规模报酬递增。

（5）海水鱼产业国际竞争力存在差异。海水鱼产业国际竞争力主要分为以下几类：一是国际市场占有率、显示性比较优势和贸易竞争力指数都比较高，如大黄鱼、军曹鱼、卵形鲳鲹、河鲀；二是只有进口而没有出口或者出口较少，除了国际市场占有率和显示性比较优势较低甚至为零外，连贸易竞争力指数都接近于-1，如石斑鱼；三是虽然贸易竞争力指数为负，但国际市场占有率和显示性比较优势较高，如其他鲆鲽类；四是虽然出口大于进口，但因出口和进口总体规模都不大，所以三个指标都偏低，如半滑舌鳎。

2　2022年海水鱼产业发展中存在的主要问题

（1）海水鱼养殖面积缩减。受疫情对消费市场和养殖生产的影响及沿海港口旅游开发等对养殖空间的挤压，2022年体系跟踪区域海水鱼工厂化循环水、工程化池塘和深水网箱养殖面积均呈下降趋势，第4季度较第1季度分别下降24%、40%和3%，需引起各方的关注。

（2）绿色高质量发展任重道远。近海小型网箱、近岸传统池塘、工厂化流水养殖仍占较大比重，养殖设施陈旧、生产方式粗放、养殖布局不合理、抵御灾害（高温、低温、台风等）能力差、鲜杂鱼饲料直接投喂、病害绿色防控技术缺乏等问题仍较突出。

（3）产品品牌建设有待加强。尽管海水鱼部分品种已经注册品牌，但与产业发展需求仍有较大差距，难以通过品牌溢价带动经济效益提升。究其原因主要是产业链上饵料、苗种等投入品及养成环节标准化程度不高，一二三产业融合度不高，市场拓展及市场细分力度不够等。

（4）国内外消费市场拓展不足。目前，国内海水养殖鱼类产品仍以鲜活消费为主，消费市场也主要是在沿海地区，内陆省份养殖海水鱼的消费占比较小。国际市场方面，仅有大黄鱼、河鲀等有产品出口，且出口量都不大。产品加工、市场流通成为制约海水鱼养殖产业做大做强的主要短板。

3　2023年海水鱼产业发展趋势

（1）疫情对海水鱼市场的冲击有望减弱。随着疫情防控措施的调整，居民生活、工作逐渐恢复正常，经济开始回暖，市场消费积极性日益提升。2023年海水鱼产品流通渠道将日趋顺畅，居民对海水鱼的消费信心将缓慢恢复，疫情对海水鱼市场的冲击有望减弱。

（2）部分品种海水鱼价格波动较大。基于ARMA模型对2023年海水鱼价格进行预测与预警分析之结果显示，珍珠龙胆、半滑舌鳎价格波动存在负向预警，牙鲆、红鳍东方鲀、军曹鱼等品种则存在正向预警。

（3）海水鱼产业中下游环节发展加快，品牌化趋势愈发凸显。近两年，预制菜、“年鱼经济”成为热议话题，水产加工企业有望借此机遇，拉动海水鱼养殖产业中下游环节的健康发展。品牌建设上，宁德通过品牌宣传、质量引领、产销对接等形式，加快实施大黄鱼“国鱼计划”；珠海斗门通过媒体、推介、发布会等形式大力宣传“白蕉海鲈”；广东湛江着力打造“金鲳鱼之都”和金鲳鱼“年鱼经济”；辽宁兴城持续推动“兴城多宝鱼”的品牌宣传，海水鱼品牌化趋势愈发凸显。

（4）深远海养殖呈快速发展趋势。近年来，在“大食物观”“绿色发展”和养殖空间拓展等大背景下，深远海养殖备受政产学研的广泛关注，截止到2021年年底，我国投入试用及已建、在建和计划建造的桁架类大型网箱50多座、大型养殖工船10余艘、大型养殖围栏10余座，2023年，这批大型化深远海养殖设施与装备的陆续投入运营和试用，将推动我国深远海养殖加速发展。

4　2023年海水鱼产业发展政策建议

（1）优化绿色养殖支持政策，推进海水鱼产业高质量发展。一是在优化工厂化循环水、深水网箱、深远海养殖等绿色养殖模式的补贴、担保、保险等政策的同时，严格执行《地下水管理条例》，加强地下海水超采治理；二是在池塘养殖产业集聚度较高的区域推进养殖尾水集中处理及循环利用，打造海水鱼绿色养殖示范园；三是推进渔业经营体制改革，引导构建和谐共享的利益分摊机制。

（2）发挥协会作用，完善价格波动防控机制。充分发挥大菱鲆、大黄鱼、卵形鲳鲹、石斑、海鲈、河鲀等品种的行业协会之协调功能，完善其价格波动防控机制。同时，逐步开发水产养殖保险、金融衍生品等多种工具，发挥期货市场的价值发现功能，结合套期保值，化解价格剧烈波动风险，减轻能源、豆粕期货、鱼粉等要素对水产品价格稳定发展带来的冲击。

（3）培育海水鱼优质品牌，完善产品追溯监管系统。品牌培育上，致力于开发海水鱼精深加工产品，丰富产品种类，满足不同消费者需求；加强公众科普，通过微博、抖音等平台进行宣传报道；政府应当加强对龙头企业的扶持，创建和培育海水鱼优势品牌。质量管理上，推动建设集“质量追溯、产品展示、食用方式、文化宣传”为一体的质量安全体系，确保产品优质健康。

（4）加大技术集成示范力度，提升海水鱼养殖业全要素生产率。一是持续推进优质海水鱼苗种、疫苗、配方饲料、循环水养殖、尾水处理等技术的系统集成与推广示范工程；二是提升养殖企业（养殖户）生产经营管理水平，优化要素组合配置效率。

（5）拓展内外两个市场，提升海水鱼产业竞争力。一是把扩大内需作为战略基点，加大内陆市场的开发与沿海市场的挖掘；二是传承创新区域性渔业文化，推进海水鱼主产区一二三产融合发展；三是高度关注有较好海水鱼消费文化基础的国际市场开发，为扩大出口做准备。

（岗位科学家　杨正勇）

大菱鲆种质资源与品种改良技术研究进展

大菱鲆种质资源与品种改良岗位

2022年度，大菱鲆种质资源与品种改良岗位重点开展了大菱鲆新品种苗种培育及示范；开展了不同温度下大菱鲆*PPAR*基因组织特异性表达的遗传机制解析；完成了温度/盐度胁迫下大菱鲆抗氧化酶遗传机制解析；完成了大菱鲆饲料转化率相关微卫星标记的筛选；完成了大菱鲆饲料转化率以及耐低盐相关SNP的筛选；完成了大菱鲆高温、低氧心脏转录组联合分析；开展了大菱鲆肝脏和心脏细胞的原代培养以及细胞系的构建；完成了大菱鲆热应激细胞水平分子调控机理解析；完成了不同铁水平饲养大菱鲆在常氧条件和低氧胁迫条件下生理生化指标的变化；完成了鳗弧菌感染大菱鲆免疫因子的基因型与组织交互作用解析。

1　大菱鲆新品种苗种培育及示范

2022年度，培育出国审新品种大菱鲆“多宝2号”（GS-02-004-2022）；完成了本年度大菱鲆 “多宝1号”和“多宝2号”大规模苗种的生产和推广工作。大菱鲆耐高温速生新品种“多宝2号”（GS-02-004-2022）获渔业新技术新产品新装备2022年度优秀科技成果。

2　不同温度下大菱鲆*PPAR*基因组织特异性表达的遗传机制解析

*PPAR*基因在适当温度（14℃）下的表达主要取决于基因型×组织相互作用和组织效应。在胁迫温度下，基因型效应、组织效应和基因型×组织相互作用对*PPAR*基因的表达均有显著影响。基因型效应的贡献随着温度的升高而缓慢增加；在20℃时增长更快，然后在25℃时缓慢下降。组织效应的贡献从14℃缓慢增加，到20℃急剧下降，然后在轻微波动后逐渐稳定。基因型×组织相互作用效应的贡献在整个实验过程中呈波动上升趋势，对*PPAR*基因表达有显著影响。三种效应变化的关键温度为20℃，表明20℃是高温胁迫下活性脂质代谢的极限温度（图1）。

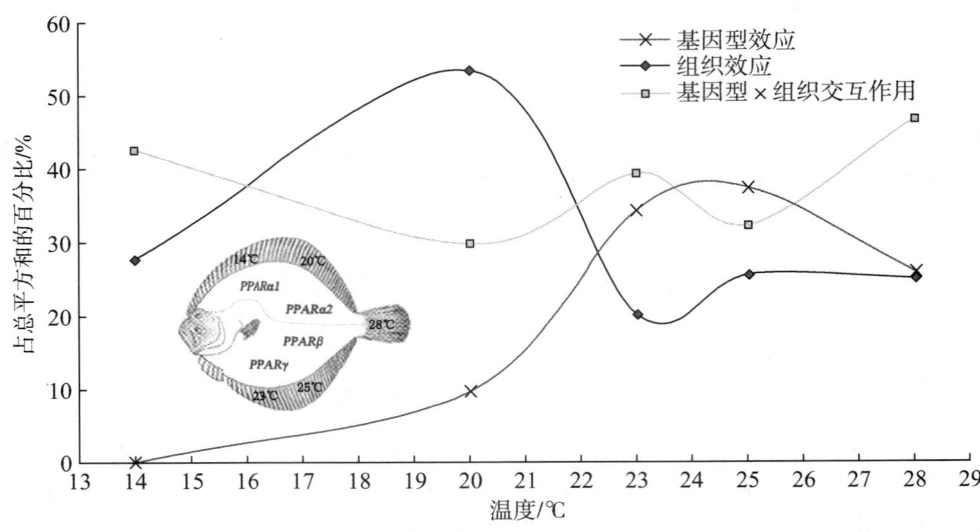

图1　基因型效应、组织效应、基因型×组织交互作用随温度的变化趋势

3　温度/盐度胁迫下大菱鲆抗氧化酶遗传机制解析

基因型、盐度和基因型与盐度的相互作用对抗氧化因子的影响达到显著水平（$P<0.001$）；抗氧化因子活性的92.106 5%、2.625 6%和4.436 0%分别归因于基因型效应、盐度效应和基因型与盐度的相互作用（表1）。基因型、温度和基因型×温度相互作用对抗氧化因子有显著影响（$P<0.001$）；抗氧化性能因子活性的82.472 0%、4.066 6%和12.096 8%分别归因于基因型效应、温度效应和基因型×温度相互作用（表2）。

表1　不同盐度下抗氧化酶AMMI分析

变异来源	d*f*	SS	MS	*F*	Prob.	占总SS百分比/%
总和	44	1 330 655	30 242.15			
处理	14	1 319 585	94 256.04	255.430 2**	0	
基因	2	1 225 619	612 809.7	1 660.691**	0	92.106 5
盐度	4	34 937.23	8 734.307	23.669 6**	0	2.625 6
交互作用	8	59 027.97	7 378.496	19.995 4**	0	4.436 0
IPCA1	5	58 994.23	11 798.85	31.974 42**	0	99.942 9
残差	3	33.736 59	11.245 53			
误差	30	11 070.27	369.008 9			

注：d*f*：自由度，SS：平方和，MS：均方；**表示在$P<0.01$时极其显著

表2　不同温度下抗氧化酶AMMI分析

变异来源	df	SS	MS	F	Prob.	占总SS百分比/%
总和	44	233 128.5	5 298.376			
处理	14	229 947.4	16 424.82	154.897 7	0	
基因	2	192 265.9	96 132.94	906.601 9**	0	82.472 0
温度	4	9 480.431	2 370.108	22.351 8**	0	4.066 6
交互作用	8	28 201.12	3 525.14	33.244 6**	0	12.096 8
IPCA1	5	25 413.74	5 082.748	47.933 92**	0	90.116 0
残差	3	2 787.381	929.127 1			
误差	30	3 181.097	106.036 6			

注：df：自由度；SS：平方和；MS：均方；**表示在$P<0.01$时极其显著

4　完成了大菱鲆饲料转化率相关微卫星标记的筛选

饲料转化率（FCR）是大菱鲆重要的经济性状，通过选择育种提高饲料转化率，能够有效地降低大菱鲆的养殖成本，增加养殖利润，进而推动产业的发展。微卫星标记是鱼类分子标记辅助选育中常用的分子标记，为了筛选出与大菱鲆饲料转化率相关的微卫星标记，提高育种效率，研究以300尾大菱鲆幼鱼为实验材料，通过特制的网箱养殖系统，测定个体饲料转化率（图2），选取饲料转化率最高和最低的30个样本分别作为高饲料转化率组（H组）和低饲料转化率组（L组）。利用40对大菱鲆微卫星引物，对H组和L组的DNA混池进行PCR扩增（图3），统计两组个体PCR产物的基因型，筛选两池之间出现差异等位基因片段的位点，通过进一步的群体验证和家系验证，分析微卫星位点与大菱鲆饲料转化率的相关性。结果显示，微卫星位点YSKr148在238 bp的等位基因片段与大菱鲆饲料转化率存在极显著正相关性，相关系数达到0.359，家系验证中该位点的阳性组的饲料转化率显著高于阴性组。本研究首次获得了与大菱鲆饲料转化率性状显著相关的分子标记，为研究该性状的遗传基础以及相关分子机制提供了依据，为该性状的分子标记辅助选育奠定基础。

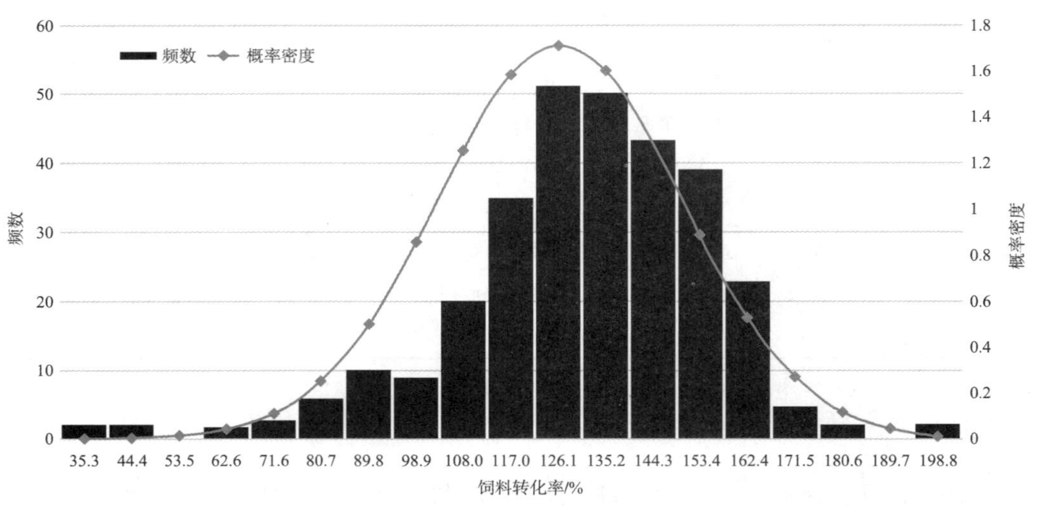

图2　300个个体的饲料转化率频数分布图

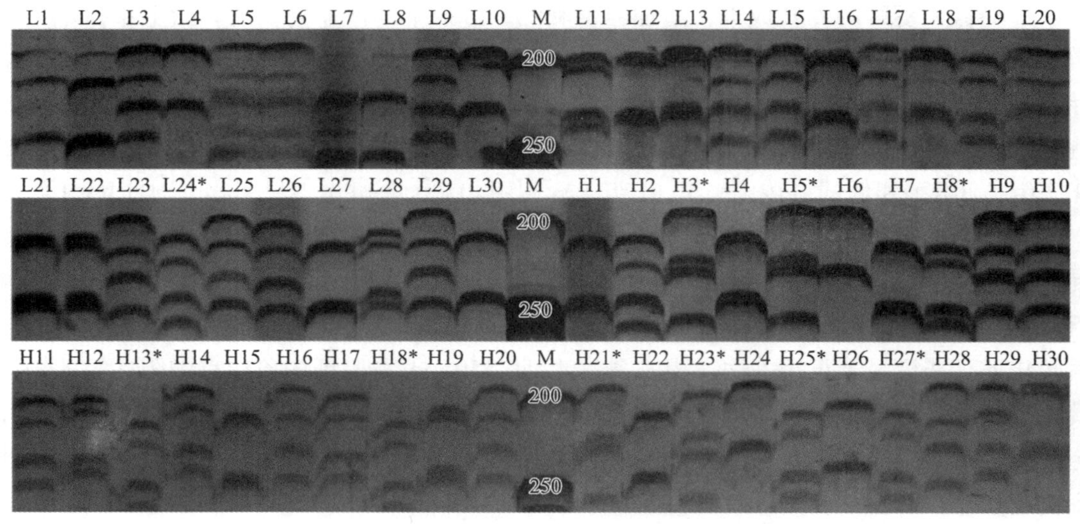

M：50 bp maker；H：高饲料转化率组；L：低饲料转化率组；*：含有238 bp条带

图3　微卫星位点YSKr148在个体 PCR 扩增中的带谱

5　大菱鲆饲料转化率以及耐低盐相关SNP的筛选

针对高饲料转化率性状和耐低盐性状的选育是大菱鲆的重要选育方向。在本研究中，我们使用专门的小型网箱养殖系统成功获得了300个个体的饲料转化率性状和耐低盐性状。在此基础上，进行了全基因组关联研究（GWAS），以确定与饲料转化率性状和耐低盐性状相关的单核苷酸多态性（SNP）。通过高效混合模型关联谱系软件（EMMAX）选择22条染色体上的2 613 115个SNPs进行GWAS分析。考虑到群体结构和个体之间的遗传相关性，采用线性混合模型来检验每个SNP和FCR之间的相关性。结果表明与饲料转化率相关的SNP处于阈值线以上有2个（图4），与耐低盐性状相关的SNP有1个（图5）。我们的研究结果将有助于在育种计划中实施标记辅助选择，并为该领域的未来研究奠定基础。

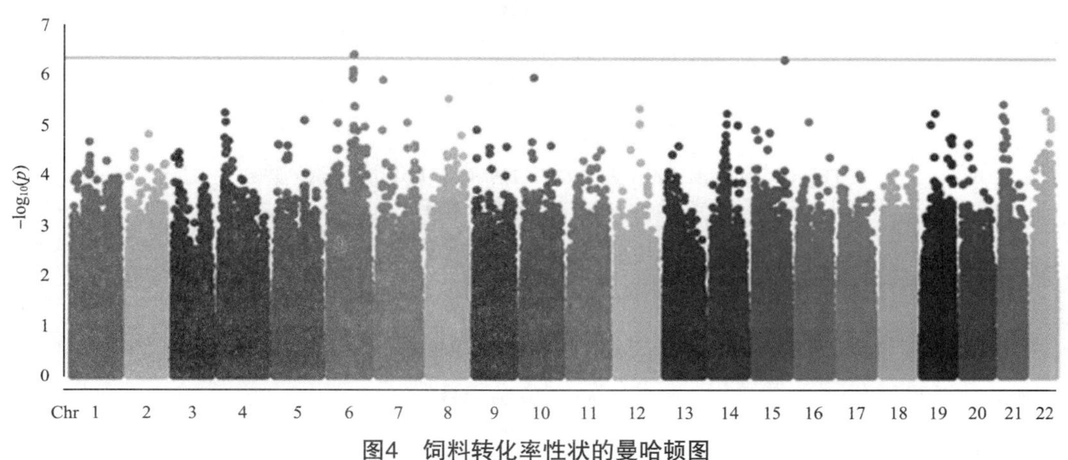

图4　饲料转化率性状的曼哈顿图

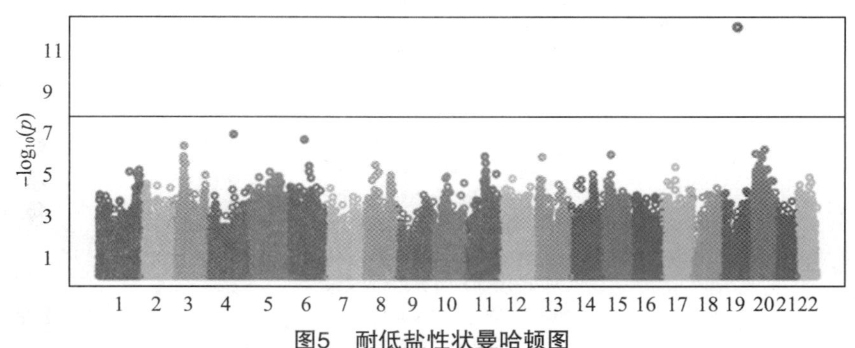

图5　耐低盐性状曼哈顿图

6　完成了大菱鲆高温、低氧心脏转录组联合分析

为了解低氧和高温胁迫下大菱鲆心脏的共同信号通路，我们对暴露于不同条件下的心脏进行了转录组联合分析。共有480个DEGs在高温胁迫和低氧胁迫下差异表达，且表达趋势相同，2 242个DGEs仅在高温转录组（HT）中表达，381个DEGs仅在低氧转录组（OT）中表达（图6）。对低氧以及高温中共表达DEGs进行KEGG富集结果显示：精氨酸和脯氨酸代谢，甘氨酸–丝氨酸和苏氨酸代谢、铁死亡、p53信号通路、癌症中的转录失衡、MAPK等信号通路被显著富集。缺氧和高温应激下，在氨基酸代谢方面，大多数差异表达基因涉及精氨酸、脯氨酸、甘氨酸、谷氨酸、丝氨酸和苏氨酸代谢；在能量代谢方

面，它们涉及糖、脂代谢，碳水化合物等能量代谢过程；在细胞死亡方面，涉及铁死亡、凋亡、坏死性凋亡等相关的调控因子（图7）。

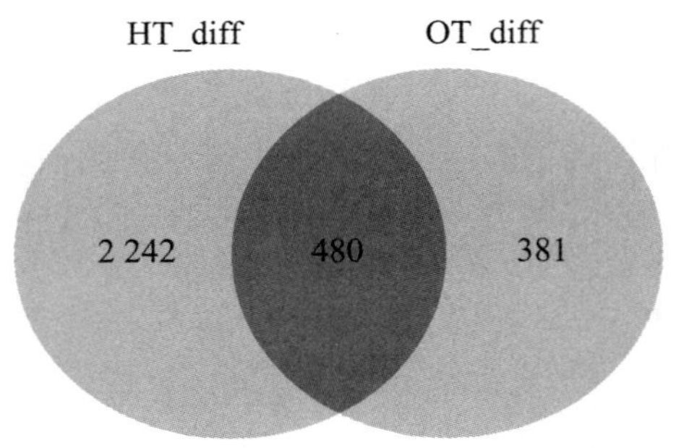

HT_diff表示高温胁迫下差异表达的基因，OT_diff表示低氧胁迫下差异表达的基因，交叉部分为共表达、共趋势基因。

图6　高温（HT）及低氧（OT）转录组中DEGs韦恩图

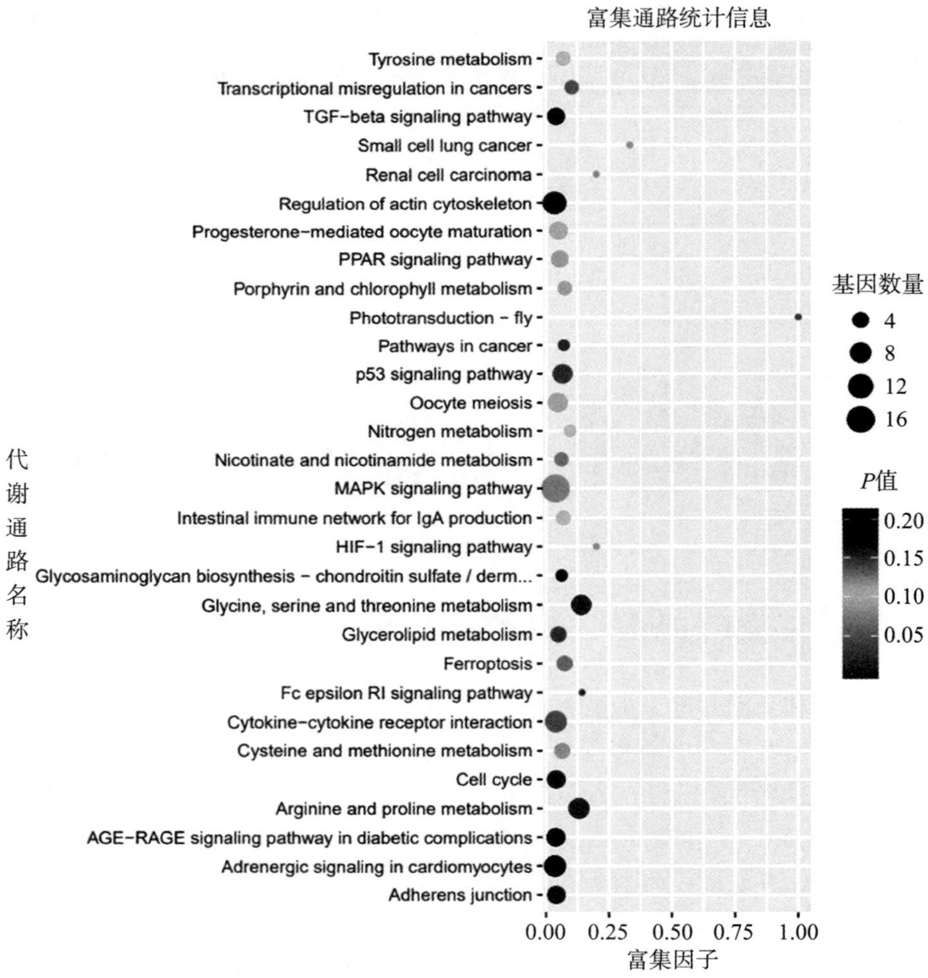

富集通路统计信息

Tyrosine metabolism
Transcriptional misregulation in cancers
TGF-beta signaling pathway
Small cell lung cancer
Renal cell carcinoma
Regulation of actin cytoskeleton
Progesterone-mediated oocyte maturation
PPAR signaling pathway
Porphyrin and chlorophyll metabolism
Phototransduction - fly
Pathways in cancer
p53 signaling pathway
Oocyte meiosis
Nitrogen metabolism
Nicotinate and nicotinamide metabolism
MAPK signaling pathway
Intestinal immune network for IgA production
HIF-1 signaling pathway
Glycosaminoglycan biosynthesis - chondroitin sulfate / derm...
Glycine, serine and threonine metabolism
Glycerolipid metabolism
Ferroptosis
Fc epsilon RI signaling pathway
Cytokine-cytokine receptor interaction
Cysteine and methionine metabolism
Cell cycle
Arginine and proline metabolism
AGE-RAGE signaling pathway in diabetic complications
Adrenergic signaling in cardiomyocytes
Adherens junction

代谢通路名称

0.00　0.25　0.50　0.75　1.00

富集因子

基因数量
4
8
12
16

*P*值
0.20
0.15
0.10
0.05

图7　高温胁迫及低氧胁迫下，差异基因KEGG路径（Top20）富集散点图

7　开展了大菱鲆肝脏和心脏细胞的原代培养以及细胞系的构建

为丰富实验室海水鱼类细胞系的数量，提供更多的基因功能体外研究方法，我们启动了大菱鲆肝脏和心脏组织的细胞原代培养。我们采取的是组织块法和0.1%的Ⅱ型胶原酶消化法共同处理肝脏和心脏组织，结果显示（图8）：原代培养启动后第3天，大部分组织贴于瓶底，少量悬浮，组织块边缘模糊，有少量梭形细胞迁出；第5天组织块周围有大量梭形细胞迁出，呈放射状；第7天组织块体积减小，迁出的细胞相互汇合形成单细胞层，细胞形态良好。后期将质粒转染细胞并成功表达，证明我们所构建的大菱鲆肝脏和心脏组织细胞的体外模型可用于鱼类分子细胞生物学研究。

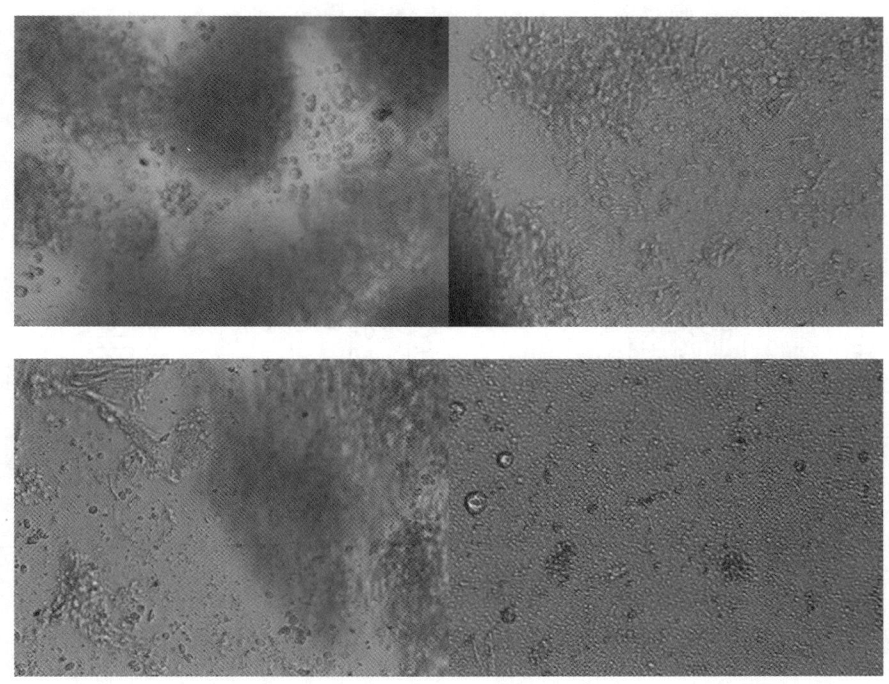

图8　肝脏组织原代培养起始阶段（左上）、第三天（右上）、第五天（左下）和第七天（右下）细胞形态图

8　完成了大菱鲆热应激细胞水平分子调控机理解析

完成了热应激诱导的大菱鲆肾细胞模型构建以及得出HSP90的表达依赖于ERK和HSF1的激活的结论。我们研究了热应激时HSP90的表达模式，以及细胞外信号调节激酶（ERK）和转录因子HSF1、c-Fos的表达和磷酸化水平。结果表明，热应激可激活大菱鲆肾脏细胞ERK1/2和HSF1，诱导TK细胞HSP90基因表达（图9A），抑制ERK激活可减弱热应激诱导的HSP90基因表达。此外，热应激显著诱导了两种转录因子HSF1和c-Fos的表达（图9 B，图9C）。双荧光素酶报告基因实验结果表明，热应激可导致HSF1和HSP90启动子共转染的TK细胞荧光素酶活性明显增强。结果表明，在热休克条件下，HSF1能增强HSP90基因的启动子活性。共转染c-Fos和HSP90启动子的TK细胞，即使在热应激处理后，荧光素酶活性也没有变化（图10）。我们的结果表明，HSF1是热诱导HSP90基因表达的重要转录因子，c-Fos不直接调控热诱导大菱鲆肾细胞HSP90的表达。

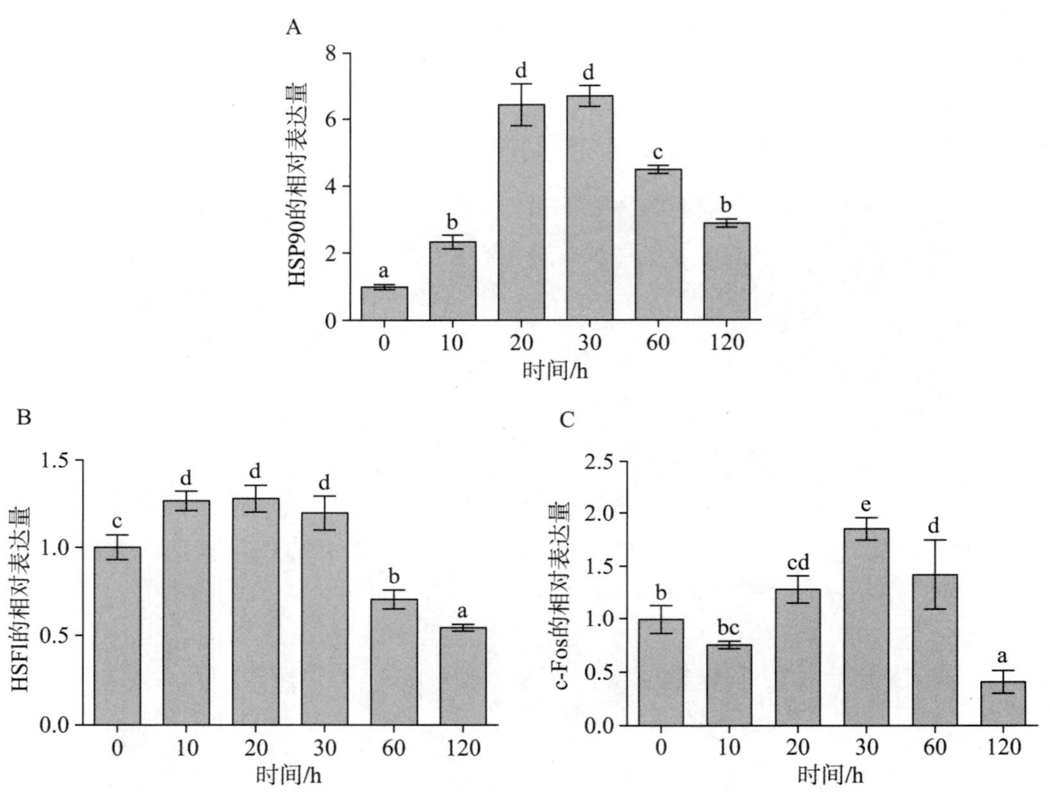

图9　热应激不同时间的TK细胞中HSP90、HSF1和c-Fos基因的相对mRNA水平

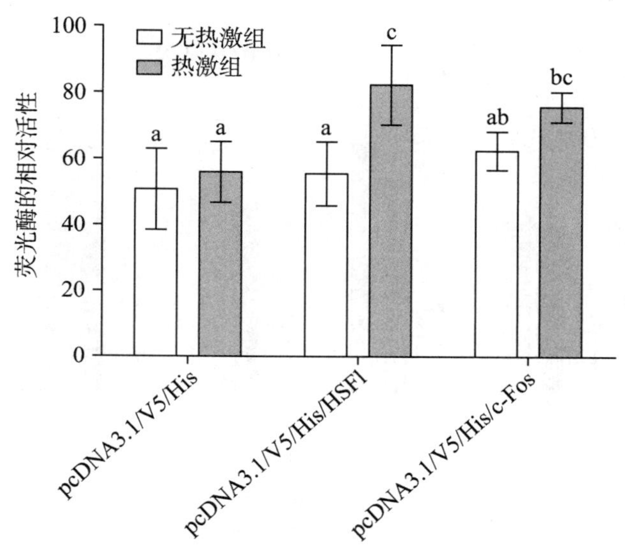

图10　双荧光素酶报告基因检测大菱鲆HSP90基因启动子活性

9　完成了不同铁水平饲养大菱鲆在常氧条件和低氧胁迫条件下生理生化指标的变化

在含铁量为463 mg/kg 的基础饲料中添加0（A组）、75（B组）、150（C组）、225（D组）和300（E组） mg/kg 铁离子，探究不同铁水平饲喂对大菱鲆常氧下的生长、血清生理生化指标以及抗低氧胁迫的影响。结果显示，常氧情况下，随着饲料中铁含量的增加，转铁蛋白Tta呈现逐渐降低的趋势，而其余指标均呈现先增加后下降的趋势，且D组峰值显著高于A、B、E三组（$P<0.05$）。低氧胁迫及耐受实验结果显示，随着低氧胁迫的加剧，C、D两组抗氧化酶活性（SOD，GSH−Px）、低氧［DO=（2.0 ± 0.5） mg/L］死亡率均显著高于或低于其他三组（$P<0.05$）（图11）。不同铁水平饲养大菱鲆对重度缺氧［DO=（2.0 ± 0.5） mg/L］耐受情况见表3，随着饲料中铁水平的增加，首尾死亡时间E＜A＜B＜D＜C，末尾死亡时间C＜D＜B＜E＜A，大菱鲆的死亡率D＜C＜B＜E＜A，饲料铁水平 613 mg/kg ~ 688 mg/kg 的饲养对大菱鲆生长性能、抗氧化系统的增强和提高低氧耐受能力具有促进作用，研究结果可为鱼类健康养殖和功能性饵料研制提供新数据支撑。

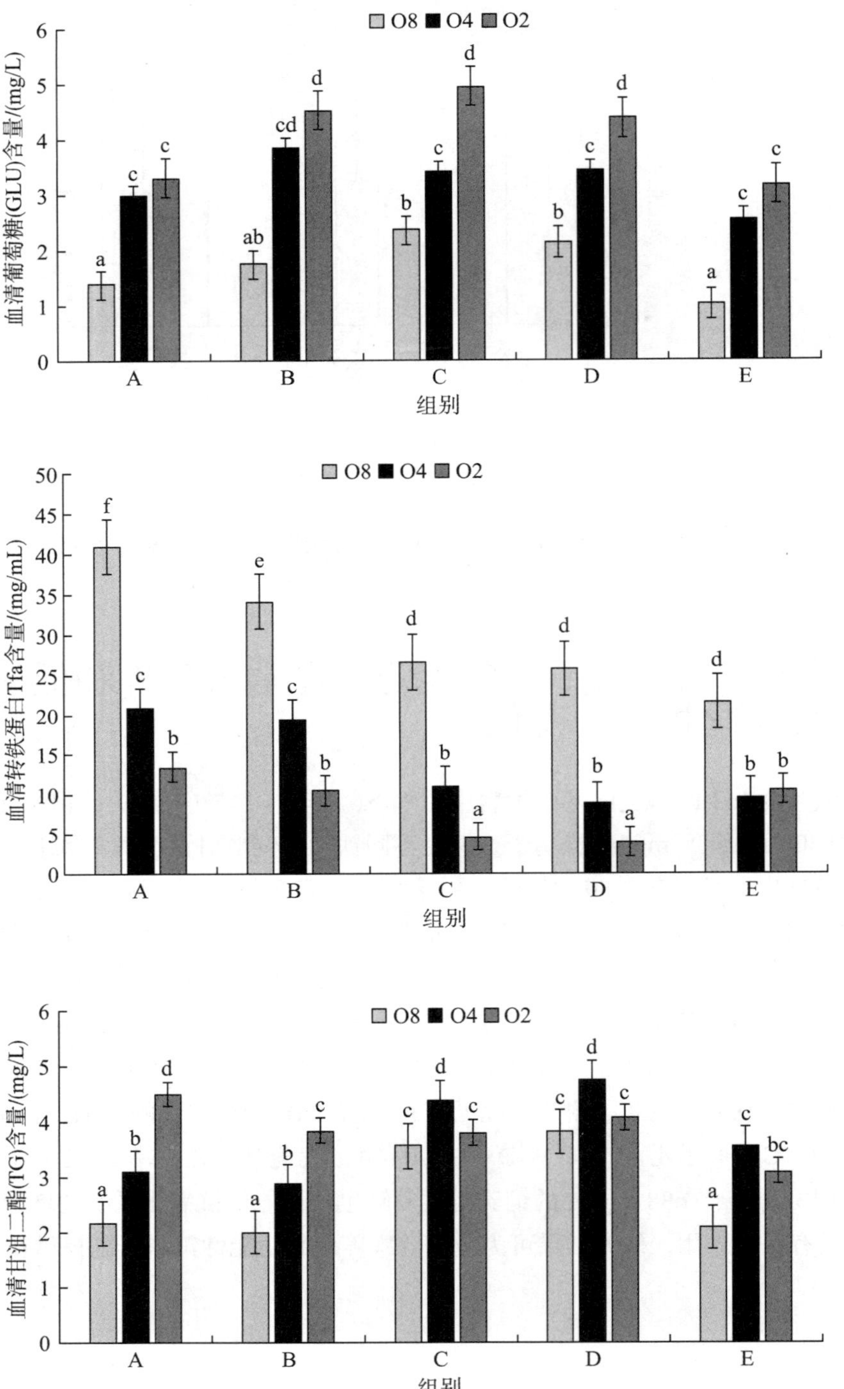

图11 不同铁水平饲养大菱鲆在常氧条件和低氧条件下血清葡萄糖（GLU）、胆固醇（TC）、甘油三酯（TG）、血清转铁蛋白Tfa、SOD和GSH-Px含量的变化（平均值±标准误）

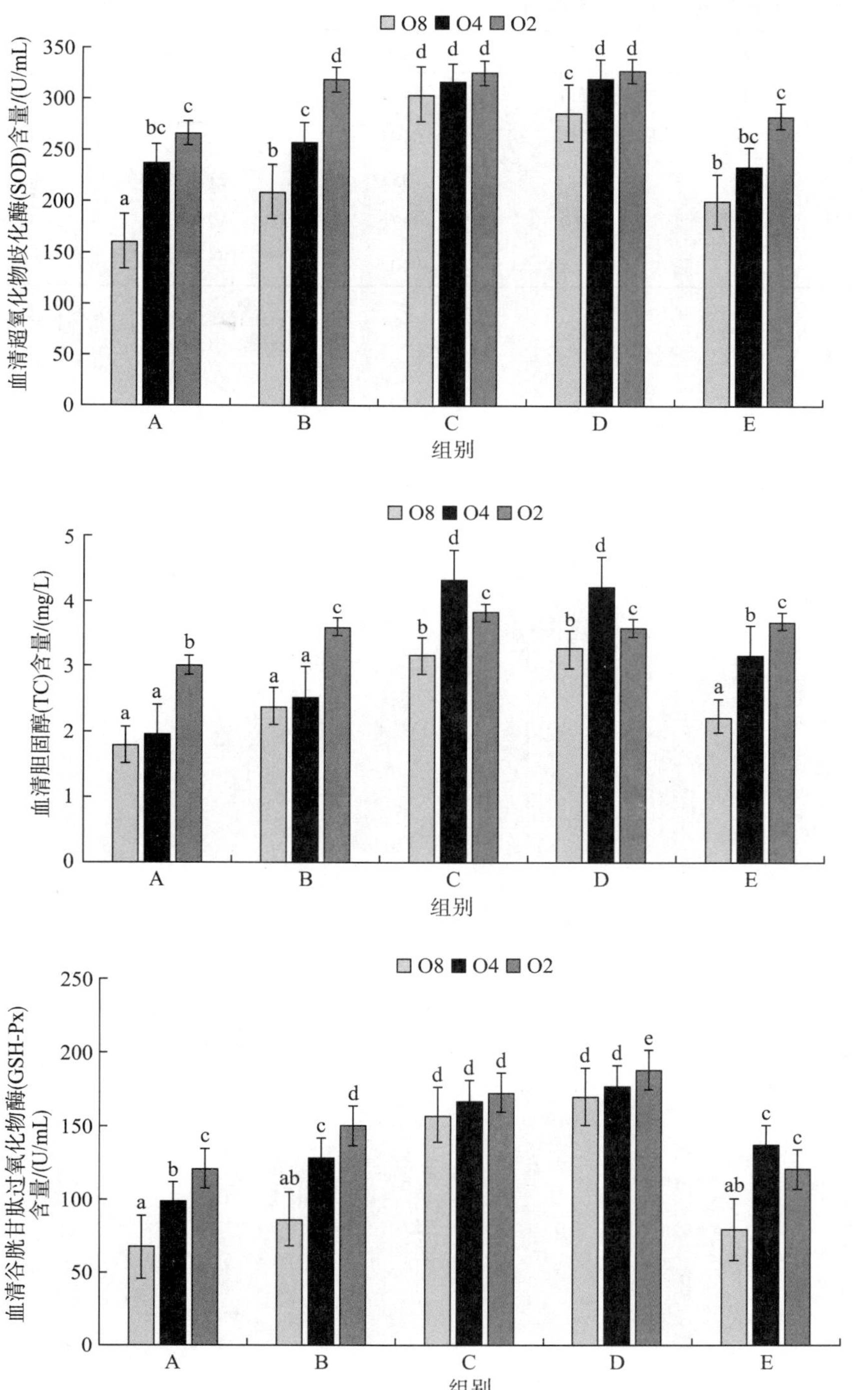

图11　不同铁水平饲养大菱鲆在常氧条件和低氧条件下血清葡萄糖（GLU）、胆固醇（TC）、甘油三酯（TG）、血清转铁蛋白Tfa、SOD和GSH-Px含量的变化（平均值±标准误）（续）

注：O8：常氧组；O4：缺氧组1；O2：缺氧组2；柱上不同字母表示差异显著（$P<0.05$），相同字母表示差异不显著（$P>0.05$）。

表3　不同铁水平饲养大菱鲆对重度缺氧［DO=（2.0±0.5）mg/L］条件的耐受情况

组别	数量/尾	首死时间/h	末死时间/h	死亡历时/h	死亡率/%
A	30	15.0	41.0	26.0	70.67 ± 3.06[a]
B	30	17.5	40.0	22.5	49.33 ± 1.63[b]
C	30	24.0	35.0	21.0	35.00 ± 2.18[c]
D	30	20.0	37.5	17.5	31.67 ± 2.00[c]
E	30	13.5	40.5	27.0	61.33 ± 0.89[ab]

（岗位科学家　马爱军）

牙鲆种质资源与品种改良技术研发进展

牙鲆种质资源与品种改良岗位

1　牙鲆新品种苗种培育及示范

2022年度共推广“北鲆2号”优质受精卵约4 584万粒，38.2 kg。开展“北鲆2号”优质苗种培育和推广，在辽宁东港地区示范推广“北鲆2号”苗种35万尾，示范池塘养殖面积200亩*，双克隆杂交系苗种7万尾，示范池塘养殖面积40亩。

2　牙鲆耐高温家系筛选

牙鲆耐高温家系选育结果表明，不同家系耐高温的能力存在明显差别，0248、0096X0062、6515、6528、7650和0084家系为0%～16%的低存活率，而1068、6538、6492、0015和1045家系表现出较高的存活率，其中0015和1045家系的存活率分别为90%和93%。其次，在存活时间上，家系间表现不同。6515家系死亡时间最为集中，0084克隆家系的死亡时间也相对集中，其他家系的死亡时间比较分散（图1）。

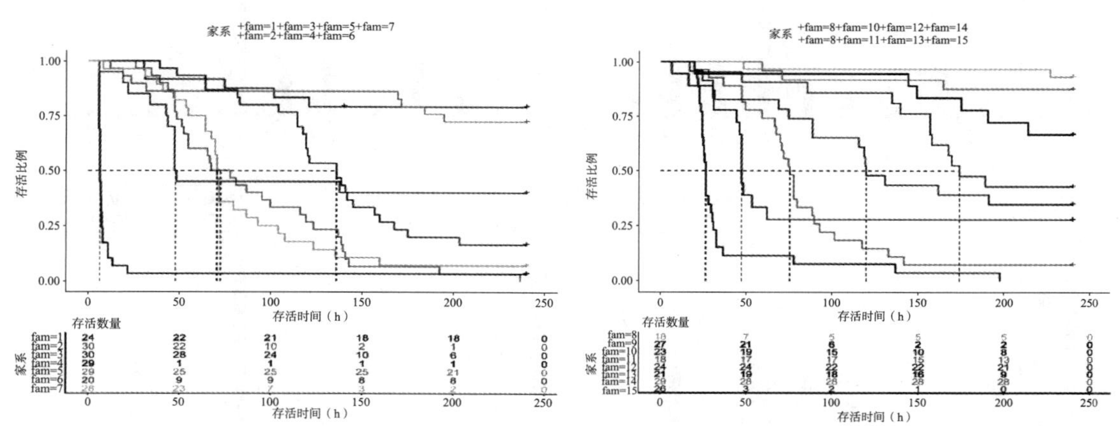

图1　不同家系牙鲆的生存曲线

* 亩为非法定单位，考虑到生产实际，本书继续保留，1亩≈666.7 m^2。

3 牙鲆*Tp53inp2*基因参与抗淋巴囊肿病毒的功能研究

3.1 牙鲆*Tp53inp2*及其剪切体和自噬相关基因在抗/患淋巴囊肿病的牙鲆组织中的表达

牙鲆*Tp53inp2*在所被检测的组织中都有表达。其中*Tp53inp2 X1*在抗病牙鲆的血液和皮肤中的表达量显著高于患病组织，在头肾和脾中，患病组织的表达量显著高于抗病组织。牙鲆*Tp53inp2 X2*的表达量在心脏和皮肤中抗病组织显著高于患病组，其他组织中表达量差异不显著；牙鲆*Tp53inp2 X3*表达量在心脏、头肾和血液中抗病组显著高于患病组，其他组织中表达量差异不显著；牙鲆*Tp53inp2 X4*表达水平在头肾和血液中抗病组显著高于患病组，其他组织无明显差异。*Beclin-1*在患病鱼的脾脏和肌肉组织中的表达量与抗病鱼存在显著性差异；*LC3*在鳃和头肾组织中的表达量患病组显著高于抗病组，其他组织没有表现出明显差异；*VMP1*在脾脏中的表达量患病组显著高于抗病组，而在血液中的表达量抗病组显著高于患病组（$P<0.05$）；*ATG7*在脾脏中的表达量，患病组显著高于抗病组（$P<0.05$）（图2）。

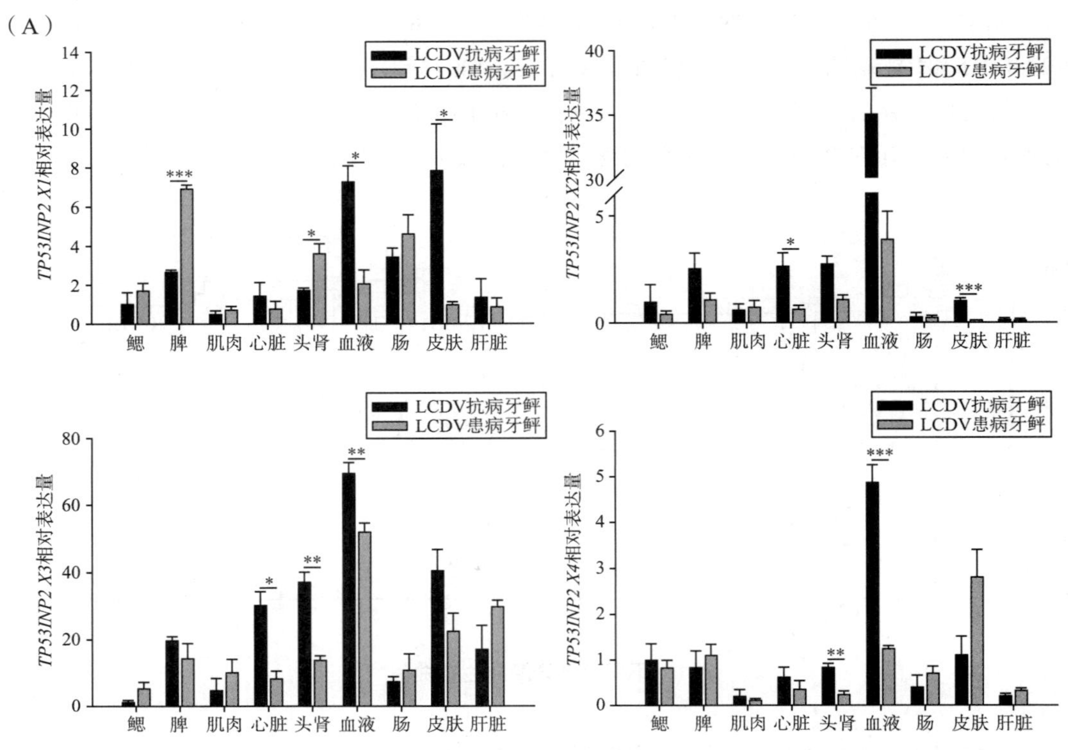

图2 牙鲆*Tp53inp2*和相关基因在抗病和患病牙鲆各组织中的相对表达谱

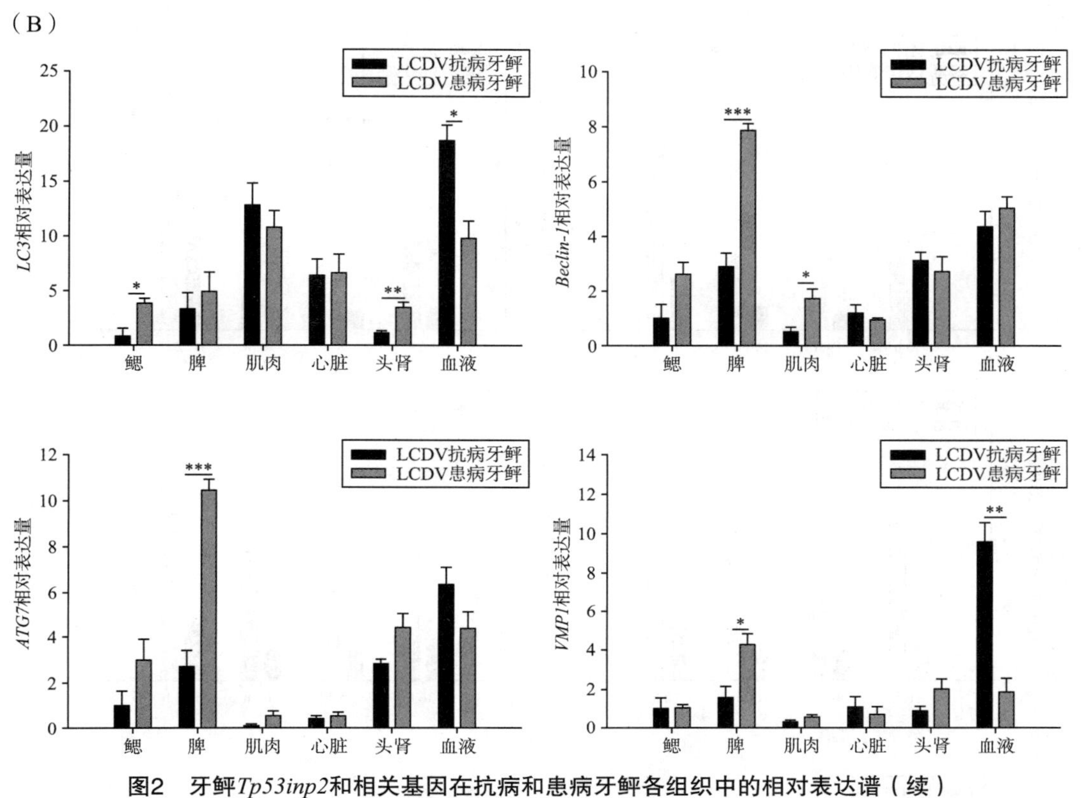

图2　牙鲆*Tp53inp2*和相关基因在抗病和患病牙鲆各组织中的相对表达谱（续）

3.2　*Tp53inp2*及其相关基因在LCDV刺激后的表达模式

病毒刺激JFB后牙鲆*Tp53inp2*基因的表达模式：相对定量结果显示，相比于对照组，*Tp53inp2*的表达量在LCDV感染后36 h，48 h，60 h和72 h显著上调，具有显著性差异。*Tp53inp2 X2*在LCDV感染后的36 h和72 h表达量上调；*Tp53inp2 X3*在LCDV感染后的36 h、60 h和72 h相比于对照组，表达量上调，具有显著性差异；LCDV感染后，*Tp53inp2 X4*在36 h、48 h、60 h和72 h相比于对照组，表达量均上调，且在36 h、60 h和72 h存在显著性差异。在LCDV感染细胞后，*Tp53inp2*相关基因在4个时间点的相对表达均上调；*Beclin-1*在72 h的表达量显著性升高；*LC3*在36 h和72 h的表达量显著性升高；*VMP1*在36 h，60 h和72 h的表达量显著性升高；*ATG7*在36 h，60 h和72 h的表达量显著性升高（$P<0.05$）（图3）。

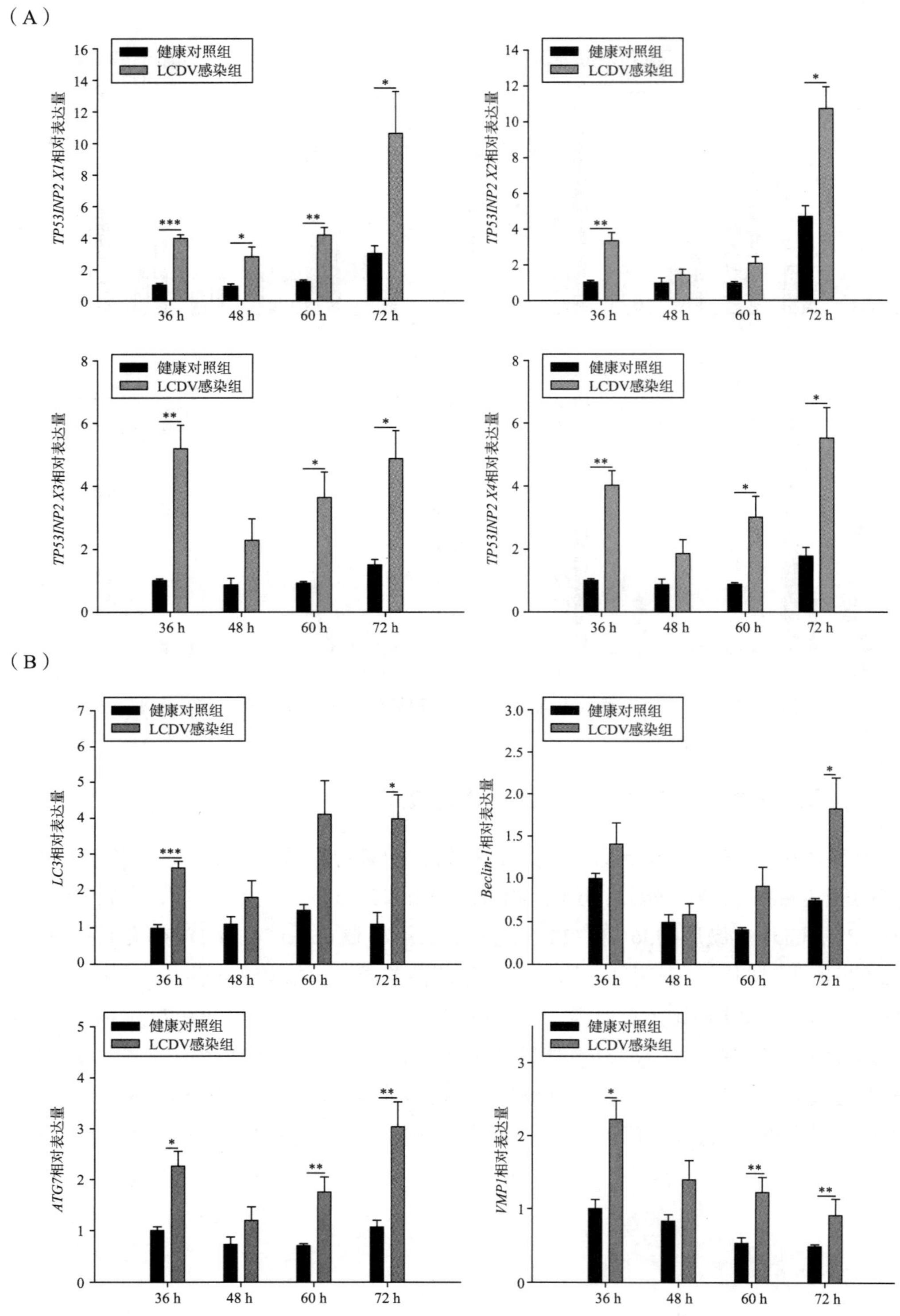

图3　牙鲆*Tp53inp2*和相关基因在LCDV感染JFB细胞中的相对表达

3.3　过表达和干扰牙鲆*Tp53inp2*后相关基因的表达模式

在JFB细胞中分别过表达*Tp53inp2*四种可变剪切体后检测其相关基因的表达，发现不同剪切体对其相关基因的调控不同。与对照组相比，*Beclin-1*的表达量在过表达*Tp53inp2 X2*后显著性升高，在过表达*Tp53inp2 X4*后显著性下降，在过表达*Tp53inp2 X1*和*Tp53inp2 X3*后略有降低；*LC3*的表达量在过表达*Tp53inp2 X1*和*Tp53inp2 X3*后显著性下降，过表达*Tp53inp2 X2*后显著性升高；*VMP1*的表达量在过表达*Tp53inp2 X2*后显著性上调，在过表达*Tp53inp2 X1*后显著性下降，其他两种可变剪切体过表达后差异不显著；*ATG7*的表达量在过表达*Tp53inp2*四种可变剪切体后没有显示出明显差异。通过对敲降*Tp53inp2*后的JFB细胞检测其自噬通路相关基因的表达量结果显示，*Tp53inp2*敲降后对其相关基因存在调控，*LC3*和*VMP1*的表达与对照组相比显著性下调；*Beclin-1*和*ATG7*的表达与对照组相比上调，存在显著性差异（$P<0.05$）（图4）。

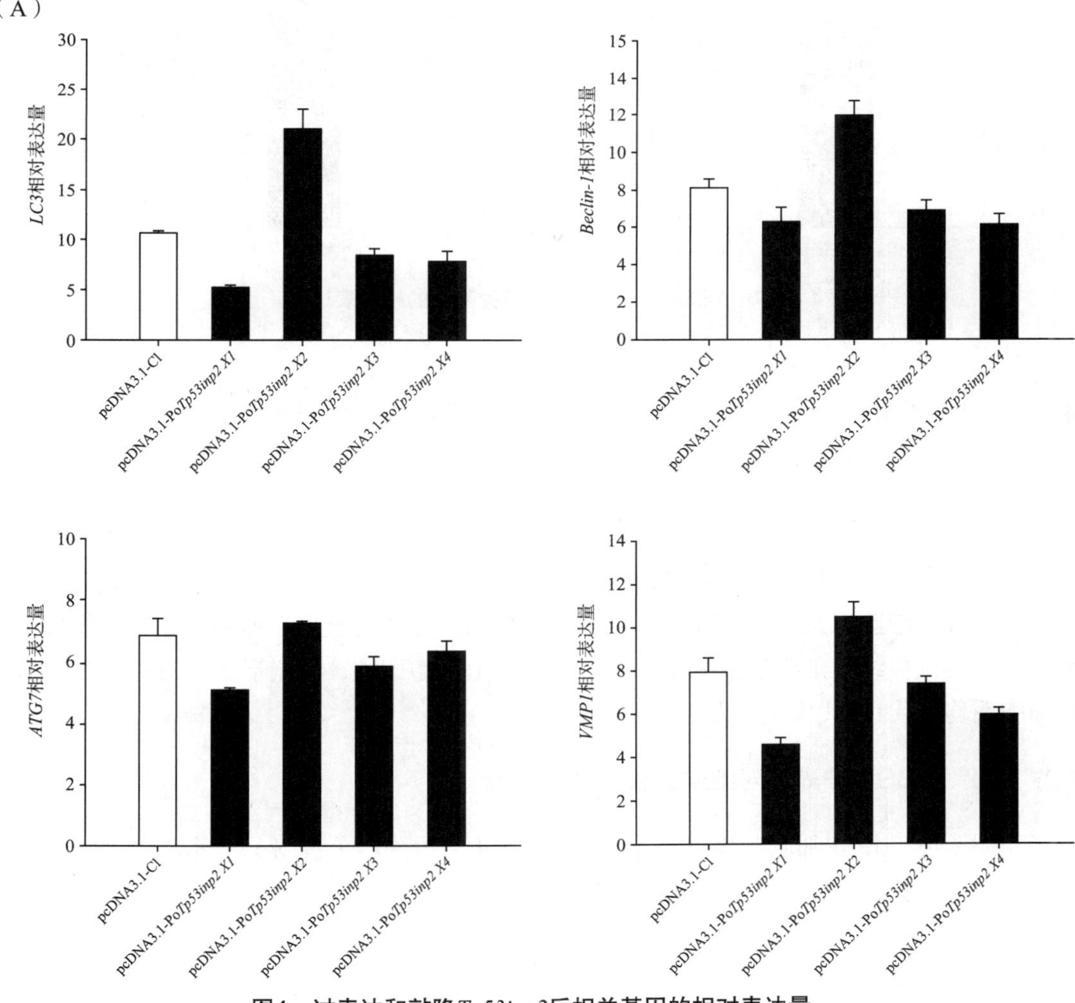

图4　过表达和敲降*Tp53inp2*后相关基因的相对表达量

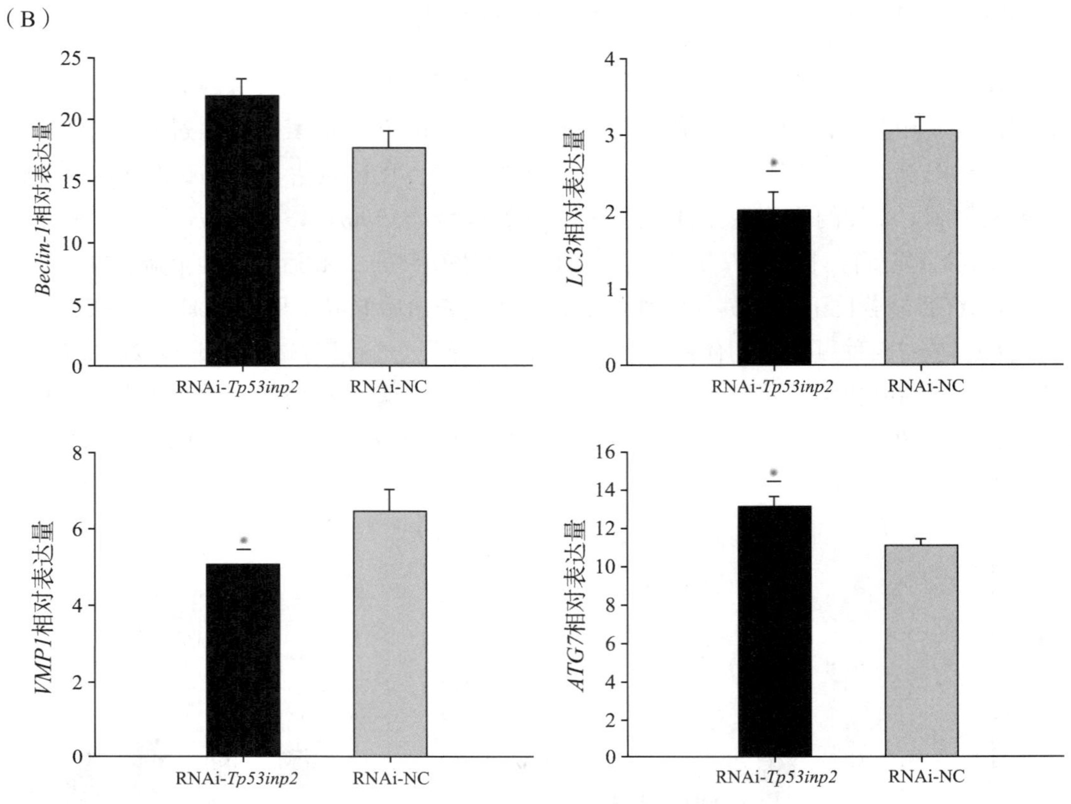

图4　过表达和敲降*Tp53inp2*后相关基因的相对表达量（续）

4　牙鲆脾和脑细胞系建立及其抗病毒应用研究

4.1　牙鲆脾和脑细胞系原代培养

本团队建立了牙鲆脾细胞系JFSP和脑细胞系JFB，在最初的传代培养中，细胞生长成放射状成纤维细胞以及中心呈扁平不规则多边形和圆形核的上皮型细胞。随着传代时间的增加，观察到成纤维细胞逐渐减少，主要表现为上皮型细胞，细胞形态相对简单。目前两种细胞系均传代100代以上（图5）。

4.2　温度、FBS和培养基对细胞生长的影响

结果表明，JFSP细胞和JFSB细胞在含15% FBS的L−15（自制）培养基中，11～29℃时能够存活生长，23℃时生长迅速（图6）。

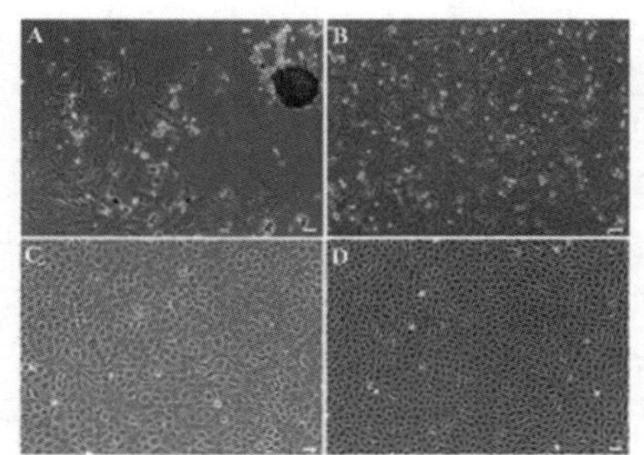

牙鲆脾（JFSP）细胞的形态

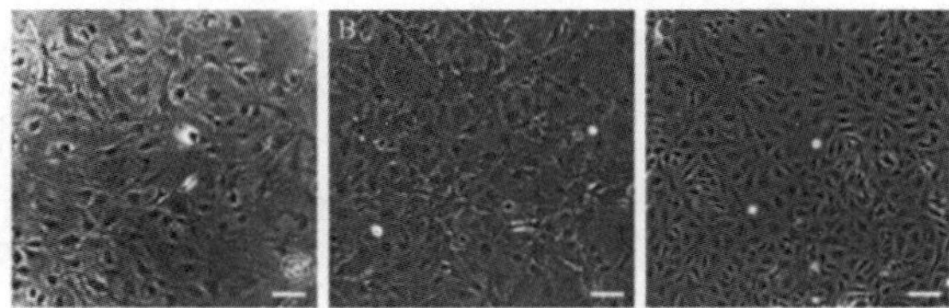

牙鲆脑（JFB）细胞的形态

图5　牙鲆脾细胞和脑细胞形态

（A）

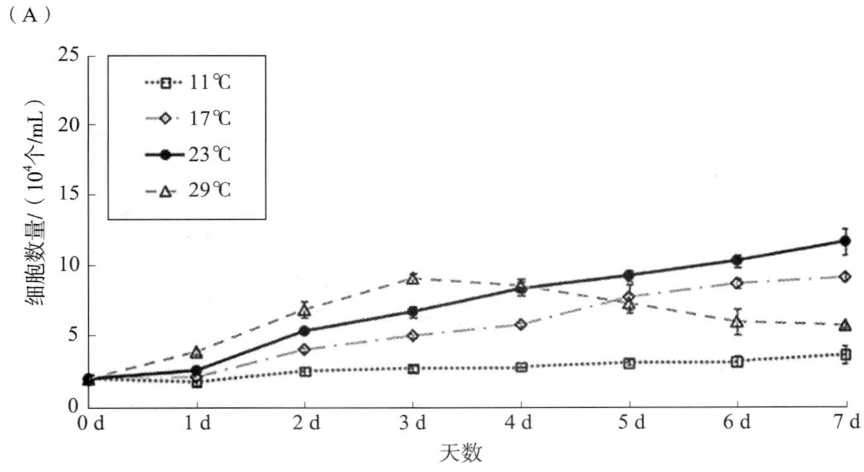

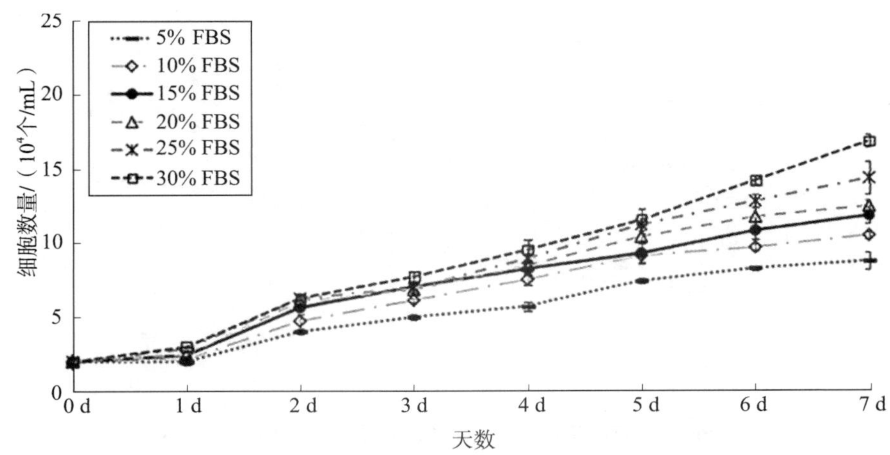

图6　牙鲆脾细胞（A）和脑细胞（B）生长动力学

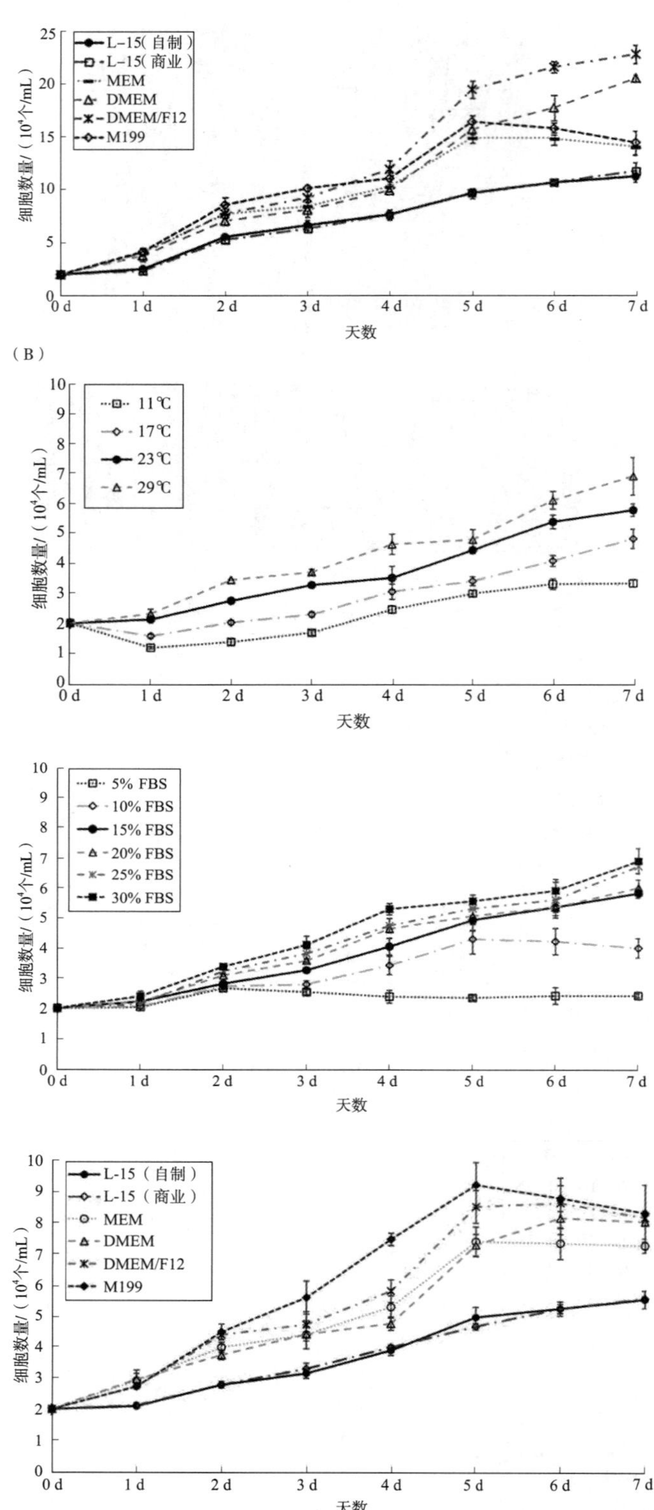

图6　牙鲆脾细胞（A）和脑细胞（B）生长动力学（续）

4.3　牙鲆脾细胞和脑细胞染色体数目鉴定

在传到65代时分析JFSP细胞的染色体信息。结果发现细胞染色体数目为60～69，而大多数细胞染色体为2*n*=68。JFB细胞染色体分析使用的是90代的，共计数了100个分裂相。所有染色体均为端中心染色体。结果显示，JFB细胞的染色体数目为16～72，其中60%的细胞染色体数为2*n*=48（图7）。

4.4　牙鲆脾细胞系和脑细胞系转染效率

用LipofectamineTM 3000 （Invitrogen）在JFSP细胞系和JFB细胞系转染pEGFP−N1。荧光显微镜下观察GFP在JFSP细胞系和JFB细胞系中的表达。结果发现，转染24 h后，约30%的细胞显示绿色荧光（图7）。结果表明，JFSP细胞系可表达外源基因，可用于基因的体外功能验证。

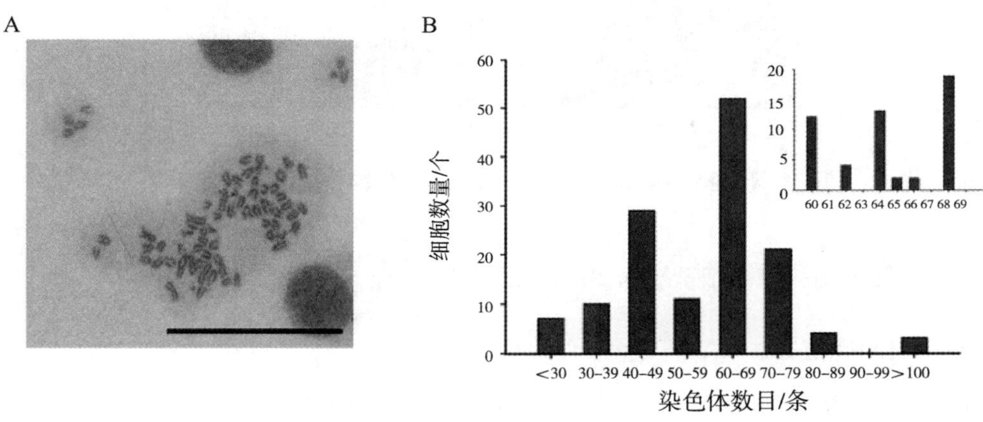

JFSP细胞中染色体形态和数目分布

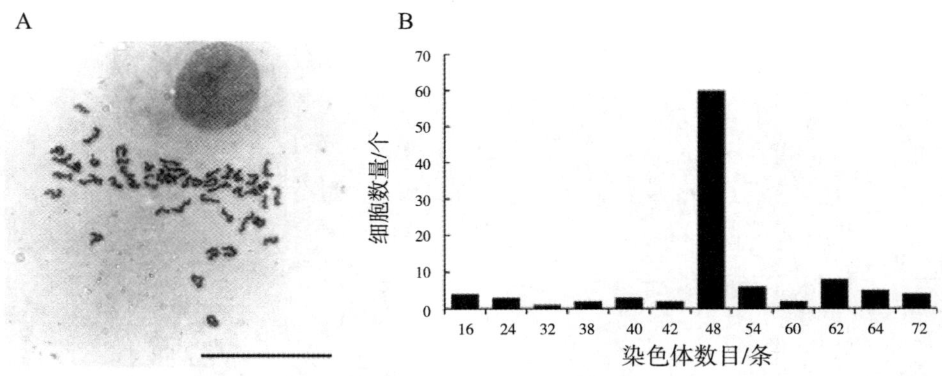

JFB细胞中染色体形态和数目分布

图7　牙鲆脾细胞和脑细胞染色体数目以及转染效率鉴定

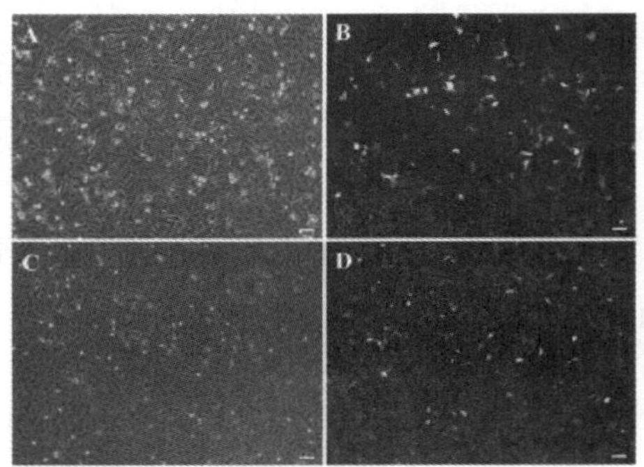

pEGFP-N1在牙鲆脾细胞中的定位表达

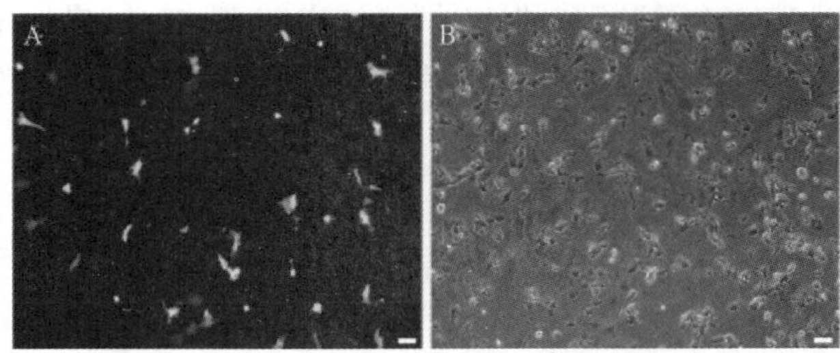

pEGFP-N1在牙鲆脑细胞中的定位表达

图7　牙鲆脾细胞和脑细胞染色体数目以及转染效率鉴定（续）

4.5　牙鲆脾脏细胞和脑细胞系抗病毒应用研究

4.5.1　评估JFSP和JFB细胞对不同病毒的敏感性

结果显示，JFSP细胞对BIV、VHSV、HIRRV、IHNV、LCDV敏感，JFB细胞对HIRRV、LCDV、BIV、GSIV敏感，都表现出不同程度的病变。此外，研究了JFSP和JFB细胞在病毒感染时的免疫相关基因表达模式（图8）。

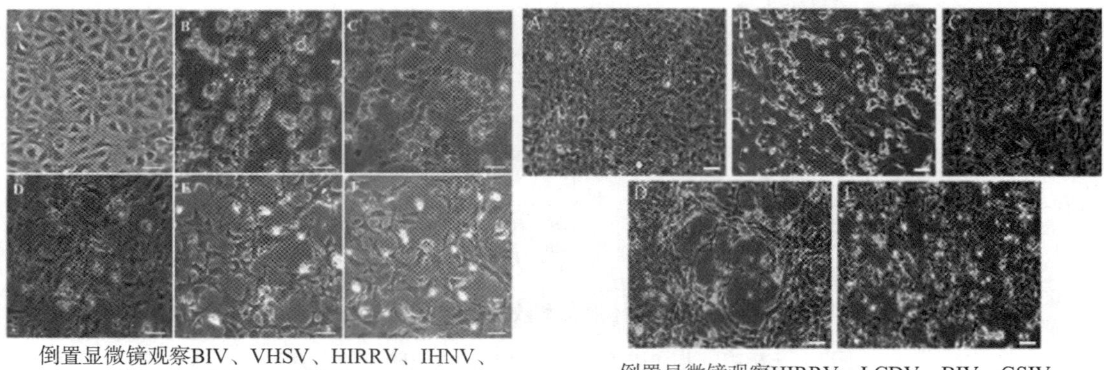

倒置显微镜观察BIV、VHSV、HIRRV、IHNV、LCDV感染JFSP细胞的CPE

倒置显微镜观察HIRRV、LCDV、BIV、GSIV感染JFB细胞的CPE

图8　倒置显微镜观察牙鲆脾细胞系和脑细胞系对病毒的敏感程度（A为对照组）

4.5.2　qRT-PCR检测JFSP和JFB细胞中病毒复制情况

利用BIV、VHSV、HIRRV、IHNV和LCDV分别感染牙鲆脾细胞1 d、2 d和3 d，收集上清液检测病毒复制情况。结果发现5种病毒感染后的细胞上清中的病毒拷贝数随时间的增加呈显著上升趋势。利用HIRRV、LCDV、BIV和GSIV分别感染牙鲆脑细胞1 d、3 d和5 d，收集上清液检测病毒复制情况。结果发现4种病毒感染后的牙鲆脑细胞上清中的病毒拷贝数随时间的增加呈显著上升趋势。因此，结果表明，JFSP和JFB细胞对所检测的病毒都表现出敏感，且病毒可通过两种细胞进行复制（图9）。

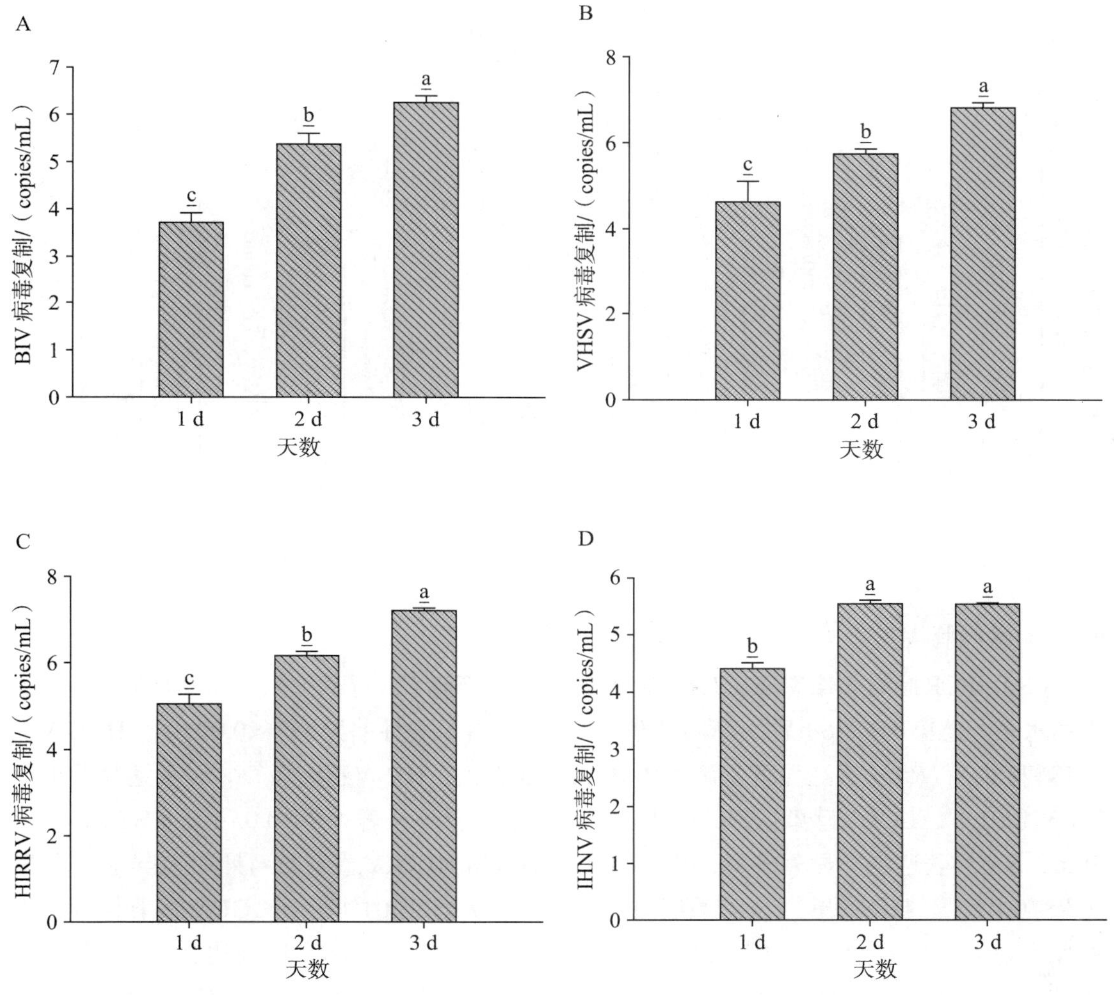

图9　qRT-PCR检测JFSP和JFB细胞中病毒复制情况

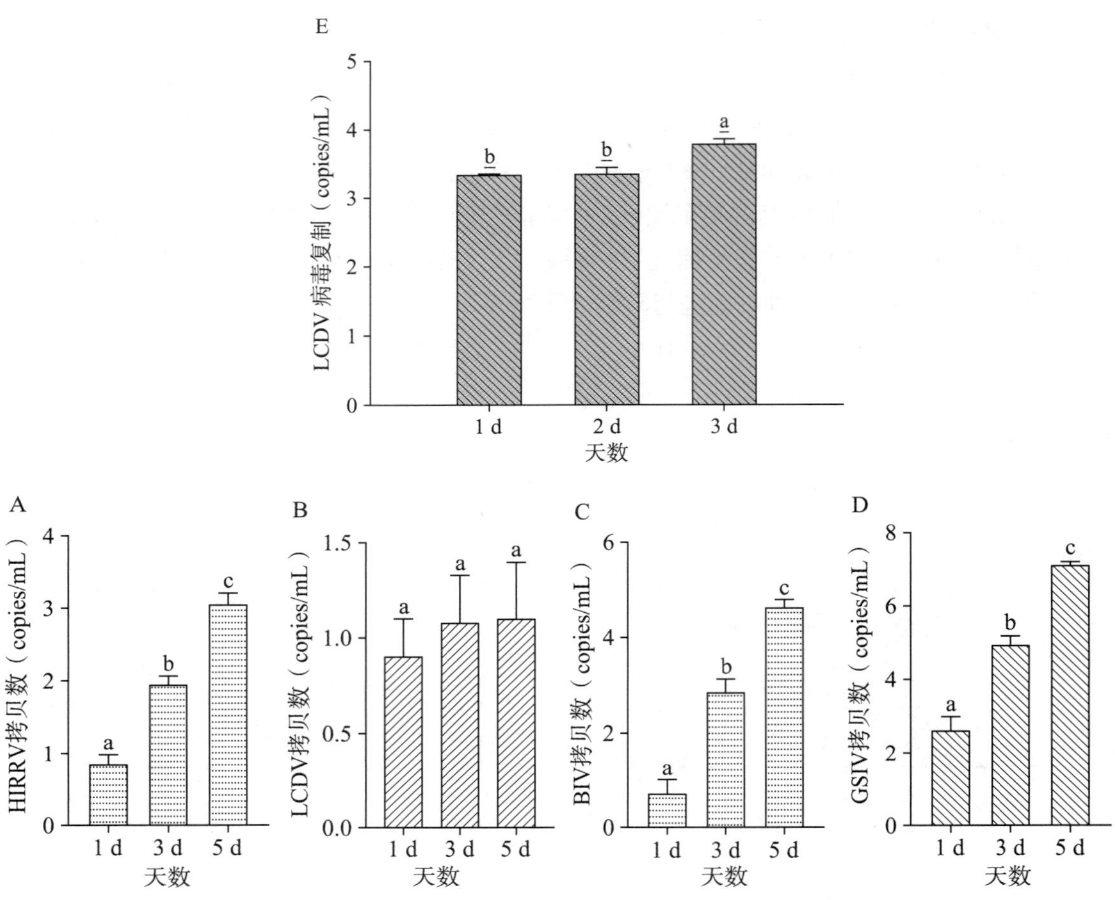

图9　qRT-PCR检测JFSP和JFB细胞中病毒复制情况（续）

4.5.3　qRT-PCR检测抗病毒相关基因的表达谱

qRT-PCR检测病毒感染后JFSP细胞中*IL-1β*、*TRAF3*、*TNF-α*、*TLR2*等免疫基因的表达水平。感染BIV 36 h后，*TRAF3*的表达上调，有显著性差异（*P*<0.001）。HIRRV和VHSV感染后*TRAF3*表达显著上调（*P*<0.05或0.01），IHNV感染后*TRAF3*表达显著下调（*P*<0.01），LCDV感染后*TRAF3*表达下调，但差异不显著（*P*>0.05）。VHSV感染后36 h，*IL-1β*表达水平显著升高（*P*<0.05）。BIV和HIRRV感染与对照组差异非常显著（*P*<0.01），IHNV感染与对照组差异极显著（*P*<0.001），而LCDV感染与对照组差异不显著（*P*>0.05）。BIV和HIRRV感染细胞36 h后，*TNF-α*的表达上调，有显著性差异（*P*<0.01）。VHSV感染后表达明显上调（*P*<0.05）。相反，IHNV感染后*TNF-α*表达极显著下调（*P*<0.001），LCDV感染后*TNF-α*表达下调，但不显著（*P*>0.05）。所有病毒感染36 h后，*TLR2*均显著或极显著下调（*P*<0.01）。

感染HIRRV、LCDV、BIV和GSIV后，JFB细胞中*IL-1β*、*IL8*、*Mx*和*TNF*的表达水平显著上调（*P*<0.01）。 感染HIRRV后，JFB细胞中*TNFR-1*基因的表达水平显著上调

（$P<0.01$）；感染HIRRV、BIV和GSIV后*TNFR-1*的表达显著上调。然而，LCDV感染后*TNFR-1*的表达模式与对照组无明显差异（$P>0.05$）（图10）。

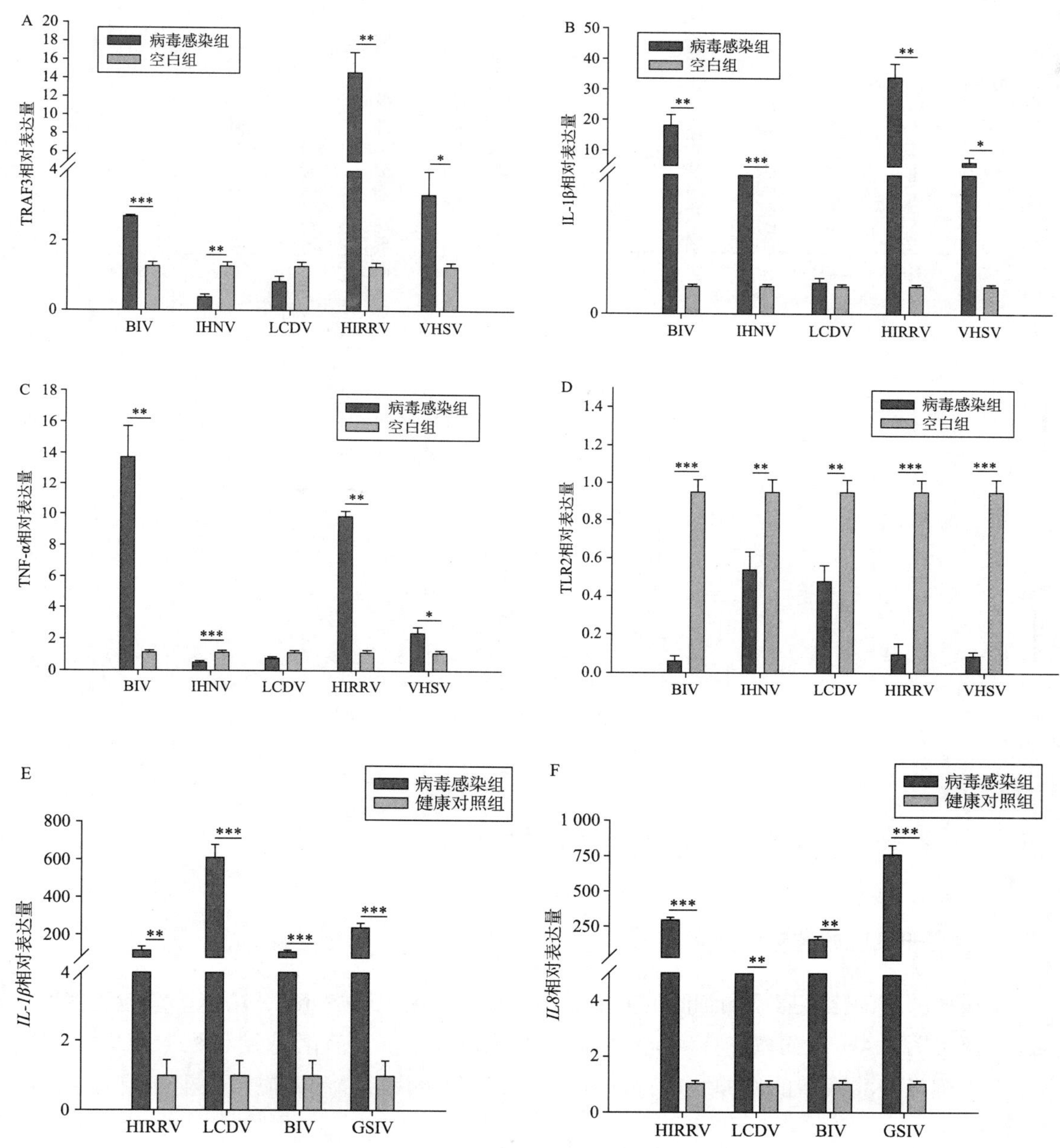

图10　qRT-PCR检测抗病毒相关基因的表达谱

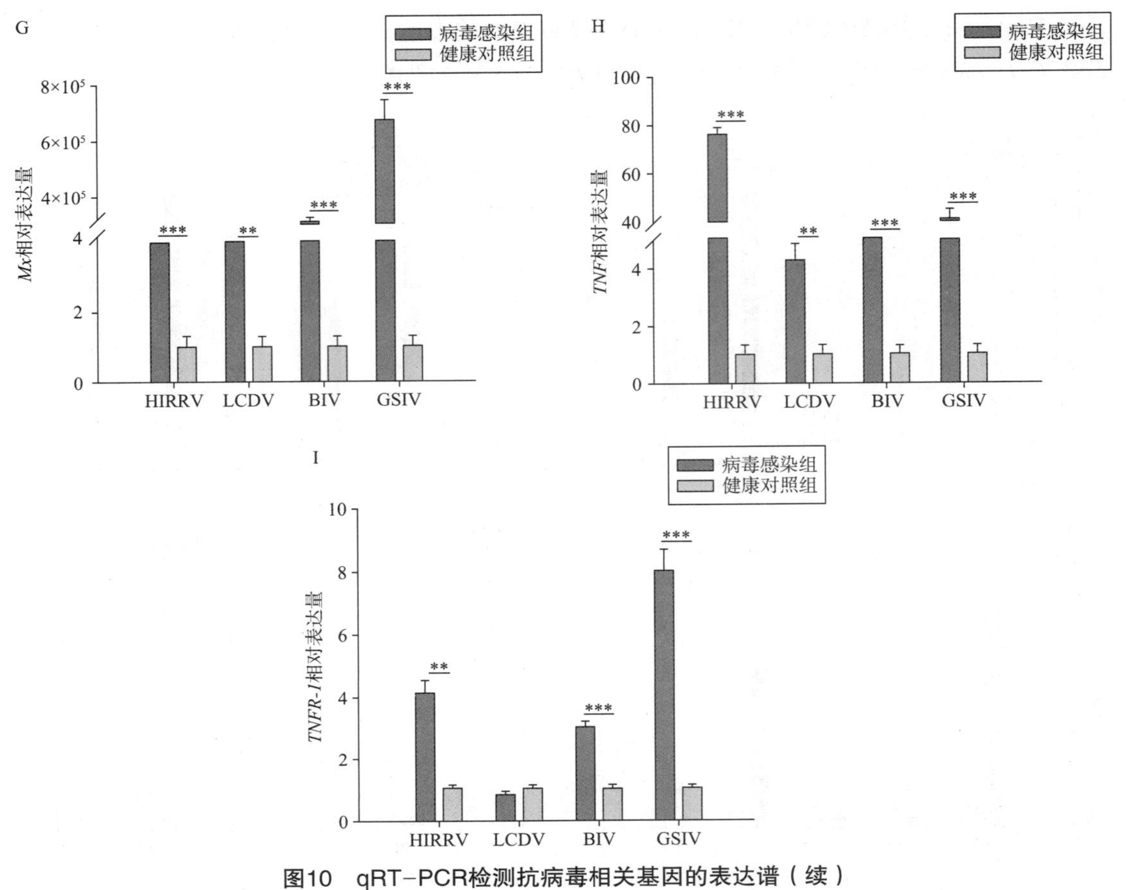

图10　qRT-PCR检测抗病毒相关基因的表达谱（续）

5　牙鲆精原干细胞培育相关技术研发

5.1　精原干细胞的纯化培养

根据胰酶消化性腺不同细胞的速率差异，加入胰酶0.5～2 min，精原干细胞簇首先变圆脱落（图11A），而以支持细胞为主的体细胞还未来得及消化脱落（图11B）时，将精原干细胞悬液移入新的培养瓶进行培养。多次纯化传代后，细胞以精原干细胞为主（图11C）。

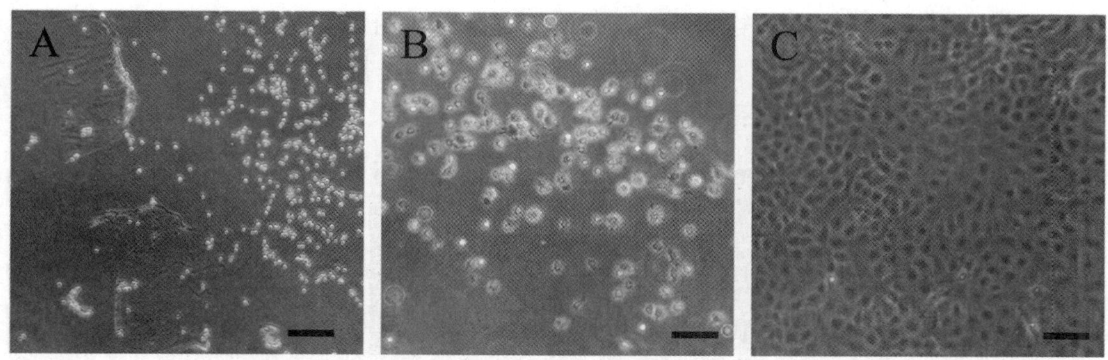

图11　胰酶差速消化纯化精原干细胞

注：（A）胰酶消化进行0.5～2 min时精原干细胞变圆即将脱落；（B）胰酶消化0.5～2 min中，精原细胞簇脱落移走后剩余贴壁细胞，是以支持细胞为主的体细胞；（C）纯化4次后7代精原干细胞；标尺为50 μm

5.2　精原干细胞系的冻存和复苏

秉承“慢冻速融”的原则，累计冻存精原干细胞25份，液氮冻存的精原干细胞复苏成活率70%以上，一星期内即可长满全瓶，并可以正常传代，目前冻存5个月复苏后的精原干细胞已经由18代传至80代，冻存16个月复苏后的精原干细胞已经由5代传至23代，细胞冻存前后无明显的形态差异（图12）。

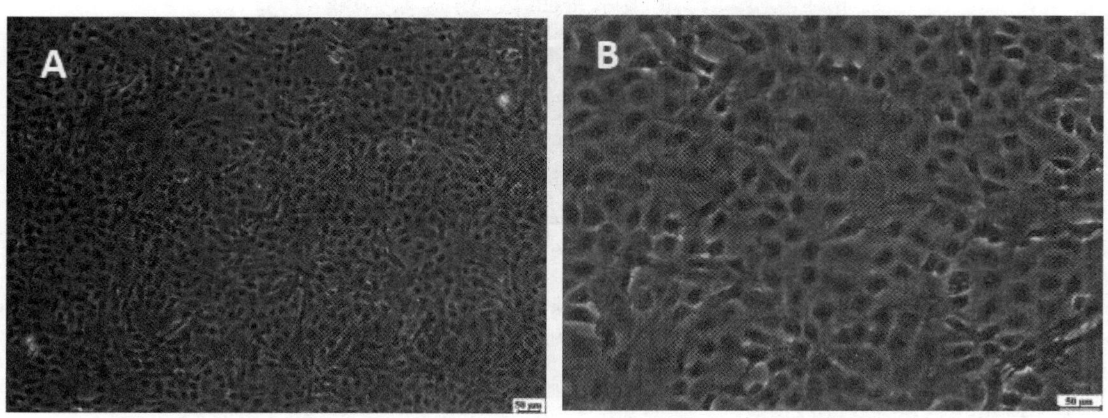

图12　冻存16个月后复苏稳定传代的细胞状态

5.3　精原干细胞营养匮乏诱导体外分化分析

停止传代半个月以上后，生精细胞和支持细胞逐渐形成细胞簇，细胞簇增大到一定程度后形成多层细胞组成的细胞团，精原干细胞进一步分化成精子样细胞（图13A−B）。对分化的细胞进行VASA免疫荧光分析，由于精原干细胞和精母细胞表达VASA蛋白（红光）、精子不表达VASA蛋白，进一步证明精原干细胞分化产生了2～3 μm精子细胞，且精子细胞主要分布在细胞团的外围，精原细胞及精母细胞（VASA有表达，红光）分布在细胞团的下面，紧密挨着支持细胞，贴壁于培养板底部（图14）。收集并激活精子后，可见具有活力的精子（图13C），数量较少，且随着分化的进行，培养的细胞中出现因为成熟脱落精子和衰老脱落细胞后的空泡状结构（图14B）。

图13　停换细胞培养液后细胞分化

注：（A）停止传代后细胞聚集，红色实线椭圆为刚形成的细胞簇，白色虚线椭圆细胞簇进一步增大并出现细胞分化状态；（B）不断产生精子的细胞，白色曲线圈起来的区域为分化的精细胞，白色箭头表示脱落精子的位置，红色箭头表示衰老的细胞位置；（C）海水激活后活动的精子；标尺为50 μ m。

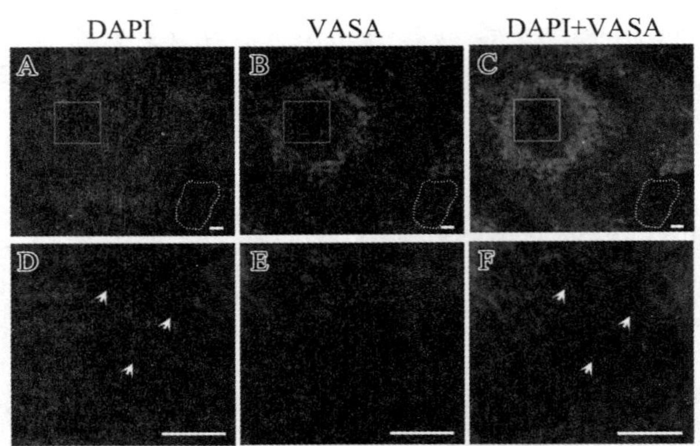

图14　诱导分化的细胞免疫荧光分析

注：（A—C）体外分化生精细胞簇，（A）为DAPI染色，（B）为VASA蛋白表达，（C）为DAPI和VASA叠加图，曲线圈起来的区域表示精原干细胞簇；（D—F）分别为A—C方框的放大图；箭头表示精子样细胞，标尺为50 μ m。

5.4　激素诱导体外分化分析

在六孔板铺板，待细胞长满时开始进行诱导分化（图15A）。随着细胞的增殖，逐渐形成由支持细胞与生精细胞组成的细胞团，诱导分化40天后细胞团大量出现（图15B），并且分化现象明显，在细胞团外围看到大量的精细胞或者未激活的精子（图15C，图15D）。在分化高峰期收集精子并滴加海水可见游动的精子，精子活动的时间在3～29 min之间。牙鲆体外诱导分化如同鱼体体内精子产生，属于分批次生产精子，首次发现诱导分化的精子（诱导分化8天）到尾期，约3个月。不断成熟的精子脱落于培养板底部后，余下的支持细胞形成蜂窝状，类似于鱼体精巢中无生精细胞的精小叶（图15F，图15G）。

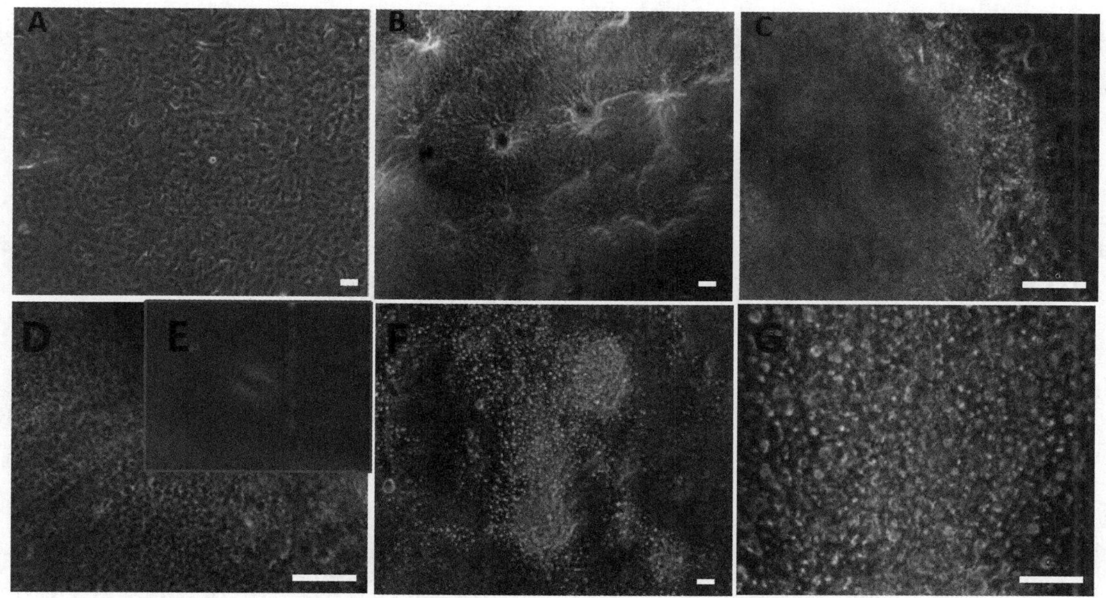

图15　激素诱导精原干细胞体外分化动态

注：（A）诱导分化前精原干细胞状态；（B）诱导分化40天的细胞团，细胞团由支持细胞和各级生精细胞组成；（C）诱导分化40天的细胞团放大图；（D）诱导分化46天的部分细胞团产生精子；（E）海水激活的精子；（F）诱导分化产过精子如蜂窝状细胞团；（G）蜂窝状细胞团放大图

（岗位科学家　王玉芬）

半滑舌鳎种质资源与品种改良技术研究进展

半滑舌鳎种质资源与品种改良岗位

2022年，半滑舌鳎种质资源与品种改良岗位团队在陈松林院士带领下，在种质资源收集、抗病和体色性状遗传解析、育种技术创新、基因编辑鱼传代、家系构建与新品系选育、新品种推广等方面开展了大量工作，取得了重要进展，指导唐山维卓公司生产半滑舌鳎新品种“鳎优1号”受精卵160 kg，占全国的70%以上，推动了半滑舌鳎产业发展。陈松林主持完成的“半滑舌鳎和斑石鲷分子育种技术创建及新品种创制与应用”成果获中国水产学会范蠡科技奖特等奖。现将2022年取得的主要进展介绍如下。

1　半滑舌鳎基因编辑F3 代快大型雄鱼新种质创制

本岗位陈松林院士团队以采用*dmrt1*基因突变的F2代雌鱼和雄鱼交配，获得基因编辑F3代鱼苗4 725尾。2022年1月26日，对2020年获得的*dmrt1*纯合突变的部分F3代雄鱼进行了专家现场验收（图1），选取F3代鱼中的生长快速个体139尾，检测到纯合突变ZZ雄鱼50尾，测定其中18尾纯合突变雄鱼的平均体重为745.8 g；而普通对照雄鱼平均体重为124.2 g，对照雌鱼平均体重820.5 g。表明基因编辑雄鱼比普通雄鱼生长快4倍以上，大小接近普通雌鱼。遗传性别鉴定表明纯合突变F3代雄鱼只有1条DNA带，与对照雄鱼的遗传性别相同，而对照雌鱼则能扩出2条DNA带。解剖发现，纯合突变F3代快速生长雄鱼的性腺外形类似于对照雌鱼的卵巢，但明显小于雌鱼卵巢。突变F3代雄鱼挤不出精液，而对照雄鱼能挤出精液。表明纯合突变F3代雄鱼滞育。

图1　半滑舌鳎基因编辑F3代快速生长雄鱼通过现场验收

对纯合突变的*dmrt1*雄鱼性腺进行切片观察，观察到性腺整体呈圆形，中间有空腔，并且有类似雌性性腺的产卵板，但未见有卵细胞（图2）。由此表明*dmrt1*纯合突变且生长快速的F3代雄鱼新种质具有不育的特点，为产业化应用奠定了基础。

纯合突变F3代雄鱼性腺

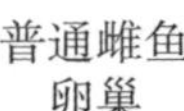

普通雄鱼精巢

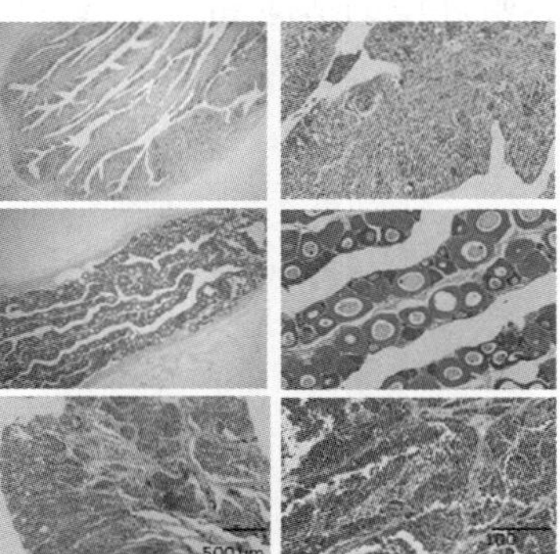

图2　*dmrt1*基因编辑F3代纯合突变雄鱼及其性腺切片结果

上述阶段性成果开辟了半滑舌鳎基因编辑性控育种新途径，破解了半滑舌鳎雄鱼生长慢、长不大的难题，将能长大的不育雄鱼和生理雌鱼比例提高到70%以上，比普通舌鳎鱼苗的生理雌鱼比例提高了50%以上，比半滑舌鳎新品种“鳎优1号”提高了30%以上，为基因编辑新品种培育奠定重要基础，对半滑舌鳎养殖业可持续发展具有重要现实意义和重大应用价值。

2 半滑舌鳎体色黑化相关ceRNA网络构建

随着集约化养殖的发展，人工养殖的半滑舌鳎无眼侧皮肤经常出现黑化现象（图3），而正常情况下无眼侧皮肤为白色。黑化个体价格较正常个体低，严重影响了半滑舌鳎养殖产业发展和经济效益。通过全转录组测序和分析，筛选鉴定到与半滑舌鳎无眼侧黑化有关的关键circRNA 73个、lncRNA 34个、miRNA 226个和mRNA 610个，建立了无眼侧黑化的ceRNA调控网络（circRNA–miRNA–mRNA和lncRNA–miRNA–mRNA）（图4–5），通过对关键差异表达基因进行富集分析发现，这些基因主要富集在色素相关生物学过程、氮代谢、鞘糖脂和叶酸生物合成等通路。同时，对关键circRNA的母基因进行富集分析发现，主要富集在机械刺激感知、酪氨酸氨基转移酶活性、苯丙氨酸氨基转移酶活性等通路。另外，通过加权基因共表达网络分析（WGCNA），筛选到3个与无眼侧黑化高度相关的基因模块，分别包含49、13和49个核心基因，对这些核心基因进一步分析发现其中一些基因（如*spp1*、*tgfb2*和*col5a2*）是与生长性状（体型大小和肌肉发育）紧密相关的选择信号，而另外一些基因是与繁殖（如*zp3*、*tspan1*和*tspan13*）或免疫（如*b3galnt2*）性状紧密相关的选择信号。进一步对关键模块基因集进行富集分析发现这些基因主要富集在与骨骼发育与形成和心肌症等相关的过程和通路。综上，结果表明非编码RNA在半滑舌鳎无眼侧黑化中发挥重要调节作用，并且无眼侧黑化实际上是一种适应性演化，其驱动力来自对人工养殖环境的适应和人工选择两个方面。

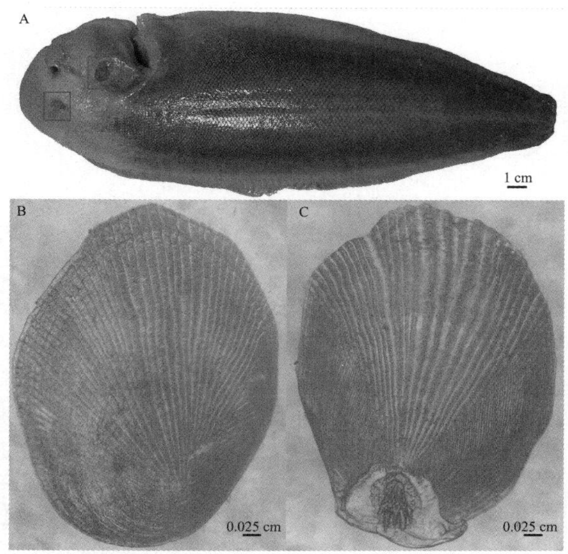

图3　（A）无眼侧黑化的15月龄半滑舌鳎雄鱼；（B）15月龄半滑舌鳎雌鱼无眼侧圆鳞；（C）15月龄半滑舌鳎雌鱼无眼侧栉鳞。

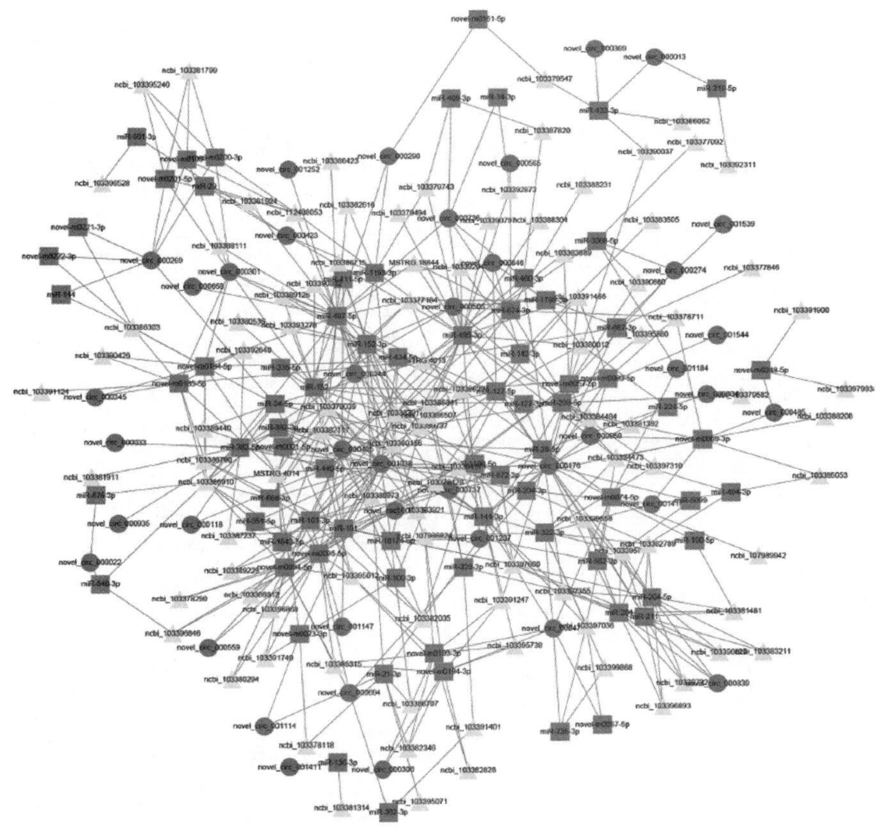

图4　无眼侧黑化circRNA-miRNA-mRNA调控网络

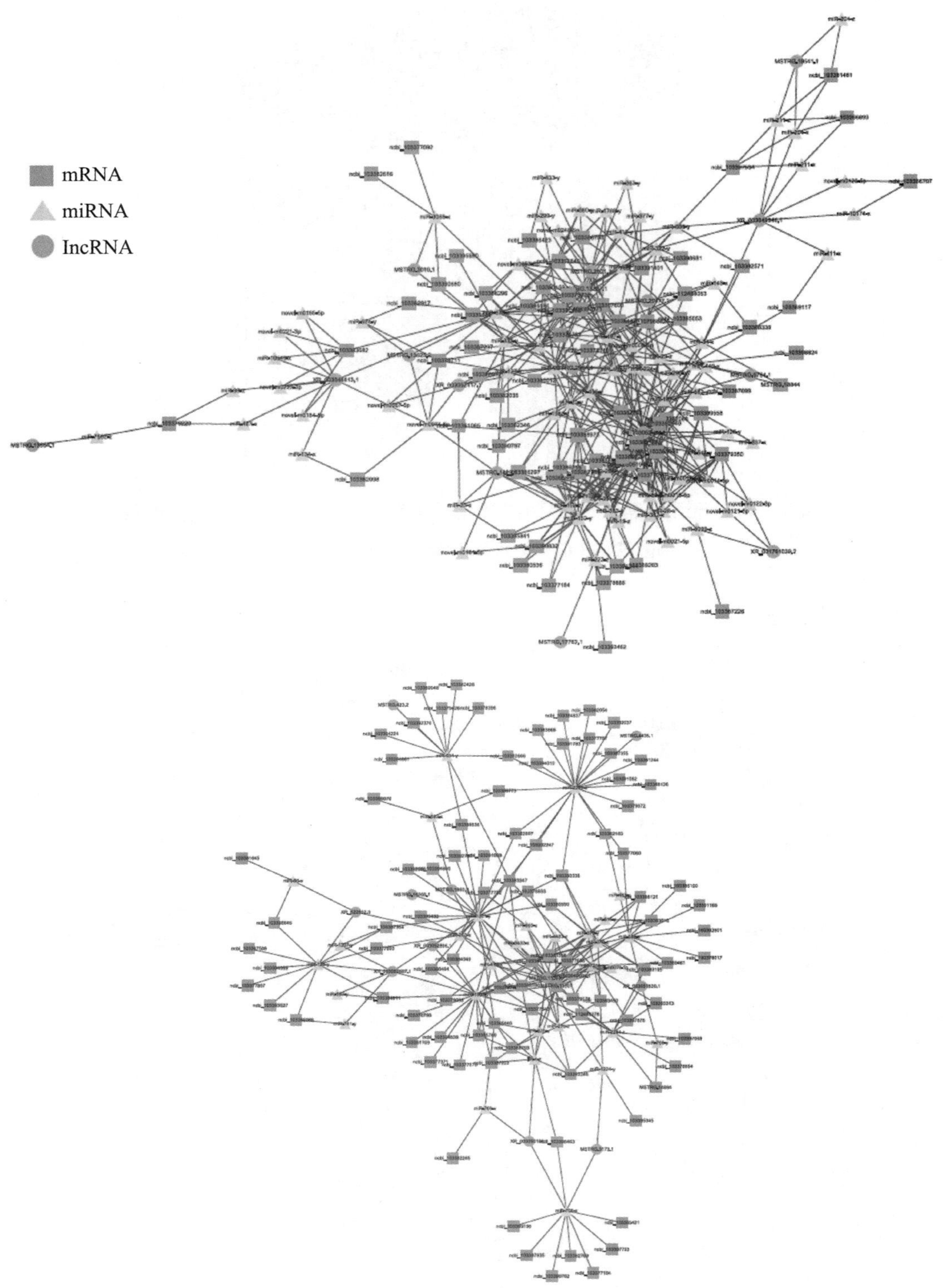

图5　无眼侧黑化lncRNA-miRNA-mRNA调控网络

3　半滑舌鳎lnc-XR_003049606.1 及其靶基因*pmelb*在无眼侧皮肤黑化过程中的表达

本研究根据前期全转录组数据分析结果预测得出lnc-XR_003049606.1 与*pmelb*在基因层面上存在反式调控的关系。在半滑舌鳎无眼侧黑化皮肤中克隆获得*pmelb*的cDNA 序列，全长1 755 bp，编码584个氨基酸；预测的蛋白分子量为63.94 ku，理论等电点为5.12；预测的二级蛋白结构含有1个Pleckstrin 同源域、1个布鲁顿酪氨酸激酶富胱氨酸基序、1个Src 同源3域、1个Src同源2域和1个酪氨酸激酶催化结构域（图6）。半滑舌鳎*pmelb*与其他鱼类的对应基因聚为一支，与大菱鲆和牙鲆的氨基酸序列相似性最高（分别为68.05% 和66.28%）。表达分析发现，lnc-XR_003049606.1在1 龄半滑舌鳎的皮肤和肝脏中表达（图7），皮肤中表达量在60 d 达到顶峰，随着时间延长而降低（图8）；而*pmelb*则主要在皮肤中表达，表达量在时间线上先升高再降低。本研究初步探究了lnc-XR_003049606.1和*pmelb*间的表达关系，为进一步筛选半滑舌鳎无眼侧黑化过程中起作用的关键基因提供了思路。

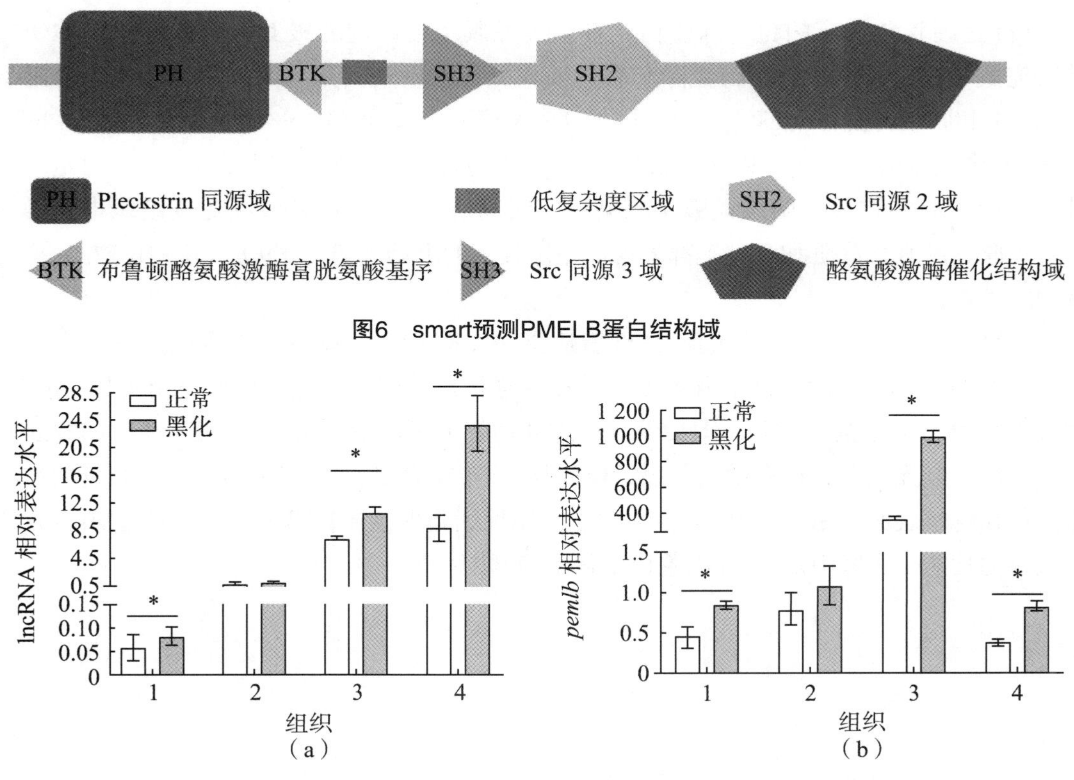

图6　smart预测PMELB蛋白结构域

图7　lnc-XR_003049606.1（a）和*pmelb*（b）在正常和黑化个体不同组织中的表达水平

注：1. 肾脏，2. 脑，3. 皮肤，4. 肝脏，*. $P<0.05$

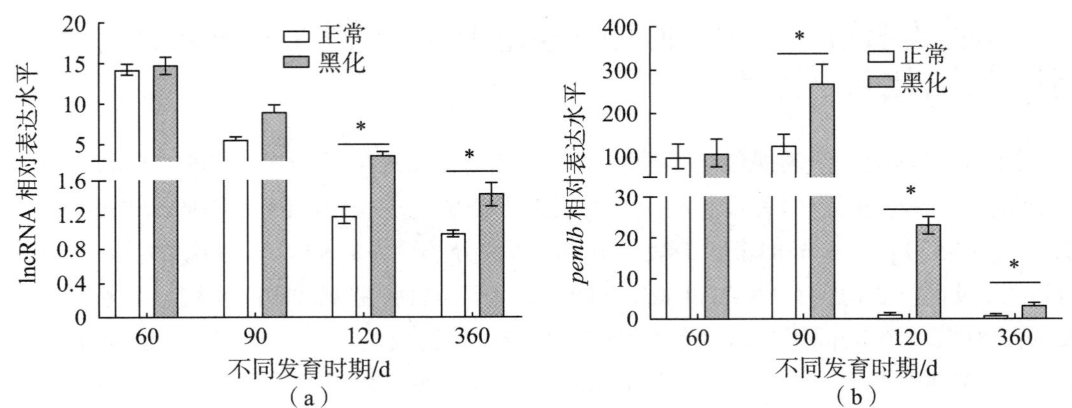

图8　lnc-XR_003049606.1（a）和*pmelb*（b）在不同发育时期的无眼侧皮肤表达水平

4　半滑舌鳎新型免疫球蛋白（IgT）基因克隆、表达分析及IgT+ B细胞检测

IgT是硬骨鱼特有的免疫球蛋白，在鱼类黏膜免疫中起着极其重要的作用。本研究首次完成了半滑舌鳎IgT 基因克隆和表达模式分析，发现其具有两种结构形式：分泌型（sIgT）和膜结合型（mIgT）。该基因的cDNA 序列全长2 033 bp，开放阅读框1 794 bp，编码597个氨基酸。保守结构域分析显示mIgT氨基酸包含一个信号肽，4个重链恒定结构域和一个跨膜结构域。哈维氏弧菌感染一定时间后，半滑舌鳎IgT在免疫组织中（肠、鳃、皮肤、肝脏、脾脏和肾脏）都表现出一定程度的上调趋势（图9），说明IgT在免疫防御中的重要作用。

构建原核表达载体，诱导获得IgT表达蛋白（图10）。制备半滑舌鳎皮肤、鳃、肠和头肾石蜡切片，利用兔抗半滑舌鳎 IgT 多克隆抗体（图11）进行免疫荧光实验，IgT使用红光显色，细胞核为蓝光（图12）。在皮肤切片上可以看到IgT阳性细胞分布在皮肤表面，呈现强红光染色，还有游离状态的IgT蛋白分布在表皮和黏膜层。可见大量IgT阳性细胞聚集在鳃丝表面。 在肠道中可见明显的IgT阳性细胞聚集在黏膜区，说明肠道中IgT发挥了重要的功能。头肾中IgT阳性细胞位于肾小管周围。

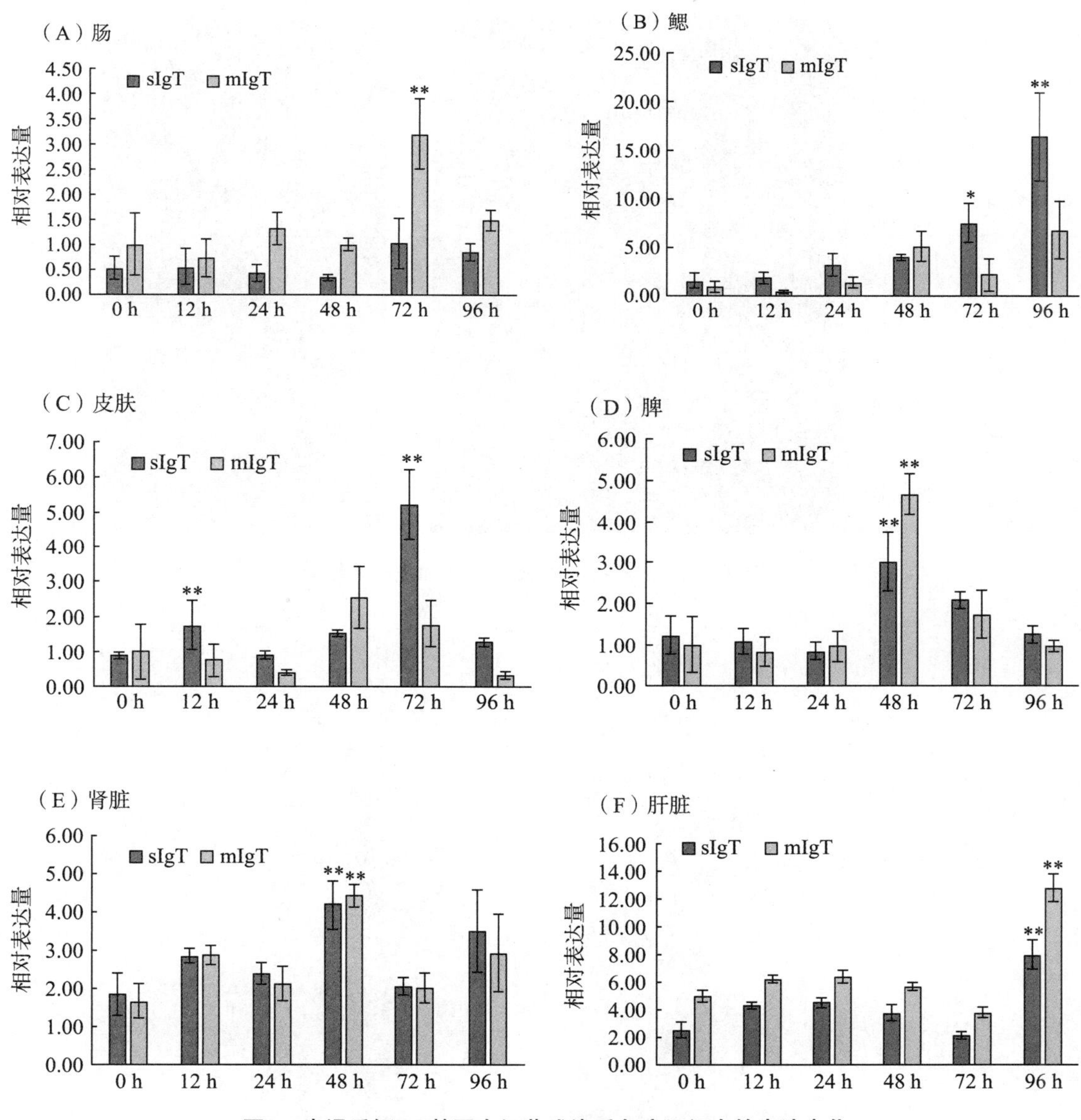

图9　半滑舌鳎IgT基因在细菌感染后免疫组织中的表达变化

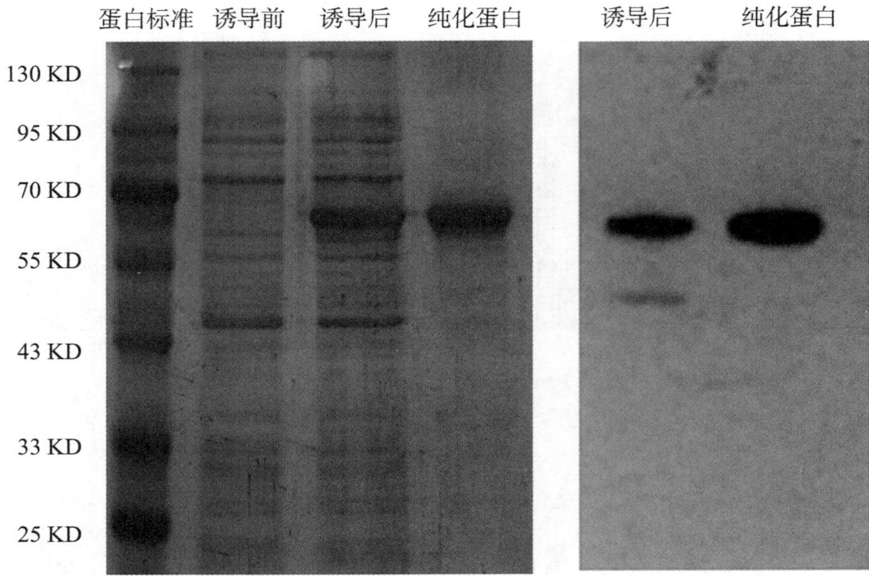

图10　SDS-PAGE和western blot检测重组蛋白

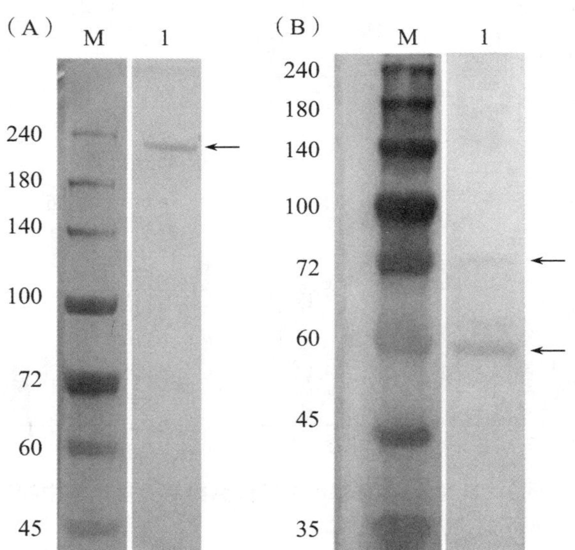

图11　兔抗半滑舌鳎IgT多克隆抗体的特异性鉴定

注：（A）非变性蛋白电泳及 western blot 检测半滑舌鳎组织中 IgT 的表达

（B）变性蛋白电泳及 western blot 检测半滑舌鳎组织中 IgT 的表达

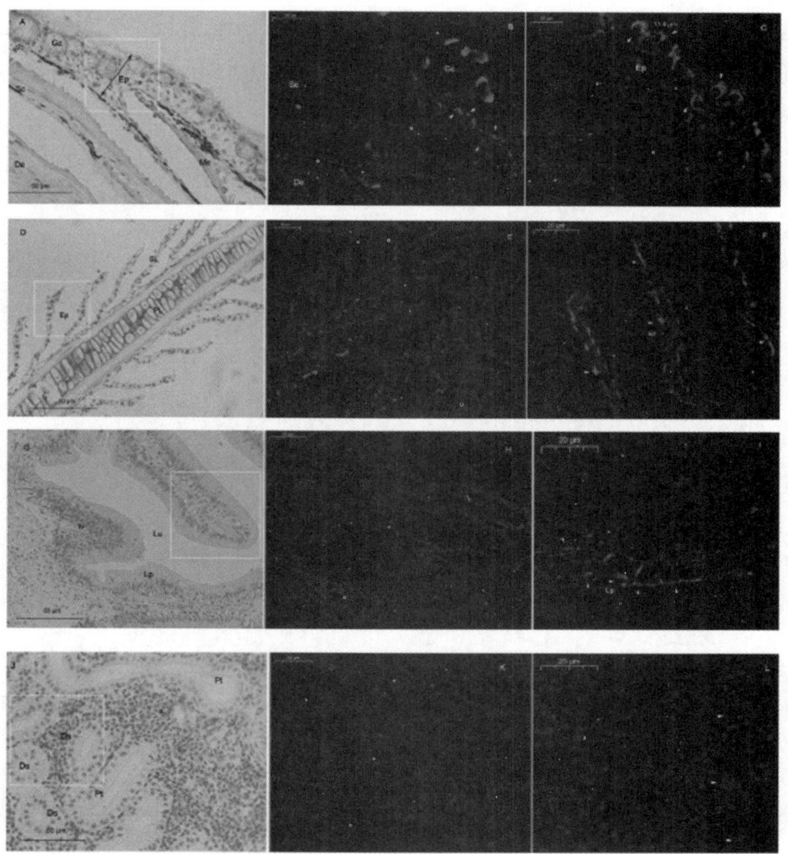

图12　免疫荧光实验检测半滑舌鳎皮肤、鳃、肠和头肾中 IgT 的定位

注：皮肤（A，B，C），鳃（D，E，F），肠（G，H，I），头肾（J，K，L）

5　创建半滑舌鳎分子育种技术，创制抗病高产新种质

针对半滑舌鳎养殖业中存在的病害频发、舌鳎雄鱼生长慢等问题，进行了半滑舌鳎抗病、生长和性别等性状的遗传基础解析及分子育种技术与新品种创制的系统研究。相关成果获2022年中国水产学会范蠡科技进步奖特等奖（图13），并被评为2022年渔业十大新闻之一。

该项成果从性状解析、分子育种技术和种质创制三个维度开展了全创新链的研究。揭示了半滑舌鳎抗细菌病性状的遗传基础；发现*dmrt1*既决定雄鱼性别，又调控生长，阐明舌鳎雄鱼生长慢、个体小的分子机制；绘制半滑舌鳎雌、雄、伪雄鱼生长-生殖轴全转录组和甲基化图谱，发现细胞周期通路激活和hippo信号通路抑制是舌鳎雌雄大小差异的重要原因；研制出半滑舌鳎抗病育种基因芯片“鳎芯1号”，建立了半滑舌鳎抗病性状基因组选择育种技术、创建了基因组编辑育种技术；创制抗病高产半滑舌鳎新品种“鳎优1号”

和半滑舌鳎基因编辑快大型雄鱼新种质，破解了半滑舌鳎雄鱼长不大的难题。新品种和专利技术推广应用后产生显著的经济效益和社会效益。专家评价该成果原创性强，居同类研究的国际领先水平。

中国水产学会
范蠡科学技术奖
证 书
为表彰中国水产学会范蠡科学技术奖获得者，特颁发此证书。
成果名称：半滑舌鳎和斑石鲷分子育种技术创建及新品种创制与应用（科技进步类）
获奖等级：特等奖
获 奖 者：陈松林（第1完成人）
2022年10月26日
证书号：2022-KJ-T-01-20-D01
国科奖社证字第0167号

图13　2022范蠡科技奖特等奖证书

6　半滑舌鳎家系建立与育种资源扩充

在“鳎优1号”新品种的基础上，建立了新一代半滑舌鳎家系122个，对各家系生长和耐高温性能进行了测试，并利用全基因组选择育种技术进行高产抗逆新品系培育。另外，将20多尾半滑舌鳎野生鱼培育至性成熟，于9月份进行人工催产和授精，共获得受精卵520 g，共培育野生群体子一代鱼苗约12万尾，丰富了半滑舌鳎育种资源。

7　半滑舌鳎新品种“鳎优 1 号”苗种生产与推广

继续推进“鳎优1号”新品种受精卵和苗种生产与推广工作，在河北、天津和山东等半滑舌鳎主养区累计推广“鳎优1号”受精卵160 kg；协助唐山市维卓水产养殖有限公司和唐山海都水产食品有限公司培育“鳎优1号”苗种达到350万尾。新品种推广后养殖效果逐步凸显，半滑舌鳎整体养殖成活率由以往的不到50%提高到65%以上，养殖户由以往“不敢养”逐渐转向“乐于养”，未来几年半滑舌鳎苗种需求量和养殖产量有望进一步提高。目前，半滑舌鳎养殖已经成为各个主养区渔民致富增收的重要途径之一，有效促进了当地渔业经济发展，并且在一定程度上推动了我国的乡村振兴工作（图14）。

图14　半滑舌鳎苗种生产与推广

8　鱼类养殖产业调研与驻点研究

本岗位陈松林院士带领团队多次赴河北省唐山市、广东省佛山市和广州市等调研指导。

2022年1月到唐山海都水产食品有限公司调研指导，先后参观了唐山海都种质资源场、家系建立车间及成鱼出口韩国集装箱装运现场，就双方正在合作的鱼类基因组选择育种研究进展与未来项目计划进行交流，同时对海都产业发展规划、育种软硬件设施等给以充分肯定，并提出细致的建设性意见，双方将进一步加强合作。

7月再次到唐山曹妃甸调研，并就半滑舌鳎鱼种质发展问题展开座谈，听取了曹妃甸区水产养殖舌鳎鱼产业相关情况介绍，对其现有科研工作内容进行了调研指导，并对进一步的合作选育签订预协议。本次调研促进了以科技为先导、深入研发半滑舌鳎鱼的上下游产业链，推动相关产业做大做强。

12月赴广东省佛山市和广州市进行鱼类养殖产业及生物技术助力水产种业高质量发

展战略研究的相关调研工作。调研期间，陈松林院士一行主要到访了百容水产良种有限公司、广东梁氏水产种业有限公司和恒兴（广州）渔业发展有限公司等水产企业，对加州鲈鱼、鳜鱼等重要养殖鱼类的种业与养殖业发展现状、主要产业问题和水产生物技术应用情况等进行了深入了解，陈松林院士向各企业系统介绍了水产生物技术的发展现状以及在半滑舌鳎等海水鱼类中进行抗病良种选育取得的突破性成果，与企业就应用先进生物技术培育鱼类抗病良种，助力水产种业高质量发展等问题达成了共识，并为后续的实践工作奠定了基础。

此外，与唐山市维卓水产养殖有限公司、唐山海都水产食品有限公司等大中型养殖企业进行合作，将其作为重要的养殖与育种基地，常年派3～5名团队成员和研究生驻点开展研究工作，并为公司提供长期技术支持。本年度为唐山维卓水产养殖公司进行半滑舌鳎雄性亲鱼遗传性别鉴定，共检测2 304尾，筛选出优质雄鱼2 110尾；同时，筛选、保存并培育“鳎优1号”亲本2 400尾，用于大批量生产和推广新品种受精卵。

（陈松林　李仰真　崔忠凯　李希红　王磊　杨英明　刘洋　邵长伟）

（岗位科学家　邵长伟）

大黄鱼种质资源与品种改良研究进展

大黄鱼种质资源与品种改良岗位

2022年本岗位在大黄鱼的种质资源采集、选育技术研发、新品系选育、良种扩繁等多个方面的工作都取得良好进展，具体情况如下。

1　大黄鱼种质资源收集

本年度与福建省宁德市官井洋大黄鱼养殖有限公司合作，从多个不同闽粤东族大黄鱼养殖群体中采集了75尾生长快（2龄雌鱼体重≥1.25 kg，雄鱼体重≥1.0 kg）、体型体色好的优异个体，于大黄鱼遗传育种中心渔排保养，作为良种选育和苗种繁育亲本；共采集野生大黄鱼标本28个。

2　大黄鱼多性状基因组综合选育技术研发与应用

2.1　大黄鱼多性状基因组综合选育技术的建立

针对单一性状进行基因组选育存在着其他方面性状可能表现欠佳，总体育种效果不够理想的问题。例如针对内脏白点病抗性进行的选育，培育出的大黄鱼鱼苗抗病力较强，成活率显著提高，但生长明显较慢，而且体型欠佳。需要开发多性状复合选育技术，以提高选育和养殖效果。本岗位多年来持续针对大黄鱼各种经济相关性状，包括生长、抗病性（抗内脏白点病、抗体表白点病、抗白鳃病、抗盾纤毛虫病）、耐粗饲（对无鱼粉无鱼油配合饲料的耐受性）、品质（肌肉HUFA含量）、体型等等，开展遗传分析和基因组选择研究，积累了大量的数据，形成了大黄鱼基因组选择数据库，其中包含了1万余尾大黄鱼表型、基于全基因组重测序的SNP标记基因型、各标记位点的效应值数据（表1），为开展多性状基因组综合选择奠定了基础。基于这个基础，我们首次建立了大黄鱼多性状基因组综合选育技术，并于2022年春季应用于大黄鱼育种实践，取得了极好的效果。国内外迄今尚无见到水产生物多性状基因组综合选择育种技术的研究与应用的报道。

表1　大黄鱼基因组选择数据库部分性状数据情况

性状	参考群来源	测序个体及数量（尾）	性状	参考群来源	测序个体及数量（尾）
生长性状	自然群体	随机，5 207	抗内脏白点病	攻毒群体	913
肌肉HUFA含量	自然群体	随机，670	抗体表白点病	自然群体	3 046
耐粗饲（鱼苗）	自然群体	极端表型，323	抗白鳃病	自然群体	2 083
耐粗饲（大鱼）	自然群体	随机，1 160	抗盾纤毛虫病	攻毒群体	1 070

2021年12月24日从养殖于宁德市官井洋大黄鱼养殖有限公司渔排的“闽优1号”选育群中挑选候选亲鱼2 300尾，进入大黄鱼遗传育种中心进行强化培育，次日起注射PIT标记，剔除受伤及性状较差个体，共标记了2 100尾。同时测定体长和体重，采集鳍条提取DNA，用本岗位建立的“低深度重测序技术”对其中1916尾进行全基因组分型，获得了2 000多万个高质量SNP。根据本岗位建立的“万尾大黄鱼基因组选择数据库”对这些亲本的抗病、生长、耐粗饲能力等性状的遗传性能进行评估获得育种值（图1），并分别建立了“速生多抗”和“速生抗病耐粗饲”两个综合选择指数（综合育种值）。

雌鱼																
电子标签	遗传性别	表型性别	核定性别	ZY	WL	耐粗饲	BW	BL	BH	BL/BH	WL/标	耐粗/标	BW/标	BL/标	BL/BH标	选择指数
111881869159		0	雌	2.52	160.32	6.77	1310.50	40.50	13.20	3.07	1.248	0.681	4.342	3.000	(1.296)	**1.949**
111880514037	C	0	雌	2.59	115.20	6.77	1377.00	41.90	13.30	3.15	0.088	0.681	4.949	3.852	(0.793)	**1.784**
111881870922	C	0	雌	2.76	197.78	6.77	1082.10	40.00	12.50	3.20	2.210	0.681	2.256	2.696	(0.489)	**1.612**
111880515357	C	0	雌	2.54	222.71	6.77	1008.90	37.20	11.40	3.26	2.851	0.681	1.587	0.992	(0.103)	**1.604**
111880514581	C	0	雌	2.73	141.25	6.77	1214.60	38.40	13.70	2.80	0.758	0.681	3.466	1.722	(2.918)	**1.539**
111881870824	C	0	雌	2.58	128.92	6.77	1220.00	39.10	12.50	3.13	0.441	0.681	3.515	2.148	(0.930)	**1.459**
111881871316	C	0	雌	2.50	115.20	6.77	1247.10	35.50	11.10	3.20	0.088	0.681	3.763	(0.043)	(0.500)	**1.428**
111881871402	C	0	雌	2.74	206.57	6.77	983.90	38.20	11.00	3.47	2.436	0.681	1.359	1.601	1.179	**1.411**
111881868886	C	0	雌	2.61	176.59	6.77	1041.30	39.50	11.30	3.50	1.666	0.681	1.883	2.392	1.319	**1.337**
111881870790	C	0	雌	2.69	80.29	6.77	1311.20	41.90	13.20	3.17	(0.809)	0.681	4.348	3.852	(0.647)	**1.334**
111881871483		0	雌	2.62	128.68	6.77	1168.40	39.30	12.70	3.09	0.435	0.681	3.044	2.270	(1.135)	**1.316**
111881869254		0	雌	2.61	170.80	6.77	1039.90	39.10	12.40	3.15	1.517	0.681	1.870	2.148	(0.776)	**1.288**
111880514533	C	0	雌	2.51	131.47	6.77	1145.60	38.40	12.70	3.02	0.506	0.681	2.836	1.722	(1.568)	**1.275**
111880514245	C	0	雌	2.62	160.32	6.77	1051.90	38.30	12.30	3.11	1.248	0.681	1.980	1.661	(1.017)	**1.241**
111881870803	C	0	雌	2.60	83.80	6.77	1255.20	41.70	13.20	3.16	(0.718)	0.681	3.837	3.731	(0.740)	**1.208**
111881870646	C	0	雌	2.84	174.04	6.77	1000.00	38.20	10.90	3.50	1.600	0.681	1.506	1.601	1.374	**1.204**
111881870802	C	0	雌	2.71	145.19	6.77	1075.10	38.20	12.80	2.98	0.859	0.681	2.192	1.601	(1.808)	**1.187**
111881870217	C	0	雌	2.54	145.19	6.77	1073.00	38.30	12.00	3.19	0.859	0.681	2.173	1.661	(0.540)	**1.182**
120030286306	C	0	雌	2.67	128.92	6.77	1114.80	40.10	12.00	3.34	0.441	0.681	2.554	2.757	0.377	**1.171**
111881871055	C	1	雌	2.67	190.31	6.77	941.00	37.90	11.00	3.45	2.018	0.681	0.967	1.418	1.012	**1.168**
111881869161	C	0	雌	2.81	148.29	6.77	1052.80	39.00	12.10	3.22	0.939	0.681	1.988	2.088	(0.348)	**1.150**
111880515086	C	0	雌	2.60	190.31	6.77	929.20	36.10	11.10	3.25	2.018	0.681	0.859	0.323	(0.170)	**1.135**
111881871345	C	0	雌	2.64	190.31	6.77	916.90	36.30	11.90	3.05	2.018	0.681	0.747	0.444	(1.404)	**1.102**
111881871436	C	0	雌	2.71	145.19	6.77	1043.70	38.20	12.10	3.16	0.859	0.681	1.905	1.601	(0.752)	**1.101**
201380301468	C	0	雌	2.74	115.20	6.77	1118.00	38.30	11.80	3.25	0.088	0.681	2.584	1.661	(0.209)	**1.074**
111881870081		0	雌	2.84	190.31	5.25	1159.00	39.30	11.80	3.33	2.018	(1.073)	2.958	2.270	0.309	**1.064**
111881868917		0	雌	2.43	176.59	6.77	930.20	34.90	12.00	2.91	1.666	0.681	0.868	(0.408)	(2.274)	**1.032**
111881869495	C	0	雌	2.62	150.12	6.77	1004.00	36.50	11.50	3.17	0.986	0.681	1.542	0.566	(0.649)	**1.031**
111881868911		0	雌	2.69	83.80	6.77	1177.30	40.40	13.20	3.06	(0.718)	0.681	3.125	2.940	(1.342)	**0.994**
111881870067	C	0	雌	2.54	206.57	5.25	1080.00	38.50	12.00	3.21	2.436	(1.073)	2.236	1.783	(0.438)	**0.972**

图1　“速生抗病耐粗饲”组入选亲本的综合育种值

综合育种值的计算，是分别算出每个性状的基因组育种值后，乘以分配的权重，然后再将所得乘积相加而得。其中，

“速生多抗”的综合育种值$GEBV_{多抗}$定义为：

$GEBV_{多抗} = 30\%GEBV_{体长}+30\%GEBV_{体表白点病}+30\%GEBV_{白鳃病}+10\%GEBV_{内脏白点病}$；

“速生抗病耐粗饲”的综合育种值$GEBV_{耐粗饲}$定义为：

$GEBV_{耐粗饲} = 40\%GEBV_{耐粗饲}+ 30\%GEBV_{体重}+ 30\%GEBV_{内脏白点病}$；

2022年2月14日完成了育种值计算，并据此挑选亲鱼配组繁育鱼苗。图1列出“速生抗病耐粗饲”组入选雌雄亲本的育种值（图中“选择指数”）。

2.2 大黄鱼多性状基因组综合选育技术的应用

根据上述计算出的综合育种值（选择指数），从候选亲本群体中挑选选择指数排位前10%的雌鱼与雄鱼进行配组繁育苗种，构建选育群。鉴于“闽优1号”和“甬岱1号”都经历了连续多代人工繁殖，两个品种都存在比较严重的近交衰退现象，尤其是后者育种起始亲本数量较少，近交更加严重，以至于其自繁苗种在福建老养殖区养殖成活率严重偏低。因此，除了构建“速生多抗”和“速生抗病耐粗饲”2个选育群外，还依据“速生多抗”综合育种值挑选亲本，与从“甬岱1号”中挑选的优秀亲本配组，构建了正交与反交2个杂交群体。

育苗工作在国家级大黄鱼遗传育种中心进行，各组挑选的亲本数量、产卵量、初孵仔鱼数量、出苗数量等情况见表2（表中出苗量为2022年4月9日集美大学科研处组织专家进行现场验收的数据）。4月12日从遗传育种中心移到海上网箱进行中间培育14天后，每组留下16万尾在官井洋公司位于三都澳白基湾的渔排上进行示范养殖，分别养殖于2个16 m×16 m×6 m的网箱中。此外，4月6日从“速生多抗”组取1.3万尾鱼苗运到宁波市综合试验站象山养殖基地进行示范养殖，5月10日4个选育组分别分出2万尾，运到浙江省海洋水产养殖研究所洞头基地网箱进行示范养殖。

表2　2022年春季大黄鱼选育培苗情况

组别	选育内容	亲本数量/尾	产卵时间	产卵量/kg	初孵仔鱼/万尾	出苗量/万尾	平均全长/cm
“速生多抗”	以多性状复合基因组选择技术对“闽优1号”的生长速度、抗内脏白点病、白鳃病和体表白点病性状进行改良	♀：60 ♂：40	2月18—19日	17.0	710	201	4.38
“速生抗病耐粗饲”	以多性状复合基因组选择技术对“闽优1号”的生长速度、抗内脏白点病及对低鱼粉饲料适应性进行改良	♀：30 ♂：20	2月18—19日	8.3	303	112	4.68
“速生多抗”♀×“甬岱1号”♂	以多性状复合基因组选择技术优选的大黄鱼“闽优1号”雌鱼与大黄鱼“甬岱1号”雄鱼配组杂交	♀：60 ♂：21	2月18—19日	9.3	301	114	4.41
“甬岱1号”♀×“速生多抗”♂	以多性状复合基因组选择技术优选的大黄鱼“闽优1号”雄鱼与大黄鱼“甬岱1号”雌鱼配组杂交	♀：60 ♂：40	2月18—19日	17.1	648	126	4.11
“甬岱1号”自繁	从“甬岱1号”群体挑选个体大、体形好亲体进行繁育	♀：75 ♂：25	3月6—7日	10.0	402	106	2.53
“闽优1号”自繁	从“闽优1号”群体挑选个体大、体形好亲体进行繁育	♀：900 ♂：400	3月6—7日	57.0	2 640	1 230	3.03

表3是鱼苗下排后逐月对宁德三都澳白基湾养殖点各组生长性状跟踪测量的结果，绘制成图如图2所示。表3及图2中“闽优1号（二都场）”是宁德市官井洋大黄鱼养殖有限公司在其二都育苗场繁育的“闽优1号”大黄鱼苗，2022年1月1日产卵，产卵时间比上述4个选育/杂交组早48天，与4个选育组同样养殖于白基湾海区渔排。从表3与图2可见，“速生抗病耐粗饲”组的生长速度最快，比其他选育组快20%以上，比二都场繁育的“闽优1号”快40%以上；而成活率以“速生多抗”组最高；说明进行的选育是有效的。2022年11月20集美大学科研处组织国内同行专家进行现场测产验收，各组分别随机捞取30尾进行体长和体重测量，结果表明，以二都场的苗种为对照组，选育各组体重高10.7%～43.6%。12月8日对各组存活的幼鱼数量进行盘点，各组的存活数和存活率见表4；“速生抗病耐粗饲”和“速生多抗”2个选育组的存活率分别是二都场苗种的1.73倍和1.84倍。

表3　2022年春季选育大黄鱼生长性状跟踪测量结果

测量时间	项目	速生耐粗饲	速生多抗	速生多抗♀×甬岱1号♂	甬岱1号♀×速生多抗♂	闽优1号（二都场）	闽优1号（育种中心）
4.9	全长	4.30 ± 0.45	4.11 ± 0.32	4.26 ± 0.33	4.06 ± 0.28		
4.19	体重/g	0.91	0.67	0.74	0.56		
	全长/cm	5.0 ± 0.56	4.6 ± 0.44	4.7 ± 0.33	4.4 ± 0.26		
5.19	体重/g	2.21 ± 0.74	1.84 ± 0.47	1.60 ± 0.46	1.43 ± 0.34		
	体长/cm	4.8 ± 0.51	4.5 ± 0.41	4.2 ± 0.50	4.2 ± 0.35		
6.21	体重/g	6.02 ± 1.81	5.37 ± 0.99	5.65 ± 2.54	5.0 ± 1.84		
	体长/cm	7.0 ± 0.72	6.7 ± 0.44	6.8 ± 0.94	6.5 ± 0.77		
7.19	体重/g	7.88 ± 2.87	7.56 ± 2.58	7.40 ± 2.60	7.02 ± 2.32		
	体长/cm	7.80 ± 0.84	7.49 ± 0.93	7.52 ± 0.90	7.50 ± 0.78		
8.20	体重/g	19.41 ± 4.44	11.14 ± 5.09	13.63 ± 6.38	10.76 ± 4.70		
	体长/cm	10.90 ± 0.78	8.96 ± 1.52	9.47 ± 1.43	8.88 ± 1.29		
9.22	体重/g	23.84 ± 8.00	16.65 ± 7.93	15.26 ± 6.77	14.98 ± 6.16	15.73 ± 6.46	14.16 ± 5.23
	体长/cm	11.30 ± 1.30	9.71 ± 1.65	9.58 ± 1.37	9.60 ± 1.48	9.72 ± 1.37	9.37 ± 1.25
10.19	体重/g	51.18 ± 13.63	38.72 ± 14.56	35.95 ± 15.86	30.82 ± 13.82	35.39 ± 14.59	34.80 ± 15.71
	体长/cm	13.90 ± 1.14	12.56 ± 1.49	12.21 ± 1.75	11.94 ± 1.63	12.10 ± 1.60	11.93 ± 1.69
11.20	体重/g	105.27 ± 26.32	81.19 ± 25.20	95.9 ± 27.14	87.21 ± 27.60	73.31 ± 26.61	75.79 ± 14.05
	体长/cm	17.62 ± 1.58	16.24 ± 1.54	17.12 ± 1.57	16.85 ± 1.66	15.29 ± 2.07	15.94 ± 1.12

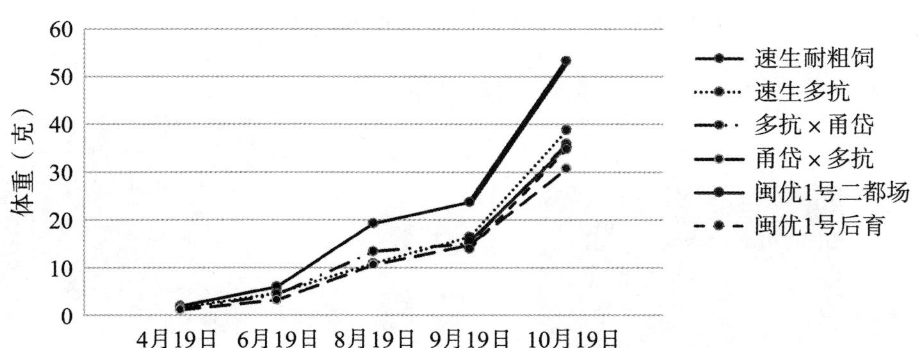

图2　白基湾养殖点各组大黄鱼体重测评结果比对

表4　2022年12月8日白基湾养殖点各组网箱中存活大黄鱼统计结果

组别	速生耐粗饲	速生多抗	速生多抗♀×甬岱1号♂	甬岱1号♀×速生多抗♂	闽优1号（育种中心）	闽优1号（二都场）
下排日期	2022.4.12	2022.4.12	2022.4.12	2022.4.12	2022.4.26	2022.3.10
放苗量/万尾	16	15	16	16	95	110
存活数/尾	65 700	65 500	67 200	70 000	75 000	261 000
成活率/%	41.06%	43.67%	42.00%	43.75%	7.89%	23.73%

备注：4个选育组（含2个杂交组）分别放养于2口16 m×16 m×6 m网箱，并且“速生抗病耐粗饲”与“速生多抗”2组各有1口网箱自始至终完全不投喂任何防抗病药物（其存活率只有正常管理组的60%左右）；两组“闽优1号”分别放养于10口16 m×16 m×6 m网箱。

3　大黄鱼适应无鱼粉饲料及高饲料转化率基因组选择研究进展

适应无鱼粉饲料及具有高饲料转化率品系的选育对于大黄鱼养殖业的长续发展和提质增效具有重大与深远意义，个体摄食量与饲料转化率测定是确定饲料偏好性和饲料转化率性状表型值的必要工作，也是对该两个性状开展基因组选择的前提。水产动物在单体养殖与群体养殖条件下测得的饲料转化率通常并不一致，而后者更符合养殖实际。为此，我们设计了易于在视频中辨识的塑料标签，开发了一种新型鱼类体表标志方法（图3）。然后，利用大黄鱼饲料与营养岗位艾庆辉教授设计的两个大黄鱼无鱼粉饲料配方制作配合饲料，开展群体养殖条件下大黄鱼个体摄食量与饲料转化率测定。

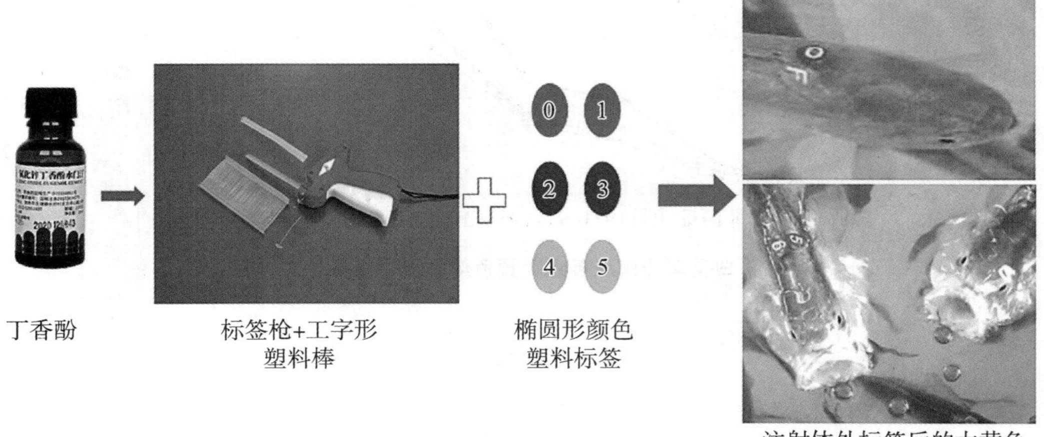

图3　适用于视频记录观察的新型鱼类体表标志开发及摄食量记录技术建立

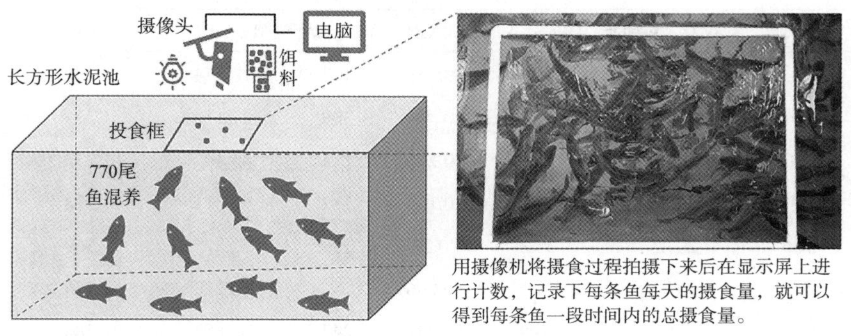

图3　适用于视频记录观察的新型鱼类体表标志开发及摄食量记录技术建立（续）

分别于2022年7—8月和10—11月在室内开展两轮无鱼粉饲料喂养、个体摄食量与饲料效率观测实验，7—8月的实验分为对照组（常规商品饲料，C1），纯植物蛋白组（P1）和混合蛋白组（M1）三组，10—11月的实验因疫情影响只设置1个组，即混合蛋白组M2。P1和M1组池中各放大黄鱼800尾左右，M2组放932尾，经过28～30天养殖，最后分别有258尾、259尾和691尾个体获得整个过程完整的摄食量记录和生长性状等表型记录数据，得以计算出每个个体的饲料系数（FCR）和饲料效率（FE），其他个体在实验过程中1个或2个标签脱落，导致无法准确判别其个体ID。从视频记录和表型测定的结果看，大黄鱼不同个体对无鱼粉饲料的摄食与利用情况差异巨大，有些个体摄食踊跃、摄食量大，有些摄食很少，也有部分个体自始至终都没有摄食，体重出现负增长（图4、表5～表6）。7—8月的实验中，饲料效率最高＞0.8，饲料系数最低1.2左右，饲料系数最高的超过100，最高与最低个体饲料系数相差近百倍。10—11月的实验中，饲料系数最低0.64，最高56.7，也相差近90倍，这表明大黄鱼个体之间对无鱼粉饲料的偏好性和饲料转化率差异巨大，具有很大的遗传选育潜力。剔除实验过程中完全没有摄食的个体，已采集其余具有完整数据记录个体的DNA进行基因组重测序，这些可作为后续进行基因组选择的参考群。

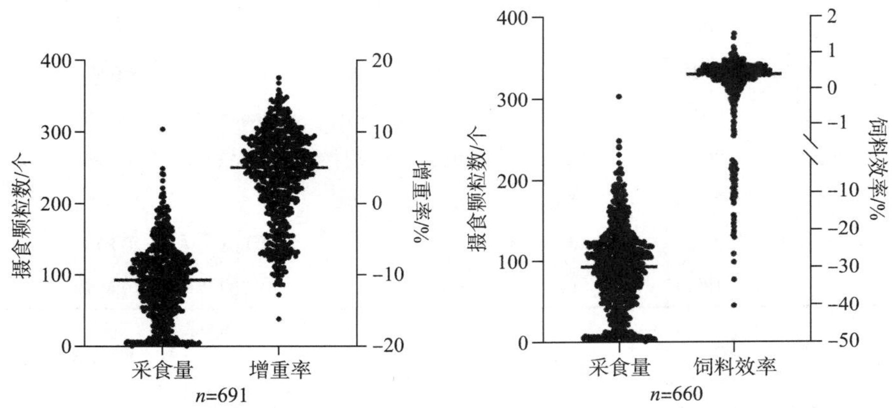

图4　2022年秋季室内大黄鱼无鱼粉饲料实验30 d个体采食量（粒）与增重率（%）和饲料效率（%）之间的关系

说明：右图剔除了摄食量为0的个体和数据异常的个体

表5　完全植物蛋白源饲料喂养28 d摄食量正常而饲料效率差异悬殊的部分大黄鱼个体

ID	W0（g）	W28（g）	BWG（g）	WGR	FI Count	FI（g）	FCR	FE
324	203.1	292	88.9	0.438	409	107.44	1.209	0.827
327	209.7	275.5	65.8	0.314	309	81.174	1.234	0.811
1811	173	208.7	35.7	0.206	173	45.447	1.273	0.786
2101	227.8	265.2	37.4	0.164	182	47.811	1.278	0.782
1010	166	204.2	38.2	0.23	199	52.277	1.369	0.731
2216	152.4	167.1	14.7	0.096	77	20.228	1.376	0.727
1924	202.2	249	46.8	0.231	247	64.887	1.386	0.721
1722	214.8	242.7	27.9	0.13	152	39.93	1.431	0.699
602	200	225.7	25.7	0.129	142	37.303	1.451	0.689
728	206.7	229.4	22.7	0.11	128	33.626	1.481	0.675
1020	255.4	285.9	30.5	0.119	176	46.235	1.516	0.66
1410	199.3	217.3	18	0.09	106	27.846	1.547	0.646
1218	210.8	245.1	34.3	0.163	207	54.379	1.585	0.631
625	212.8	220.8	8	0.038	49	12.872	1.609	0.621
1516	290	336.1	46.1	0.159	283	74.344	1.613	0.62
600	214.6	248.5	33.9	0.158	210	55.167	1.627	0.614
16	203.3	209	5.7	0.028	110	28.897	5.07	0.197
2515	207.8	213.7	5.9	0.028	116	30.473	5.165	0.194
2913	168.1	171.6	3.5	0.021	87	22.855	6.53	0.153
1515	169.7	174	4.3	0.025	110	28.897	6.72	0.149
1728	179.4	182.4	3	0.017	77	20.228	6.743	0.148
1005	256.7	261.3	4.6	0.018	119	31.261	6.796	0.147
2114	231.7	235.8	4.1	0.018	107	28.109	6.856	0.146
1606	196.1	200.6	4.5	0.023	119	31.261	6.947	0.144
608	170	172.1	2.1	0.012	64	16.813	8.006	0.125
1227	201.9	204.8	2.9	0.014	113	29.685	10.236	0.098
14	205.2	207.7	2.5	0.012	98	25.745	10.298	0.097
1001	275.3	280.6	5.3	0.019	228	59.896	11.301	0.088
214	258.4	260.3	1.9	0.007	151	39.668	20.878	0.048
303	189.2	189.6	0.4	0.002	121	31.787	79.467	0.013

表6　动植物混合蛋白源饲料喂养28 d摄食量正常而饲料效率差异悬殊的部分大黄鱼个体

组别	编号	W0（g）	W28（g）	BWG（g）	FI Count	FI（g）	FE
正增长高转换率	1	159.1	169.4	10.3	62	16.74	0.665
	2	104.5	115.7	11.2	62	16.74	0.723
	3	110.0	121.7	11.7	68	18.36	0.688
	4	130.7	144.1	13.4	101	27.27	0.531
	5	141.1	150.6	9.5	69	18.63	0.551
	6	153.5	169.3	15.8	117	31.59	0.540
正增长中转换率	1	144.2	144.8	0.6	43	11.61	0.056
	2	126.3	126.4	0.1	138	37.26	0.003
	3	169.6	173.2	3.6	94	25.38	0.153
	4	113.4	115.2	1.8	51	13.77	0.141
	5	137.7	141.4	3.7	83	22.41	0.178
	6	112.2	114.2	2	44	11.88	0.182
负增长低转换率	1	141.8	120	−21.8	24	6.48	−0.275
	2	123.8	109.1	−14.7	52	14.04	−0.884
	3	106.0	94.9	−11.1	42	11.34	−0.946
	4	121.2	106.6	−14.6	30	8.1	−0.514
	5	120.5	103.7	−16.8	31	8.37	−0.461
	6	125.3	104.4	−20.9	35	9.45	−0.419

同时，6月起在海上渔排也开展了大黄鱼对不同蛋白源饲料适应性实验。对6 000尾130 g左右的幼鱼（15月龄）测定生长性状表型和注射电子标签（PIT）后，放入海区3个网箱养殖，每个网箱2 000尾，分别投喂普通商品饲料、纯植物蛋白源饲料、动植物混合蛋白源饲料。待这些大黄鱼长成后，将分别作为基因组选择的参考群的一部分，并以其中生长性能优越的个体作为候选亲本，进一步进行"耐粗饲"和高饲料转化率大黄鱼新品种选育。

4　"闽优 1 号"大黄鱼的扩繁应用

本年度在宁德市官井洋大黄鱼养殖有限公司进行了"闽优1号"大黄鱼的扩繁，共培育优质鱼苗1亿尾；12月10日从2020年的选育群中挑选了优秀个体3 000尾移入二都育苗场，用于2023年度的选育和扩繁生产。

5　其他相关技术及基础研究进展

5.1　大黄鱼肌肉HUFA的氧化/合成能力研究

为了降低饲料中鱼油添加量，节约宝贵的鱼油资源和降低养殖成本，本岗位开展了大黄鱼HUFA合成/氧化能力相关的分子遗传学研究，初步确定了主要标记和主效基因（图5），为分子辅助选择育种和基因编辑育种提供基础。

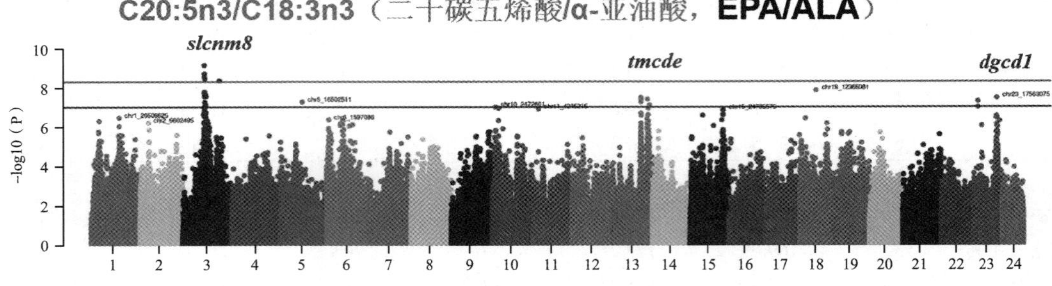

图5 大黄鱼肌肉HUFA的氧化/合成能力主效基因鉴定及主效分子标记开发

5.2 大黄鱼“鱼脸识别”技术研究进展。

采集了6 000多幅大黄鱼亲鱼图片，建立了基于AI技术大黄鱼鱼脸识别体系，在亲鱼强化培育45 d，体态发生明显改变后，个体识别准确度仍能达到90%以上（图6）。该技术有望在近期取代PIT电子标签，实现亲鱼无损的个体识别。

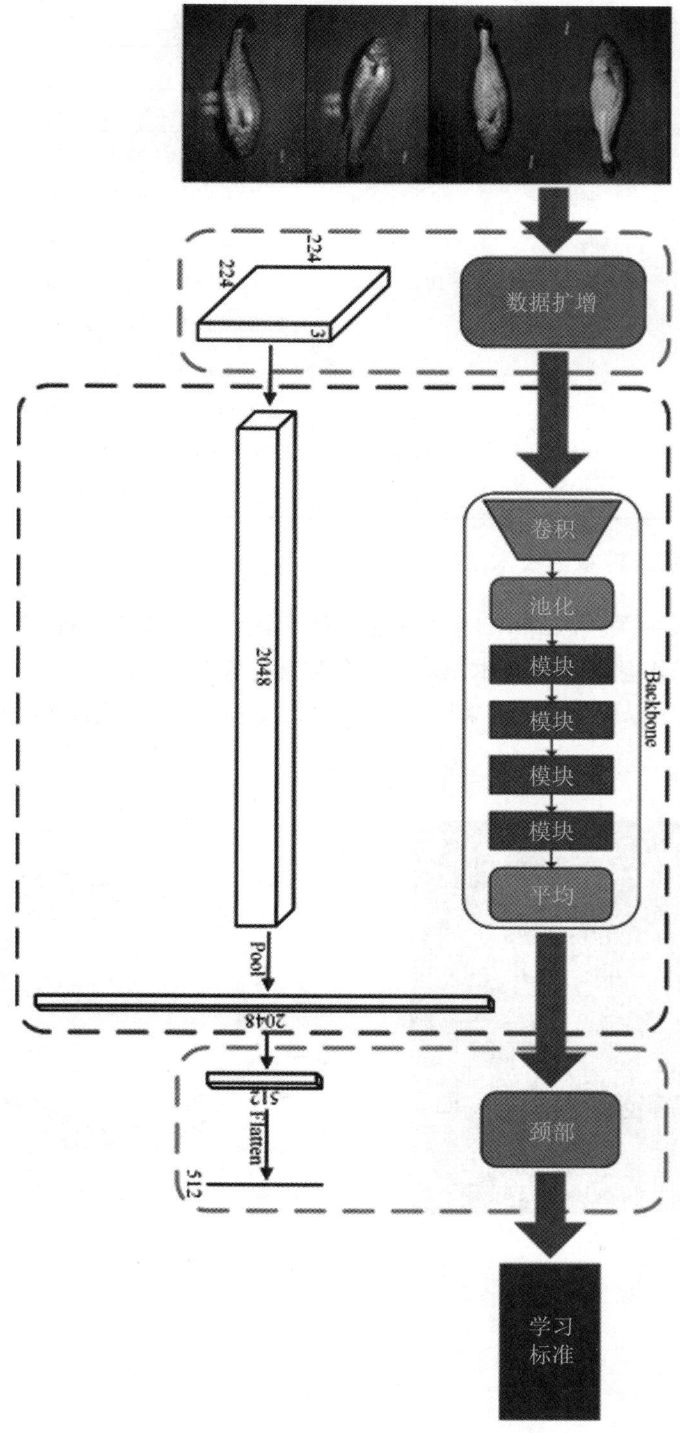

图6　个体识别的特征学习算法

表7　长期和短期个体识别准确性

结果		长期识别			短期识别
		FL_100te	FL_200te	FL_500te	FL_500tr_oneside
正确率/%	两则	89.00 ± 2.45	82.90 ± 1.98	65.36 ± 2.28	
	侧面1	84.20 ± 3.56	77.70 ± 3.23	61.68 ± 2.95	
	侧面2	84.20 ± 4.76	74.50 ± 1.41	57.40 ± 1.87	94.84 ± 1.02
错误率/%	两侧	10.2 ± 1.92	17.10 ± 1.98	34.64 ± 2.28	
	侧面1	12.8 ± 3.35	21.80 ± 3.21	38.32 ± 2.95	
	侧面2	13.60 ± 5.22	24.30 ± 1.20	45.52 ± 1.97	5.16 ± 1.02
无结果比率/%	两侧	0.80 ± 1.30	0.00 ± 0.00	0.00 ± 0.00	
	侧面1	3.00 ± 2.35	0.50 ± 0.35	0.00 ± 0.00	
	侧面2	2.20 ± 2.28	1.20 ± 0.67	0.08 ± 0.11	0.00 ± 0.00

5.3　基因编辑技术和转基因技术研究

将大黄鱼生长相关基因*Slitrk3*通过转基因技术转入斑马鱼中验证其功能，已经成功培育出F_0代鱼苗。采用基因编辑技术敲除斑马鱼*Slitrk3*基因验证该基因对斑马鱼生长的作用也获得顺利进展（图7），为未来采用基因编辑技术进行大黄鱼遗传改良提供了基础。

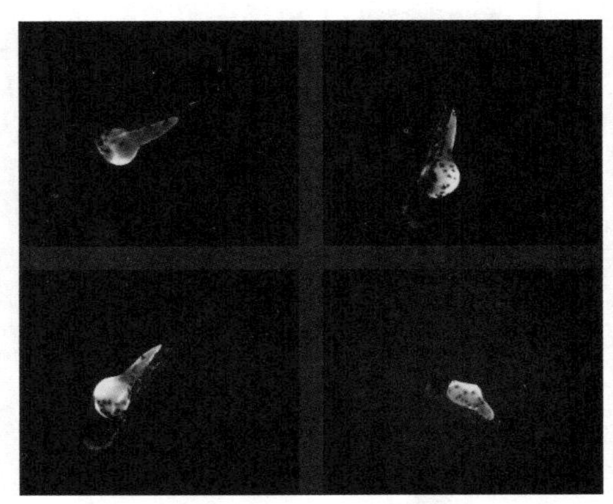

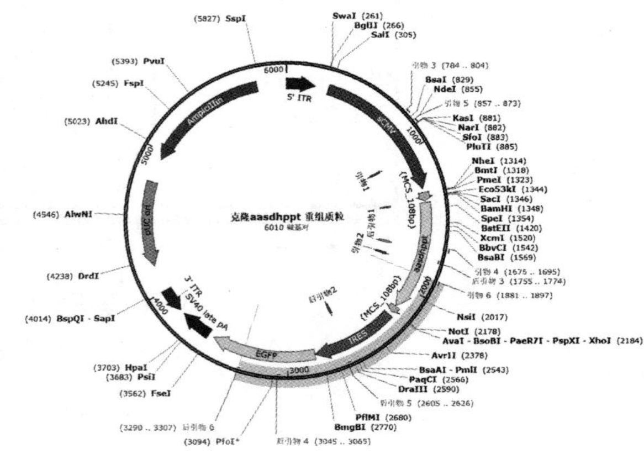

图7　基因编辑技术的开发

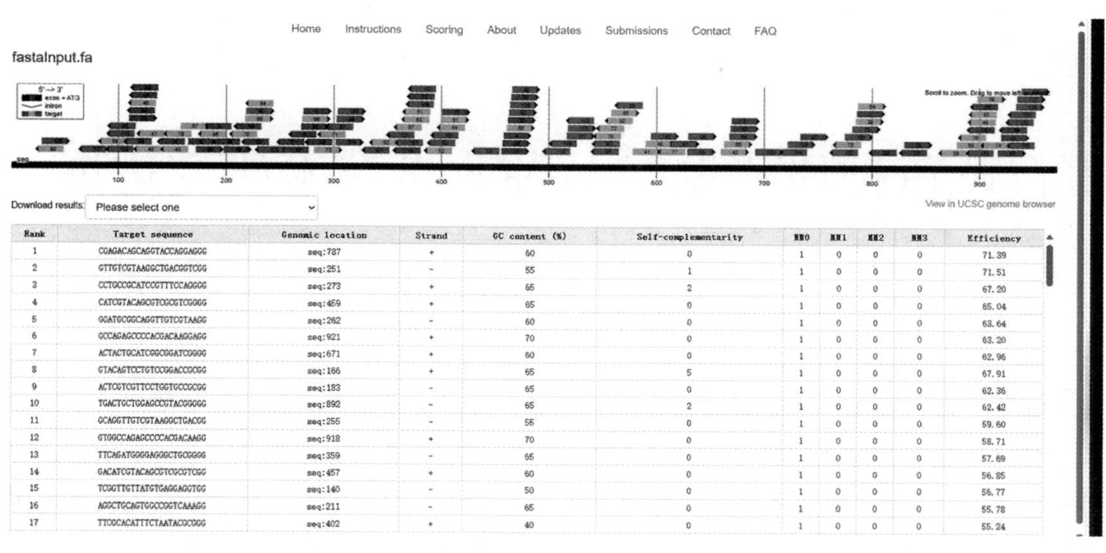

Rank	Target sequence	Genomic location	Strand	GC content (%)	Self-complementarity	MM0	MM1	MM2	MM3	Efficiency
1	CGAGACAGCAGGTACCAGGAGGG	seq:787	+	60	0	1	0	0	0	71.39
2	GTTGTCGTAAGGCTGACGGTCGG	seq:251	-	55	1	1	0	0	0	71.51
3	CCTGCCGCATCCGTTTCCAGGGG	seq:273	+	65	2	1	0	0	0	67.20
4	CATCGTACAGCGTCGCGTCGGGG	seq:459	+	65	0	1	0	0	0	65.04
5	GGATGCGGCAGGTTGTCGTAAGG	seq:262	-	60	0	1	0	0	0	63.64
6	GCCAGAGCCCCACGACAAGGAGG	seq:921	+	70	0	1	0	0	0	63.20
7	ACTACTGCATCGGCGGATCGGGG	seq:671	+	60	0	1	0	0	0	62.96
8	GTACAGTCCTGTCCGGACCGCGG	seq:166	+	65	5	1	0	0	0	67.91
9	ACTCGTCGTTCCTGGTGCCGCGG	seq:183	-	65	0	1	0	0	0	62.36
10	TGACTGCTGGAGCCGTACGGGGG	seq:892	-	65	2	1	0	0	0	62.42
11	GCAGGTTGTCGTAAGGCTGACGG	seq:255	-	55	0	1	0	0	0	59.60
12	GTGGCCAGAGCCCCACGACAAGG	seq:918	+	70	0	1	0	0	0	58.71
13	TTCAGATGGGGAGGGCTGCGGGG	seq:359	-	65	0	1	0	0	0	57.69
14	GACATCGTACAGCGTCGCGTCGG	seq:457	+	60	0	1	0	0	0	56.85
15	TCGGTTGTTATGTGAGGAGGTGG	seq:140	-	50	0	1	0	0	0	56.77
16	AGGCTGCAGTGGCCGGTCAAAGG	seq:211	-	65	0	1	0	0	0	55.78
17	TTCGCACATTTCTAATACGCGGG	seq:402	+	40	0	1	0	0	0	55.24

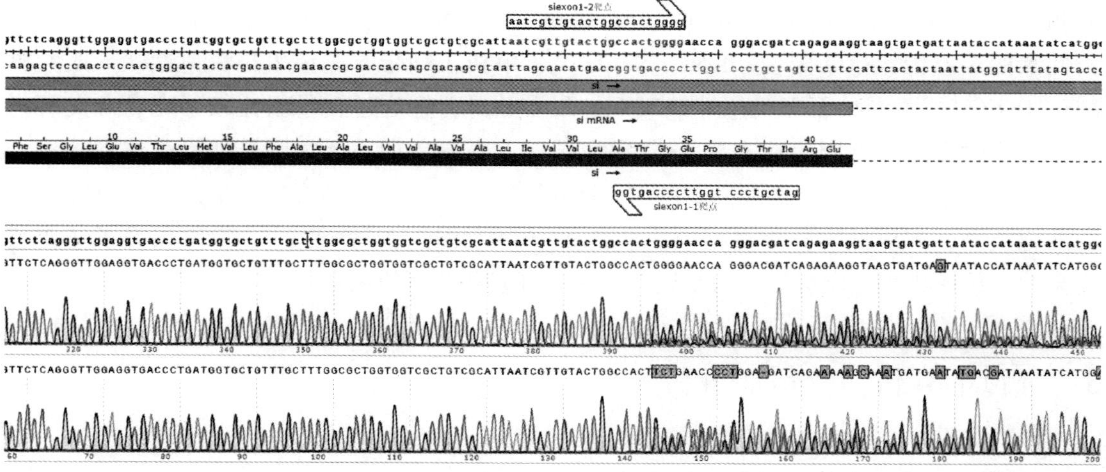

图7　基因编辑技术的开发（续）

（王志勇　方铭　张东玲　王秋荣　韩芳　谢仰杰）

（岗位科学家　王志勇）

石斑鱼种质资源与品种改良技术研究进展

石斑鱼种质资源与品种改良岗位

2022年度围绕岗位的重点任务，主要开展了石斑鱼种质资源鉴定与评价、精子冷冻保存技术优化、石斑鱼重要性状相关功能基因挖掘和分子标记筛选、石斑鱼干细胞培育体系构建、石斑鱼新品种（系）培育等方面的技术研究。① 研发石斑鱼种质资源鉴定评价技术，构建石斑鱼种质资源鉴定评价体系，完成鞍带石斑鱼表型指标和部分遗传指标的测定；② 优化了鞍带石斑鱼与棕点石斑鱼的精子冷冻技术；③ 完成了鞍带石斑鱼生长性状的全基因组QTL定位和RNA-Seq研究，解析了鞍带石斑鱼生长快速性状形成的机制；④ 比较了不同种石斑鱼急性缺氧下的耐受差异，并通过转录组比较了虎龙杂交斑耐受组与不耐受组的基因表达差异；⑤ 完成了棕点石斑鱼卵原干细胞长期培养体系的建立和初步鉴定；⑥ 使用单细胞转录组测序分析技术，鉴定了斜带石斑鱼早期发育过程性腺的细胞类型，并对性别分化过程中的细胞和分子变化进行了研究；⑦ 继续研究了花龙杂交斑的生长优势及遗传特征，为杂交新品种的开发积累了重要数据。

1　石斑鱼种质资源研究

1.1　鞍带石斑鱼表型指标和遗传指标的测定

1.1.1　鞍带石斑鱼表型数据

鞍带石斑鱼身体呈椭圆形，向后渐侧扁，整体较为粗壮。成鱼头背部凸起，眶间区平坦或微凸。眼小，短于吻长。口大，前鼻孔与后鼻孔近乎相同大小，上颌延伸超出了眼后缘的垂直线，上下颌前端具小犬齿或无，两侧齿细尖，绒毛状。前鳃盖骨后缘具细小锯齿，下缘呈圆弧形。鳃盖上缘凸起，鳃盖骨后缘具3扁棘。体被细小栉鳞；侧线鳞平滑，具带分支管的辅鳞（稚鱼除外）；侧线鳞孔数54～62；纵列鳞数95～105。

鞍带石斑鱼稚鱼（体长为12 cm）体呈黄色，具三块不规则的宽黑色条纹，第一条始于背鳍鳍棘到胸部、腹部并延伸到头部，第二条从背鳍鳍条的底部到臀鳍，最后一条在尾鳍的末端，随着鱼体成长，黑色斑内散布不规则之白色或黄色斑点，以及各鳍具黑色斑点；小型成鱼体（体长20～25 cm）在黑色区域有不规则白色或黄色斑点，鳍上有不规则的黑色斑点；标准成鱼体（体长为80～150 cm）有模糊的深棕色斑点状阴影，鳍上有许多黑色斑点；大型成鱼体（体长160～230 cm）呈暗褐色，各鳍色更暗些。

1.1.2 鞍带石斑鱼可数性状数据

鞍带石斑鱼背鳍鳍棘部与鳍条部相连，无缺刻，具有11根硬棘，14～16根鳍条；胸鳍圆形，具有16～19根鳍条；腹鳍腹位，具有1根硬棘，5根鳍条；臀鳍具有3根硬棘，8根鳍条；尾鳍圆形，具有14～17根鳍条。

表1 鞍带石斑鱼鳍式

	背鳍鳍式	胸鳍鳍式	腹鳍鳍式	臀鳍鳍式	尾鳍鳍式
鞍带石斑鱼	D.Ⅺ-14～16	P.16～19	V.Ⅰ-5	A.Ⅲ-8	C.14～17

1.1.3 鞍带石斑鱼可量性状数据

对30条鞍带石斑鱼的可量性状进行统计分析得到如下数据（表2）。

表2 鞍带石斑鱼可量性状统计

项目	鞍带石斑鱼
全长/体长	1.22 ± 0.02
体长/体高	3.26 ± 0.26
体长/体宽	4.94 ± 0.10
体长/头长	2.70 ± 0.03
体长/尾柄长	6.53 ± 0.08
体长/肛前体长	3.55 ± 0.06
尾柄长/尾柄高	1.22 ± 0.04
头长/吻长	4.39 ± 0.13
头长/眼间距	4.13 ± 0.11
头长/眼后头长	1.48 ± 0.04

1.1.4 鞍带石斑鱼外形框架

对30条鞍带石斑鱼进行外形框架数据测量，并根据测量数据构建外形框架图如下（图1）。

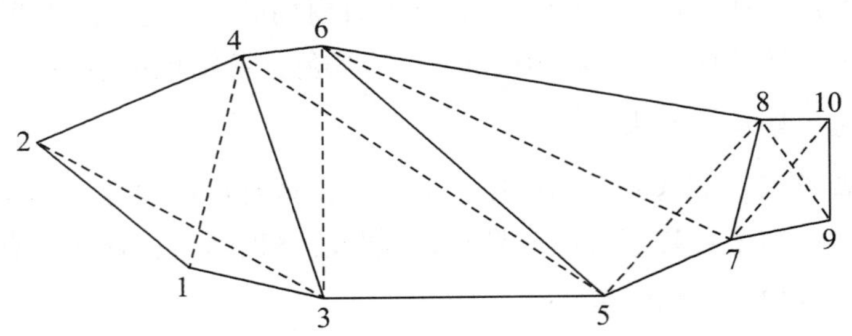

图1　鞍带石斑鱼外形框架图

注：1. 鳃盖下末端；2. 吻端；3. 腹鳍前端；4. 鳃盖上末端；5. 臀鳍前端；6. 背鳍前端；7. 臀鳍下末端；8. 背鳍末端；9. 尾鳍下前端；10. 尾鳍上前端

1.1.5　鞍带石斑鱼染色体核型

核型分析结果表明，鞍带石斑鱼体细胞染色体数 $2n = 48$；臂数 NF = 50，核型公式：2sm + 2st + 44t（图2）。

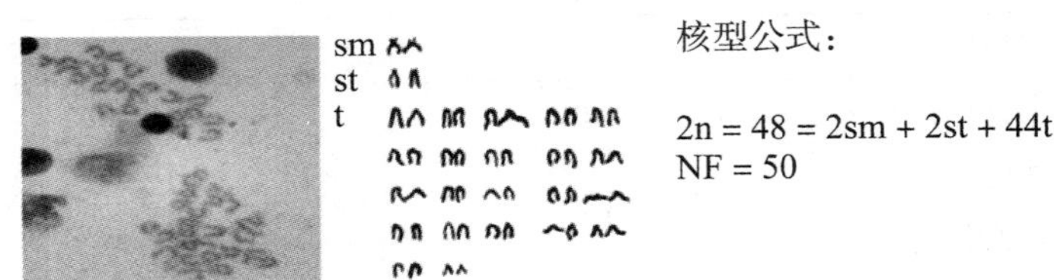

图2　鞍带石斑鱼染色体核型

1.2　鞍带石斑鱼养殖群体遗传多样性分析

本岗位对广东、海南和福建三个省份共五个代表性采集点的鞍带石斑鱼养殖群体的遗传变异信息进行了研究（图3）。群体内遗传多样性分析显示，5个群体等位基因（*N*a）的平均数目为7.326，观测杂合度（*H*o）平均值为0.711，期望杂合度（*H*e）平均值为0.705，多态信息含量（PIC）平均值为0.659。其中，来自福建厦门小嶝岛的鞍带石斑鱼养殖群体遗传多样性最高。群体间遗传分化指数（*F*st）及遗传距离结果显示，东方和长坡群体聚为一支，再与澳头群体聚为一支，再与翔安群体聚为一支，湖里群体为独立一支（表3）。通过系统进化树分析显示，鞍带石斑鱼养殖群体交叉在一起，没有形成明显的地理格局分布。总而言之，这三省五地的鞍带石斑鱼养殖群体遗传多样性较高，没有明显的驯化迹象。研究结果为鞍带石斑鱼种质评价和人工选育提供理论依据。

表3　鞍带石斑鱼群体间遗传分化指数*F*st（对角线下）和Nei氏遗传距离（对角线上）

	东方	琼海	惠州	福建	厦门
东方	—	0.073 7	0.118 4	0.189 3	0.144 1
琼海	0.015 7	—	0.153 8	0.282 1	0.150 2
惠州	0.033 3	0.049 0	—	0.276 6	0.161 5
福建	0.053 4	0.085 5	0.084 2	—	0.324 9
厦门	0.036 3	0.045 8	0.085 7	0.085 7	—

2　石斑鱼精子冷冻保存技术研究

2.1　鞍带石斑鱼精子冷冻保存技术研究

本岗位为建立高效、规范的鞍带石斑鱼精子冷冻保存方案，研究考察了不同抗冻剂（MPRS、E2、ELRS3）、不同冷冻速率下液氮表面冷冻高度（3、5、7、9 cm）、精子冷冻麦管中精子最终浓度（1×10^9个精子/毫升～10×10^9个精子/毫升）、平衡时间（0～180 min）和冷冻前保存时间（0～60 h）的影响。在精卵比分别为100：1、10^3：1、10^4：1、10^5：1、1×10^6：1的条件下，测定了冷冻精子的受精能力。以10% DMSO为冷冻保护剂时，葡萄糖稀释液ELRS3在冷冻高度5～7 cm时冷冻精子，解冻后具有较高的精子活力。最佳精子浓度为2×10^9个精子/毫升～8×10^9精子/毫升。此外，解冻后的精子活力不受120 min平衡的影响，但在180 min平衡后，精子活力显著下降。在预冷冻保存方面，采集后24 h内的精液可以成功冷冻保存，而延长保存时间会影响冷冻保存的精子活力。对于冷冻精子，在精卵比1×10^3～1×10^6的范围内，也获得了类似的受精结果（图3）。与新鲜精液相比，解冻后储存120 min的精子受精能力不受影响，但运动参数降低。本研究开发的冻存方案为鞍带石斑鱼精子冷冻保存在生产中的应用提供了重要的科学依据。

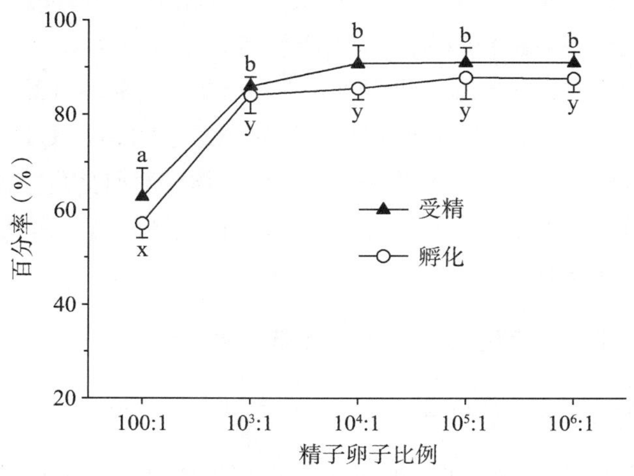

图3　精卵比对鞍带石斑鱼解冻后精子受精和孵化的影响

2.2 棕点石斑鱼精子冷冻保存技术研究

本岗位评估了不同的糖稀释液（葡萄糖、蔗糖或海藻糖）的冷冻保护效果以及5 mL冻存管冷冻保存棕点石斑鱼精子的可行性。棕点石斑鱼精子在含有10% DMSO和0.3 mL糖稀释液的冷冻保护液中冷冻后，与新鲜精子相比，精子活力、活率、线粒体膜电位（MMP）和ATP含量下降，但在精卵数量比为10^4：1的条件下，冷冻保存精子的受精率不受影响。此外，糖稀释液的种类对解冻后精子质量和生育能力无明显影响，说明葡萄糖、蔗糖或海藻糖在低温保存棕点石斑鱼精子中完全可互换。通过采用更快的冷冻速度（冷冻高度：2 cm）和更长的解冻时间（40℃，90 s），5 mL冻存管中冷冻保存的精子与0.5 mL麦管中冷冻保存的精子解冻后具有相似的运动参数和生育力。总的来说，我们的研究结果证明了新的糖稀释液的有效性和5 mL冻存管对棕点石斑鱼精子冷冻保存的适用性，这将为生产中进行大规模人工受精提供更好的应用性。

3 基于高通量测序技术，解析石斑鱼重要经济性状形成机制研究

3.1 鞍带石斑鱼生长性状的全基因组QTL定位和RNA-Seq研究

本岗位成功构建了包含鞍带石斑鱼2 988个SNP的高密度遗传连锁图，这些SNP来自F1全同胞家系的178个个体。图长3 231.5 cM，平均间隔1.21 cM。我们还对鞍带石斑鱼的全长、体长、体高、体厚和体重等5个生长性状进行全基因组QTL定位，确定了6个生长相关QTL，解释了4.65%～12.56%的表型方差。这些QTL分布在5个连锁群上，其中LG11上有2个QTL，LG7、LG10、LG15和LG23上有4个QTL。利用qPCR对这些显著QTL中的基因进行了验证，结果显示，在快生长组和慢生长组的肌肉、脂肪、肝脏、鳃等组织中，6个显著上调的基因（*kalrn*、*ypel1*、*supt7l*、*lacs5*、*ccnd2*、*mybpc2*）可作为生长性状的候选基因。此外，RNA-seq分析揭示了484个快生长组和慢生长组之间的差异表达基因（DEGs），这些基因在RNA运输、代谢途径、PPAR信号通路和碳代谢途径中起作用。值得注意的是，在确定的生长相关QTL区域中检测到27个DEGs。QTL定位与DEGs共享的候选基因可能在调控细胞生长、信号转导、碳水化合物代谢和骨骼发育等方面发挥重要作用。我们的研究结果有助于改进分子标记辅助选择的遗传过程，并为阐明该物种生长变异的分子机制提供新的见解。

3.2 石斑鱼急性低氧胁迫下耐受机制研究与耐低氧品系培育

3.2.1 不同种石斑鱼急性低氧胁迫下的行为反应及耐受差异实验

本岗位对不同种石斑鱼急性低氧胁迫下的行为反应进行记录，探究了不同种石斑鱼

急性低氧胁迫下的耐受时间。以棕点石斑鱼为例，使用亚硫酸钠降低水中溶解氧，在水中溶氧降低至1.5 ~ 3 mg/L时，棕点石斑鱼鳃盖快速扇动以获取更多氧气；在溶解氧降低至0.5 ~ 1.5 mg/L时，棕点石斑鱼快速游动并上浮到水体表面以从空气中获取氧气；当溶解氧降低至0.5 mg/L以下，棕点石斑鱼失去行动能力，翻身躺在水底，仅鳃盖部分有轻微扇动，此种情况下放入常氧海水中可恢复活力；持续缺氧会导致死亡，此状态下鱼体张口爆鳃，身体僵硬。在对不同种石斑鱼急性低氧胁迫下耐受时间进行比较时发现，豹纹鳃棘鲈耐受时间最短，其次为驼背鲈、鞍带石斑鱼、虎龙杂交斑，棕点石斑鱼平均耐受时间最长，虎龙杂交斑耐受时间种间差异较大。

3.2.2　转录组测序揭示虎龙杂交斑低氧耐受相关基因表达差异

对低氧耐受和不耐受的虎龙杂交斑分别取脑、肝脏和鳃部的组织样品提取RNA，进行建库测序，并进行转录组分析。结果显示在脑组织中，低氧耐受组相较于不耐受组，其损伤修复相关基因表达量较高，在修复过程中起到更为积极的作用，如*igkv4*，*igkc*，*ddit4*，*sox17a*，*smad6*等基因均显著上调；在鳃部组织中，低氧耐受组相较于不耐受组，其低氧应激相关调节通路更为敏感，相关通路基因表达均显著高于不耐受组，如*egln3*，*hif1an*，*trim27*，*pkm*等。

4　棕点石斑鱼卵原干细胞长期培养体系的建立和初步鉴定

4.1　棕点石斑鱼卵巢细胞的分离

棕点石斑鱼（*Epinephelus fuscoguttatus*）是雌雄同体，先雌后雄鱼类。为了避免混入精巢样品，本岗位团队对其性腺做了石蜡切片和苏木精—伊红染色来鉴定卵巢的发育阶段。如图4所示，样品只包含雌性生殖细胞，大多数雌性生殖细胞处于初级生长阶段，没有雄性生殖细胞。对卵巢组织的原代培养过程中，我们发现纤维样细胞和表皮样细胞首先迁移出卵巢组织块。在13天至20天的不传代培养中，卵巢组织块边缘的体细胞由于过度增殖和拥挤，最终从培养皿上脱落。卵巢组织块的卵原干细胞（OSCs）逐渐迁移至暴露的培养皿底部，呈球状细胞形态，直径大小约8 μm。

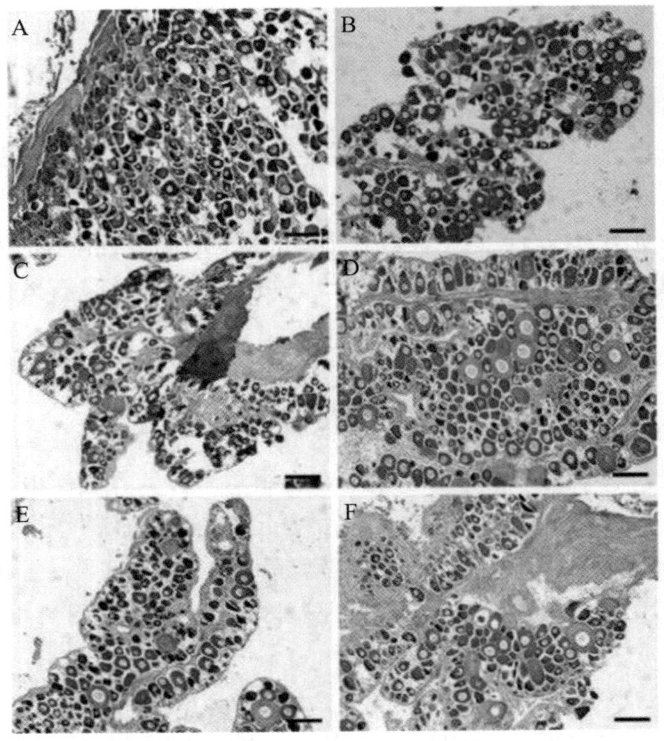

图4　用于组织培养的棕点石斑鱼卵巢组织形态学

注：A ~ F．棕点石斑鱼的6个卵巢样品苏木精–伊红染色

4.2　OSCs1和OSCs2的纯化

我们从不同棕点石斑鱼个体的卵巢中建立了两个具有不同表型特征的OSCs长期培养体系，分别命名为OSCs1和OSCs2。OSCs1簇贴壁非常牢固，胰酶消化5 min后，几乎所有体细胞脱落，但OSCs1依然贴壁（图5A和5B）。OSCs2簇贴壁仅比体细胞牢固一些，胰酶消化30 s后，大部分体细胞脱落（图5C和5D）。依据此特性，通过多次胰酶消化，去除了卵巢体细胞，从而建立了无卵巢体细胞的OSCs培养体系。

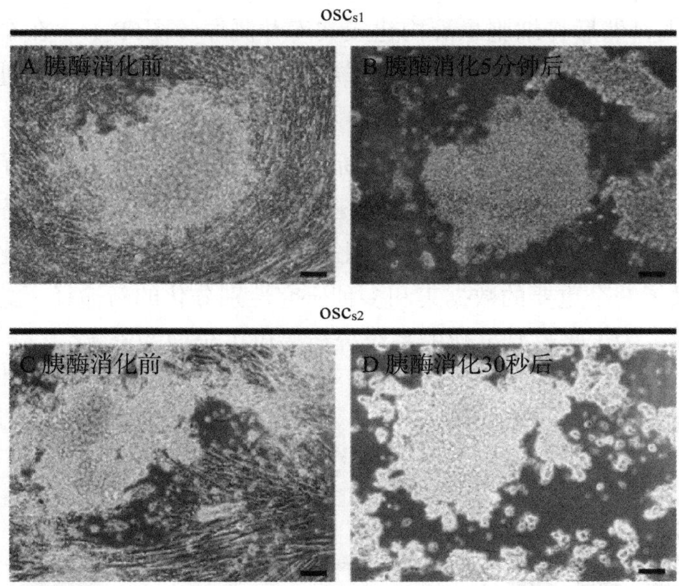

图5　棕点石斑鱼OSCs1和OSCs2的纯化

注：A. 胰酶消化前OSCs1细胞簇的形态；B. 5 min胰酶消化后的OSCs1细胞簇形态；C. 胰酶消化前OSCs2细胞簇的形态；D. 胰酶消化30秒后的OSCs2细胞簇形态。标尺=100 μm

4.3　OSCs1和OSCs2的体外长期培养和初步鉴定

OSCs1为球形细胞且有明显的细胞轮廓，呈聚簇状生长。OSCs2也为球形细胞，但聚簇状生长后难以分辨细胞轮廓。OSC1和OSC2都能在无体细胞条件下长期培养，且细胞都会呈堆积状态增殖。OSC1和OSC2都有明显的碱性磷酸酶染色。在含有bFGF和LIF的培养基中，OSCs1和OSCs2都可以培养超过5个月。总之，我们建立了无需体细胞或饲养层细胞的棕点石斑鱼OSCs长期培养体系。

5　斜带石斑鱼性别分化过程的性腺单细胞转录组测序分析

为了鉴定斜带石斑鱼早期发育过程性腺的细胞类型及性别分化过程中的细胞和分子变化，我们对斜带石斑鱼早期发育过程中的性腺进行了单细胞转录组测序分析。根据以往的经验，我们确定了斜带石斑鱼性别分化的关键时间点。因此，我们收集了三个发育阶段的性腺，未分化的性腺（80 dph），性别分化中的性腺（120 dph）和分化后的性腺（180 dph）。在80 dph石斑鱼的性腺中出现血管，这是成对性腺的标志（图6A）。同时，由于性腺的特殊形态，在性腺中发现了原始生殖细胞样细胞。在120 dph的性腺中，出现了多个生殖细胞，卵巢腔也开始形成。在180 dph的性腺中，首次观察到初级生长期卵母细胞，这意味着性别分化完成，此时生殖细胞的数量和类型明显增加。由于早期的性腺非常小，我们混合新鲜性腺制备的单细胞悬液［80 dph（n=30）、120 dph（n=20）和180 dph（n=5）］，然后将细胞悬液构建成文库并测序（图6B）。在本实验中，我们首次在斜带石斑鱼中进行了性别分化过程中的单细胞转录组分析，提供了性别分化过程中性腺的精确图谱（图6C）。根据单细胞数据，我们首先在早期发育的性腺中鉴定出15种细胞类型，并发现了这些细胞类型的许多新的标记基因。此外，我们定义了两种滤泡前体细胞类型和一种卵泡细胞类型，并确定了它们在性别分化过程中出现的顺序和分化轨迹（图6D，图6E，图6F，图6G）。并且，我们对比发现了生殖细胞在性别分化过程中的变化差异。这项研究提供了一个重要的数据集和多种研究性别分化的新途径。总之，我们揭示了性腺发育的复杂性，为未来性别分化的系统分析提供了全面的资源。

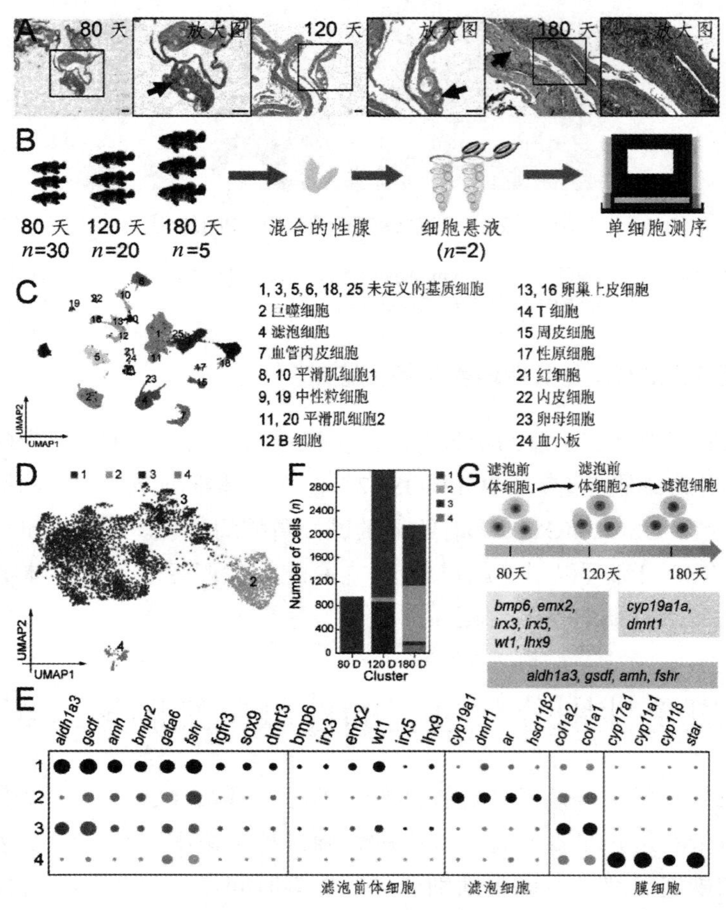

图6　单细胞转录组测序揭示了斜带石斑鱼性腺性别分化过程中的动态变化。

注：A，斜带石斑鱼在80、120、180天的性腺组织学形态。放大后的图分别是前图中方框区域的放大视图。黑色箭头代表血管。标尺= 50 μm。B，整个实验的概述。从泄殖腔孔处解剖鱼，取出带结缔组织的性腺。性腺分离成单细胞悬液进行测序（n=2）和分析。C，UMAP图中6个样本中16种细胞类型的可视化图。每个点代表一个单元格。D，亚群3的再分群UMAP图，通过计算确定的细胞亚型对细胞进行颜色编码。E，选择基因的基因表达图。F，三个发育阶段细胞簇分布的直方图。G，从80天到180天亚群3的分化示意图。

6 驼背鲈（♀）×鞍带石斑鱼（♂）杂交品系（俗称花龙杂交斑）培育及遗传特征分析

6.1 驼背鲈（♀）×鞍带石斑鱼（♂）杂交子代生长速度比较

二月龄花龙杂交斑、鞍带石斑鱼及驼背鲈在水泥池中饲养12个月后，计算所得花龙杂交斑绝对体重增长率为29.42克/月，绝对体长增长率为1.74厘米/月。相较于鞍带石斑鱼的108.00克/月，2.97厘米/月，增长明显不足，但是对比母本的18.31克/月、1.50厘米/月，生长速度显著提升。花龙杂交斑体重与父母本的比较见图7。对14月龄的三个群体的体长、体重进行比较，鞍带石斑鱼体长、体重显著高于花龙杂交斑及驼背鲈，花龙杂交斑显著高于驼背鲈。

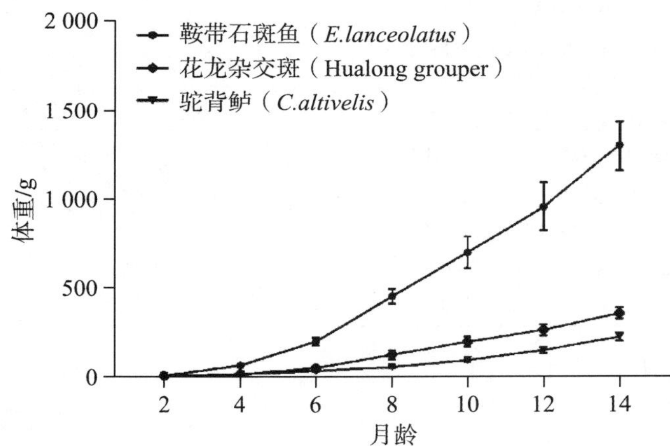

图7 鞍带石斑鱼、花龙杂交斑及驼背鲈体重增长比较

6.2 驼背鲈（♀）×鞍带石斑鱼（♂）杂交子代与亲本分子遗传特征分析

本岗位利用misa软件筛选出微卫星标记经引物设计后在驼背鲈、鞍带石斑鱼和花龙杂交斑基因组DNA中进行PCR扩增，根据筛选出的10对微卫星引物（表4）群体扩增结果显示，8对引物b59、b97、b102、b117、b146、b147、c98、c140在3种石斑鱼群体中都可扩增出条带且呈多态性，其余两对c97、c147在驼背鲈中呈现单态性，其他群体中表现出多态性。花龙杂交斑平均观测杂合度*Ho*为0.672，平均期望杂合度*He*为0.647，平均多态信息含量PIC为0.575＞0.5，三者均高于亲本。

根据遗传变异参数计算出花龙杂交斑和驼背鲈的Nei′s遗传距离是0.331，和父本鞍带石斑鱼的Nei′s遗传距离是0.585。根据Nei′s遗传距离构建三个群体的UPGMA聚类图，花龙杂交斑和驼背鲈先聚合，两者聚合后再与鞍带石斑鱼聚合，因此花龙杂交斑与驼背鲈的亲缘关系处于较近的状态。

表4　用于花龙杂交斑检测的10对微卫星引物信息

位点	引物序列（5′-3′）	荧光	重复核酸片段	退火温度
b95	F：CAGTGCAAATAGTAACACATAGGCA R：TGGTTCACCATTGAGAATCGTA	5′HEX	$(AC)_{13}$	54℃
b97	F：GGCAGGAGGATGGTTGAGTA R：CCTGCCTGCTCCTTGATTAG	5′6FAM	$(AC)_{15}$	56℃
b102	F：CTCATCTGGCTCACCTCCTC R：GATGGTGTCACTGTTGTGGC	5′ROX	$(CA)_{16}$	57℃
b117	F：AAGCAGAGGATAATGTGCTCG R：AACCACTTCCTGTTTACTGATGAA	5′HEX	$(AC)_{14}$	54℃
b146	F：CATCAATGGCTTGTGCCTC R：TGACCTTGACAAGCCAGATG	5′ROX	$(TG)_{18}$	55℃
b147	F：GACCATGGTGGCACACTTCT R：GAGTCCCGGGAGAGAGAAAC	5′HEX	$(TG)_{16}$	58℃
c97	F：CTGTCAGCCTACCAAAGCAG R：AAGACATTTGCAGTCGAAGC	5′6FAM	$(AGC)_{9}$	55℃
c98	F：CACCAAGCACCTCACTAGCA R：TGTCAGCAAGAAATGTTAGCGT	5′ROX	$(ATC)_{9}$	57℃
c140	F：ACCCCTCTCAGATGTTTCCC R：TGAGACATACTGTTGAATTTGCAC	5′6FAM	$(TGA)_{9}$	56℃
c147	F：CAGGGCTCCAGAAGAGAGTG R：GAATCAGCCAAGAACAGCCT	5′ROX	$(TCC)_{10}$	58℃

注：F表示正向引物，R表示反向引物

（岗位科学家　刘晓春）

海鲈种质资源与品种改良技术研发进展

海鲈种质资源与品种改良岗位

1　海鲈优质苗种生产与示范

1.1　优质海鲈苗种生产情况

2022年度，本岗位在利津县双瀛水产苗种有限责任公司保有优质的黄渤海亲鱼147尾，后备亲鱼204尾，共获得“利北花鲈”受精卵约200万粒，东营基地保留约120万粒，其余分别发往烟台、日照等地进行苗种培育。在东营利津基地共获得初孵仔鱼95万尾，孵化率为79.2%。在水温18～20℃进行苗种培育，经过60 d，培育出海鲈鱼苗约40万尾，鱼苗全长11.6～27.8 mm，平均全长20.4 mm。在烟台经海海洋渔业有限公司，苗种培育水温23～24℃，经过52 d，培育出海鲈鱼苗约30万尾，鱼苗全长15.8～30.6 mm，平均全长25.2 mm。

1.2　优质海鲈苗种推广与示范情况

1.2.1　形成海鲈“工厂化苗种培育+近海网箱中间养殖+深远海养成”养殖模式

2022年10月18日，本团队连续第三次为烟台经海海洋渔业有限公司提供海鲈受精卵1.3 kg。本年度对2021年度向公司提供的优质选育海鲈受精卵的生长情况进行了持续跟踪。鱼苗培育阶段，经过82 d培育出健康海鲈苗种16万尾，平均全长55.10 mm。相比未经选育的受精卵，其孵化率、成活率和生长率分别提高22.8%、27.6%和10.1%。而后放入近海网箱进行中间养殖，截止到2022年12月9日，海鲈幼鱼均重达到300 g，数量约8万尾。

1.2.2　熟化海鲈“温棚标粗+池塘接力”北方淡水养殖模式

自2019年以来，全国水产技术推广总站北京通州基地培育海鲈3龄后备亲鱼20尾，平均体重3 kg；2龄海鲈后备亲鱼510尾，平均体重1.3 kg。2020年以来构建花鲈“温棚标粗+池塘接力”淡水培育模式。2022年3月5日在温棚投放的海鲈鱼苗规格为5 cm，经过74 d培育，培育海鲈大规格苗种43 000尾，平均体重35.8 g；在室外池塘继续培养191 d，平均体重达397.3 g，养殖成活率达93.6%。经过2年项目实施，证明海鲈苗种“温棚标粗+池塘接力”淡水培育模式成效显著，超出预期目标，具有很好的推广应用价值。

2　海鲈种质资源与遗传改良研究进展

2.1　海鲈生长性状遗传改良研究进展

2.1.1　海鲈核心育种群体的遗传结构分析

全基因组重测序结果表明，301尾东营群体（DY）获得4 660 345个SNP位点，213尾唐山群体（TS）获得4 288 765个SNP位点，总群体（ALL）获得3 754 961个共有SNP位点。计算了SNP位点之间的连锁不平衡系数（r^2）①，结果表明随着SNP位点之间的距离增加，LD系数快速降低。主成分分析及群体遗传结构分析均表明DY群体具有单一的遗传结构，而TS群体具有复杂的遗传结构（图1）。

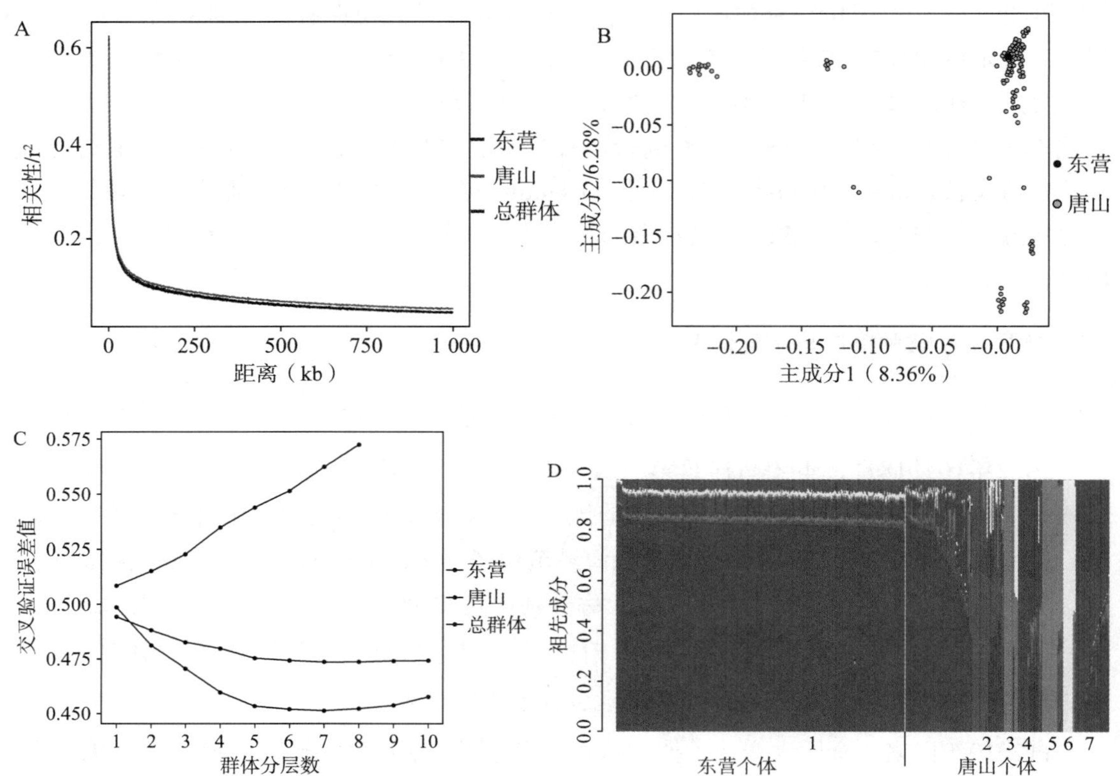

图1　东营、唐山两个群体的海鲈连锁不平衡与群体结构分析

（A）SNP的LD衰减图。（B）PCA分析结果。（C）不同*k*值下的CV值。（D）群体结构图。

① r^2表示连琐不平衡的相关系数

2.1.2　海鲈生长性状的全基因组关联分析

全基因组关联分析（GWAS）（图2）结果表明，针对体质量、体高、全长及体长四个生长性状，共鉴定得到19个显著关联的SNP位点，注释到nrn1，plcb3，slc8a3，cdh18等23个候选基因。

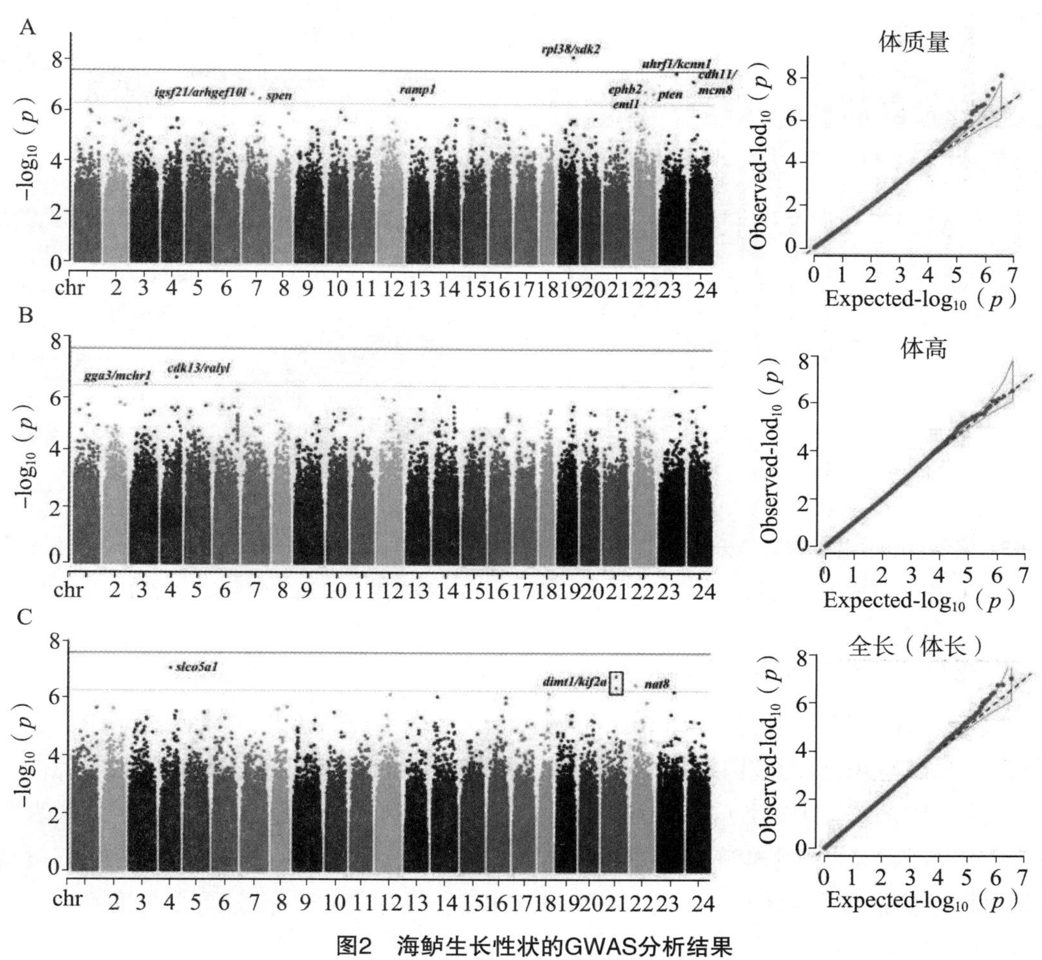

图2　海鲈生长性状的GWAS分析结果

2.1.3　海鲈生长性状关键基因的功能富集分析

GO富集分析表明，GWAS鉴定获得的差异基因主要富集在细胞骨架重组、神经调节、细胞黏附和血管生成等生物学过程（图3A）。此外，也检测到血管内皮生长因子（VEGF）和雌激素信号通路，其中，VEGF信号通路可以通过血管生成来促进肌肉再生（图3B），而雌激素信号通路被认为通过影响GH和IGF的表达来调控生长过程（图3C）。

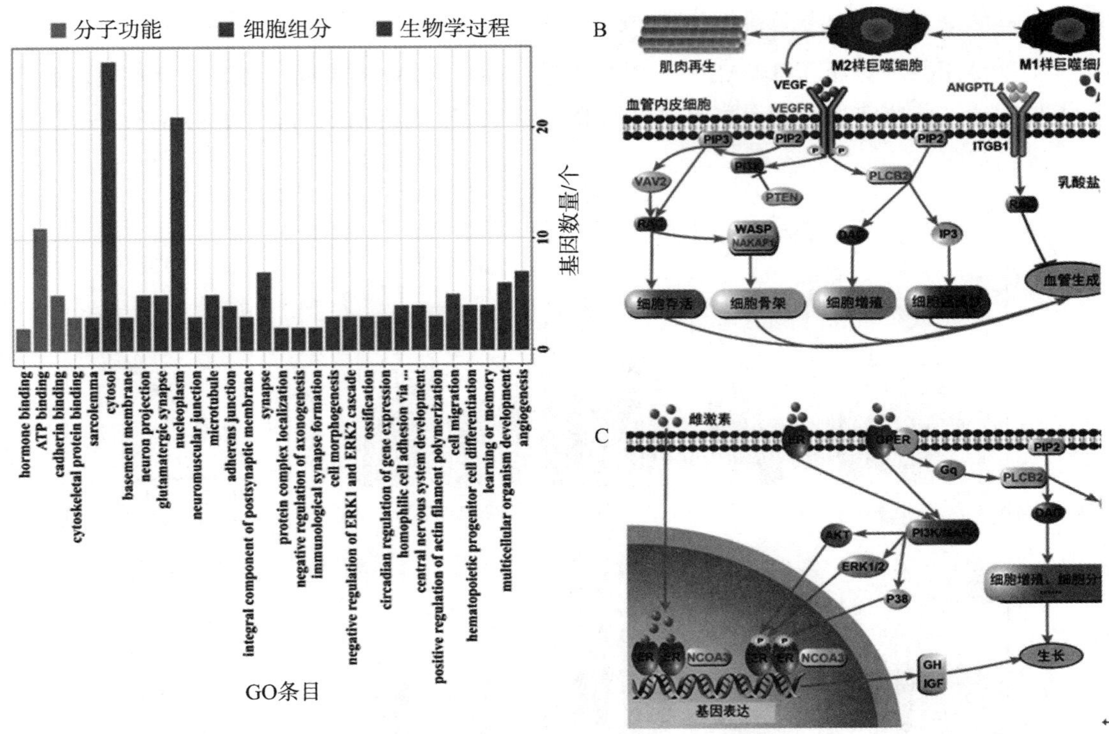

图3　海鲈生长候选基因功能分析　（A）海鲈生长候选基因的GO富集分析。（B）血管内皮生长因子（VEGF）信号通路的生长调控机制示意图。（C）雌激素信号通路的生长调控机制示意图

2.1.4　海鲈生长性状的基因组预测研究

基于SNP的随机选择（Random）策略，比较了rrBLUP、BayesB、BayesC和BayesianLASSO模型的基因组预测准确性，结果表明rrBLUP具有最高的预测准确性。接着，使用rrBLUP模型比较了Random、GWAS和GWAS1三种位点选择策略①。结果表明：基于GWAS1策略的预测准确性被显著高估；当位点数量足够时，Random与GWAS策略选择均可以达到最高预测准确性，但GWAS策略可以通过更少的位点达到最大准确性，提升了预测效率（图4）。

① GWAS1和GWAS策略有一定的区别

GWAS1：对总群体进行GWAS分析，根据P值对SNP位点排序，按一定数量依次选取前面的标记

GWAS：只对训练集的群体进行GWAS分析，根据P值对SNP位点排序，按一定数量依次选取前面的标记。

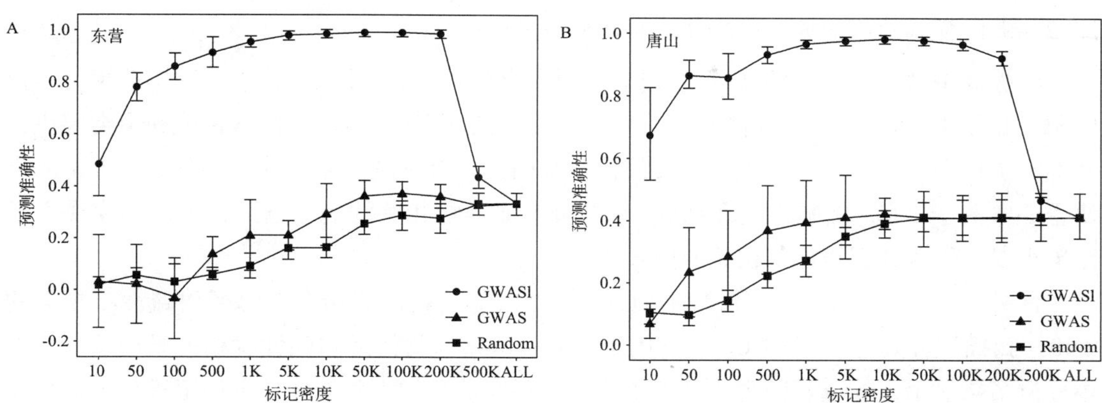

图4　不同位点选择策略对海鲈全长性状的预测性比较（A）东营群体；（B）唐山群体。

2.2　海鲈耐碱性状遗传改良研究进展

2.2.1　海鲈耐碱性状基因组选择育种模型构建

利用plink软件分析单倍型模块并挑选标签SNP，共鉴定获得288 700个标签SNP。在GS分析中，利用5次十折交叉验证，比较了不同SNP选择策略（GWAS-*P*值排序和随机挑选）、不同SNP标记密度（10、25、50、75、100、200、400、800、1 600、3 200、6 400）和不同模型（bayesB、bayesC和rrBLUP）对海鲈耐碱性状的基因组育种值（GEBV）的预测准确性的影响。结果表明，GWAS-*P*值排序策略、100个SNPs为海鲈耐碱性状的最佳全基因组选育策略（图5）。

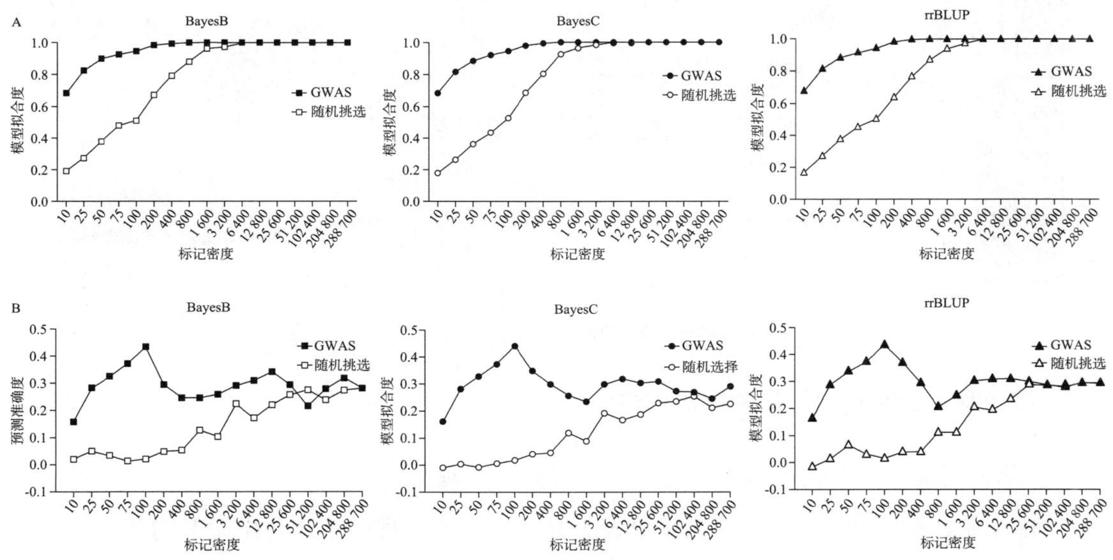

图5　海鲈耐碱性状全基因组选育模型的预测效果比较（A）模型拟合度；（B）预测准确性。

2.2.2 海鲈耐碱性状关键基因的筛选及功能富集分析

根据高碱胁迫后测得的转录组数据，分析获得海鲈耐碱性状表达谱，利用软聚类、蛋白网络互作（PPI）分析、功能富集分析等方法，共获得4个与耐碱性状相关的聚类模块，共鉴定了13个与耐碱性状呈现正相关的核心基因，12个呈现负相关的核心基因。上调的模块主要富集于细胞-细胞连接和细胞-细胞外基质连接相关的信号通路；下调的模块主要富集于遗传信息处理与加工相关的信号通路。

此外，结合本岗位上一年度通过GWAS分析鉴定获得的14个与海鲈耐碱性状相关的SNP，扫描注释其上、下游300 kb基因组区间，鉴定获得海鲈耐碱性状相关候选基因。富集分析结果显示，候选基因主要富集于代谢、环境信息加工和遗传信息加工等相关信号通路。联合海鲈耐碱胁迫转录组分析结果，由细胞膜特异性配受体引起的小GTPase磷酸化导致下游MAPK信号通路的激活，相关离子转运可能在海鲈的耐碱胁迫中发挥着重要作用（图6）。

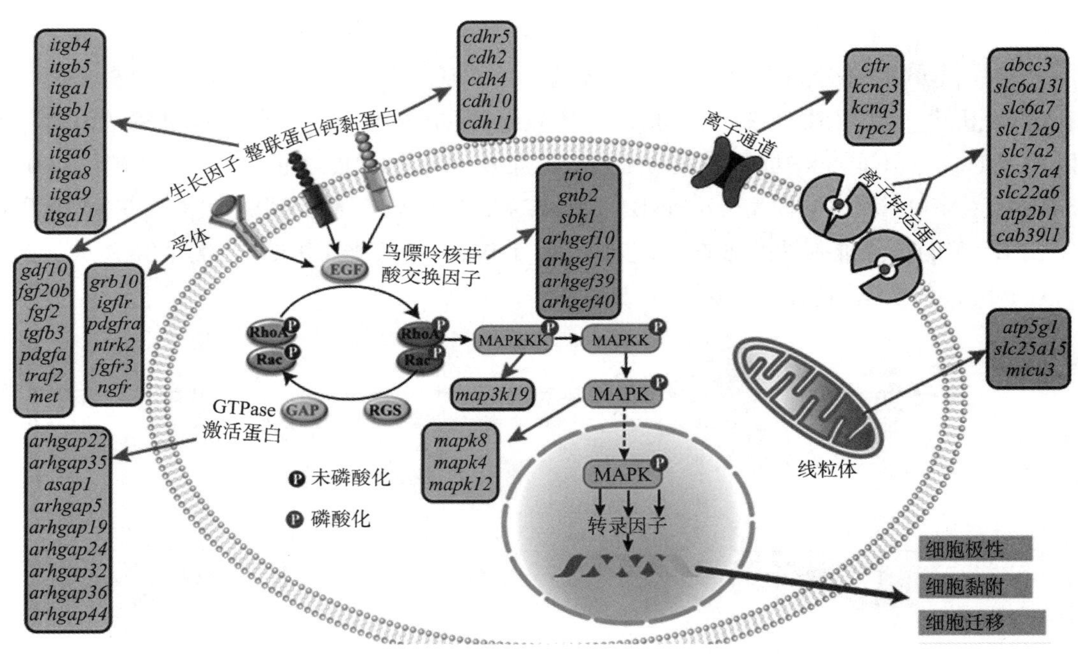

图6 海鲈响应碱胁迫的关键基因及通路的模式图

2.3 海鲈耐高温性状的遗传改良研究进展

2.3.1 海鲈耐高温性状的基因组选择育种参考群体构建

根据前期预实验结果，胁迫温度设置为35℃，实验过程中记录每尾海鲈的死亡时间，以高温耐受时间作为高温耐受能力的表型性状数据（图7）。基因组重测序共产生3308.3 G的高通量测序数据，平均测序深度约为10×。

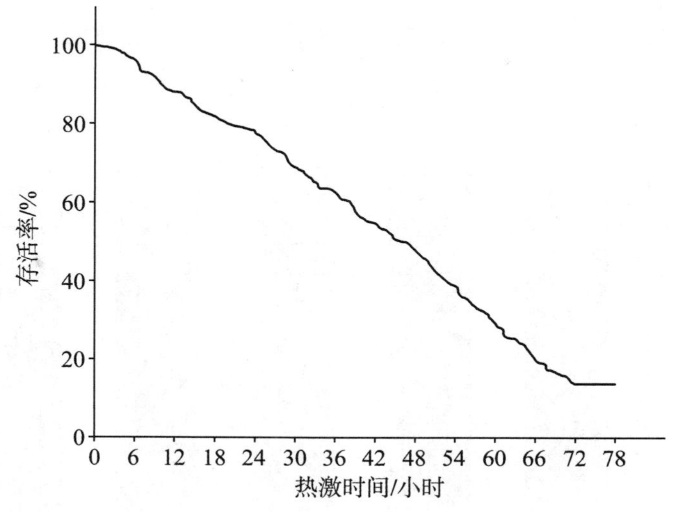

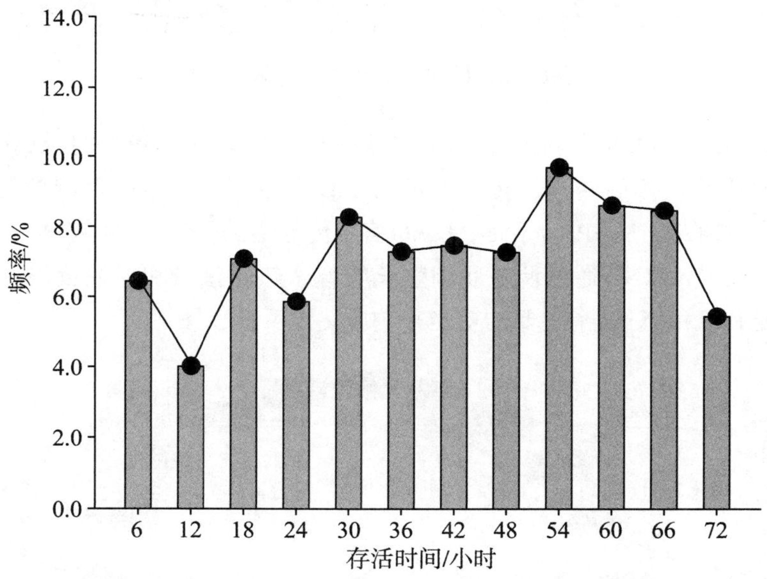

图7　海鲈耐高温性状基因组选育参考群体的表型数据统计图

2.3.2　海鲈耐高温性状的分子机制解析

基因表达谱分析：驯化温度为15℃，胁迫温度为30℃，分别在驯化温度、热激6 h、12 h、24 h、48 h和72 h采集肌肉组织样品，进行转录组测序分析，结果表明，分别鉴定出4 293、4 042、4 849、5 033和6 511个差异表达的基因（DEGs）（图8），其中鉴定出共有的上调表达基因1 127个，共有的下调表达基因813个。蛋白质互作网络（PPI）分析结果表明，大量的热激蛋白（HSPs）参与对热激的响应。

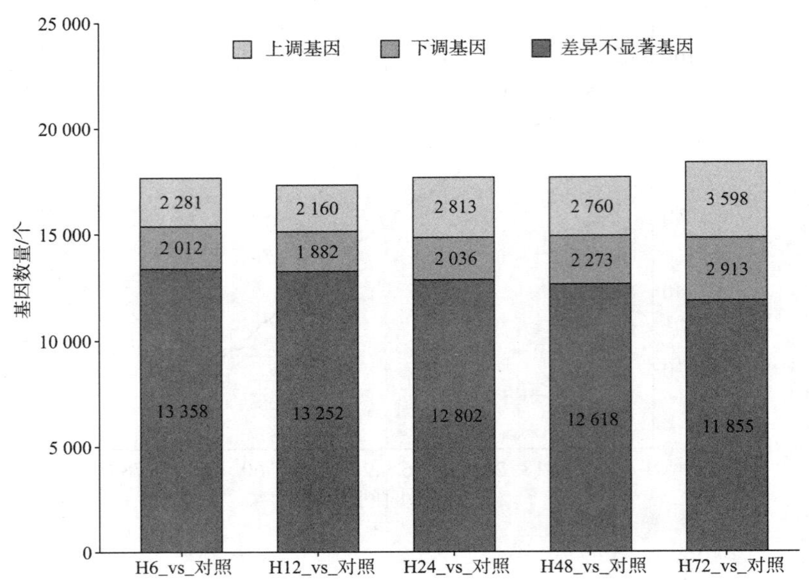

图8　高温胁迫下海鲈的差异表达分析

热激响应的miRNA表达谱分析：GO富集分析结果显示，599个有效的靶基因富集到线粒体、激酶活性、伴侣结合、转化生长因子β受体信号通路的负调控等功能，KEGG显著富集于代谢通路、MAPK、p53、FoxO信号传导通路等。miRNA-靶基因调控表达网络结果表明，海鲈miRNA通过调节肌肉生长发育、热激蛋白和伴侣蛋白、氧化还原酶及DNA损伤修复和氧稳态这4个主要的功能来响应热激反应（图9）。

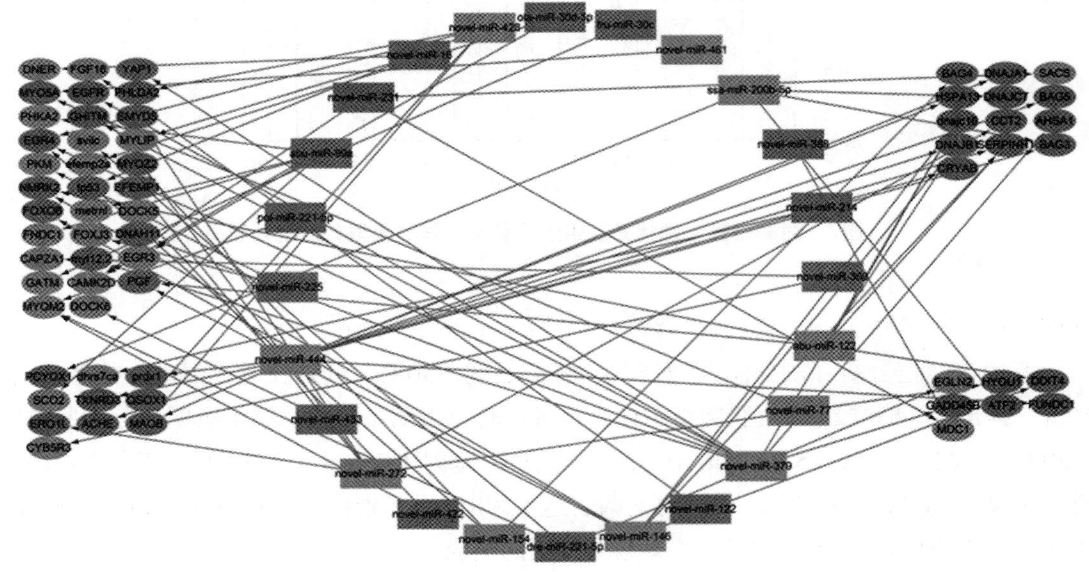

图9　海鲈热激响应的miRNA及其靶基因表达调控网络图

3　温度对海鲈骨骼肌生长调控的机制研究

3.1　不同养殖温度对海鲈骨骼肌mRNA表达谱的影响

转录组分析结果显示，随着温度升高而呈现上升趋势的基因显著富集在肌纤维形成及细胞外基质合成相关的功能条目中，筛选获得fn1a等核心基因；随温度升高表达水平呈下降趋势的基因显著富集在能量代谢相关的功能条目中，其中ndufa9、ndufa2等被鉴定为核心基因。

3.2　不同培养温度对海鲈骨骼肌原代细胞mRNA表达谱的影响

对21℃、25℃、28℃培养下增殖72 h（命名为PL，PM，PH）及诱导分化后48 h（DL，DM，DH）的细胞样本进行RNA-seq测序。结果显示，PH组主要诱导胆固醇合成及HSF1相关通路激活，PL组则介导DNA损伤反应及凋亡通路等。DH组主要上调肌肉发育相关通路及HSF1相关通路，DL组则激活NF_KB信号通路等免疫相关通路。利用WGCNA构建共表达网络，共鉴定到与性状高度相关的四个模块以及14个关键基因。PH组关联模块中，鉴定出tuft1、bag2等促进细胞的增殖、迁移及抑制凋亡的hub基因；PL组关联模块中，鉴定出sesn2、pola2等参与DNA的损伤修复过程的hub基因；DH组关联模块中，鉴定出stac3、stip1等hub基因；与DL组相关模块，筛选出ypel3、pla2g4c等参与炎症与免疫反应的hub基因（图10）。

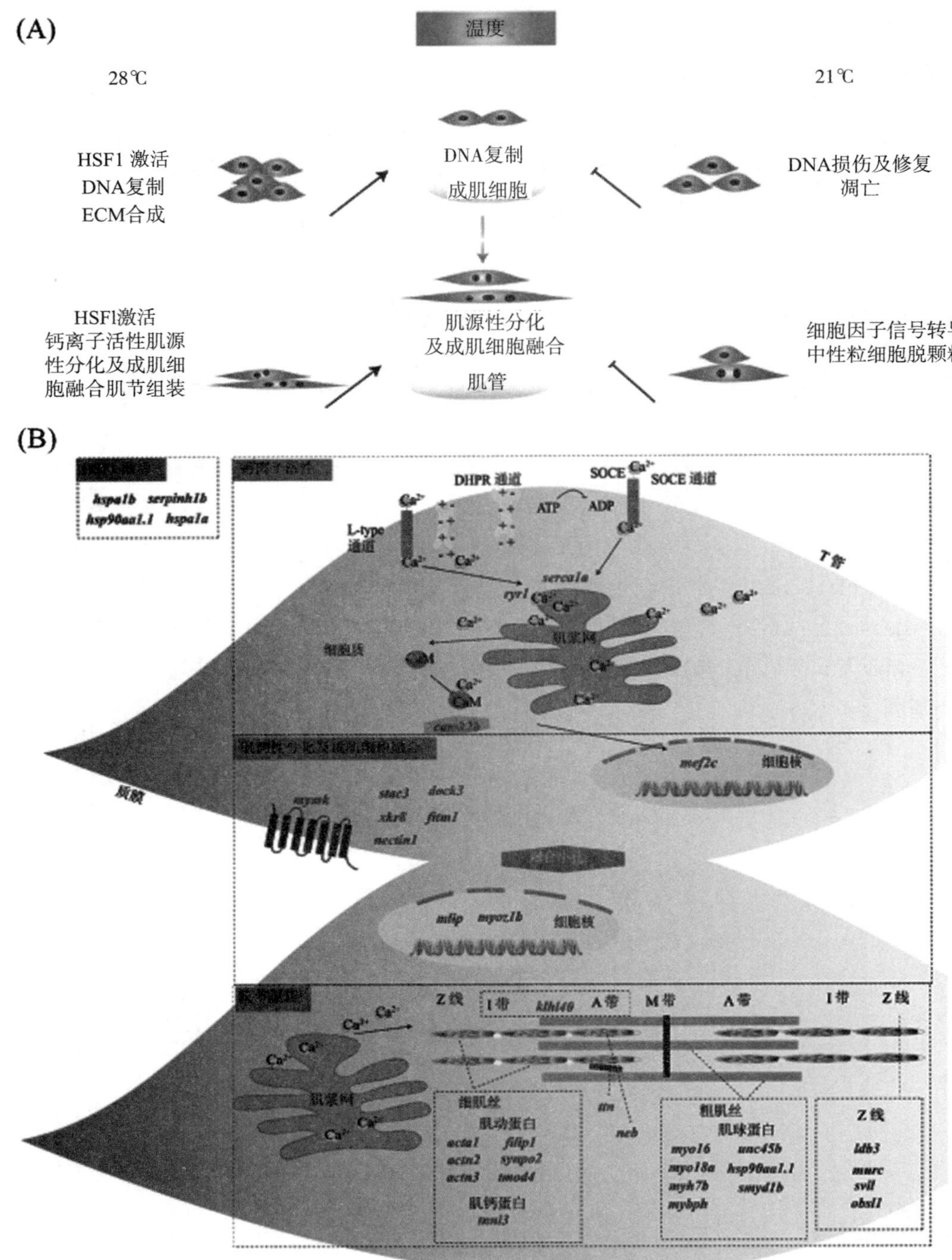

图10 温度对海鲈骨骼肌原代细胞生长发育调控机制的模式图

4　海鲈盐度调控的分子机制解析

4.1　海鲈鳃离子细胞的分类鉴定

离子细胞标志蛋白共定位分析结果鉴定出一种海水型离子细胞（SW）及两种淡水型离子细胞（FW1、FW2）。SW型离子细胞同时表达NKA、NKCC1、NHE3、CFTR，且主要位于相邻鳃小片之间的鳃丝上皮，鳃小片底部也有少量表达；FW1型离子细胞共表达NKA、NKCC1和NHE3，主要位于鳃小片中部和底部上皮；FW2型离子细胞仅表达NKA，主要位于鳃小片底部。海淡水转化实验表明，SW型和FW1型细胞分别为海鲈主要的海水型和淡水型离子细胞类型，在淡水海鲈鳃小片上还存在少量FW2型离子细胞，并在海水驯化过程中逐渐减少（图11）。

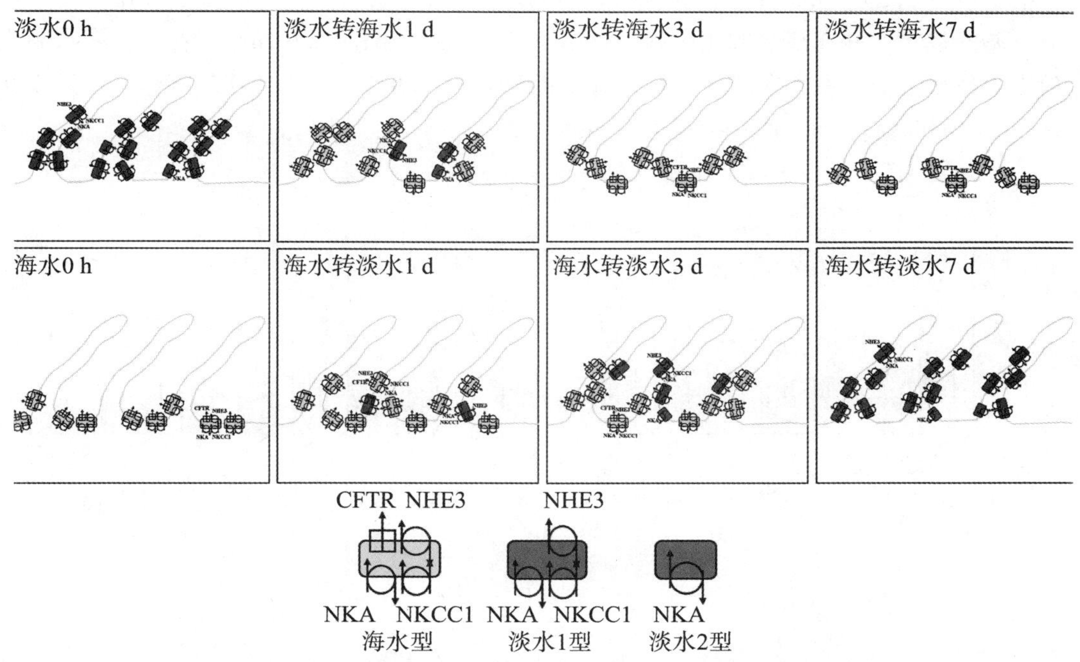

图11　海鲈鳃离子细胞的分类及在盐度驯化过程中的分布模式图

4.2　海鲈鳃离子细胞标志基因NKA在盐度适应中的功能研究

结果表明在淡水海鲈鳃组织中，NKA广泛分布于鳃小片（中部和底部）上皮，而在海水驯化过程中，NKA的分布沿着鳃小片逐渐下移，直至分布于鳃小片底部及相邻鳃小片之间的鳃丝上皮。在淡水驯化过程中NKA蛋白的表达分布变化呈现相反趋势（图12）。

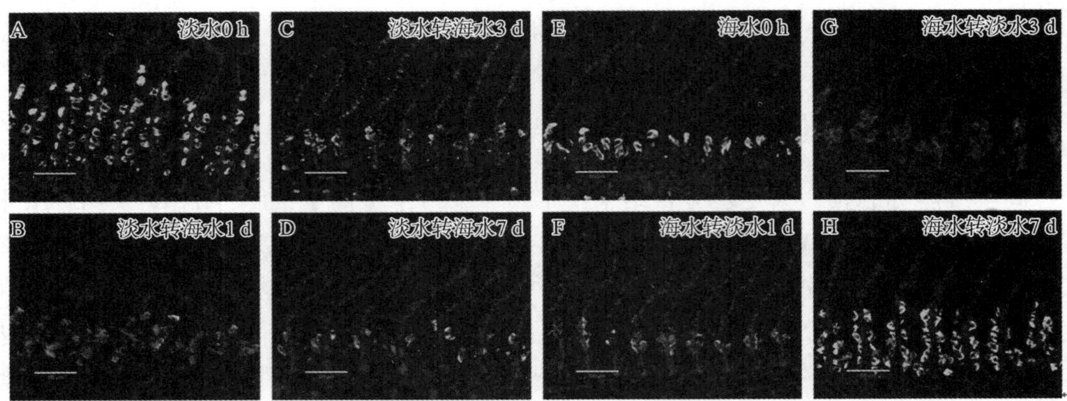

图12　海鲈盐度驯化过程中NKA蛋白在鳃中的免疫荧光定位

qPCR结果表明，nka α 1a、nka α 2、nka β 1b基因亚型的表达量在海水驯化过程中呈逐渐下调的趋势，并在淡水驯化过程中逐渐上调；nka α 3b和nka β 1a基因亚型在海水驯化过程中表达量逐渐上调并在淡水驯化过程中逐渐下调（图13）。蛋白亚基互作结果发现共转染nka α 1a和nka β 1b的细胞存在FRET现象。

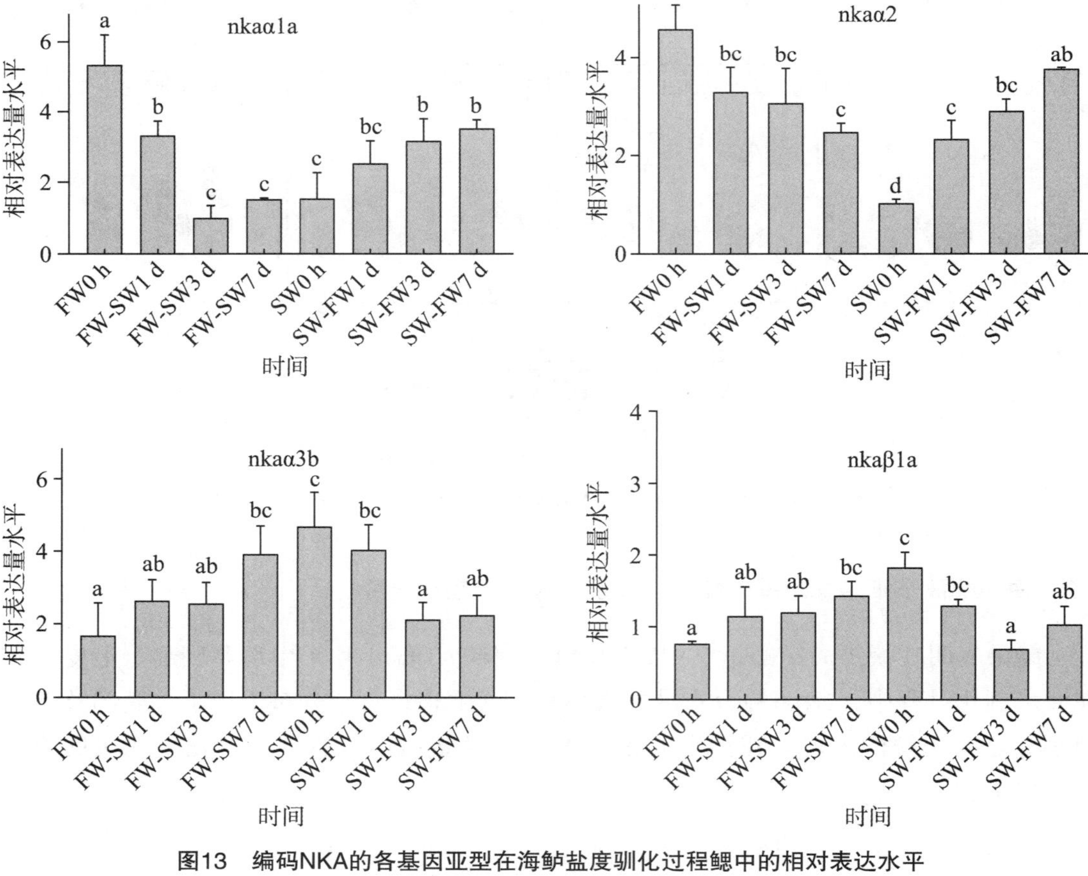

图13　编码NKA的各基因亚型在海鲈盐度驯化过程鳃中的相对表达水平

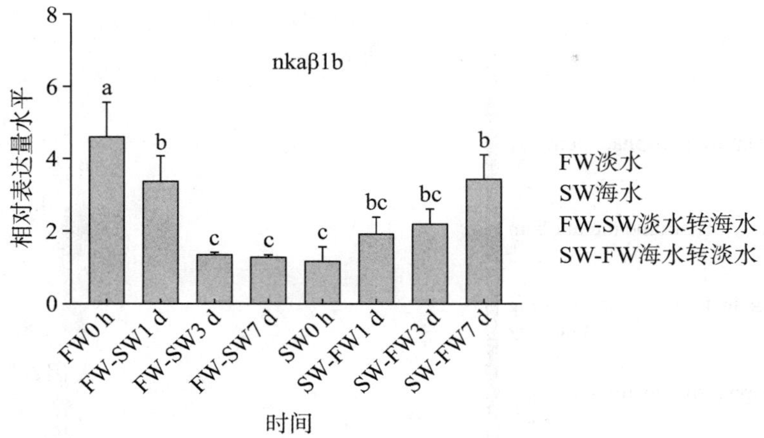

图13　编码NKA的各基因亚型在海鲈盐度驯化过程鳃中的相对表达水平（续）

4.3　miRNA对海鲈盐度适应的调控机制研究

相对于淡水组（FW组），海水组（SW组）中鳃小片上的血细胞数量显著增加，而黏液细胞数量显著降低；鳃小片基部间距和鳃小片基部宽度显著增加，而鳃丝厚度、鳃小片厚度和鳃小片高度则显著降低。同时，离子细胞在SW组主要分布在鳃小片的层间区域，FW组也分布在鳃小片外侧表面。对差异表达基因（DEGs）的KEGG和GO功能分析表明，FW中高表达的基因主要富集在碳代谢和氨基酸代谢等通路，而SW中高表达的基因则主要富集于Ca^{2+}、磷脂酰肌醇、apelin等信号转导通路。此外，构建的PPI网络在FW和SW组中分别鉴定出5个和7个关键的hub基因（图14）。

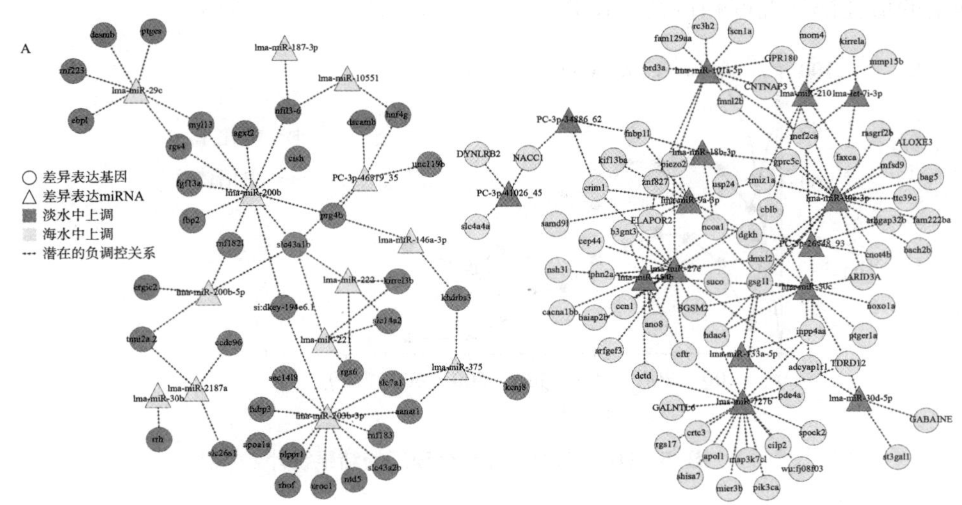

图14　海鲈盐度适应的（A）miRNA-mRNA调控网络与（B）KEGG功能富集分析

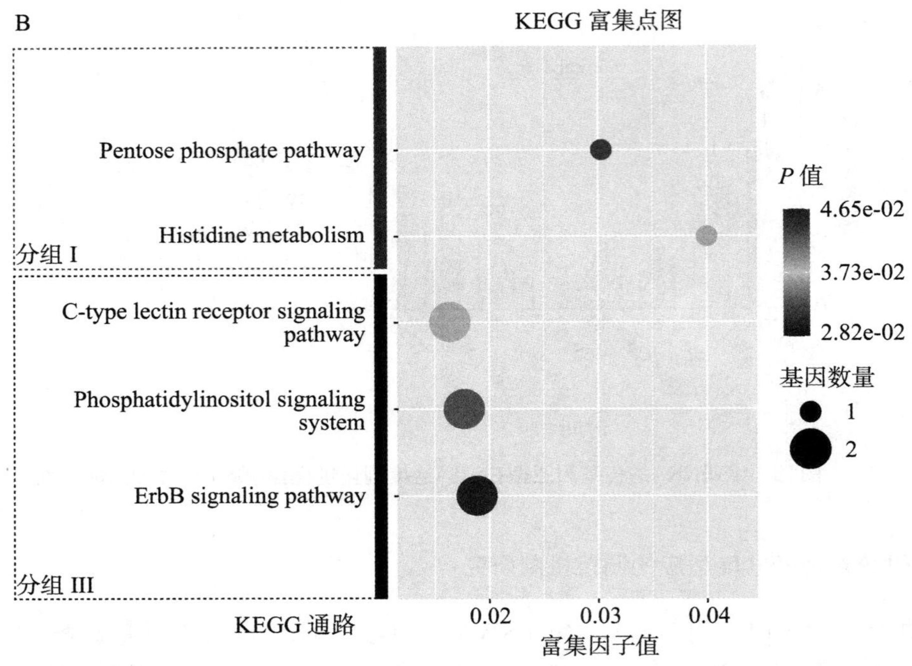

图14　海鲈盐度适应的（A）miRNA-mRNA调控网络与（B）KEGG功能富集分析（续）

5　海鲈的雌核发育技术研究进展

结果显示，197～245 mJ/cm²为最佳的精子灭活剂量，此时能得到100%的单倍体，受精率在67%以上。在4℃水温处理10 min的条件下，6～7 min处理组能100%诱导染色体加倍。确定的最佳诱导温度和持续时长分别为2℃～4℃和10 min（图15）。

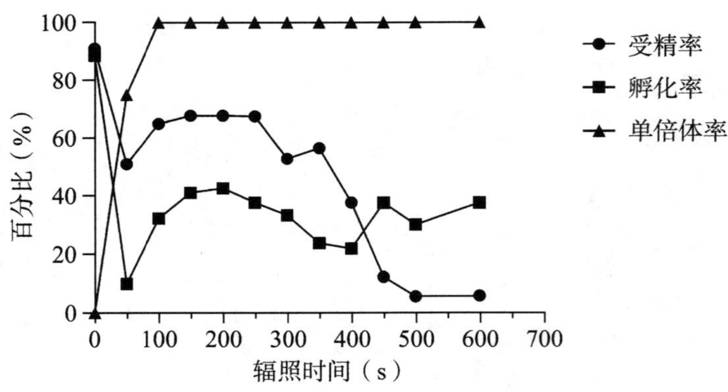

图15　UV灭活及冷休克处理后的结果统计

（岗位科学家　温海深）

卵形鲳鲹种质资源与品种改良技术研究进展

卵形鲳鲹种质资源与品种改良岗位

1　卵形鲳鲹种质创制与优质苗种培育

本岗位继续开展了卵形鲳鲹“鲳丰1号”快速生长新品系亲鱼催产与苗种规模化繁育，卵形鲳鲹“鲳丰1号”亲鱼经促熟催产获得优质受精卵18.4 kg；利用池塘生态化培育技术培育了卵形鲳鲹快速生长新品种苗种205万尾，并在广东深圳、海南陵水进行了深水网箱养殖示范，经过5个月养殖，鱼体平均体重均达到了400 g以上，生长性能良好。

2　卵形鲳鲹相关免疫基因及抗刺激隐核虫关联分析

2.1　卵状鲳鲹MMP9基因功能研究及其与刺激隐核虫抗性性状关联分析

基质金属蛋白酶（matrix metalloprotein，MMP）家族基因在降解和重塑细胞外基质的动态平衡中起到重要作用。本岗位克隆了卵形鲳鲹MMP9基因，基因组序列长度为4 330 bp，包含13个外显子和12个内含子。开放阅读框长度为2 058 bp，编码685个氨基酸的肽，预测相对分子质量为77.17×10^3，理论等电点为5.424。ToMMP7蛋白的信号肽序列为1～21个氨基酸，随后是三个连续的纤维连接蛋白二型结构域（FN2 225～273个氨基酸、283～331个氨基酸和341～389个氨基酸）和四个连续的血红素样重复结构域（HX497～541个氨基酸、543～584个氨基酸、589～635个氨基酸和637～677个氨基酸）。

根据卵形鲳鲹MMP9基因组DNA序列设计引物，对3条抗性个体和3条敏感个体进行PCR扩增并测序，通过序列比对和分析推断可能的SNP位点。根据所选SNP位点重新设计引物，选择50条抗性个体和50条敏感个体进行扩增和测序，利用SPSS 22软件对基因型频率/等位基因频率以及与刺激隐核虫抗性性状之间的相关性进行分析，结果表明，在ToMMP9中检测到2个SNP（−1340A/C和+400A/G），其中SNP（−1340A/C）位于启动子中，SNP（+400A/G）位于第一内含子中。卡方检验结果显示，SNP（+400A/G）的基因型频率和等位基因频率在易感组和耐受组之间存在显著差异（表1）。然而，SNP（−1340A/C）无显著差异。

表1　卵形鲳鲹MMP9基因SNP位点在刺激隐核虫抗性与敏感个体的分布

基因	位点	基因型	敏感组	抗性组	卡方值χ²（P）	等位基因	敏感族	抗性组	卡方值χ²（P）
MMP9	A/C	AA	17	21	0.68（0.71）	A	58	63	0.52（0.47）
		CC	9	8		C	42	37	
		AC	24	21					
	A/G	AA	14	3	9.07（0.01）	A	50	31	7.49（0.006）
		GG	14	22		G	50	69	
		AG	22	25					

注：统计学显著性差异和极显著性差异分别用$P<0.05$和$P<0.01$表示。

2.2　卵形鲳鲹Racs基因与刺激隐核虫抗性关联分析

利用卵形鲳鲹抗刺激隐核虫个体和刺激隐核虫敏感个体为材料，根据Rac基因设计引物对其进行SNP基因分型，结果表明，在卵形鲳鲹Rac基因（ToRac1a）中共检测到11个SNP标记，包括1个ToRac1a基因座（+6864T/G）、1个ToRac1b基因座（+3481A/G）、4个ToRac2基因座（+1057A/G、+1461G/A、+1467A/G、+1518G/A）和2个ToRac3基因座（+4042C/T和+4116G/T），1个ToRac1a基因座（+6688 A/G）、1个ToRac2基因座（+1132A/T）和1个ToRac3基因座（+4044 T/G）。此外，2个基因座（+6688 A/G和+6864 T/G）存在于ToRac1a的第五个内含子，1个基因座（+3481A/G）位于ToRac1b的第一个内含子，5个位点（+1057A/G、+1132A/T、+1461G/A、+1484T/C和+1518G/A）在ToRac2的启动子区中发现，并且3个基因座（+4042C/T、+4044T/G和+4116G/T）存在于ToRac3的第一个内含子。

利用直接测序法对50个抗刺激隐核虫个体和50个易感个体进行测序，利用SPSS 20软件对卵形鲳鲹Rac基因的11个SNP标记与刺激隐核虫的关联性进行分析，发现 ToRac1基因上SNP（+6864T/G）的等位基因频率在抗性群体和敏感群体中存在显著差异（$P<0.05$），ToRac3 基因上+4116G/T 位点的基因型频率无明显差异，但其等位基因频率在易感基因座和抗性基因座之间存在显著差异（$P<0.05$）（表2）。

表2　卵形鲳鲹四个Racs 基因SNP位点在抗性和敏感群体中分布

基因	位点	基因型	敏感组N（%）	抗性组N（%）	卡方值 χ^2（*P*）	等位基因	敏感组N（%）	抗性组N（%）	卡方值 χ^2（*P*）
Rac1a	6864T/G	TT	3（6.0）	1（2.0）	17.750 3（0.000 1）	T	40（40.0）	17（17.0）	12.980（0.000 3）
		TG	34（68.0）	15（30.0）		G	60（60.0）	83（83.0）	
		GG	13（26.0）	34（68.0）					
	6688A/G	AA	27（55.1）	22（44.0）	1.381 1（0.501 2）	A	73（74.5）	67（67.0）	1.340 5（0.246 9）
		AG	19（38.8）	23（46.0）		G	25（25.5）	33（33.0）	
		GG	3（6.1）	5（10.0）					
Rac1b	3481A/G	AA	28（58.3）	28（56.0）	0.984（0.611）	A	76（79.2）	77（77.0）	0.134（0.714）
		AG	20（41.7）	21（42.0）		G	20（20.8）	23（23.0）	
		GG	0（0.0）	1（2.0）					
Rac2	1057A/G	AA	39（79.6）	26（70.3）	0.998（0.607）	A	87（88.8）	62（83.8）	0.907（0.341）
		AG	9（18.4）	10（27.0）		G	11（11.2）	12（16.2）	
		GG	1（2.0）	1（2.7）					
	1132A/T	AA	18（36.7）	7（20.0）	4.613（0.100）	A	65（66.3）	37（52.9）	3.106（0.078）
		AT	29（59.2）	23（65.7）		T	33（33.7）	33（47.1）	
		TT	2（4.1）	5（14.3）					
	1518G/A	GG	41（83.7）	26（66.7）	3.489（0.175）	G	89（90.8）	63（80.8）	3.723（0.054）
		GA	7（14.3）	11（28.2）		A	9（9.2）	15（19.2）	
		AA	1（2.0）	2（5.1）					
	1484T/C	TT	12（24.5）	10（26.3）	0.068（0.966）	T	55（56.1）	43（56.6）	0.004（0.952）
		TC	31（63.3）	23（60.5）		C	43（43.9）	33（43.4）	
		CC	6（12.2）	5（13.2）					
	1461G/A	GG	12（24.5）	10（26.3）	0.068（0.966）	G	55（56.1）	43（56.6）	0.004（0.952）
		GA	31（63.3）	23（60.5）		A	43（43.9）	33（43.4）	
		AA	6（12.2）	5（13.2）					
Rac3	4042C/T	CC	6（12.0）	11（22.0）	2.280（0.320）	C	38（38.0）	42（42.0）	0.333（0.564）
		CT	26（52.0）	20（40.0）		T	62（62.0）	58（58.0）	
		TT	18（36.0）	19（38.0）					
	4044T/G	TT	6（12.0）	11（22.0）	2.280（0.320）	T	38（38.0）	42（42.0）	0.333（0.564）
		TG	26（52.0）	20（40.0）		G	62（62.0）	58（58.0）	
		GG	18（36.0）	19（38.0）					
	4116G/T	GG	14（28.0）	23（46.0）	6.046（0.049）	G	62（62.0）	68（68.0）	0.791（0.374）
		GT	34（68.0）	22（44.0）		T	38（38.0）	32（32.0）	
		TT	2（4.0）	5（10.0）					

2.3　卵形鲳鲹核因子-κB对TNFα 基因表达的作用研究

克隆获得了卵形鲳鲹肿瘤坏死因子α基因（ToTNFα），其开放阅读框（ORF）为726 bp，预测的理论等电点（PI）为6.13，相对分子质量（Mw）为27.18×10^3。与大多数鱼类的TNFα分子相似，ToTNFα在S71/L72拥有1个TACE限制位点、TNF家族特征

（I118–F131）以及两个保守的半胱氨酸残基（C138和C183）。同时为了解ToNF-κB和ToTNFα在抗寄生虫感染下的表达模式，研究了卵形鲳鲹在刺激隐核虫感染下的局部感染部位（皮肤和鳃）和系统免疫组织（肝脏，脾和头肾）的ToNF-κB和ToTNFα mRNA水平，结果表明，在刺激隐核虫刺激下，鳃中ToNF-κB在3~12 h存在上调，表达峰值是未感染组的2.49倍；皮肤中ToNF-κB在3~12 h呈现上调趋势，且12 h的表达量是未感染组的31.9倍；肝脏中ToNF-κB在3 h、6 h和12 h上调，然后恢复到正常水平。脾脏中ToNF-κB在3~6 h内上调，然后返回至正常水平；头肾ToNF-κB在感染12 h达到峰值，表达量是未感染对照组的2.49倍。此外，在刺激隐核虫刺激下这五种组织中ToTNFα的表达也增加。鳃中ToTNFα在3 h和6 h上调，然后恢复至正常水平，同时在刺激后1 d存在第二个峰值，然后恢复到正常水平。皮肤中ToTNFα在刺激后3 h至1 d呈现上调趋势，刺激后的第6 h的表达量是未感染对照组的7.74倍；脾脏中ToTNFα在刺激后3 h开始上调，然后在第2 d和第3 d显著下降，其中在第6 h和第1 d的表达量显著增加，6 h的表达量达到最大，是未感染组表达量的2.29倍。ToTNFα在全身免疫组织和局部免疫组织的感染早期基因表达均上调，表明ToTNFα可能参与宿主通过系统性和黏膜性免疫。

获得了ToTNFα基因5′侧翼序列2 048 bp，并鉴定为候选启动子。为研究ToTNFα的启动子活性对HEK293T细胞中ToNF-κB的影响，构建了一系列截短突变体，包括pGL3基本TNFα-p1、pGL3基本TNFα-p2、pGL3基本TNFα-p3、pGL3基本TNFα-p4和pGL3基本TNFα-p5（图1）。结果表明，TNFα-p2对ToNF-κB应答的表达水平显著高于其他突变体（图1），这表明与ToNF-κB结合的ToTNFα中心启动子区位于-970和+79 bp之间。

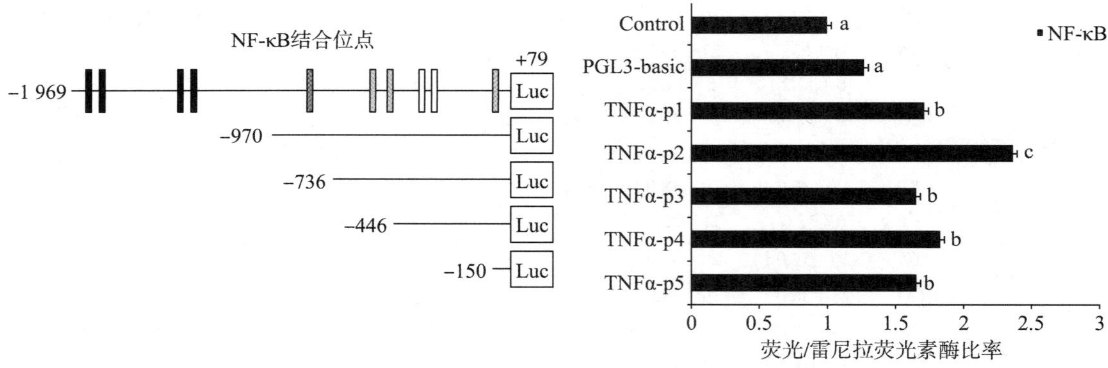

图1 ToTNFα基因的启动子活性分析

为了进一步查明ToNF-κB结合ToTNFα启动子位点，利用外源细胞对ToNF-κB和突变载体（M1、M2、M3、M4、M5或M6）或空载体（pGL3-basic）进行共转染，结果表明只有M5的突变（-197至-176 bp）和M6（-116至-92bp）结合位点导致ToNF-κB基因表达显著增加以及启动子活性的降低。此外，在野生型（TNFα-p2）和M1、M2、M3或M4突变体间无显著性差异。由此可见，ToTNFα-p2启动子中的M5突变位点是通过

ToNF-κB触发ToTNFα上调表达的重要位点。

为了进一步对ToTNFα启动子中的ToNF-κB结合基序进行研究，基于预测的ToNF-κB结合位点合成了寡核苷酸探针，利用重组NF-κB与ToTNFα启动子中预测的NF-κB结合位点的寡核苷酸探针结合，并与HEK293T细胞裂解物（包括重组NF-κB）体外孵育。然而，NF-κB结合位点的突变导致DNA -rNF-κB复合物的分离（图2），表明NF-κB与ToTNFα启动子中的M5基序特异性相互作用。DNA rNF-κB复合物的形成是特定的，因为它只能被过量的未标记对照探针（100×）阻断。

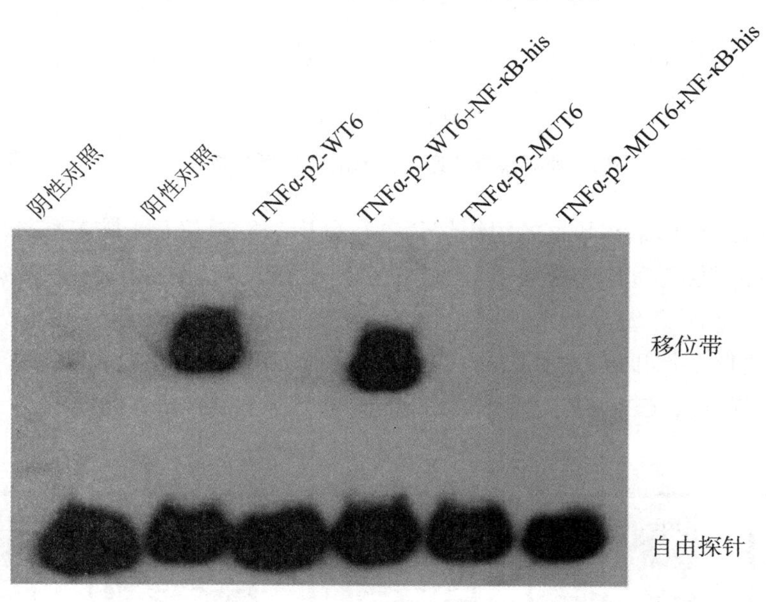

图2　ToNF-κB和ToTNFα启动子的结合反应

3　卵形鲳鲹氨基酸添加量对其生长、免疫影响研究

3.1　半胱氨酸添加量对卵形鲳鲹生长、免疫以及抗病活性的影响

利用不同半胱氨酸添加量（0.00%，0.30%，0.60%，0.90%，1.20%）卵形鲳鲹饲料配方开展卵形鲳鲹养殖试验。经过8周养殖后，测定各实验组生长情况、免疫指标。结果表明，C0鱼的SR、FI和CF水平与其他组没有明显差异（$P>0.05$）。然而，生长性能与日粮中的半胱氨酸含量成正比。与C0相比，半胱氨酸明显增加了C2、C3和C4鱼的FBW、WGR和SGR水平（$P<0.05$）。此外，与C0组相比，日粮中添加0.6%的半胱氨酸使鱼的FCR、HSI和VSI明显下调（$P<0.05$）。在这些实验条件下，根据SGR的多项式回归结果，卵形鲳鲹日粮中半胱氨酸的最佳补充水平为0.91%（图3）。对不同外源半胱氨酸添加组的鱼体抗氧化酶活性和血清免疫学参数检测，结果表明，添加外源半胱氨酸对卵形鲳鲹鱼体的免疫起到一定的作用。

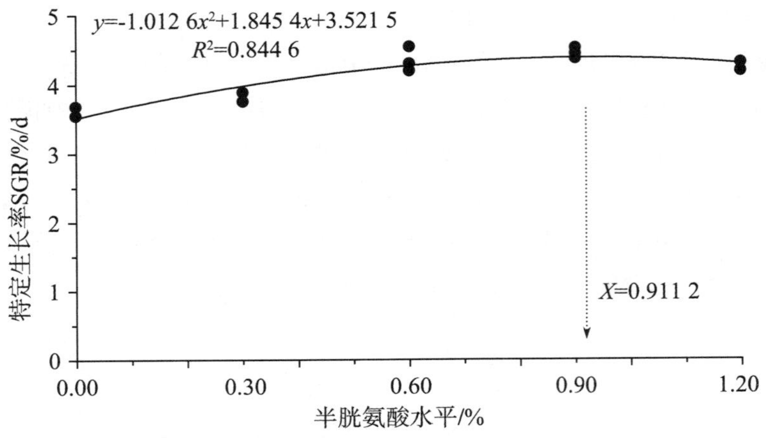

图3 卵形鲳鲹最适半胱氨酸添加量分析

对不同试验组卵形鲳鲹肠道的组织切片进行分析，发现随着半胱氨酸补充量的增加，肠道绒毛长度和肌层厚度明显增加（图4）。C2、C3和C4鱼的绒毛长度明显高于C0和C1鱼（P＜0.05）。此外，统计结果表明，与C0鱼相比，外源性补充0.3%和1.2%的半胱氨酸大大增加了肠道肌层厚度（P＜0.05）。然而，半胱氨酸的补充减少单根绒毛杯状细胞的数量。与对照组相比，C3和C4鱼的杯状细胞的丰度大大降低（P＜0.05）。

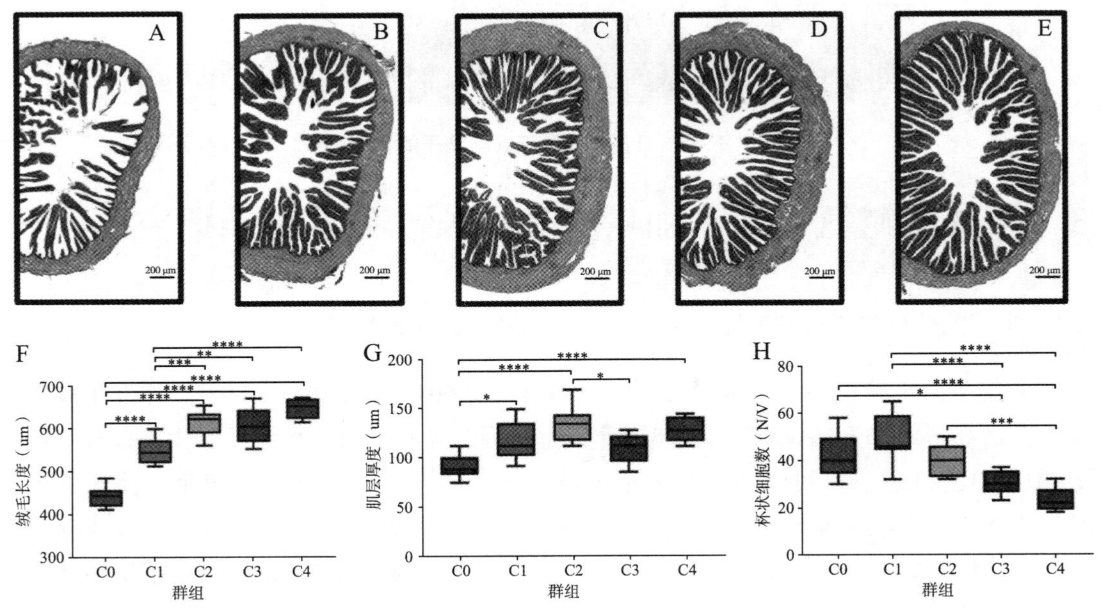

图4 不同半胱氨酸添加量投喂卵形鲳鲹的中肠形态研究。（A）0% 半胱氨酸；（B）0.40% 半胱氨酸；（C）0.80% 半胱氨酸；（D）1.20% 半胱氨酸；（E）1.60% 半胱氨酸；（F）中肠的绒毛长度；（G）肌肉厚度；（H）杯状细胞数量。

为进一步验证不同半胱氨酸饲料投喂后对卵形鲳鲹免疫能力的影响，对养殖8周后的不同半胱氨酸饲料投喂试验组鱼体进行无乳链球菌攻毒试验，发现攻毒120 h后，C0（0）、C1（0.3%）、C2（0.6%）、C3（0.9%）和C4（1.2%）鱼的存活率分别为41.67%、50.00%、63.33%、73.33%和63.33%。随着半胱氨酸添加量增加，卵形鲳鲹存活率逐渐增加。与C0组相比，外源性补充0.6%～1.2%的半胱氨酸明显提高了卵形鲳鲹对无乳链球菌的抵抗力（$P<0.05$）。因此，适当补充半胱氨酸可以大大提高卵形鲳鲹的免疫力。

3.2　牛磺酸添加量对卵形鲳鲹生长、免疫以及抗病活性的影响

开展了不同牛磺酸添加量（0.00%，0.40%，0.80%，1.20%，1.60%）的卵形鲳鲹饲料配方养殖试验。经过8周养殖后，结果表明，随着外源牛磺酸补充量的增加，终体重、增重率和特定生长率都有很大的提高（$P<0.05$）。特别是在T3组，所有的指标都含有最高值，说明外源性牛磺酸可能会大大提高卵形鲳鲹的生长性能。此外，FI、FCR和HSI也表现出随着外源牛磺酸的增加而明显下降。然而，外源性牛磺酸的补充对SR、VSI和CF没有影响（$P>0.05$）。

开展不同剂量牛磺酸饲料养殖卵形鲳鲹的肠道组织切片研究（图5），结果表明，随着外源性牛磺酸补充量的增加，0～0.8%添加量试验组的肠绒毛长度增加，而0.8～1.6%试验组相对减少。T2组的肠绒毛长度最高，与对照组相比，T2组出现了明显的增加（$P<0.05$）。肠道肌层厚度随着牛磺酸含量的增加而增加。在T3和T4组观察到最高的肠道肌层厚度。对照组的最低肠道肌层厚度低于所有其他饮食组（$P<0.05$）。相比之下，随着外源性牛磺酸补充量的增加，每根肠绒毛的杯状细胞数量表现出明显的下降；对照组的杯状细胞数量最高，且差异非常显著（$P<0.05$）。

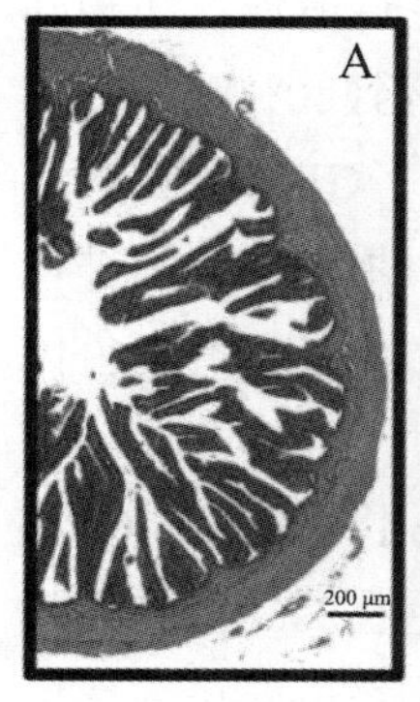

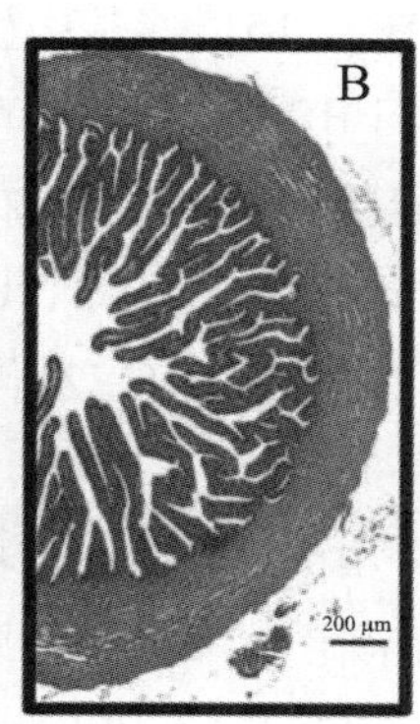

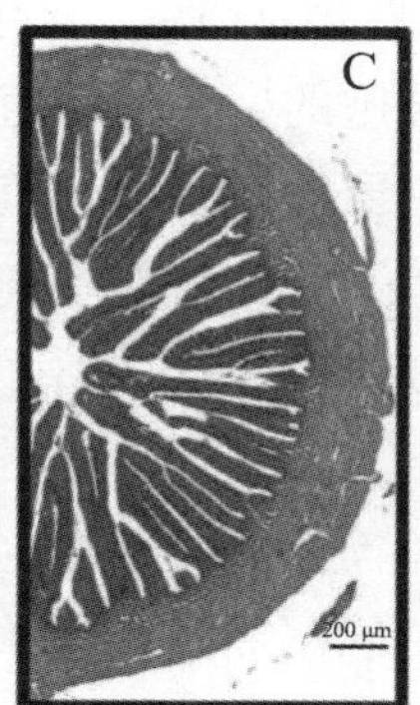

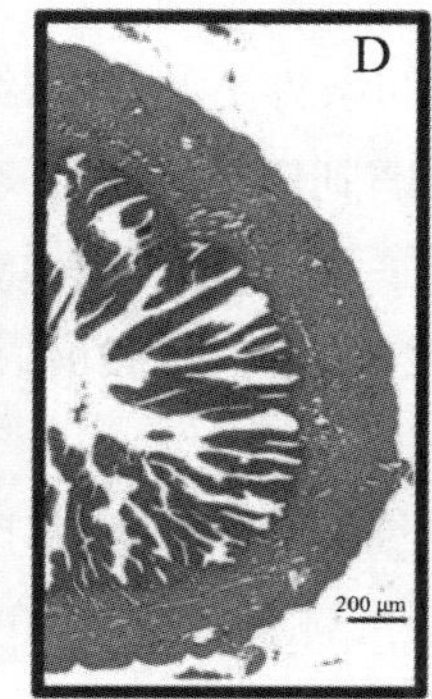

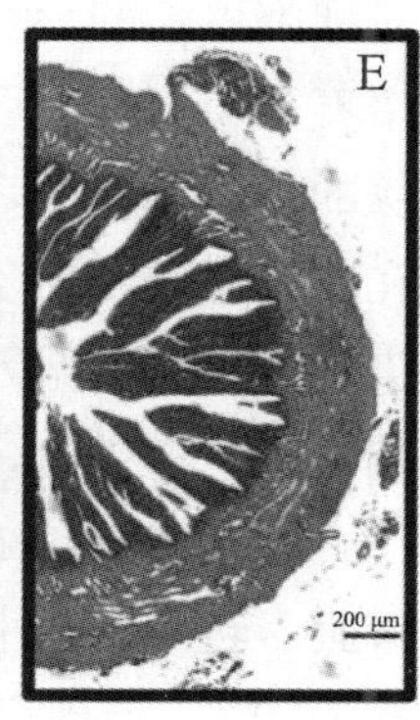

图5　牛磺酸添加量对卵形鲳鲹中肠形态的影响。（A）0% 牛磺酸；（B）0.40% 牛磺酸；（C）0.80% 牛磺酸；（D）1.20% 牛磺酸；（E）1.60% 牛磺酸；（F）中肠的绒毛长度；（G）肌肉厚度；（H）杯状细胞数量。

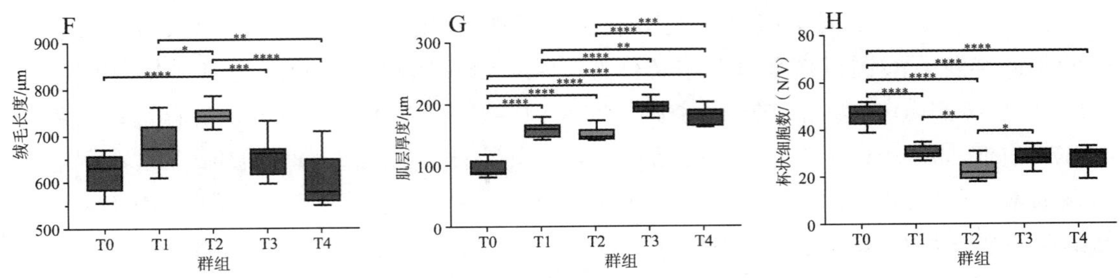

图5　牛磺酸添加量对卵形鲳鲹中肠形态的影响（续）

（A）0% 牛磺酸；（B）0.40% 牛磺酸；（C）0.80% 牛磺酸；（D）1.20% 牛磺酸；（E）1.60% 牛磺酸；（F）中肠的绒毛长度；（G）肌肉厚度；（H）杯状细胞数量。

为进一步验证不同牛磺酸饲料投喂后对卵形鲳鲹免疫能力的影响，对养殖8周后的不同牛磺酸饲料投喂试验组鱼体进行无乳链球菌攻毒试验，发现攻毒120 h后，T0（0）、T1（0.4%）、T2（0.8%）、T3（1.2%）和T4（1.6%）试验组的存活率分别为43.33%、51.67%、63.33%、66.67%和66.67%，存活率呈现出随着牛磺酸添加量的增加而上升。T3组鱼的存活率最高，且明显高于对照组（$P<0.05$），说明外源性牛磺酸提高了卵形鲳鲹免疫力以及抗病能力。

4　卵形鲳鲹肌肉细胞系及其应用

利用黏附组织外植体（组织块法）开展了卵形鲳鲹肌肉细胞系培养，经过超80次传代培养获得了卵形鲳鲹肌肉GPM细胞系。利用第30代的GPM细胞评估不同培养基和FBS浓度对细胞生长的影响，结果表明，FBS浓度为15%，细胞在L-15培养基中生长最佳。在相同培养基类型和温度的条件下，GPM细胞的生长速度随着FBS的浓度从10%到20%以浓度依赖的方式增加。考虑到FBS的实际效果和高成本，随着传代次数的增加，GPM细胞可以在28℃下使用补充了10%或15%FBS的L-15培养基进行培养。对第21代的GPM细胞进行染色体分析，显示GPM细胞的2*n*值为18～66，其中约25%的细胞在21代具有48条染色体的模式值。

为了确定GPM细胞系在外源基因操作上的适用性，用pcDNA3.1转染了第25代的GPM细胞。转染后48小时，检测到亮绿色荧光信号。实验结果显示，GPM细胞在25代的转染效率为60%。与现有的卵形鲳鲹细胞系如GPS、TOCF和TOK相比，GPM细胞系的转染效率更高。同时为研究卵形鲳鲹肌肉细胞系的应用效果，开展了GPM细胞对RGNNV的敏感性检测，记录了病毒感染细胞的CPE现象，同时利用RT-qPCR检测了RGNNV的两个指示基因的转录水平。RGNNV-RdRp和RGNNV-CP的表达在24、48和72 h时明显增加（图6）。这些数据表明，RGNNV能感染GPM细胞，并能在细胞中很好地复制。

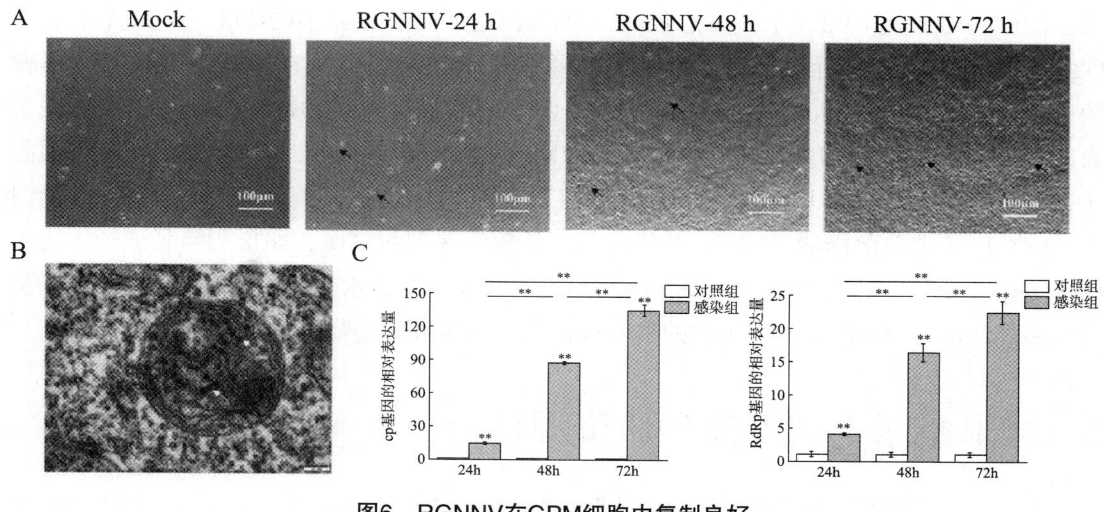

图6　RGNNV在GPM细胞中复制良好

（A）RGNNV感染GPM细胞在24、48和72 h时的细胞病理学效应。在相差显微镜下观察细胞形态。箭头说明了RGNNV感染细胞时产生空泡。（B）TEM显示，在RGNNV感染的GPM细胞的细胞质中可见一些直径为20～30 nm的病毒颗粒。（C） 通过RT-qPCR检测RGNNV感染后GPM细胞中RGNNV-CP和RGNNV-RdRp的相对表达水平。

5　北部湾卵形鲳鲹养殖区的MPs污染调查及对肠道菌群的影响

本岗位开展了广西北部湾的防城港、钦州和北海9个有代表性的水产养殖区养殖卵形鲳鲹和周围的沉积物的微塑料调查，结果发现在广西北部湾卵形鲳鲹养殖区的沉积物和鱼肠道中均检测到MPs。沉积物样品中MPs的平均丰度为4 765 ± 116项/千克，干重，沉积物中的MPs丰度从近岸到深海逐渐减少。在北海近海养殖的卵形鲳鲹肠道中检测到的MPs丰度最高（546 ± 52项/克，湿重），在防城港远海检测到的MPs丰度最低（54 ± 13项/克，湿重）。通过体视显微镜和激光红外成像LDIR观察到四种不同形状的MPs：薄膜、碎片、颗粒和纤维，其中纤维（48.35%）是沉积物中最常见的形状，其次是碎片（27.99%）和颗粒（15.72%），然而碎片是钦州沉积物中发现的主要形状。在鱼肠中观察到的碎片比例最高（35.20%），颗粒和纤维含量分别为31.96%和24.15%。使用LDIR成像在沉积物和鱼肠中分别检测到18和22种MP聚合物，包括聚乙烯（PE）、聚酰胺（PA）和聚氨酯（PU）。PA是沉积物中的主要聚合物类型，占总量的31.53%，其次是PU和PE，分别占总量的18.30%和18.00%。在鱼肠中，PE占聚合物总量的52.60%，比例最高，其次是PA，占总量的25.98%，PU仅占7.78%。

通过DNA测序来分析MPs和鱼内脏中的细菌群落，分析了沉积物MPs和鱼内脏之间的细菌群落的相似性。沉积物MPs和鱼肠共有2 073个OTU，占总数的15.56%。MPs中独立的OTU数量为10 326个，占总数的77.94%，远远高于鱼肠中的OTU （850个）。对OTU进行分类后，选择总丰度排名前20的物种进行比较，发现在鱼肠微生物中，厚壁菌门（46.28%）、变形菌门（36.35%）、蓝细菌 （6.62%）和螺旋体 （6.33%）是主要的类群，占总菌群的95%以上。在沉积物MPs中，变形菌门（26.00%）、脱硫杆菌门（12.2%）、绿曲菌门 （9.89%）、拟杆菌门（9.53%）、放线菌门（8.41%） 和酸杆菌门（8.20%） 是占总菌群的 74.23% 的优势门。从深海区到河口区，卵形鲳鲹肠道微生物群中优势门变形菌门的比例增加，厚壁菌门的比例减少。在纲水平上，除芽孢杆菌和γ-蛋白细菌外，前20类MPs表面微生物的丰度远远高于鱼肠道微生物。

6　卵形鲳鲹不同群体种质资源评价

对2021年采集卵形鲳鲹种质资源系统调查7个调查点（表3），从每个调查点选取30尾个体进行生物特征测量，利用单因素方差分析、主成分分析和判别分析等统计方法对其生物学特征进行分析。卵形鲳鲹各群体间7个形态比例性状均存在显著性差异（P<0.05）。聚类分析结果表明群体LSCH和SZNHSC可归为一类，群体BHJG和ZJHF可归为一类（图7）。判别分析结果显示卵形鲳鲹7个群体的判别准确率P1依次为61.538%、75.862%、68.571%、50%、65.517%、51.613%和88.889%，判别准确率P2依次为80%、73.333%、80%、33.333%、63.333%、53.333%和80%，综合判别率为99.71%（表4）。

表3　卵形鲳鲹种质资源调查地点情况

序号	调查单位	类型	省份	简称
1	农业农村部南海水产育种创新基地	遗传育种中心	广东	SZNHSC
2	陵水德林诚信水产养殖有限公司	省级原良种场	海南	LSDLCX
3	湛江恒兴渔业有限公司	龙头企业	广东	ZJHX
4	广西精工海洋科技有限公司	龙头企业	广西	BHJG
5	海南晨海水产有限公司	龙头企业	海南	LSCH
6	海南蓝粮科技有限公司	龙头企业	海南	LSLL
7	湛江汇富海洋科技有限公司	养殖场	广东	ZJHF

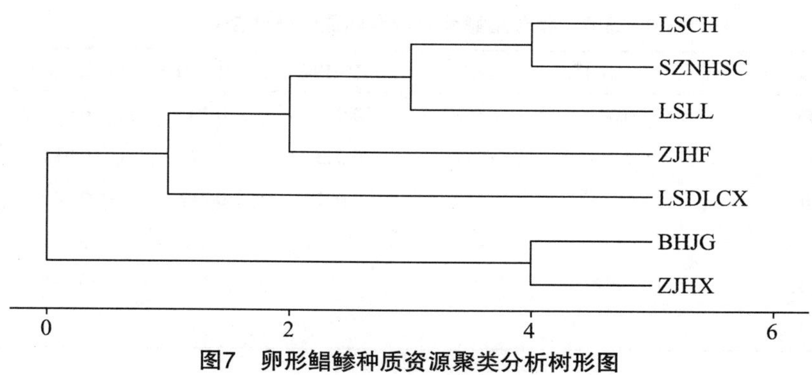

图7　卵形鲳鲹种质资源聚类分析树形图

表4　卵形鲳鲹种质资源判别分析

群体	预测							判别准确率P1/%	判别准确率P2/%
	ZJHX	BHJG	ZJHF	SZNHSC	LSCH	LSLL	LSDLCX		
ZJHX	24	4	1	0	0	1	0	80	61.538
BHJG	7	22	1	0	0	0	0	73.333	75.862
ZJHF	0	1	24	0	1	2	2	80	68.571
SZNHSC	4	2	1	10	7	6	0	33.333	50
LSCH	2	0	1	3	19	5	0	63.333	65.517
LSLL	2	0	3	7	1	16	1	53.333	51.613
LSDLCX	0	0	4	0	1	1	24	80	88.889
合计	39	29	35	20	29	31	27		
百分率/%	18.571	13.81	16.667	9.524	13.81	14.762	12.857		

对不同卵形鲳鲹群体进行重测序，结果表明，卵形鲳鲹种质资源SNP密度范围为3.383～16.502，观测杂合度Ho范围为0.098～0.460，多态信息含量PIC范围为0.079 3～0.276 3，单核苷酸多态性π范围为0.000 74～0.005 72，综合考虑各种质资源遗传多样性参数数值，群体LSCH遗传多样性水平最高（表5）。其中群体LSLL与BHJG、群体LSDLCX与SZNHSC间遗传分化指数均较小，群体LSCH与其余各群体遗传分化指数均较大（表6）。

表5　卵形鲳鲹种质资源遗传多样性参数

参数	ZJHX	BHJG	ZJHF	SZNHSC	LSCH	LSLL	LSDLCX
SNP密度	11.893	9.007	3.383	12.275	16.502	2.958	16.416
近交系数F	−0.092	−0.088	−0.147	−0.065	−0.328	−0.108	0.029
观测杂合度Ho	0.098	0.112	0.260	0.133	0.460	0.276	0.121
多态信息含量PIC	0.079 3	0.090 4	0.186 0	0.111 2	0.276 3	0.203 0	0.111 7
单核苷酸多态性π	0.001 10	0.000 96	0.000 77	0.001 57	0.005 72	0.000 74	0.002 08

表6　卵形鲳鲹种质资源间遗传分化指数

群体	BHJG	ZJHF	SZNHSC	LSCH	LSLL	LSDLCX
ZJHX	0.041	0.028	0.035	0.205	0.056	0.027
BHJG		0.03	0.045	0.228	0.014	0.041
ZJHF			0.027	0.212	0.041	0.024
SZNHSC				0.172	0.052	0.012
LSCH					0.231	0.137
LSLL						0.047

（岗位科学家　张殿昌）

河鲀种质资源与品种改良技术研发进展

河鲀种质资源与品种改良岗位

2022年度，河鲀种质资源与品种改良岗位重点开展了河鲀种质资源的更新补充、亲鱼选育、红鳍东方鲀的家系构建和选育，提供了健康的河鲀苗种，开展了红鳍东方鲀GHR2基因、CTGF基因、GHRH基因的SNPs筛选及其与体重、体长和体全长等生长性状的关联分析，对生长快、慢家系的红鳍东方鲀肌肉组织进行了全转录组测序与分析，对红鳍东方鲀、暗纹东方鲀及其杂交鲀（红鳍东方鲀♀×暗纹东方鲀♂）的肌肉组织进行了DNA甲基化测序和比较分析，对不同养殖密度的红鳍东方鲀脑组织进行了转录组比较分析，开展了红鳍东方鲀和暗纹东方鲀种质资源的调查等工作。

1　河鲀种鱼的选留、提供健康的苗种

根据红鳍东方鲀的特点，根据个体选择和家系选择的方法，选留了4龄以上的种鱼300尾、选留了3龄以上的种鱼700尾、2龄种鱼3 000尾、1龄核心群2 500尾，培育了红鳍东方鲀健康苗种800多万尾。

选择并培育了暗纹东方鲀3龄以上的种鱼11 000尾，培育了健康苗种1 200多万尾。开展了暗纹东方鲀早繁育苗试验，通过温度、营养、盐度等条件控制，江苏地区的暗纹东方鲀可以在11月上旬开始催产，苗种生长速度明显提升。

2　红鳍东方鲀家系构建及其对暗纹东方鲀的杂交改良

对2018～2021年构建并选育的家系核心群进行了养殖和管理。2022年春季，构建了全同胞家系、父系半同胞家系29个。在这29个家系中，每个家系选择100尾健康、生长发育优良的个体进行了PIT标记用于后备亲鱼的培育。

开展了红鳍东方鲀对暗纹东方鲀的杂交改良技术研究，通过调控盐度优化了杂交河鲀的繁育方法，孵化、育苗及养殖过程中的适合盐度在1～5，育苗成活率提升了18%。通过生产性试验比较，杂交河鲀鱼生长速度比暗纹东方鲀提升20%以上。

3　红鳍东方鲀GHR2 基因的SNPs筛选及其与早期生长性状的关联分析

生长激素（Growth hormone，GH）作为鱼类和高等脊椎动物生理功能的内分泌调节因子，需与生长激素受体（Growth hormone receptor，GHR）结合后触发信号传导和基因表达的磷酸化级联反应，才能将信号传递到靶细胞，诱发其分泌相关生长因子，如胰岛素样生长因子1（IGF−1）等，从而促进鱼类的生长发育。GHR是在GH−IGF轴中连接GH和IGF−1的关键的跨膜蛋白分子，属于细胞因子受体超家族的成员。本岗位对红鳍东方鲀的GHR2基因的单核苷酸多态性（Single Nucleotide Polymorphisms，SNP）进行了筛选与分析。对本岗位构建的10个全同胞家系的2月龄个体进行体重、体长和体全长等生长性状测定，每个家系随机测定100个样本的生长性状。

在本研究中共发现与红鳍东方鲀早期生长性状相关的3个SNPs及其各自所形成的单倍型，分别是SNP1 T3672C、SNP5 C5692T（与SNP6 A5731G、SNP11 C5978T连锁，同步突变）、SNP9 T5910C（和SNP4 C5610T连锁，同步突变），总计6个位点，其中SNP1、SNP9都发生错义突变。T3672C、C5692T和T5910C三个SNPs对生长性状的影响分别见表1、表2和表3。

本研究中找到影响红鳍东方鲀生长性状的GHR2基因3个SNPs及其各自同时突变的SNPs所形成的单倍型（SNP1 T3672C、SNP5 C5692T、SNP9 T5910C），在育种时可以作为分子标记对群体进行早期选择以节省培育成本，选育出生长性状优良的群体。

表1　SNP1 T3672C基因频率和各基因型对生长性状的影响

家系	基因型	个体数	基因频率		基因型频率	生长性状		
			C	T		体重/g	体长/cm	全长/cm
家系10	TT	47	0.7	0.3	0.49	1.23 ± 0.41[b]	32.15 ± 4.21[b]	40.55 ± 4.82[b]
	TC	42			0.43	1.22 ± 0.33[b]	33.38 ± 3.51[b]	40.84 ± 4.44[b]
	CC	8			0.08	1.54 ± 0.32[a]	36.63 ± 3.78[a]	44.38 ± 4.14[a]
家系13	TC	56	0.28	0.72	0.56	1.75 ± 0.5[a]	35.3 ± 3.28[a]	43.02 ± 4.14[a]
	CC	44			0.44	1.65 ± 0.52[a]	34.52 ± 4.56[a]	42.09 ± 5.18[a]
家系14	TT	45	0.73	0.27	0.474	1.35 ± 0.32[a]	34.31 ± 2.72[a]	41.16 ± 3.27[a]
	TC	52			0.536	1.36 ± 0.32[a]	34.92 ± 2.79[a]	41.71 ± 3.18[a]

注：所有数值均为均值 ± 标准差/（Mean ± SD）表示，同一列不同大写字母表示不同基因型与生长性状极显著相关（$P<0.01$），不同小写字母表示显著相关（$P<0.05$），相同字母表示无显著相关（$P>0.05$）。下同。

表2　SNP5 C5692T基因频率和各基因型对生长性状的影响

家系	基因型	个体数	基因频率		基因型频率	生长性状		
			C	T		体重/g	体长/cm	全长/cm
家系6	CC	51	0.755	0.245	0.51	2.16 ± 0.65[a]	39.67 ± 4.65[a]	46.71 ± 4.86[a]
	CT	49			0.49	1.9 ± 0.56[b]	38.22 ± 4.45[a]	45.24 ± 4.75[a]
家系14	CC	53	0.768	0.232	0.535	1.34 ± 0.31[a]	34.75 ± 2.72[a]	41.53 ± 3.13[a]
	CT	46			0.465	1.37 ± 0.31[a]	34.59 ± 2.82[a]	41.46 ± 3.32[a]

表3　SNP9 T5910C基因频率和各基因型对生长性状的影响

家系	基因型	个体数	基因频率		基因型频率	生长性状		
			C	T		体重/g	体长/cm	全长/cm
家系6	TT	51	0.755	0.245	0.51	1.99 ± 0.58	38.78 ± 4.75	45.67 ± 4.88
	TC	49			0.49	2.07 ± 0.66	39.14 ± 4.46	46.33 ± 4.82
家系7	TT	22	0.489	0.511	0.242	1.24 ± 0.49	32.36 ± 5.07	38.86 ± 5.6
	CC	20			0.22	1.15 ± 0.48	32.4 ± 3.82	38.65 ± 4.79
	TC	49			0.538	1.31 ± 0.44	33.24 ± 4.38	39.73 ± 5.06
家系10	TT	28	0.455	0.545	0.28	1.26 ± 0.43	33.79 ± 4	41.25 ± 4.61
	CC	19			0.19	1.27 ± 0.33	34.16 ± 4	41.26 ± 4.04
	TC	53			0.53	1.24 ± 0.38	33.19 ± 3.97	40.47 ± 4.58
家系12	CC	49	0.753	0.247	0.51	1.4 ± 0.49	33.29 ± 4.02	40.67 ± 4.81
	TC	48			0.49	1.39 ± 0.49	33.58 ± 4.67	41.04 ± 5.33
家系13	CC	44	0.72	0.28	0.44	1.65 ± 0.52	34.52 ± 4.56	42.09 ± 5.18
	TC	56			0.56	1.75 ± 0.5	35.3 ± 3.28	43.02 ± 4.14
汇总	CC	132	0.53	0.47	0.52	1.43 ± 0.51[b]	33.69 ± 4.2[c]	40.92 ± 4.92[b]
	TC	255			0.21	1.55 ± 0.59[ab]	34.88 ± 4.68[b]	42.12 ± 5.29[ab]
	TT	101			0.27	1.63 ± 0.64[a]	36 ± 5.41[a]	42.96 ± 5.7[a]

4　红鳍东方鲀CTGF基因的SNPs筛选及其与早期生长性状的关联分析

结缔组织生长因子（Connective tissue growth factor，CTGF）是一种富含半胱氨酸的分泌蛋白，可以调控多种重要生理功能，是CCN基因家族成员之一。红鳍东方鲀仅有一种*CTGF*基因，该基因有3个外显子区和4个内含子，开放阅读框（ORF）全长1 026 bp，编码342个氨基酸。该基因的结构如图1所示。

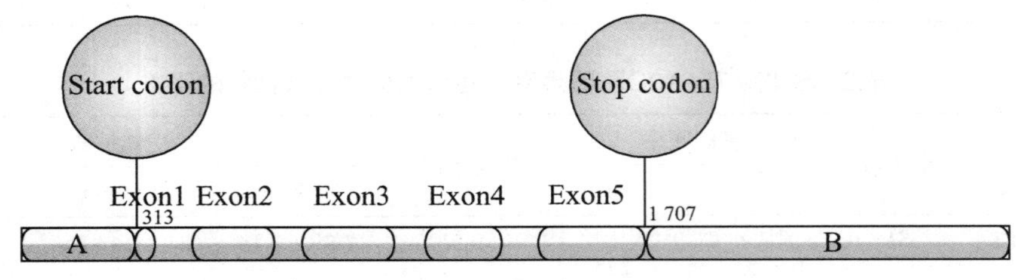

图1　红鳍东方鲀CTGF基因结构

注：A和B区域分别为5′端和3′端非翻译区。

利用2月龄红鳍东方鲀体重、体长和体全长等生长性状的测定值进行了CTGF基因SNPs的筛选。发现在CTGF基因上存在14个SNPs位点，其中C23T、G39T和C270T这3个SNPs位点均是错义突变，均位于CTGF基因编码区内的外显子上，彼此间不存在连锁关系。C23T位点和G39T位于编码区的外显子1上，C270G位于外显子2上。这3个SNPs与生长性状的关联分析见表4。

表4　红鳍东方鲀CTGF基因三个SNP位点基因型频率、等位基因频率及其与早期生长性状的关联分析

红鳍东方鲀个体数	SNP位点	基因型	基因型个体数	等位基因频率			基因型频率	体重/g	体长/mm	体全长/mm
				C	T	G				
893	C23T	CC	599	0.835	0.165	—	0.671	1.75 ± 0.66	36.6 ± 5.0^{A}	43.9 ± 5.4
		CT	294				0.329	1.69 ± 0.74	35.7 ± 5.3^{B}	42.6 ± 6.0
	G39T	GG	346	—	0.361	0.639	0.387	1.66 ± 0.68^{A}	35.8 ± 5.2^{A}	43.0 ± 5.7^{a}
		GT	450				0.504	1.74 ± 0.68^{A}	36.3 ± 5.0^{A}	43.6 ± 5.5^{a}
		TT	97				0.109	1.94 ± 0.74^{B}	38.1 ± 5.0^{B}	45.0 ± 5.5^{b}
	C270G	CC	633	0.854	—	0.146	0.709	1.71 ± 0.65	36.1 ± 4.9	43.2 ± 5.5^{a}
		CG	260				0.291	1.77 ± 0.78	36.7 ± 5.5	44.2 ± 5.9^{b}

注：表中数值均为均值±标准差表示，不同大写字母表示不同基因型与生长性状极显著相关（$P<0.01$），不同小写字母表示显著相关（$P<0.05$），相同字母表示无显著相关（$P>0.05$）

在C23T位点共发现了两种基因型CC型和CT型，在性状表现方面，CC型个体在体长性状上极显著长于CT型个体（$P<0.01$）。该位点的突变导致了苏氨酸到甲硫氨酸的转变，苏氨酸是极性氨基酸，甲硫氨酸是非极性、有疏水性R基的氨基酸。在G39T位点共发现了3种基因型GG型、GT型和TT型。在性状表现方面，TT型个体在体全长这一性状上显著长于GG型和GT型个体（$P<0.05$），在体重、体长这两个生长性状极显著重、长于GG和GT基因型个体（$P<0.01$）。该位点的突变导致了亮氨酸到苯丙氨酸的改变，这两种氨基酸都属于非极性、有疏水性R基的氨基酸。C270G共发现两种基因型CC型和CG型。在性状表现方面，CG型个体在体全长这一性状上显著高于CC型个体（$P<0.05$）。该位点突变导致丙氨酸到甘氨酸的转变，丙氨酸和甘氨酸都属于非极性、有疏水性R基的氨基酸。

在本研究中，C23T和G39T这两个SNPs位点中的优势基因型为纯和型，子代不会出现性状分离，可以应用于培育优质苗种。C270G位点的优势基因型为杂合性，由于只有两种基因型，缺少GG基因型个体，无法判断是否为杂种优势，故目前无法将这一位点作为可以应用于分子标记辅助育种的SNP位点。C23T和C270G这两个SNPs位点仅有两种基因型，其原因可能是本次实验选用的样本是经过多次人工选育的，导致等位基因频率发生一定变化，在后续的实验过程中可以通过扩大群体以补充数据。本研究发现的3个SNPs位点主要是对红鳍东方鲀个体的长度有显著的影响，只有1个位点是与体重相关的，可能是因为CTGF基因可以促进软骨发育，软骨进一步骨化形成骨骼，骨骼发育可影响鱼体的体长和体全长，对体重的影响相对较小。

本研究的结果表明，CTGF基因是一个影响生长发育的候选基因，其多态性与红鳍东方鲀早期体重、体长和体全长这3个性状有显著相关性。CTGF基因上的C23T位点和G39T位点可以作为影响红鳍东方鲀早期生长的分子标记位点，可以用于在养殖过程中提早选择保留优质苗种，降低企业养殖成本，扩大经济效益。本研究结果为红鳍东方鲀体重、体长和体全长等早期生长性状的选择、分子标记辅育种提供了参考。

5　红鳍东方鲀生长激素释放激素（GHRH）基因多态性及其与生长性状的关联分析

生长激素释放激素（Growth hormone-releasing hormone，GHRH）是由下丘脑合成分泌，广泛分布于中枢神经系统。生长激素释放激素除了调节生长激素的释放，还具有神经调节的作用，可促进动物的生长发育，参与免疫系统调节、细胞分化、细胞增殖等生物学过程。本岗位以红鳍东方鲀生长相关的GHRH基因作为候选基因，筛选并分析了该基因上的SNPs与红鳍东方鲀生长性状的相关性。

在已构建的家系群体中随机选取219尾个体，分别于红鳍东方鲀6月龄及12月龄时，测定其体长、体高、头长、尾柄长、尾柄高、尾柄宽、眼间距、体宽、头长+躯干长和体质量共10个生长相关性状，同时剪下少许尾鳍用于提取基因组DNA。按照红鳍东方鲀GHRH

基因序列（GenBank No.：101063685），针对GHRH基因的6个外显子和5个内含子，共设计了4对引物，覆盖了GHRH整段基因，进行SNPs筛选及其与生长性能的关联分析，结果见表5、表6和表7。

从表5的内容中可以看出，在6月龄红鳍东方鲀群体中，C81T、G315C和A1524位点与大多数生长性状的关联性都呈显著状态。G2107A、T2125C和G2256A位点仅与头长和眼间距两个性状显著相关。其中，C81T位点在体质量、头长+躯干长、眼间距和尾柄宽的均值上，TT基因型显著高于CC和CT基因型（$P<0.05$）；TT基因型在体长的均值上显著高于CT基因型，尾柄高极显著高于CT基因型（$P<0.01$），眼间距极显著高于CC型。G315C位点在体质量、体高、头长、头长+躯干长、眼间距和体宽的均值上，CC基因型显著高于GC和GG基因型，且在头长和眼间距两个性状上达到极显著水平。A1524G位点AA基因型在体质量、体长和尾柄高的均值上极显著高于GG基因型，在体高和头长+躯干长的均值上显著高于GG基因型。G2107A、T2125C和G2256A位点的野生型在头长和眼间距上均极显著高于突变型。

从表6的内容中可以看出，在12月龄红鳍东方鲀群体中，各突变位点与性状显著关联的情况与6月龄群体基本一致。其中，C81T位点的TT基因型在体质量、头长和体宽的均值上显著高于CC基因型（$P<0.05$），且在体质量上达到极显著水平（$P<0.01$）。G315C位点CC基因型在体质量和头长的均值上显著高于GC和GG基因型，并且在体质量上达到极显著水平，在体宽上仅显著高于GC型。A1524G位点AA基因型在体宽的均值上极显著高于GG基因型，显著高于AG基因型，在体长、头长和尾柄高的均值上显著高于GG基因型。G2256A位点的GG基因型在头长的均值上显著高于AA基因型。G2107A和T2125C均与生长性状不显著相关。

表5　GHRH基因SNP位点基因型与6月龄红鳍东方鲀生长性状的关联分析

SNP位点	总数	基因型	样本数/ind.	体质量/g	体长/cm	尾柄长/cm	体高/cm	头长/cm	头长＋躯干长/cm	尾柄高/cm	尾柄宽/cm	眼间距/cm	体宽/cm
		CC	150	226.0 ± 90.4^{a}	18.39 ± 2.63^{ab}	2.77 ± 0.54	6.25 ± 1.12	5.30 ± 0.72	12.79 ± 1.92^{a}	1.62 ± 0.26^{ab}	1.24 ± 0.27^{a}	2.69 ± 0.47^{Aa}	5.07 ± 0.84
C81T	219	CT	60	219.5 ± 96.3^{a}	18.05 ± 2.96^{a}	2.69 ± 0.51	6.18 ± 1.05	5.29 ± 0.68	12.61 ± 2.13^{a}	1.53 ± 0.29^{Aa}	1.21 ± 0.27^{a}	2.60 ± 0.50^{a}	5.15 ± 0.82
		TT	9	281.2 ± 83.8^{b}	19.94 ± 2.51^{b}	2.92 ± 0.68	6.69 ± 0.94	5.71 ± 0.66	13.99 ± 1.94^{b}	1.78 ± 0.32^{Bb}	1.41 ± 0.25^{b}	3.06 ± 0.53^{Bb}	5.53 ± 0.71
		GG	115	223.1 ± 87.3^{a}	18.34 ± 2.44^{ab}	2.73 ± 0.51	6.22 ± 1.12^{a}	5.24 ± 0.73^{Aa}	12.75 ± 1.80^{a}	1.63 ± 0.24	1.24 ± 0.25	2.67 ± 0.48^{a}	5.03 ± 0.82^{a}
G315C	219	GC	85	222.3 ± 99.1^{a}	18.13 ± 3.07^{a}	2.74 ± 0.55	6.19 ± 1.08^{a}	5.33 ± 0.68^{a}	12.64 ± 2.19^{a}	1.56 ± 0.31	1.23 ± 0.30	2.64 ± 0.48^{Aa}	5.13 ± 0.86^{a}
		CC	19	265.7 ± 83.4^{b}	19.51 ± 2.60^{b}	2.97 ± 0.63	6.70 ± 0.95b	5.69 ± 0.59^{Bb}	13.67 ± 1.94^{b}	1.65 ± 0.30	1.29 ± 0.26	2.93 ± 0.55^{Bb}	5.52 ± 0.69^{b}
		CC	149	230.4 ± 90.0	18.50 ± 2.64	2.78 ± 0.55	6.31 ± 1.11	5.32 ± 0.73	12.88 ± 1.91	1.62 ± 0.26	1.25 ± 0.26	2.71 ± 0.48	5.11 ± 0.82
C1083T	218	CT	50	220.5 ± 97.2	18.14 ± 2.85	2.74 ± 0.46	6.13 ± 1.02	5.31 ± 0.62	12.62 ± 2.12	1.56 ± 0.29	1.21 ± 0.29	2.62 ± 0.49	5.11 ± 0.86
		TT	19	210.7 ± 95.3	17.89 ± 3.10	2.66 ± 0.64	5.98 ± 1.06	5.29 ± 0.71	12.46 ± 2.16	1.57 ± 0.34	1.26 ± 0.29	2.66 ± 0.60	5.07 ± 0.85
		AA	23	276.2 ± 77.5^{Aa}	19.69 ± 1.68^{Aa}	2.84 ± 0.44	6.71 ± 0.85^{a}	5.41 ± 0.62	13.67 ± 1.43^{a}	1.74 ± 0.23^{Aa}	1.22 ± 0.28	2.73 ± 0.48	5.39 ± 0.66
A1524G	217	AG	57	236.9 ± 94.6^{b}	18.56 ± 2.51^{ab}	2.68 ± 0.54	6.27 ± 1.06^{ab}	5.29 ± 0.69	12.92 ± 1.96^{ab}	1.64 ± 0.24^{ab}	1.25 ± 0.26	2.70 ± 0.46	5.09 ± 0.88
		GG	137	213.3 ± 90.9^{Bb}	18.03 ± 2.90^{Bb}	2.77 ± 0.55	6.15 ± 1.13^{b}	5.31 ± 0.73	12.58 ± 2.05^{b}	1.56 ± 0.29^{Bb}	1.31 ± 0.22	2.67 ± 0.50	5.06 ± 0.84
		GG	88	234.0 ± 95.7	18.39 ± 2.74	2.77 ± 0.56	6.33 ± 1.18	5.39 ± 0.67^{Aa}	12.91 ± 1.97	1.61 ± 0.28	1.25 ± 0.28	2.76 ± 0.46^{Aa}	5.17 ± 0.86
G2107A	219	GA	91	227.3 ± 90.7	18.50 ± 2.74	2.80 ± 0.47	6.27 ± 1.02	5.37 ± 0.70^{Aa}	12.86 ± 2.05	1.61 ± 0.25	1.25 ± 0.26	2.69 ± 0.46^{a}	5.11 ± 0.83
		AA	40	208.0 ± 86.7	17.97 ± 2.73	2.65 ± 0.55	6.01 ± 1.02	5.04 ± 0.74^{Bb}	12.35 ± 1.86	1.57 ± 0.32	1.20 ± 0.26	2.49 ± 0.55^{Bb}	4.98 ± 0.75
		TT	77	224.8 ± 99.9	18.15 ± 2.87	2.79 ± 0.62	6.21 ± 1.23	5.41 ± 0.70^{Aa}	12.77 ± 2.08	1.58 ± 0.28	1.22 ± 0.29	2.73 ± 0.46^{Aa}	5.09 ± 0.90
T2125C	219	TC	102	235.0 ± 87.7	18.67 ± 2.61	2.78 ± 0.46	6.36 ± 1.00	5.36 ± 0.68^{a}	12.98 ± 1.95	1.64 ± 0.25	1.27 ± 0.26	2.72 ± 0.43^{Aa}	5.17 ± 0.80
		CC	40	208.0 ± 86.7	17.97 ± 2.73	2.65 ± 0.55	6.01 ± 1.02	5.04 ± 0.74^{Bb}	12.35 ± 1.86	1.57 ± 0.32	1.20 ± 0.21	2.49 ± 0.58^{Bb}	4.98 ± 0.75
		GG	122	227.7 ± 96.9	18.30 ± 2.82	2.77 ± 0.59	6.23 ± 1.14	5.43 ± 0.67^{Aa}	12.82 ± 2.05	1.59 ± 0.28	1.23 ± 0.29	2.74 ± 0.44^{Aa}	5.15 ± 0.88
G2256A	219	GA	74	231.3 ± 88.9	18.54 ± 2.71	2.78 ± 0.47	6.36 ± 1.05	5.25 ± 0.73^{a}	12.88 ± 1.98	1.62 ± 0.28	1.26 ± 0.26	2.67 ± 0.46^{Aa}	5.13 ± 0.78
		AA	23	204.6 ± 74.7	18.11 ± 2.36	2.62 ± 0.45	5.96 ± 0.92	4.91 ± 0.67^{Bb}	12.31 ± 1.59	1.59 ± 0.23	1.20 ± 0.22	2.39 ± 0.47^{Bb}	4.86 ± 0.69

注：同一列不同大写字母表示不同基因型与生长性状极显著相关（$P<0.01$），不同小写字母表示显著相关（$P<0.05$），相同字母表示无显著相关（$P>0.05$），下同。

表6　GHRH基因SNP位点基因型与12月龄红鳍东方鲀生长性状的关联分析

SNP位点	总数	基因型	样本数/ind.	体质量/g	体长/cm	尾柄长/cm	体高/cm	头长/cm	头长＋躯干长/cm	尾柄高/cm	尾柄宽/cm	眼间距/cm	体宽/cm
C81T	219	CC	150	370.1 ± 87.4^{Aa}	23.49 ± 2.71	3.85 ± 0.75	8.33 ± 1.07	7.07 ± 0.64^{a}	16.43 ± 1.93	2.26 ± 0.58	2.02 ± 0.41	4.59 ± 0.55	7.43 ± 1.13^{a}
		CT	60	383.2 ± 106.9^{Aa}	22.91 ± 2.74	3.68 ± 0.74	8.12 ± 0.96	7.01 ± 0.60^{ab}	15.91 ± 1.87	2.14 ± 0.38	1.96 ± 0.27	4.58 ± 0.50	7.28 ± 1.22^{ab}
		TT	9	474.1 ± 108.3^{Bb}	23.44 ± 3.67	3.83 ± 0.94	8.37 ± 2.01	6.62 ± 0.93^{b}	16.07 ± 2.68	2.25 ± 0.11	2.00 ± 0.35	4.49 ± 0.65	8.13 ± 1.68^{b}
G315C	219	GG	115	371.0 ± 87.1^{Aa}	23.48 ± 2.64	3.82 ± 0.67	8.42 ± 1.18	7.06 ± 0.65^{a}	16.46 ± 1.95	2.28 ± 0.63	2.04 ± 0.46	4.56 ± 0.56	7.48 ± 1.19^{ab}
		GC	85	373.6 ± 100.2^{Aa}	23.14 ± 2.89	3.83 ± 0.85	8.14 ± 0.97	7.07 ± 0.61^{a}	16.09 ± 1.93	2.13 ± 0.38	1.96 ± 0.24	4.57 ± 0.53	7.23 ± 1.15^{a}
		CC	19	440.3 ± 108.6^{Bb}	23.19 ± 2.98	3.55 ± 0.75	7.97 ± 0.90	6.72 ± 0.72^{b}	15.94 ± 2.06	2.29 ± 0.27	1.99 ± 0.29	4.57 ± 0.45	7.86 ± 1.17^{b}
C1083T	218	CC	149	373.5 ± 89.3	23.57 ± 2.77	3.88 ± 0.76	8.36 ± 1.14	7.09 ± 0.65	16.48 ± 1.97	2.27 ± 0.57	2.00 ± 0.29	4.60 ± 0.55	7.49 ± 1.18
		CT	50	381.8 ± 105.4	22.65 ± 2.51	3.56 ± 0.65	7.99 ± 0.94	6.87 ± 0.62	15.68 ± 1.78	2.12 ± 0.37	2.03 ± 0.60	4.62 ± 0.47	7.23 ± 1.12
		TT	19	394.7 ± 117.9	23.12 ± 3.16	3.88 ± 0.84	8.19 ± 0.91	7.03 ± 0.66	16.15 ± 2.02	2.11 ± 0.41	1.96 ± 0.28	4.39 ± 0.56	7.25 ± 1.37
A1524G	217	AA	23	394.6 ± 85.8	24.22 ± 2.34^{a}	3.97 ± 0.52	8.45 ± 1.14	6.76 ± 0.65^{a}	16.62 ± 2.05	2.43 ± 0.24^{a}	2.00 ± 0.30	4.60 ± 0.46	8.14 ± 0.79^{Aa}
		AG	57	387.9 ± 99.7	23.76 ± 2.78^{ab}	3.87 ± 0.70	8.51 ± 1.04	7.07 ± 0.65^{b}	16.66 ± 1.96	2.34 ± 0.83^{ab}	2.01 ± 0.26	4.61 ± 0.58	7.51 ± 1.27^{b}
		GG	137	369.5 ± 95.6	22.95 ± 2.76^{b}	3.74 ± 0.81	8.13 ± 1.08	7.07 ± 0.64b	16.02 ± 1.90	2.14 ± 0.36^{b}	2.00 ± 0.43	4.55 ± 0.52	7.23 ± 1.15^{Bb}
G2107A	219	GG	88	369.3 ± 86.9	23.39 ± 2.76	3.86 ± 0.82	8.31 ± 1.14	7.11 ± 0.65	16.35 ± 1.96	2.29 ± 0.69	1.99 ± 0.26	4.59 ± 0.51	7.33 ± 1.18
		GA	91	382.1 ± 98.5	23.33 ± 2.84	3.75 ± 0.73	8.12 ± 1.00	7.01 ± 0.61	16.25 ± 1.98	2.18 ± 0.39	2.02 ± 0.48	4.63 ± 0.57	7.43 ± 1.12
		AA	40	386.0 ± 107.8	23.18 ± 2.62	3.80 ± 0.65	8.37 ± 1.17	6.92 ± 0.71	16.17 ± 1.90	2.19 ± 0.34	2.01 ± 0.32	4.49 ± 0.52	7.56 ± 1.35
T2125C	219	TT	77	369.2 ± 90.3	23.34 ± 2.92	3.84 ± 0.86	8.42 ± 1.20	7.17 ± 0.62	16.38 ± 2.02	2.26 ± 0.73	1.98 ± 0.26	4.58 ± 0.58	7.29 ± 1.23
		TC	102	380.7 ± 94.9	23.34 ± 2.70	3.77 ± 0.72	8.12 ± 0.94	6.98 ± 0.63	16.23 ± 1.93	2.21 ± 0.38	2.02 ± 0.47	4.62 ± 0.51	7.46 ± 1.07
		CC	40	386.0 ± 107.8	23.18 ± 2.62	3.80 ± 0.65	8.37 ± 1.17	6.93 ± 0.71	16.17 ± 1.90	2.19 ± 0.34	2.01 ± 0.32	4.49 ± 0.52	7.56 ± 1.35
G2256A	219	GG	122	378.8 ± 97.5	23.28 ± 2.87	3.79 ± 0.85	8.29 ± 1.15	7.11 ± 0.65^{a}	16.25 ± 1.99	2.22 ± 0.62	1.98 ± 0.27	4.58 ± 0.53	7.37 ± 1.22
		GA	74	384.9 ± 89.0	23.38 ± 2.57	3.79 ± 0.64	8.28 ± 1.01	6.99 ± 0.64^{ab}	16.33 ± 1.88	2.21 ± 0.39	2.02 ± 0.53	4.61 ± 0.57	7.42 ± 1.06
		AA	23	347.2 ± 102.9	23.40 ± 2.81	3.90 ± 0.54	8.17 ± 1.02	6.80 ± 0.61^{b}	16.24 ± 2.07	2.32 ± 0.32	2.07 ± 0.29	4.53 ± 0.51	7.64 ± 1.37

在双倍型分析中，若一种双倍型组合的个体数小于10尾，则结果不具有参考价值，经排除，最终形成5种双倍型（理论双倍型数为8种），结果在表7中列出。其中双倍型D3频率最低，为0.09，双倍型D5出现频率最高，为0.48。6月龄群体中，双倍型D3的体质量均值显著低于双倍型D4和双倍型D5，双倍型D3体质量均值最低，双倍型D4体质量均值最高。12月龄群体中，双倍型D3的体质量均值显著低于双倍型D5。推测双倍型D3对体质量有负相关影响，双倍型D4和D5对体质量有正相关影响。

表7　GHRH基因双倍型与6月龄及12月龄红鳍东方鲀体质量的关联分析

双倍型	SNP位点			样本数/ind.	频率	6月龄体质量/g	12月龄体质量/g
	C81T	G315C	A1524G				
D1	TT	CC	GG	12	0.10	245.81 ± 98.02[ab]	350.90 ± 70.79[ab]
D2	TT	GG	GG	18	0.15	213.04 ± 77.96[ab]	362.12 ± 73.58[ab]
D3	CC	CC	GG	11	0.09	165.70 ± 65.76[a]	313.71 ± 53.03[a]
D4	CC	GG	AA	16	0.13	251.25 ± 101.01[b]	402.39 ± 109.20[ab]
D5	CC	GG	GG	57	0.48	235.87 ± 91.70[b]	395.26 ± 97.29[b]

研究结果显示，GHRH基因上有3个突变位点G315C、A1524G和C81T与两个阶段的生长性状显著相关，且纯合基因型为优势基因型，该研究结果也证实了GHRH基因是一个鱼类生长性状的功能候选基因，这3个与生长性状显著相关的位点可以作为红鳍东方鲀的分子标记辅助选择位点。6月龄群体中双倍型D4、D5的体质量均值显著高于双倍型D3，12月龄群体中双倍型D5的体质量均值显著高于双倍型D3，推测双倍型D4、D5可能对红鳍东方鲀的体质量有正相关影响，双倍型D3可能有负相关影响。

本研究根据红鳍东方鲀GHRH基因序列设计引物，用直接测序法在GHRH基因上共筛选到7个SNP位点，表明红鳍东方鲀群体中GHRH基因存在较为丰富的突变。C81T、G315C和A1524G 3个位点为对红鳍东方鲀生长有正向影响的优势位点，双倍型D4和D5为优势基因型，在后续红鳍东方鲀选育过程中可以优先选择，本研究为红鳍东方鲀的分子标记辅助选育提供了参考。

6　红鳍东方鲀快、慢生长家系肌肉组织全转录组的比较分析

以12月龄红鳍东方鲀为研究对象，通过对红鳍东方鲀生长性状的测定，选择生长速度表现出较大差异的两个红鳍东方鲀全同胞家系（快速生长家系和慢速生长家系）的肌肉组织进行了全转录组比较分析。经分析，结果如下。

（1）共鉴定到了24 050个mRNAs和6 591个非编码RNA，非编码RNA中包括4 126个lncRNA、791个cicrRNA和1 674个miRNA。共筛选获得了818个差异表达基因和143个差异表达非编码RNA。差异表达基因中199个基因上调表达，619个基因下调表达。差异表达非

编码RNA中包括50个差异表达lncRNA，其中13个上调表达，37个下调表达；37个差异表达cicrRNA，其中11个基因上调表达，26个基因下调表达；56个差异表达miRNA，其中有29个miRNA上调表达，27个miRNA下调表达。

（2）通过KEGG分析发现，差异表达基因以及差异表达非编码RNA的靶基因或来源基因主要富集到了ECM-receptorinteraction、Wnt signaling pathway、Hippo signaling pathway等信号通路中，挖掘到了GADD45g、myosin10、MyHC、STAT1、STAT2、IRF1、IRF9、raptor、BMPR2、MSTRG.21406.6、MSTRG.23209.3、MSTRG.20359.1、MSTRG.19746.28、miR-205、miR-431、miR-206等与生长和免疫相关的候选基因以及非编码RNA。

（3）通过构建共表达网络进行分析，发现MACF1、Selp、NC_042300.1：5935379|5950488、NC_042303.1：3834549|3837580、NC_042292.1：5803789|5804296、NC_042302.1：6284682|6286920、NC_042287.1：4661139|4662828、NC_042301.1：10989731|11007550、miR-271、miR-375、miR-396、miR-471、miR-475、miR-511和miR-622为关键的基因和非编码RNA。

7 红鳍东方鲀、暗纹东方鲀及其杂交鲀肌肉组织的DNA甲基化比较分析

在生物代谢的过程中，DNA甲基化（DNA methylation）起到了非常关键的作用，能够参与调控DNA编码基因的表达，杂合体的生长发育也会被DNA甲基化影响与调控。采集红鳍东方鲀（HJ）、暗纹东方鲀（AJ）及其杂交鲀（ZJ）（红鳍东方鲀♀×暗纹东方鲀♂）的肌肉组织进行了DNA甲基化测序与分析。

经分析，每种河鲀肌肉组织的胞嘧啶发生了不同程度的DNA甲基化，红鳍东方鲀大约有788.0 Mb，暗纹东方鲀大约有461.5 Mb，杂交东方鲀大约有620.2 Mb。且存在CG、CHG和CHH3种类型的甲基化序列。这3种河鲀体内主要的甲基化模式还是CpG型，非CpG型虽少但依然存在。这3种河鲀肌肉组织的CG位点甲基化水平平均达到了24%，暗纹东方鲀的样本CG位点甲基化水平与平均值相差较大。CHG，CHH位点的甲基化水平几乎为0%，以此判断CHG，CHH位点发生了非常低水平的甲基化。发现在骨形态发生蛋白（bone morphogenetic proteins，BMPs）、成肌分化因子（myogenic regulatory factors，MRFs）和配对盒转录因子（paired box，PAX）等基因中存在比较明显的DNA甲基化修饰差异。

8 不同养殖密度下红鳍东方鲀脑转录组分析

养殖密度作为水体环境因素之一，影响着鱼类的生长发育和健康存活。在工厂化养殖

模式下，为了提高产量、减少消耗，选择适宜的养殖密度非常重要。过高的养殖密度会对鱼类造成胁迫作用，导致鱼类出现生长缓慢、免疫力下降、存活率降低等问题。本岗位对两个时间段3个养殖密度组的红鳍东方鲀脑组织进行了转录组学比较分析，以期找出受到养殖密度显著影响的差异表达基因，明确差异基因富集的功能分类和信号通路。

养殖密度不同分为3组，即SD1组（4.64 kg/m^3）、SD2组（6.95 kg/m^3）、SD3组（9.27 kg/m^3），每组3个养殖桶作为3个平行，共9个养殖桶。转录组样本采集在实验的第28 d和56 d，每次采集时，从每个养殖桶中取10尾鱼，把10尾鱼的脑混装在一个5 mL无酶离心管中（装有超过样品5倍体积的RNAlater），即一个转录组混合样本。实验结果如下所述。

（1）前脑啡肽（PENK）基因是一种蛋白质编码基因，编码一种前蛋白，该蛋白经过蛋白水解处理以产生多种蛋白质产物。这些产物储存在突触囊泡中，然后释放到突触中。该基因在这3个差异表达基因集中均呈现上调表达，因此可推断PENK与不同养殖密度所产生的拥挤胁迫效应密切有关。养殖密度的升高导致生存空间压力增大，互相碰撞、撕咬概率增加，都可能是诱发PENK表达量升高的原因。该基因的表达量随着养殖密度的升高而升高，反映出红鳍东方鲀随着养殖密度的升高而感到生理不适，导致红鳍东方鲀摄食能力减弱，生长速度受到抑制。

（2）富亮氨酸重复序列蛋白17（LRRC17）具有参与骨髓发育和破骨细胞分化负调节的功能，呈现下调表达，表现出随着养殖密度的升高，表达量下降的趋势。这可能是高养殖密度对LRRC17的表达起到了抑制作用，然而破骨细胞过多会引起骨退行性病变，造成红鳍东方鲀骨骼发育缓慢甚至病变的后果。

（3）小脑锌指结构蛋白（ZIC1）在硬骨鱼体形态多样化中起核心作用，当ZIC1增强时，鱼体背部骨骼形态和尾鳍骨架将发生变异造成不对称发育，由此可见，在适当的养殖密度范围内，增加养殖密度，ZIC1并不会显著升高，但过高的养殖密度会引起ZIC1的显著升高，可能导致红鳍东方鲀在骨骼发育中出现缺陷，影响最终的形态体貌。

（4）5-羟色胺转运体蛋白（SLC6A4）基因在大脑中负责编码一种完整的膜蛋白，该膜蛋白将神经递质血清素从突触间隙运输到突触前神经元，它的表达变化通常与强迫症和焦虑症相关。SLC6A4基因在本实验中随着养殖密度的增加，表达量呈显著升高趋势，可推测在养殖过程中，养殖密度越高，红鳍东方鲀的咬尾情况越严重。

（5）色氨酸羟化酶2（TPH2）和多个锚蛋白重复结构域蛋白3（SHANK3）均在生物神经元系统中发挥作用，它们的变化与生物抑郁、自闭等行为紧密相关，有研究者发现在斑马鱼养殖实验中当TPH2表达量降低时，鱼类游动更加欢快活泼；在本实验中，TPH2的表达量随着养殖密度的增加而显著升高；SHANK3则在实验后期才出现随着养殖密度的增加而降低的趋势，这可能是因为高养殖密度对SHANK3的影响是一个较为缓慢的刺激。纵观整个养殖过程，红鳍东方鲀随着养殖密度的增加和时间的推移，逐渐从转圈运动变成无规则萎靡运动，游泳能力下降，行动呆滞缓慢，摄食量减少，笔者认为这是因为TPH2和

SHANK3在高养殖密度下发生变化，对红鳍东方鲀的生活行为产生了消极作用，最终导致红鳍东方鲀精神萎靡、生长缓慢。

（6）不同密度组中的差异基因显著富集的通路比较类似，有神经活性配体-受体相互作用、MAPK信号通路、糖酵解/糖异生、肾上腺素能信号传导、碱基切除修复、视黄醇代谢、钙信号通路等。这表明在养殖密度的影响下，产生了与神经发育、骨骼生长、生理代谢相关的大量差异基因，这些基因都可能与不同养殖密度下红鳍东方鲀不同的生长速度、生理状况、行为状态有关。

筛选出的这些通路和富集的基因为进一步寻找与养殖密度密切相关的基因和红鳍东方鲀在拥挤胁迫下的生长机理分析提供了参考，为深入解析不同养殖密度条件下对红鳍东方鲀生长、代谢、行为起到关键作用的调控机制奠定基础。

（岗位科学家 王秀利）

海水鱼种质资源鉴定与新种质创制技术研究进展

海水鱼种质资源鉴定与新种质创制岗位

2022年，种质资源鉴定与新种质创制岗位围绕海水鱼种质资源收集与保存、种质资源鉴定与评价、表型测定及组学育种技术、新种质创制等重点任务开展技术研发。海水鱼种质资源收集保存与鉴定评价方面，依托国家海洋渔业生物种质资源库和前期工作基础，广泛收集整理了我国海水鱼类种质资源信息，从DNA、配子、组织、个体等层次收集和保存海水鱼种质资源500多份，明晰了黄带拟鲹、小黄鱼、卵形鲳鲹、朝鲜平鲉、克氏双锯鱼、网纹狮子鱼、鳄鲬、盲鳗、普氏细棘虾虎鱼（复合种）、淡鳍兔头鲀、若鲹类、裸身虾虎鱼类等30种重要海水鱼类的种质特性，丰富了我国海洋渔业生物种质资源库。杂交石斑鱼新种质创制方面，在我国北方创建了石斑鱼育种活体库和种质冷冻库，突破了"南鱼北育"的技术瓶颈，生产并示范推广金虎石斑鱼苗种；规模化诱导大菱鲆三倍体苗种，并在威海和烟台进行示范养殖，对其生长、性别比例、性腺发育情况进行跟踪检测，开展了不同投饲水平和溶解氧对三倍体苗种生长、饵料转化率和生物能量代谢的影响。进一步完善海水鱼类种质资源评价信息平台。

1　海水鱼类种质资源评价信息平台建设

进一步完善了海水鱼种质资源收集和保存体系，完成了500余份海水鱼种质资源的收集和保存（图1），包括海水鱼DNA、组织、个体等。向国家海洋渔业生物种质资源库和中国重要渔业生物DNA条形码信息平台分别提交凭证标本和DNA条形码信息等500余份。

图1　海水鱼种质资源保存与评价

2　我国重要海水鱼类的种群动态信息采集和种质特性评价

采集和整理了我国重要海水鱼类种群动态和分布等信息，共30种，包括黄带拟鲹、克氏双锯鱼、小黄鱼、卵形鲳鲹、朝鲜平鲉、网纹狮子鱼、细纹狮子鱼、鳄鲬、落合氏瞳鲬、盲鳗隐存种、普氏细棘虾虎鱼复合种（3种）、红鳍东方鲀、暗纹东方鲀、黄鳍东方鲀、星点东方鲀、淡鳍兔头鲀、矛尾翻车鲀、甲若鲹、海兰德若鲹、七棘裸身虾虎鱼、大颌裸身虾虎鱼、竿虾虎鱼复合种（2种）、水母玉鲳、网鰕、日本眉鰕、大泷六线鱼、斑头鱼。取得重要进展的代表性种类如下。

2.1　黄带拟鲹（*Pseudocaranx dentex*）快慢肌差异的分子调控机制

以大洋性中上层鱼类黄带拟鲹为代表种，对硬骨鱼类快慢肌差异的分子调控机制开展了系列研究，从转录组和蛋白组两个水平阐明了快慢肌发生和分化的分子特征及其肌纤维结构和能量代谢差异（图2），为揭示硬骨鱼类骨骼肌类型多样化及生理生态适应机制，同时为海洋中上层大洋性洄游鱼类资源的圈养驯养提供了理论指导。

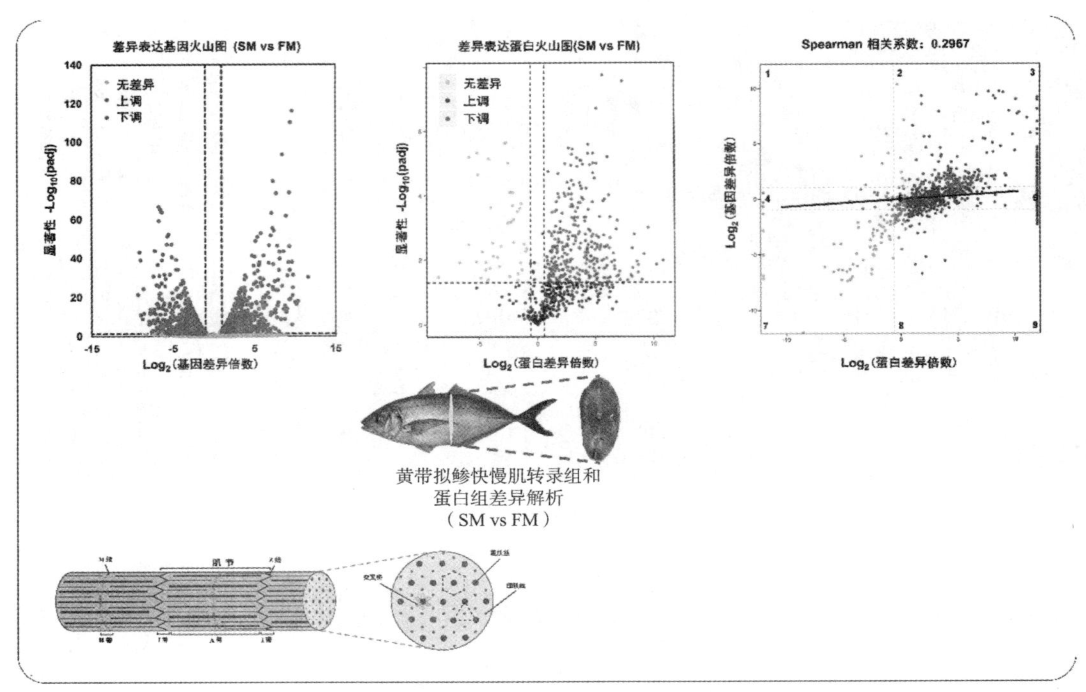

图2　黄带拟鲹快慢肌发生和分化的分子机制

2.2　克氏双锯鱼（*Amphiprion clarkii*）性别决定与分化的分子调控机制

开展了海葵鱼性别调控机制的研究，以海葵鱼代表种克氏双锯鱼（俗称双带小丑鱼）为研究模型，解析了社会控制模式下海葵鱼性别决定与分化的分子调控机制（图3），研究结果不仅丰富了对海葵鱼性别分化信号通路的认知，也可为海葵鱼生殖调控和人工繁育技术的研发提供重要参考，将为海水观赏鱼类增养殖新技术的研发提供理论依据。

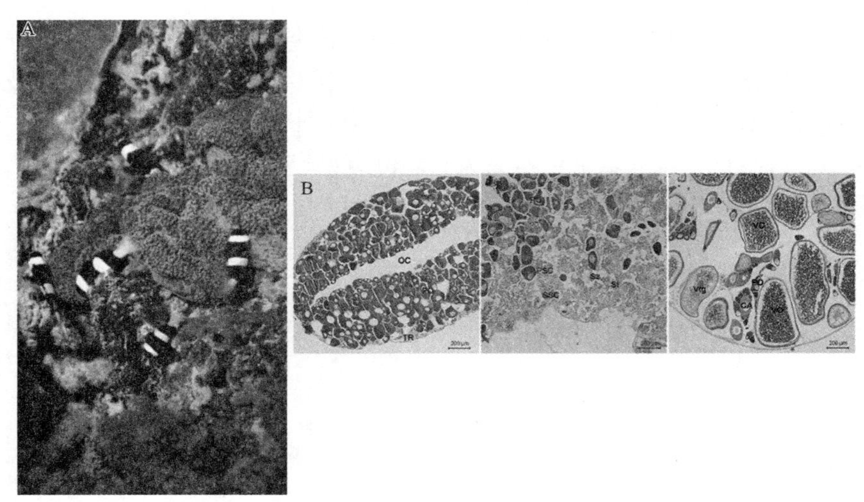

图3　克氏双锯鱼性别分化调控机制研究　A. 克氏双锯鱼，B. 性别分化相关基因原位杂交。

2.3　卵形鲳鲹（*Trachinotus ovatus*）种质鉴定

利用线粒体基因序列分析明确了卵形鲳鲹的有效种名和分类地位（图4），并对鲳鲹属物种的系统关系进行了重建，厘清了其中存在的同种异名问题，为该类群种质资源的鉴定、评价与开发利用提供了基础。

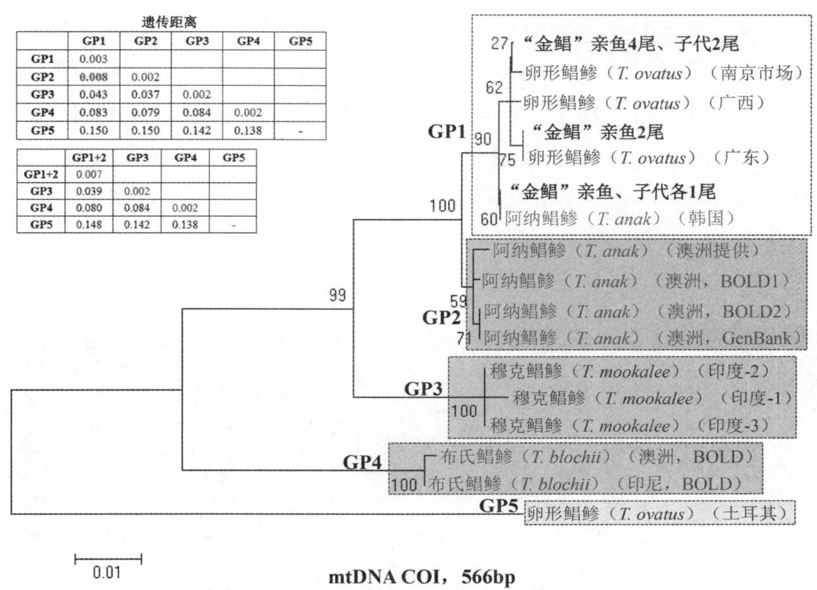

遗传距离

	GP1	GP2	GP3	GP4	GP5
GP1	0.003				
GP2	0.008	0.002			
GP3	0.043	0.037	0.002		
GP4	0.083	0.079	0.084	0.002	
GP5	0.150	0.150	0.142	0.138	-

	GP1+2	GP3	GP4	GP5
GP1+2	0.007			
GP3	0.039	0.002		
GP4	0.080	0.084	0.002	
GP5	0.148	0.142	0.138	-

图4　基于线粒体COI基因序列的鲳鲹属物种系统发育关系分析

2.4　朝鲜平鲉（*Sebastes koreanus*）种质鉴定

对朝鲜平鲉不同群体（图5）进行了转录组比较研究，初步阐明了其不同形态型的遗传变异、形成机制和分化趋势，为其特殊性状群体种质资源的开发提供了依据。

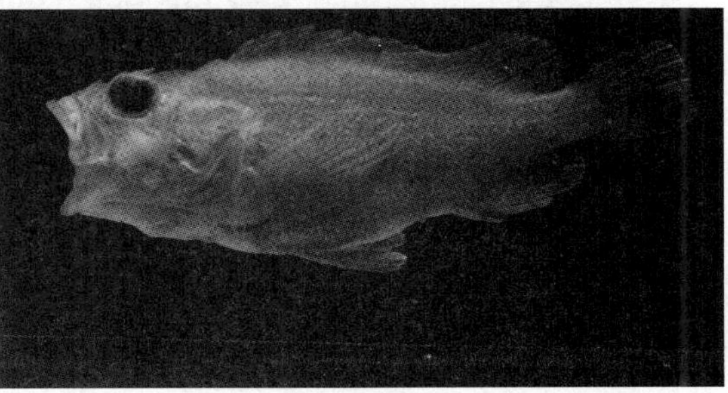

图5　朝鲜平鲉不同形态型

3　石斑鱼新种质创制

3.1　石斑鱼种质冷冻保存和精子库建立

利用研制的石斑鱼类精子冷冻保存液冷冻保存多种石斑鱼的精子（图6），保存精子量达1 020 mL，其中鞍带石斑鱼500 mL、蓝身大斑石斑鱼120 mL、云纹石斑鱼200 mL、棕点石斑鱼200 mL，精子活力达80%以上。主要保存在中国水产科学研究院黄海水产研究所和莱州明波水产有限公司，精子库已经大量地应用于石斑鱼杂交育种和优良苗种培育。

另外保存多种其他海水鱼类的精子，黑鲷100 mL、牙鲆100 mL、大菱鲆60 mL、钝吻黄盖鲽200 mL、斑石鲷50 mL、花鲈300 mL，均保存在黄海水产研究所。共计冷冻保存精子10种，达到1 830 mL。

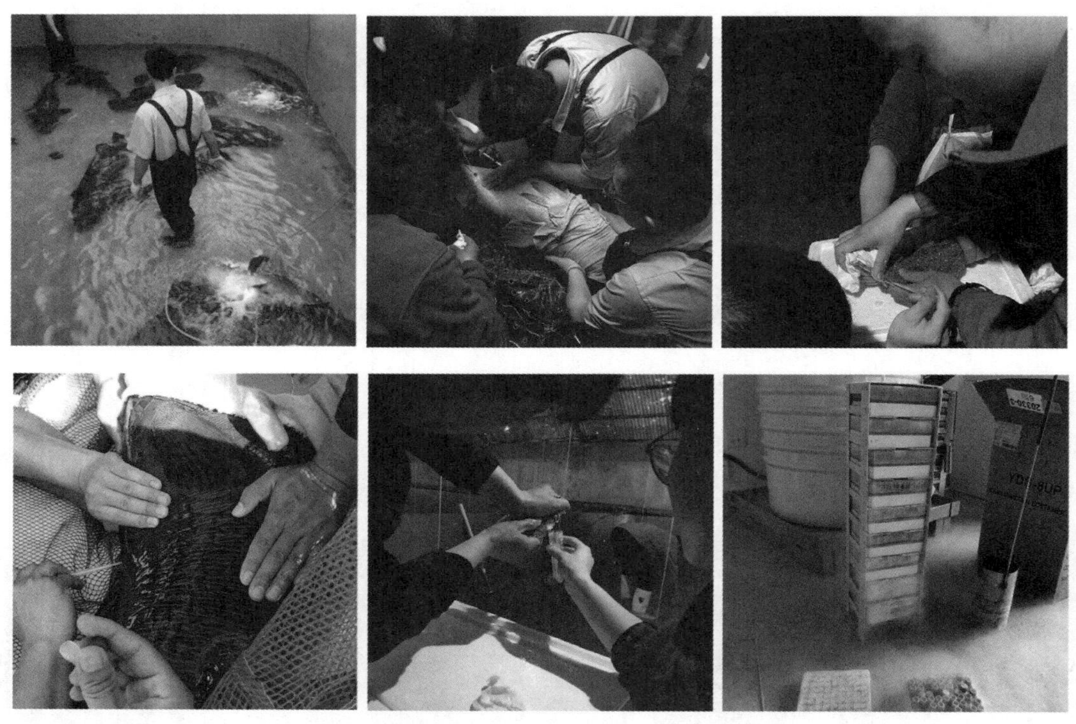

图6　海水鱼类精子冷冻保存

利用非渗透性冷冻保护剂对驼背鲈胚胎进行超低温保存的初步研究，采用多因素筛选法，对驼背鲈胚胎冷冻保存的条件进行筛选，包括单一非渗透性冷冻保护剂的筛选和混合非渗透性冷冻保护剂不同比例组合、不同胚胎时期、平衡处理时间、解冻温度和时间、解冻后平衡溶液。结果共获得17枚冻活胚胎，成活率达到5.48%，孵化率达到64.71%，最长存活时间为5天（图7）。

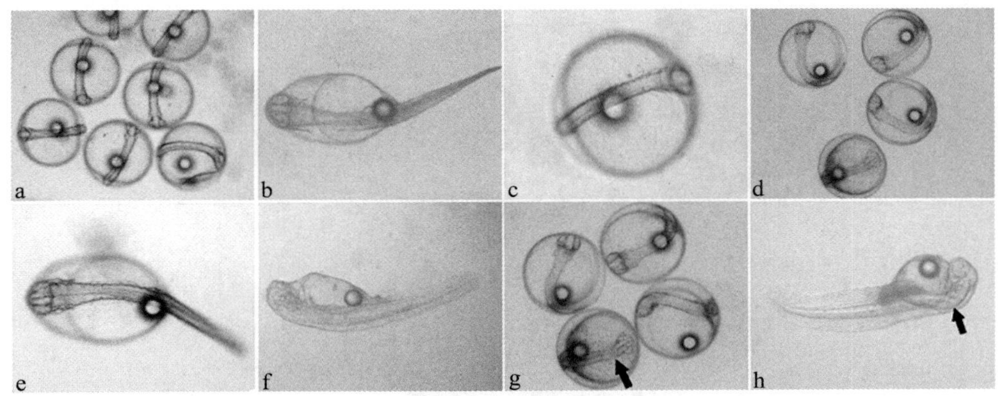

图7　冷冻保存后复苏成活的驼背鲈胚胎

3.2　石斑鱼冷冻精子在杂交育种和苗种培育中的应用

利用蓝身大斑石斑鱼冷冻精子与棕点石斑鱼杂交，培育石斑鱼杂交养殖新种质“金虎石斑鱼”，具有生长快、耐低氧和耐低温的优良性状，在山东、天津、福建、广东和海南进行了大量推广养殖，产生了显著的经济和社会效益。2022年7月29日，中国水产科学研究院黄海水产研究所和莱州明波水产有限公司组织专家对“金虎石斑鱼杂交育种及苗种规模化培育”和“石斑鱼多倍体诱导及培育技术开发”项目进行了现场验收。2019年至2021年，保持家系22个，鱼苗数量3 260尾。验收时，2龄金虎石斑鱼体重是棕点石斑鱼的2.41倍（图8），是珍珠龙胆体重的1.57倍，增重率分别为141.46%和57.48%。2022年6月至7月，利用蓝身大斑石斑鱼冷冻精子库（300 mL）与棕点石斑鱼卵杂交授精，生产受精卵23.2 kg，受精率80%，孵化率60%，推广到山东、海南、福建等养殖公司，苗种成活率30%以上，培育苗种约600多万尾。2021年初步研发建立的石斑鱼杂交种金虎石斑鱼三倍体诱导技术，三倍体率在35%以上。诱导存活少量四倍体。

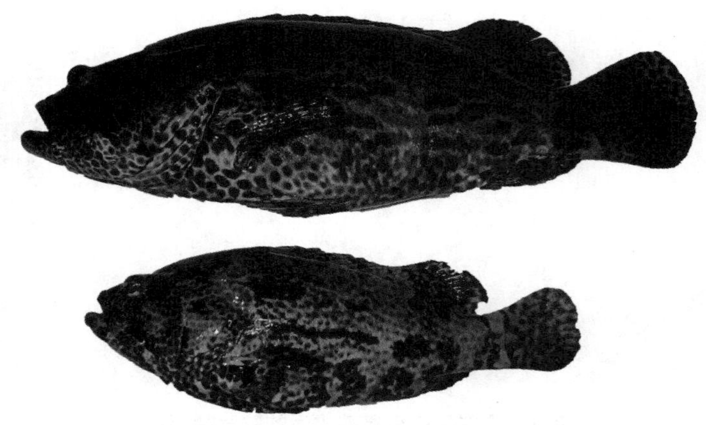

图8　2龄金虎石斑鱼（上）与棕点石斑鱼（下）

3.3　蓝身大斑石斑鱼染色体水平的基因组组装

利用PacBio长读测序、Illumina测序和高通量染色质构象捕获（Hi-C）技术组装蓝身大斑石斑鱼基因组（图9）。基因组大小为1.13 Gb，共有508个contigs，固定在24条染色体上。N50为42.65 Mb。在蓝身大斑石斑鱼基因组中又发现了一个Gh和Hsp90b1的拷贝，这可能有助于其快速生长和高抗性。此外，从蓝身大斑石斑鱼中鉴定出435个抗菌肽（AMP）基因。

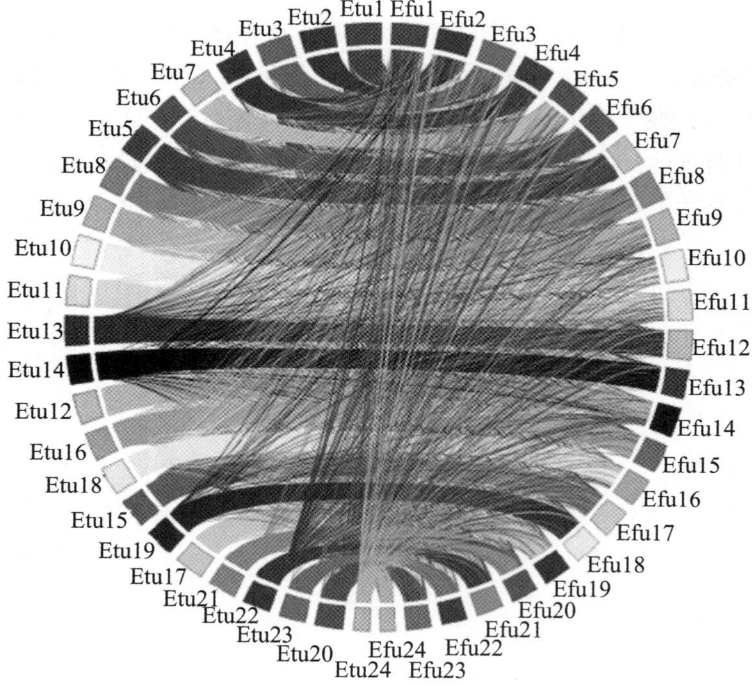

图9　*E. tukula*和*E. fuscoguttatus*基因组的共线性分析

3.4　金虎石斑鱼高密度遗传连锁图谱的构建及QTL定位

构建了金虎石斑鱼的高密度遗传连锁图谱，其SNP数量是所报道的石斑鱼遗传连锁图谱中最多的。该母系连锁图谱全长1 414.68 cM，包含648个位点（38 269个SNPs），平均标记间隔2.22 cM。该父系连锁图谱全长1 839.88 cM，包含2 126个位点（112 015个SNPs），平均标记间隔为0.86 cM。共鉴定出45个生长相关性状的QTL，包含318个SNP，其中体重相关的QTL 10个，全长相关的QTL 6个，体长相关的QTL 7个，头长相关的QTL 14个，体高相关的QTL 5个，体厚相关的QTL 3个。此外，还鉴定出56个与生长、代谢、骨骼形成、肌肉发育和神经调节相关的候选基因，其中包括8个与其他鱼类生长相关的基因。

4　大菱鲆三倍体苗种创制

4.1　大菱鲆三倍体苗种规模化生产与示范

2022年度利用前期构建的静水压法诱导技术，规模化诱导大菱鲆受精卵1 580 g，共获得出膜前受精卵685 g，平均孵化率43.35%，获得4月龄三倍体苗种数量为12.93万尾（图10），随机检测60尾苗种，三倍体率为98.3%。该批次苗种由烟台开发区天源水产有限公司和乳山龙汇海产养殖有限公司分别养殖。

图10　大菱鲆三倍体4月龄苗种

对大菱鲆三倍体苗种和普通苗种跟踪测量生长情况，4月龄前（平均全长＜10.0 cm）分池培养，4月龄后各挑选250尾鱼苗进行荧光标记后同池混养，定期从两批苗种中各随机捞取30尾苗种测量全长和体重，同时统计两批苗种的性别比例。1月龄和2月龄，三倍体苗种全长显著低于普通苗种（$P<0.05$），3—7月龄，三倍体苗种全长稍低于普通苗种，两者间均无显著性差异，8月龄，三倍体苗种全长（16.69 ± 0.86 cm）稍高于普通苗种（15.66 ± 0.88 cm），两者间差异不显著。

1—5月龄，三倍体苗种体重均稍低于普通苗种，两者间均无显著性差异。此后三倍体苗种体重增加速度快于普通苗种，7月龄时稍高于普通苗种，8月龄三倍体苗种体重（80.49 ± 11.27 g）稍高于普通苗种（72.42 ± 13.77 g），两者间无显著性差异。

通过解剖学观察方法，对7月龄和8月龄大菱鲆三倍体和普通苗种的性别比例进行了跟踪检查，结果如表1所示，普通二倍体苗种雌性比例分别为53.3%和42.5%，两者均未显著偏离1F：1M的理论值，三倍体苗种雌性比例分别为80%和75%，两者均显著偏离1F：1M的理论值，表现出高雌性的子代性别比例，而两次检测的苗种性别比例均未显著偏离。Martínez等根据大菱鲆性别决定主效基因区域在减数分裂过程中发生染色体交换预测的三倍体子代性比。

表1　大菱鲆三倍体苗种的性别比例

月龄	组别	雌性	雄性	合计	卡方检验（1F：1M）	卡方检验（4.6F：1M）
7月龄	普通二倍体	16	14	30	NS	–
	三倍体	24	6	30	ES	NS
8月龄	普通二倍体	17	23	40	NS	–
	三倍体	30	10	40	ES	NS

注：ES–差异极显著（$P<0.01$）；NS–无显著性差异（$P>0.05$）。

4.2　投饲水平对大菱鲆三倍体生长、饲料转化率和生物能量代谢的影响

设定不同投饲水平（100%、90%、80%、70%、60%和50%），研究不同投饲水平对大菱鲆三倍体生长、饲料转化率和生物能量代谢的影响。结果见表2，不同投饲水平对大菱鲆三倍体幼鱼干物质和灰分含量无显著性影响，鱼体蛋白质含量在60%d^{-1}投饲水平显著高于其他各组，脂质和能量含量随投饲水平增加呈先增后降低的趋势，在70% d^{-1}投饲水平时均显著高于其他组（$P<0.05$）。

表2　投饲水平（FL，% d^{-1}）对大菱鲆三倍体幼鱼体成分（%）及能量含量（kJ/g）的影响

投饲水平	初始	50	60	70	80	90	100
干物质	19.08 ± 0.28	21.97 ± 0.67	21.77 ± 0.24	21.29 ± 0.51	21.21 ± 0.33	21.37 ± 0.54	21.25 ± 0.72
蛋白	12.41 ± 0.35	14.24 ± 0.41[a]	14.76 ± 0.22[b]	14.05 ± 0.24[a]	14.22 ± 0.26[a]	13.98 ± 0.25[a]	13.77 ± 0.36[a]
脂质	3.15 ± 0.16	2.56 ± 0.27[a]	2.61 ± 0.11[a]	3.60 ± 0.19[d]	2.81 ± 0.36[ab]	3.01 ± 0.27[bc]	3.08 ± 0.25[c]
灰分	2.92 ± 0.12	3.08 ± 0.78	3.18 ± 0.13	3.07 ± 0.32	3.12 ± 0.33	3.09 ± 0.61	3.19 ± 0.24
能量	3.24 ± 0.10	3.52 ± 0.09[a]	3.53 ± 0.11[a]	3.75 ± 0.07[b]	3.50 ± 0.12[a]	3.50 ± 0.11[a]	3.51 ± 0.10[a]

大菱鲆三倍体摄食率（FR）和增重率（WG）随投饲水平的增加而显著增加，80%～100%投饲水平时WG差异不显，但显著高于50%～70%投饲水平组。幼鱼的湿重（SGRw）、干重（SGRd）、蛋白质（SGRp）和能量（SGRe）的特定生长率随摄食水平的增加而显著增加，在90%投饲水平时达到峰值，此后呈下降趋势。80%～100%投饲水平组，SGRw、SGRd、SGRe无显著性差异，投饲水平90%和100%组间SGRp无显著性差异。特定生长率与投饲水平的关系呈二次函数关系（图11）。

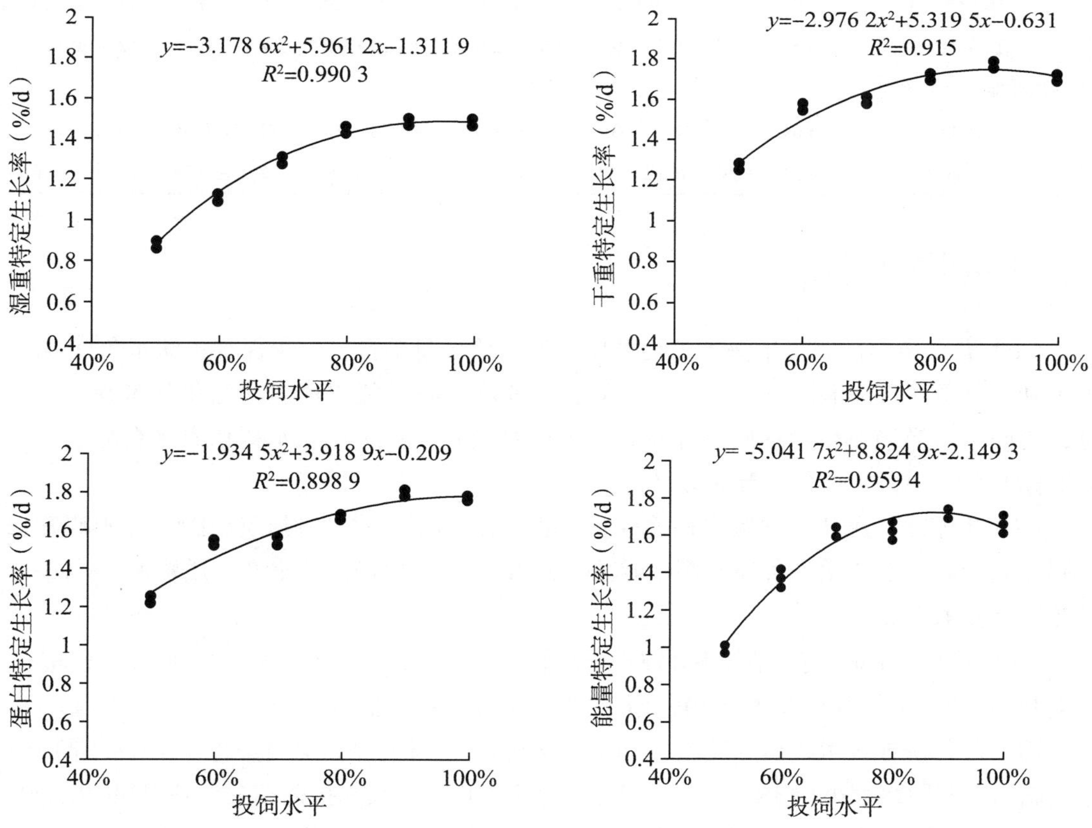

图11　投饲水平对大菱鲆三倍体湿重（SGRw）、干重（SGRd）、蛋白质（SGRp）和能量（SGRe）的特定生长率的影响

投饲水平对大菱鲆三倍体生物能量代谢的影响表明（表3），大菱鲆三倍体幼鱼的生长能分配率随投饲水平增加呈先升后降的趋势，70%投饲水平最高；代谢能分配率与生长能分配率变化趋势相反，在70%投饲水平时最低；粪便能分配率呈降低趋势，90%投饲水平最低；排泄能分配率呈上升趋势，100%饱食投饲组最高。当能量收支以占同化能的比例表示时，代谢耗能随投饲水平的增加呈先降后升的趋势，同化能用于生长能的比例正好相反，70%投饲水平组生长能最高而代谢耗能最低。大菱鲆在70%投饲水平下的能量收支公式为$100.00C=29.62G+4.71F+9.45U+56.21R$或$100.00C=34.40G+65.60R$。

表3　投饲水平（%）对大菱鲆三倍体幼鱼生物能量代谢的影响

能量	50	60	70	80	90	100
摄食能 /$kJ\ g^{-1}\ d^{-1}$	8.50 ± 0.01	10.20 ± 0.01	11.85 ± 0.01	13.48 ± 0.01	15.06 ± 0.01	16.59 ± 0.01
占摄食能的百分比/%						
生长能	20.79 ± 0.67^{a}	26.81 ± 0.76^{d}	29.62 ± 0.55^{e}	24.64 ± 0.47^{c}	25.17 ± 0.35^{c}	21.70 ± 0.62^{b}
粪便能	5.26 ± 0.08^{c}	5.28 ± 0.09^{c}	4.72 ± 0.12^{b}	4.55 ± 0.15^{b}	4.24 ± 0.17^{a}	4.67 ± 0.08^{b}
排泄能	9.37 ± 0.21^{b}	8.59 ± 0.22^{a}	9.45 ± 0.28^{b}	9.61 ± 0.26^{b}	10.44 ± 0.34^{c}	11.13 ± 0.23^{c}
代谢能	64.58 ± 0.43^{e}	59.32 ± 0.32^{b}	56.21 ± 0.46^{a}	61.20 ± 0.27^{c}	60.15 ± 0.33^{b}	62.50 ± 0.26^{d}
占同化能的百分比/%						
代谢能	75.64 ± 0.62^{d}	68.88 ± 0.71^{b}	65.60 ± 0.64^{a}	71.58 ± 0.72^{c}	71.03 ± 0.65^{c}	74.92 ± 0.72^{d}
生长能	24.36 ± 0.38^{a}	31.12 ± 0.45^{d}	34.40 ± 0.52^{e}	28.42 ± 0.48^{c}	28.97 ± 0.55^{c}	25.08 ± 0.56^{b}

5　年度进展小结

（1）进一步丰富完善了海水鱼类种质资源评价信息平台，收集保存了海水鱼DNA、组织和个体等种质资源500份以上，采集了30种重要海水鱼类种群动态和分布特征等信息，向国家海洋渔业生物种质资源库和中国重要渔业生物DNA条形码信息平台分别提交凭证标本和DNA条形码信息等500余份。

（2）申报水产种质资源鉴定相关行业标准3项，包括《水产种质资源DNA条形码筛选原则与质量要求》《水产种质资源DNA条形码鉴定操作规程》《水产种质资源DNA条形码数据库技术规范》。

（3）创建了石斑鱼育种活体库和种质冷冻库，收集、保存海水鱼类精子10种、1 830 mL，鱼类胚胎1种，增加育种个体150尾；推广“金虎石斑鱼”受精卵70 kg以上；构建了石斑鱼三倍体苗种诱导技术，诱导受精卵25 kg；绘制了蓝身大斑石斑鱼染色体水平的基因组精细图谱，基因组大小1.13 Gb，基因组比较分析发现与生长和抗逆相关的基因Gh和Hsp90等在蓝身大斑石斑鱼中发生了拷贝数扩增；构建了杂交种金虎石斑鱼高密度遗传连锁图谱，定位到45个与生长显著相关的QTLs，筛选出56个候选基因；联合全基因组DNA甲基化和RNA-seq解析了金虎石斑鱼杂种优势形成的分子机制。

（4）大菱鲆三倍体育种：构建了大菱鲆三倍体静水压规模化诱导技术，培育三倍体苗种13万尾，三倍体率98.3%；在威海和烟台分别进行了示范养殖，对其生长、性别比例、性腺发育情况进行跟踪检测，完成不同投饲水平对三倍体苗种生长、饵料转化率和生物能量代谢的影响。

（岗位科学家　柳淑芳）

鲆鲽类营养需求与饲料岗位技术研发进展

鲆鲽类营养需求与饲料岗位

鲆鲽类营养需求与饲料岗位本年度围绕“鲆鲽类营养需求与饲料蛋白高效利用技术”开展了鲆鲽类营养需求与代谢、新型水产饲料蛋白源评估、功能性营养添加剂开发、肠道微生态调控等方面开展研究工作。本岗位在前期工作的基础上新获得大菱鲆营养需求参数6个，系统评估了4种新型鲆鲽类饲料蛋白源的应用价值，筛选了4种可用于鲆鲽类饲料的生物活性物质，开发了2项调控大菱鲆肠道微生态技术。

1　不同饲料蛋白源组成对大菱鲆幼鱼蛋白质需求的影响

依据团队前期成果配制复合植物蛋白源，分别替代0%、40%和60%鱼粉，各配制含有5个水平总蛋白含量的等脂饲料，饲料总蛋白分别占饲料干物质的40%、45%、50%、55%和60%。选取初始平均体重为13.20 ± 0.09 g的健康大菱鲆幼鱼，开展为期8周的养殖饲喂实验。结果表明：投喂各个不同蛋白源饲料的大菱鲆幼鱼的终末体重（FBW）、增重率（WGR）和特定生长率（SGR）有类似趋势，在一定范围内，随着饲料蛋白水平的增加而升高。饲料组成及蛋白质水平对大菱鲆幼鱼的摄食率（FI）、饲料效率（FER）和蛋白质效率（PER）的影响存在交互作用（$P<0.05$）。饲料组成及蛋白质水平对大菱鲆幼鱼的肥满度、脏体比和肝体比的影响存在交互作用（$P<0.05$）。全鱼粗蛋白、粗脂肪和灰分含量受到饲料蛋白水平的显著影响（$P<0.05$），粗蛋白和灰分含量受到饲料原料组成的显著影响（$P<0.05$）。干物质和蛋白质的表观消化率（ADC）受到饲料组成及蛋白质水平的交互作用的影响（$P<0.05$）。以SGR作为衡量大菱鲆幼鱼生长性能的指标，利用折线或二次曲线拟合得到不同饲料蛋白源下大菱鲆幼鱼蛋白质最适需求量。如图1所示，鱼粉组大菱鲆幼鱼蛋白质需求量为50.28%，植物蛋白源替代40%鱼粉时大菱鲆蛋白质需求为53.86%，植物蛋白源替代60%鱼粉时大菱鲆蛋白质需求为55.14%（图1）。

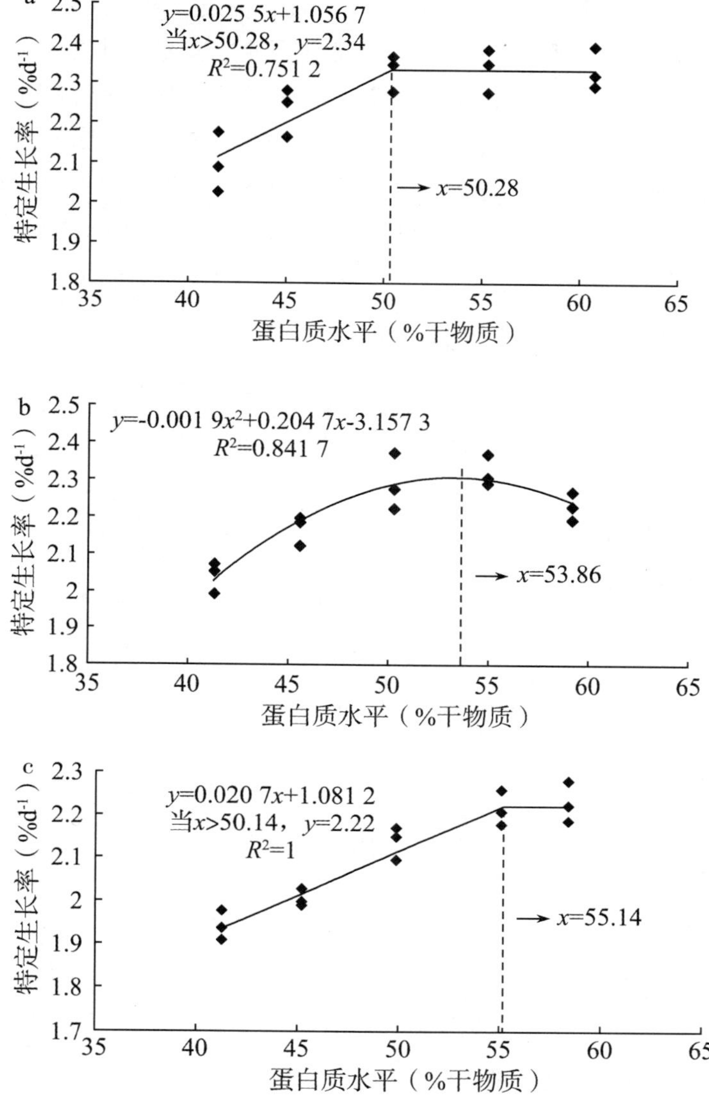

图1　不同饲料蛋白源对大菱鲆幼鱼蛋白需求的影响

注：a：鱼粉组；b：替代40%鱼粉组；c：替代60%鱼粉组

2　不同养殖密度对大菱鲆幼鱼蛋白质需求的影响

随机挑选健康、初始体重约为13.01 ± 0.03g的大菱鲆为研究对象，设置低密度（LD）、中密度（MD）和高密度（HD）三个密度梯，分别为 0.6 kg/m^2、1.2 kg/m^{2}和 1.8 kg/m^2。投喂不同蛋白质水平的饲料，每个处理组设置 3个重复组，每天投喂两次至表观饱食，养殖周期为 8周。养殖实验结束后统计发现，在较低的密度下饲养大菱鲆时，大菱鲆的终末体重（FBW）、增重率（WGR）、特定生长率（SGR）和饲料效率（FER）

均与饲料中蛋白质的水平呈现正相关（$P<0.05$），而蛋白质效率（PER）和摄食率（FI）则呈现负相关（$P<0.05$）。但是在中等养殖密度和高养殖密度，过高的蛋白质会对大菱鲆的生长造成显著的抑制，其终末体重、特定生长率等指标均呈现出先升高后降低的趋势，并且整体来看，养殖密度增加时，大菱鲆的终末体重等生长情况都会受到显著影响（$P<0.05$）。以特定生长率为评价指标，经过二曲线模型分析，模拟出三种养殖密度的大菱鲆最适蛋白质需求。在低密度组，大菱鲆的最适蛋白质需求为63.2%，中密度组最适蛋白需求为55.5%，而高密度组这一数据仅为54.18%（图2）。

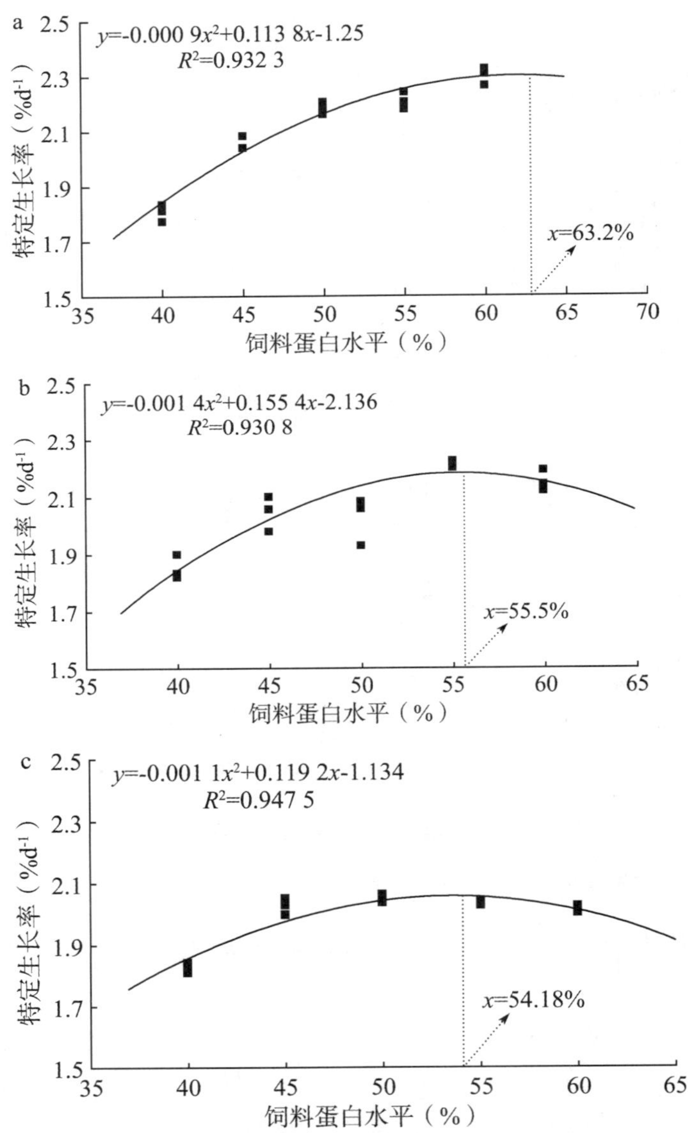

图2 不同养殖密度对大菱鲆幼鱼蛋白需求的影响

注：a：低密度组；b：中密度组；c：高密度组

3　陆源油饲料和鱼油饲料交替投喂对大菱鲆肠道菌群结构的影响

为缓解陆源油替代鱼油所造成的负面影响，国内外学者在投喂策略方面进行了大量尝试，包括鱼油漂洗策略和交替投喂策略，其中以陆源油和鱼油为基础的饲料定期交替投喂的研究还相当有限。本研究采用隔周交替投喂以陆源油（豆油和牛油）和鱼油为基础的饲料的投喂策略，通过为期9周的养殖试验，旨在探究大菱鲆幼鱼肠道微生物群的变化。使用从后肠黏膜中提取的 DNA 对肠道细菌群落进行分析，结果表明交替投喂重塑了大菱鲆的肠道微生物组成。在交替投喂组中观察到肠道微生物群的物种丰富度和多样性更高。PCoA分析表明，样本根据投喂策略分别聚类，在三组中，豆油/鱼油交替组（SO/FO组）与牛油/鱼油交替组（BT/FO组）的聚类相对较近。交替投喂显著降低了支原体的丰度，并选择性地富集了某些特定微生物，包括产生 SCFA 的细菌、消化细菌和几种潜在的病原体（图3）。肠道微生物群的功能预测表明，交替投喂显著上调了肠道微生物群中脂肪酸和脂质代谢、多糖生物合成和氨基酸代谢的KEGG通路。同时，脂多糖生物合成的 KEGG 通路的上调表明肠道健康存在潜在风险。总之，饲料脂肪之间的短期交替投喂重塑了幼年大菱鲆的肠道微生态，可能会产生积极和消极的影响。

各组大菱鲆肠道菌群的 α 多样性指数

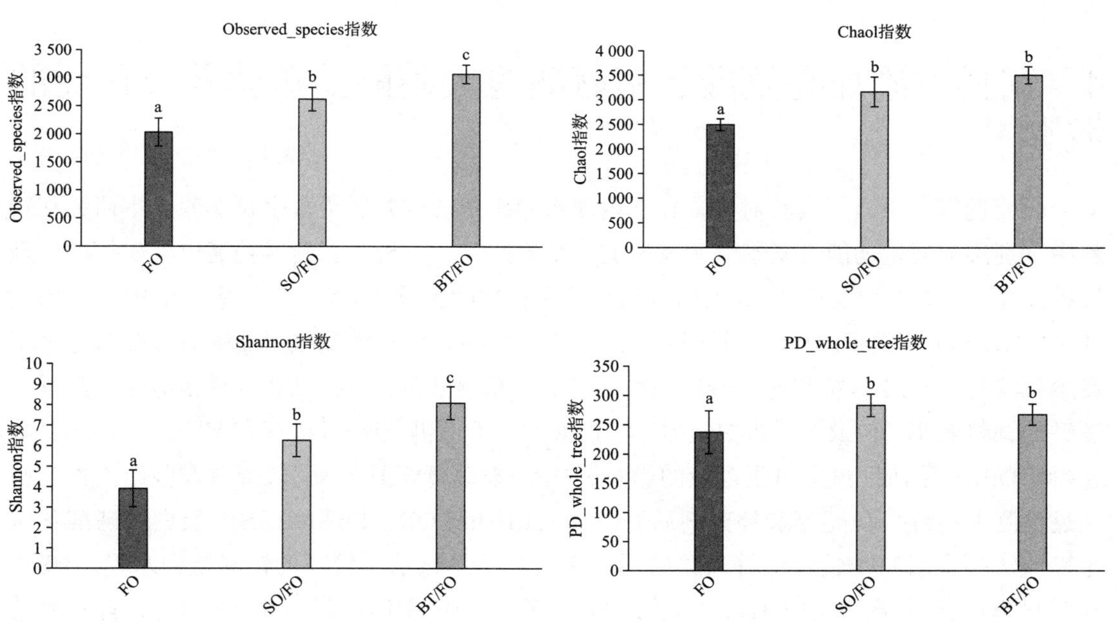

图3　不同饲料脂肪源对大菱鲆肠道菌群结构的影响

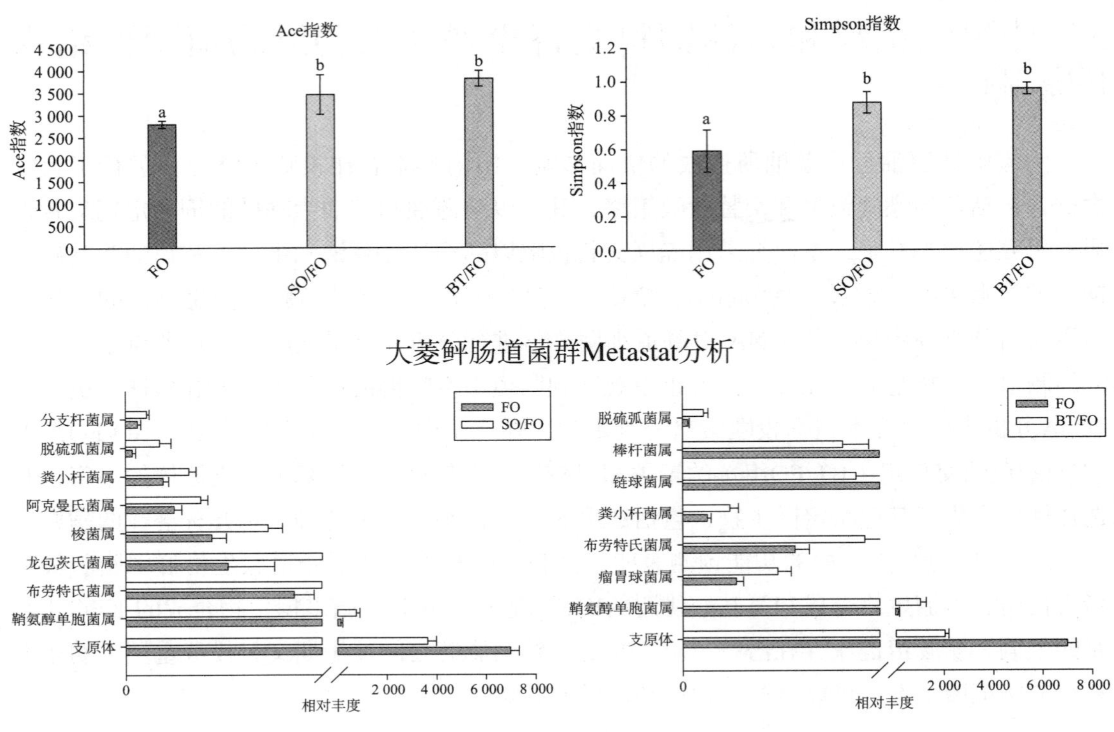

图3　不同饲料脂肪源对大菱鲆肠道菌群结构的影响（续）

4　饲料中添加亮氨酸、精氨酸对大菱鲆幼鱼营养及代谢的影响

研究选取大菱鲆为实验对象，在室内流水养殖系统中开展摄食生长实验，本研究在饲料中分别添加适量功能性氨基酸（亮氨酸、精氨酸），分析其在营养功能以外发挥的生理调控作用。实验结果表明，低蛋白日粮饲喂下LP组大菱鲆的特定生长率（SGR）和增重率（WGR）显著低于HP组，当饲料分别添加1%的亮氨酸和精氨酸后能够有效缓解这种不良生长状态。与LP日粮相比，分别添加亮氨酸和精氨酸的LP+L、LP+A日粮显著提高了大菱鲆的饲料效率（FER）与蛋白质效率（PER），不过仍与HP日粮存在差距。大菱鲆日采食量（DFI）受到日粮蛋白质含量的影响，HP组显著低于其他3个低蛋白实验组。本实验通过检测大菱鲆摄食亮氨酸补充剂后肝脏和肌肉中mTOR、S6和4E-BP1蛋白的磷酸化水平来监测摄食后TOR信号应答通路的活性变化。结果显示，较高的饲料蛋白水平（HP）和饲料添加1%亮氨酸（LP+L）都能提高P-S6、P-4E-BP1活性水平（图4），并且维持至12 h。摄食后大菱鲆肌肉中TOR信号应答通路相关蛋白的表达量变化呈现与肝脏类似模式。

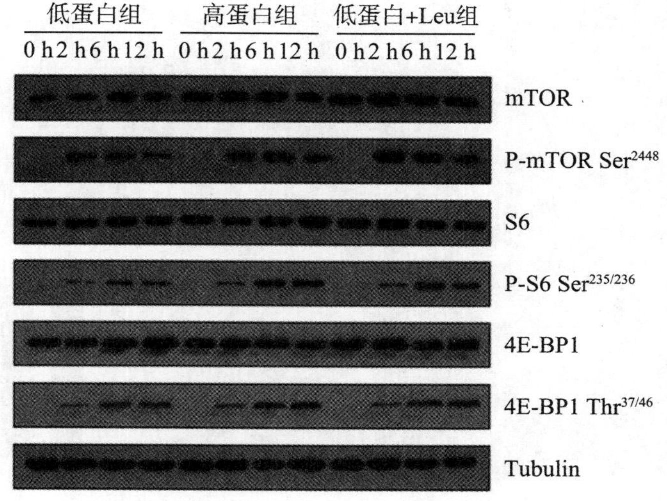

图4 亮氨酸对大菱鲆肝脏mTOR信号通路的影响

5 脱酚棉籽蛋白替代鱼粉对大菱鲆幼鱼生长、饲料效率和血液指标的影响

本实验探讨了脱酚棉籽蛋白对大菱鲆幼鱼的饲喂效果。实验以脱酚棉籽蛋白（LC）替代0%、15%、25%、35%和45%的鱼粉，配制了5种等氮等能的饲料。以初重为13.5 ± 0.04g的大菱鲆为实验对象，养殖实验在室内长流水系统中进行，养殖周期为8周。养殖结束后检测大菱鲆的生长、饲料利用率和血液指标。与鱼粉组相比，当替代水平不超过35%时，对大菱鲆的生长性能和饲料利用没有负面影响，LC45组的特定生长率、饲料效率和蛋白质效率显著降低。当替代水平达到25%时，干物质和粗蛋白质的表观消化率以及赖氨酸和脯氨酸的表观消化率显著低于对照组。与鱼粉组相比，LC45组鱼体粗蛋白含量显著降低，替代水平超过25%时，鱼体粗脂肪的含量显著降低。LC45组血浆葡萄糖和胆固醇水平显著低于鱼粉组。与鱼粉组相比，替代水平超过25%时，丙二醛含量显著降低，LC45组谷丙转氨酶和谷草转氨酶活性显著升高。当替代水平超过35%时，大菱鲆肠道绒毛高度显著低于鱼粉组（图5）。综上所述，脱酚棉籽蛋白可作为植物蛋白源替代大菱鲆饲料中35%的鱼粉。

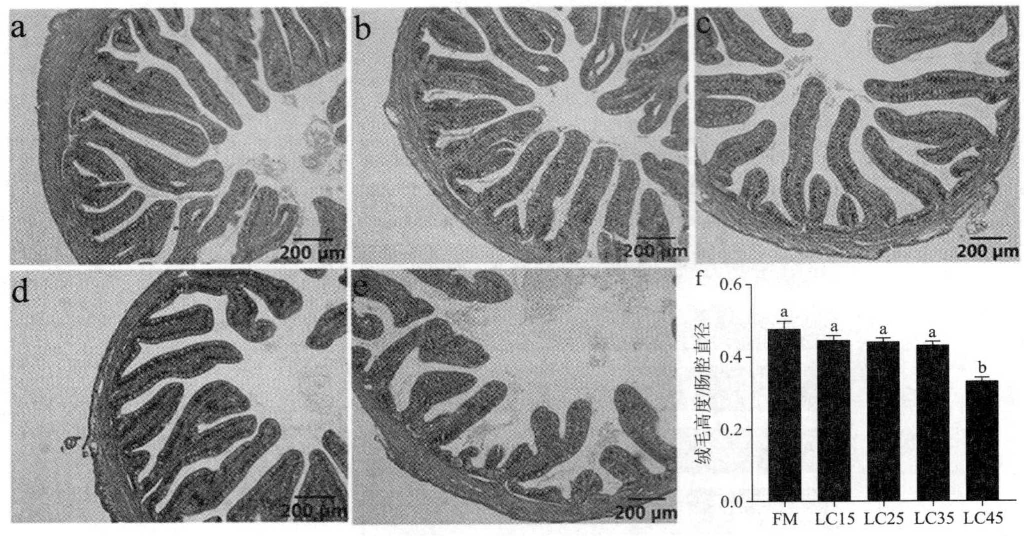

图5　脱酚棉籽蛋白对大菱鲆肠道形态的影响

6　高脂饲料中添加含硫氨基酸对大菱鲆幼鱼肠道健康的影响

目前，多项研究表明，高脂饲料会对动物的生长和健康都造成一定的损伤。肠道健康是保障整个机体健康的首要前提。含硫氨基酸（蛋氨酸、半胱氨酸和牛磺酸）已被证明具有调节脂质代谢的功能，因此在探究它们对于饲喂高脂饲料的大菱鲆脂质代谢的调节效果的同时，肠道健康在这个过程中发生的变化也值得关注。本研究设置了一个高脂（16%）对照组和三个在高脂饲料的基础上分别添加1.5%的蛋氨酸、半胱氨酸和牛磺酸的处理组，来探究这几种含硫氨基酸对饲喂高脂饲料的大菱鲆幼鱼肠道健康的影响。研究结果显示，三种含硫氨基酸的添加均能一定程度上改善高脂引起的肠道损伤问题，表现在肠道促炎细胞因子、上皮细胞凋亡相关分子的基因表达受到了抑制等。此外，含硫氨基酸的添加也使得鱼体肠道菌群多样性有所提高（图6），多种潜在有益菌丰度上调。其中，半胱氨酸和牛磺酸的对肠道菌群产生的影响更为显著。

大菱鲆肠道黏膜屏障免疫和凋亡相关分子基因表达量

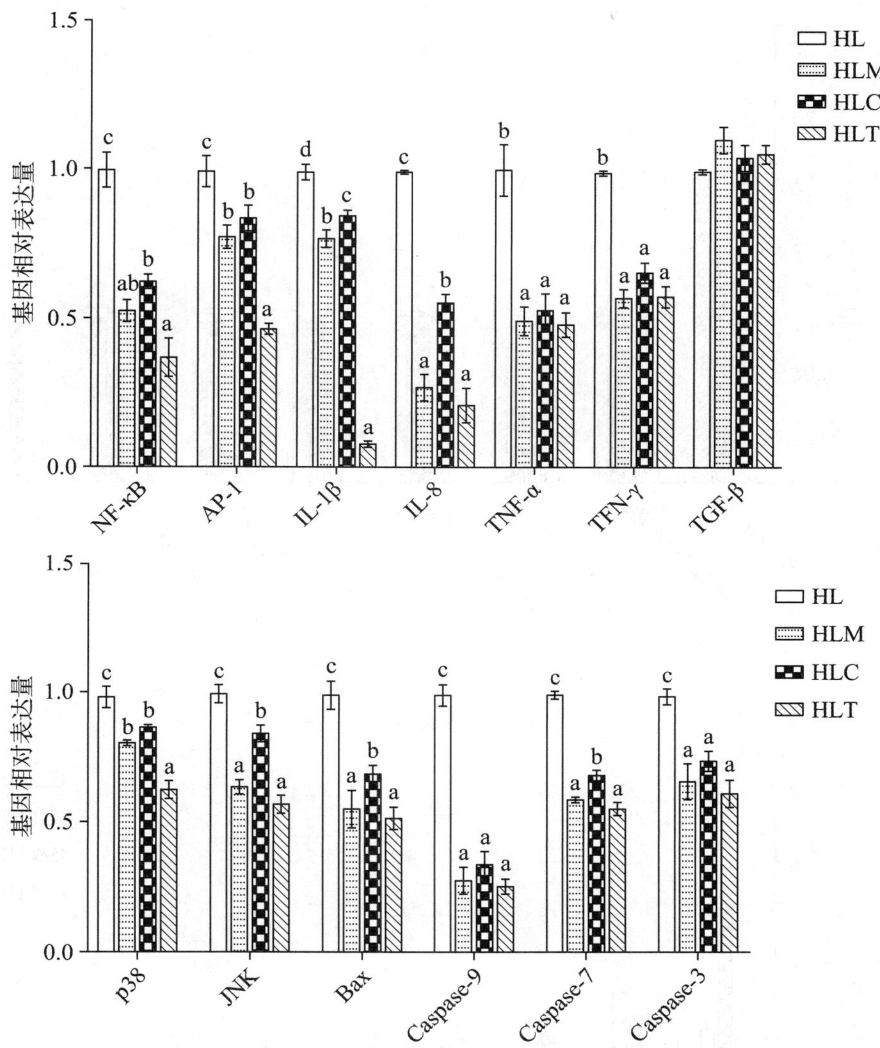

大菱鲆肠道菌群alpha多样性指数

组别	丰富度			多样性	
	Observed species	Chaol 指数	Ace指数	香农指数	辛普森指数
HL	380.25 ± 63.86[a]	420.01 ± 69.67[a]	418.51 ± 73.92[a]	2.01 ± 0.83[a]	0.49 ± 0.27
HLM	644.25 ± 227.80[b]	712.87 ± 232.60[b]	698.46 ± 235.44[b]	2.97 ± 0.87[ab]	0.63 ± 0.16
HLC	575.50 ± 40.98[ab]	632.74 ± 51.51[ab]	613.56 ± 50.15[ab]	3.96 ± 0.38[b]	0.79 ± 0.05
HLT	528.25 ± 24.19[ab]	558.61 ± 23.38[ab]	551.24 ± 21.05[ab]	3.74 ± 0.60[b]	0.78 ± 0.05

图6 含硫氨基酸对大菱鲆幼鱼肠道菌群结构的影响

大菱鲆肠道菌群Metastat分析

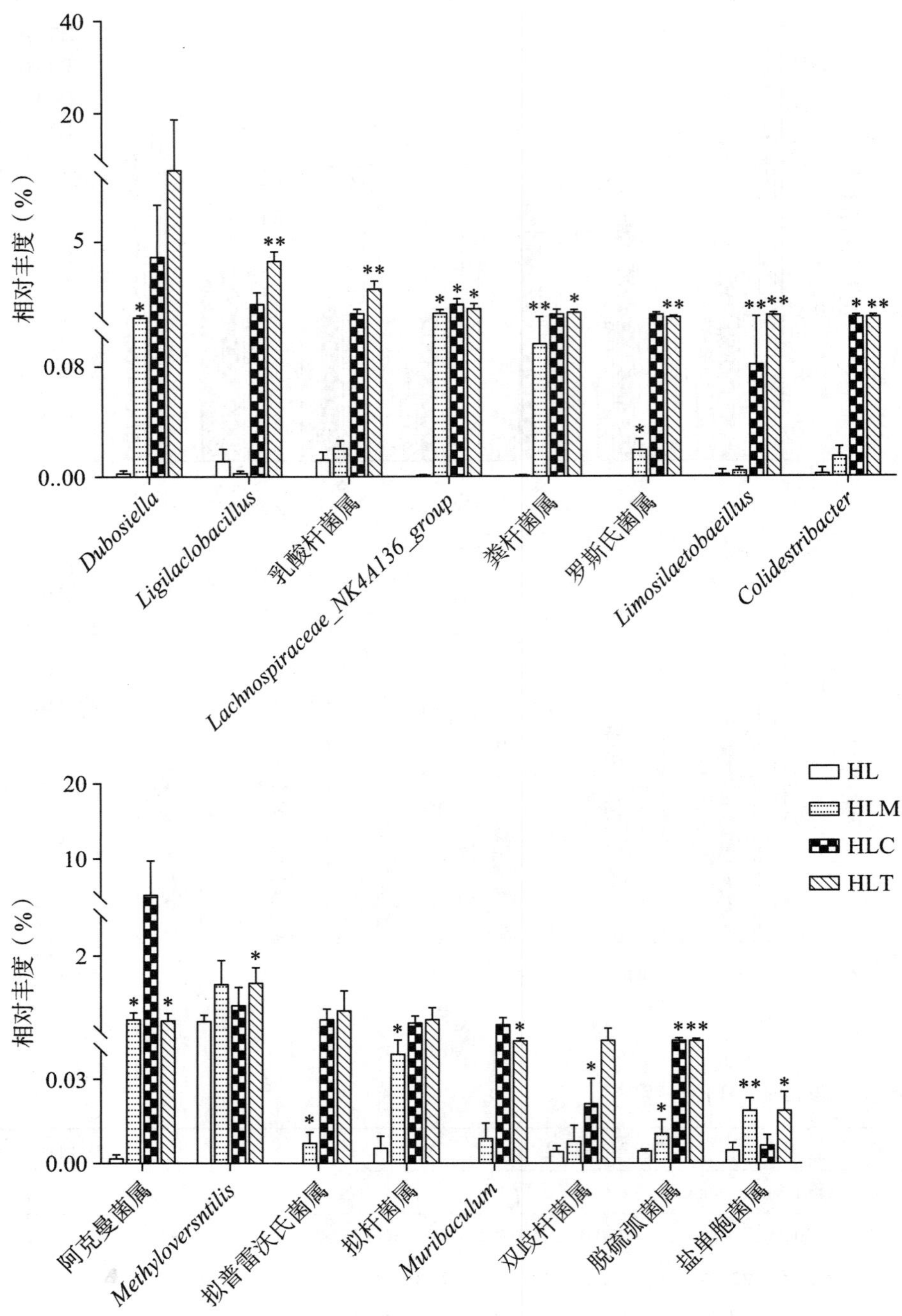

图6　含硫氨基酸对大菱鲆幼鱼肠道菌群结构的影响（续）

7　溶血卵磷脂对大菱鲆幼鱼肠道健康的影响

溶血卵磷脂作为乳化剂已在畜禽养殖中得到了广泛的应用。而水产方面关于溶血卵磷脂的研究近几年才兴起，且研究内容主要集中于动物生长性能和脂质代谢，尚缺乏从肠道健康的角度对其作用效果加以更为全面的评估。本研究通过在高脂饲料（16%）中分别添加0%（LPC0，对照）、0.1%（LPC0.1）、0.25%（LPC0.25）和0.5%（LPC0.5）溶血卵磷脂，以探究其对摄入高脂饲料的大菱鲆幼鱼肠道健康的影响及其可能存在的调控机制。结果显示，溶血卵磷脂可以缓解高脂引起的肠道炎症，在肠道组织形态学观察中未见固有层增宽及炎性细胞浸润等肠炎现象，并且溶血卵磷脂对肠道黏膜免疫屏障和机械屏障的调控可能是通过TLR介导的NF-κB、JNK和p38信号通路实现的（图7）。肠道菌群方面，溶血卵磷脂的添加增加了肠道菌群多样性；上调了短链脂肪酸产生菌、乳酸菌、产消化酶的菌等潜在有益菌的相对丰度；也使得菌群中脂质代谢和免疫功能等KEGG通路富集。综上，溶血卵磷脂对于缓解高脂导致的肠道健康问题具有一定的效果，本研究也为其在水产业上的应用提供了理论和数据支持。

大菱鲆TLR信号通路以及肠道黏膜屏障相关因子基因表达量

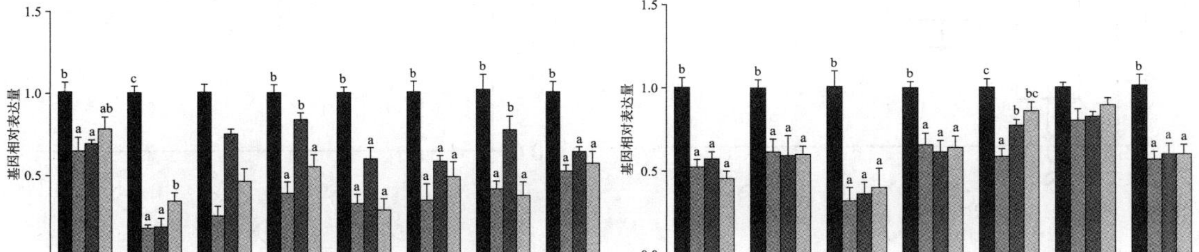

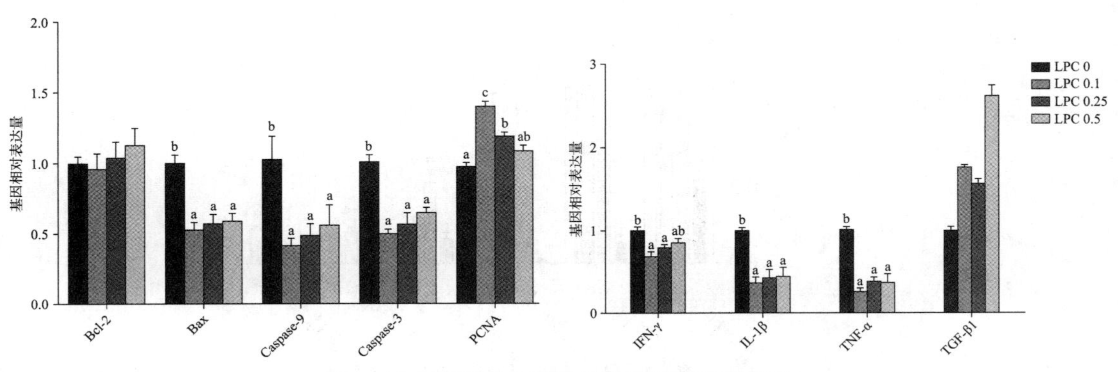

图7　溶血卵磷脂大菱鲆幼鱼肠道健康的影响

大菱鲆肠道菌群alpha多样性指数

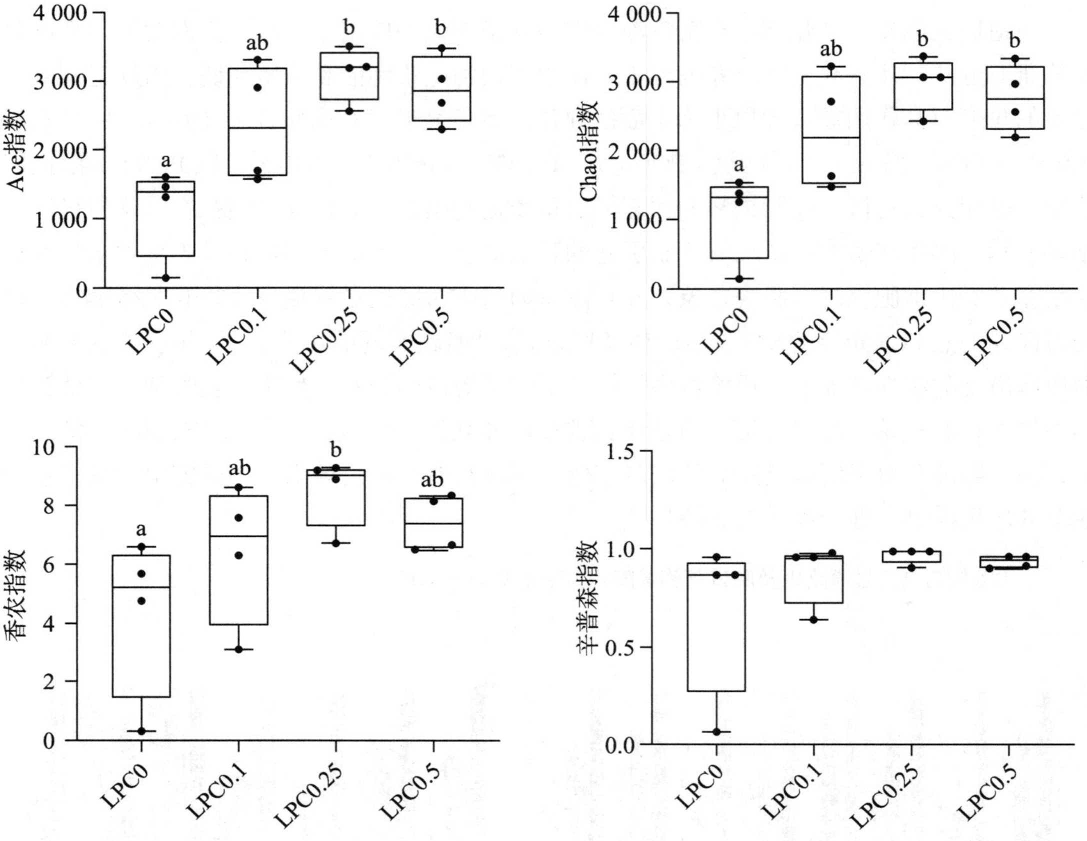

Ace指数
4 000
3 000
2 000
1 000
0
a ab b b
LPC0 LPC0.1 LPC0.25 LPC0.5

Chao1指数
4 000
3 000
2 000
1 000
0
a ab b b
LPC0 LPC0.1 LPC0.25 LPC0.5

香农指数
10
8
6
4
2
0
a ab b ab
LPC0 LPC0.1 LPC0.25 LPC0.5

辛普森指数
1.5
1.0
0.5
0.0
LPC0 LPC0.1 LPC0.25 LPC0.5

大菱鲆肠道菌群Metastat分析

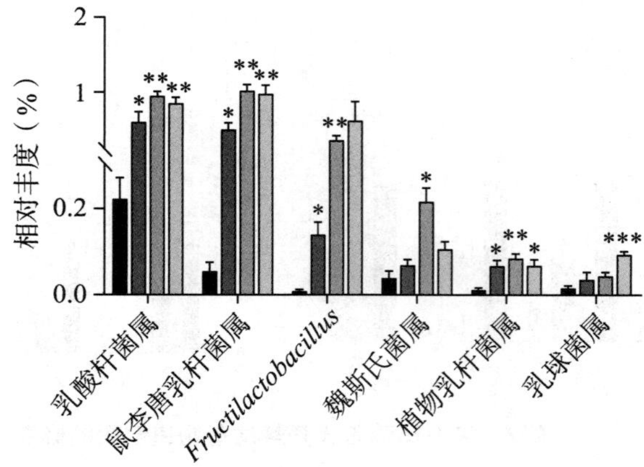

图7　溶血卵磷脂大菱鲆幼鱼肠道健康的影响（续1）

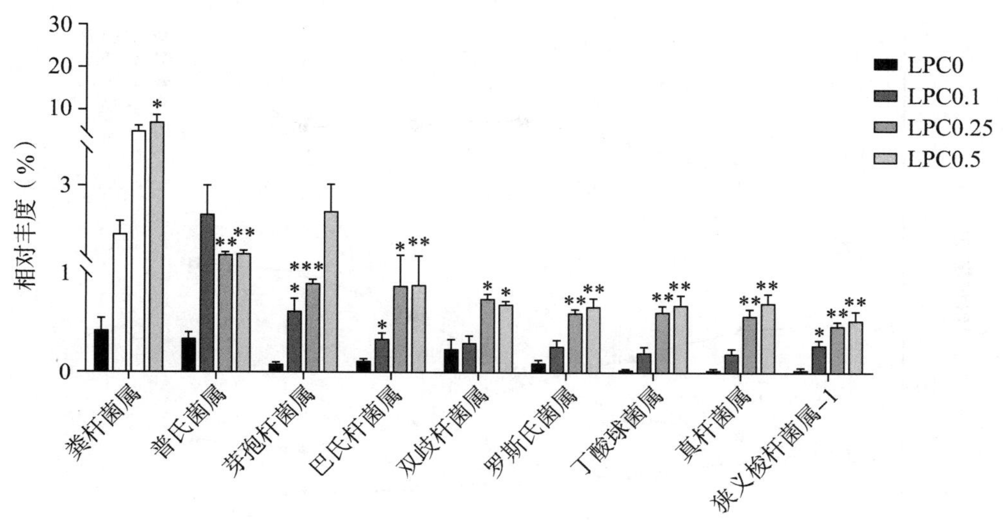

图7　溶血卵磷脂大菱鲆幼鱼肠道健康的影响（续2）

8　甲烷氧化菌蛋白对大菱鲆幼鱼脂代谢和豆粕诱导型肠炎缓解的影响

甲烷氧化菌蛋白是由荚膜甲基球菌以甲烷（CH4）为碳源，以氨为氮源通过有氧发酵产生的单细胞蛋白。该单细胞蛋白的生产具有效率高、易集约化和不受天气影响等特点，并且其自身可能含有活性物质，因此具有替代饲料中鱼粉的潜力。本研究将该单细胞蛋白分别替代0、15%、30%、45%、60%、80%和100%饲料中鱼粉蛋白，进行为期8周的养殖实验。分析甲烷氧化菌蛋白对大菱鲆脂代谢的影响。结果表明当甲烷氧化菌蛋白替代鱼粉水平过高时，肝脏脂肪合成、脂肪分解和脂肪转运相关的基因表达均显著增加，血清和肝脏中甘油三酯的含量也会显著高于对照组。随着甲烷氧化菌蛋白替代水平的增加，肝脏棕榈酸和棕榈油酸含量逐渐增加，DHA和EPA含量逐渐降低。结果表明，甲烷氧化菌蛋白替代鱼粉，不仅会影响大菱鲆的蛋白质代谢，也会影响脂代谢相关指标，甚至影响肝脏脂肪酸组成（图8），这主要可能与细菌蛋白自身缺乏长链多不饱和脂肪酸有关。

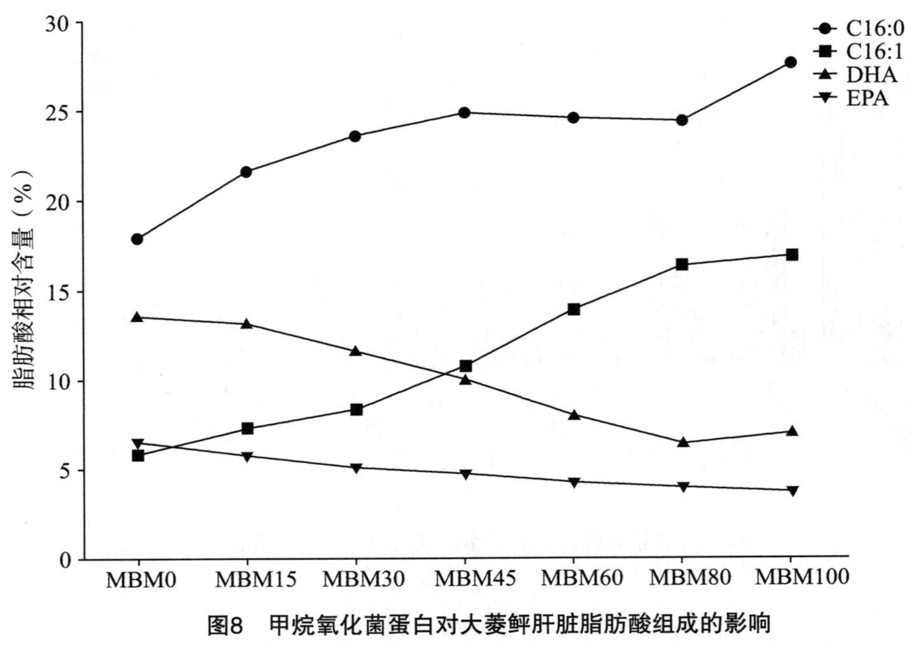

图8　甲烷氧化菌蛋白对大菱鲆肝脏脂肪酸组成的影响

（岗位科学家　麦康森）

大黄鱼营养需求与饲料技术研发进展

大黄鱼营养需求与饲料岗位

本年度大黄鱼营养需求与饲料岗位针对大黄鱼养殖过程中存在的苗种死亡率高、病害频发和品质下降等突出问题，聚焦幼鱼和仔稚鱼阶段，系统开展了其营养学相关研究，开发出了大黄鱼绿色环保配合饲料及高效人工微颗粒饲料，并进行了示范推广。重点任务研究内容主要包括以下几方面：在大黄鱼幼鱼上进行了多种绿色饲料添加剂的功效评估及作用机制探究，同时开展了肌肉品质调控研究，并在上述基础上开发了大黄鱼绿色环保配合饲料，提高了饲料利用率，氮和磷排泄率分别降低8.21%和5.27%。同时，通过与相关龙头企业对接，共同完成了养殖示范和技术推广工作；在大黄鱼仔稚鱼上进行了功能性饲料添加剂的开发，同时优化了微颗粒饲料加工工艺，开发了新型黏合剂，并在此基础上开发出高效人工微颗粒饲料。在基础任务方面，本岗位顺利完成了2022年度国家海水鱼产业技术研发中心基础数据库和国家海水鱼产业技术体系大黄鱼营养需求与饲料岗位数据库的数据收集。同时，从营养调控方面为大黄鱼养殖户提供疾病防治的技术支持，圆满完成了相关应急任务。本年度研究成果共发表SCI论文17篇，新授权发明专利4项，新申请国家发明专利3项，培养博士后3人，培养全日制博士/硕士研究生共30人。积极开展体系内、体系间以及体系外的交流与合作，积极参与国内外学术交流。本年度共参加各类技术推介、宣传、培训和会议10次，培训技术推广人员、相关从业人员和科技示范户360余人次，发放宣传手册360本。通过与相关龙头企业的合作，进行了产业化推广和示范，大黄鱼人工配合饲料的普及率稳步提升，研究成果的转化产生较大经济效益，为行业的绿色健康发展作出重要贡献。本年度共填报日志238篇，经费收支平衡，使用合理。

1 大黄鱼幼鱼绿色环保饲料开发

1.1 饲料中添加槲皮素对大黄鱼生长、脂代谢和抗氧化力的影响

本实验以大黄鱼幼鱼为研究对象，旨在探究植物油替代鱼油条件下，分别添加0.02%（Q0.02）、0.04%（Q0.04）和0.08%（Q0.08）的槲皮素，对大黄鱼幼鱼生长、脂代谢和抗氧化力的影响。以鱼油组（FO）和豆油组（SO）为对照，设计5组等氮等脂饲料，选择

初始体重为12.9 ± 0.03 g的大黄鱼750尾，随机分成5组，每组3个重复，每个重复50尾鱼，进行为期70天的摄食生长实验。结果显示，在豆油替代鱼油饲料中添加0.02% ~ 0.08%槲皮素能够显著提升大黄鱼幼鱼增重率、降低血清胆固醇（TC）含量并降低肝脏超氧化物歧化酶（SOD）活力。这表明添加槲皮素可以显著促进大黄鱼幼鱼生长、改善脂质代谢并提升抗氧化力（图1）。

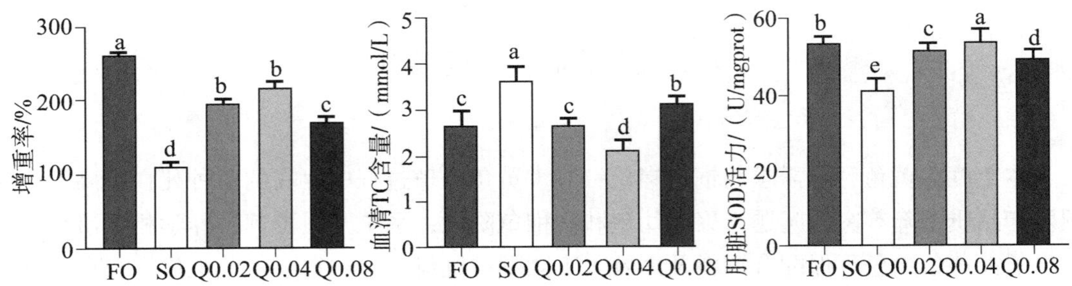

图1　豆油替代鱼油饲料中添加槲皮素对大黄鱼幼鱼生长性能、脂代谢和抗氧化力的影响

注：图中具有相同字母表示组间差异不显著（$P>0.05$）

1.2　饲料中添加木犀草素对大黄鱼生长、脂代谢和抗氧化力的影响

本实验以大黄鱼幼鱼为研究对象，旨在探究植物油替代鱼油条件下，分别添加0.02%（L0.02）、0.04%（L0.04）和0.08%（L0.08）的木犀草素，对大黄鱼幼鱼生长、脂代谢和抗氧化力的影响。以鱼油组（FO）和豆油组（SO）为对照，设计5组等氮等脂饲料，选择初始体重为12.9 ± 0.03g的大黄鱼1200尾，随机分成5组，每组3个重复，每个重复50尾鱼，进行为期70天的摄食生长实验。结果显示，在豆油替代鱼油饲料中添加0.02% ~ 0.08%木犀草素能够显著提升大黄鱼幼鱼增重率、降低血清胆固醇（TC）含量并降低肝脏超氧化物歧化酶（SOD）活力。这表明添加木犀草素可以显著促进大黄鱼幼鱼生长、缓解脂代谢并提升抗氧化力（图2）。

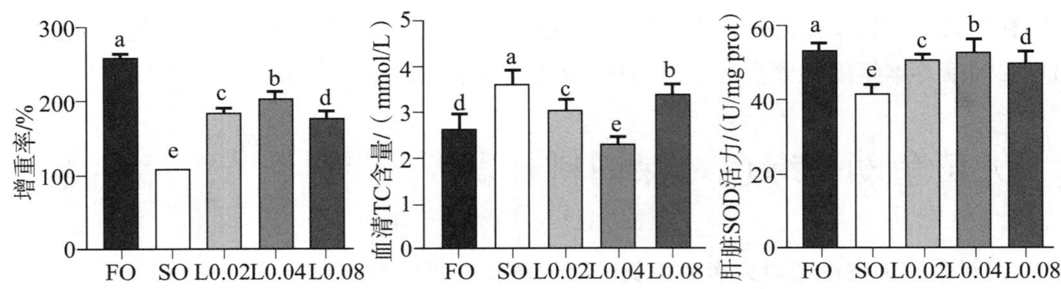

图2　豆油替代鱼油饲料中添加木犀草素对大黄鱼幼鱼生长性能、脂代谢和抗氧化力的影响

注：图中具有相同字母表示组间差异不显著（$P>0.05$）

1.3　饲料中添加灭活嗜酸乳杆菌对大黄鱼存活、生长、抗氧化力、肠道菌群和免疫的影响

本实验针对大黄鱼养殖过程中存在的高死亡率和发病率等问题，分别向饲料中添加0%、0.10%、0.20%、0.40%和0.80%的灭活嗜酸乳杆菌，探究其对大黄鱼幼鱼存活、生长、抗氧化力、肠道菌群和免疫的影响。设计5组等氮等脂饲料，选择初始体重12.9 ± 0.03g的大黄鱼750尾，随机分成5组，每组3个重复，每个重复50尾鱼，进行为期70天的摄食生长实验。结果表明，在饲料中添加0.1%～0.8%灭活嗜酸乳杆菌能够显著促进大黄鱼幼鱼生长（图3）。同时，饲料中添加一定水平的灭活嗜酸乳杆菌可显著提高肠道中脂肪酶、淀粉酶和胰蛋白酶的活性（图4）。此外，较对照组，饲料中添加灭活嗜酸乳杆菌可显著地提高肝脏抗氧化力，过氧化氢酶活力显著上升，丙二醛含量显著降低（图5）。

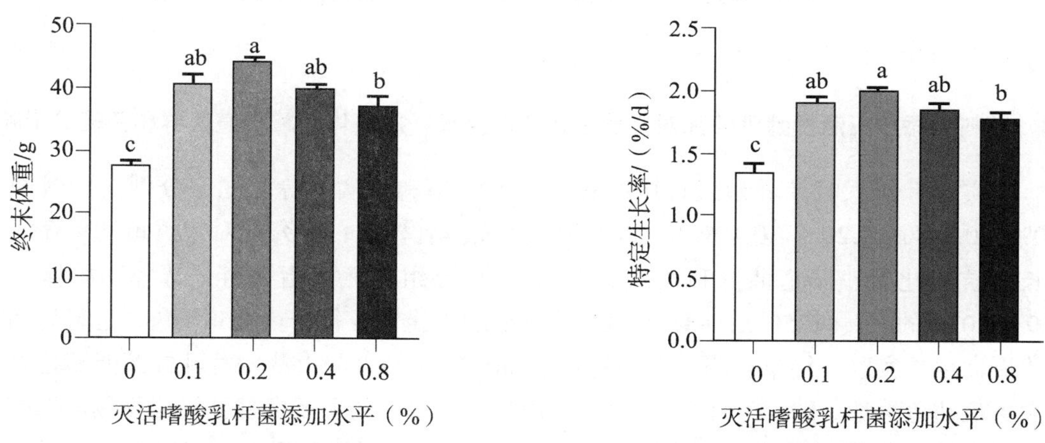

图3　饲料中添加灭活嗜酸乳杆菌对大黄鱼幼鱼生长性能的影响

注：图中具有相同字母表示组间差异不显著（$P>0.05$）

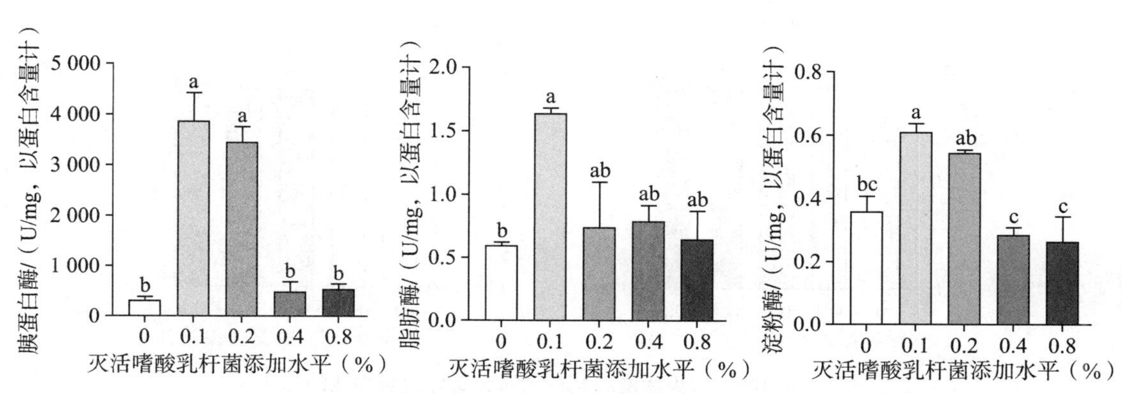

图4　饲料中添加灭活嗜酸乳杆菌对大黄鱼幼鱼消化酶活力的影响

注：图中具有相同字母表示组间差异不显著（$P>0.05$）

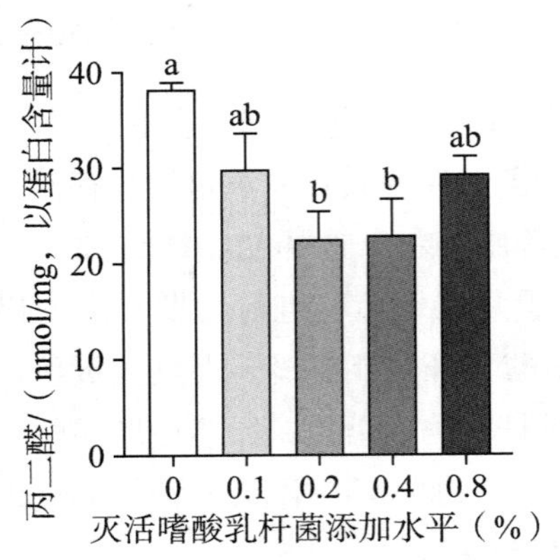

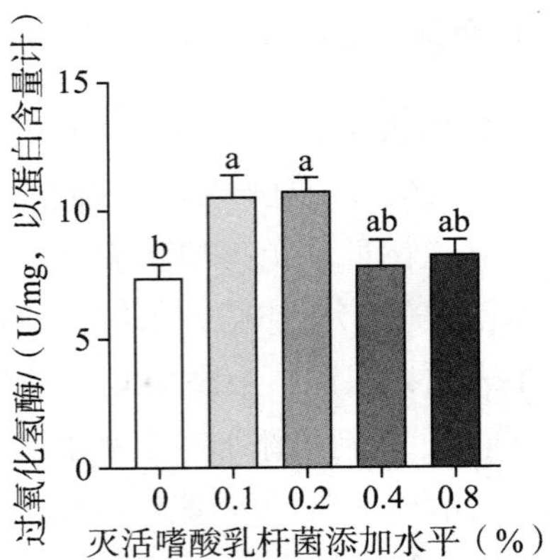

图5　饲料中添加灭活嗜酸乳杆菌对大黄鱼幼鱼肝脏的抗氧化能力的影响

注：图中具有相同字母表示组间差异不显著（$P>0.05$）

1.4　饲料中添加灭活发酵乳杆菌对大黄鱼存活、生长、抗氧化力、肠道菌群和免疫的影响

本实验针对大黄鱼养殖过程中存在的高死亡率和发病率等问题，分别向饲料中添加0%、0.10%、0.20%、0.40%和0.80%的灭活发酵乳杆菌，探究其对大黄鱼幼鱼存活、生长、抗氧化力、肠道菌群和免疫的影响。设计5组等氮等脂饲料，选择初始体重为12.9 ± 0.03 g的大黄鱼750尾，随机分成5组，每组3个重复，每个重复50尾鱼，进行为期70天的摄食生长实验。结果表明，在饲料中添加0.1%～0.8%的灭活发酵乳杆菌能够显著促进大黄鱼幼鱼生长（图6）。同时，饲料中添加一定水平的灭活发酵乳杆菌可显著提高肠道中脂肪酶、淀粉酶和胰蛋白酶的活性（图7）。此外，较对照组，饲料中添加灭活发酵乳杆菌可显著地提高肝脏抗氧化力，过氧化氢酶活力显著上升，丙二醛含量显著降低（图8）。

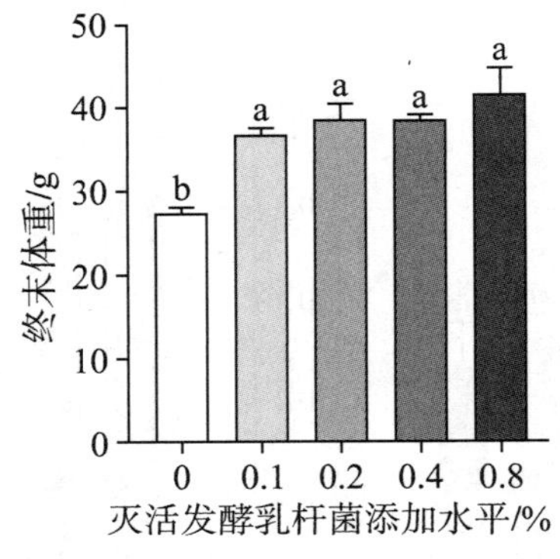

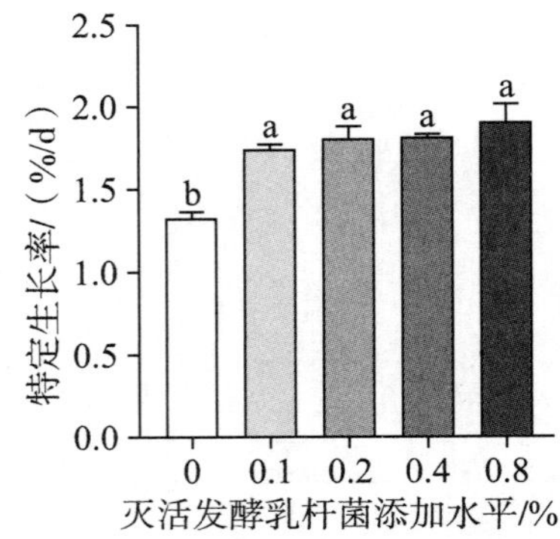

图6　饲料中添加灭活发酵乳杆菌对大黄鱼生长性能的影响

注：图中具有相同字母表示组间差异不显著（$P>0.05$）

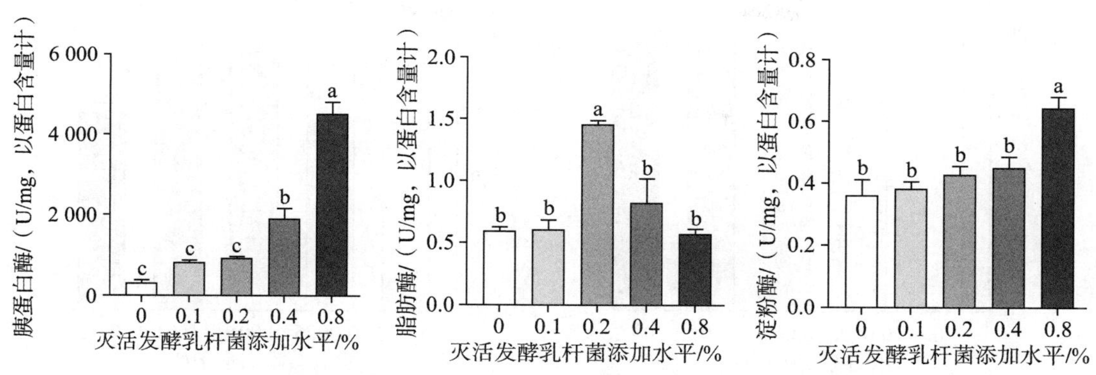

图7　饲料中添加灭活发酵乳杆菌对大黄鱼幼鱼消化酶活力的影响

注：图中具有相同字母表示组间差异不显著（$P>0.05$）

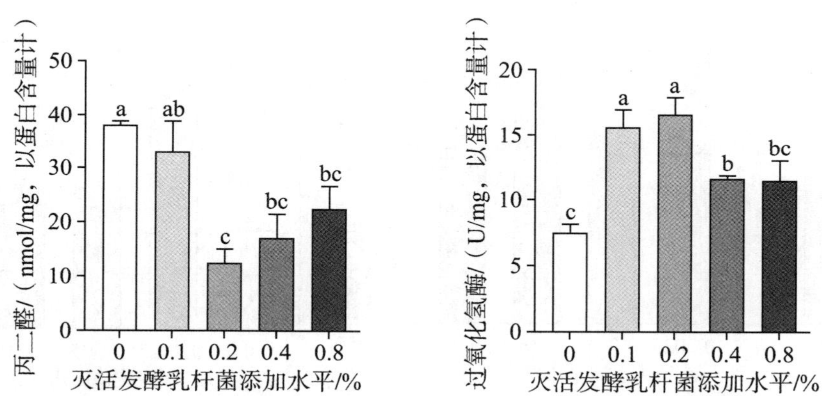

图8　饲料中添加灭活发酵乳杆菌对大黄鱼幼鱼肝脏的抗氧化能力的影响

注：图中具有相同字母表示组间差异不显著（$P>0.05$）

1.5　高比例大豆油饲料中添加胡椒碱对大黄鱼幼鱼生长性能、消化酶活力及抗氧化能力的影响

本实验以8%大豆油为主要脂肪源配制对照组饲料（大豆油组），并在此基础上分别添加0.002 5%、0.005%、0.01%和0.02%的胡椒碱，配制5组等氮（46%粗蛋白）、等脂（12%粗脂肪）的饲料，开展为期10周的大黄鱼幼鱼（10.80 ± 0.10 g）摄食生长实验。研究结果表明，与大豆油对照组相比，饲料中补充0.002 5%、0.005%和0.01%的胡椒碱显著提高了大黄鱼幼鱼的生长性能（图9）。同时，饲料中添加一定水平的胡椒碱可显著提高肠道中脂肪酶、淀粉酶和胰蛋白酶的活性（图10）。此外，较对照组，饲料中添加胡椒碱可显著提高肝脏及血清中的抗氧化力，其超氧化物歧化酶和过氧化氢酶活力及总抗氧化能力显著上升（图11）。

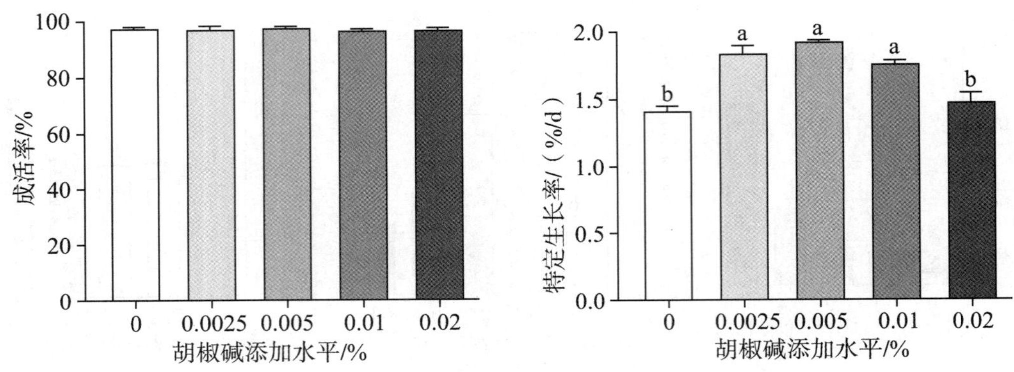

图9　饲料中添加胡椒碱对大黄鱼幼鱼生长性能的影响

注：图中具有相同字母表示组间差异不显著（$P>0.05$）

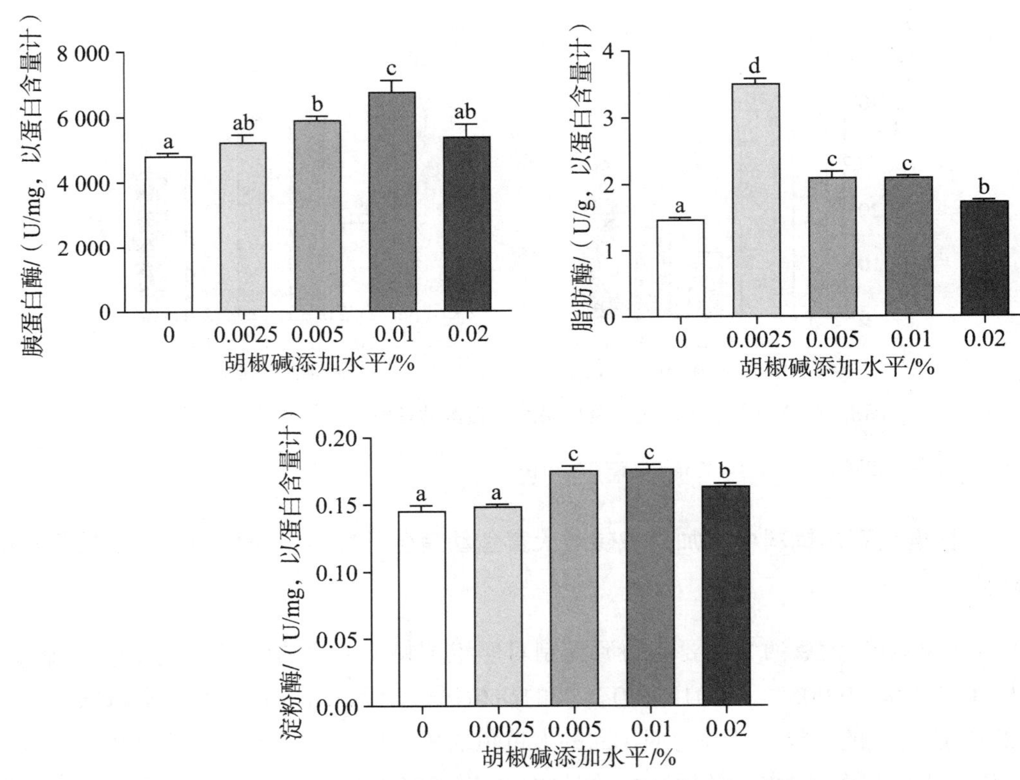

图10　饲料中添加胡椒碱对大黄鱼幼鱼消化酶活力的影响

注：图中具有相同字母表示组间差异不显著（$P>0.05$）

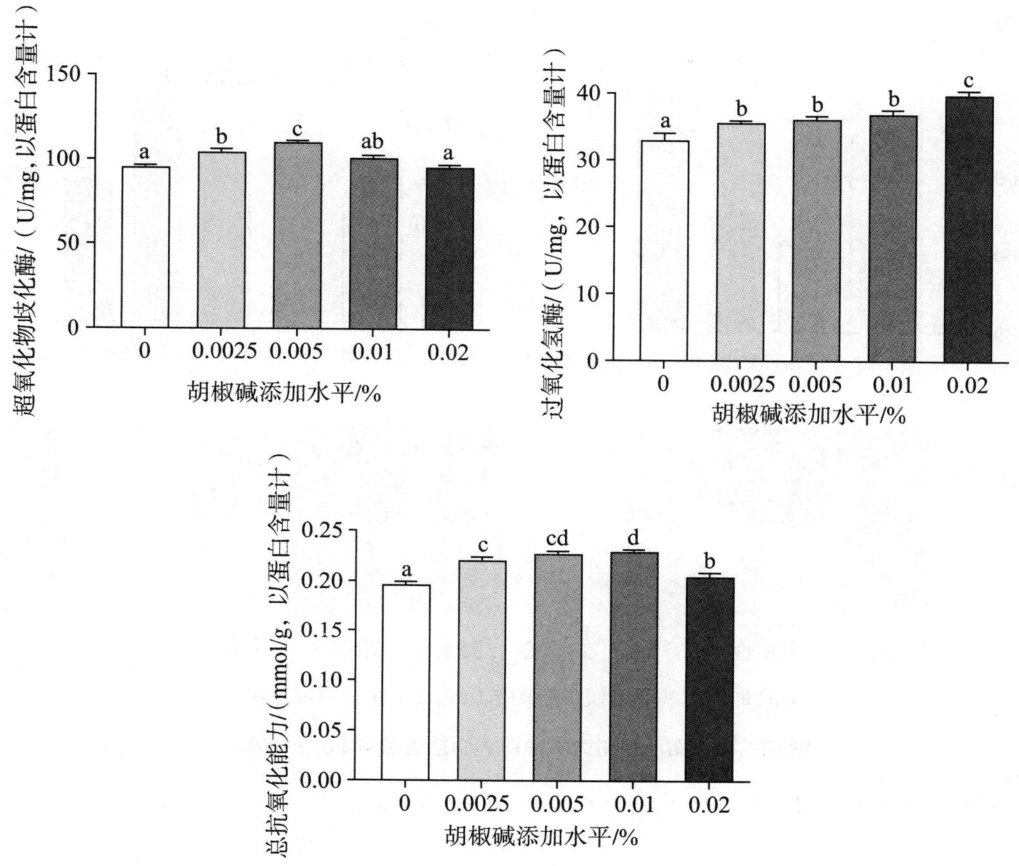

图11　饲料中添加胡椒碱对大黄鱼幼鱼肝脏抗氧化能力的影响

注：图中具有相同字母表示组间差异不显著（$P>0.05$）

1.6　不同脂肪源对大黄鱼肌肉品质的影响

本实验旨在探究不同脂肪源对大黄鱼肌肉品质的影响。分别以鱼油（FO）、豆油（SO）、亚麻油（LO）、棕榈油（PO）和橄榄油（OO）为脂肪源配制实验饲料饲喂大黄鱼。实验结果表明，不同脂肪源显著影响了大黄鱼的肌肉品质，证实了肌肉脂肪沉积量和肌肉品质之间的相关性（图12）。

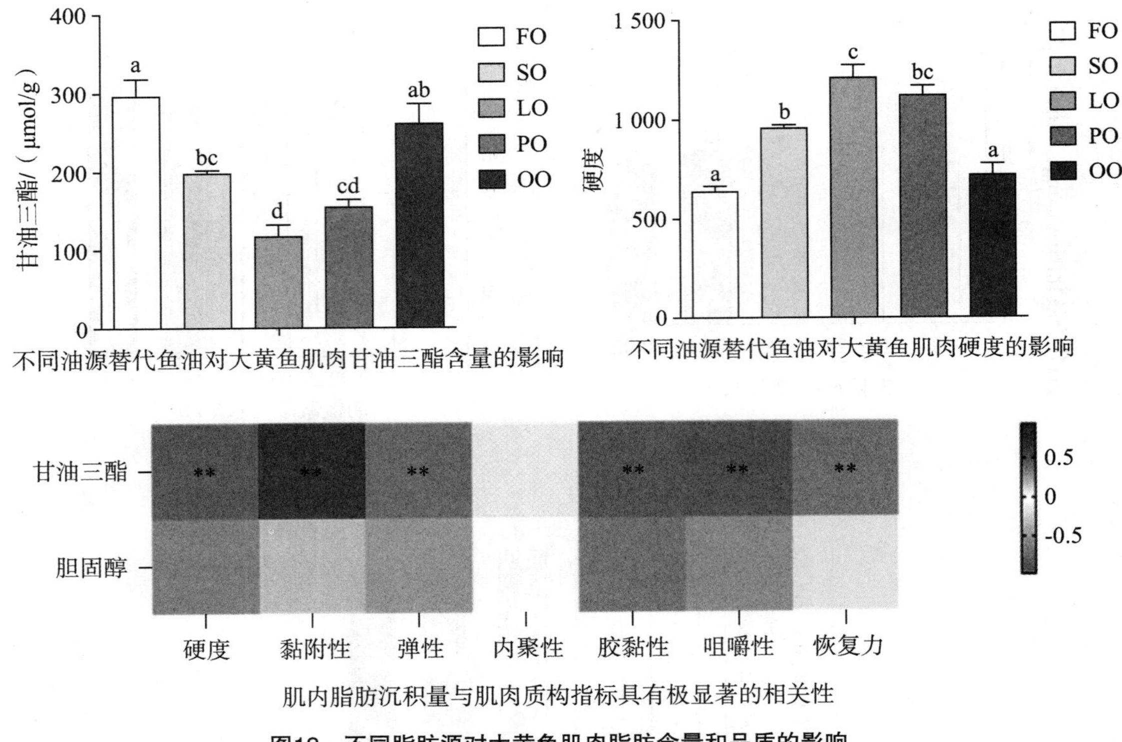

图12　不同脂肪源对大黄鱼肌肉脂肪含量和品质的影响

注：图中具有相同字母表示组间差异不显著（$P>0.05$）

2　大黄鱼稚鱼功能性饲料添加剂的开发

2.1　微颗粒饲料添加中链脂肪酸对大黄鱼稚鱼消化酶活力和抗氧化力的影响

本实验在基础饲料中分别添加0.0%、0.1%、0.2%、0.4%和0.8%的辛酸钠或癸酸钠，配制成十种等氮等脂的实验饲料。选择大黄鱼稚鱼为研究对象进行实验，随机分成十组，每个组三个重复，进行为期30天的摄食生长实验。结果表明，随着饲料中辛酸钠或癸酸钠添加量的升高，肠段的胰蛋白酶活力呈现先上升后下降的趋势，其中0.4%辛酸钠或癸酸钠添加组胰蛋白酶活力显著高于对照组；在抗氧化力方面，随着饲料中辛酸钠添加量的升高，过氧化氢酶活力呈现先升高后降低的趋势，其中0.4%辛酸钠添加组过氧化氢酶活力显著高于对照组；随着饲料中癸酸钠添加量的升高，过氧化氢酶活力呈现升高趋势，其中0.1%～0.8%癸酸钠添加组过氧化氢酶活力显著高于对照组。随着饲料中辛酸钠或癸酸钠添加量的升高，肠段的还原型谷胱甘肽含量呈现先上升后下降的趋势，其中0.2%～0.4%辛酸钠添加组或0.2%癸酸钠添加组还原型谷胱甘肽含量显著高于对照组（图13）。综上所述，微颗粒饲料中添加中链脂肪酸（辛酸钠和癸酸钠）能够有效提高大黄鱼稚鱼消化酶活力和抗氧化力，促进大黄鱼稚鱼的健康生长。

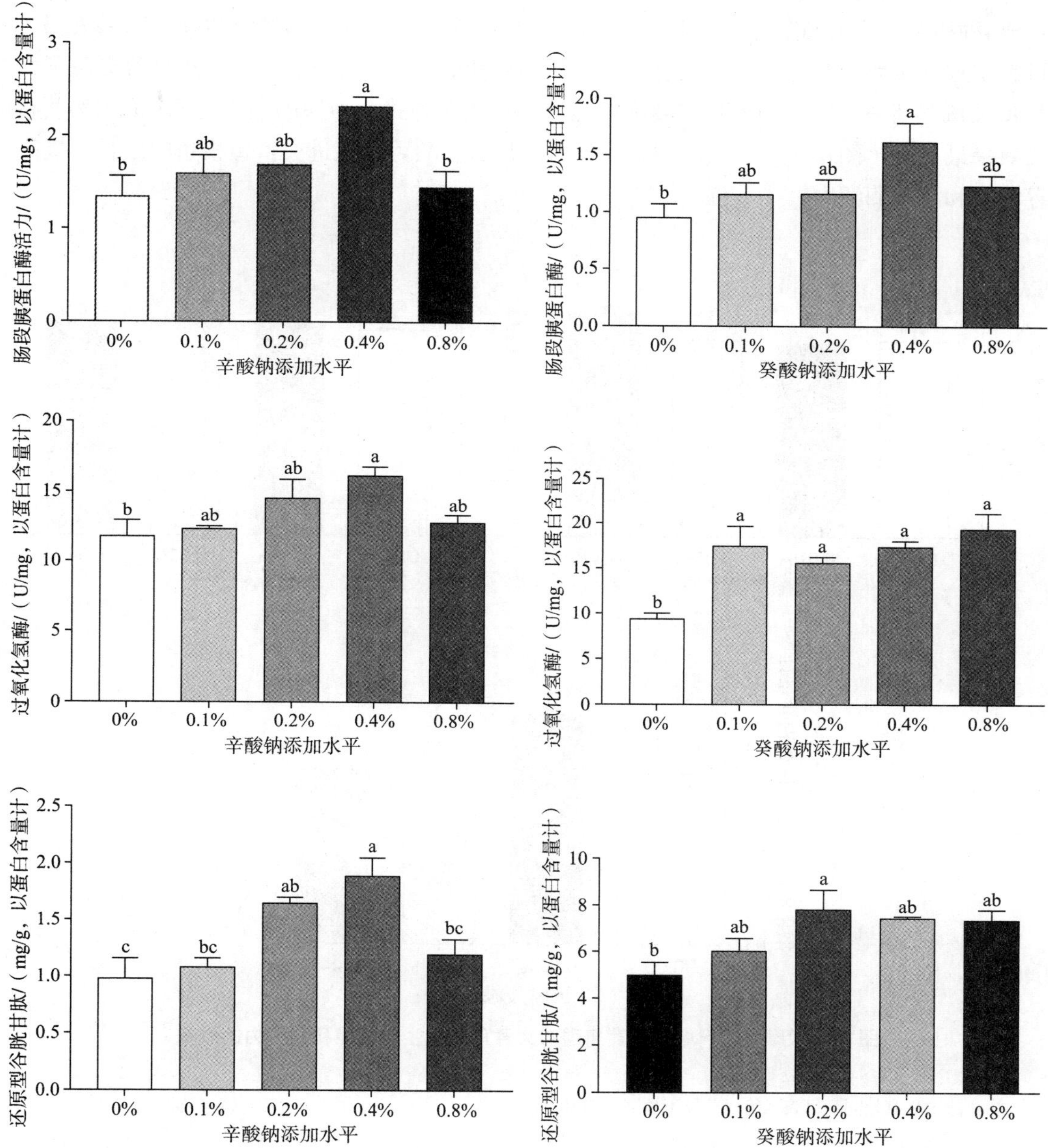

图13　微颗粒饲料中添加中链脂肪酸对大黄鱼稚鱼消化酶活力和抗氧化力的影响

注：图中具有相同字母表示组间差异不显著（$P>0.05$）

2.2　饲料中添加黄腐酸养殖大黄鱼稚鱼的实验研究

本实验研究旨在探究微颗料饲料中添加黄腐酸对大黄鱼稚鱼的生长存活、消化酶活力、抗氧化力、免疫力和肠道健康的影响。以初始体重为11.33 ± 0.57 mg的大黄鱼稚鱼（17日龄）为实验对象，在基础饲料中分别添加0%、0.01%、0.02%和0.04%的黄腐酸，制作成4种粗蛋白为51%左右、粗脂肪17%左右的微颗粒饲料，实验周期为30 d。结果表明，饲料中添加黄腐酸显著提升了大黄鱼稚鱼的特定生长率，添加0.04%黄腐酸显著提高了大黄鱼稚鱼存活率。饲料中添加黄腐酸能显著提高大黄鱼稚鱼溶菌酶活力，添加0.01%黄腐酸效果最显著（图14）。综上所述，饲料中添加黄腐酸可以促进大黄鱼稚鱼的生长，提高存活率和溶菌酶活力。

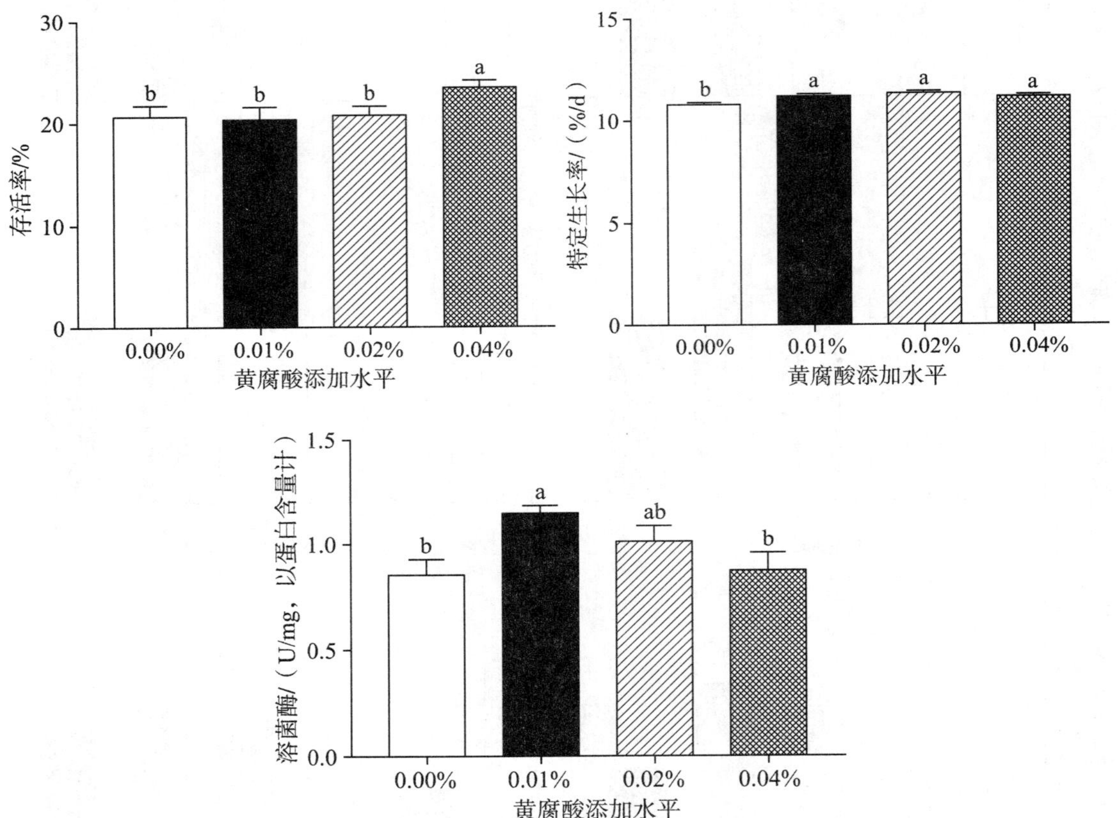

图14　微颗粒饲料中添加黄腐酸对大黄鱼稚鱼生长性能和免疫力的影响

注：图中具有相同字母表示组间差异不显著（$P>0.05$）

2.3　微颗粒饲料中添加灭活罗伊氏乳杆菌对大黄鱼稚鱼肠道健康的影响

为了探究灭活罗伊氏乳杆菌对大黄鱼稚鱼（初始体重为3.78 ± 0.27 mg）生长、抗氧化力和肠道健康的影响，选取20日龄的大黄鱼稚鱼，在配置好的人工微颗粒饲料中分别添加0%（对照组）、0.10%（KLr1组）、0.20%（KLr2组）和0.40%（KLr3组）的灭活罗伊氏乳杆菌，进行为期30 d的摄食生长实验。结果表明，饲料中添加0.10%的灭活罗伊氏乳杆菌显著上调肠道发育相关基因*pcna*以及肠道屏障相关基因*occludin*和*zo-1*的表达。饲料中添加0.20%和0.40%的灭活罗伊氏乳杆菌显著下调了肠道炎症相关基因*il-1β*、*il-6*、*il-8*和*myd88*的表达，并且在添加水平为0.20%时*tnf-α*和*ifn-γ*的表达也显著下调（图15）。

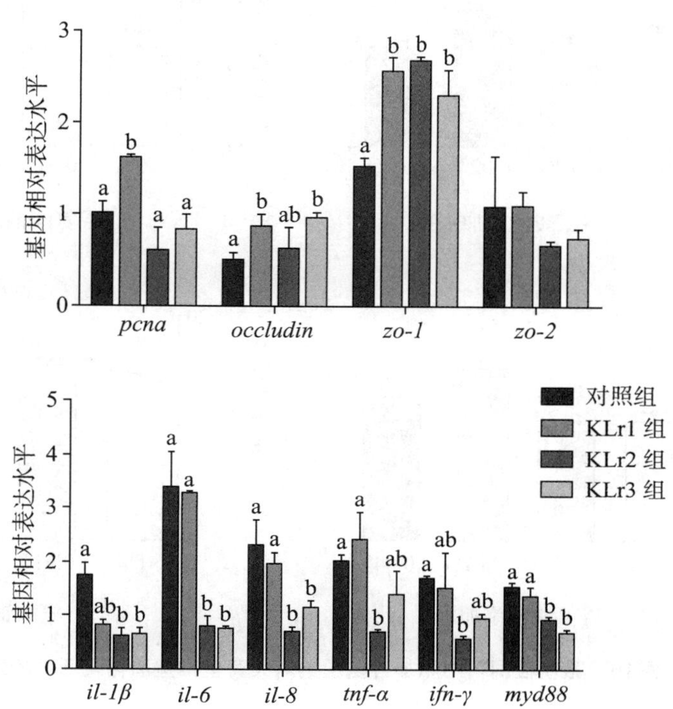

图15　饲料中添加灭活罗伊氏乳杆菌对大黄鱼稚鱼肠道发育和肠道炎症相关基因的影响

注：图中具有相同字母表示组间差异不显著（$P>0.05$）

2.4　微颗粒饲料添加谷氨酸钠对大黄鱼稚鱼消化酶活力的影响

本实验研究旨在探究微颗料饲料中添加谷氨酸钠能否提高大黄鱼稚鱼的消化酶活力。以初始体质量为（8.40 ± 0.18）mg的大黄鱼稚鱼（15日龄）为实验对象，在基础饲料中分别添加0.00%（对照组）、0.01%、0.02%和0.04%的谷氨酸钠，并制作成4种粗蛋白为53.5%左右、粗脂肪16.8%左右的微颗料饲料，实验周期为30天。实验结果表明，在消化酶活力方面，大黄鱼稚鱼各处理组的肠段淀粉酶活力均显著高于对照组，同时0.02%处理组的大黄鱼胰段的脂肪酶活力显著高于对照组（图16）。综上所述，饲料中添加谷氨酸钠提高了大黄鱼稚鱼的消化酶活力。

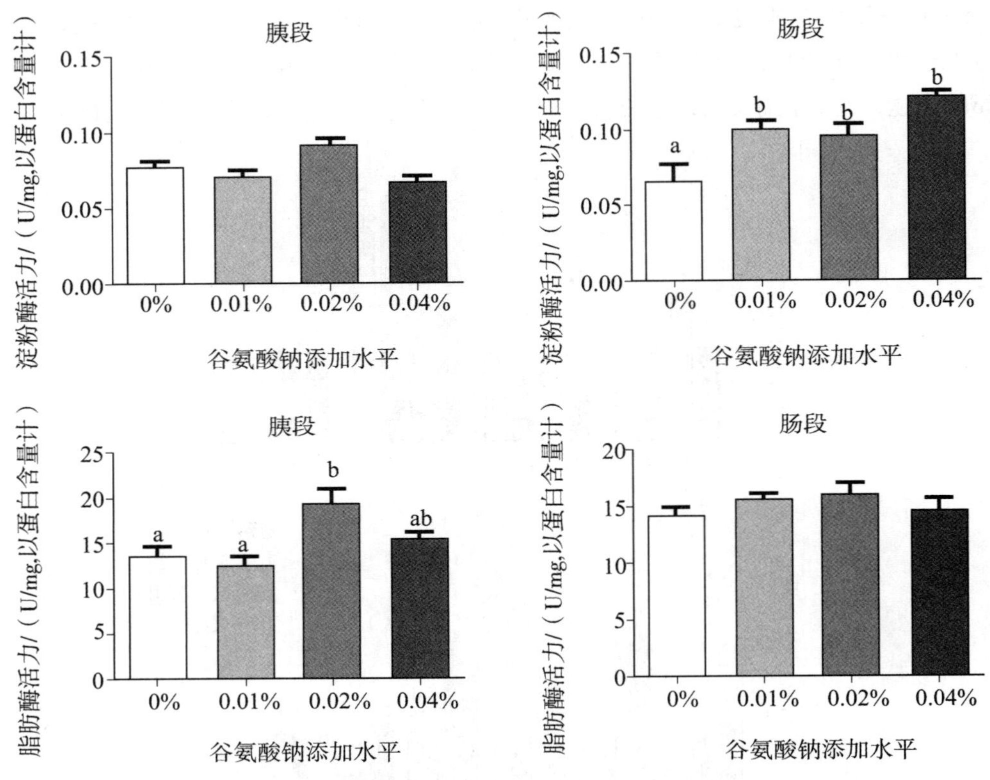

图16　微颗粒饲料中添加谷氨酸钠对大黄鱼稚鱼消化酶活力的影响

注：图中具有相同字母表示组间差异不显著（$P>0.05$）

3　大黄鱼稚鱼微颗粒饲料工艺优化——投喂不同粘合剂对大黄鱼稚鱼消化酶活力的影响

本实验在基础饲料中分别添加海藻酸钠、黄芪胶、亚麻籽胶和泊洛沙姆，配制成4种等氮等脂的实验饲料。选择大黄鱼稚鱼为研究对象进行实验，随机分成4组，每个组3个重复，进行为期30天的摄食生长实验。结果表明，海藻酸钠、黄芪胶和亚麻籽胶组大黄鱼仔鱼肠段中胰蛋白酶活性显著高于泊洛沙姆组；与泊洛沙姆组饲料喂养的仔鱼相比，黄芪胶组饲料显著提高了仔鱼胰段淀粉酶和脂肪酶活力；同时，饲喂亚麻籽胶饲料的仔鱼肠段中脂肪酶活力显著高于投喂海藻酸钠和泊洛沙姆饲料的仔鱼（表1）。以黄芪胶和亚麻籽胶作为粘合剂投喂的大黄鱼仔鱼，其肠道刷状缘碱性磷酸酶活力显著高于其他各组；同时，与泊洛沙姆组相比，黄芪胶和亚麻籽胶饲料显著提高了大黄鱼稚鱼肠道刷状缘的亮氨酸氨肽酶活力（表1）。

表1　投喂不同粘合剂的微粘颗粒合饲料对大黄鱼稚鱼消化酶活力的影响

指标		实验饲料			
		海藻酸钠	黄芪胶	亚麻籽胶	泊洛沙姆
淀粉酶/（U/mg，以蛋白含量计）	胰段	0.15 ± 0.01[ab]	0.18 ± 0.01[a]	0.17 ± 0.01[ab]	0.14 ± 0.03[b]
	肠段	0.20 ± 0.02	0.24 ± 0.01	0.22 ± 0.03	0.20 ± 0.02
胰蛋白酶/（U/mg，以蛋白含量计）	胰段	3.97 ± 0.09	3.77 ± 0.12	3.91 ± 0.38	3.66 ± 0.34
	肠段	4.84 ± 0.21[a]	4.92 ± 0.53[a]	4.85 ± 0.66[a]	3.53 ± 0.12[b]
脂肪酶/（U/g，以蛋白含量计）	胰段	0.60 ± 0.09[ab]	0.81 ± 0.07[a]	0.79 ± 0.15[ab]	0.54 ± 0.07[b]
	肠段	0.73 ± 0.03[bc]	0.86 ± 0.05[ab]	0.92 ± 0.08[a]	0.71 ± 0.06[c]
碱性磷酸酶/（mU/mg，以蛋白含量计）	刷状缘	64.14 ± 2.20[b]	83.50 ± 4.00[a]	79.44 ± 7.92[a]	57.48 ± 5.21[b]
亮氨酸氨肽酶/（mU/mg，以蛋白含量计）	刷状缘	6.16 ± 0.83[ab]	7.25 ± 0.79[a]	7.42 ± 0.93[a]	4.31 ± 0.26[b]

注：实验数据采用平均值 ± 标准误（n=3）的形式表示。同一行相同字母上标表示差异不显著（$P>0.05$）。

（岗位科学家　艾庆辉）

石斑鱼营养需求与饲料技术研发进展

石斑鱼营养需求与饲料岗位

2022年，本岗位按体系年度工作任务要求，持续开展珍珠龙胆石斑鱼等主养石斑鱼品种的营养需求研究，开展东星斑等品种的营养需求研究，完善石斑鱼营养需求参数；持续开发非粮新型蛋白原料并在主养品种珍珠龙胆石斑鱼及东星斑等中进行应用效果评价等工作；构建新型蛋白源在石斑鱼饲料中的应用技术体系，将新型非粮蛋白源应用于石斑鱼配合饲料中并加以推广；以改善产品品质、调控肠道健康、提高免疫力为目的开发功能性饲料，并建立饲料产品质量安全评价体系。具体工作进展如下。

1 完善营养参数

主要从生长、免疫、肠道健康等多方面分析了蛋白、脂类、糖类及矿物质类营养物质对珍珠龙胆石斑鱼和东星斑的影响，并在此基础上评估不同配合饲料的应用效果。

1.1 饲料中赖氨酸水平对东星斑幼鱼生长和消化酶活性的影响

适宜的赖氨酸水平可显著提高东星斑幼鱼的生长性能，有效促进东星斑幼鱼的消化，增强免疫基因的表达（表1）。以增重率为判断依据，构建二次回归曲线模型，得出饲料中赖氨酸水平为2.70% 时东星斑生长性能最佳（图1）。

表1 饲料不同赖氨酸水平对东星斑幼鱼生长性能和消化酶活性的影响

指标	饲料赖氨酸水平					
	1.10%	1.69%	2.30%	3.08%	3.56%	4.36%
生长性能						
初始体重/g	10.57 ± 0.01	10.56 ± 0.02	10.58 ± 0.01	10.57 ± 0.01	10.58 ± 0.00	10.58 ± 0.03
终末体重/g	17.02 ± 0.44^{a}	20.13 ± 0.89^{b}	21.01 ± 1.01^{c}	20.29 ± 1.40^{c}	19.70 ± 0.48^{abc}	17.39 ± 0.52^{ab}
增重率/%	61.11 ± 4.06^{a}	90.48 ± 8.20^{bc}	98.59 ± 16.71^{c}	91.97 ± 13.17^{c}	86.25 ± 4.56^{abc}	64.39 ± 4.75^{ab}
特定生长率/（%/d）	0.85 ± 0.04^{a}	1.15 ± 0.08^{c}	1.22 ± 0.09^{c}	1.15 ± 0.05^{c}	1.11 ± 0.08^{bc}	0.88 ± 0.09^{ab}
饲料系数	2.27 ± 0.17^{ab}	1.96 ± 0.22^{ab}	1.63 ± 0.18^{a}	1.77 ± 0.30^{a}	1.90 ± 0.00^{ab}	2.55 ± 0.17^{b}
消化酶活性						
胰蛋白酶/（U/μg蛋白）	3.98 ± 0.13^{a}	5.67 ± 0.32^{bc}	5.28 ± 0.09^{b}	5.53 ± 0.16^{bc}	5.85 ± 0.02^{bc}	5.89 ± 0.23^{c}
淀粉酶/（U/g蛋白）	187.03 ± 8.45^{a}	191.96 ± 32.67^{a}	218.14 ± 27.58^{ab}	279.09 ± 26.51^{b}	289.43 ± 30.22^{b}	301.51 ± 31.83^{b}
脂肪酶/（U/g蛋白）	7.02 ± 0.29^{a}	8.62 ± 0.70^{ab}	10.75 ± 0.67^{c}	9.85 ± 0.41^{bc}	9.66 ± 0.50^{bc}	8.56 ± 0.52^{ab}

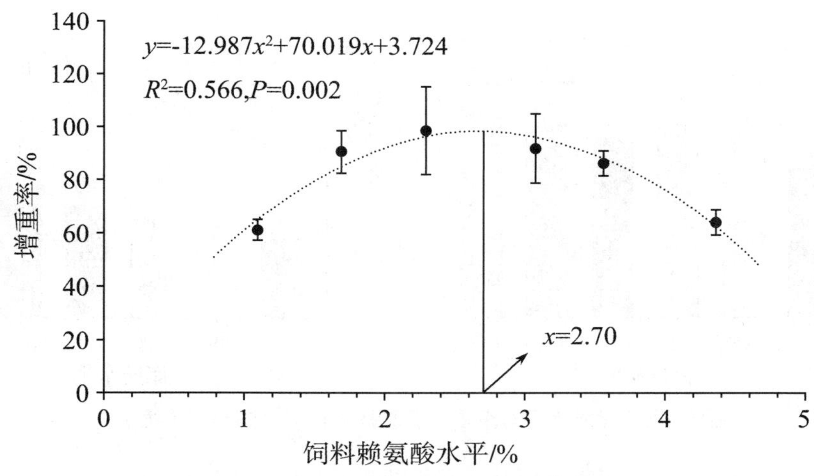

图1　饲料赖氨酸水平与东星斑幼鱼增重率的关系

1.2　饲料脂肪水平对东星斑幼鱼抗氧化能力和脂质代谢的影响

随着饲料脂肪水平的增加，肝脏总抗氧化能力呈先上升后下降的趋势，超氧化物歧化酶和谷胱甘肽过氧化物酶活性以及丙二醛含量均逐渐升高（图2）。随着饲料脂肪水平的增加，肝脏中脂蛋白脂酶、激素敏感性脂肪酶和肉碱脂酰转移酶的活性均逐步提高，肝脏脂肪酸合成酶、苹果酸脱氢酶和葡萄糖-6-磷酸脱氢酶活性呈先降后升的趋势，在12%脂质组达到最低值，明显低于6%和16%组（表2）。

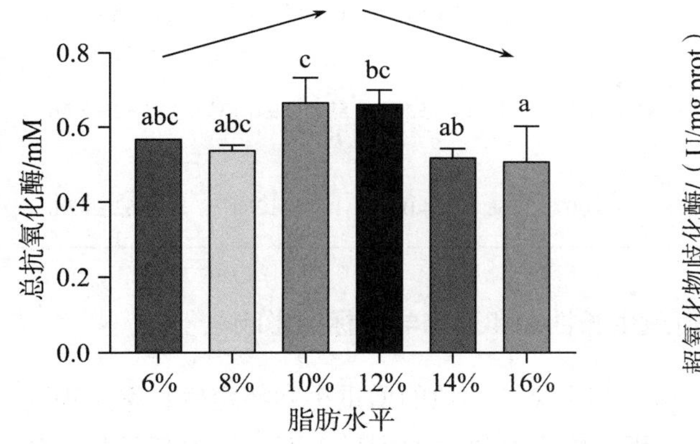

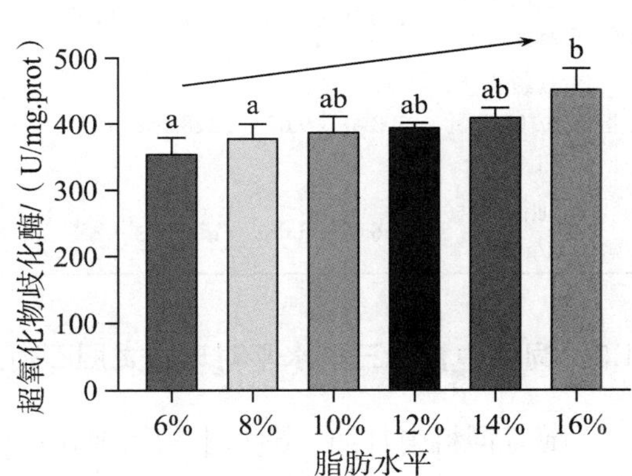

图2　饲料脂肪水平对东星斑肝脏抗氧化能力的影响

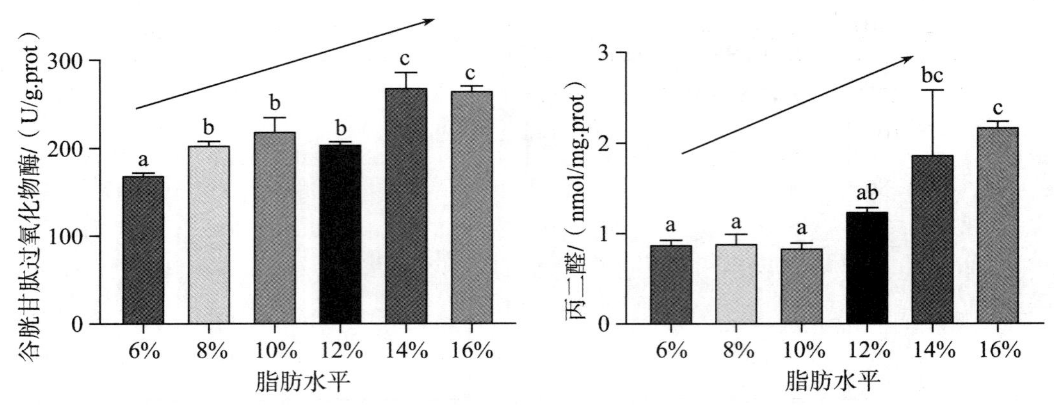

图2　饲料脂肪水平对东星斑肝脏抗氧化能力的影响（续）

表2　饲料脂肪水平对东星斑肝脏脂质代谢的影响

指标	饲料脂肪水平					
	6%	8%	10%	12%	14%	16%
脂肪酸合成酶/（U/g蛋白）	455.49 ± 37.92[c]	401.72 ± 5.60[ab]	402.32 ± 7.74[ab]	373.60 ± 11.63[a]	407.47 ± 7.6[ab]	442.20 ± 15.91[bc]
苹果酸脱氢酶/（U/g蛋白）	14.57 ± 0.77[c]	12.76 ± 0.38[b]	12.01 ± 0.442	11.51 ± 0.662	14.10 ± 0.23[bc]	13.82 ± 0.48[bc]
葡萄糖-6-磷酸脱氢酶/（U/g蛋白）	100.77 ± 8.55[c]	92.21 ± 2.05[bc]	86.54 ± 2.15[b]	73.93 ± 2.05[a]	93.87 ± 0.7[bc]	96.27 ± 0.87[c]
脂蛋白脂酶/（U/g蛋白）	100.19 ± 4.80[a]	117.90 ± 3.64[b]	117.15 ± 4.13[b]	115.92 ± 5.09[b]	120.21 ± 3.79[b]	125.75 ± 2.56[b]
激素敏感性脂肪酶/（U/g蛋白）	503.48 ± 9.67[a]	528.66 ± 9.15[a]	528.94 ± 11.44[a]	519.34 ± 5.82[a]	580.32 ± 6.73[b]	583.82 ± 5.66[b]
肉碱脂酰转移酶/（U/g蛋白）	158.63 ± 3.08[a]	177.16 ± 4.25[ab]	175.77 ± 8.00[ab]	168.46 ± 4.00[ab]	187.8 ± 2.46[b]	208.62 ± 4.96[c]

1.3　饲料中甘油三酯水平对珍珠龙胆石斑鱼生长性能和形态学指标的影响

随着饲料中甘油三酯水平的增加，珍珠龙胆石斑鱼幼鱼的增重率和特定生长率呈现先升高后降低的趋势，在甘油三酯水平18%时肥满度和肝体比达到最大值，显著高于其他各组（表3）。以特定生长率为判据构建折线模型，得出饲料中甘油三酯最适水平为10.91%（图3）。

表3　饲料甘油三酯水平对珍珠龙胆石斑鱼幼鱼生长性能和形态学指标的影响

指标	饲料甘油三酯水平					
	8%	10%	12%	14%	16%	18%
存活率/%	85.56 ± 9.88	96.67 ± 3.33	77.78 ± 11.76	97.78 ± 1.11	97.78 ± 2.22	95.56 ± 4.44
终末体重/g	2 076.17 ± 128.14[a]	2 410.97 ± 21.66[c]	2 137.7 ± 137.81[ab]	2 214.9 ± 16.61[abc]	2 481.97 ± 21.00[c]	2 397.7 ± 57.87[bc]
增重率 /%	884.41 ± 22.49[ab]	991.09 ± 17.01[c]	1 133.44 ± 51.36[d]	844.21 ± 5.11[a]	958.26 ± 30.39[bc]	984.70 ± 42.17[bc]
特定生长率/（%/d）	3.31 ± 0.03[ab]	3.47 ± 0.02[d]	3.60 ± 0.02[e]	3.25 ± 0.01[a]	3.42 ± 0.04[cd]	3.35 ± 0.04[bc]
饲料系数	1.00 ± 0.03[d]	0.88 ± 0.09[ab]	0.91 ± 0.02[bc]	0.96 ± 0.01[cd]	0.84 ± 0.00[a]	0.84 ± 0.01[a]
肥满度/（g/cm^3）	2.75 ± 0.02[ab]	2.68 ± 0.04[a]	2.81 ± 0.01[bc]	2.66 ± 0.06[a]	2.69 ± 0.03[a]	2.90 ± 0.02[c]
肠体比/%	3.17 ± 0.10	3.46 ± 0.35	4.36 ± 0.53	3.73 ± 0.39	3.51 ± 0.32	4.23 ± 0.38
肝体比 /%	9.53 ± 0.41[a]	9.92 ± 0.59[a]	12.21 ± 1.05[bc]	11.90 ± 0.39[b]	12.38 ± 0.39[bc]	14.17 ± 0.58[c]

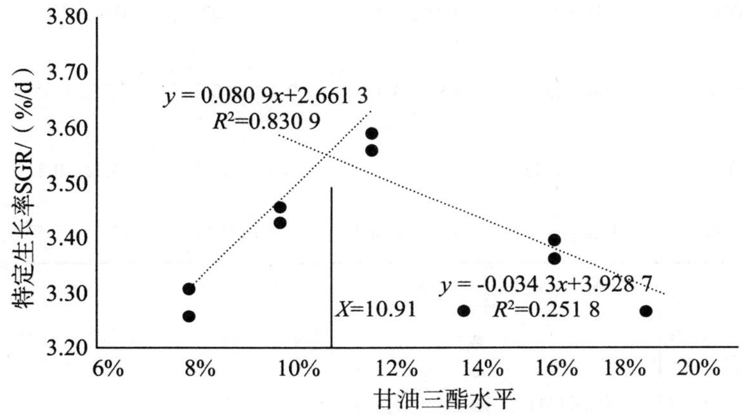

图3　饲料甘油三酯水平与珍珠龙胆石斑鱼特定生长率的关系

1.4　饲料中甘油二酯水平对珍珠龙胆石斑鱼生长性能和形态学指标的影响

饲料中甘油二酯水平对石斑鱼幼鱼存活率、终末体重、增重率、肝体比和肠体比均无显著性影响。随着饲料中甘油二酯水平的增加，特定生长率在10%组达到最大值，且显著高于其他各组（表4）。以特定生长率为判断依据，构建折线模型，得出饲料中甘油二酯最适需求量水平为9.75%（图4）。

表4　饲料甘油二酯水平对珍珠龙胆石斑鱼幼鱼生长性能和形态学指标的影响

指标	饲料甘油二酯水平					
	8%	10%	12%	14%	16%	18%
存活率/%	82.22 ± 9.49	74.44 ± 9.49	84.44 ± 10.94	84.44 ± 7.29	80.00 ± 9.62	96.67 ± 1.93
终末体重/g	1 974.03 ± 193.97	2 091.07 ± 146.24	2 112.23 ± 174.53	2 158.10 ± 109.94	2 046.17 ± 126.01	2 480.60 ± 224.61
增重率/%	917.62 ± 20.14	1 097.64 ± 61.60	972.13 ± 79.00	983.95 ± 45.15	993.77 ± 65.66	985.32 ± 116.89
特定生长率/（%/d）	3.36 ± 0.03[a]	3.64 ± 0.03[b]	3.50 ± 0.04[ab]	3.41 ± 0.02[a]	3.46 ± 0.09[a]	3.34 ± 0.05[a]
饲料系数	0.96 ± 0.04[b]	0.95 ± 0.04[b]	0.93 ± 0.05[b]	0.91 ± 0.02[ab]	0.96 ± 0.03[b]	0.78 ± 0.07[a]
肥满度/（g/cm^3）	2.66 ± 0.08[a]	2.68 ± 0.01[ab]	2.84 ± 0.06[b]	2.74 ± 0.06[ab]	2.75 ± 0.05[ab]	2.76 ± 0.01[ab]
肠体比/%	4.17 ± 0.23	3.96 ± 0.45	4.14 ± 0.23	4.11 ± 0.28	3.62 ± 0.27	3.55 ± 0.07
肝体比/%	10.85 ± 0.44[a]	11.22 ± 0.89[ab]	11.65 ± 0.60[ab]	12.50 ± 0.24[ab]	12.79 ± 0.53[b]	13.08 ± 0.50[b]

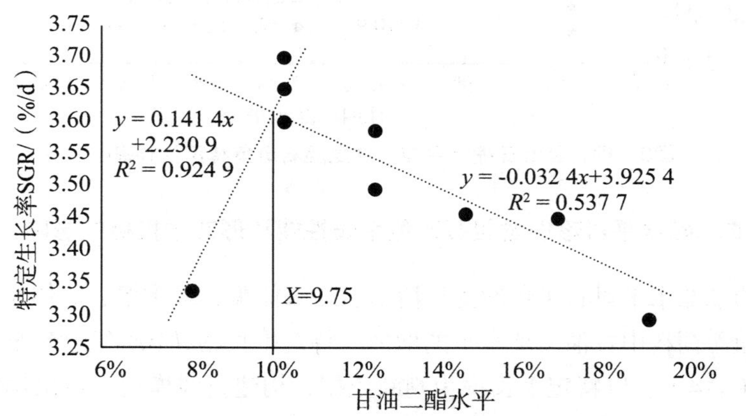

图4　饲料甘油二酯水平与珍珠龙胆石斑鱼特定生长率的关系

1.5　不同类型纤维素对珍珠龙胆石斑鱼生长性能的影响

适量的纤维素可显著提高珍珠龙胆石斑鱼幼鱼的生长性能。不溶的纤维素显著提高了珍珠龙胆石斑鱼的增重率和日增重率；而不同黏度的羧甲基纤维素对珍珠龙胆石斑鱼的增重率和日增重率无显著性影响，高黏度的羧甲基纤维素显著提高了饲料系数（表5）。

表5　饲料中不同类型纤维素对珍珠龙胆石斑鱼生长性能的影响

指标	对照组	纤维素	低黏度	中黏度	高黏度	*P*值
初始体重/g	6.66 ± 0.05	6.66 ± 0.07	6.66 ± 0.07	6.66 ± 0.04	6.66 ± 0.07	0.43
终末体重/g	100.23 ± 1.45[a]	111.90 ± 0.78[b]	101.76 ± 2.29[a]	98.12 ± 0.81[a]	97.18 ± 3.12[a]	0.002
增重率/%	1404.96 ± 21.82[a]	1580.20 ± 11.66[b]	1427.85 ± 34.44[a]	1373.25 ± 12.11[a]	1359.14 ± 46.80[a]	0.002
饲料系数	0.77 ± 0.01[ab]	0.74 ± 0.00[a]	0.81 ± 0.01[bc]	0.82 ± 0.01[bc]	0.83 ± 0.01[c]	0.001
日增重率/（%/d）	1.36 ± 0.02[a]	1.53 ± 0.01[b]	1.38 ± 0.03[a]	1.33 ± 0.01[a]	1.31 ± 0.05[a]	0.002
存活率/%	93.34 ± 3.33	94.45 ± 4.01	92.22 ± 4.84	96.67 ± 0.00	93.33 ± 5.09	0.94

1.6　高脂饲料中蛋氨酸限制对珍珠龙胆石斑鱼生长性能的影响

在提高饲料中粗脂肪含量之后，蛋氨酸限制对珍珠龙胆石斑鱼的存活率无显著性影响。与对照组相比，蛋氨酸水平不低于0.98%时，珍珠龙胆石斑鱼的增重率、摄食率、饲料系数和蛋白质效率比均不受显著性影响（表6）。

表6 高脂饲料中蛋氨酸限制对珍珠龙胆石斑鱼生长性能的影响

指标	组别							
	C1.4	M1.4	M1.26	M1.12	M0.98	M0.84	M0.70	M0.56
初始体重/g	14.23 ± 0.06	14.23 ± 0.04	14.23 ± 0.03	14.23 ± 0.06	14.23 ± 0.04	14.23 ± 0.06	14.23 ± 0.04	14.23 ± 0.06
终末体重/g	46.44 ± 2.82[ab]	48.17 ± 0.70[a]	42.46 ± 1.47[b]	43.41 ± 2.50[ab]	45.11 ± 1.60[ab]	34.89 ± 2.12[c]	31.24 ± 1.09[c]	31.10 ± 1.27[c]
增重率/%	226.47 ± 19.83[ab]	242.28 ± 4.88[a]	198.44 ± 10.31[b]	205.06 ± 17.59[ab]	216.92 ± 11.29[ab]	145.26 ± 14.87[c]	119.57 ± 7.59[c]	118.5 ± 8.97[c]
摄食率/（%/d）	0.70 ± 0.01[b]	0.68 ± 0.01[b]	0.66 ± 0.01[b]	0.72 ± 0.02[b]	0.70 ± 0.02[b]	0.79 ± 0.03[a]	0.71 ± 0.02[b]	0.68 ± 0.02[b]
饲料系数	0.95 ± 0.05[b]	0.88 ± 0.0a3[b]	0.96 ± 0.02[b]	0.99 ± 0.08[b]	0.98 ± 0.07[b]	1.39 ± 0.15[a]	1.48 ± 0.03[a]	1.31 ± 0.10[a]
蛋白质效率比	2.25 ± 0.13[a]	2.31 ± 0.07[a]	2.19 ± 0.06[a]	2.11 ± 0.15[a]	2.16 ± 0.14[a]	1.57 ± 0.15[b]	1.46 ± 0.04[b]	1.63 ± 0.13[b]
存活率/%	98.89 ± 1.11	98.89 ± 1.11	97.78 ± 2.22	100.00 ± 0.00	98.89 ± 1.11	97.78 ± 1.11	96.67 ± 1.92	98.89 ± 1.11

表7 高脂饲料中有效磷水平对珍珠龙胆石斑鱼生长性能的影响

指标	组别					
	0.43%	0.71%	0.80%	0.89%	0.98%	1.07%
初始体重/g	8.05 ± 0.03	8.08 ± 0.01	8.07 ± 0.02	8.06 ± 0.00	8.05 ± 0.01	8.04 ± 0.0
终末体重/g	63.46 ± 3.04[a]	70.33 ± 1.84[b]	72.86 ± 1.54[bc]	76.53 ± 1.69[c]	75.87 ± 1.09[c]	72.75 ± 1.00[bc]
增重率/%	688.76 ± 39.03[a]	770.28 ± 22.9[b]	803.29 ± 20.31[bc]	849.22 ± 21.40[c]	842.58 ± 14.61[bc]	805.73 ± 14.37[bc]
特定生长率/（%/d）	3.69 ± 0.09[a]	3.86 ± 0.05[b]	3.93 ± 0.05[bc]	4.02 ± 0.04[c]	4.00 ± 0.03[bc]	3.93 ± 0.03[bc]
存活率/%	92.22 ± 2.22	95.83 ± 3.15	90.83 ± 2.85	95.00 ± 2.89	95.83 ± 1.60	97.50 ± 1.60

1.7　高脂饲料中有效磷水平对珍珠龙胆石斑鱼生长性能、体成分和脂代谢的影响

适宜的有效磷水平（0.89%～0.98%）可显著提高珍珠龙胆石斑鱼幼鱼的生长性能和脂代谢，减少肝脏脂肪囤积，对鱼体健康有保护作用。随着饲料中有效磷水平的增加，WGR和SGR呈现先升高后降低的趋势（表7）。以WGR为判断依据，构建折线模型，得出饲料中有效磷水平为0.94%时有最佳的WGR（图5）。有效磷对全鱼中粗蛋白、粗脂肪和粗灰分和肌肉中粗灰分有显著性影响（图6）。低剂量有效磷组石斑鱼肝脏中脂肪蓄积较多，高剂量组中脂肪蓄积较少（图7）。

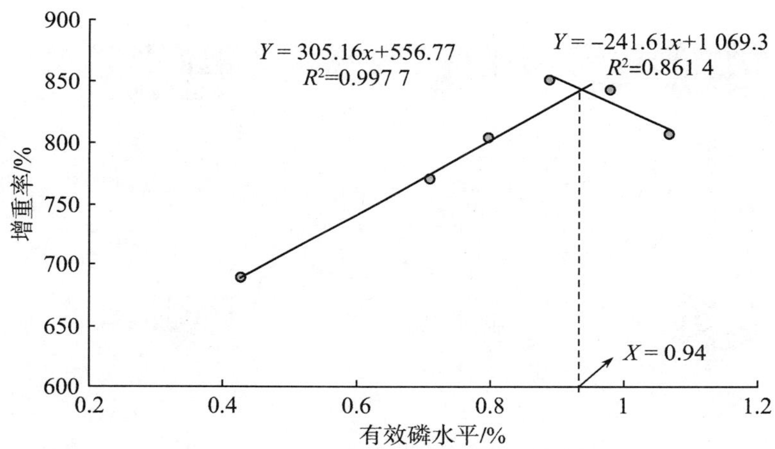

图5　饲料有效磷水平与珍珠龙胆石斑鱼增重率的关系

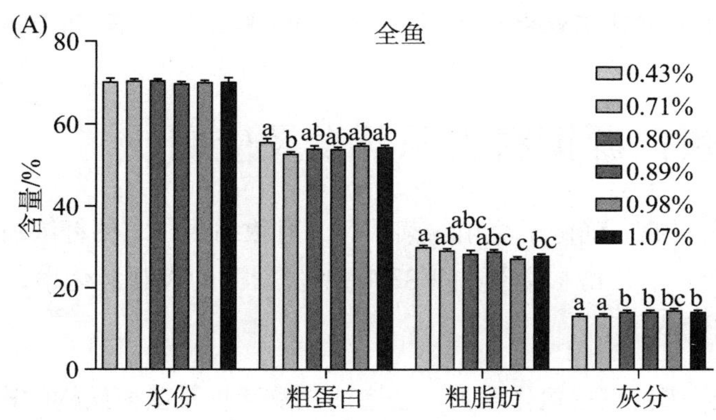

图6　饲料有效磷水平对珍珠龙胆石斑鱼体组成的影响

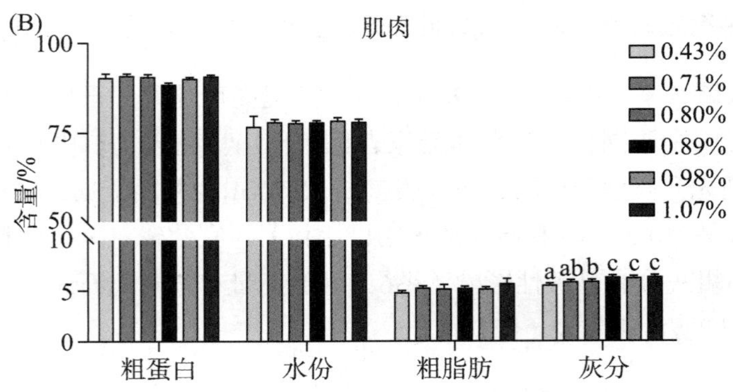

图6　饲料有效磷水平对珍珠龙胆石斑鱼体组成的影响（续）

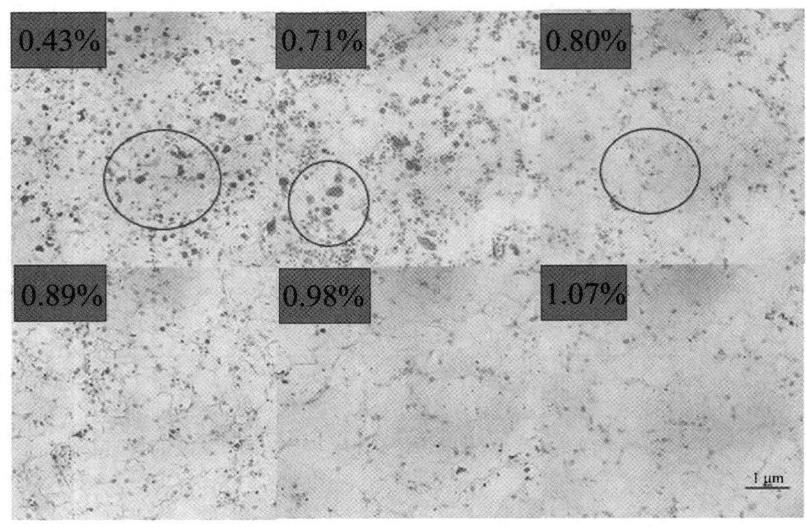

图7　饲料有效磷水平对珍珠龙胆石斑鱼肝脏中脂肪蓄积的影响

2　新型非粮蛋白源饲料资源开发及应用

以东星斑为研究对象，确定了豆粕、菜粕、大豆浓缩蛋白、棉籽浓缩蛋白、鸡肉粉、黄粉虫、甲烷菌体蛋白、乙醇梭菌蛋白等8种新型蛋白源的表观消化率，并评估了几种蛋白源在饲料中的应用效果。

2.1　豆粕替代鱼粉对东星斑抗氧化能力、肠道消化酶活性及菌群结构的影响

随着豆粕替代鱼粉水平的升高，东星斑后肠抗氧化酶活性整体呈先升高后降低的趋势，在替代水平为32%时达到最高值（图8）。与对照组相比，胰蛋白酶活性在32%替代水平后显著下降（图9）。肠道菌群分析结果显示，东星斑肠道菌群在科和属水平上均受到不同程度影响（图10）。

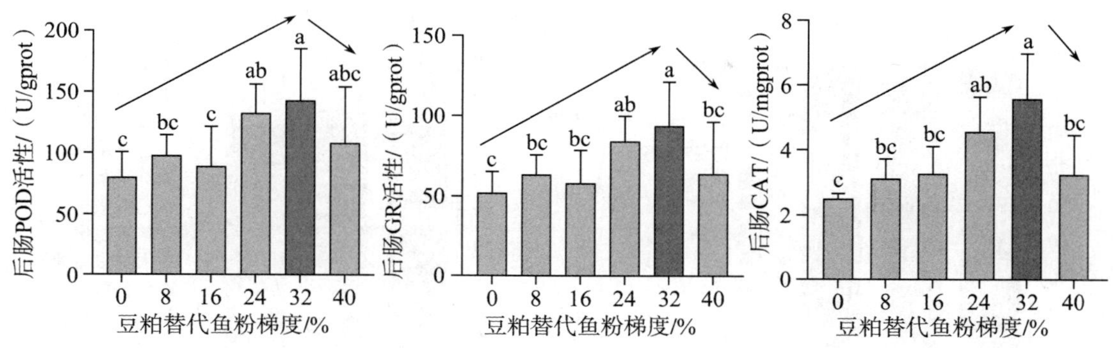

图8　豆粕替代鱼粉对东星斑后肠抗氧化指标的影响

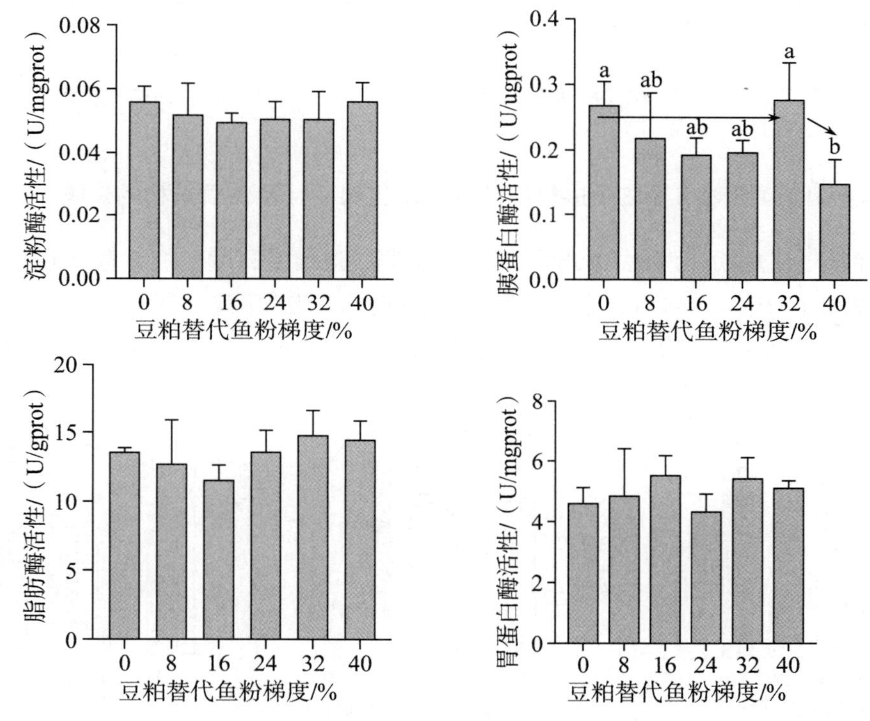

图9　豆粕替代鱼粉对东星斑消化酶活性的影响

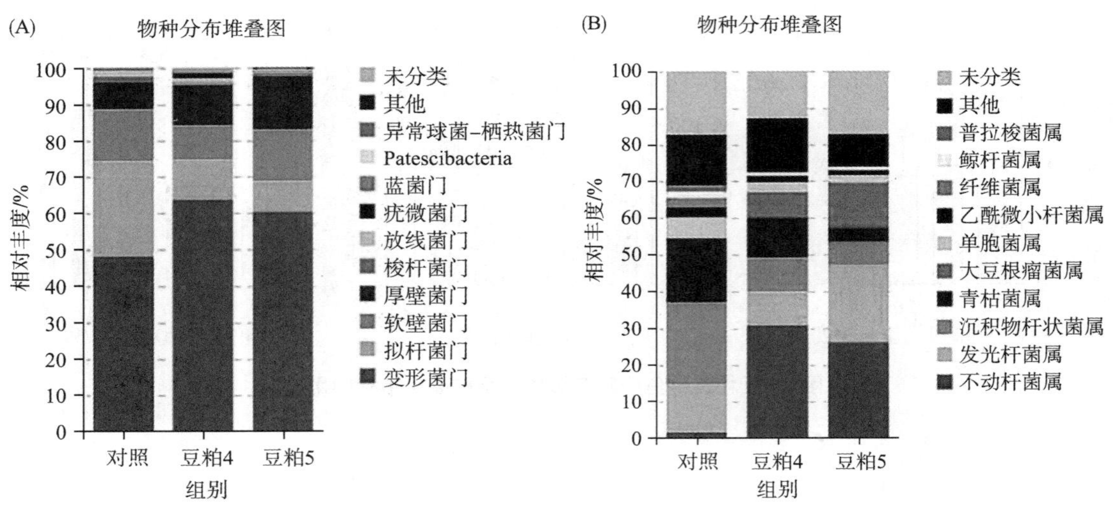

图10　豆粕替代鱼粉对东星斑肠道科（A）和属（B）水平菌群结构的影响

2.2　鸡肉粉替代鱼粉对东星斑肠道组织结构、消化酶活性及菌群结构的影响

当鸡肉粉替代鱼粉比例达30%水平时，东星斑肠道绒毛高度、绒毛宽度显著下降（图11）；当替代比例达到20%后，东星斑肠道消化酶活性显著下降（图12）。肠道菌群分析结果显示，鸡肉粉替代鱼粉对东星斑肠道菌群在科和属水平产生不同程度影响（图13）。

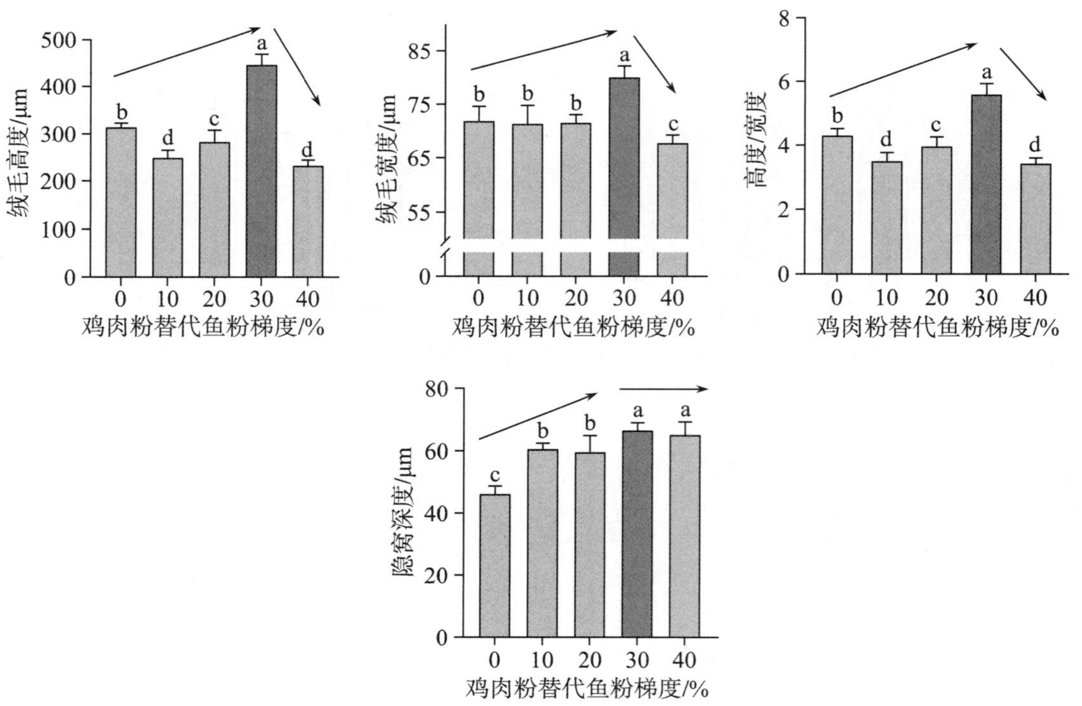

图11　鸡肉粉替代鱼粉对东星斑肠道组织结构的影响

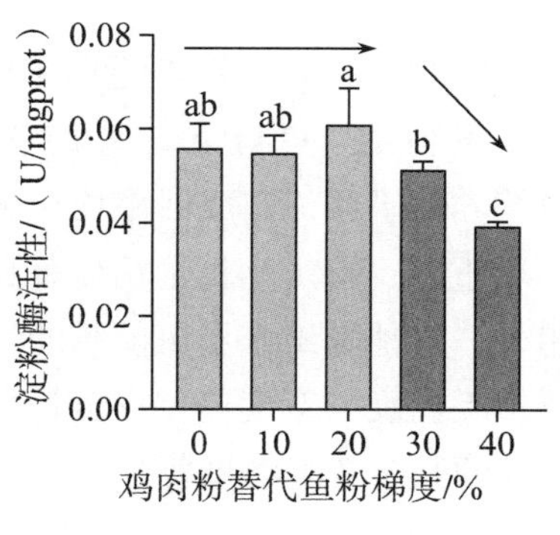

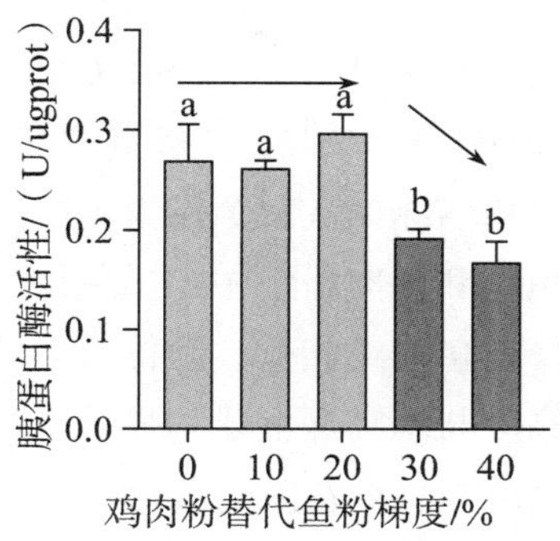

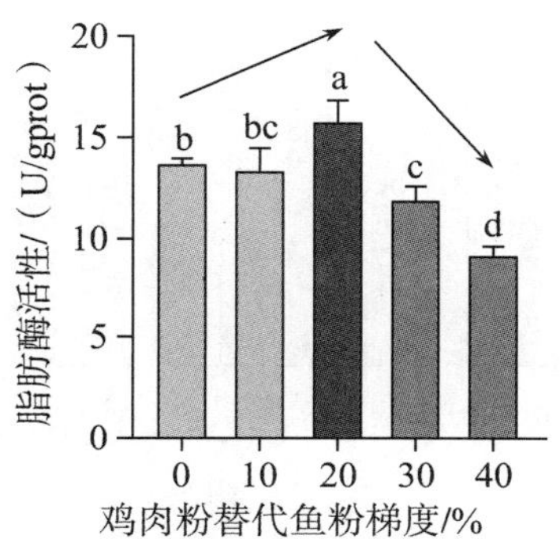

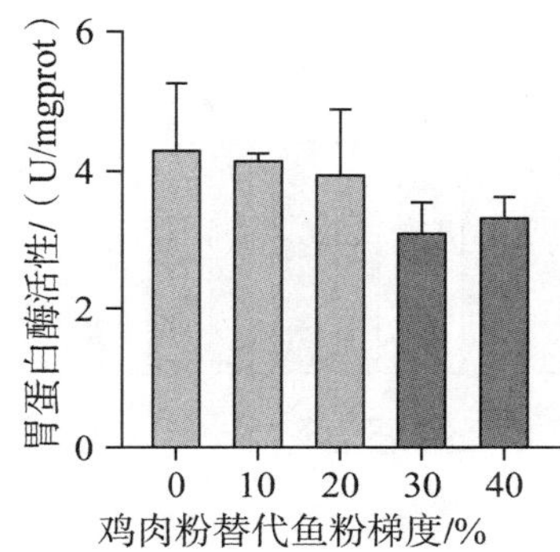

图12　鸡肉粉替代鱼粉对东星斑肠道消化酶活性的影响

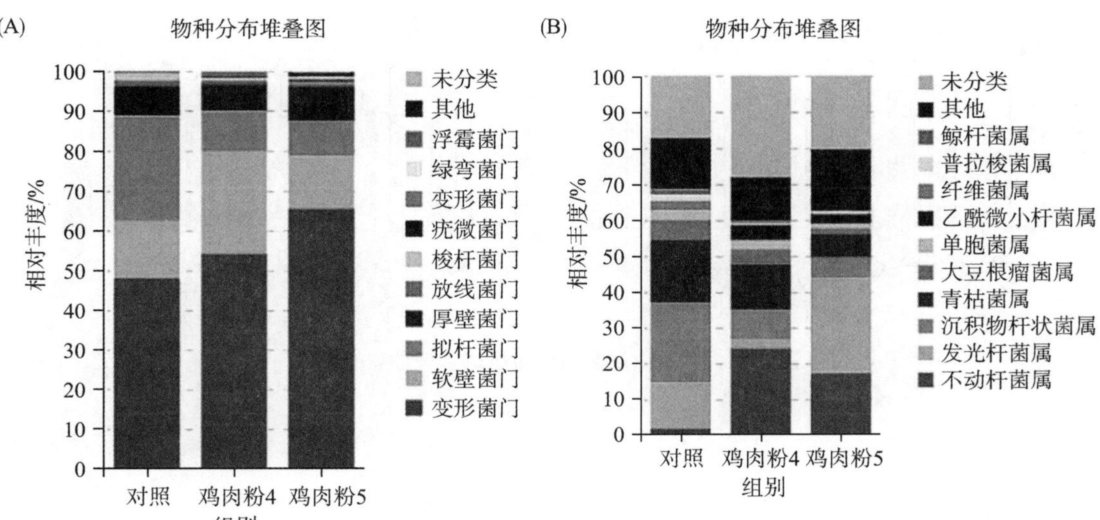

图13　鸡肉粉替代鱼粉对东星斑肠道科（A）和属（B）水平菌群结构的影响

2.3　9种饲料对东星斑生长性能和肠道组织结构的影响

投喂秘鲁鱼粉（BMF）、鸡肉粉（CM）、豆粕（SBM）、大豆浓缩蛋白（SPC）、甲烷菌体蛋白（MBP）、棉籽浓缩蛋白（RSM）、黄粉虫（CAP）、乙醇梭菌蛋白（CSP）和国产200型菜粕（YM）作为蛋白源的饲料饲养东星斑，其成活率均显著高于普通组，其中秘鲁鱼粉和鸡肉粉组中东星斑终末体重、增重率、特定生长量均显著高于普通与分组（图14）。与鱼粉组相比，除棉籽浓缩蛋白组外，其他各组东星斑前肠的绒毛高度与宽度比和绒毛高度与隐窝深度比均显著升高；中肠绒毛高度与宽度比仅在黄粉虫组显著升高；后肠绒毛高度与宽度在除秘鲁鱼粉和鸡肉粉组外的其余各组中显著升高（图15）。

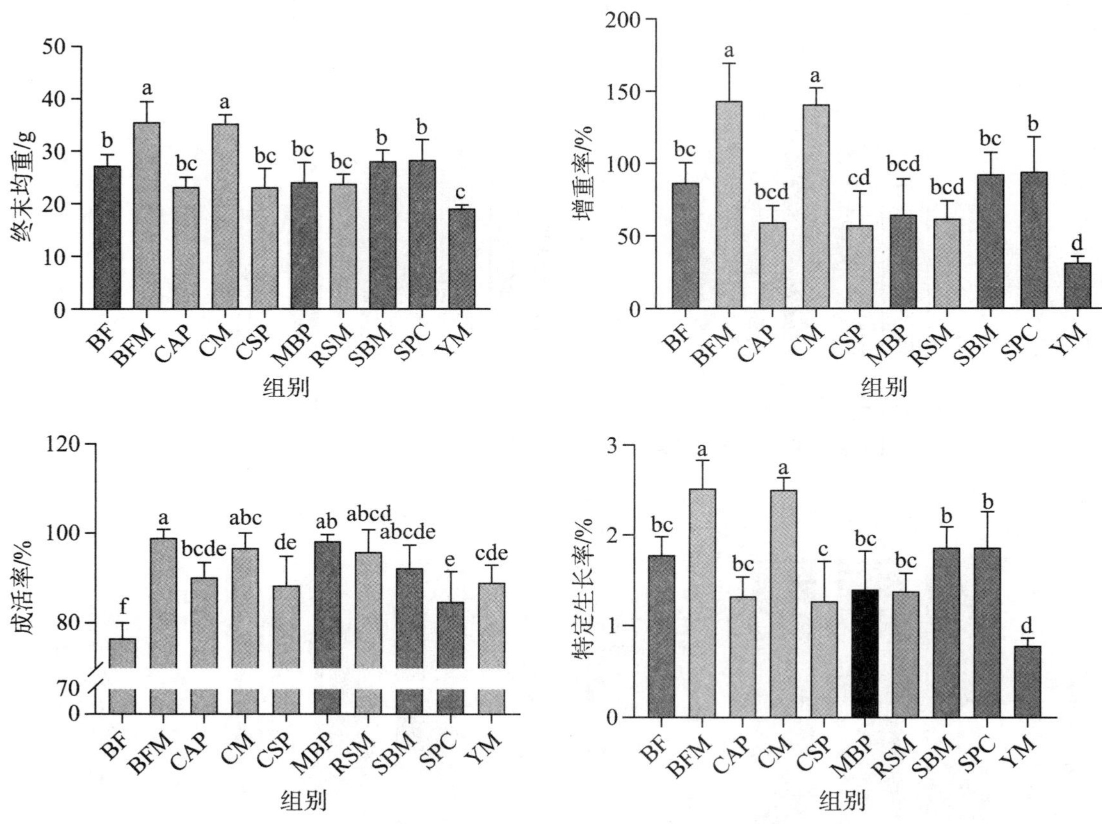

图14　九种蛋白源饲料对东星斑生长性能的影响

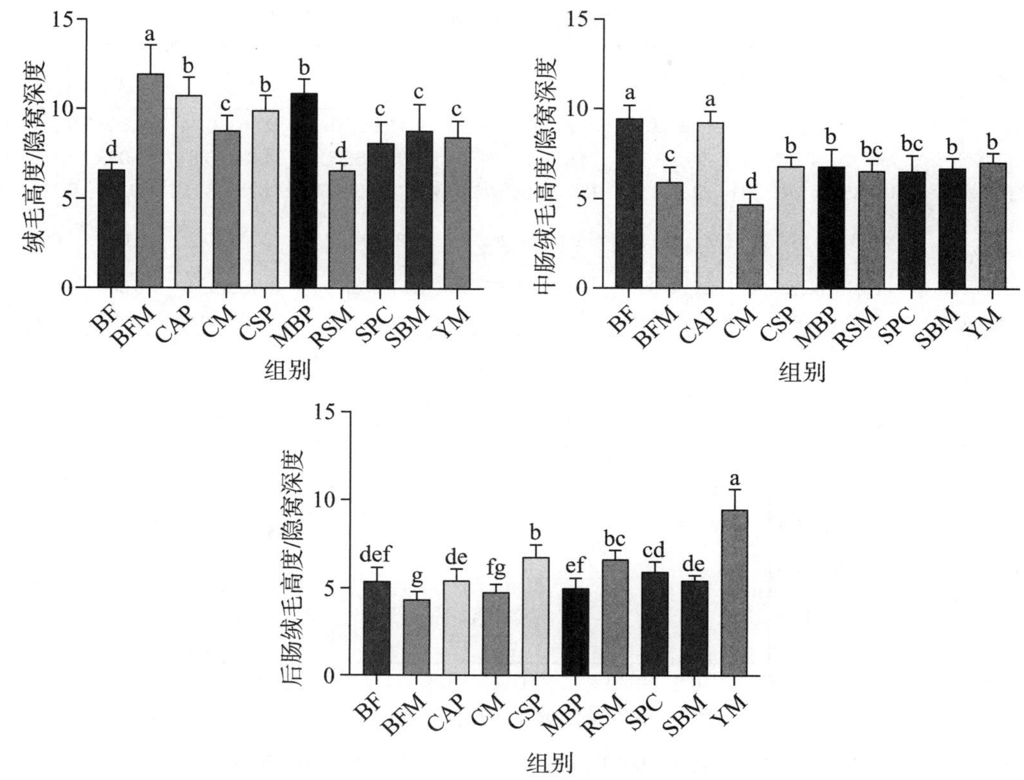

图15　9种蛋白源饲料对东星斑肠道组织结构的影响

3　功能性饲料添加剂的开发及应用

开发了青蒿素、角鲨烯和月桂酸单甘油酯3种功能性添加剂，优化石斑鱼饲料配置技术，提高饲料利用率，降低饲料氮磷、重金属排放，保护渔业生态环境。

3.1　饲料中添加青蒿素对东星斑生长性能、抗氧化能力和肠道菌群结构的影响

随着饲料中青蒿素添加量的增加，东星斑的终末体重、增重率和特定生长率呈现先增加后降低的趋势，并在C0.2组达到最高值，在 C1.2组达到最低值（表8）。以增重率为判据拟合二次回归方程模型，得出饲料中添加青蒿素的最佳水平为0.38%（图16）。东星斑肝脏的总抗氧化能力、超氧化物歧化酶、过氧化氢酶、谷胱甘肽过氧化物酶和过氧化物酶活性均随着青蒿素添加量的增加而呈现逐渐上升的趋势，丙二醛含量逐渐降低（图17）。肠道菌群分析结果显示，在门和属水平上，各组中占比较大的微肠道微生物种类相似，但丰度不同（图18）。

表8　饲料中添加青蒿素对东星斑生长性能的影响

指标	C0	C0.2	C0.4	C0.8	C1.2	P值	线性趋势	二次趋势
初始体重/g	9.38 ± 0.08	9.43 ± 0.03	9.46 ± 0.04	9.41 ± 0.07	9.36 ± 0.04	0.266	0.551	0.061
终末体重/g	38.92 ± 4.14[b]	47.98 ± 3.3[a]	43.37 ± 6.78[ab]	38.99 ± 3.57[b]	34.89 ± 3.81[b]	0.033	0.118	0.023
增重率/%	314.85 ± 41.03[b]	414.22 ± 31.29[a]	358.45 ± 69.73[ab]	314.14 ± 35.37[b]	272.85 ± 39.77[b]	0.03	0.111	0.023
特定生长率/（%/d）	2.53 ± 0.18[bc]	2.92 ± 0.11[a]	2.71 ± 0.26[ab]	2.53 ± 0.16[bc]	2.34 ± 0.2[c]	0.033	0.099	0.019
饲料系数	1.28 ± 0.13[d]	1.32 ± 0.05[d]	1.50 ± 0.17[c]	1.74 ± 0.17[b]	2.08 ± 0.18[a]	0.000	0.000	0.000
存活率/%	100 ± 0.00	98.89 ± 1.92	100 ± 0.00	100 ± 0.00	100 ± 0.00	0.452	0.500	0.684

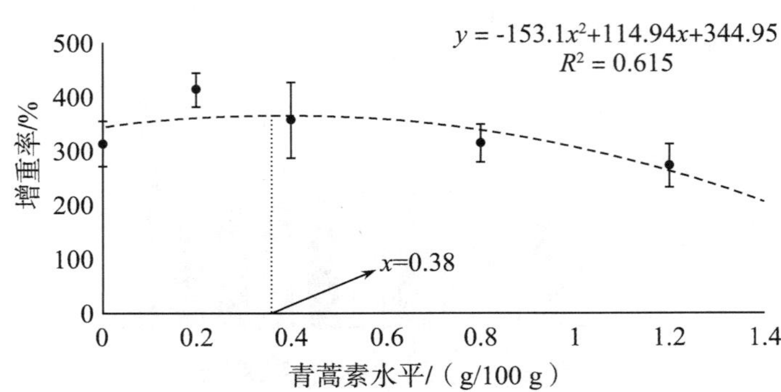

图16　饲料中添加青蒿素水平与东星斑增重率的关系

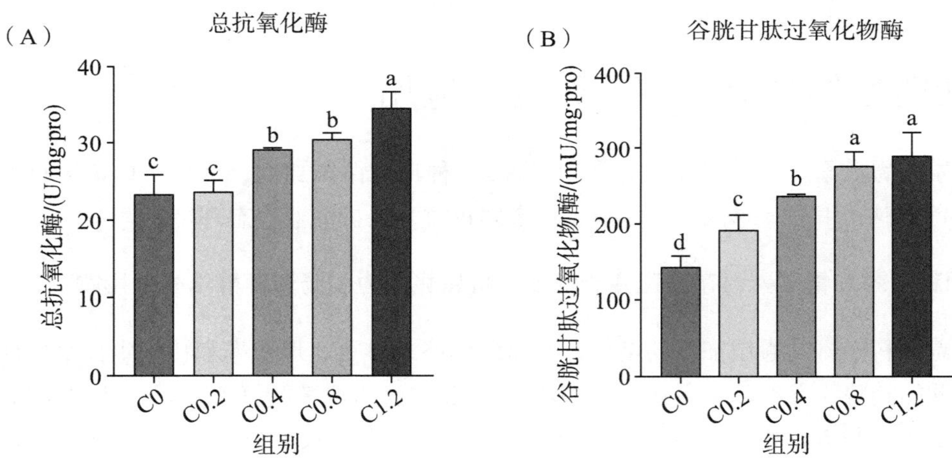

图17　饲料中添加青蒿素对东星斑抗氧化能力的影响

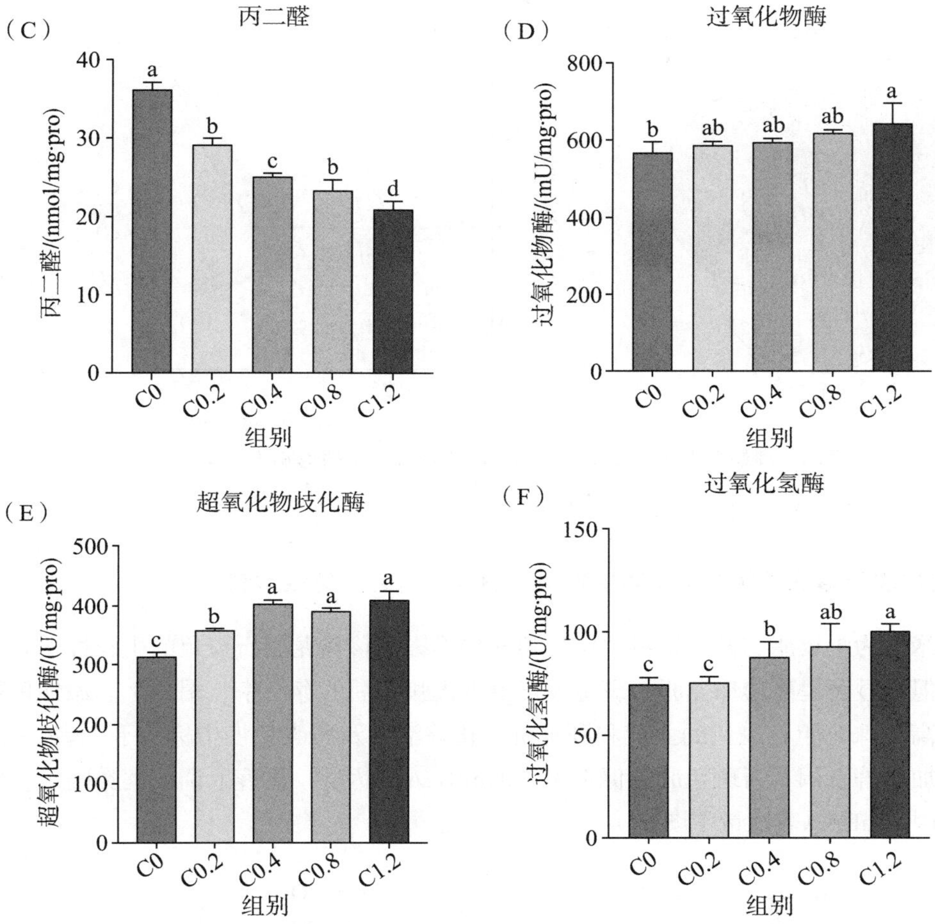

（C）
丙二醛
丙二醛/(nmol/mg·pro)
40
30
20
10
0
a
b
c
b
d
C0
C0.2
C0.4
C0.8
C1.2
组别
（D）
过氧化物酶
过氧化物酶/(mU/mg·pro)
800
600
400
200
0
b
ab
ab
ab
a
C0
C0.2
C0.4
C0.8
C1.2
组别
（E）
超氧化物歧化酶
超氧化物歧化酶/(U/mg·pro)
500
400
300
200
100
0
c
b
a
a
a
C0
C0.2
C0.4
C0.8
C1.2
组别
（F）
过氧化氢酶
过氧化氢酶/(U/mg·pro)
150
100
50
0
c
c
b
ab
a
C0
C0.2
C0.4
C0.8
C1.2
组别

图17　饲料中添加青蒿素对东星斑抗氧化能力的影响（续）

(A)
相对丰度/%
100%
90%
80%
70%
60%
50%
40%
30%
20%
10%
0%
C0
C0.2
C1.2
组别
Unclassified
Other
Deferribacteres
Verrucomicrobia
Epsilonbacteraeota
Patescibacteria
Actinobacteria
Cyanobacteria
Finmicutes
Bacteroidetes
Fusobacteria
Proteobacteria
(B)
相对丰度/%
100%
90%
80%
70%
60%
50%
40%
30%
20%
10%
0%
C0
C0.2
C1.2
组别
Unclassified
Other
Brevundimonos
Enterovibrio
Ralstonia
Shcwanelia
Pseudornonas
Acinetobacter
Paroburknolderia
Phatobocterium
Cetobacterium
Vibrio

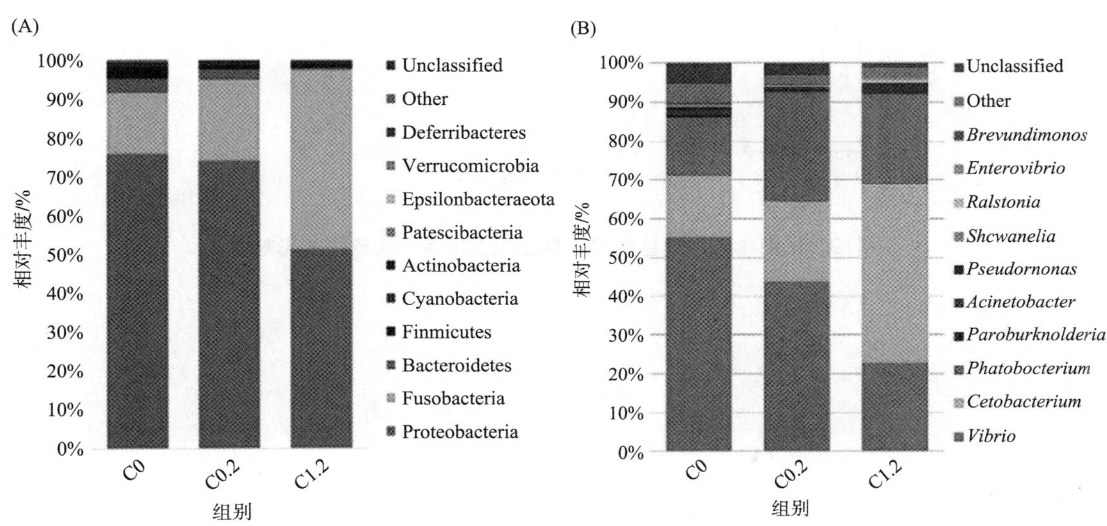

图18　饲料中添加青蒿素对东星斑肠道菌群结构的影响

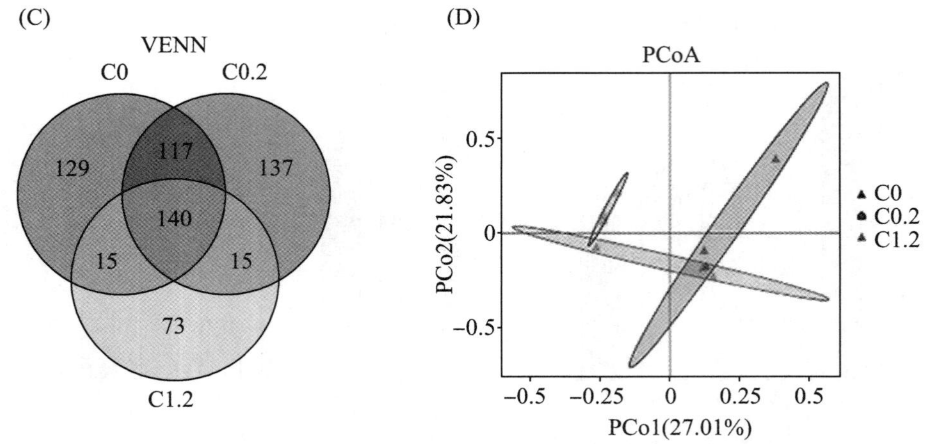

图18　饲料中添加青蒿素对东星斑肠道菌群结构的影响（续）

注：（A）门水平；（B）属水平；（C）维恩图；（D）PCoA分析

3.2　角鲨烯改善珍珠龙胆石斑鱼因摄食植物油饲料引起的免疫抑制

在玉米油为主要脂肪源的饲料中添加角鲨烯不影响珍珠龙胆石斑鱼的生长性能和形态学指标，但会显著提高珍珠龙胆石斑鱼攻毒哈维氏弧菌后的存活率（图19）。添加角鲨烯会显著提高珍珠龙胆石斑鱼的血清和肝脏抗氧化酶活性及肝脏免疫指标水平（表9）。角鲨烯的添加显著下调了石斑鱼肝脏促炎因子的mRNA表达量，显著上调了抗炎因子和抗氧化相关基因的mRNA表达量（图20）。

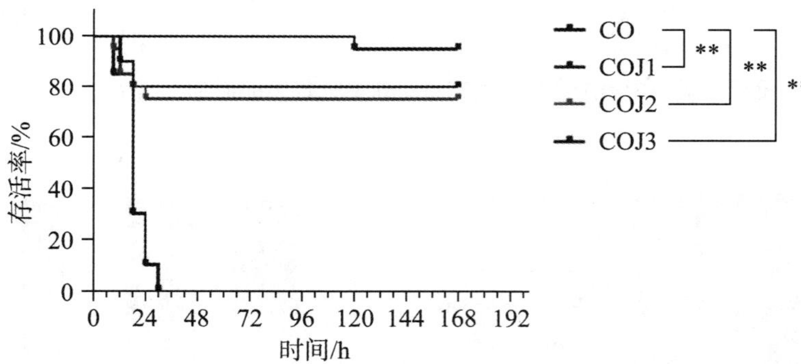

图19　饲料中添加角鲨烯对珍珠龙胆石斑鱼抗病感染的影响

表9　饲料中添加角鲨烯对珍珠龙胆石斑鱼肝脏免疫指标的影响

指标	组别			
	CO	COJ1	COJ2	COJ3
过氧化物酶/U	135.58 ± 1.95[a]	176.77 ± 0.87[ab]	199.60 ± 28.23[ab]	216.99 ± 7.53[b]
过氧化氢酶/U	53.86 ± 2.63[a]	63.45 ± 1.01[b]	64.26 ± 2.42[b]	54.67 ± 1.83[a]
谷胱甘肽过氧化物酶/mU	141.98 ± 3.58[a]	155.43 ± 1.39[a]	162.70 ± 2.39[ab]	186.40 ± 5.10[b]
总抗氧化能力/U	9.76 ± 0.66[a]	20.95 ± 0.63[b]	21.01 ± 1.43[b]	22.04 ± 1.14[b]
溶菌酶/mU	6.53 ± 0.56[a]	8.73 ± 0.20[b]	8.81 ± 0.17[b]	9.38 ± 0.53[b]
碱性磷酸酶/mU	14.40 ± 2.70[a]	21.17 ± 1.14[b]	20.83 ± 0.40[b]	23.11 ± 1.14[b]
酸性磷酸酶/mU	14.79 ± 1.41	13.02 ± 0.43	12.85 ± 1.01	12.17 ± 1.05

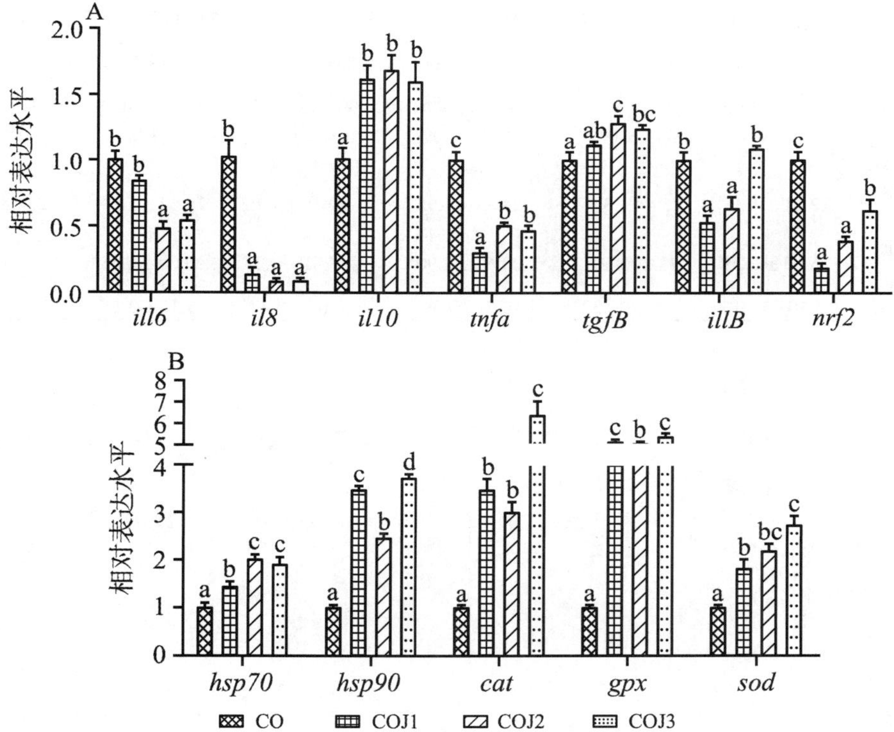

图20　饲料中添加角鲨烯对珍珠龙胆石斑鱼抗病感染的影响

3.3 饲料中添加月桂酸单甘油酯对珍珠龙胆石斑鱼生长性能和免疫酶活性的影响

饲料中添加月桂酸单甘油酯对珍珠龙胆石斑鱼的终末体重、增重率、特定生长率和饲料系数有显著影响，G4组表现最为明显；G4和G5组中珍珠龙胆石斑鱼血清中酸性磷酸酶、碱性磷酸酶和溶菌酶活性显著升高（表10）。以增重率指标为判断依据，拟合二次回归方程模型，得出月桂酸单甘油酯的最适添加水平为1700 mg/kg（图21）。

表10 饲料中添加月桂酸单甘油酯石斑鱼生长性能的影响

指标	组别					
	G1 /（0 mg/kg）	G2 /（600 mg/kg）	G3 /（1 200 mg/kg）	G4 /（2 400 mg/kg）	G5 /（3 000 mg/kg）	G6 /（3 600 mg/kg）
生长性能						
初始体重/g	9.09 ± 0.03	9.11 ± 0.05	9.09 ± 0.02	9.07 ± 0.03	9.11 ± 0.01	9.10 ± 0.03
终末体重/g	56.04 ± 7.83[a]	61.23 ± 5.00[ab]	64.27 ± 4.16[ab]	67.99 ± 1.31[b]	62.75 ± 1.91[ab]	62.18 ± 4.23[ab]
增重率/%	516.95 ± 86.01[a]	572.54 ± 52.20[abc]	606.95 ± 46.75[bc]	649.72 ± 14.48[c]	589.17 ± 21.44[abc]	583.05 ± 45.55[abc]
特定生长率/（%/d）	3.24 ± 0.26[a]	3.40 ± 0.14[ab]	3.49 ± 0.11[ab]	3.60 ± 0.03[b]	3.45 ± 0.06[b]	3.43 ± 0.12[ab]
存活率/%	93.30 ± 1.35	91.43 ± 2.34	87.86 ± 9.44	90.00 ± 4.29	92.14 ± 4.29	90.00 ± 3.50
饲料系数	0.87 ± 0.11[b]	0.81 ± 0.03[ab]	0.77 ± 0.09[ab]	0.75 ± 0.04[a]	0.79 ± 0.03[ab]	0.78 ± 0.06[ab]
血清免疫酶活						
碱性磷酸酶/（U/L）	22.01 ± 1.30[a]	25.44 ± 3.87[ab]	28.88 ± 1.95[ab]	30.45 ± 7.15[b]	26.62 ± 5.39[ab]	23.68 ± 2.19[ab]
酸性磷酸酶/（U/L）	25.83 ± 2.24[a]	31.29 ± 2.82[b]	28.63 ± 2.90[ab]	37.81 ± 3.37[c]	29.00 ± 1.35[ab]	27.81 ± 2.48[ab]
溶菌酶/（U/L）	3.10 ± 0.18[a]	4.60 ± 0.32[ab]	4.20 ± 0.39[ab]	5.63 ± 0.47[b]	5.21 ± 0.21[b]	4.21 ± 0.29[ab]

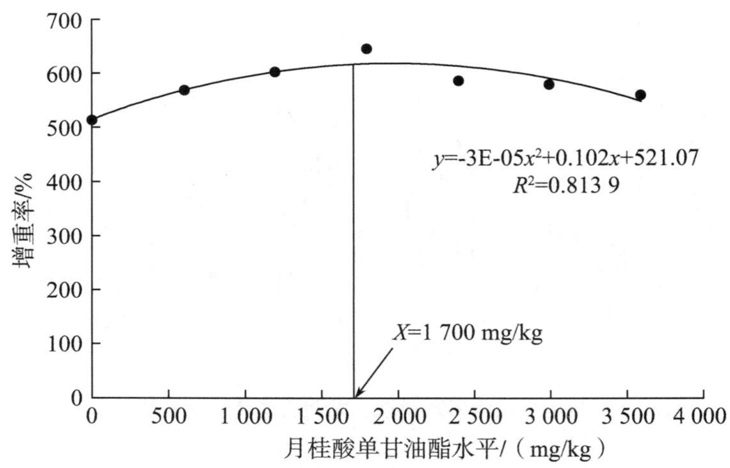

图21 饲料GML水平与珍珠龙胆石斑鱼WGR的回归方程分析

（岗位科学家 谭北平）

海鲈营养需求与饲料技术研发进展

海鲈营养需求与饲料岗位

根据本年度的重点任务，获得高温下海鲈对饲料锌、磷等矿物元素的需要量；发现了海鲈长期投喂低磷饲料易导致机体蛋白质、糖类和脂肪代谢紊乱；明确了高温以及亚硝酸盐胁迫下显著抑制海鲈的生长性能，造成其氧化应激；开发了添加胆汁酸、辅酶Q10或葛根中草药水提物等抗高温饲料添加剂；发现了高脂饲料中添加槲皮素和羟基酪醇可以显著改善海鲈的生长性能，而饲料中添加海鲈肠道原籍益生菌可以显著提升海鲈的生长性能和增强其肠道健康。

1　不同温度下饲料中矿物元素对海鲈生理代谢的影响

1.1　不同温度下海鲈对饲料锌需要量的研究

本试验以海鲈为研究对象，探究不同水温下海鲈对饲料锌的需要量，以$ZnSO_4·7H_2O$为锌源，分别配制6组试验饲料，饲料实测锌水平分别为30.48 mg/kg、52.93 mg/kg、76.72 mg/kg、98.39 mg/kg、115.64 mg/kg和145.40 mg/kg。结果表明，相比于33℃组，27℃组海鲈的增重率、特定生长率和摄食率显著增加，饲料系数显著降低。同时，随着饲料锌水平的增加，海鲈的增重率呈现先升高后保持稳定的趋势（表1）。通过折线模型分析可得，在27℃与33℃下海鲈饲料中锌的适宜添加量分别为77.69 mg/kg和93.61 mg/kg（图1）。

表1　饲料锌水平和水温对海鲈生长性能的影响

水温 /℃	锌水平 /（mg/kg）	增重率 WGR/%	特定生长率 SGR/（%/d）	饲料系数 FCR	摄食率 FR/（%/d）
27	30.48	1126.68 ± 16.66	3.25 ± 0.06	1.31 ± 0.05	3.39 ± 0.13
	52.93	1179.55 ± 35.70	3.27 ± 0.03	1.28 ± 0.06	3.28 ± 0.17
	76.72	1342.23 ± 24.65	3.35 ± 0.01	1.25 ± 0.04	3.17 ± 0.09
	98.39	1319.92 ± 24.81	3.36 ± 0.05	1.19 ± 0.03	3.10 ± 0.06
	115.64	1356.93 ± 34.03	3.37 ± 0.12	1.19 ± 0.10	3.13 ± 0.31
	145.40	1309.29 ± 25.60	3.37 ± 0.03	1.21 ± 0.02	3.24 ± 0.08

续表

水温/℃	锌水平/（mg/kg）	增重率 WGR/%	特定生长率 SGR/（%/d）	饲料系数 FCR	摄食率 FR/（%/d）
33	30.48	867.93 ± 23.95	2.85 ± 0.06	1.34 ± 0.05	3.26 ± 0.03
	52.93	965.30 ± 34.18	2.97 ± 0.07	1.32 ± 0.04	3.24 ± 0.12
	76.72	1018.54 ± 11.75	3.08 ± 0.05	1.28 ± 0.07	3.18 ± 0.04
	98.39	1078.88 ± 27.05	3.09 ± 0.11	1.22 ± 0.06	3.02 ± 0.19
	115.64	1064.52 ± 22.52	3.06 ± 0.04	1.24 ± 0.03	3.04 ± 0.12
	145.40	1067.29 ± 24.42	3.07 ± 0.04	1.26 ± 0.07	3.09 ± 0.15
水温/℃					
27		1272.43[Y]	3.33[Y]	1.24[X]	3.22[Y]
33		1001.38[X]	3.02[X]	1.28[Y]	3.14[X]
锌水平（mg/kg）					
30.48		997.31[a]	3.05[a]	1.33[b]	3.32[b]
52.93		1072.43[ab]	3.12[ab]	1.30[ab]	3.26[ab]
76.72		1153.29[b]	3.21[bc]	1.26[ab]	3.18[ab]
98.39		1199.40[b]	3.23[c]	1.21[a]	3.06[a]
115.64		1210.73[b]	3.22[bc]	1.22[a]	3.08[ab]
145.40		1188.29[b]	3.22[bc]	1.23[a]	3.16[ab]
Two-way ANOVA					
水温		<0.001	<0.001	0.050	0.042
锌水平		0.001	<0.001	0.006	0.027
水温 × 锌水平		0.607	0.478	0.999	0.943

注：同一列数据不含或含有相同的上标字母表示差异不显著。

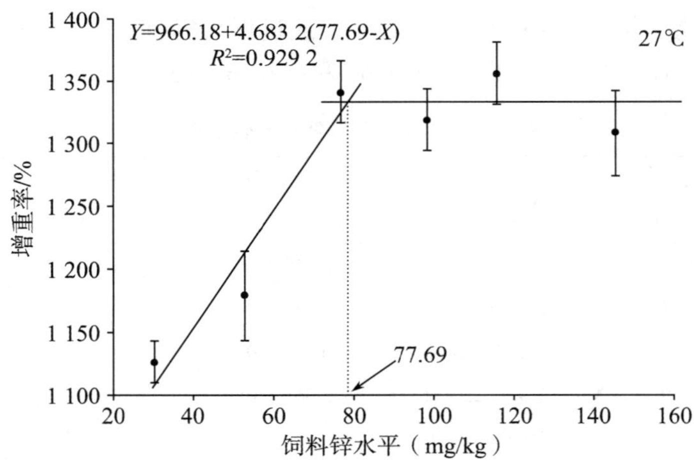

图1　折线模型分析不同温度下（27℃和33℃）海鲈对饲料锌的需要量

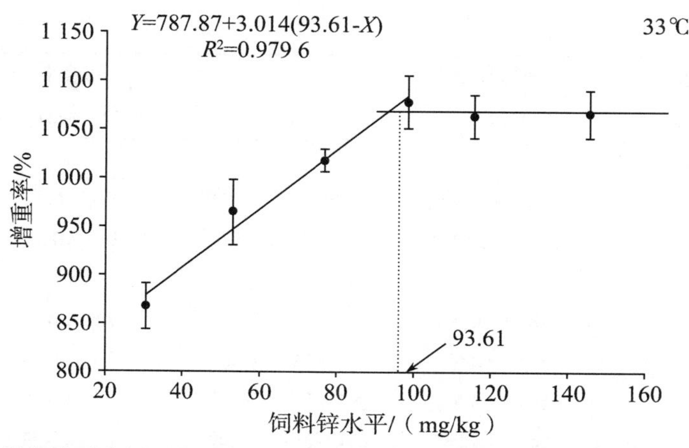

图1　折线模型分析不同温度下（27℃和33℃）海鲈对饲料锌的需要量（续）

1.2　不同温度下饲料磷水平对海鲈生长性能的影响

本试验以海鲈为研究对象，探究不同水温下海鲈对饲料磷的需要量。以磷酸氢二钾（K_2HPO_4）和磷酸二氢钠（NaH_2PO_4）为磷源，设计5组饲料配方，饲料磷水平实测值分别为0.35%、0.56%、0.72%、0.83%和0.94%。结果表明，以水温为主效应，相比于33℃组，27℃组花鲈终末体重和增重率显著提高，摄食率显著降低（$P<0.05$）。以磷水平为主效应，随着饲料磷水平从0.35%升高至0.94%，海鲈的终末体重和增重率呈先上升后降低的趋势（$P<0.05$）（表2）。通过回归模型分析可得，在27℃与33℃下海鲈饲料中磷的适宜添加量分别为0.72%和0.78%（图2）。

表2　水温和饲料磷水平对海鲈生长性能和饲料利用的影响

水温 /℃	磷水平 /%	终末体重 FBW/g	增重率 WG/%	摄食率 FR/（%/day）	饲料系数 FCR
27	0.35	38.50 ± 0.66^{A}	972.42 ± 16.01^{A}	2.64 ± 0.29	1.37 ± 0.09
	0.56	56.10 ± 1.23^{BC}	1489.44 ± 38.15^{BC}	2.60 ± 0.42	1.09 ± 0.16
	0.72	69.78 ± 2.29^{E}	1883.95 ± 25.27^{E}	2.49 ± 0.28	0.89 ± 0.06
	0.83	66.13 ± 1.29^{DE}	1782.44 ± 49.27^{DE}	2.55 ± 0.36	0.94 ± 0.08
	0.94	52.65 ± 0.19^{BC}	1405.81 ± 1.53^{BC}	2.71 ± 0.18	1.11 ± 0.08
33	0.35	38.16 ± 1.35^{A}	969.92 ± 31.01^{A}	3.02 ± 0.10	1.31 ± 0.06
	0.56	51.78 ± 1.49^{B}	1376.43 ± 32.69^{B}	2.88 ± 0.40	1.15 ± 0.01
	0.72	64.02 ± 0.91^{D}	1727.49 ± 37.09^{D}	2.50 ± 0.14	0.98 ± 0.07
	0.83	65.63 ± 2.53^{DE}	1759.04 ± 64.23^{D}	2.62 ± 0.10	0.93 ± 0.06
	0.94	54.63 ± 2.56^{C}	1515.15 ± 68.19^{C}	3.12 ± 0.14	0.95 ± 0.12

续表

水温/℃	磷水平/%	终末体重 FBW/g	增重率 WG/%	摄食率 FR/（%/day）	饲料系数 FCR
水温 ℃					
27		56.63 ± 11.47[Y]	1506.81 ± 332.99[Y]	2.60 ± 0.26[X]	1.08 ± 0.19
33		54.49 ± 10.32[X]	1452.74 ± 288.55[X]	2.83 ± 0.31[Y]	1.06 ± 0.16
磷水平 %					
0.35		38.33 ± 0.97[a]	971.17 ± 22.12[a]	2.83 ± 0.29	1.34 ± 0.08[c]
0.56		53.94 ± 2.67[b]	1432.94 ± 69.58[b]	2.74 ± 0.39	1.13 ± 0.11[b]
0.72		66.89 ± 3.52[c]	1805.72 ± 90.27[c]	2.50 ± 0.19	0.94 ± 0.08[a]
0.83		65.93 ± 1.58[c]	1773.08 ± 49.09[c]	2.58 ± 0.24	0.94 ± 0.07[a]
0.94		54.62 ± 2.69[b]	1460.48 ± 73.81[b]	2.92 ± 0.26	1.03 ± 0.12[ab]
Two-way ANOVA					
水温		0.025	0.023	0.032	0.627
磷水平		<0.001	<0.001	0.078	<0.001
水温 × 磷水平		0.010	0.007	0.618	0.155

注：同一列数据不含或含有相同的上标字母表示差异不显著。

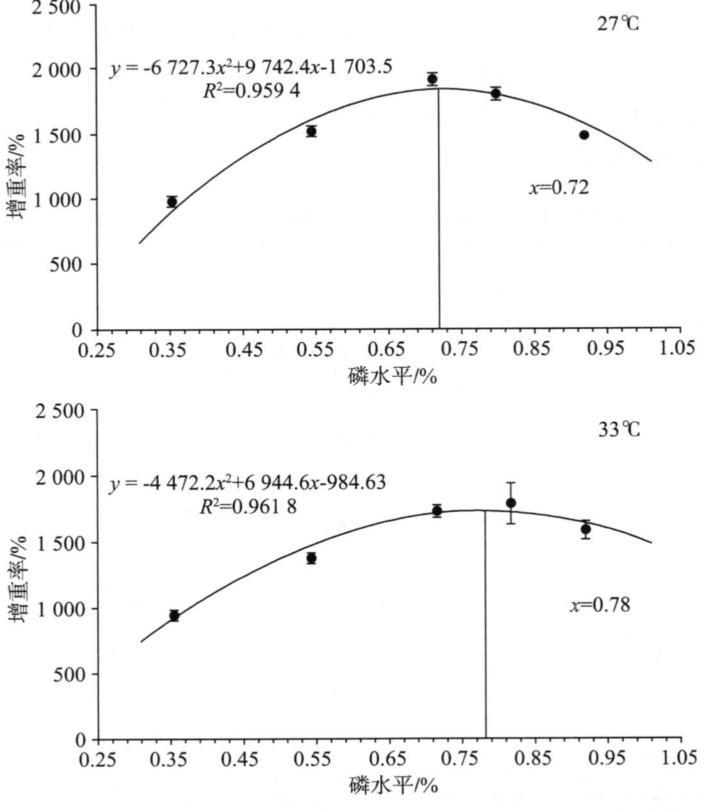

图2　回归模型分析不同温度下（27℃和33℃）海鲈对饲料磷的需要量

1.3　低磷饲料对海鲈生长和三大营养物质代谢的影响

以磷酸二氢钠和磷酸氢二钾为磷源配制磷水平为0.36%（低磷组，LP）和0.72%（正常磷组或对照组，AP）的等氮等脂的2组试验饲料。相较于正常磷组海鲈，低磷组海鲈的增重率、全体和肝脏磷含量显著降低（图3）。相较于正常磷组海鲈，低磷饲料显著提高海鲈全体和肝脏中的粗脂肪含量（图4），低磷饲料促进海鲈肝脏脂肪合成（*srebp-1c*、*acc1*和*fasn*）和脂肪酸转运相关基因（*cd36*和*fatp*）的表达，显著降低脂肪酸氧化（*ppara*、*pgc-1α*、*cptlα*、*aco1*和*aco3*）和脂分解相关基因（*atgl*）的表达；显著增加糖类分解（*pk*和*hk*）和抑制糖异生（*pepck*和*fbp*）与蛋白质合成（*mtor*、*s6*和*s6k*）相关基因的表达（图4）。

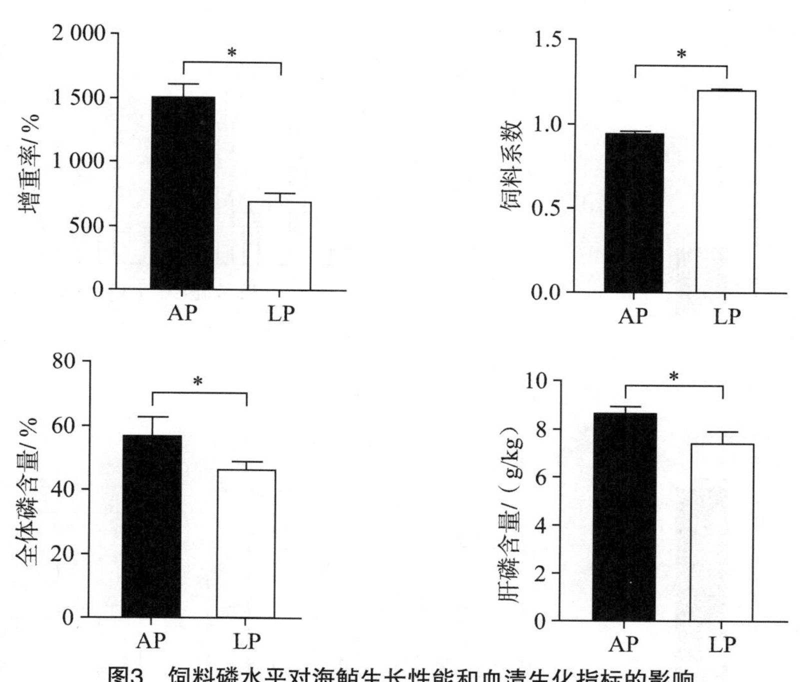

图3　饲料磷水平对海鲈生长性能和血清生化指标的影响

注：*表示差异显著；AP：正常磷组，LP：低磷组

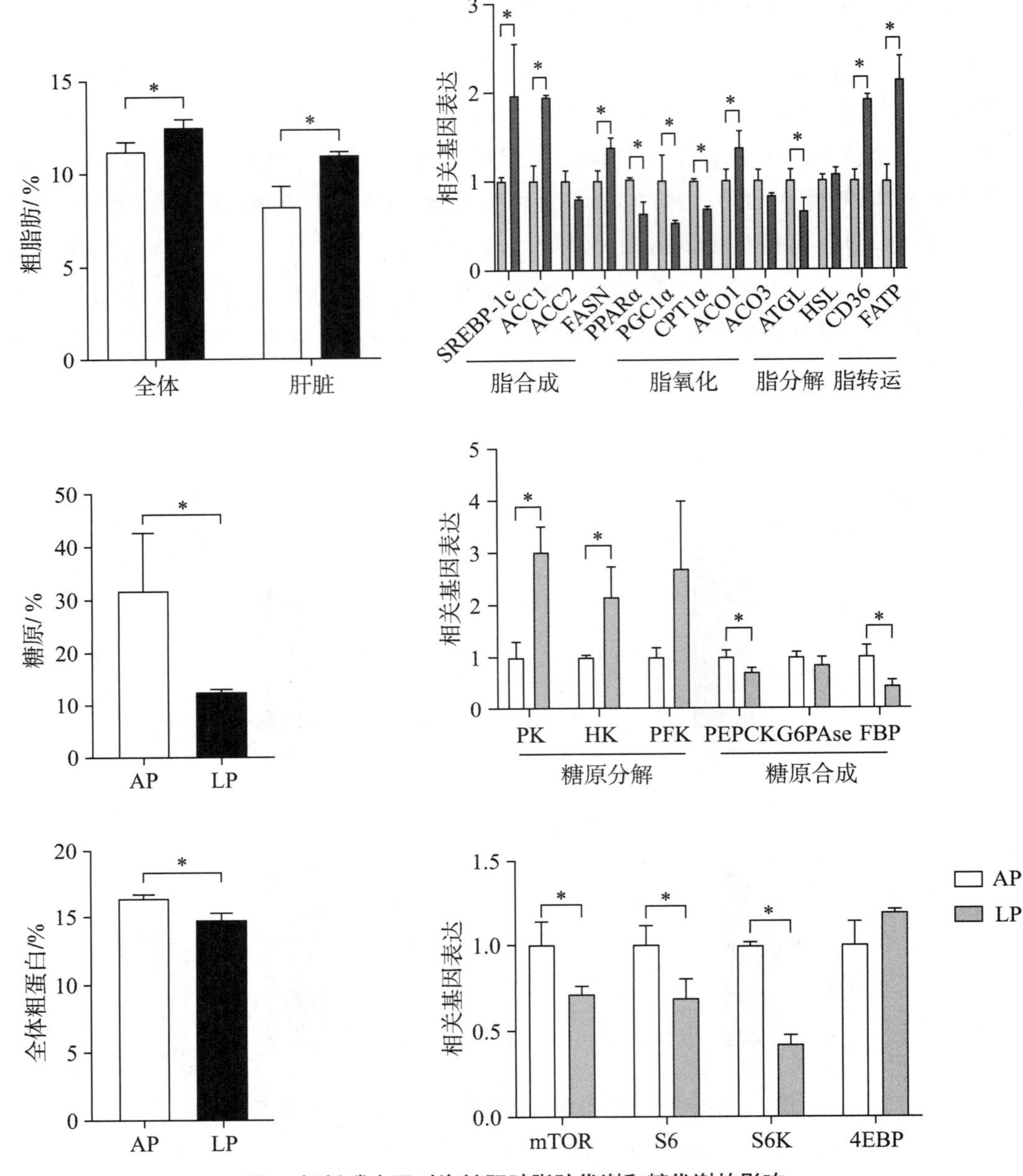

图4　饲料磷水平对海鲈肝脏脂肪代谢和糖代谢的影响

注：*表示差异显著；AP：正常磷组，LP：低磷组

2　高温及亚硝酸盐胁迫对海鲈生理代谢的影响

2.1　高温对海鲈饲料利用能力的影响

本试验以海鲈为研究对象，探究高温胁迫对海鲈生理代谢的影响。本试验设计27℃

（N，normal temperature）、31℃（M，moderate-high temperature）和35℃（H，high temperature）三个温度梯度。结果表明：高温（35℃）显著降低海鲈摄食率、蛋白质效率和蛋白质沉积率，升高了饲料系数（$P<0.05$）（表3）。

表3　高温对海鲈饲料利用能力的影响

组别	摄食率/%	饲料系数	蛋白质效率	蛋白质沉积率/%
N	2.94 ± 0.04^{b}	1.03 ± 0.01^{a}	2.03 ± 0.02^{b}	37.10 ± 1.15^{b}
M	3.05 ± 0.07^{b}	1.07 ± 0.02^{a}	1.96 ± 0.04^{b}	35.41 ± 1.02^{b}
H	2.55 ± 0.02^{a}	1.57 ± 0.09^{b}	1.34 ± 0.08^{a}	18.72 ± 1.05^{a}

注：同一列数据不含或含有相同的上标字母表示差异不显著。

2.2　高温对海鲈抗氧化和非特异性免疫的影响

随着温度的升高，海鲈非特异性免疫能力降低，高温组显著低于其他两组（$P<0.05$）（表4）。随着温度的升高，肝脏及肠道的SOD酶活力及总抗氧化能力显著增加，而MDA含量也显著增加，这表明高温尽管代偿性提升了鱼类的抗氧化能力，但仍造成了氧化应激（图5）。

表4　高温胁迫对海鲈非特异性免疫的影响

组别	酸性磷酸酶/（U/gprotein）	碱性磷酸酶/（U/gprotein）	总一氧化氮合酶/（U/mgprotein）	一氧化氮/（μmol/L）
N	130.70 ± 5.34^{b}	47.77 ± 4.86^{b}	0.18 ± 0.02^{b}	0.11 ± 0.01^{b}
M	98.88 ± 3.69^{a}	38.39 ± 2.56^{ab}	0.13 ± 0.01^{a}	0.06 ± 0.01^{a}
H	96.18 ± 2.16^{a}	32.35 ± 1.98^{a}	0.10 ± 0.01^{a}	0.04 ± 0.01^{a}

注：同一列数据不含或含有相同的上标字母表示差异不显著。

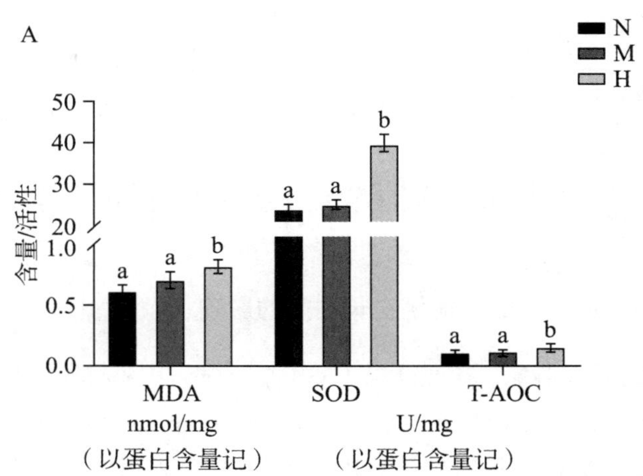

图5　高温胁迫对海鲈（A）肝脏和（B）肠道抗氧化能力的影响

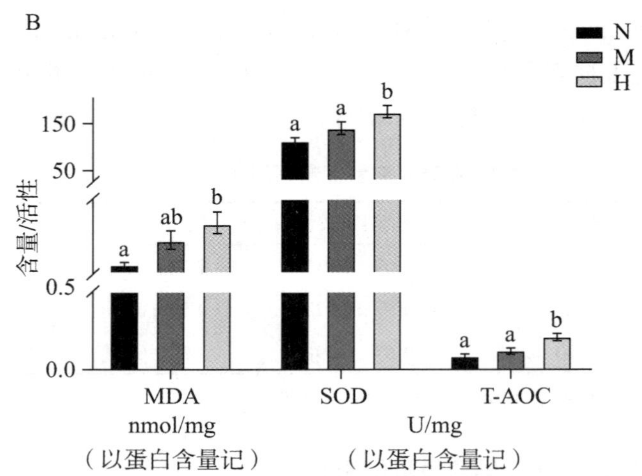

图5 高温胁迫对海鲈（A）肝脏和（B）肠道抗氧化能力的影响（续）

2.3 高温环境下亚硝酸盐长期胁迫对海鲈生长和抗氧化的影响

本试验以海鲈为研究对象，探究高温（33℃）条件下亚硝酸盐长期胁迫对海鲈生长和营养生理代谢水平的影响。在33℃水温条件下，将养殖水体的亚硝酸盐浓度设置为0 mg/L（对照组）、8 mg/L和16 mg/L。结果表明，高温条件下，与对照组相比，8 mg/L和16 mg/L亚硝酸盐显著降低海鲈的增重率和脏体比（$P<0.05$）。与0 mg/L组和8 mg/L组相比，16 mg/L亚硝酸盐显著降低海鲈存活率（$P<0.05$）（表5）。

表5 高温环境下慢性亚硝酸盐胁迫对海鲈生长性能的影响

亚硝酸盐浓度/（mg/L）	初始体重/g	增重率/%	肝体比/%	脏体比/%	存活率/%
0	28.52 ± 0.84	91.21 ± 6.44^{b}	1.70 ± 0.07^{b}	14.67 ± 0.82^{b}	100.00 ± 0.00^{b}
8	27.05 ± 0.68	79.06 ± 6.77^{a}	1.46 ± 0.06^{ab}	11.87 ± 0.06^{a}	98.00 ± 1.15^{b}
16	29.40 ± 0.85	46.65 ± 1.41^{a}	1.26 ± 0.06^{a}	11.74 ± 0.43^{a}	87.33 ± 1.33^{a}

注：同一列数据不含或含有相同的上标字母表示差异不显著。

3 海鲈抗高温或抗脂肪肝饲料添加剂的研究

3.1 高温下饲料中添加胆汁酸对海鲈生长性能的影响

本试验以海鲈为研究对象，探究高温（33℃）下饲料中添加胆汁酸对海鲈生长性能的影响，实验饲料分为对照组（不添加胆汁酸）、胆汁酸400 mg/kg组、800 mg/kg组、1 200 mg/kg组以及添加20 mg/kg牛磺脱氧胆酸组（TUDCA）。结果表明，相比于对照组，饲料中添加胆汁酸800 mg/kg或20 mg/kg TUDCA均能提高海鲈的生长性能（表6）。

表6　饲料中添加不同胆汁酸水平和牛磺脱氧胆酸对海鲈生长性能和形体指标的影响

组别	末均重/g	特定生长率/(%/d)	饲料系数	蛋白质效率/%	摄食量/(g/fish)	腹脂率/%	肥满度/(g/cm^3)
对照组	130.50 ± 3.46[a]	3.31 ± 0.05[a]	1.22 ± 0.02	1.83 ± 0.03	133.34 ± 4.80[a]	4.41 ± 0.10[a]	1.65 ± 0.01
400组	135.53 ± 5.94[ab]	3.37 ± 0.08[ab]	1.31 ± 0.04	1.70 ± 0.05	148.84 ± 3.76[ab]	4.70 ± 0.17[ab]	1.73 ± 0.08
800组	144.97 ± 1.32[b]	3.51 ± 0.02[b]	1.24 ± 0.05	1.80 ± 0.07	154.55 ± 4.35[b]	4.89 ± 0.03[ab]	1.66 ± 0.00
1 200组	136.43 ± 6.54[ab]	3.38 ± 0.09[ab]	1.28 ± 0.08	1.74 ± 0.11	147.24 ± 2.33[ab]	4.99 ± 0.40[ab]	1.67 ± 0.02
TUDCA组	148.20 ± 3.41[b]	3.54 ± 0.04[b]	1.21 ± 0.03	1.83 ± 0.04	154.69 ± 1.40[b]	5.10 ± 0.09[b]	1.65 ± 0.03

注：同一列数据不含或含有相同的上标字母表示差异不显著。

3.2　高温下饲料中添加辅酶Q10对海鲈生长性能的影响

为缓解高温对海鲈造成的不利影响，本试验在饲料中添加辅酶Q10（CoQ10）探究其对海鲈生长性能的影响。配制6种饲料，分别为正常脂肪组（NFD）、高脂组（HFD）、HFD+5 mg/kg CoQ10、HFD+20 mg/kg CoQ10、HFD+80 mg/kg CoQ10、NFD+80 mg/kg CoQ10。结果表明：高脂饲料下添加80 mg/kg CoQ10能改善海鲈的生长性能（表7）。

表7　饲料中添加辅酶Q10对海鲈生长的影响

项目 Items	组别 Groups					
	NFD	HFD	HFD+5 mg/kg CoQ10	HFD+20 mg/kgCoQ10	HFD+80 mg/kgCoQ10	NFD+80 mg/kgCoQ10
增重率WGR /%	978.72 ± 7.76[ab]	833.80 ± 7.98[c]	925.80 ± 6.14[a]	968.98 ± 10.51[ab]	1009.15 ± 17.45[b]	990.68 ± 34.21[b]
特定生长率 SGR /(%/d)	4.49 ± 0.01[ab]	4.21 ± 0.02[c]	4.39 ± 0.01[a]	4.47 ± 0.02[ab]	4.54 ± 0.03[b]	4.51 ± 0.06[b]
摄食量FI /(g/fish)	124.71 ± 3.09	108.16 ± 6.93[a]	115.04 ± 0.92	111.54 ± 2.63	117.16 ± 8.69	127.54 ± 6.11[b]
饲料系数 FCR	1.08 ± 0.01[a]	1.02 ± 0.01[b]	1.04 ± 0.01[b]	0.98 ± 0.01[c]	1.02 ± 0.01[b]	1.08 ± 0.02[a]
存活率SR/%	98.33 ± 1.67	100 ± 0.00	100 ± 0.00	100 ± 0.00	100 ± 0.00	100 ± 0.00
腹脂率IPF/%	4.95 ± 0.14[a]	7.78 ± 0.01[b]	6.97 ± 0.06[c]	7.02 ± 0.16[c]	7.16 ± 0.15[c]	5.30 ± 0.18[a]
肥满度CF /(g/cm^3)	1.78 ± 0.01[ab]	1.84 ± 0.01[c]	1.75 ± 0.01[b]	1.79 ± 0.01[a]	1.78 ± 0.01[a]	1.77 ± 0.01[ab]
脏体比VSI/%	10.04 ± 0.01[a]	12.66 ± 0.12[b]	12.32 ± 0.02[b]	12.10 ± 0.05[b]	12.42 ± 0.01[b]	10.62 ± 0.04[a]
肝体比HSI/%	1.24 ± 0.01[a]	1.12 ± 0.03[c]	1.07 ± 0.01[bc]	1.02 ± 0.04[b]	1.03 ± 0.03[b]	1.13 ± 0.03[c]

注：同一列数据不含或含有相同的上标字母表示差异不显著。

3.3　高温下饲料中添加中草药水提物对海鲈生长和抗氧化能力的影响

探究高温下饲料中添加中草药水提物对海鲈生长和抗氧化能力的影响，本实验在基础饲料中分别添加1%红景天、银杏叶、黄芩、黄芪、金银花和葛根6种中草药水提物，制作成6种等氮等脂实验饲料。结果表明，饲料中添加葛根中草药水提物能改善海鲈的生长性能（表8），提高抗氧化能力（表9）。

表8　饲料中添加中草药水提物对海鲈生长性能的影响

组别	末均重/g	增重率/%	脏体比/%	肝体比/%	腹脂率/%	肥满度/（g/cm^3）	饲料系数
对照	29.95 ± 0.55	225.77 ± 6.12	13.00 ± 0.24	1.55 ± 0.02	8.12 ± 0.30	2.07 ± 0.01	1.84 ± 0.09
红景天	27.31 ± 1.49*	197.41 ± 16.02*	13.79 ± 0.36*	1.53 ± 0.03	8.31 ± 0.16	2.20 ± 0.09	1.91 ± 0.12
银杏叶	28.25 ± 0.87*	208.08 ± 9.88	13.62 ± 0.49	1.51 ± 0.07	7.88 ± 0.14	2.15 ± 0.00**	1.76 ± 0.18
黄芩	31.75 ± 0.81*	245.44 ± 8.87*	12.97 ± 0.14	1.48 ± 0.01**	7.52 ± 0.16*	2.10 ± 0.04	1.62 ± 0.01*
黄芪	25.98 ± 2.65	182.59 ± 28.63	12.44 ± 0.54	1.33 ± 0.04**	7.36 ± 0.40	1.93 ± 0.03**	1.98 ± 0.07
金银花	29.98 ± 4.64	226.29 ± 50.39	13.58 ± 0.46	1.64 ± 0.03*	8.15 ± 0.51	2.14 ± 0.14	1.73 ± 0.09
葛根	34.78 ± 1.21**	278.67 ± 13.27**	13.08 ± 0.63	1.52 ± 0.03	7.54 ± 0.54	2.12 ± 0.01**	1.59 ± 0.05*

注：星号（*）表示与对照组相比差异显著，两个星号（**）表示与对照组相比差异极显著。

表9　饲料中添加中草药水提物对海鲈血清生化指标的影响

组别	ALT/（U/L）	AST/（U/L）	SOD/（U/mL）	CAT/（U/mL）	MDA/（nmol/mL）	T-AOC/（mmol/L）
对照	17.92 ± 2.52	18.70 ± 0.65	17.17 ± 0.96	6.44 ± 0.08	23.95 ± 1.45	0.69 ± 0.02
红景天	23.28 ± 2.17*	20.86 ± 2.86	19.61 ± 1.49	6.28 ± 0.68	19.59 ± 2.00*	0.64 ± 0.07
银杏叶	18.21 ± 3.96	15.28 ± 1.66	11.73 ± 1.26*	3.60 ± 0.54*	20.53 ± 3.82	0.55 ± 0.05*
黄芩	9.44 ± 1.75**	18.56 ± 0.96	13.06 ± 0.20*	4.68 ± 0.48*	16.65 ± 1.63**	0.57 ± 0.06*
黄芪	7.99 ± 1.64**	14.02 ± 1.04*	14.34 ± 1.45	2.63 ± 0.50**	17.42 ± 2.12*	0.61 ± 0.07
金银花	28.24 ± 4.34*	13.04 ± 3.29	18.20 ± 0.20	7.71 ± 0.06**	18.43 ± 3.55	0.61 ± 0.14
葛根	5.18 ± 3.20**	10.39 ± 0.04**	16.09 ± 1.92	5.43 ± 0.71	15.35 ± 1.45**	0.69 ± 0.11

注：星号（*）表示与对照组相比差异显著，两个星号（**）表示与对照组相比差异极显著。

3.4　高脂饲料中添加槲皮素和羟基酪醇对海鲈生长性能的影响

本试验在高脂饲料中添加槲皮素和羟基酪醇，探究其对海鲈生长性能的影响。实验设置正常脂肪组NFD、高脂组HFD、高脂饲料添加槲皮素组HFD+QUE、高脂饲料添加羟基酪醇组NFD+HT、高脂饲料中添加槲皮素和羟基酪醇组HFD+QUE+HT、正常饲料中添加槲皮素和羟基酪醇组NFD+QUE+HT。结果表明，高脂饲料中添加槲皮素和羟基酪醇配伍能改善海鲈的生长性能（表10）。

表10　槲皮素和羟基酪醇配伍对海鲈生长性能的影响

组别	末均重/g	增重率/%	饲料系数	蛋白质效率/%	腹脂率/%
NFD	82.50 ± 2.70[b]	230.03 ± 10.84[b]	1.40 ± 0.02[b]	1.52 ± 0.02[b]	6.84 ± 0.40[a]
HFD	71.40 ± 1.56[a]	185.87 ± 6.29[a]	1.60 ± 0.03[c]	1.33 ± 0.02[a]	9.66 ± 0.12[c]
HFD+QUE	85.90 ± 1.70[b]	243.67 ± 6.74[b]	1.31 ± 0.01[b]	1.62 ± 0.01[b]	8.40 ± 0.18[b]
HFD+HT	86.23 ± 0.35[b]	244.90 ± 1.44[b]	1.35 ± 0.02[b]	1.58 ± 0.03[b]	8.49 ± 0.08[b]
HFD+Q+HT	94.70 ± 1.39[c]	278.50 ± 5.24[c]	1.15 ± 0.04[a]	1.86 ± 0.06[c]	7.01 ± 0.24[a]
NFD+Q+HT	89.37 ± 1.97[bc]	257.63 ± 7.91[bc]	1.37 ± 0.05[b]	1.6 ± 0.05[b]	7.09 ± 0.14[a]

注：同一列数据不含或含有相同的上标字母表示差异不显著。

4　非鱼粉蛋白在海鲈饲料中的应用效果评价和高效利用策略研究

4.1　有益菌对饲喂黄粉虫粉饲料海鲈生长性能和肠道健康的影响研究

为探讨肠道优势益生菌对海鲈消化利用脱脂黄粉虫粉（DTM）的影响，将10%DTM组海鲈肠道定植菌群中分离的5株益生菌（H1、H2、H3、H5和H7）分别添加到10%DTM（DTM组）的对照组饲料中，评估不同肠源益生菌对海鲈生长性能和肠道健康的影响。结果表明：在10%DTM组饲料中添加H2和H5定植菌株可显著提升海鲈的生长性能，同时H1、H5和H7组益生菌改善了肠道组织形态（表11和12）。

表11　DTM饲料添加不同益生菌对海鲈生长性能的影响

组别	增重率/%	特定生长率/（%/d）	饲料效率FE	蛋白质沉积率PRR/%
DTM	987.83 ± 16.23	4.26 ± 0.03	0.85 ± 0.03	33.83 ± 1.21
H1	951.80 ± 20.23	4.20 ± 0.04	0.87 ± 0.07	35.17 ± 2.73
H2	1082.91 ± 16.68*	4.41 ± 0.02*	0.88 ± 0.01	37.03 ± 0.78
H3	1001.06 ± 19.79	4.28 ± 0.03	0.86 ± 0.05	35.07 ± 2.23
H5	1118.79 ± 22.22*	4.46 ± 0.03*	0.82 ± 0.05	33.47 ± 1.92
H7	1013.02 ± 93.86	4.29 ± 0.15	0.83 ± 0.01	33.93 ± 0.62

注：星号（*）表示与对照组相比差异显著。

表12　DTM饲料添加不同益生菌对海鲈肠道形态学的影响

组别	绒毛宽度/μm	绒毛长度/μm	肌层厚度/μm
DTM	69.54 ± 3.86	339.20 ± 11.88	135.24 ± 1.56
H1	76.96 ± 1.75	418.32 ± 18.47*	149.02 ± 1.65*
H2	78.62 ± 5.20	399.02 ± 23.14	150.67 ± 11.15

续表

组别	绒毛宽度/μm	绒毛长度/μm	肌层厚度/μm
H3	75.99 ± 3.45	399.11 ± 24.24	162.90 ± 6.64*
H5	73.40 ± 0.18	496.77 ± 39.39*	174.01 ± 7.03*
H7	64.68 ± 3.26	426.46 ± 21.43*	148.33 ± 0.93*

注：星号（*）表示与对照组相比差异显著。

4.2 有益菌对饲喂高豆粕饲料海鲈生长、肠道结构和菌群的影响

研究了两种原籍益生菌——暹罗芽孢杆菌LF4、乳球菌LF3对饲喂高豆粕饲料海鲈的生长、肠道结构和菌群的影响。实验设置1个阳性对照组（鱼粉组，F1），其余5组利用豆粕替代饲料中60%鱼粉，分别为全程不添加益生菌的高豆粕对照组（S1）、全程添加暹罗芽孢杆菌组（P1）、养殖28 d后添加暹罗芽孢杆菌组（P2）、全程添加乳球菌组（P3）、养殖28 d 后添加乳球菌组（P4），养殖周期为56 d。结果表明：养殖中期（28 d），各组生长指标无显著差异（$P>0.05$）（表13）；养殖后期（56 d），P1组的SGR显著高于S1组（$P<0.05$）；P1组的FCR显著低于S1组（$P<0.05$），P2、P3、P4组在生长指标上与S1组差异不显著（$P>0.05$）（表14）。全程添加暹罗芽孢杆菌LF4可以较好地改善高豆粕造成的肠道损伤（图6），改善海鲈生长性能（表14）。

表13 养殖中期海鲈生长性能指标

项目	组别					
	F1	S1	P1	P2	P3	P4
FBW/g	48.12 ± 0.58^{b}	41.13 ± 1.00^{ab}	44.19 ± 1.62^{ab}	41.50 ± 1.39^{ab}	42.51 ± 2.56^{ab}	39.93 ± 3.82^{a}
投喂量/g	357.00 ± 9.60^{a}	290.63 ± 16.51^{ab}	301.45 ± 16.00^{ab}	312.31 ± 37.15^{ab}	303.77 ± 42.03^{ab}	279.18 ± 62.91^{b}
SGR/%	5.43 ± 0.04^{b}	4.86 ± 0.09^{ab}	5.12 ± 0.13^{ab}	4.89 ± 0.12^{ab}	4.97 ± 0.22^{ab}	4.73 ± 0.33^{a}
FCR	0.79 ± 0.01	0.94 ± 0.03	0.86 ± 0.04	0.93 ± 0.04	0.92 ± 0.08	0.97 ± 0.13

注：同一列数据不含或含有相同的上标字母表示差异不显著。

表14 养殖后期海鲈生长性能指标

项目	组别					
	F1	S1	P1	P2	P3	P4
FBW/g	96.17 ± 2.22^{c}	76.17 ± 1.71^{a}	88.99 ± 1.75^{b}	84.99 ± 2.72^{b}	86.22 ± 0.74^{b}	76.96 ± 1.63^{a}
SGR/%	3.94 ± 0.04^{d}	3.60 ± 0.02^{ab}	3.75 ± 0.01^{c}	3.71 ± 0.07^{bc}	3.69 ± 0.03^{abc}	3.57 ± 0.03^{a}
FCR	0.86 ± 0.01^{a}	1.01 ± 0.01^{d}	0.95 ± 0.02^{b}	0.97 ± 0.02^{bc}	0.98 ± 0.01^{cd}	0.99 ± 0.01^{cd}
投喂量/g	$1\,205.60 \pm 49.25^{a}$	$1\,174.17 \pm 36.44^{ab}$	$1\,150.00 \pm 108.49^{ab}$	$1\,216.70 \pm 59.31^{a}$	$1\,133.60 \pm 64.98^{ab}$	$1\,058.20 \pm 79.09^{b}$
存活率/%	98.33 ± 2.89	98.33 ± 2.89	96.67 ± 5.77	98.33 ± 2.89	95.00 ± 5.00	98.33 ± 2.89

注：同一列数据不含或含有相同的上标字母表示差异不显著。

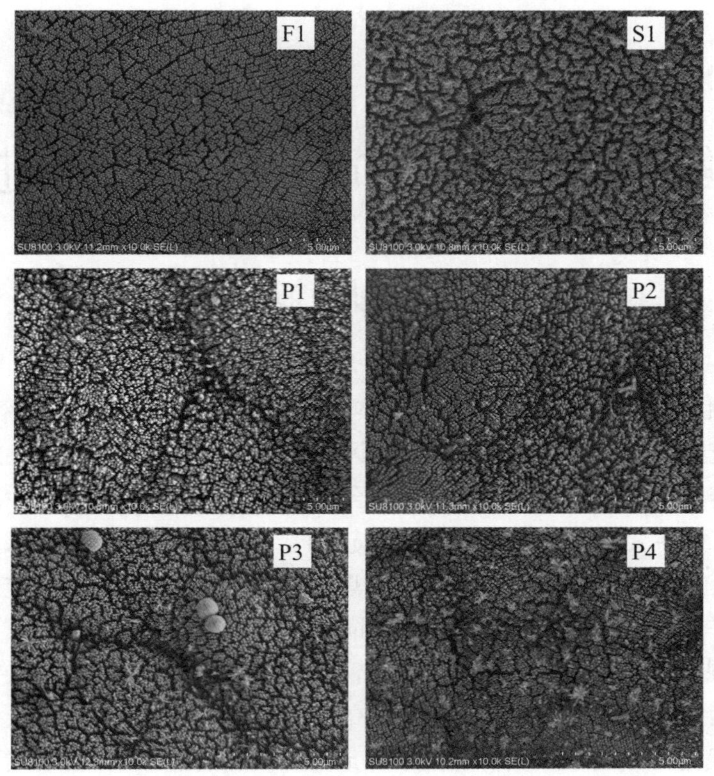

图6　养殖后期（56 d）各组海鲈肠道扫描电镜（10000X）

（岗位科学家　张春晓）

河鲀营养需求与饲料技术研发进展

河鲀营养需求与饲料岗位

2022年河鲀营养需求与饲料岗位围绕体系年度工作任务要求，完善河鲀基础营养素的数据库，研究鱼粉鱼油的替代、新蛋白源评价、氨基酸需求以及功能性添加剂的开发，开发了循环水养殖模式下红鳍东方鲀专用配合饲料，从而节约资源，减少发病率，实现绿色发展。具体工作主要为以下几个方面：确定了暗纹东方鲀色氨酸的需求量、红鳍东方鲀EPA及胆固醇适宜添加量；研究了饲料中以黑水虻替代鱼粉对暗纹东方鲀的影响，并确定了适宜替代水平；确定了脱酚棉粕替代鱼粉饲喂红鳍东方鲀的适宜用量及其效果评价；探讨了鸡肉粉和混合油（禽油/椰子油）联合替代鱼粉和鱼油对红鳍东方鲀生长性能和肌肉品质的影响，确定了最佳替代比例；研究了高脂饲料中添加含硫氨基酸及肉碱对红鳍东方鲀生长和脂肪代谢的影响，开发功能性添加剂1种；研发循环水养殖模式下红鳍东方鲀混养的饲料配方1套，进行了中试实验，并通过专家现场验收；进行了“河鲀高效环保饲料关键技术创新与应用”成果评价，认定成果达到国际先进水平。发布了团标“红鳍东方鲀配合饲料”及“红鳍东方鲀投喂技术规范”2项。本岗位成功研发了循环水养殖期红鳍东方鲀专用配合饲料，从而达到红鳍东方鲀养殖全过程替代鲜杂鱼的目标，构建资源节约、环境友好、质量安全的配合饲料推广应用体系，对实现河鲀养殖绿色发展具有重要意义。

1　完善河鲀营养需求及饲料利用参数

1.1　饲料中添加不同水平色氨酸对暗纹东方鲀生长的影响

为探究不同水平色氨酸对暗纹东方鲀生长的影响，以初始体重为37.7 g的同一批人工繁育的暗纹东方鲀幼鱼为研究对象，以鱼粉、啤酒酵母、玉米蛋白粉和明胶为主要蛋白源，鱼油和卵磷脂为脂肪源。通过在基础饲料中添加晶体色氨酸配制成四种等氮等脂的饲料（色氨酸含量分别为0.22%、0.52%、1.12%和2.02%，分别记为Trp0.22、Trp0.52、Trp1.12和Trp2.02）。每组饲料设置三个重复，每天表观饱食投喂三次，实验周期为63 d。结果表明，饲料中添加不同水平的色氨酸对暗纹东方鲀鱼体粗蛋白、粗脂肪、灰分、水分含量以及血清生化指标并未产生显著影响（$P>0.05$）。Trp0.52组暗纹东方鲀增重率显著低于其他3个处理组（$P<0.05$），而存活率和饲料效率在各处理组间无显著差异（$P>0.05$）。Trp2.02组暗纹东方鲀咬伤率显著低于Trp0.52组（$P<0.05$），但与Trp0.22和Trp1.12两组无显著性差异（$P>0.05$）。肠道中氨基酸转运载体（B^0AT1、B^0AT2、4F2hc/LAT2、4F2hc/y^+LAT1）基因相对表达量并无显著差异，但是具有下调基因表达的趋势（$P>0.05$）。而在脑中，上述氨基酸转运载体基因相对表达量在各处理组同样未产生显著性差异，但具有上调基因表达的趋势（$P>0.05$），饲料中添加1.12%和2.02%的晶体色氨酸不影响鱼体的生长和体成分（图1）。

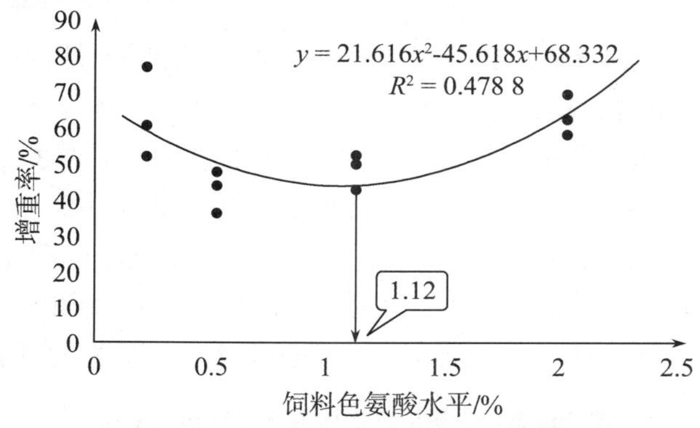

图 1　饲料色氨酸水平对暗纹东方鲀增重率的影响

1.2　饲料中添加不同水平EPA对红鳍东方鲀生长及脂肪酸组成的影响

为探究不同水平EPA对红鳍东方鲀生长及脂肪酸组成的影响，通过梯度添加EPA纯化油配制了3种不同EPA含量的（EPA0.5：EPA占总脂肪酸的0.5%；EPA1：EPA占总脂肪酸的1%；EPA1.5：EPA占总脂肪酸的1.5%）等氮等脂饲料，依次命名为EPA0.5、EPA1.0、EPA1.5。以同一批均重为28g的红鳍东方鲀为实验鱼，在室内流水养殖系统中进行了为期56 d的养殖实验。每天3次表观饱食投喂。结果表明在3个处理组中，河鲀的增重率、特定生长率、肥满度均无显著性差异（$P>0.05$）。常规成分结果显示肌肉中的水分、粗蛋白、粗脂肪均无显著性差异（$P>0.05$），而EPA0.5和EPA1.5组肝脏中的水分显著高于EPA1.0组（$P<0.05$），粗蛋白和粗脂肪在各组中也没有显著性差异（$P>0.05$）。肝脏脂肪酸结果显示C18：1n−9脂肪酸以及EPA、C22：5n−3含量呈现显著性增加（$P<0.05$），DHA含量在EPA0.5组和EPA1.0组中无显著差异（$P>0.05$），在EPA1.5组中，DHA含量显著增加（$P<0.05$）。肌肉脂肪酸结果显示EPA0.5组中EPA含量显著低于EPA1.5组（$P<0.05$），EPA0.5组中DHA含量显著高于EPA1.5组（$P<0.05$）。性腺结果显示性腺中EPA的含量依次增加，且在EPA0.5组和EPA1.5组间出现显著性差异（$P<0.05$），其他脂肪酸均无显著差异（$P>0.05$）。综上所述，饲料中脂肪水平为大约10%时，饲料中添加0.5%的EPA可满足红鳍东方鲀生长的需求，但是添加水平为1.0%时，才能使肌肉中EPA和DHA达到理想的富集水平。

1.3 饲料胆固醇的添加对红鳍东方鲀生长及脂代谢的影响

为探究饲料中胆固醇对红鳍东方鲀生长及脂代谢的影响。通过在基础饲料（添加有30%的鱼粉但不添加鱼油）中添加不同含量的胆固醇（0%、0.5%、1%、2%和4%）制成五种实验饲料，并依次命名为Control、CHO-0.5、CHO-1.0、CHO-2.0和CHO-4.0，在室内流动海水系统中开展为期70 d的养殖实验。每组饲料设置3个重复，每桶30尾鱼，每天3次表观饱食投喂。生长性能及形体指标如表1所示，与添加1%的胆固醇相比，过量的胆固醇添加（2%和4%）显著降低了红鳍东方鲀的增重率；饲料中添加胆固醇降低了摄食率和肝脏粗脂肪含量，然而0.5%的胆固醇添加升高了肌肉中的粗脂肪含量；饲料中添加2%的胆固醇显著升高了血清和肝脏中总胆固醇的含量，但是对肌肉中的总胆固醇含量影响不显著；同时饲料胆固醇添加显著升高了肝脏中C20：4*n*-6的含量。饲料中添加胆固醇显著上调了肝脏中胆固醇7α羟化酶（CYP7A1）的表达，下调了3-羟基-3-甲基戊二酰-COA还原酶（HMG-COAr）以及脂吸收和脂合成相关基因的表达。然而对肝脏中肉碱酯酰转移酶（CPT1）和载脂蛋白（ApoA1、ApoA4、ApoB100 和ApoEα）的表达无显著影响。在本实验条件下，饲料低水平添加胆固醇对红鳍东方鲀的生长性能无显著影响，但超过2%会显著降低其生长速度。本研究结果将为鱼类饲料中胆固醇的科学应用提供依据。

表1 实验鱼的生长性能及形体指标（平均值±标准误）

指标	Control	CHO-0.5	CHO-1.0	CHO-2.0	CHO-4.0
末均重/g	43.27 ± 1.00^{ab}	43.16 ± 0.89^{ab}	45.69 ± 2.06^{a}	39.25 ± 1.71^{b}	39.35 ± 1.05^{b}
增重率/%	275.50 ± 9.03^{ab}	274.91 ± 8.12^{ab}	297.26 ± 17.96^{a}	241.61 ± 14.58^{b}	242.18 ± 9.16^{b}
摄食率/%	1.55 ± 0.02^{a}	1.58 ± 0.06^{a}	1.43 ± 0.07^{ab}	1.28 ± 0.11^{bc}	1.14 ± 0.03^{c}
饲料效率	0.95 ± 0.03^{ab}	0.95 ± 0.02^{ab}	0.99 ± 0.03^{a}	0.88 ± 0.05^{b}	0.87 ± 0.01^{b}
存活率/%	62.22 ± 2.94^{ab}	70.00 ± 5.09^{a}	58.89 ± 6.19^{ab}	50.00 ± 6.94^{bc}	41.11 ± 1.11^{c}
肝体比/%	9.10 ± 0.32^{a}	7.75 ± 0.22^{ab}	8.87 ± 0.57^{a}	8.13 ± 0.45^{ab}	7.24 ± 0.38^{b}
脏体比/%	15.13 ± 0.61	14.90 ± 0.52	16.41 ± 0.32	15.51 ± 1.45	14.29 ± 0.23
肥满度/（g/cm^3）	3.19 ± 0.12	3.18 ± 0.05	3.04 ± 0.10	3.22 ± 0.08	3.13 ± 0.12

2 开发非粮新型蛋白料并进行应用效果评价

2.1 黑水虻幼虫粉替代鱼粉对暗纹东方鲀生长性能、蛋白代谢及相关基因表达的影响

以初始体重为（16.33±0.34 g）的暗纹东方鲀幼鱼为实验对象，以黑水虻幼虫粉（HM）分别替代饲料中0、8%、16%和24%的鱼粉配制成四种等氮等脂的实验饲料，分别记为HM0、HM8、HM16和HM24。每组饲料设置3个重复，每缸30尾鱼，每天表观饱食投喂3次，实验周期为56 d。实验结果表明，黑水虻幼虫粉替代鱼粉并未对暗纹东方鲀

的生长性能、肌肉质构和血清生化指标产生显著影响（$P>0.05$）。与对照组相比，16%替代组增重率提高19%，显示出黑水虻幼虫粉低比例替代鱼粉具有潜在地提高生长性能的作用。与低比例（8%）替代组相比，高比例（24%）替代组显著降低了饲料效率（$P<0.05$）。黑水虻幼虫粉中含有较高含量的C12：0和C18：2n−6，能够满足鱼类对能量和18碳不饱和脂肪酸的需求；黑水虻幼虫粉的添加显著提高了鱼体C14：0和n−6脂肪酸的含量（$P<0.05$）。黑水虻幼虫粉替代鱼粉显著上调TOR的表达而下调4EBP−2的表达（$P<0.05$），但是对S6K1和4EBP−2的表达没有显著影响（$P>0.05$）。综上结果表明，黑水虻幼虫粉替代暗纹东方鲀幼鱼饲料中24%以内的鱼粉蛋白不影响鱼的生长、体成分、肌肉质地和健康状态；低比例（8%～16%）替代具有潜在地提高生长性能和饲料利用的作用（图2）。

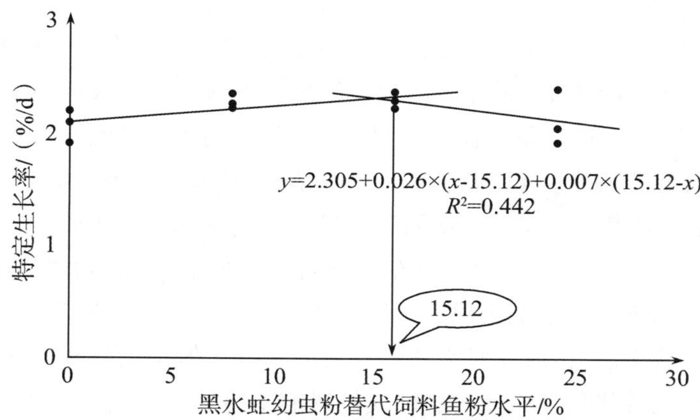

图2 饲料中黑水虻幼虫粉替代鱼粉水平与特定生长率之间的关系

2.2 脱酚棉籽蛋白替代鱼粉对红鳍东方鲀生长性能及相关生化指标的影响

以添加鱼粉作为对照，用脱酚棉籽蛋白分别等量替代0、15%、30%、45%、60%的鱼粉蛋白，制成等氮等脂的5种饲料（FM、CPC15、CPC30、CPC45、CPC60）饲养红鳍东方鲀8周，研究饲料中脱酚棉籽蛋白替代不同水平的鱼粉蛋白对红鳍东方鲀生长性能及相关生化指标的影响，为开发鱼粉蛋白替代源提供技术支撑。发现随着饲料中棉籽蛋白替代水平的升高，增重率和特定生长率呈现先上升后下降的趋势，在30%替代水平获得最大增重率和特定生长率，且显著高于其余各组，与FM组无显著差异。饲料系数在30%替代组降低且显著低于其余各组，与FM（鱼粉）组无显著差异。脱酚棉籽蛋白替代鱼粉蛋白对肠道的 AKP、ACP 和 T−AOC 活性无显著性影响（$P>0.05$），随着脱酚棉籽蛋白替代鱼粉蛋白水平的升高，肠道 LYS 的活性上升，SOD 和 CAT 活性逐渐降低。当脱酚棉籽蛋白替代鱼粉蛋白的水平达到60%时，红鳍东方鲀的肠道组织结构的完整性被破坏，肠黏膜上皮被破坏，皱襞高度和肌层厚度显著降低。

2.3 鸡肉粉和混合油（禽油/椰子油）联合替代鱼粉和鱼油对红鳍东方鲀生长性能和肌肉品质的影响

以鸡肉粉和混合油（禽油/椰子油）联合替代红鳍东方鲀饲料中的鱼粉和鱼油，评估其对生长性能、肌肉游离氨基酸、肝脏和肌肉脂肪酸的影响，以期达到联合降低饲料中鱼粉、鱼油的目的。实验中禽油：椰子油=1：1，制备鱼油–鱼粉（对照组）、禽油椰子油混合油–鱼粉、鱼油–占饲料5%鸡肉粉替代鱼粉、禽油椰子油混合油–占饲料5%鸡肉粉替代鱼粉、鱼油–占饲料10%鸡肉粉替代鱼粉、禽油椰子油混合油–占饲料10%鸡肉粉替代鱼粉等6组实验饲料，分别命名为FO–FM、PO–FM、FO–5PM、PO–5PM、FO–10PM和PO–10PM。结果表明，用混合油和鸡肉粉分别替代鱼油和鱼粉对红鳍东方鲀幼鱼的生长性能和形体指标均无显著差异，但10%鸡肉粉+混合油替代鱼粉和鱼油增重率相比其余处理组均有降低的趋势；禽油椰子油混合油组替代鱼油对肌肉总的饱和脂肪酸（∑SFA）和单不饱和脂肪酸（∑MUFA）无显著影响，但是显著降低了EPA、DHA、∑*n*–6PUFA、∑*n*–3PUFA及∑*n*–3/∑*n*–6的含量或比值。混合油组肌肉游离氨基酸中的赖氨酸显著高于鱼油组，组氨酸显著低于鱼油组（$P<0.05$）。赖氨酸呈现甜味，组氨酸呈现出苦味和酸味，禽油椰子油混合油替代鱼油后呈现出偏甜味。其他游离氨基酸没有显著差异（$P>0.05$）。各组肌肉的硬度、黏附性、内聚性、弹性、胶粘性、咀嚼性和系水力均无显著性差异。综上所述，红鳍东方鲀生长性能结果表明，鸡肉粉单独替代鱼粉10%或者用禽油：椰子油（1：1）混合替代5%的鱼油，对生长没有负面影响，但是联合替代则存在一定的负面作用。另外，混合油替代鱼油虽然对肌肉质构影响不显著，但是会显著降低肌肉中*n*–3和*n*–6及*n*–3/*n*–6长链多不饱和脂肪酸的比例。

3 红鳍东方鲀功能性添加剂的开发

高脂饲料中添加含硫氨基酸及肉碱对红鳍东方鲀生长和脂肪代谢的影响

为探究高脂饲料中添加蛋氨酸、半胱氨酸及牛磺酸对红鳍东方鲀生长及脂肪代谢的影响，在高脂（16%）基础饲料（对照组）中分别添加1.5%蛋氨酸（MET）、半胱氨酸（CYS）、牛磺酸（TAU）及L–肉碱（CAR）制成5种等氮等脂饲料。将初始体质量为15 g的红鳍东方鲀幼鱼随机分到15个桶进行56 d的摄食生长试验，每组3个平行，每桶25尾鱼，每日两次饱食投喂。含硫氨基酸及肉碱对红鳍东方鲀生长性能和形体指标的影响如表2所示，与对照组相比，摄食牛磺酸的添加组显著提高了增重率和肥满度，而摄食蛋氨酸组显著降低了肥满度，半胱氨酸组显著降低了脏体比，摄食肉碱组显著降低了肝体比。全鱼粗脂肪含量与对照组相比，摄食蛋氨酸和肉碱显著降低，而摄食牛磺酸显著升高，肝脏脂肪含量则是在半胱氨酸和牛磺酸组显著升高，而在肉碱组显著降低。血清中甘油三酯与对照组相比，摄食肉碱组显著降低。综上所述，肉碱在降低摄食高脂饲料的红鳍东方鲀体、肝脏和血清脂肪含量均有明显作用，摄食蛋氨酸仅发现对全鱼脂肪含量有显著降低，表明含硫氨基酸在降低摄食高脂饲料红鳍东方鲀脂肪方面的作用不明显。

表2　饲料中添加含硫氨基酸及肉碱对红鳍东方鲀生长性能和形体指标的影响

	对照组	MET	CYS	TAU	CAR
初均重/g	15.25 ± 0.02	15.25 ± 0.02	15.25 ± 0.04	15.21 ± 0.03	15.20 ± 0.02
末均重/g	65.95 ± 1.53	63.94 ± 0.32	66.00 ± 3.73	67.23 ± 1.53	64.18 ± 1.62
存活率/%	98.67 ± 1.33	97.33 ± 1.33	98.67 ± 1.33	98.67 ± 1.33	97.33 ± 1.33
增重率/%	300.65 ± 13.80[b]	321.87 ± 3.85[ab]	305.40 ± 11.86[ab]	351.31 ± 18.81[a]	312.02 ± 21.50[ab]
特定生长率/（%/d）	2.55 ± 0.08	2.57 ± 0.02	2.60 ± 0.10	2.69 ± 0.07	2.53 ± 0.09
饲料系数	0.99 ± 0.04[ab]	0.99 ± 0.01[ab]	1.04 ± 0.02[a]	0.91 ± 0.02b	0.98 ± 0.02[ab]
摄食率	1.95 ± 0.02	1.91 ± 0.03	1.97 ± 0.07	1.95 ± 0.06	1.97 ± 0.05
肥满度/%	3.16 ± 0.14[b]	2.83 ± 0.02[c]	3.39 ± 0.06[ab]	3.57 ± 0.02[a]	3.37 ± 0.10[ab]
肝体比/%	11.87 ± 0.78[a]	11.51 ± 0.51[ab]	10.22 ± 0.26[bc]	11.10 ± 0.31[ab]	8.96 ± 0.56[c]
脏体比/%	16.05 ± 0.82[ab]	16.92 ± 0.33[ab]	15.65 ± 0.33[b]	16.89 ± 0.56[ab]	17.52 ± 0.40[a]

4　红鳍东方鲀脂代谢关键基因的表达特征分析

4.1　红鳍东方鲀过氧化物酶体脂肪酸β－氧化相关基因的组织分布及营养调控的初步研究

过氧化物酶体在鱼类脂质代谢中发挥着重要作用。本实验研究了红鳍东方鲀中5个过氧化物酶体脂肪酸β－氧化相关基因（包括*vlcs*、*acox1*、*acox3*、*ehhadh*、*acaa1*）的组织差异表达，并研究了这些基因的表达受营养状态（即饥饿和饲料脂肪含量）的影响。红鳍东方鲀分别饲喂不同脂肪水平的3种饲料（8%、12%和16%），饲喂9周后饥饿一个月。这5个过氧化物酶体脂肪酸β－氧化相关基因在红鳍东方鲀肠道中表达量较高。高脂饲料上调了红鳍东方鲀肝脏中*vlcs*和*acox3*的表达。在饥饿期间，红鳍东方鲀肝脏中过氧化物酶体β－氧化相关基因的表达量随着饥饿时间的延长呈线性升高，而肌肉中*acox3*、*ehhadh*和*acaa1*的表达量从第0天到第4–9天增加，然后下降。综上，过氧化物酶体脂肪酸β－氧化相关基因在红鳍东方鲀肝肠中高表达，且受到饥饿状态的显著动员，而高脂肪饲料对其影响较小。

4.2　红鳍东方鲀中脂肪酸结合蛋白（fabps）的组织分布特点和营养调节

脂肪酸结合蛋白（fabps）在维持体内脂质平衡方面发挥着重要作用。在本研究中，我们研究了红鳍东方鲀7种fabp亚型，即fabp1、fabp2、fabp3、fabp4、fabp6、fabp7和fabp10。结果表明，红鳍东方鲀的大部分fabp基因亚型与其他鱼类和哺乳动物的同源基因具有很高的同源性，但红鳍东方鲀fabp6与斑马鱼和人类同源基因具有较低同源性。fabps的组织分布模式与其功能特点基本一致。但是根据系统发育树和组织分布模式，红鳍东方鲀fabps，特别是fabp1、fabp2、fabp6和fabp7可能具有不同于其他硬骨鱼的功能。高脂肪饲料下调了fabp2、fabp3、fabp6和fabp7的表达，但倾向于上调fabp1的表达。饥饿下调了大多数fabps的表达。长期（30天）饥饿增加了红鳍东方鲀中fabp7的表达。本研究结果有助于研究红鳍东方鲀fabp的生理及其营养调控。

5　典型养殖模式配合饲料的完善与示范

工厂化循环水养殖条件下红鳍东方鲀专用配合饲料的开发

循环水养殖专用配合饲料一直是困扰循环水养殖的难题。本岗位研制了红鳍东方鲀专用循环水饲料，在天津海升水产养殖有限公司进行了66天的中试，在室内工厂化循环水养殖车间进行二龄红鳍东方鲀的养成，设置对照组和实验组，对照组投喂商业配合饲料，初始平均体重540 g；实验组投喂项目开发的红鳍东方鲀专用配合饲料，初始平均体重495 g。实验结束后，分别对对照组和实验组随机各取50尾鱼测量体重，结果为红鳍东方鲀专用饲料组平均体重770 g，其增重率为55.56%；对照组平均体重700 g，增重率为29.63%。结果表明，专用配合饲料与对照组相比能显著提高红鳍东方鲀的生长性能。同时，实验中发现专用配合饲料对小瓜虫感染具有较为明显的抵抗力，显示出专用配合饲料在提高红鳍东方鲀机体免疫力和抗病力等方面的重要作用。2022年9月以线上线下结合的模式通过了专家现场验收。

图3　循环水养殖条件下红鳍东方鲀专用配合饲料验收会现场

（岗位科学家　梁萌青）

海水鱼类病毒病防控技术研发进展

病毒病防控岗位

2022年海水鱼体系病毒病防控岗位重点开展：主要海水养殖鱼类重要病毒性病原流行病学调查、病毒敏感细胞系建立、SGIV-HN株灭活疫苗临床试验、海水鱼类病毒感染致病机理、石斑鱼抗病免疫基因的功能及免疫增强剂或益生菌作用机制等工作，取得如下进展。

1　主要海水养殖鱼类重要病毒的流行暴发情况监测

调研10多次总计采集我国南北方（海南、广东、广西、福建、山东、天津和辽宁）等地10多种海水鱼（石斑鱼、斑石鲷、海鲈鱼、黑鲷、黄姑鱼、真鲷、大西洋鲷、黄鳍鲷、河鲀、金鲳、大黄鱼、大菱鲆等）样品250多份，病鱼的症状包括：红头红嘴，黑身、趴底，昏睡；脾脏肿大，鳍条出血，游泳能力减弱等，检测主要病毒的感染情况。检测结果显示，1-9月份的样品中，蛙病毒属的SGIV检出率约9.94%，阳性样品主要来自石斑鱼和河鲀，肿大病毒属的ISKNV检出率约20.99%，阳性样品来自海鲈、真鲷、黄姑鱼、大西洋鲷等。此外在部分样品中发现有两种病毒共感染的情况（图1）。2022年仅在阳江一养殖场有淋巴囊肿病毒病的反馈。在北方养殖的斑石鲷中，部分鱼体检测出肿大病毒属的斑石鲷虹彩病毒。1-9月份的样品中，神经坏死症病毒的检出率约10.49%，阳性样品主要来自石斑鱼。

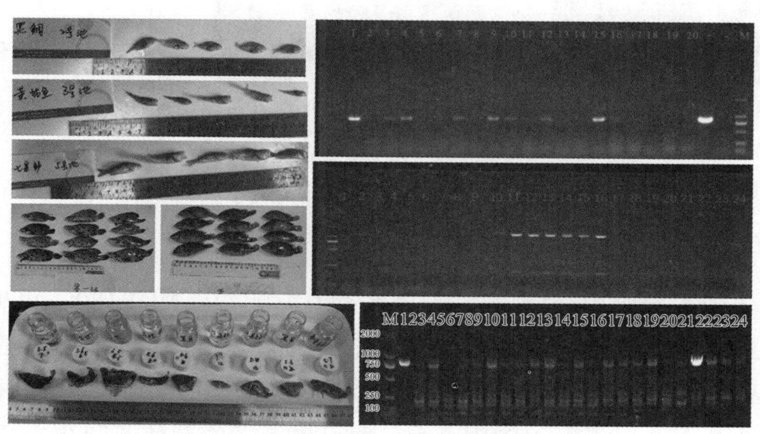

图1　海水鱼类重要病毒的检测情况

2 海水鱼类细胞系的建立

建立了石斑鱼肠道细胞系和黄鳍鲷肌肉细胞系，其中，石斑鱼肠道细胞系（ECGI-21）是首株公开的海水鱼类肠道细胞系。ECGI-21最佳培养条件为含15%胎牛血清的L15、28℃。细胞为成纤维样。细胞对SGIV和RGNNV敏感。黄鳍鲷肌肉组织细胞系（YSBM）在低血清培养物中传代100次以上仍然可以正常生长，冻存后细胞复苏率90%以上，复苏细胞能够贴壁并生长分裂，并可以正常传代，细胞形态与增殖能力同与冻存前无明显差异。该细胞系对神经坏死病毒（NNV）非常敏感。

3 斑石鲷虹彩病毒SKIV-天津株（SKIV-TJ）的分离纯化

从天津养殖的患病斑石鲷中进行病毒分离鉴定，并命名为斑石鲷虹彩病毒SKIV-天津株（SKIV-TJ）。感染细胞中SKIV-TJ 是直径大约 138 nm 的六角形病毒颗粒（图2）。SKIV-TJ 感染斑石鲷后，第九天斑石鲷的死亡率高达100%。感染病毒的斑石鲷脾脏、头肾和肾脏中存在大量嗜碱性肥大细胞。SKIV-TJ 的基因组（GenBank 登录号 ON075463）包含 112 489 bp 和132个开放阅读框。

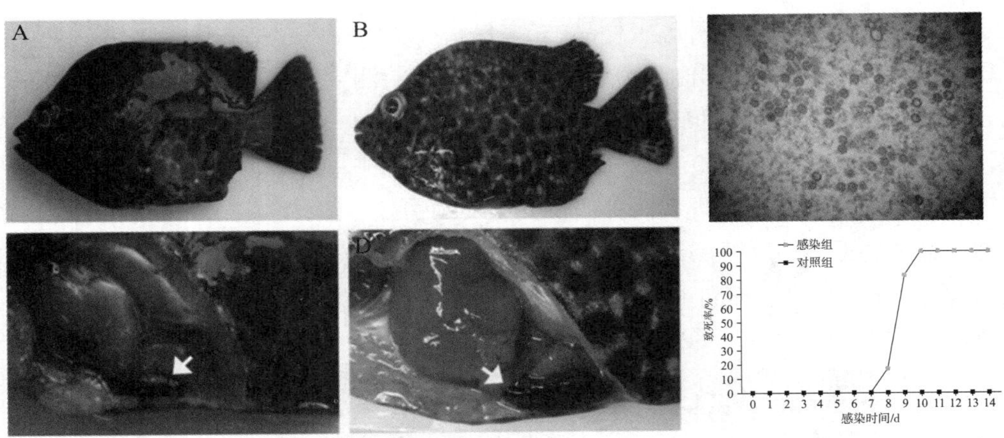

图2 斑石鲷虹彩病毒SKIV-TJ株分离和感染

4 哈维氏弧菌噬菌体V-YDF132 的分离鉴定

从阳江采集的养殖水中分离出一种新型裂解噬菌体V-YDF132，可感染哈维氏弧菌。V-YDF132属于Siphoviridae 家族，具有二十面体头和长的非收缩尾巴。DNA基因组为84 375 bp，GC含量为46.97%，预测115个开放阅读框；基因组不含任何细菌毒力基因或抗菌素耐药基因，推测V-YDF132 是一种新的弧菌噬菌体（图3）。V-YDF132在

37℃至50℃内稳定。具有广泛的稳定性（pH 5-11），可抵抗不同的外部环境。此外，V-YDF132对哈维弧菌具有较强的裂解能力。

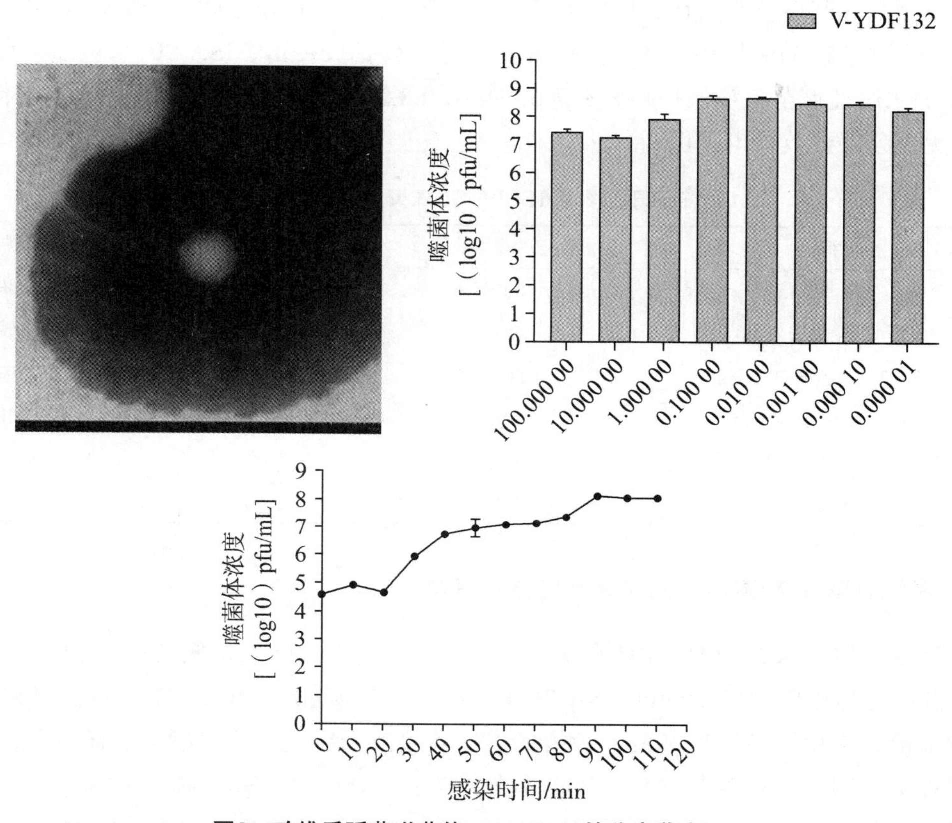

图3　哈维氏弧菌噬菌体V-YDF132的分离鉴定

5　海水鱼病毒灭活疫苗的研制

5.1　SGIV-HN株灭活疫苗的临床试验

在获得《石斑鱼蛙虹彩病毒灭活疫苗（HN株）临床试验》批件的基础上，分别在茂名滨海新区宸熙生物、海南晨海水产公司和莱州明波水产养殖公司开展SGIV-HN株灭活疫苗的临床试验，接种鱼苗超过3万尾。评价疫苗的临床免疫保护效果，疫苗相对保护率均超过65%。目前，完成石斑鱼蛙虹彩病毒灭活疫苗（HN株）GCP相关记录以及GCP备案资料的整理收集。

5.2　斑石鲷虹彩病毒灭活疫苗的研制

取灭活完全的斑石鲷虹彩病毒SD株（SKIV-SD）病毒液（$0.32 \times 10^{7.0}$ TCID50），与不同的佐剂混合制备获得灭活疫苗。腹腔注射免疫健康斑石鲷，氢氧化铝胶疫苗免疫组在免疫21天后进行攻毒（$10^{3.0}$ TCID50/mL SKIV-SD），其余四组在免疫28天后攻毒。攻毒后连续观察14日，记录各组的死亡情况，计算免疫保护率。研究结果显示：免疫饲养过程中，除微米乳剂型疫苗组在免疫后第二天死亡2尾外，其余均无死亡，表明5组疫苗安全性良好。白油疫苗的保护率最高，为91.84%，氢氧化铝胶疫苗、ISA 201水包油包水疫苗和GEL 02水溶性疫苗免疫保护率分别为69.39%、63.27%和46.64%，而IMS 1313微米乳剂疫苗则无免疫保护效果（表1）。

表1　斑石鲷虹彩病毒SPIV-SD株灭活疫苗的免疫保护效果

组别	免疫后攻毒数量	死亡率	免疫保护率
白油疫苗	50尾	8%	91.84%
氢氧化铝胶疫苗	50尾	30%	69.39%
ISA 201水包油包水疫苗	50尾	36%	63.27%
GEL 02水溶性疫苗	50尾	52%	46.94%
IMS 1313微米乳剂疫苗	50尾	94%	4.08%
对照组	50尾	98%	—

5.3　海鲈虹彩病毒SKIV-ZH株灭活疫苗的研制

确定了甲醛灭活SPIV-ZH的最佳条件，并分别通过配伍铝胶佐剂（LV）、白油佐剂（商品化鱼用佐剂Montanide ISA 763B VG）、浸泡佐剂（IMS1312）制备了SPIV-ZH灭活疫苗，采用腹腔注射和浸泡免疫的方式免疫28 d后进行攻毒感染，统计死亡率并计算相对保护率。三种疫苗的相对保护率分别为：100%，83.3%，66.7%（表2）。qPCR检测显示在肝脏和脾脏中免疫相关基因（IgM、IFN-γ、ISG15、Mx-2、IRF3、IRF7、MyD88、MHC-II）在免疫后期达到峰值，而在肾脏和头肾中免疫基因的表达量在免疫前期达到峰值。此外，三种佐剂配伍的疫苗中抗体水平均在免疫后14 d达到最高值，且整体表现为先升高后降低而后再上升的趋势。在各免疫组中病毒主要衣壳蛋白（MCP）和囊膜蛋白（MMP）的相对表达量显著降低；同样地，在各免疫组中嗜碱性肿大粒细胞的量显著减少甚至消失，仅在头肾组织中可见到少量的嗜碱性肿大粒细胞。综上所述，海鲈虹彩病毒灭活疫苗具有较好的免疫保护效果。

表2　海鲈虹彩病毒灭活疫苗的免疫保护效果

组别	死亡数/总数（尾）	死亡率	相对保护率
对照组	6/20	30%	/
铝胶佐剂（LV）	0/20	0%	100%
铝胶佐剂（永顺）	0/20	0%	100%
白油佐剂（763B）	1/20	5%	83.3%
IMS 1312佐剂浸泡组	2/20	10%	66.7%

6 海水鱼类病毒感染致病机制研究

6.1 构建神经坏死病毒RGNNV与轮虫弧菌混合感染卵形鲳鲹的模型

构建神经坏死病毒RGNNV与轮虫弧菌混合感染卵形鲳鲹的模型，并比较混合感染组与单病原感染组对宿主的致病性与感染机制。结果表明，当神经坏死病毒和轮虫弧菌混合感染时，增加了卵形鲳鲹的死亡率；加重了脑、肝、脾的组织病变，促进RGNNV和轮虫弧菌在脑、眼、肝、脾、皮肤、肌肉六个组织中的复制。混合感染组中两种病原阳性信号高于单一感染组。RGNNV的刺激会引起中性粒细胞的增多和聚集现象，混合感染组的现象更加明显。综上所述，神经坏死病毒和轮虫弧菌两种病原在卵形鲳鲹体内存在协同作用，两病原体之间的相互促进作用，极大地改变了宿主感染的病程、严重程度和免疫反应。

6.2 SGIV VP131在病毒免疫逃逸中的作用机制

SGIV VP131编码一个内质网定位蛋白，体外过表达VP131促进病毒基因表达和病毒粒子产生，敲降VP131 则显著抑制SGIV复制。体外过表达 VP131降低 poly（I：C）、环鸟苷酸–腺苷酸合成酶（cGAS）/干扰素基因刺激因子（STING）、TANK–结合激酶 1（TBK1）或黑色素瘤分化相关基因5（MDA5）诱导的 IFN–1启动子活性及干扰素基因转录，却不影响线粒体抗病毒信号蛋白（MAVS）激活的干扰素反应。VP131与STING 或TBK1相互作用且共定位，而且VP131通过K48和K63连接的泛素化促进 STING 降解。过表达STING 也能加速VP131聚集体的形成（图4）。因此，SGIV VP131通过泛素–蛋白酶体途径抑制STING–TBK1信号，负向调控干扰素免疫反应，从而帮助SGIV达到免疫逃逸的目的。

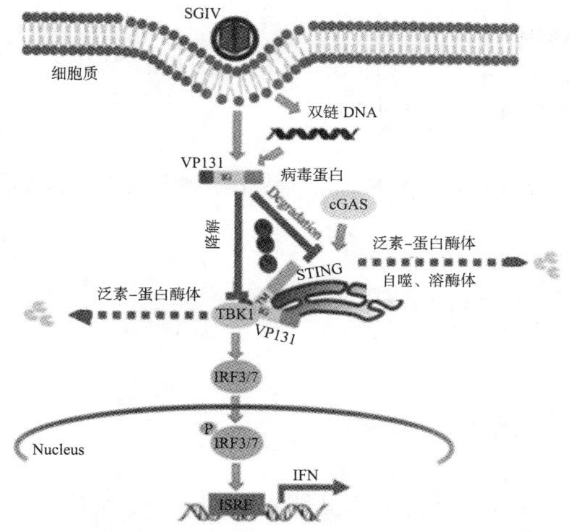

图4 虹彩病毒SGIV 免疫逃逸蛋白VP131对STING–TBK1信号的调控机制

6.3 SGIV 利用宿主细胞从头脂肪酸合成帮助病毒复制

SGIV 感染重排宿主脂代谢进程，其中棕榈酸、油酸、硬脂酸等脂肪酸发生显著上调。荧光定量PCR 显示，脂代谢关键酶包括乙酰辅酶a 羧化酶1（ACC1）、脂肪酸合成酶（FASN）、固醇调节元件结合蛋白1（SREBP1）、脂肪甘油三酯脂肪酶（ATGL）、中链乙酰辅酶a 脱氢酶（MCAD）和脂蛋白脂肪酶（LPL）在此过程中显著上调。SGIV 感染同时诱导细胞内脂滴的生成。抑制脂肪酸生物合成的两个关键限速酶ACC1 和FASN的抑制剂TOFA和C75显著抑制 SGIV 的复制（图5），抑制脂肪酸β 氧化亦显著降低病毒产量。进一步研究发现脂肪酸合成在SGIV 进入阶段发挥作用。此外，抑制ACC1 或FASN能够正向调控宿主免疫和促炎反应，从而影响病毒复制。

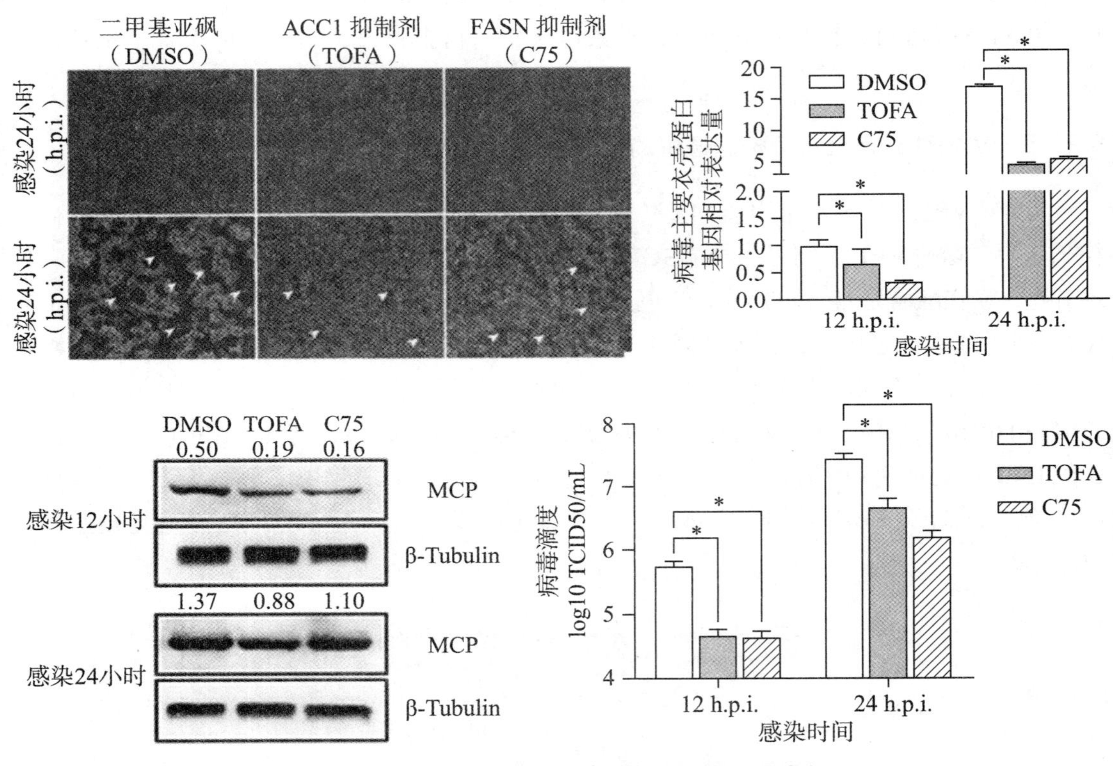

图5 SGIV利用宿主细胞从头脂肪酸合成帮助病毒复制

7 石斑鱼免疫基因的功能

7.1 石斑鱼抗病基因的功能研究

从石斑鱼中克隆抗病毒功能基因，包括：组织蛋白酶D（Ec-CD）、Ras-GTP酶激活蛋白SH3结构域结合蛋白1 G3BP1（Ec-G3BP1）和G3BP2（Ec-G3BP2）、蛋白酶抑制剂F（Ec-CyF）和三重基序蛋白TRIM23（Ec-TRIM23）。其中，Ec-CD主要分布在细胞质中，Ec-CD过表达抑制SGIV复制、病毒诱导的细胞凋亡、报告基因p53和活化蛋白1（AP-1）的激活。同时，Ec-CD过表达明显抑制了活化的丝裂原活化蛋白激酶（MAPK）途径，包括细胞外信号调节激酶（ERK）和c-Jun N-末端激酶（JNK）。Ec-G3BP1和Ec-G3BP2呈细胞质均匀分布，过表达G3BP1和G3BP2抑制RGNNV的体外复制，并正向调控干扰素和炎症相关基因的表达水平。Ec-TRIM23过表达显著抑制RGNNV和SGIV复制，Ec-TRIM23和TBK1、TRAF 3和TRAF4、TRAF5和TRAF6相互作用。

7.2 石斑鱼免疫基因与病毒蛋白的相互作用

从石斑鱼中克隆获得与病毒蛋白相互作用的基因，包括肿瘤坏死因子受体相关因子TRAF3（EcTRAF3）、泛素特异性蛋白酶USP12（EcUSP12）、干扰素（IFN）诱导蛋白35（EcIFIP35）。其中，过表达的EcTRAF3抑制RGNNV在GS细胞中的复制，与RGNNV的主要衣壳蛋白（coat protein，CP）发生相互作用，而EcTRAF4也与CP蛋白可能存在相互作用，但促进RGNNV复制。作为一个内质网定位蛋白，EcUSP12在病毒感染后定位发生改变，与RGNNV CP蛋白相互作用。而过表达EcUSP12显著抑制RGNNV病毒复制。EcIFIP35定位于胞质内，过表达显著抑制RGNNV病毒复制。EcIFIP35与RGNNV CP相互作用。

7.3 石斑鱼转录因子的功能研究

从石斑鱼中克隆获得石斑鱼转录因子ATF1、调节因子X5（RFX 5）和核转录因子Y（EaNFYC），并研究了这些转录因子在病毒感染及调节主要组织相容性复合物（MHC-I）信号通路中的作用。EcATF1过表达能明显地抑制SGIV和RGNNV病毒复制；EcATF1过表达上调干扰素相关基因和促炎因子，并增加IFN、ISRE和NF-κB的启动子活性。同时，EcATF1过表达调节MHC-I信号通路，上调MHC-I的启动子活性。EaNFYC均匀分布在细胞核中。EaNFYC能够显著上调 EaMHC-Iα、干扰素信号分子和促炎症细胞因子的表达。且EaMHC-Iα 启动子序列上-878 bp 至+82 bp 区域是 EaNFYC 结合的核心区域。过表达EaRFX5也促进EaMHCIa基因、干扰素信号通路和炎性细胞因子的表达。EaMHCIa启动子的267bp至+82bp区域是EaRFX5结合的核心区域。此外，M3是EaMHCIa启动子中的EaRFX5结合位点。

7.4 石斑鱼免疫基因开展抗病SNP位点筛选

基于免疫基因PPAR-δ的基因组DNA序列开展SNP位点筛选，并对这些位点分别进行石斑鱼虹彩病毒（SGIV）和神经坏死病毒（RGNNV）抗性的关联分析。在SGIV感染的易感组和抗感组样品中共筛查到9个SNP位点，其中SNP-S7（g.4595T＞A）基因型频率在SGIV易感组和抗感组中存在显著差异分布（$P<0.05$），SNP-S7的TT和AA这两种纯合

子基因型与SGIV抗感性状相关，而AT杂合子基因型与SGIV易感性状相关。在RGNNV感染的易感组和抗感组样品中共筛查到8个SNP位点，其中SNP-N5（g.2510C＞T）基因型频率在RGNNV易感组和抗感组中存在显著差异分布（P＜0.05），SNP-N5的CC基因型与RGNNV易感性状相关，CT基因型与RGNNV抗感性状相关。

8 海水鱼抗病功能制品作用机制研究

8.1 免疫增强剂姜黄素抗病毒活性的检测

姜黄素（curcumin）能够明显抑制SGIV的复制，且具有浓度依赖性。姜黄素处理的细胞膜上黏附的病毒粒子减少，表明姜黄素能够抑制病毒进入。姜黄素能够正向调节干扰素相关细胞因子的表达、降低炎症反应和促进细胞的抗氧化能力。此外，腹腔注射姜黄素对鱼体无明显组织损伤，且能够降低SGIV感染引起的鱼体死亡，表明姜黄素不仅具有明显的体内和体外抗病毒活性，且能增强鱼体免疫和抗氧化能力（图6）。

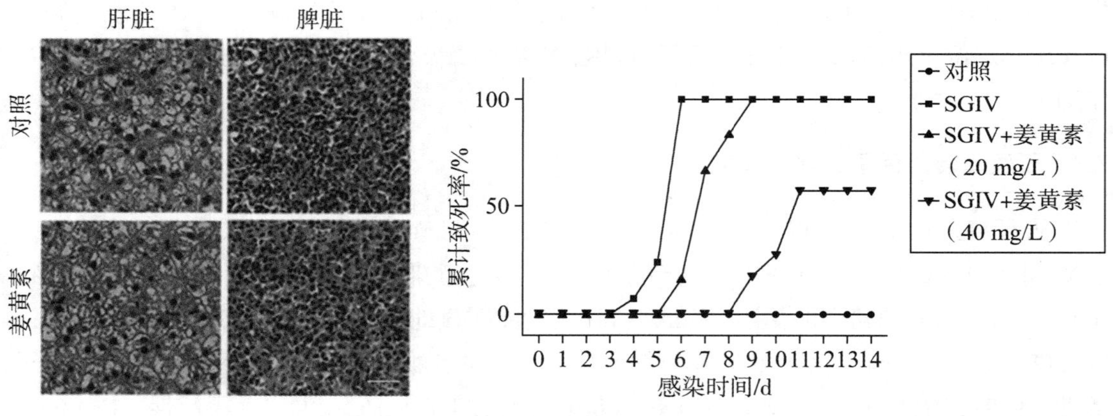

图6 姜黄素体内抗SGIV活性

8.2 卵黄抗体IgY抗石斑鱼虹彩病毒SGIV

通过饲料添加特异卵黄抗体IgY口服饲喂石斑鱼，可增强鱼体对抗病毒能力，相对保护率约为53%。此外，饲喂卵黄抗体可以减轻肝脾肾等器官组织中病毒感染造成的组织病理变化，且能够显著降低组织中的病毒基因的转录。总之，通过饲喂特异性的卵黄抗体，可以保护石斑鱼抵抗SGIV感染及减轻感染引起的组织病理损伤，提高石斑鱼的成活率（图7）。

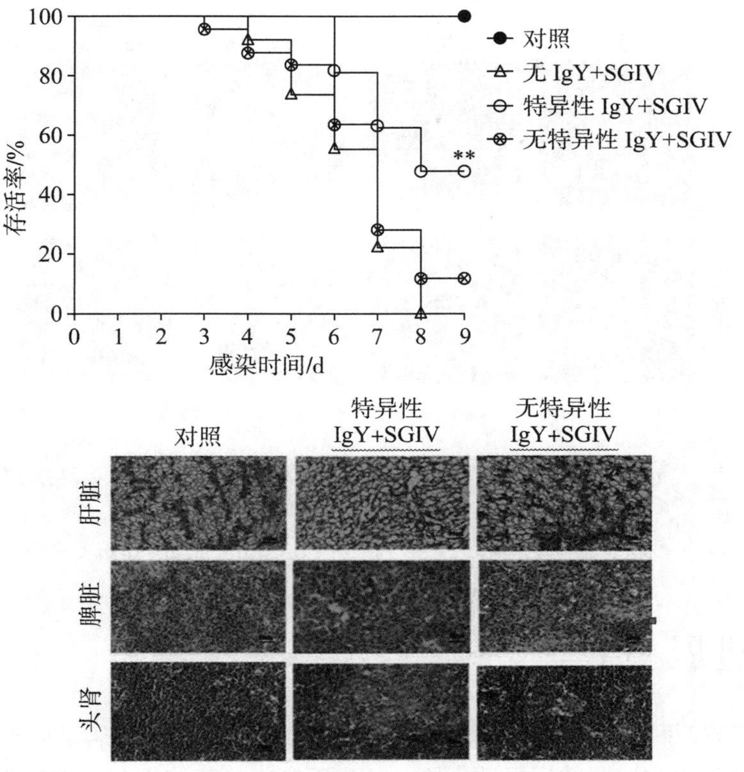

图7　石斑鱼饲喂卵黄抗体抗SGIV感染

9　海鲈肠道乳酸乳球菌（M48）生化特性及免疫增强作用

从健康海鲈肠道中共获得219株菌株，其中芽孢杆菌属和乳酸乳球菌属是潜在的肠道益生菌。在12株潜在益生菌中M48具有耐酸、耐胆盐特性、盐度耐受性，其特征证实可作为在鱼类肠道中定植的益生菌。M48菌不具有运动性；M48具有一定的胞外蛋白酶分泌功能；M48可以抑制致病菌创伤弧菌、哈维氏弧菌、溶藻弧菌、海豚链球菌、柠檬酸杆菌和气单胞菌的生长。将益生菌与饵料混合投喂海鲈，并进行海鲈虹彩病毒SPIV攻毒，发现益生菌投喂组的免疫保护率达75%（表3）。此外，投喂益生菌组在SPIV病毒感染后，脏器和肠道损伤症状较轻（图8）。表明该益生菌可以通过降低肠道组织损伤，调节肠道免疫力，从而发挥抗病的作用。

表3　海鲈肠道益生菌的相对保护率

组别	死亡数/总数	死亡率/%	免疫保护率/%
饲喂组	3/30	10.0	75.0
对照组	12/30	40.0	0.0

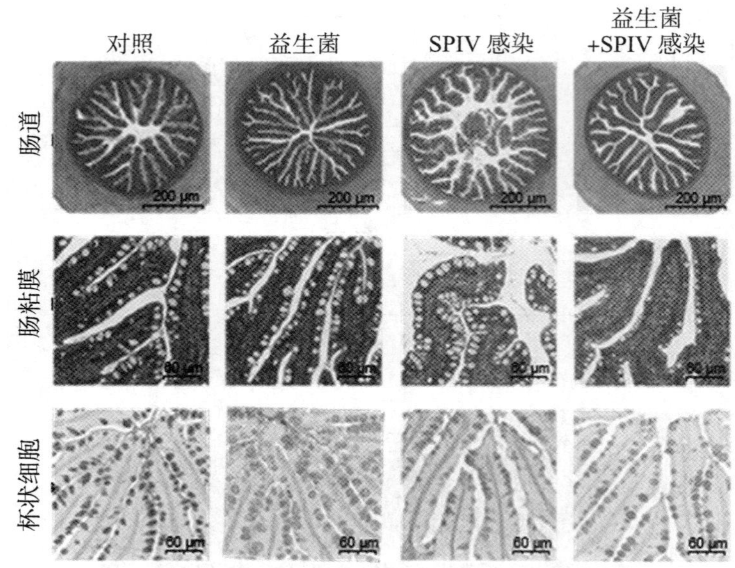

图8　益生菌M48降低SPIV导致的肠道组织损伤

10　年度进展小结

（1）完成2022年我国主要海水养殖鱼类重要病毒性病原流行病学调查和病原分离，确定主要海水养殖鱼类主要的病毒性病原。从斑石鲷中分离鉴定到一株虹彩病毒（SKIV-TJ），从养殖水中分离出一种新型弧菌噬菌体V-YDF132。

（2）自主建立了2株海水鱼类细胞系：石斑鱼肠道细胞系（ECGI-21）和黄鳍鲷肌肉细胞系（YSBM）。

（3）开展SGIV-HN株灭活疫苗的临床试验，已完成该疫苗GCP相关记录以及GCP备案资料的整理收集。制备并完成斑石鲷虹彩病毒灭活疫苗和海鲈虹彩病毒灭活疫苗免疫保护效果评价，免疫保护率均超过90%。

（4）构建神经坏死病毒RGNNV与轮虫弧菌混合感染卵形鲳鲹的模型，初步揭示了混合感染机制。阐明SGIV编码基因VP31病毒免疫逃逸中的作用机制；揭示SGIV操控利用宿主细胞从头脂肪酸合成帮助病毒复制。

（5）阐明了10多个石斑鱼抗病相关的免疫基因的功能，鉴定了1种抗病毒分子标记，为鱼类抗病功能制品的筛选奠定理论基础。

（6）完成了免疫增强剂姜黄素在体内外对SGIV的抗病毒效果评价；制备卵黄抗体IgY并评价了SGIV的卵黄抗体IgY的抗病能力。

（7）初步阐明海鲈肠道乳酸乳球菌（M48）通过降低肠道组织损伤，调节肠道免疫力，发挥抗病的作用。

（岗位科学家　秦启伟）

海水鱼类细菌病防控技术研发进展

细菌病防控岗位

1　大菱鲆鳗弧菌灭活疫苗新兽药注册

大菱鲆是一种重要的海水养殖鱼种，弧菌病是大菱鲆的主要养殖病害之一，发病及死亡率30%～70%，给我国大菱鲆养殖业带来了严重的经济损失。为了有效防治由鳗弧菌引起的大菱鲆弧菌病，由本岗位华东理工大学、北京万牧源农业科技有限公司、上海纬胜海洋生物科技有限公司和广东永顺生物制药股份有限公司联合研制的大菱鲆鳗弧菌病灭活疫苗（EIBVA1 株）已按照农业农村部 442 号令、55 号公告及 1704 号公告要求，完成了临床试验前各项研究工作、疫苗的中间试制，提交了临床试验申请并获得了兽用生物制品临床试验批件。根据《兽药管理条例》和《兽药注册办法》的有关规定，现将大菱鲆鳗弧菌病灭活疫苗（EIBVA1 株）研究资料汇编成册上报，完成了大菱鲆鳗弧菌病灭活疫苗（EIBVA1 株）兽用生物制品新兽药注册申请材料的提交工作。

2　大菱鲆哈维氏弧菌灭活疫苗临床试验

为应对养殖生产中的多病原挑战，丰富疫苗产品种类，为疫苗联合接种行动提供多种配套产品组合方案，在获批大菱鲆哈维氏弧菌灭活疫苗临床批件的基础上，本年度开展进行了一系列大菱鲆哈维氏弧菌灭活疫苗临床实验。将批号为 VH202101、VH202102 及 VH202103 的 3 批疫苗制品以 0.5 尾份剂量腹腔注射体重 30～50 g 的健康大菱鲆，接种后隔离饲养 28 日，免疫组大菱鲆摄食、游动及体色、鱼便与对照组无差异，且注射部位无明显红肿出血。

免疫28天后对免疫组及对照组大菱鲆肌肉注射哈维氏弧菌 MAVH402 强毒株，攻毒后连续观察14日。结果表明：观察期内对照组大菱鲆 39/50 死亡，死亡大菱鲆均为特异性死亡。各免疫组大菱鲆 36/50 以上健活（表1）。

表1 免疫保护试验结果

代次	剂量、接种途径	临床表现	攻毒鱼数	攻毒后临床观察		结果	
				死亡鱼数	剖检	保护情况	RPS
VH202101	腹腔注射0.05 mL 0.5尾份	摄食、游动、体色、鱼便正常	50	11/50死亡	11/11底板充血/黄色菌落	39/50健活	71.8%
VH202102	腹腔注射0.05 mL 0.5尾份	摄食、游动、体色、鱼便正常	50	10/50死亡	10/10底板充血/黄色菌落	40/50健活	74.4%
VH202103	腹腔注射0.05 mL 0.5尾份	摄食、游动、体色、鱼便正常	50	13/50死亡	13/13底板充血/黄色菌落	37/50健活	66.7%
对照组	腹腔注射0.1mL生理盐水	摄食、游动、体色、鱼便正常	50	39/50死亡	39/39底板充血/黄色菌落	/	/

3 大菱鲆杀鲑气单胞菌灭活疫苗临床前应用评价

杀鲑气单胞菌是引起大菱鲆罹患疖疮病的主要病原，引起大菱鲆皮肤出血性溃烂，具有较高的致死率，给大菱鲆养殖业带来巨大的损失，成为严重危害鲆鲽鱼类养殖生产安全的重要细菌病流行病原。本岗位在前期工作中从养殖场患疖疮病大菱鲆中分离出一株杀鲑气单胞菌，并依据此建立了实验室的杀鲑气单胞菌-大菱鲆感染模型，随后制备甲醛灭活疫苗，复配不同的佐剂进行免疫和攻毒实验考察疫苗保护效果，并获得了初步的结果，开展了关于杀鲑气单胞菌灭活疫苗的设计与开发。

制备不同复合佐剂疫苗，通过腹腔注射的方式进行免疫。免疫28 d后，通过肌肉注射的方式进行攻毒，记录死亡情况，统计死亡率。攻毒后第二天，对照组出现死亡，攻毒后第三天，免疫组出现死亡，死亡大菱鲆表现出明显的皮肤出血溃烂等杀鲑气单胞菌感染的症状。并且在最终的死亡率上，对照组总死亡率大于80%，攻毒成立，灭活疫苗复配763A佐剂和铝盐佐剂佐剂的死亡率明显低于对照组和灭活疫苗组，RPS超过60%，表明其对于大菱鲆应对杀鲑气单胞菌的感染表现出良好的保护效果，明显优于单纯使用灭活疫苗或使用添加单组分人参皂苷的疫苗（表2）。

表2 各免疫组的死亡率及相对免疫保护率（RPS）

组别	死亡率 /%	相对免疫保护率/%
PBS	84 ± 22.6	—
763A+灭活疫苗	14 ± 2.8	83.3
灭活疫苗	64 ± 11.3	23.8
人参皂苷+灭活疫苗	74 ± 8.5	11.9
角鲨烯+灭活疫苗	32 ± 11.3	61.9
氢氧化铝+灭活疫苗	56 ± 5.6	33.3
铝盐佐剂+灭活疫苗	28 ± 17.0	66.6

在免疫后的1、2、3和4周时采集大菱鲆血清，通过ELISA方法测定血清中抗杀鲑气单胞菌的特异性抗体含量，显示免疫组相对于对照组均有较高的血清水平，而且763A组抗体水平较高。

各免疫组的IgM表达水平均高于对照组，表明疫苗有效激活了大菱鲆的体液免疫反应，并且与高水平的血清特异性抗体相对应。并且免疫组炎症相关细胞因子如IL-1b和NLRP3有所提高，表明佐剂成分有效增强接种后的炎症反应。除此之外，CD4-2和CD8a的表达水平也有所提高，CD4 T细胞和CD8 T细胞作为T细胞反应的两种重要细胞类型，表明疫苗引起了T细胞反应的激活。

4　杀鲑气单胞菌噬菌体制剂临床前应用评价

随着细菌抗生素耐药性的不断增加，噬菌体治疗逐渐被用于治疗多重耐药菌感染。但是噬菌体抗性突变株的产生影响其治疗效果。本岗位设计一条创新型的噬菌体鸡尾酒治疗策略，使用噬菌体训练的方法提前获得对噬菌体抗性菌具有感染能力的噬菌体并组成鸡尾酒组合，最终应用于水产养殖过程中的细菌性病害防控中。

为了获得宿主范围各不相同的噬菌体株，我们使用适应性进化的策略加快噬菌体向着感染噬菌体抗性突变株的方向进化。随后，分别使用1-6株进化的噬菌体与野生型噬菌体组成噬菌体鸡尾酒制剂，对野生型的杀鲑气单胞菌进行体外抑菌实验。实验结果发现进化后的噬菌体可以显著提高野生型噬菌体的抑菌效果，并且5株进化的噬菌体与野生型噬菌体的鸡尾酒组合可以在72小时内完全抑制野生型杀鲑气单胞菌的生长。进一步，为了考察噬菌体鸡尾酒对多株噬菌体抗性菌组合的抑菌能力，我们对1-6株噬菌体抗性菌进行随机组合配伍并加入6株进化噬菌体鸡尾酒，测定72小时内细菌的生长情况。结果发现随着新进化噬菌体株数量的增加，进化噬菌体鸡尾酒对多种噬菌体抗性突变株的抑菌能力有显著的提升。由此可见，使用可以感染抗性菌的噬菌体组成的鸡尾酒组合可以发挥更好的抗菌效果。

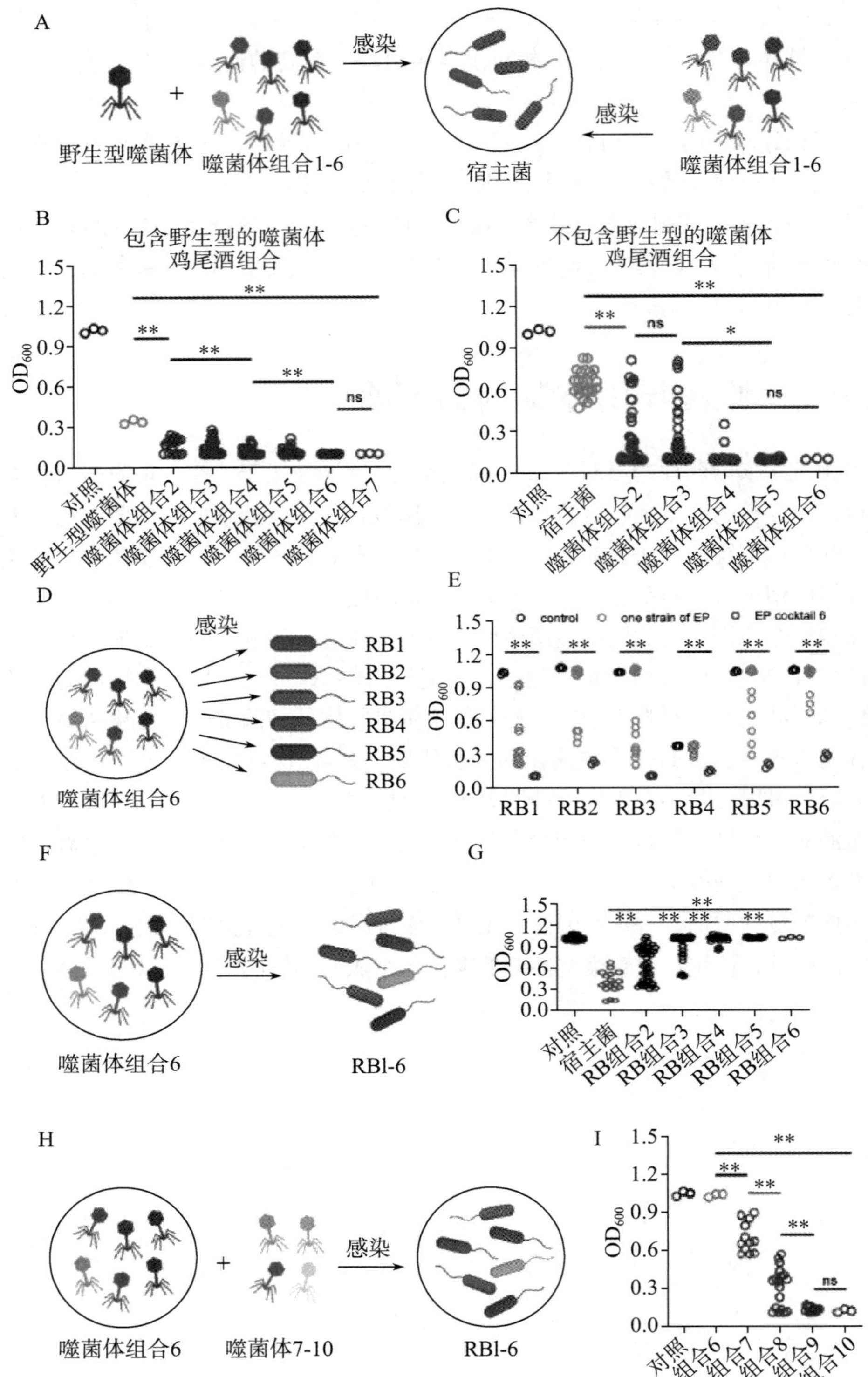

图1　预进化噬菌体鸡尾酒对野生型细菌与噬菌体抗性突变株的抗菌能力评价

噬菌体产品的储藏稳定性和货架期是该产品推广和使用的重要因素。因此，我们对杀鲑气单胞菌噬菌体进行了为期12个月的储藏稳定性试验。噬菌体在-20℃和-80℃储藏时，其效价都有明显的下降，而4℃条件下储藏12个月后，其效价并未有显著性的降低。上述结果证明了4℃是噬菌体产品最优的储藏温度。此外，我们发现10% DMSO对噬菌体冻藏的保护效果明显好于30%甘油，更适合作为噬菌体的冻藏保护剂。当噬菌体储藏在28℃时，羟基磷灰石显著减缓噬菌体的失活，是潜在的常温保护剂。

（岗位科学家　王启要）

海水鱼类寄生虫病防控技术研究进展

寄生虫病防控岗位

为了推动海水鱼产业提质增效及绿色发展，2022年度本岗位利用往年开发的刺激隐核虫定量检测技术明确了网箱养殖刺激隐核虫病爆发的成因机制，进一步探究了刺激隐核虫和哈维氏弧菌共感染石斑鱼致病机制；此外，以黄鳍鲷为宿主建立了刺激隐核虫实验室人工感染模型，为快速研发高效药物和疫苗奠定基础；在防控方面，首次验证了嗜热四膜虫疫苗对石斑鱼抗刺激隐核虫的交叉保护性，以及探究了活虫疫苗的保护效果；进一步基于刺激隐核虫硫氧还谷胱甘肽还原酶作为药物靶标进行了高效抑制剂的筛选；在免疫致病机制方面，深入探究了石斑鱼CD4－1^{+}细胞面对刺激隐核虫感染在组织中的时空动态分布及响应机制，明确嗜热四膜虫疫苗对石斑鱼抗刺激隐核虫交叉保护性。

1　刺激隐核虫病在网箱养殖爆发的成因机制研究

刺激隐核虫广泛存在海洋中，网箱高密度的养殖模式也造就其爆发的条件，但刺激隐核虫病在网箱养殖爆发的成因机制不清。2021年度重点阐明网箱养殖中刺激隐核虫病爆发的重要感染源，本年度进一步研究了刺激隐核虫病爆发的环境、时间和宿主群落关系。基于实验室前期研究成果——海水刺激隐核虫幼虫检测技术，进一步开发海水淤泥包囊检测技术。利用此技术，在福建宁德大黄鱼养殖海区，选择3个网箱作为刺激隐核虫病监测点，从2～11月开展监测活动，共计监测40余场次。研究结果表明，在6～8月份，在大黄鱼养殖海区的海底淤泥以及网衣附着物中均能检测到一定数量的包囊。这说明网箱中感染刺激隐核虫的病鱼脱落的包囊，不仅会附着在网衣上，还会沉积在养殖海底。推测网箱养殖中网衣附着物以及海底中沉积的包囊是刺激隐核虫病暴发的主要原因。

此外，在对6月份宁德大黄鱼养殖海区的刺激隐核虫病发病海区的调查中，检测了发病网箱不同时间和空间海水幼虫的密度，结果显示（图1），网箱内晚上幼虫的数量显著高于白天，且主要集中在网箱上层水域的1～3 m处，说明幼虫感染鱼主要发生于晚上，并且网箱内可检测到幼虫的时间节点同潮起潮落存在一定的关系。基本理清刺激隐核虫病爆发的环境、时间和宿主群落关系。即刺激隐核虫病常发于6—8月份，在恶劣天气如暴雨或台风之后，发病情况会急剧加重。

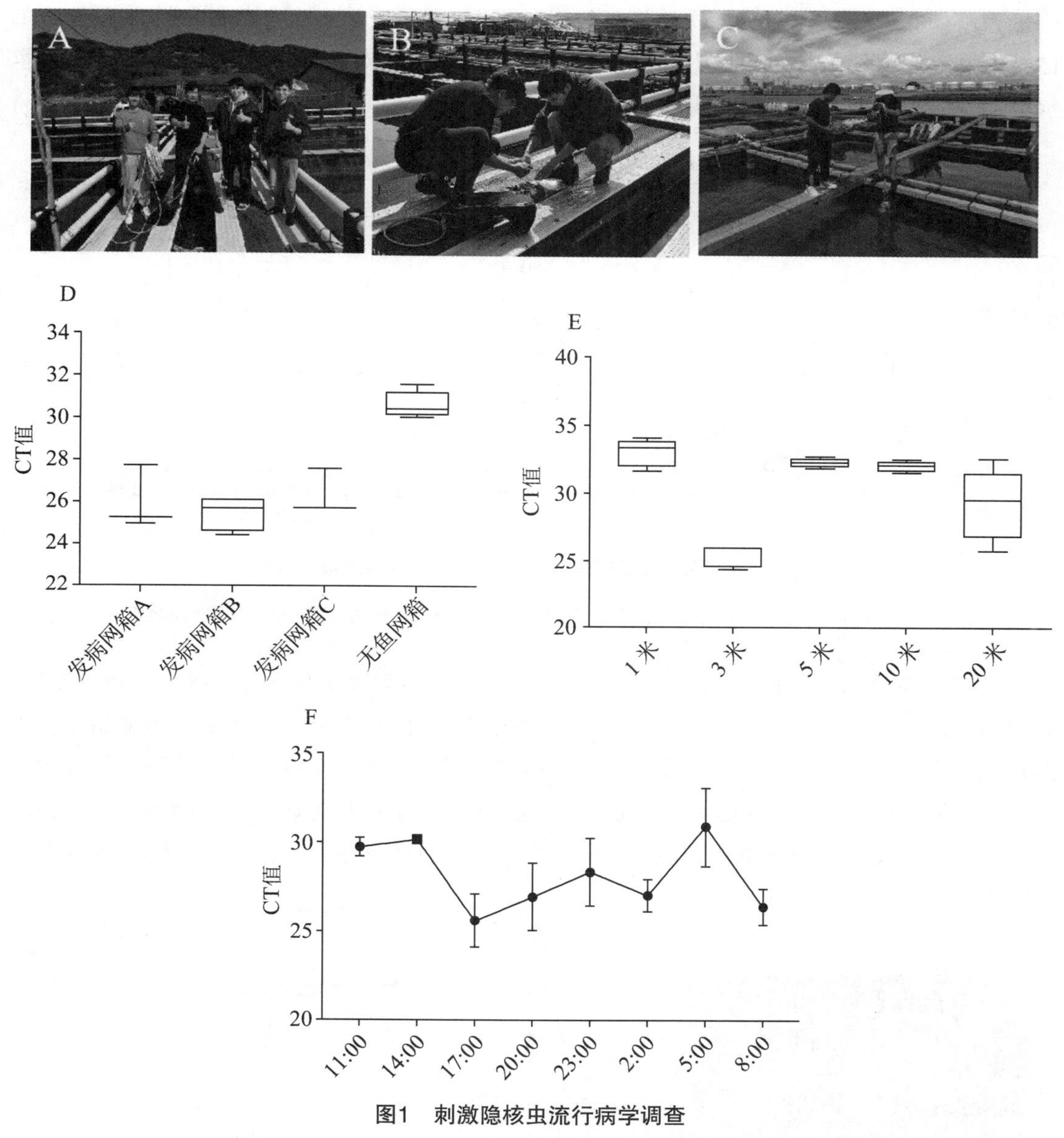

图1　刺激隐核虫流行病学调查

A—C：现场调研图片，D—E：刺激隐核虫幼虫的分布特征

2　缓释型镀锌钢丝球及触杀型纳米铜涂料研制

前期研究发现，在养殖池底部铺垫镀锌板和镀锌网可有效防控刺激隐核虫病。为了进一步生产应用，制备了一种缓释型镀锌钢丝球，并在实验室验证了其防控效果。取60尾卵形鲳鲹（10～15 g），以500幼虫/尾的剂量进行攻毒感染，感染2 h后平均分为3组：对照组、镀锌钢丝球组、镀锌铁丝网组；镀锌钢丝球悬挂于养殖桶中央近底部，镀锌铁丝网铺

放于养殖桶底部。在实验鱼二次感染后每组随机取5尾鱼统计寄生虫载量，结果显示：在15天内，镀锌钢丝球有效保护患病鱼，存活率为100%，而对照组存活率为0，确定了在养殖桶中悬挂镀锌钢丝球的应用前景（图2）。

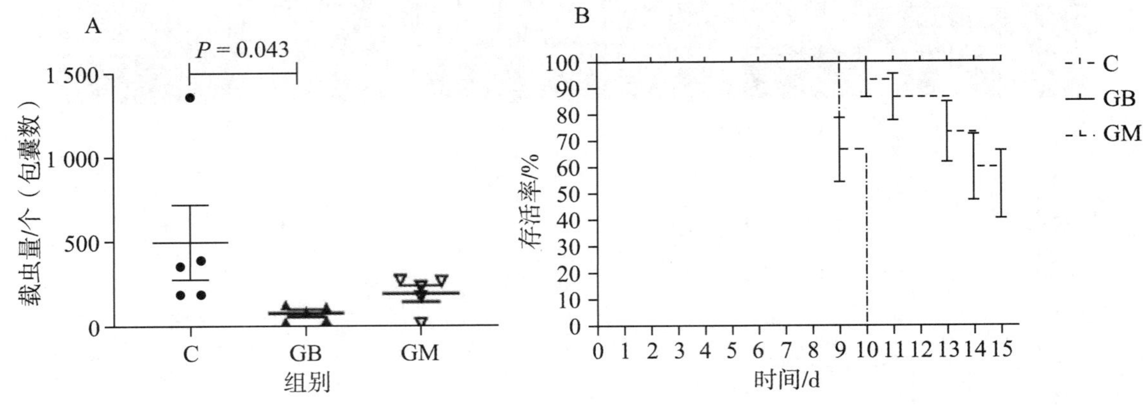

图2　镀锌钢丝球防控刺激隐核虫病效果

A：悬挂镀锌钢丝球对鱼体载虫量的影响，B：悬挂镀锌钢丝球对病鱼成活率的影响

本年度在之前研发的杀虫涂料基础上进一步研制了触杀型纳米铜涂料，主要应用于非食用鱼，如海洋馆、水族箱等。通过优化组成部分，降低石英砂水泥基渗透结晶母料比例，增加松香黏合剂、氧化亚铜成分，以及增加了铜粉比例。本涂料已在珠海长隆海洋王国进行示范推广。两次示范结果充分说明使用纳米铜合金涂料可显著降低刺激隐核虫病对海水鱼的危害，提高海水鱼在养殖过程中的存活率，且因其使用方法简单方便，可以大规模应用于长隆海水养殖系统。

A

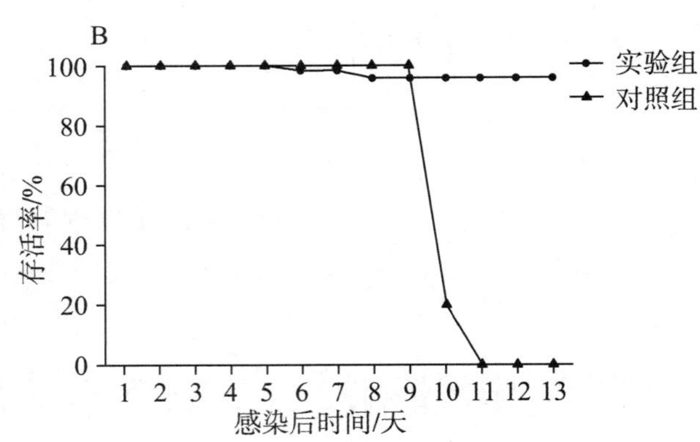

图3　触杀型纳米铜涂料示范推广

A：示范场地，B：示范效果

3　黄鳍棘鲷的感染模型和鳃细胞系构建

为了适于在室内实验室小水体对刺激隐核虫开展研究，我们利用有较强环境适应能力的黄鳍棘鲷作为宿主鱼以建立动物感染模型。本研究以黄鳍棘鲷为动物模型，探究刺激隐核虫滋养体在其体表发育规律和脱落规律，观察包囊发育规律并优化包囊孵化条件以评估孵化率。结果显示，滋养体直径随寄生时间增加而显著增大，发育成熟的包囊在感染后的第36 h开始掉落，第48 ~ 72 h掉落的包囊数量占总量的82.24%，为脱落高峰，第72 ~ 84 h掉落的包囊数量占15.82%，发育成熟的包囊直径最大可达496.66 ± 47.31 μ m。黄鳍棘鲷传代脱落的包囊孵化率可达98.89%，能够顺利完成刺激隐核虫的生活史，且黄鳍棘鲷对刺激隐核虫的感染率可至30%左右。黄鳍棘鲷二次感染后，其载虫量和脱落的包囊大小相比于对照组显著下降（$P<0.05$），表明黄鳍棘鲷在感染刺激隐核虫后能够产生一定的免疫力，并可抵抗刺激隐核虫的再次感染。

此外，为探究眼点淀粉卵涡鞭虫的致病机制，2022年度本实验室构建了黄鳍棘鲷鳃细胞系作为眼点淀粉卵涡鞭虫体外寄生的载体，并优化了眼点淀粉卵涡鞭虫体外感染条件。原代细胞分离自黄鳍棘鲷鳃组织，接种后5 d可观察到细胞贴壁生长，接种后13 d原代细胞可长满细胞培养瓶，呈均一的纤维状。细胞接种至细胞培养瓶，置于27℃含5% CO_2培养箱中，使用含15%血清的DMEM高糖培养基培养，目前已成功传至17代。该细胞在液氮中保存复苏后能保持90%以上的活力，且5 d可长满细胞培养瓶。眼点淀粉卵涡鞭虫体外感染试验显示孵化6 h内的涡孢子对黄鳍棘鲷鳃细胞具有很强的感染能力，涡孢子能够吸取细胞中的营养物质进行发育，且感染早期滋养体的发育规律与寄生在黄鳍棘鲷鱼体上无显著差别，但感染24 h后体外培养的寄生虫发育速度明显减缓，推测是由于培养基营养枯竭导致。

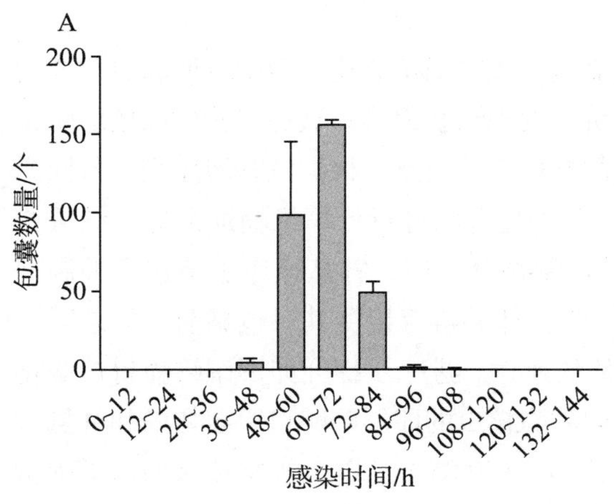

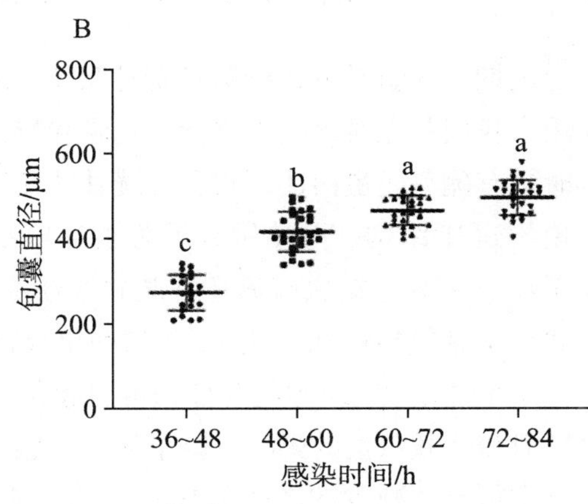

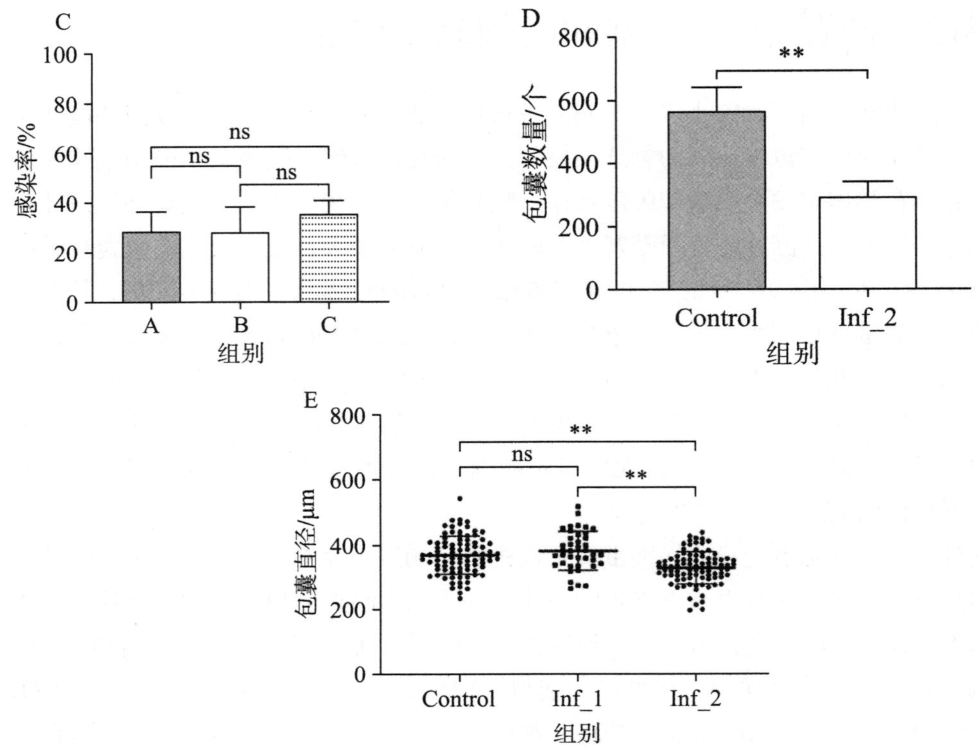

图4　刺激隐核虫感染黄鳍棘鲷的生活史特征

A：滋养体脱落规律，B：包囊直径随感染时间变化规律，C：黄鳍棘鲷对刺激隐核虫的感染率，D：二次感染脱落的包囊数量，E：二次感染脱落的包囊直径变化

4　基于刺激隐核虫硫氧还谷胱甘肽还原酶的药物开发

前期代谢组学分析指示谷胱甘肽还原酶在刺激隐核虫抵抗氧化应激中可能起着重要的作用。我们首先对该基因进行了克隆和特征分析，发现该基因是硫氧还谷胱甘肽还原酶，同时具有硫氧还蛋白还原酶和谷胱甘肽还原酶的结构活性位点。根据氨基酸序列进行同源建模构建3D结构，并使用分子对接对40万个小分子化合物进行计算机辅助筛选。结果构建了针对刺激隐核虫硫氧还谷胱甘肽还原酶的抑制剂分子库，并从该库中筛选到抑制剂姜烯酚、甘氨酸镁和奈达铂。将3种化合物与包囊前体共孵育检测其对包囊前体的杀灭效果。结果显示10 μmol的姜烯酚可引起包囊前体的死亡。进一步探究卵形鲳鲹灌胃口服化合物对鱼体载虫量的影响。结果显示，感染了刺激隐核虫的卵形鲳鲹口服姜烯酚和甘氨酸镁分别可显著减少29.53%和16.34%的鱼体载虫量（$P<0.05$）。以上实验结果揭示了刺激隐核虫硫氧还谷胱甘肽还原酶可作为筛选高效抑杀刺激隐核虫的药物靶标。

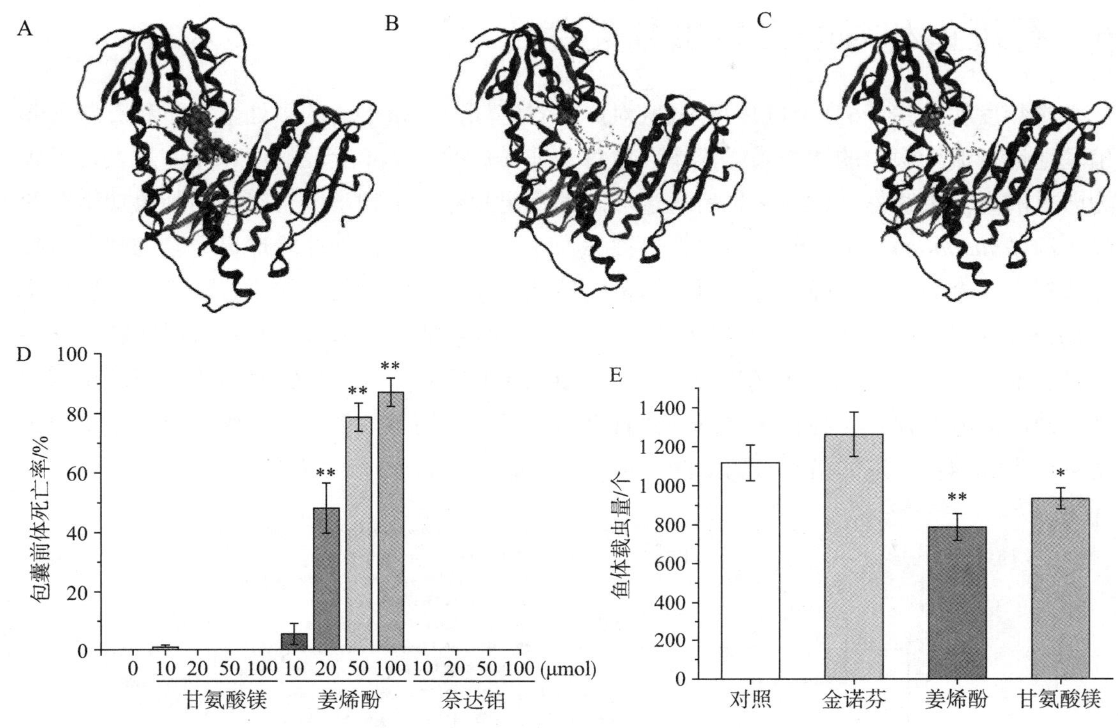

图5　基于刺激隐核虫硫氧还谷胱甘肽还原酶的抑制剂筛选

A、B、C：姜烯酚、甘氨酸镁和奈达铂与刺激隐核虫硫氧还谷胱甘肽还原酶3D结构作用位点，D：姜烯酚、甘氨酸镁和奈达铂对包囊前体的杀灭效果，E：卵形鲳鲹口服姜烯酚和甘氨酸镁对鱼体载虫量的影响

5　刺激隐核虫和哈维氏弧菌共感染模型构建

2022年度本实验室建立哈维氏弧菌和刺激隐核虫共感染石斑鱼模型，哈维氏弧菌是刺激隐核虫的内共生菌，其中哈维氏弧菌MMecLV-Hv 1具有较强的致病能力。实验前期明确了哈维氏弧菌MMecLV-Hv 1在10^3～10^6CFU/mL的浓度感染石斑鱼并未对其产生任何病理症状和死亡情况；21 000幼虫/尾的刺激隐核虫对石斑鱼的死亡率为100%，9 000幼虫/尾以下的剂量不会引起石斑鱼的死亡。因此我们选用10^6 CFU/mL哈维氏弧菌和9 000幼虫/尾刺激隐核虫作为共感染剂量，依次在刺激隐核虫感染石斑鱼后每一天持续用哈维氏弧菌浸泡30 min。结果显示共感染石斑鱼皮肤红肿溃烂，活力降低和摄食减少，死亡率显著性提高（$P<0.05$）。进一步探究共感染途径，体表受到机械损伤的石斑鱼损伤部位在感染哈维氏弧菌后出现红肿溃烂，单纯机械损伤的石斑鱼并无相关病理症状，我们推测刺激隐核虫可能通过损伤石斑鱼皮肤，破坏表面屏障打开细菌感染通道引发其共感染。

6 石斑鱼和海鲈寄生虫分类鉴定

本年度实验室于6月至11月每月2次对广东省湛江市雷州半岛的多处金鲳鱼和石斑鱼养殖基地进行流行病学的调查采样工作。在每个采样点的各个年龄段的珍珠斑体表发现了较为严重的寄生虫感染。样本采集后通过形态学鉴定和分子生物学鉴定确定为阿鲁加姆锡兰蛭（*Zeylanicobdella arugamensis*），也被称为菲律宾鱼蛭。此外在珍珠斑养殖的池塘中随机选择了三个塘进行抽样调查，对打捞上的珍珠斑体表鱼蛭计数。结果显示鱼蛭的感染率为100%，每条鱼平均感染虫数12.17条。由于鱼蛭的感染导致珍珠斑的养殖周期延长2～3个月，对养殖产生较为严重的影响。此外，2022年9月本实验室在珠海市斗门区白蕉镇发现养殖海鲈鳃上存在一种较为严重的锚首吸虫，用药无明显效果，形态学和分子学鉴定该寄生虫为2014年报道的指环虫属的鲈鱼指环虫（*Dactylogyrus kikuchii*）（图6）。

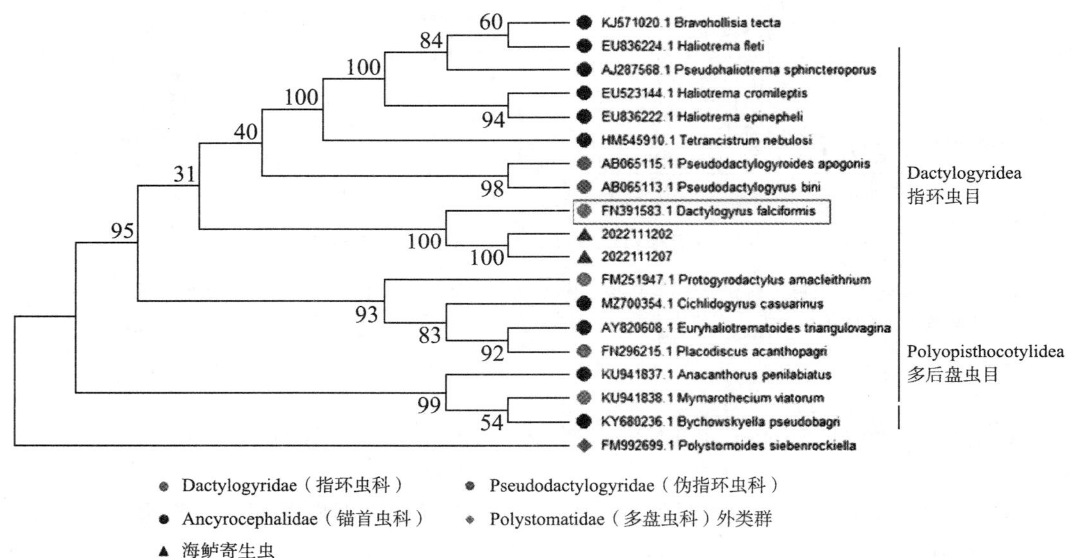

图6 鲈鱼指环虫进化分析

7 石斑鱼CD4−1⁺ T细胞单克隆抗体（mAb）研发

本实验室开发1个针对石斑鱼CD4−1单克隆抗体（mAb），mAb可以识别石斑鱼不同组织中的重组和天然蛋白质，分子量约为64 kDa，大多数$CD4-1^+$细胞呈圆形或类似圆形，$CD4-1^+$细胞在石斑鱼鳃，脾脏，头肾，胸腺，肠道和皮肤均有分布，大部分$CD4-1^+$细胞主要分布在胸腺和头肾，在皮肤含量最少。刺激隐核虫感染石斑鱼后，$CD4-1^+$细胞在对照组中较少，胸腺中$CD4-1^+$细胞在感染两天时含量显著性提高（$P<0.05$），脾脏中$CD4-1^+$细胞在第7天含量显著性增加（$P<0.05$）（图7），关于$CD4-1^+$细胞在石斑鱼中发挥的具体功能还需要进一步探究。

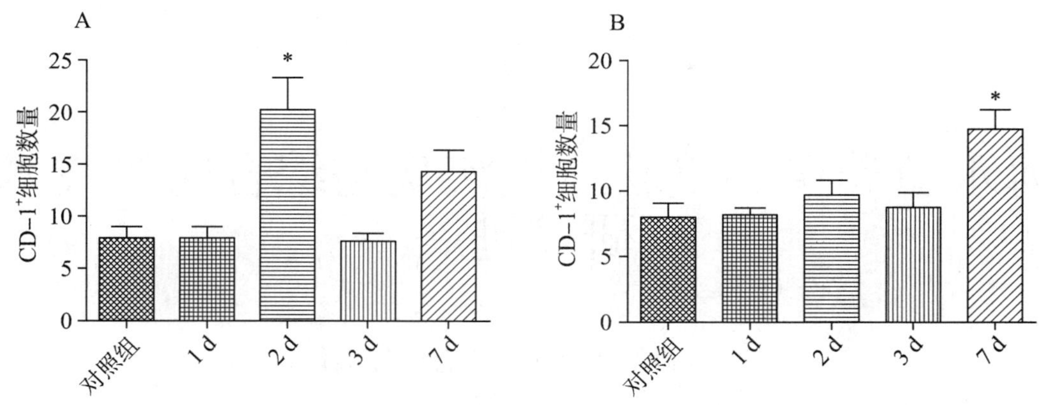

图7　刺激隐核虫感染石斑鱼CD4-1⁺细胞数目

A：胸腺，B：头肾

8　嗜热四膜虫疫苗对石斑鱼抗刺激隐核虫保护性研究

疫苗接种是一种有效防控刺激隐核虫病的途径之一，低成本的异源疫苗可以节约疫苗的开发。2022年度本实验室用嗜热四膜虫和刺激隐核虫疫苗免疫石斑鱼后显示出良好的抗刺激隐核虫效果，在免疫4周后，嗜热四膜虫免疫组，刺激隐核虫免疫组和对照组的感染率分别为5.5%，8.9%和20%，血清中产生特异性抗体，刺激隐核虫和二者共免疫组血清均发生反应。进一步蛋白质组学发现微管蛋白可能在交叉免疫反应中发挥重要作用，刺激隐核虫微管蛋白和嗜热四膜虫结构相似，四膜虫微管蛋白与寄生纤毛虫氨基酸同源性高于石斑鱼，我们推测纤毛虫微管蛋白在鱼类免疫中可能作为抗寄生性纤毛虫的异源抗原，诱导鱼类自身免疫反应可能性较小。96.4%以上的刺激隐核虫被抗重组嗜热四膜虫微管蛋白（rTt-tubulin）抗体染色，微管蛋白在刺激隐核虫和嗜热四膜虫的纤毛呈弥散性分布。rTt-tubulin免疫石斑鱼后进行刺激隐核虫感染，对照组和免疫组感染率分别为14.8%和11.4%（$P<0.05$）。rTt-tubulin免疫的石斑鱼血清中寄生虫特异性抗体增加并具有更高的抗体滴度，此外，rTt-tubulin免疫的石斑鱼皮肤、鳃、脾脏和头肾发现了较高的抗rTt-tubulin特异性抗体水平。

（岗位科学家　李安兴）

海水鱼养殖环境胁迫性疾病与综合防控技术研发进展

环境胁迫性疾病与综合防控岗位

2022年，环境胁迫性疾病与综合防控岗位围绕海水鱼环境胁迫性疾病诊断方法研发、免疫调节剂筛选、大黄鱼流行病学调查与养殖环境监测、海水鱼肠道益生菌效果评价等重点任务开展技术研发，本年度获得大黄鱼和大菱鲆血清生理生化指标相关数据48条；完成了宁德大黄鱼主要养殖区疾病调查与养殖环境监测工作，发现大黄鱼常见病害7种，病害总体情况好于上年；筛选、获得了具有抗菌活性或免疫调节功效的分子3种，功能益生菌1株，并解析了这些活性物质的作用机制，为海水鱼抗病功能饲料和微生态制剂研发奠定了基础。本年度相关工作为海水鱼绿色养殖关键技术攻关与示范提供了技术支撑，助力海水鱼养殖产业绿色发展。主要研究进展介绍如下。

1　海水鱼生理生化参数检测

本年度测定了大黄鱼、大菱鲆血清生理生化指标，获得相关统计数据48条（表1和表2）。大黄鱼血清中丙二醛（MDA）、总接胆红素（T-Bil）、甘油三酯（TG）、无机磷（IP）和葡萄糖（GLU）变化幅度较大；过氧化氢酶（CAT）、碱性磷酸酶（ALP）和γ-谷氨酰基转移酶（GGT）相对稳定。在大菱鲆血清中，丙二醛变化幅度较大，而过氧化氢酶、总蛋白（TP）、丙氨酸氨基转移酶（ALT）、天门冬氨酸氨基转移酶（AST）和碱性磷酸酶相对稳定。

表1　大黄鱼血清生理生化指标

编号	指标	单位	数据范围
1	总抗氧化能力（T-AOC）	U/mL	4.1～26.6
2	过氧化氢酶（CAT）	U/mL	4.0～26.7
3	酸性磷酸酶（ACP）	U/mL	5.1～68.8
4	丙二醛（MDA）	nmol/mL	23.3～73.8
5	肌酐（Cre-P）	μmol/L	0.01～0.7
6	γ-谷氨酰基转移酶（GGT）	U/L	0～1.0

续表

编号	指标	单位	数据范围
7	总接胆红素（T-Bil）	μ mol/L	2.1 ~ 3.6
8	尿素氮（UREA）	mmol/L	15.0 ~ 39.0
9	丙氨酸氨基转移酶（ALT）	U/L	2.0 ~ 13.0
10	碱性磷酸酶（ALP）	U/L	13.0 ~ 26.0
11	直接胆红素（D-Bil）	μ mol/L	0.9 ~ 2.6
12	高密度脂蛋白胆固醇（HDL-C）	mmol/L	1.3 ~ 5.4
13	低密度脂蛋白胆固醇（LDL-C）	mmol/L	2.7 ~ 4.7
14	天门冬氨酸氨基转移酶（AST）	U/L	15.0 ~ 46.0
15	甘油三酯（TG）	mmol/L	5.7 ~ 20.9
16	总蛋白（TP）	g/L	28.6 ~ 47.8
17	白蛋白（ALB）	g/L	5.4 ~ 11.3
18	总胆固醇（CHO）	mmol/L	3.6 ~ 4.8
19	葡萄糖（GLU）	mmol/L	2.6 ~ 8.6
20	尿酸（UA）	μ mol/L	0.3 ~ 20.1
21	α -羟基丁酸脱氢酶（HBDH）	U/L	21.0 ~ 95.0
22	肌酸激酶同工酶（CK-MB）	U/L	52.0 ~ 149.0
23	肌酸激酶（CK）	U/L	1.5 ~ 4.1
24	无机磷（IP）	mmol/L	34.2 ~ 47.9

表2 大菱鲆血清生理生化指标

编号	指标名称	单位	数据范围
1	总抗氧化能力（T-AOC）	U/mL	5.4 ~ 32.8
2	过氧化氢酶（CAT）	U/mL	9.0-14.5
3	酸性磷酸酶（ACP）	U/mL	5.5 ~ 77.5
4	丙二醛（MDA）	nmol/mL	18.3 ~ 256.8
5	肌酐（Cre-P）	μ mol/L	0.2 ~ 0.8
6	γ -谷氨酰基转移酶（GGT）	U/L	0 ~ 1.0
7	总接胆红素（T-Bil）	μ mol/L	1.9 ~ 6.8
8	尿素氮（UREA）	mmol/L	11.0 ~ 65.0
9	丙氨酸氨基转移酶（ALT）	U/L	3.0 ~ 9.0
10	碱性磷酸酶（ALP）	U/L	21.0 ~ 42.0
11	直接胆红素（D-Bil）	μ mol/L	1.2 ~ 2.9
12	高密度脂蛋白胆固醇（HDL-C）	mmol/L	1.4 ~ 2.2
13	低密度脂蛋白胆固醇（LDL-C）	mmol/L	0.8 ~ 1.5

续表

编号	指标名称	单位	数据范围
14	天门冬氨酸氨基转移酶（AST）	U/L	12.0 ~ 28.0
15	甘油三酯（TG）	mmol/L	5.3 ~ 14.6
16	总蛋白（TP）	g/L	43.6 ~ 63.1
17	白蛋白（ALB）	g/L	5.2 ~ 7.8
18	总胆固醇（CHO）	mmol/L	5.8 ~ 10.6
19	葡萄糖（GLU）	mmol/L	0.1 ~ 0.24
20	尿酸（UA）	μ mol/L	78.3 ~ 190.4
21	α-羟基丁酸脱氢酶（HBDH）	U/L	25.0 ~ 102.0
22	肌酸激酶同工酶（CK-MB）	U/L	0 ~ 5.0
23	肌酸激酶（CK）	U/L	3.0 ~ 15.0
24	无机磷（IP）	mmol/L	30.6 ~ 51.4

2　鱼类免疫调节剂研发

2.1　大黄鱼IL-2调控T细胞增殖、分化与功能的作用机制

大黄鱼白细胞介素-2（IL-2）在体内和体外均可促进T细胞增殖，并且促进$CD4^+$ T细胞向Th1、Th2和Treg方向分化，抑制其向Th17方向分化，同时还可促进$CD8^+$ T细胞成熟分化；利用特异性抑制剂抑制体内IL-2表达后，发现大黄鱼血液、头肾和脾脏等组织中T细胞增殖显著受到抑制，且在重要致病菌变形假单胞菌感染后其存活率显著降低，体内变形假单胞菌载量显著高于对照组；活体过表达IL-2后，大黄鱼受变形假单胞菌感染后的存活率显著提高，体内病原菌载量显著低于对照组和抑制剂处理组。进一步研究发现，大黄鱼IL-2可与受体IL-15Rα和IL-2Rβ结合形成大黄鱼IL-2/IL-15Rα/IL-2Rβ复合物，进而招募受体γC形成IL-2/IL-15Rα/IL-2Rβ/γC信号转导复合物，从而激活JAK-STAT5、MAPK和mTORC1信号通路，最终促进T细胞增殖与分化相关细胞因子表达来促进T细胞的活化、增强T细胞的功能（图1）。本研究所涉及的IL-2分子来源于大黄鱼自身，是在大黄鱼抗病原感染过程中发挥重要作用的免疫调节分子，具有开发成新型鱼类免疫增强剂的良好潜力和应用前景。

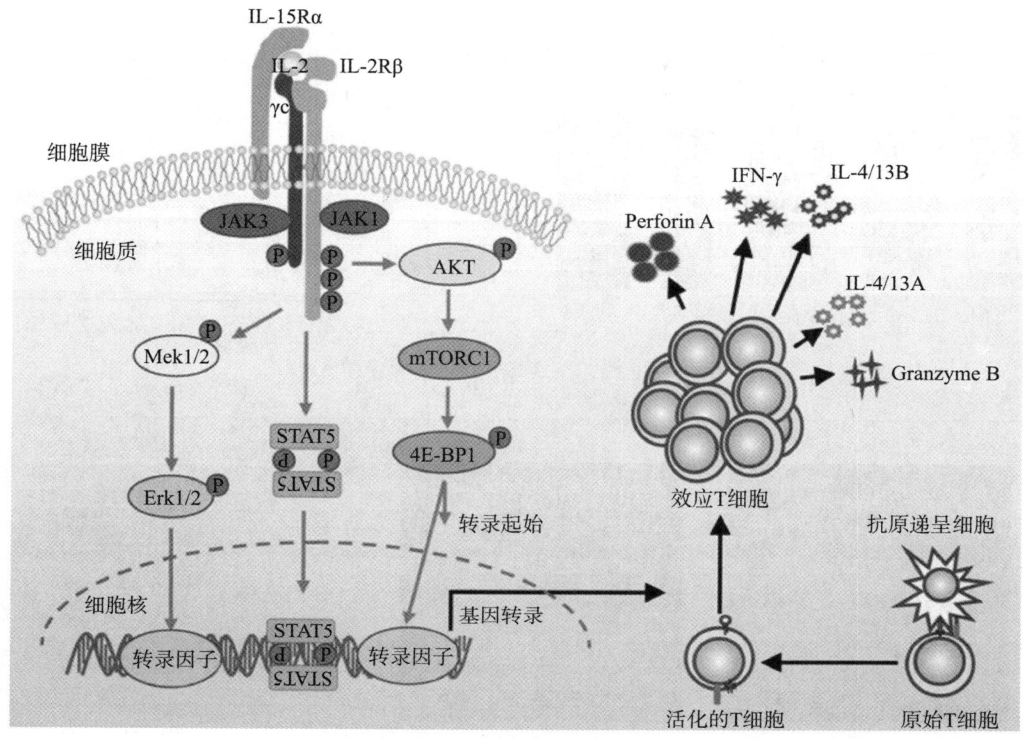

图1 大黄鱼IL-2调控T细胞免疫应答的机制图

2.2 大黄鱼IFNi晶体结构解析揭示了其与受体结合的分子机制

大黄鱼I型干扰素IFNi具有明显的抗病毒活性，但其作用机制还不清楚。本研究进一步证明大黄鱼IFNi可激活JAK-STAT信号通路，并诱导抗病毒效应基因（MxA、PKR和Viperin）的表达；证明细胞因子受体家族B2（CRFB2）和CRFB5为IFNi的受体；进而利用蛋白晶体学技术解析了IFNi的高分辨（1.39Å）三维结构（图2）；基于IFNi的晶体结构及预测的CRFB2和CRFB5受体胞外段三维结构模型，搭建了IFNi/CRFB2/CRFB5的三元复合物模型（图3）；利用互作界面氨基酸突变和功能实验，进一步验证IFNi与受体结合的关键氨基酸。本研究首次报道了具有3对二硫键的I型IFN的晶体结构，揭示了大黄鱼I型干扰素IFNi受体结合与信号传导的分子与结构基础，深化了对鱼类抗病毒免疫防御机制的认识，为后续抗病毒药物的研发提供有力的科学依据。

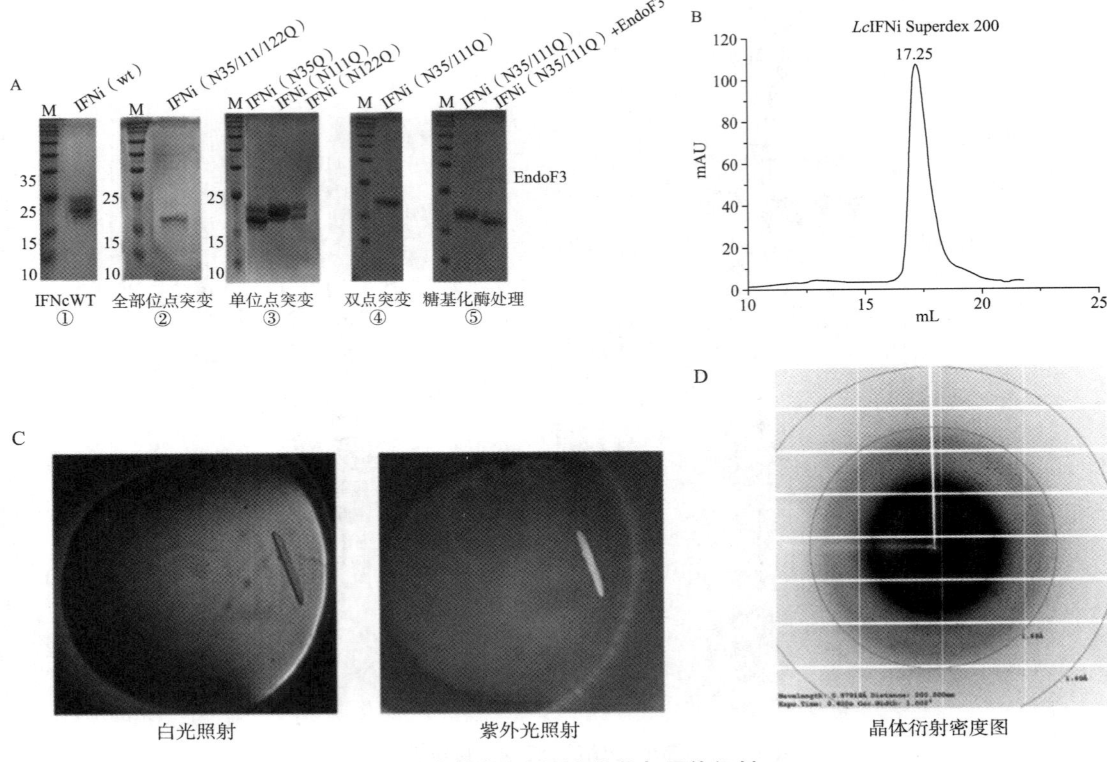

图2 大黄鱼IFNi蛋白纯化与晶体衍射

A：大黄鱼IFNi蛋白糖基化位点突变的重组表达与纯化，B：大黄鱼IFNi蛋白的分子筛层析图，C：大黄鱼IFNi蛋白所生长的晶体白光拍摄图和紫外光拍摄图，D：大黄鱼IFNi晶体在X射线衍射下所收集的密度图。

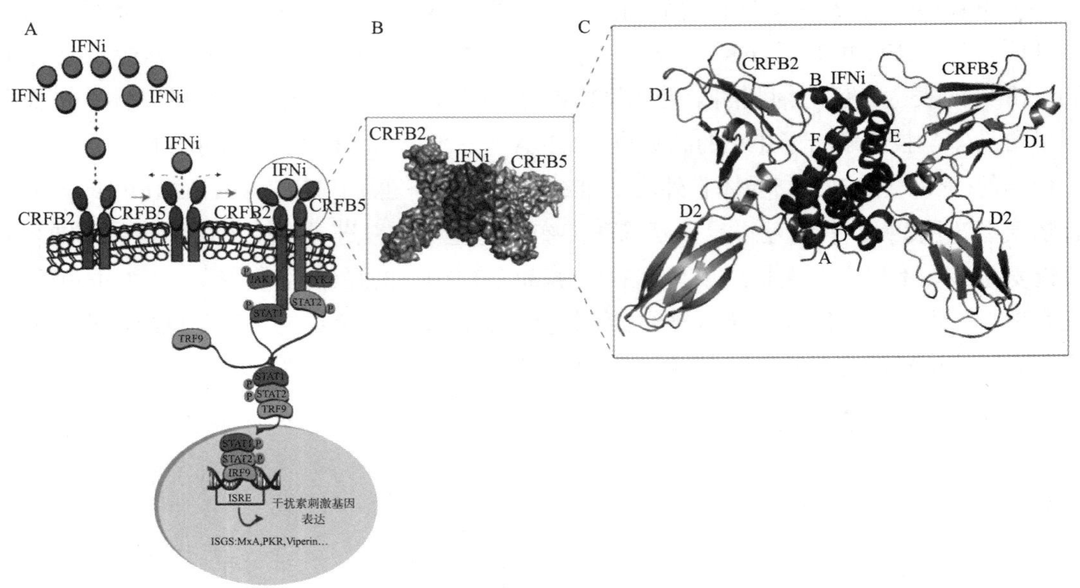

图3 大黄鱼I型干扰素IFNi发挥抗病毒作用的模式图

2.3　大黄鱼TGF－β1功能研究

转化生长因子β（Transforming growth factor－β，TGF－β）蛋白家族是一组独特而又多效的细胞因子，可参与调节淋巴细胞活化、增殖和分化，调节自然杀伤细胞、巨噬细胞、树突状细胞和粒细胞等先天免疫细胞的发育和功能，促进血管生成和伤口愈合等。本研究克隆并鉴定了大黄鱼TGF－β1基因，发现大黄鱼TGF－β1 mRNA在不同组织及免疫细胞都有表达，其中免疫器官脾脏、头肾及巨噬细胞中表达水平较高，溶藻弧菌刺激后头肾和脾脏表达水平显著上调，说明大黄鱼TGF－β1可能参与细菌感染的炎症反应后期的炎症消退。进一步研究发现大黄鱼TGF－β1重组蛋白显著抑制由LPS刺激引起的单核/巨噬细胞呼吸爆发和炎症反应，同时上调CD206、IL－10、arginase－1、TGF－β1等抑炎因子表达，表明大黄鱼TGF－β1发挥免疫抑制的作用，为其作为免疫调节剂奠定了基础。

3　抗病中草药功能与机制

黄芪多糖（*Astragalus* polysaccharides，APS）作为一种有效的中草药来源的免疫激活剂，已广泛应用于水产养殖业中，但其发挥作用的机制尚不清楚。在用APS预处理大黄鱼头肾巨噬细胞（PKM）后，由灭活溶藻弧菌诱导的细胞活性的降低被显著改善，活性氧的过量产生和细胞凋亡受到显著抑制。进一步通过转录组学技术探究APS的保护机制，发现在用灭活溶藻弧菌处理后，PKM中免疫相关基因（TLR5S、TLR13、Clec4e、IKK、IκB、BCL－3、NF－κB2、REL、IL－1β和IL－6）和细胞焦亡相关基因（caspase－1、NLRP3和NLRC3）的表达显著上调。而用APS预处理后，上述上调的基因基本都被抑制，其中TLR5s、BCL－3、REL、caspase－1、NLRP12、IL－1β和IL－6与灭活溶藻弧菌处理组相比显著下调。上述结果表明，APS能够保护大黄鱼PKM免受灭活溶藻弧菌诱导的炎症损伤，并可能通过抑制灭活菌激活的NF－κB和细胞焦亡信号通路发挥其保护作用（图4）。本研究有助于揭示APS在鱼类中发挥免疫调节作用的机制，并为APS在预防和控制鱼类细菌性疾病中的推广应用提供理论基础。

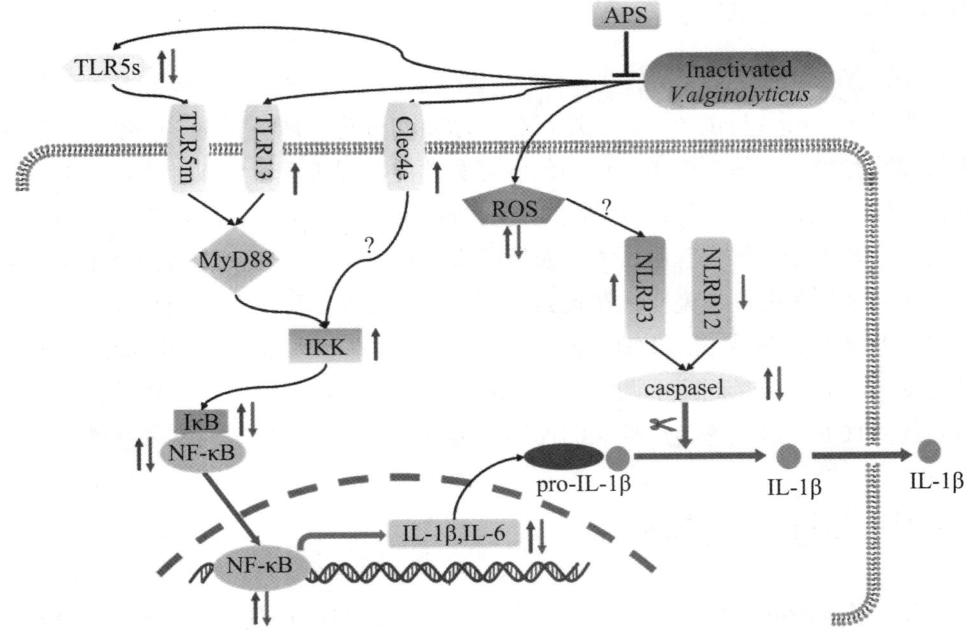

图4　黄芪多糖对灭活溶藻弧菌诱导大黄鱼巨噬细胞炎症损伤的保护作用

4　大黄鱼病害流行病学调查与养殖环境监测

本岗位在福建省宁德市5个大黄鱼养殖区（长腰岛、莱尾、大湾、盘前和小雷江）开展了养殖环境的水质监测和大黄鱼主要病害的发病情况调查工作。水质检测结果表明，宁德大黄鱼主要养殖区水温年度变化范围在13.10℃～29.33℃，溶解氧为3.30～7.99，盐度为19.3～32.68，养殖海域的水温、溶解氧和盐度随季节变化明显（表3）。

表3　福建省宁德市大黄鱼主要养殖区水质监测结果（2022年）

月份	温度/℃					溶解氧/（mg/L）					盐度				
	长腰岛	莱尾	大湾	盘前	小雷江	长腰岛	莱尾	大湾	盘前	小雷江	长腰岛	莱尾	大湾	盘前	小雷江
1	14.10	14.20	14.30	14.20	14.20	7.79	7.99	7.85	7.70	7.24	28.40	28.40	28.40	28.30	28.40
3	13.16	13.32	13.30	13.10	13.32	7.70	7.06	7.07	6.75	8.53	27.32	23.80	26.88	27.82	27.86
5	19.88	20.02	20.08	19.86	20.36	6.22	6.04	5.96	6.60	6.80	28.24	22.90	27.10	28.30	28.36
6	24.20	23.80	24.40	23.70	24.40	4.50	5.87	5.75	5.60	5.75	21.80	19.30	19.30	23.40	24.70
7	27.67	28.53	26.83	27.17	28.17	4.28	4.80	4.13	3.03	3.35	30.20	26.80	30.40	30.70	30.90
8	29.10	29.33	29.10	28.43	28.53	–	–	–	–	–	31.53	30.60	31.63	32.07	32.23
9	28.02	27.83	27.67	27.75	27.83	4.04	4.43	4.32	4.10	3.57	32.35	32.18	32.52	32.68	32.43
12	17.18	17.13	17.00	17.42	16.65	7.15	7.39	7.71	7.20	7.17	29.87	28.87	29.98	29.95	30.58

发病情况统计发现，2022年大黄鱼主要病害有7种，包括内脏白点病、细菌性体表溃疡、虹彩病毒病、刺激隐核虫病、肠道棘头虫病、盾纤毛虫病和本尼登虫病（图5）。由变形假单胞菌引发的大黄鱼内脏白点病发病时间在3—5月，发病率和死亡率较低。高温期内脏白点病发病时间为6—9月，病原可能为诺卡氏菌（*Nocardia seriolea*）。大黄鱼刺激隐核虫发病主要集中在6月，总体发病较少，病死率也较低。大黄鱼虹彩病毒病发病主要集中7—9月，其中7月发病情况较为严重，个别鱼排的发病率和死亡率较高。大黄鱼肠道棘头虫病发病时间在5—9月，其中6—8月发病率和死亡率较高，部分养殖鱼排发病率在80%以上。细菌性体表溃疡发病时间基本覆盖全年，6—10月出现大面积暴发，主要病原为溶藻弧菌、坎式弧菌、哈维式弧菌等多种弧菌。盾纤毛虫病是近年来的新发病害，主要发病时间为5—6月份，主要感染大黄鱼鱼苗，发病率最高可达100%，主要症状为鳃盖发红出血，皮肤溃烂。本尼登虫病发病主要集中在8—9月，发病率较高，但死亡率较低，主要症状为皮肤溃烂出血，眼睛浑浊。

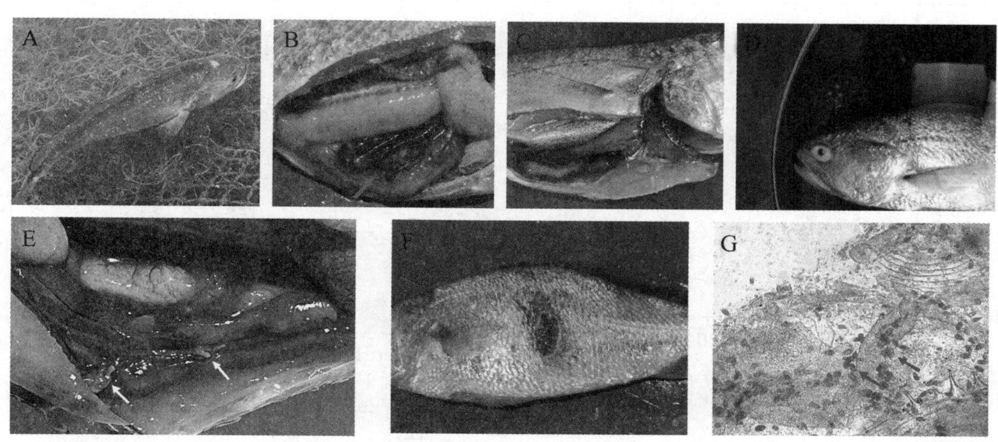

图5　2022年大黄鱼常见病害

A：刺激隐核虫病，B：内脏白点病，C：虹彩病毒病，D：本尼登虫病，E：肠道棘头虫病，F：细菌性体表溃疡，G：盾纤毛虫病。

5　肠道功能菌株分离鉴定与效果评价

从海水鱼肠道中分离到一株植物乳杆菌（*Lactiplantibacillus plantarum*）E2，对变形假单胞菌、溶藻弧菌、嗜水气单胞菌、坎氏弧菌和哈维氏弧菌等常见水产病原细菌具有较强的抑菌活性（表4）。进一步分析发现，植物乳杆菌E2对16 ~ 37℃（图6A），pH 3 ~ 7的生长条件都具有较好的适应性（图6B），且在含有胃蛋白酶的模拟胃液和含有胆汁酸盐的模拟肠液中也能较好生长（图6C），表明该菌株对大黄鱼胃肠环境具有较好的耐受性，无明显的溶血活性（图6D）。为了评价植物乳杆菌E2作为益生菌制剂的应用潜力，本岗位将植物乳杆菌E2添加到大黄鱼饲料中，开展了为期六周的大黄鱼养殖实验。结果表明，菌株E2添加饲料不仅可以显著促进大黄鱼鱼苗的生长，提高鱼苗的存活率（表5），同时还可以维持肠绒毛组织完整性，提高肝脏组织中淀粉酶和脂肪酶活性，并促进脾脏相关免疫基因的表达。此外，菌株E2添加饲料还可以调节大黄鱼鱼苗肠道菌群结构，促进乳酸菌属和假单胞菌属细菌的富集，抑制鞘脂单胞菌属细菌的生长。这些结果表明，植物乳杆菌E2具有开发水产抗病微生物制剂的应用潜力。

表4　植物乳杆菌E2抑菌活性

受试病原菌	抑菌圈直径/mm
变形假单胞菌	20.6 ± 0.6
溶藻弧菌	22.7 ± 0.6
哈维氏弧菌	28.7 ± 2.4
坎氏弧菌	28.7 ± 1.6
嗜水气单胞菌	21.2 ± 0.4

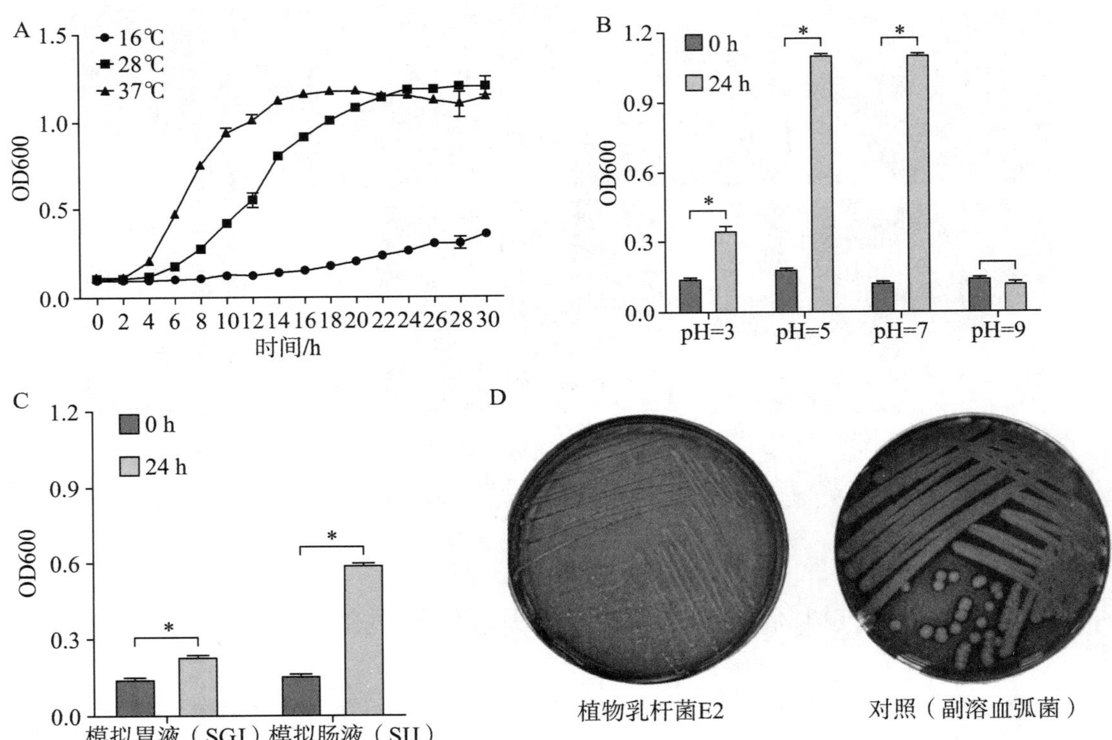

图6　植物乳杆菌E2的生长特性和溶血活性分析

A：植物乳杆菌E2在不同温度下的生长曲线，B：植物乳杆菌E2在不同pH条件下的生长情况，C：植物乳杆菌E2对模拟胃液（SGJ）和模拟肠液（SIJ）的生长耐受性分析，D：植物乳杆菌E2溶血活性分析（副溶血弧菌为对照菌株）。

表5　植物乳杆菌E2添加饲料对大黄鱼苗生长的影响

指标	对照组	植物乳杆菌添加组
初始体重/g	3.15 ± 0.07	3.20 ± 0.07
最终体重/g	6.20 ± 0.17	7.03 ± 0.18*
初始体长/cm	7.59 ± 0.06	7.71 ± 0.05
最终体长/cm	8.53 ± 0.08	9.58 ± 0.09**
获得增长率/%	96.98 ± 1.35	119.75 ± 1.70***
特定增长率/（%/天）	1.61 ± 0.01	1.88 ± 0.02***
存活率/%	49.00 ± 2.65	78.67 ± 0.73***

注：*P＜0.05，**P＜0.01，***P＜0.001。

（岗位科学家　陈新华）

海水鱼养殖设施与装备技术研发进展

养殖设施与装备岗位

2022年，养殖设施与装备岗位主要开展了大菱鲆养殖提质稳产关键技术攻关与集成示范、大型养殖平台气力投饲系统研制、船载舱养的系统构建关键技术、水产行业标准《工厂化循环水养殖车间施工质量验收规范》编制等方面研究，完成国信1号大型养殖工船舱养系统设计和工程经济性分析等技术示范推广工作，取得的研究进展总结如下。

1 海水鱼摄食耗氧特性研究

研究表明，在高密度养殖条件下，由于特殊动力作用（Specific Dynamic Action，SDA）的影响，鱼类在摄食后会造成鱼池溶氧的大幅度下降。这一现象如果处理不及时，非常容易导致鱼类缺氧、产生应激甚至死亡。掌握鱼类摄食耗氧特性对于提高水产养殖溶解氧精准控制水平、保证养殖效益具有重要意义，是开展溶解氧智能调控技术研究的理论基础。研究以红鳍东方鲀为对象，发现其耗氧率受水温和摄食率影响显著，28℃时的静止耗氧率是20℃的2.98倍；摄食率对于耗氧率峰值没有显著影响，基本是静止耗氧率的1.7～2倍，但是存在随水温和摄食率的提高，耗氧率恢复时间增加的趋势。综上认为，红鳍东方鲀主要通过延长耗氧率恢复时间来满足其摄食耗能的需求。

耗氧率测试装置如图1所示，共4个14 L矩形水箱，顶部用硅胶盖密封。每个水箱顶部设有单向排气阀和荧光溶氧传感器（南京奇崛电子科技有限公司，有效量程0～20 mg/L，测量精度为读数的1.5%），分别用于排出水箱内多余气体以及实时测量溶氧浓度；水箱内安装加热棒、曝气头和排水阀门，分别用于水体加温、增氧和箱体排水。试验通过实时监测水中的溶氧浓度变化计算红鳍东方鲀耗氧率等指标。正式试验时，3个测试装置水箱用于测试试验鱼耗氧率，另1个作为空白组不放入试验鱼，用于计算自然状态下测试装置内的溶氧变化情况。

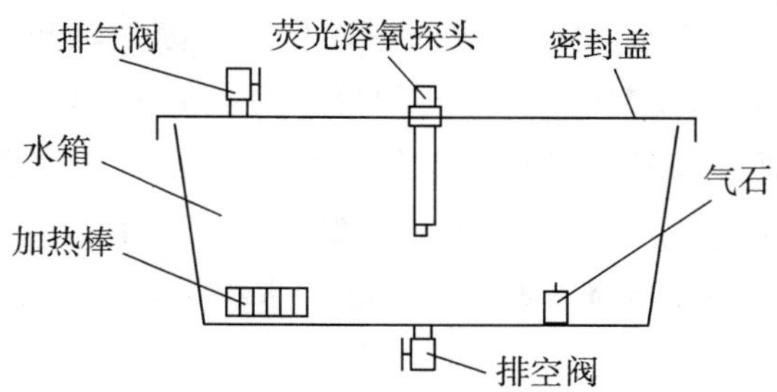

图1 耗氧率测试装置示意图

试验所用2龄红鳍东方鲀（300～330 g）在中国水产科学研究院如东中试基地循环水系统中驯养8周。考虑到红鳍东方鲀在耗氧率测试装置内主动摄食不充分的问题，使用麻醉灌喂法对其进行喂食操作。试验共设计1个对照组（完全禁食）、2个水温试验组（分别为20℃和28℃）和4个摄食率试验组（分别为体质量的0%、0.3%、0.6%和1.2%）。其中，摄食率0%试验组只完成麻醉和插入喂食管的动作而不灌喂饲料，主要用于测试插管动作对于鱼类耗氧的影响。

分别在水温20℃和28℃条件下测试了红鳍东方鲀禁食状态下的标准体质量耗氧率，每个水温条件重复3次。试验结果如图2所示，水温20℃条件下，红鳍东方鲀全天标准体质量耗氧率平均为（70.89 ± 22.21）mg /（kg · h），其中，日间（7：00～16：00）为（84.56 ± 21.29）mg /（kg · h），夜间（19：00～04：00）为（57.21 ± 12.61）mg /（kg · h），昼夜之间没有显著差异（$P>0.05$）。水温28℃条件下红鳍东方鲀全天标准体质量耗氧率平均为（211.49 ± 37.67）mg /（kg · h），其中，日间为（209.73 ± 38.00）mg /（kg · h），夜间为（213.26 ± 37.25）mg /（kg · h），昼夜之间没有显著差异（$P>0.05$）。

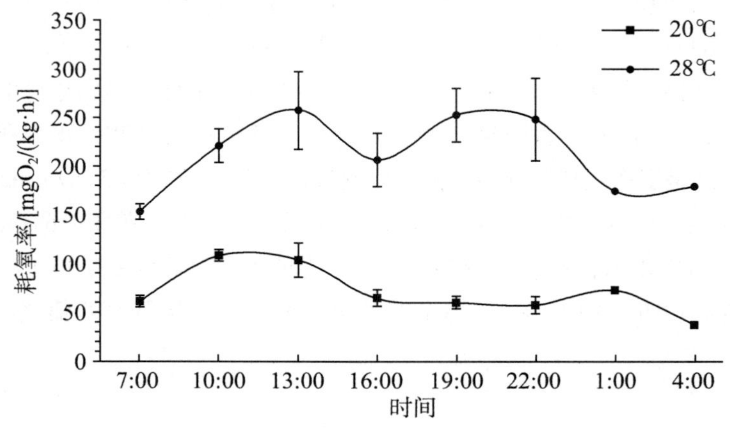

图2 对照组红鳍东方鲀不同水温条件下的耗氧率

测试了2个水温条件下插管动作（仅完成动作，不灌喂饲料）对于红鳍东方鲀耗氧率的影响，每个水温条件重复3次，测试时间统一为上午10：00。试验结果如图3所示，20℃条件下插管动作前后红鳍东方鲀标准体质量耗氧率未出现明显波动，全天平均为（58.79 ± 10.25）mg /（kg · h），与20℃对照组无显著差异（$P>0.05$）。28℃条件下同样比较平稳，全天平均为（193.61 ± 13.86）mg /（kg · h），略低于28℃对照组，但是无显著性差异（$P>0.05$）。

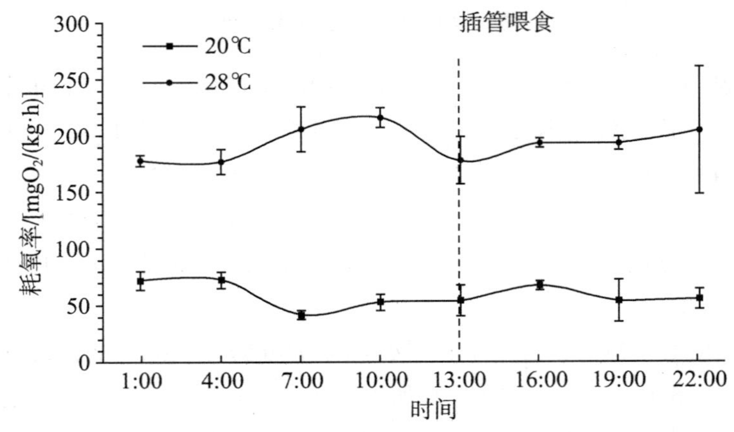

图3　摄食率0%试验组红鳍东方鲀在不同水温条件下的标准体质量耗氧率

分别在水温20℃和 28℃条件下测试了红鳍东方鲀通过插管灌喂饲料后的标准体质量耗氧率变化情况，灌喂时间统一为上午10：00。3个试验组的摄食率分别为鱼体重的0.3%、0.6%和1.2%，摄食率0%组显示为根据前文所述试验数据计算获得的全天平均值。图4显示了20℃水温条件下的测试结果，从中可以看出3个试验组的标准体质量耗氧率均在灌喂饲料后12个小时左右达到峰值，1.2%试验组的峰值相对较低，为（104.70 ± 3.16）mg /（kg · h），0.3%和0.6%试验组峰值比较接近，分别为（116.73 ± 11.55）mg /（kg · h）和（116.02 ± 5.68）mg /（kg · h），3个试验组之间没有显著性差异（$P>0.05$）；另外，在标准体质量耗氧率到达峰值后2.5 ~ 7.5 h，0.3%、0.6%和1.2%试验组先后回复至0%组水平。图5显示的是28℃水温条件下的测试结果，其中，1.2%试验组在灌喂饲料后6h最先出现峰值，为（365.69 ± 35.69）mg /（kg · h），再经过15 h耗氧率回复至0%组水平；其次为0.3%试验组，峰值出现在灌喂饲料后9 h，又经过3个多小时回复至0%组水平；最后是0.6%试验组，峰值为（314.91 ± 51.17）mg /（kg · h），出现在灌喂饲料后12 h，3 h后恢复。3个试验组标准体质量耗氧率峰值之间没有显著性差异（$P>0.05$）。

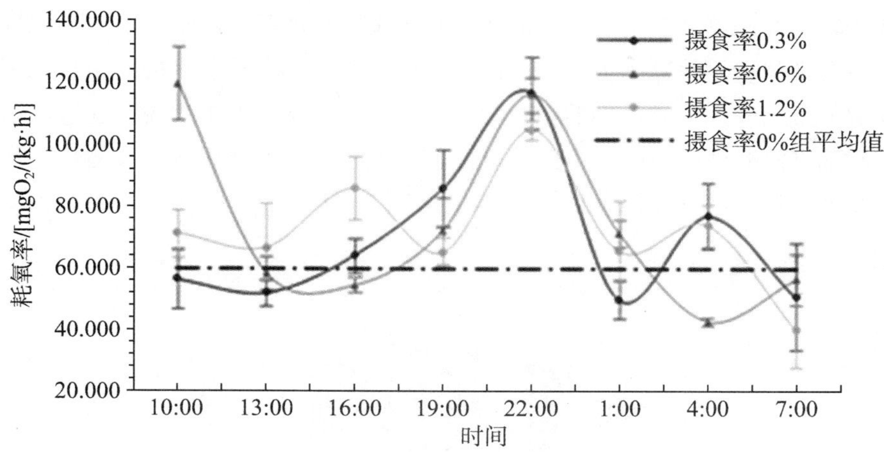

图4　20℃水温时红鳍东方鲀在不同摄食率条件下的标准体质量耗氧率

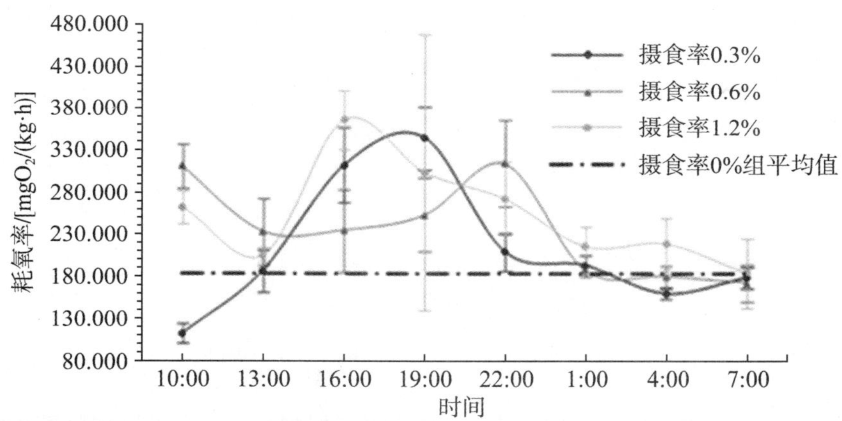

图5　28℃水温时红鳍东方鲀在不同摄食率条件下的标准体质量耗氧率

2　机械化围赶装备技术研发

工厂化养殖生产过程中，常通过降低鱼池水位来实现集鱼，方便收捕作业需要。由于池体面积较大，单靠降低水位往往无法起到较好的集鱼效果，而且耗水量较高，耗时较长。针对该问题，研发了一种工厂化养殖拉簧式自动围网集鱼装备，单次集鱼率平均可达98.2%。

工厂化养殖拉簧式自动围网集鱼装备是一种弹簧收缩式赶鱼装置，升降螺钉自下而上穿过小车控制箱并与电机升降座固定连接，通过调节升降螺钉可控制金属摩擦轮与池上端面的压力，金属摩擦轮为小车提供前进动力；金属摩擦两侧设有池端面导向轮，池端面导向轮与池端面形成滚动摩擦；小车控制箱上设有铝型材支架、池端面导向轮座，池端面导向轮安装于池端面导向轮座上；铝型材支架上安装有铝滑轨，铝滑轨上设有可沿其滑动的滑块，立式光轴支撑座安装在滑块上，滑块的孔内设置有池壁导轮轴，池壁导轮轴上设有池壁导轮，拉簧使池壁导轮紧贴池壁自动调整池壁导轮和小车控制箱的间距；毛刷轮包括毛刷柱其底部的万向轮，依靠毛刷的弹性紧贴池壁防止鱼从缝隙中逃脱，通过依附在鱼端面的小车带动渔网沿着池壁行驶，收网装置内带有发条装置，可以自适应地调节渔网伸缩量保证网面张紧不跑鱼，进而提高赶鱼起捕时的工作效率。

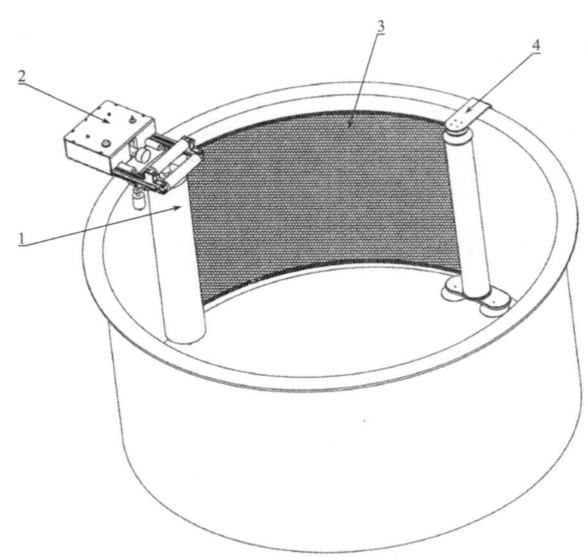

图6　拉簧式自动围网集鱼装备结构原理

1　毛刷轮；2　赶鱼小车；3　赶鱼网；4　收网装置

图7　拉簧式自动围网集鱼装备样机

以石斑鱼养殖池为实验场地测试集鱼性能。实验水池水体体积为1.5 m^3，水深0.4 m，鱼池底部面积为4 m^2，石斑鱼养殖密度20 kg/m^3，水温25℃。设置集鱼密度梯度为20、50、100、150、200尾100～200 g规格的珍珠石斑鱼，赶鱼小车从起始点沿鱼池端面运行270度，测量每次赶鱼的赶获率。

表1　实验设计参数

参数/指标	设计值
赶鱼直径/m	3.6
赶鱼规格/g	100 ~ 200
赶网高度/cm	60
设计赶鱼密度/（尾/立方米）	450
设计赶鱼速度/（cm/s）	3 ~ 6

实验结果如图8所示，赶获率随着鱼类密度的上升而出现下降趋势，密度上升后有少量鱼从赶网缝隙中溢出，赶获率从最初的100%降至97%。表2中，人工起捕通常需要排水以减少鱼类活动范围提高抄中概率，但鱼类散布范围仍是整个鱼池底部的面积，故起捕时间较超长。

采用赶鱼装置时无需排水，赶网缓慢地将鱼群集中，鱼群散布范围在鱼池底部面积的八分之一以内，仅需数次抄捕即可将鱼全部捞出，耗时大大少于人工起捞，效率提高40.4%。

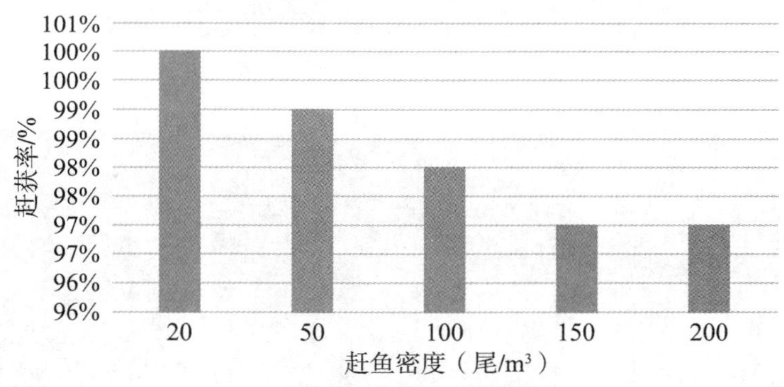

图8　自动集鱼效率实验结果

表2　围赶装置与人工效率对比

实验指标	实验参照	参数
人工获鱼效率	排水用时/min	3.36
	人工捞鱼用时/min	6.3
赶鱼装置获鱼效率	装置赶鱼用时/min	2.58
	获鱼用时/min	4.3
效率提升	40.4%	

3　海水养殖尾水处理技术研究

针对海水养殖尾水氮、磷去除的要求，开展了基于PHBV/火山岩/黄铁矿协同强化工艺的养殖尾水高效处理技术研究。通过接种活性污泥，当溶解氧浓度在1.2 ~ 1.5 mg/L之间时，可保证脱氮除磷同时进行，对硝氮和磷酸盐去除率分别达到97.77%和34.95%，出水平均硝氮和磷酸盐浓度分别低于5 mg/L和0.5 mg/L。

试验装置呈圆柱形（图9），由填料区和沉淀区组成，其中填料区中以一定比例填充PHBV颗粒（3-羟基丁酸酯和3-羟基戊酸酯共聚物，poly 3-hydroxybutyrate-co-3-hydroxyvalerate）、火山岩和黄铁矿（图9）。

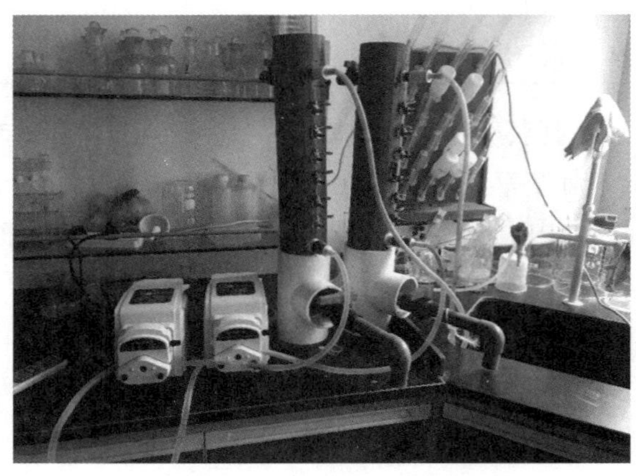

图9　养殖尾水净化试验装置

PHBV 颗粒

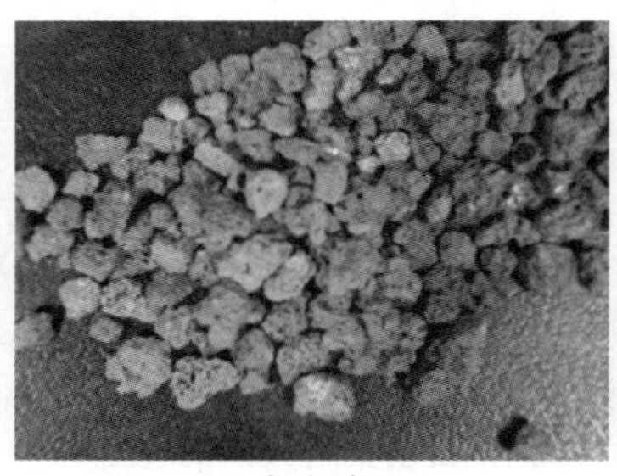

火山岩

黄铁矿

图10　PHBV颗粒、火山岩和黄铁矿填料实物图

在装置运行第一阶段，设计进水硝氮浓度为30 mg/L，运行8天后，柱1和柱2出水平均硝氮浓度分别为22.48 mg/L和21.48 mg/L，平均去除率仅为27.97%和31.86%。随着生物过滤装置运行天数的增加，对硝氮的去除率也逐渐增加，运行10天以后，柱1和柱2的出水平均硝氮浓度分别为6.77 mg/L和0.68 mg/L，对硝氮的平均去除率分别达到了77.78%和97.77%。第二阶段，设计进水硝氮浓度为50 mg/L，运行前10天，柱2出水硝氮浓度比较稳定，而柱1出水硝氮浓度有所波动，柱1和柱2对硝氮的平均去除率分别达到了85.85%和98.19%。运行后10天，柱1和柱2出水硝氮浓度都有所波动，硝氮去除率有所下降。整体而言，柱2对硝氮的去除率显著高于柱1（$P<0.05$）。

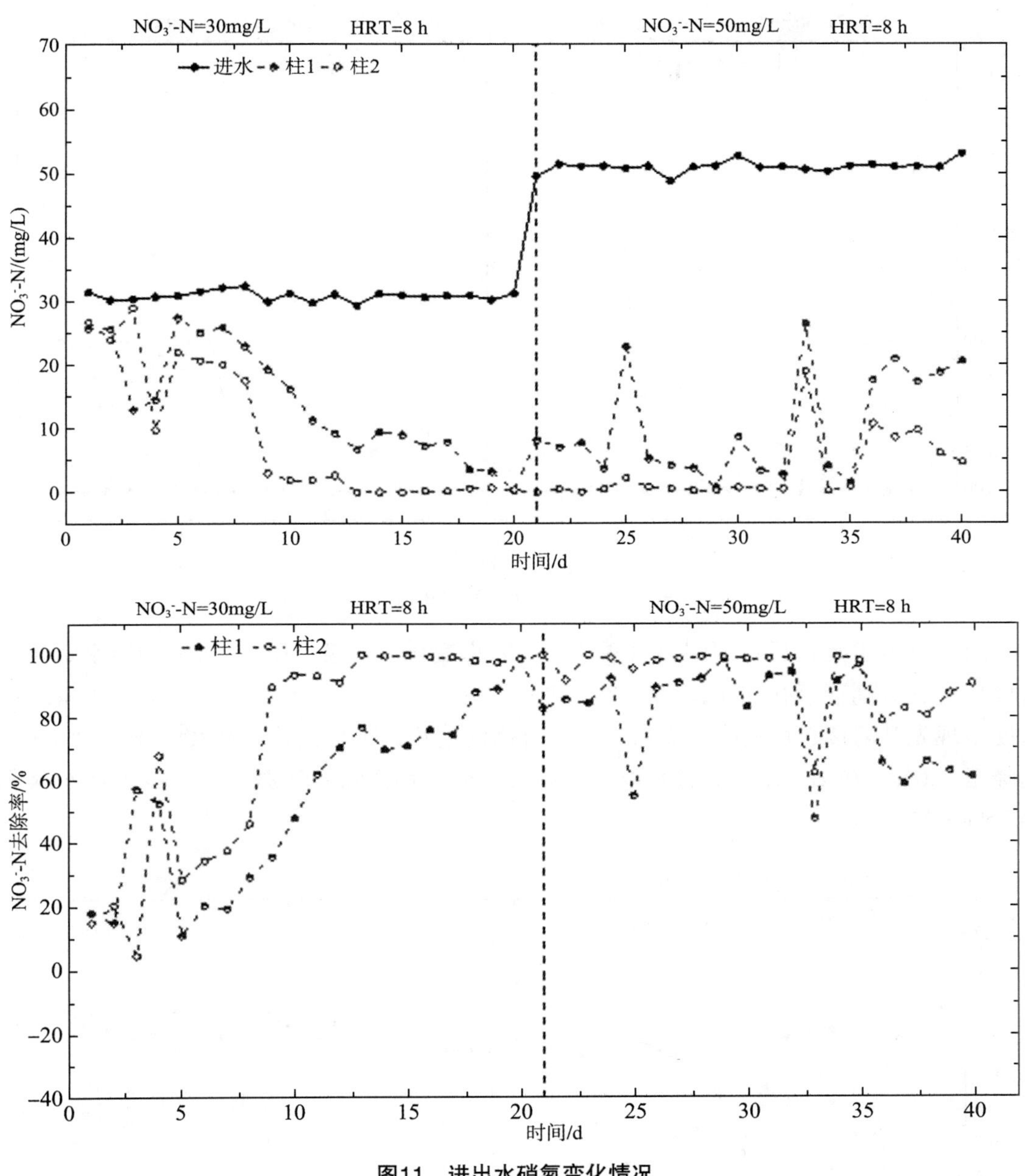

图11　进出水硝氮变化情况

图12显示了装置进出水亚硝氮变化情况，进水亚硝氮浓度为0 mg/L，第一阶段，柱1运行5天后水体中的亚硝氮浓度从2.75 mg/L变成0.25 mg/L，柱2的出水亚硝氮浓度在0.2～0.51 mg/L之间波动。之后，柱1和柱2的出水亚硝氮浓度逐渐降至0 mg/L。第二阶段，柱1的出水亚硝氮浓度从0.25 mg/L逐渐增加至1.0 mg/L，柱2的出水亚硝氮浓度前期一直接近0 mg/L，运行至33天时，出水亚硝氮浓度突然从0.75 mg/L升到2 mg/L。

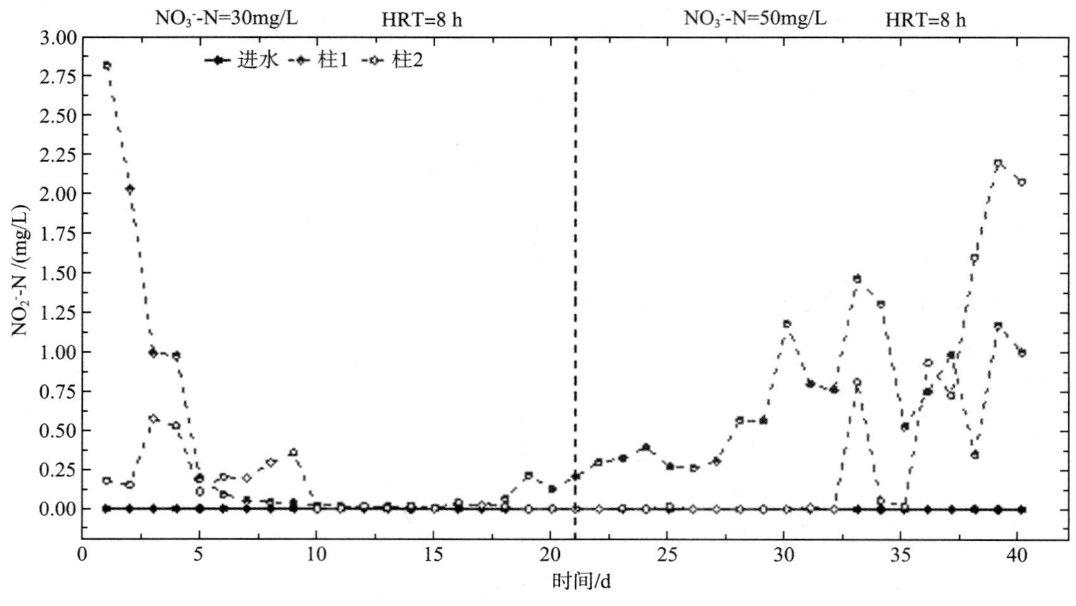

图12　进出水亚硝氮变化情况

图13显示了装置运行期间对磷酸盐的去除率变化。在第一阶段，柱1的出水磷酸盐浓度呈现先升高而后快速下降的趋势，平均去除率从30%升至80%。柱2的出水磷酸盐浓度呈现先升高接着快速降低而后又逐渐升高的趋势，平均去除率从30%升至80%又快速降至−20%。在第二阶段，柱1和柱2对磷酸盐的平均去除率分别为56.23% ± 18.56%和34.95% ± 27.46%。

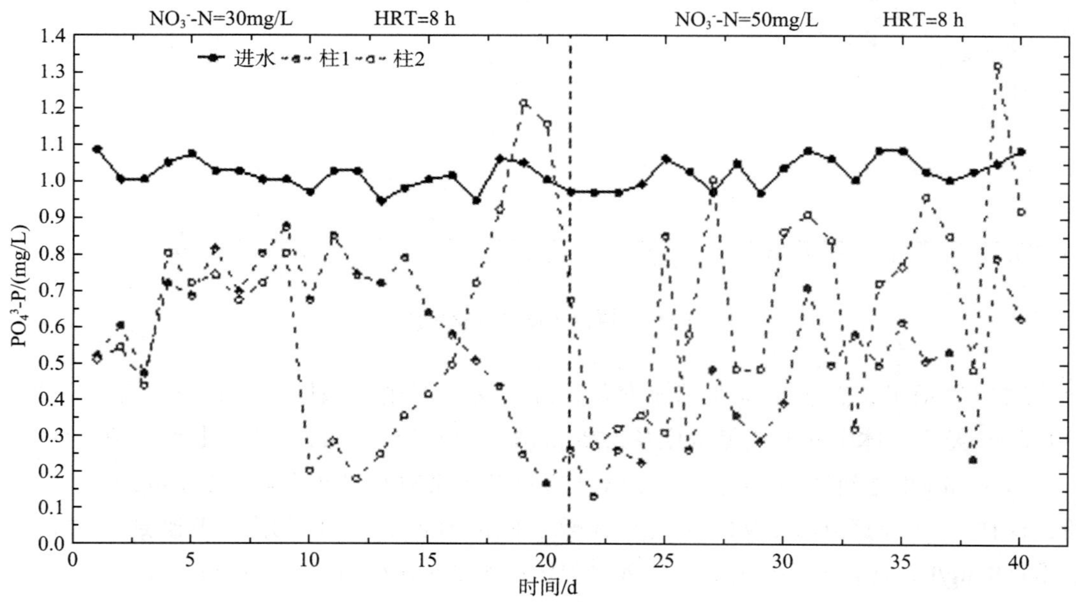

图13　进出水磷酸盐变化情况

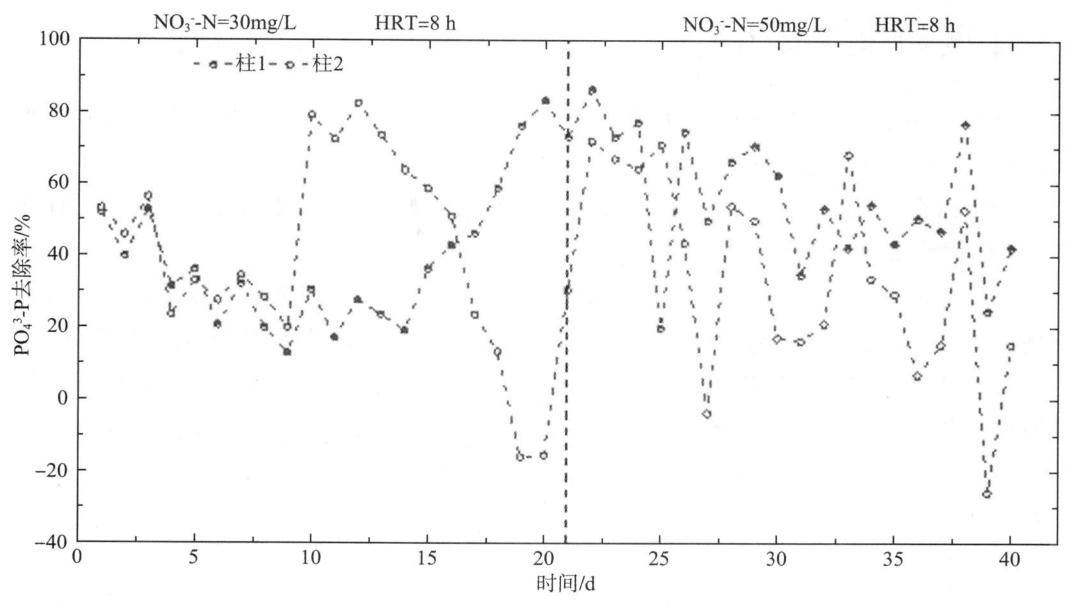

图13　进出水磷酸盐变化情况（续）

4　海水鱼循环水育苗系统技术研究

针对国内目前海水鱼繁育过程受环境制约、规模化生产过程不可控、生产操作主要依靠人工、出苗率和苗种质量不稳定等问题，设计构建石斑鱼循环水育苗系统1套，由育苗池、竖流沉淀池、砂滤罐、蛋白分离器、生物移动床、紫外杀菌器、管道式气力提升池底吸污装置和自动投饲装备等设施组成，系统总水体约12 m^3，单个育苗池有效水体3 m^3，系统循环量为4～6小时/次。

2022年4～7月间，在青岛通用水产养殖有限公司进行生产应用并通过现场验收，孵化虎龙杂交斑受精卵45 g，平均孵化率95%；布放初孵仔鱼0.5万尾/立方米，培育出68日龄苗种15 610尾，平均全长75 mm，平均体重9.2 g，成活率达到41.0%。

图14　虎龙杂交斑循环水育苗系统现场验收会

5　年度研究进展小结

（1）开展了红鳍东方鲀摄食耗氧特性研究，初步阐明了红鳍东方鲀摄食耗能机制，为智能增氧技术研发提供理论依据；

（2）研发了工厂化养殖拉簧式自动围网集鱼装备1台，单次集鱼能力达97%，有助于解决工厂化养殖起捕机械化难题；

（3）开展了基于PHBV/火山岩/黄铁矿协同强化工艺的养殖尾水高效处理技术研究，当溶解氧浓度在1.2～1.5 mg/L时，对硝氮和磷酸盐去除率分别达到97.77%和34.95%；

（4）所企合作，积极探索提升海水鱼苗种产业新途径，在山东青岛设计构建石斑鱼循环水育苗系统1套，应用实验表明孵化虎龙杂交斑受精卵45 g，平均孵化率95%；布放初孵仔鱼0.5万尾/立方米，培育出68日龄苗种15 610尾，平均全长75 mm，平均体重9.2 g，成活率达到41.0%。

（岗位科学家　倪琦）

海水鱼类养殖水环境调控技术研发进展

养殖水环境调控岗位

2022年，养殖水环境调控岗位开展了海水鱼类工厂化循环水养殖及水环境调控研究，探究不同浓度二氧化碳水平对大菱鲆的生理影响，高溶氧对大菱鲆的生理影响及后期恢复，硝酸盐对大菱鲆的毒性作用及生理影响，还从膜生物反应器（MBR）中获得了一种具有异养硝化和好氧反硝化能力的新型细菌。

1　不同二氧化碳水平对大菱鲆的生理影响

1.1　不同浓度二氧化碳水平对大菱鲆肝脏功能的影响

CO_2影响了肝脏功能，导致肝脏空泡化。肝脏空泡化比例随着CO_2浓度增加而增加（图1）。同时与对照组相比，CO_2处理后血浆谷氨酸-丙酮酸转氨酶（GPT）和谷氨酸-草酸转氨酶（GOT）升高；GPT和GOT最高时CO_2浓度为32 mg/L（图2）。这也证明肝脏功能受到影响。

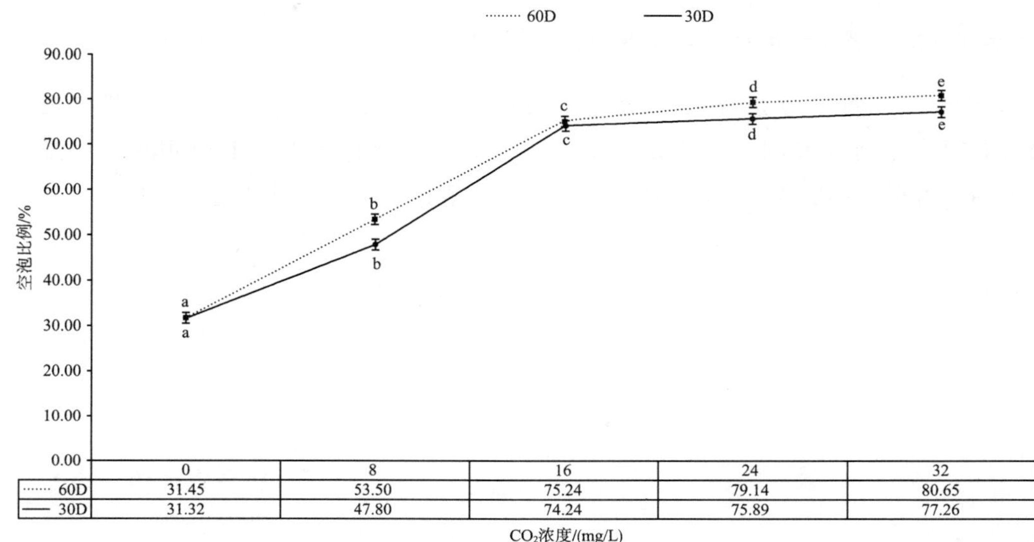

	0	8	16	24	32
60D	31.45	53.50	75.24	79.14	80.65
30D	31.32	47.80	74.24	75.89	77.26

图1　不同浓度二氧化碳水平下大菱鲆肝脏空泡化比例

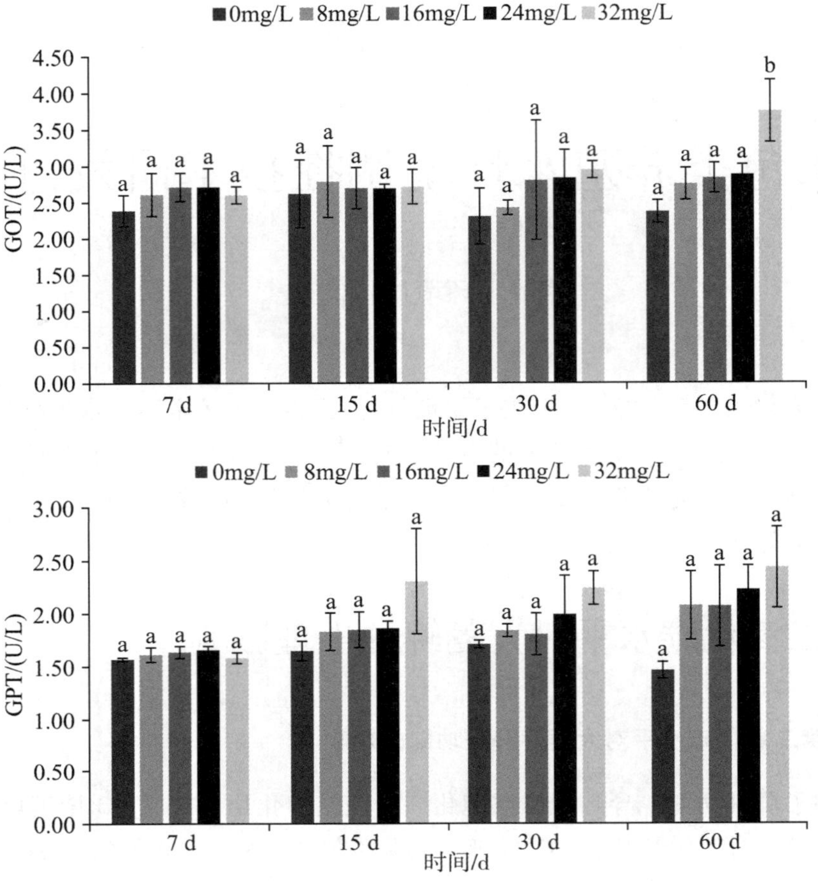

图2　不同浓度二氧化碳水平下大菱鲆血清中GOT和GPT的变化

1.2　不同浓度二氧化碳水平对大菱鲆GH－IGF-1轴的影响

为了评估过量的CO_2是否影响GH-IGF-1水平，测量了四个基因的表达，即生长激素受体（GHR）、促生长因子1（IGF-1）、促生长因子1受体（IGF-1R）和甲状腺激素受体（THR）在肝脏中的表达。CO_2处理后，IGF-IR基因显著低于其他组（图3）。

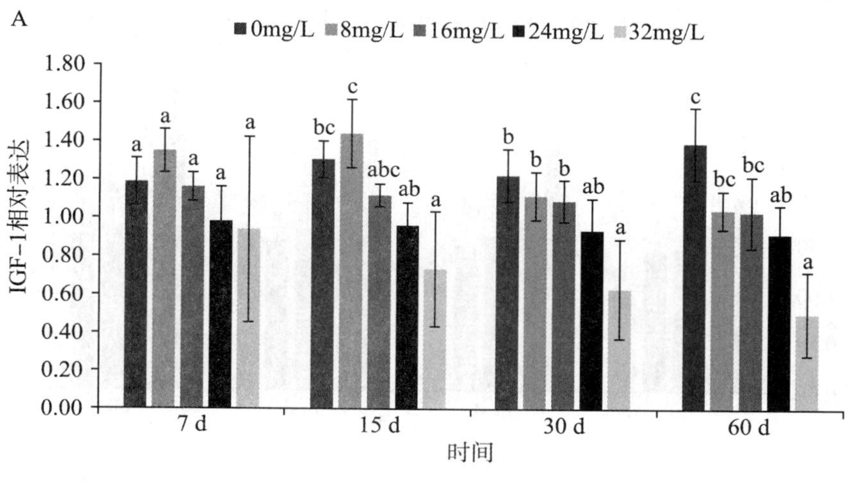

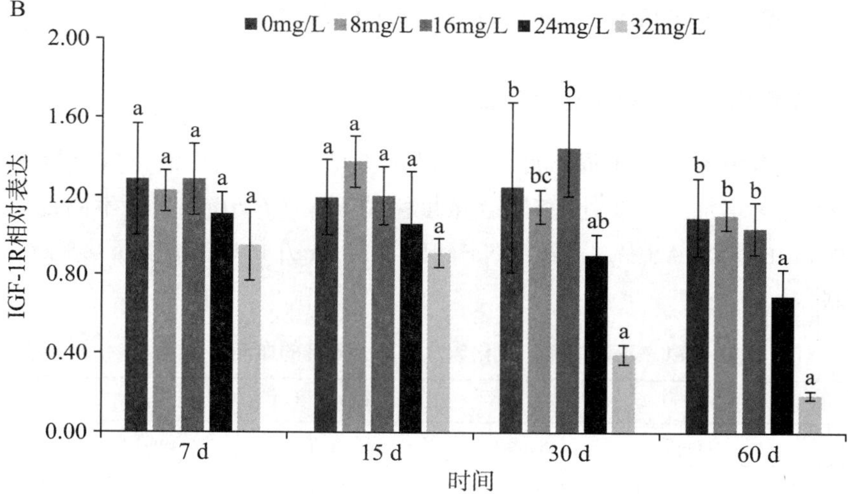

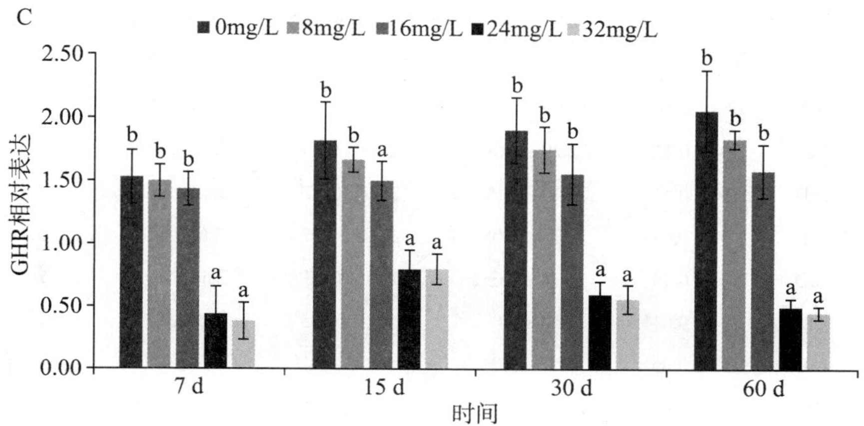

图3　不同浓度二氧化碳水平下大菱鲆肝脏中生长激素受体（GHR）、促生长因子1（IGF-1）、促生长因子1受体（IGF-1R）和甲状腺激素受体（THR）表达的变化。

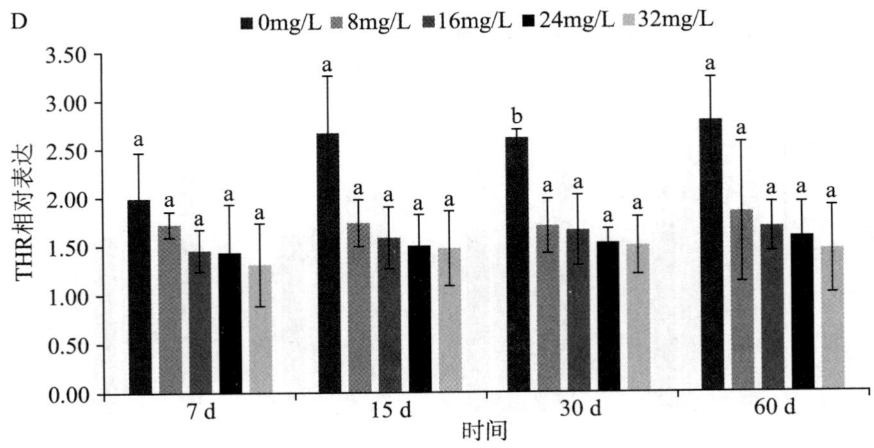

图3　不同浓度二氧化碳水平下大菱鲆肝脏中生长激素受体（GHR）、促生长因子1（IGF-1）、促生长因子1受体（IGF-1R）和甲状腺激素受体（THR）表达的变化。（续）

1.3　不同浓度二氧化碳水平对大菱鲆血液的影响

根据表1，大菱鲆暴露于不同浓度的二氧化碳8周后测得的血液指数显示，二氧化碳导致K^+和HCO_3^-显著增加。CO_2处理对Ca^{2+}浓度影响不大（$P>0.05$）。不同处理之间的比较进一步表明，在整个RAS中，观察到Na^+和K^+在32 mg/L的CO_2浓度下影响最大，Cl^-和HCO_3^-也是如此。

表1　不同浓度二氧化碳水平下大菱鲆的血液指标

指标	时间	CO_2浓度				
		0 mg/L	8 mg/L	16 mg/L	24 mg/L	32 mg/L
Na^+	7D	150.14 ± 0.21^a	145.49 ± 0.41^b	139.64 ± 0.24^c	132.41 ± 0.64^d	121.44 ± 0.63^e
/（mmol/L）	15D	151.66 ± 0.27^a	144.30 ± 0.39^b	140.67 ± 020^c	136.06 ± 0.13^d	119.17 ± 0.59^d
	30D	149.52 ± 0.59^a	145.49 ± 0.67^b	140.25 ± 0.27^c	134.90 ± 0.56^d	116.51 ± 0.41^e
	60D	149.88 ± 0.49^a	145.33 ± 0.33^b	141.46 ± 0.81^c	132.28 ± 0.18^d	107.52 ± 0.40^e
K^+	7D	2.04 ± 0.11^a	2.29 ± 0.09^b	2.39 ± 0.03^b	2.44 ± 0.03^b	2.91 ± 0.02^c
/（mmol/L）	15D	2.00 ± 0.01^a	2.06 ± 0.14^{ab}	2.09 ± 0.17^{ab}	2.67 ± 0.28^{bc}	2.88 ± 0.22^c
	30D	2.09 ± 0.07^a	2.38 ± 0.05^b	2.44 ± 0.07^b	2.66 ± 0.11^c	2.78 ± 0.02^c
	60D	2.03 ± 0.19^a	2.38 ± 0.05^b	2.41 ± 0.08^{ab}	2.54 ± 0.18^{ab}	2.73 ± 0.14^b
Ca^{2+}	7D	1.51 ± 0.01^a	1.50 ± 0.09^a	1.52 ± 0.03^a	1.52 ± 0.04^a	1.51 ± 0.01^a
/（mmol/L）	15D	1.53 ± 0.05^a	1.51 ± 0.01^a	1.50 ± 0.01^a	1.50 ± 0.01^a	1.50 ± 0.01^a
	30D	1.52 ± 0.01^a	1.49 ± 0.02^a	1.53 ± 0.06^a	1.50 ± 0.01^a	1.49 ± 0.04^a
	60D	1.51 ± 0.02^a	1.5 ± 0.01^a	1.52 ± 0.01^a	1.50 ± 0.02^a	1.50 ± 0.03^a

续表

指标	时间	CO2浓度				
		0 mg/L	8 mg/L	16 mg/L	24 mg/L	32 mg/L
Cl^-	7D	670.40 ± 0.65[a]	665.15 ± 0.77[b]	651.35 ± 0.77[c]	639.21 ± 0.97[d]	612.71 ± 0.77[e]
/（mmol/L）	15D	671.43 ± 0.62[a]	663.72 ± 0.57[b]	649.45 ± 030[c]	636.64 ± 0.34[d]	592.03 ± 0.51[e]
	30D	670.52 ± 0.29[a]	662.91 ± 0.12[b]	630.84 ± 0.39[c]	617.90 ± 0.30[d]	590.67 ± 0.42[e]
	60D	668.73 ± 0.30[a]	651.51 ± 0.41[b]	609.78 ± 0.41[c]	575.15 ± 0.54[d]	567.03 ± 0.05[e]
HCO_3^-	7D	10.97 ± 0.37[a]	9.58 ± 0.17[a]	9.10 ± 0.14[a]	16.29 ± 1.48[b]	17.10 ± 0.64[b]
/（mmol/L）	15D	10.88 ± 2.02[a]	10.27 ± 0.79[a]	10.18 ± 0.34[a]	21.20 ± 0.63[b]	21.96 ± 0.49[b]
	30D	9.53 ± 0.73[a]	12.97 ± 0.08[b]	13.62 ± 1.36[b]	25.50 ± 0.71[c]	32.76 ± 0.41[d]
	60D	10.71 ± 0.84[a]	13.08 ± 0.77[b]	20.50 ± 0.33[c]	25.25 ± 0.08[d]	33.35 ± 0.13[e]
Cre	7D	49.18 ± 0.50[a]	47.80 ± 0.36[a]	31.38 ± 0.79[b]	28.69 ± 0.37[c]	25.32 ± 0.33[d]
/（μmol/L）	15D	50.82 ± 0.58[a]	48.56 ± 0.29[b]	27.17 ± 0.11[c]	24.59 ± 0.29[d]	21.92 ± 0.32[e]
	30D	48.37 ± 0.32[a]	37.99 ± 0.22[b]	21.45 ± 0.28[c]	19.32 ± 0.19[d]	13.36 ± 0.16[e]
	60D	48.70 ± 0.63[a]	36.39 ± 0.29[b]	19.67 ± 0.29[c]	17.39 ± 0.17[d]	11.74 ± 0.36[e]

1.4　不同浓度二氧化碳水平对大菱鲆鳃凋亡因子的影响

p53和p53调节下游基因如Bcl-2通过调节细胞凋亡和抗氧化机制在调节细胞应激抵抗中发挥重要作用。图4（C，D）显示了CO_2对60天鳃中凋亡相关基因mRNA表达的影响。结果表明CO_2浓度的增加不会干扰HIF-1的信号通路（图4）。

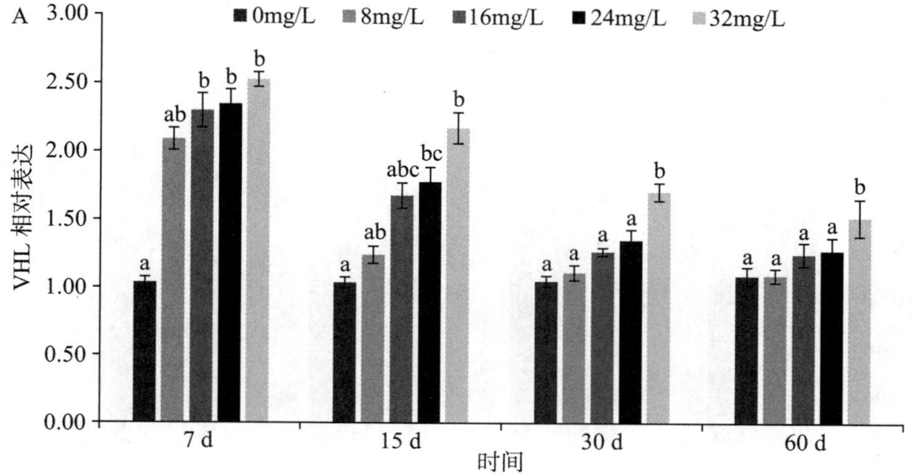

图4　不同浓度二氧化碳水平下大菱鲆鳃中凋亡基因的变化

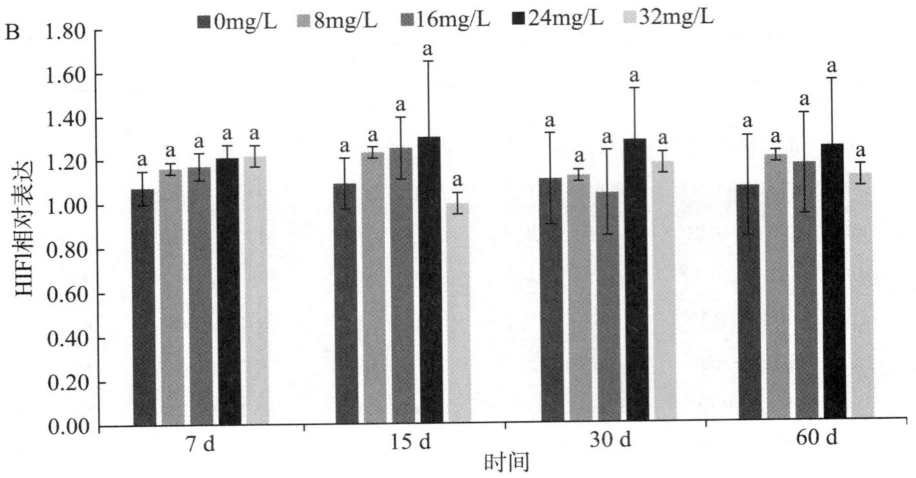

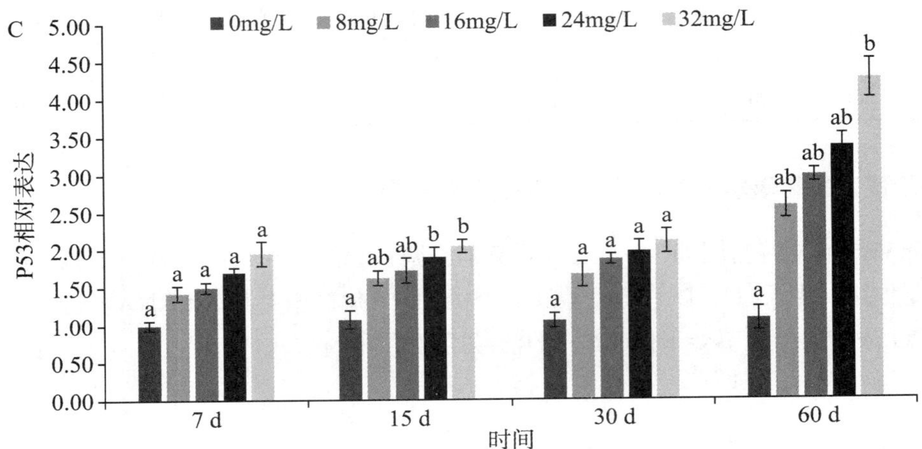

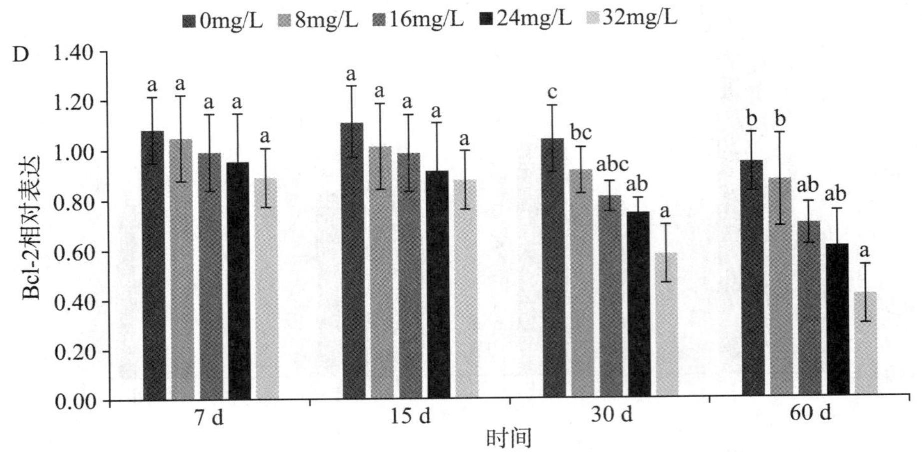

图4　不同浓度二氧化碳水平下大菱鲆鲃中凋亡基因的变化（续）

1.5　不同浓度二氧化碳水平对大菱鲆鳃离子调节的影响

为了研究暴露于不同浓度的CO_2如何影响鳃、肾和HCO_3^-缓冲系统的调节，我们测量了鳃和肾中的离子转运蛋白相关基因的表达水平。CO_2处理组鳃中H^+-ATP酶、NBC1、CA、AE、Na^+/K^+-ATP酶、NHE1和NHE2的表达显著高于对照组（图5，$P<0.05$）。然而，在24 mg/L组后，该基因的表达开始显著下调（图5A、C、D、E、F），而NBC1基因的表达随着CO_2暴露的增加而上调（图5B）。24 mg/L组肾AE、NBC1、NHE3、CA II和CAIV（图6）也下调。

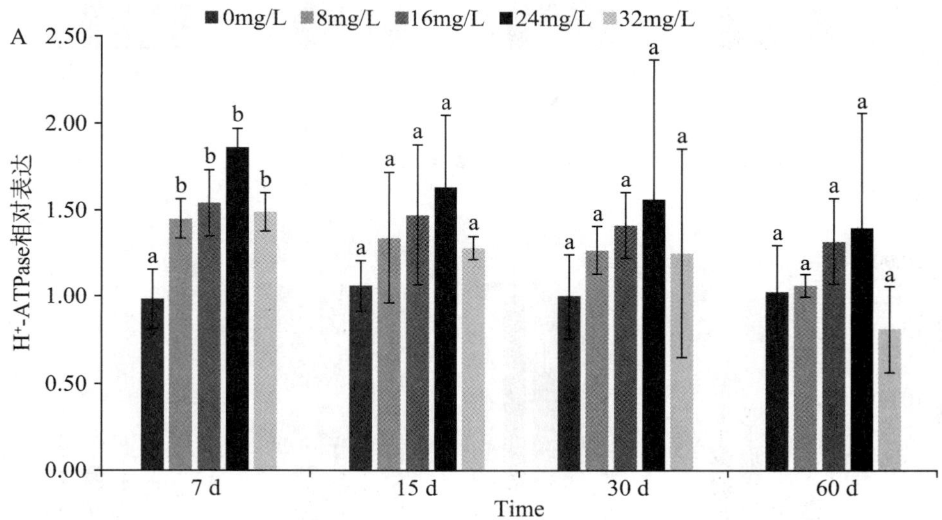

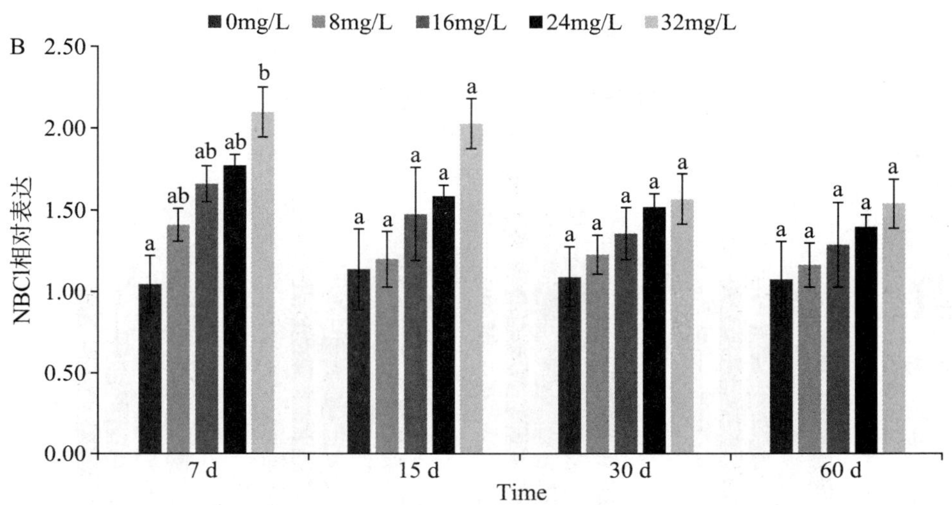

图5　不同浓度二氧化碳水平下相关离子泵在大菱鲆鳃中的变化

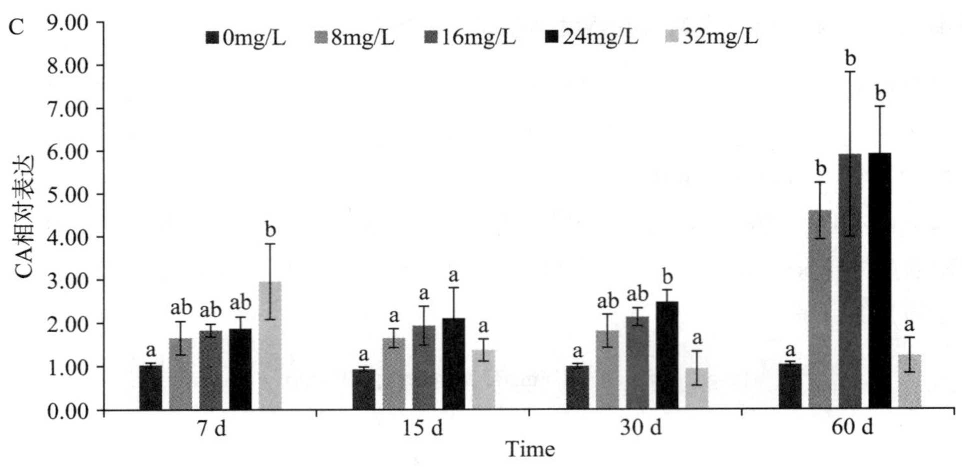

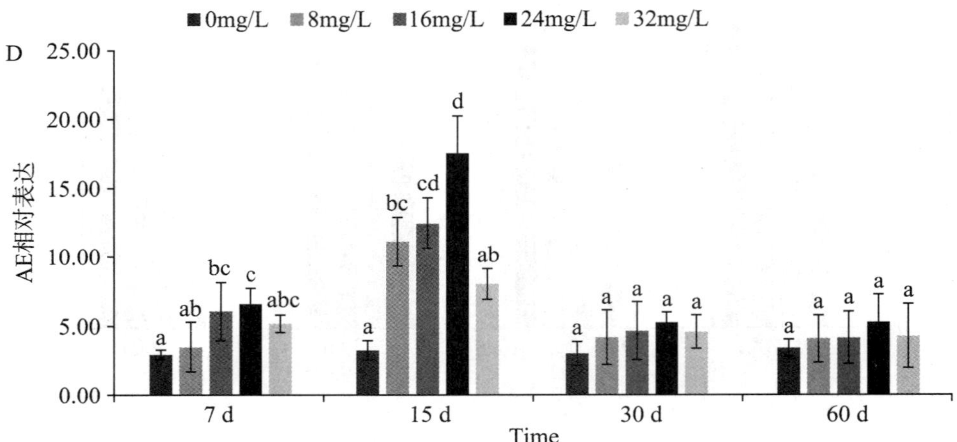

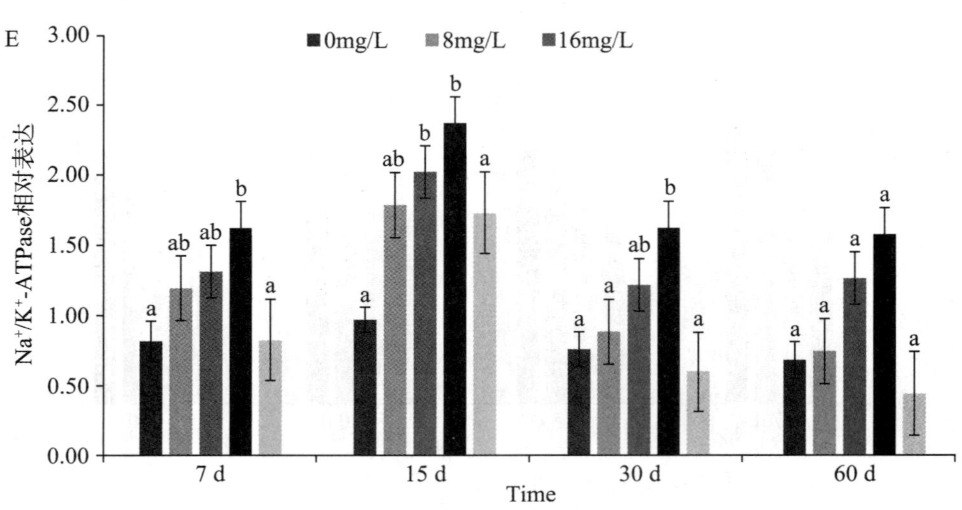

图5　不同浓度二氧化碳水平下相关离子泵在大菱鲆鳃中的变化（续1）

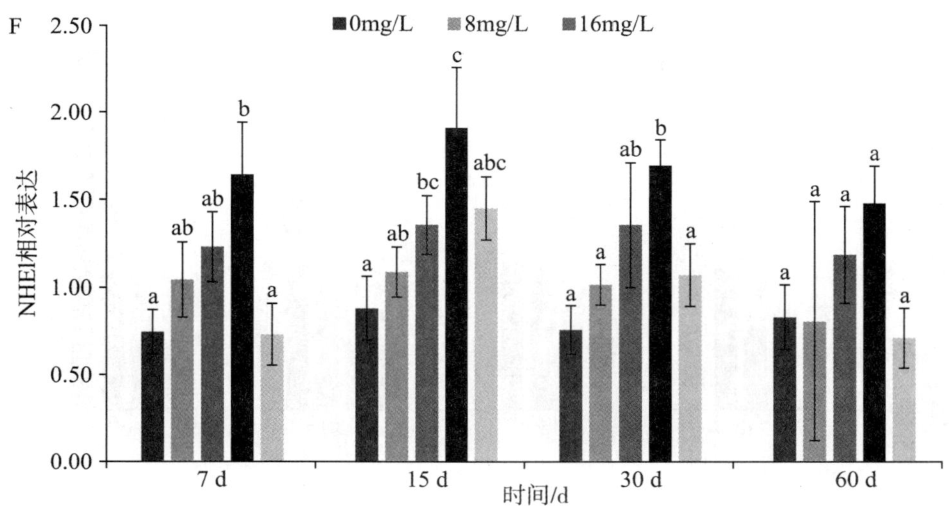

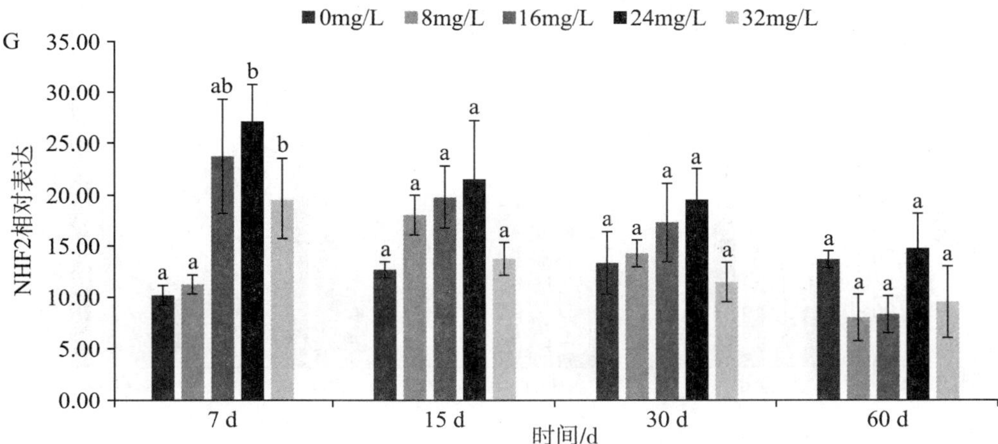

图5　不同浓度二氧化碳水平下相关离子泵在大菱鲆鳃中的变化（续2）

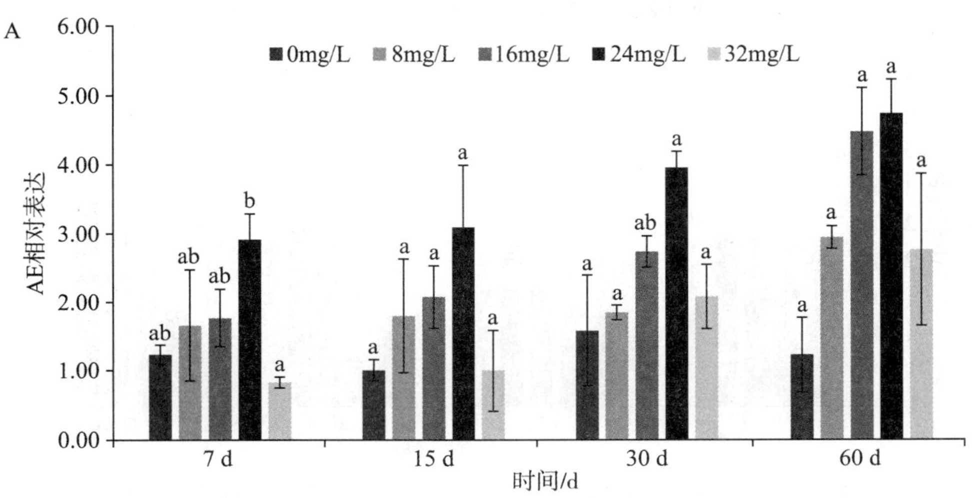

图6　不同浓度二氧化碳水平下相关离子泵在大菱鲆肾中的变化

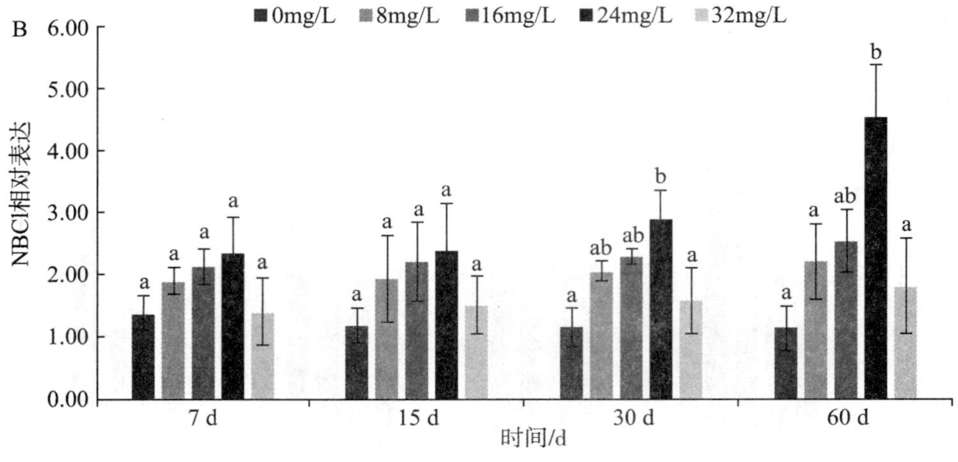

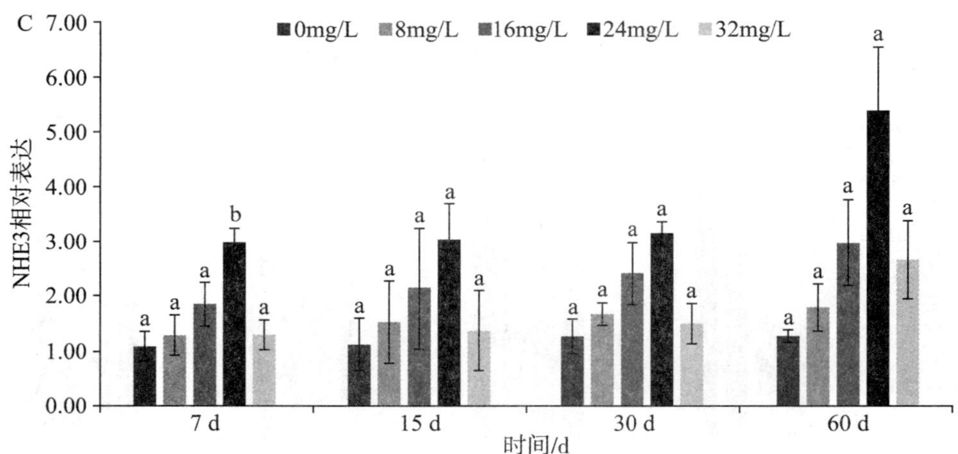

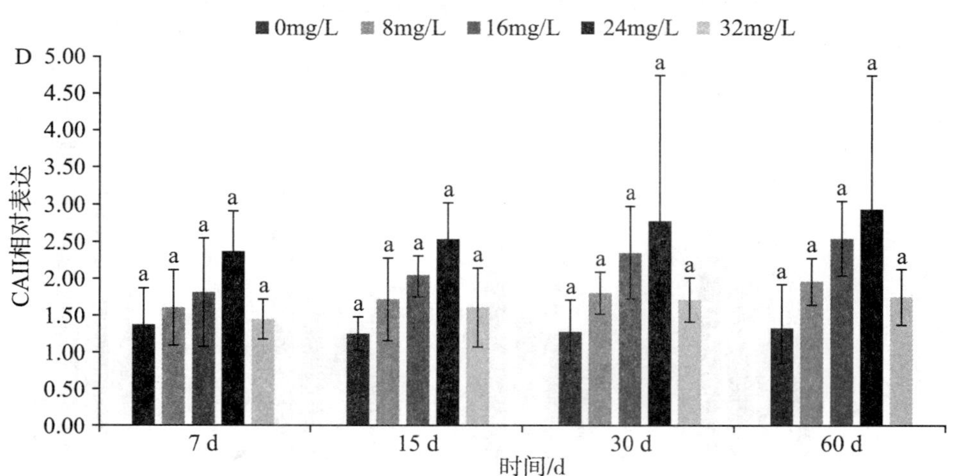

图6　不同浓度二氧化碳水平下相关离子泵在大菱鲆肾中的变化（续1）

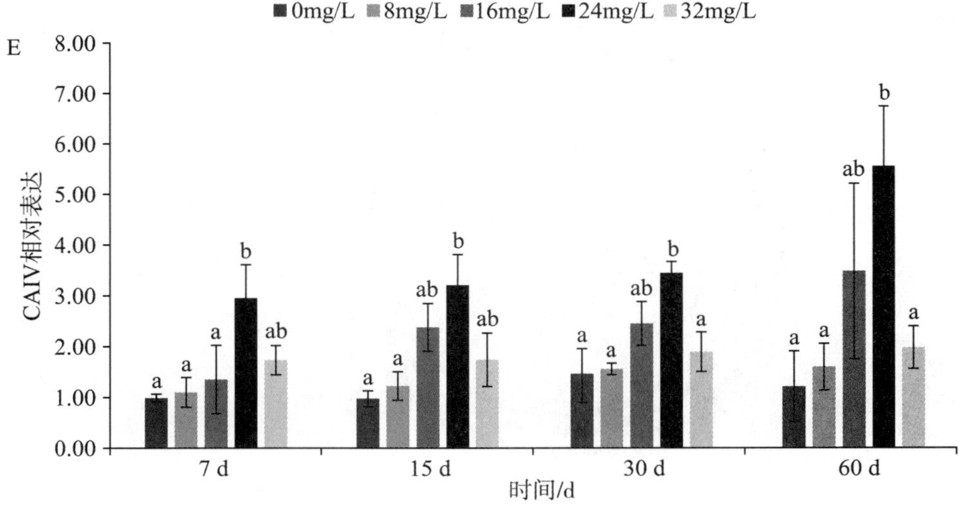

图6　不同浓度二氧化碳水平下相关离子泵在大菱鲆肾中的变化（续2）

2　高溶氧对大菱鲆的生理影响及后期恢复

图7　高氧胁迫后鳃切片和恢复后切片

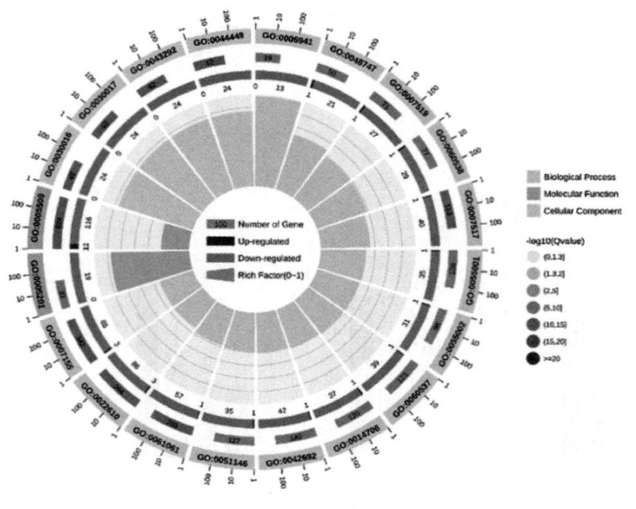

图8　GO富集圈图

通过高溶氧（150 ± 0.54 mg/L）对大菱鲆进行胁迫3 d（A−1）、7 d（A−2）后恢复1 d（B−1、B−2）、3 d（C−1、C−2）、7 d（D−1、D−2）、15 d（E−1、E−2）及对照组（F−1、F−2），可以观察到高氧胁迫后出现鳃小片末端膨胀。胁迫3 d和7 d，恢复15天后都无法达到正常情况鳃的状态（图7）。通过转录组富集分析胁迫7 d和恢复后15 d的通路，结果显示，在高溶氧胁迫下钙离子通道、阳离子通道和金属离子调节通路被激活，高溶氧影响了大菱鲆的鳃离子运输和调节（图8）。

3　硝酸盐对大菱鲆的毒性作用及生理影响

3.1　大菱鲆血浆免疫及应激参数含量变化

在60天的实验过程中，除初始采样点（第0天）外，其余各采样点的各组大菱鲆血浆中的免疫及应激参数都存在显著差异。结果表明，不同浓度硝氮暴露下血浆中的HSP70、补体C3、补体C4、免疫球蛋白、溶菌酶的含量都有升高（$P<0.05$，图9）。

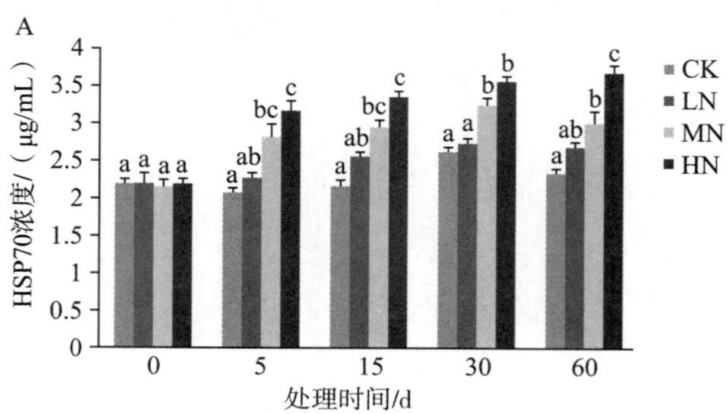

图9　不同浓度硝氮暴露下大菱鲆血浆免疫及应激参数含量变化

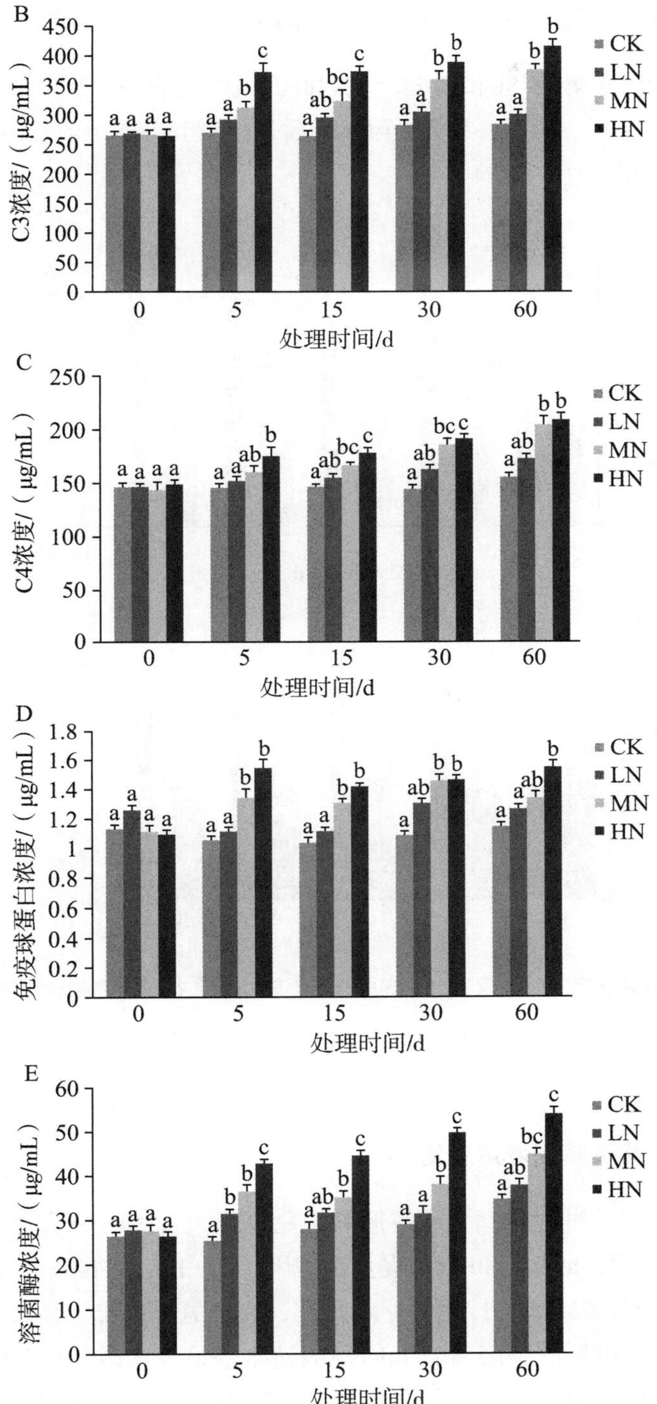

图9　不同浓度硝氮暴露下大菱鲆血浆免疫及应激参数含量变化（续）

注：CK：对照组，LN：低浓度组，MN：中浓度组，HN：高浓度。不同上标代表同一时间的不同浓度组之间有显著差异（$P<0.05$）。

3.2 大菱鲆血浆谷丙转氨酶（GPT）和谷草转氨酶（GOT）含量变化

从图10可以看出，在第5、30和60天，MN和HN组的大菱鲆血浆中的谷草转氨酶GOT水平明显升高（$P<0.05$）。同样，暴露5至60 天后，MN组和HN组的谷丙转氨酶GPT水平明显高于LN组和对照组（$P<0.05$）。

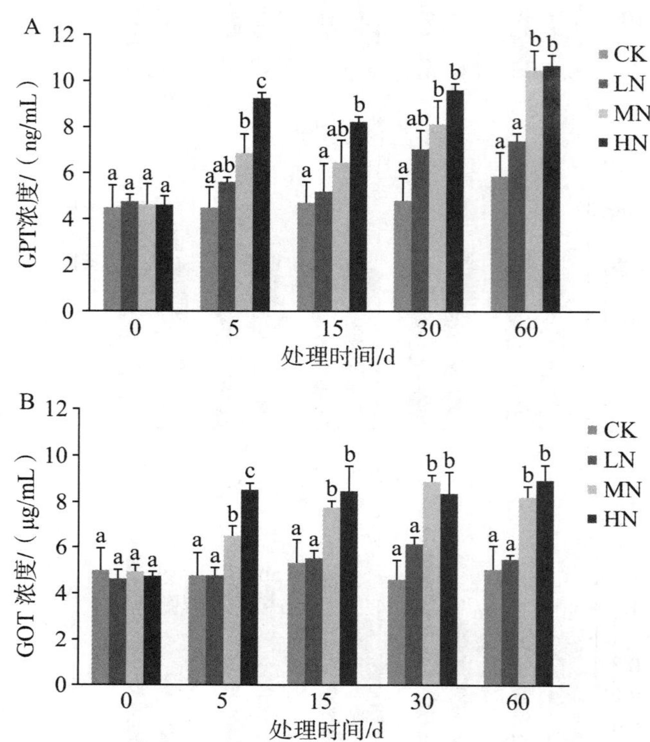

图10 不同浓度硝氮暴露下大菱鲆血浆谷丙转氨酶和谷草转氨酶含量变化

注：CK：对照组，LN：低浓度组，MN：中浓度组，HN：高浓度组。不同上标代表同一时间的不同浓度组之间有显著差异（$P<0.05$）。

3.3 大菱鲆肝脏免疫相关基因表达变化

如图11所示，在实验过程中，大菱鲆肝脏中免疫相关基因的表达受到不同浓度硝氮处理的影响。暴露5天后，MN组和HN组促炎细胞因子IL-1β和TNF-α mRNA表达水平较显著高于CK组（$P<0.05$，图11A和B）。此外，在硝氮暴露15 天后，与CK组相比，在MN组和HN组的大菱鲆肝脏中溶菌酶 mRNA表达水平显著上调，且在HN组中最高（$P<0.05$）。然而，慢性硝氮胁迫对干扰素IFN-γ的mRNA水平没有影响（$P>0.05$，图11E）。

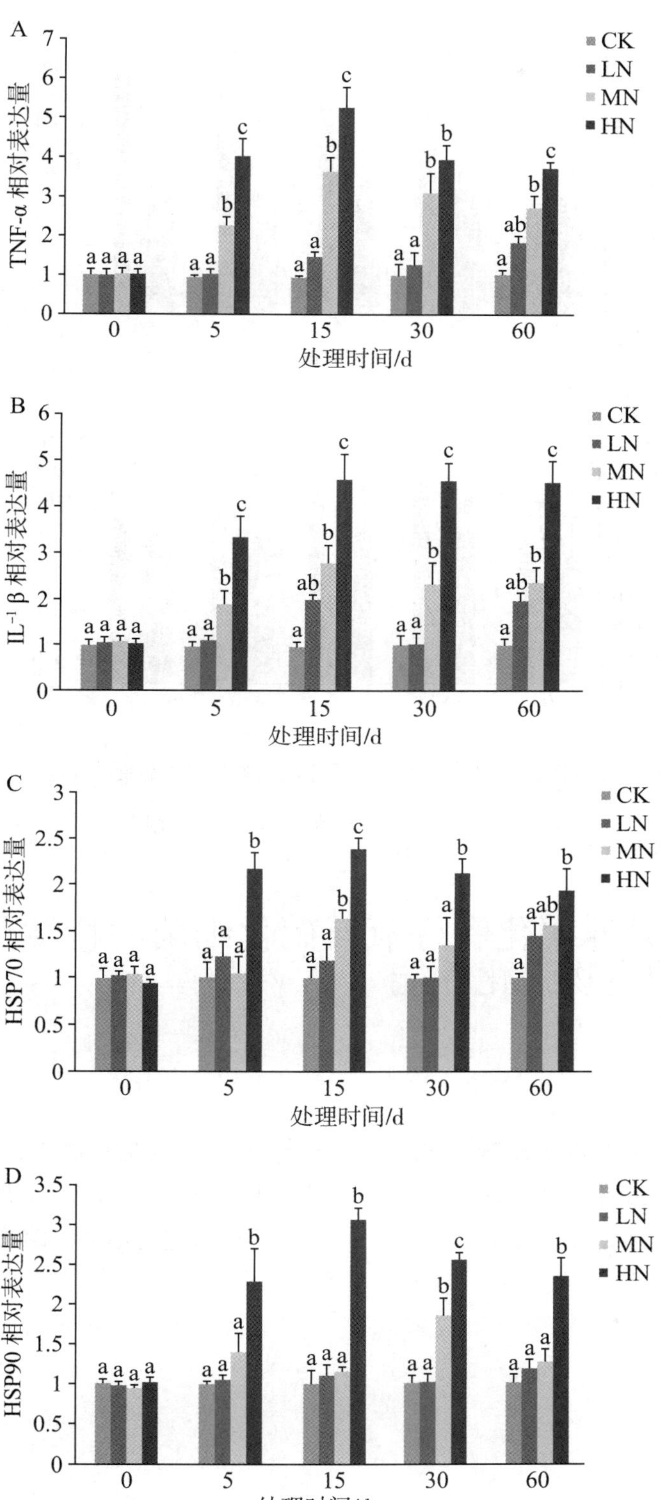

图11　不同浓度硝氮暴露下大菱鲆免疫相关基因表达变化

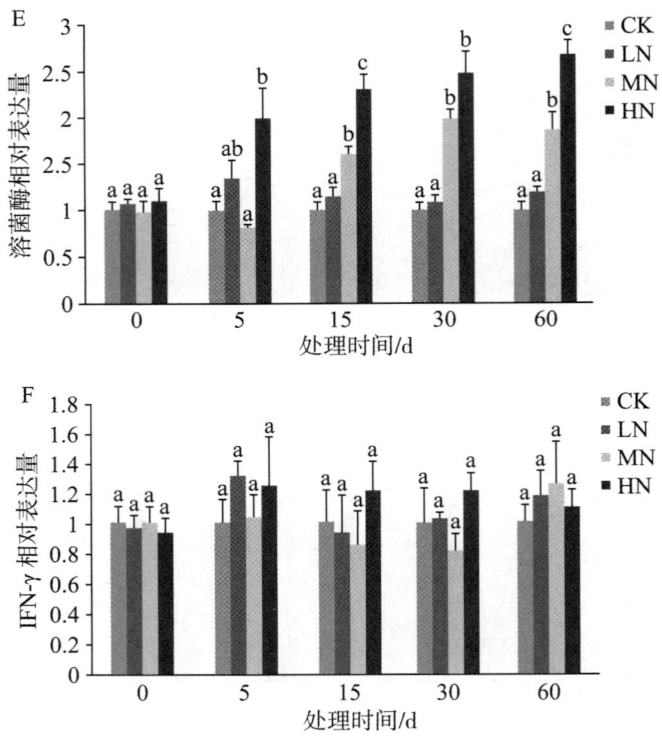

图11　不同浓度硝氮暴露下大菱鲆免疫相关基因表达变化（续）

注：CK：对照组，LN：低浓度组，MN：中浓度组，HN：高浓度组。不同上标代表同一时间的不同浓度组之间有显著差异（$P<0.05$）。

4　一株新型异养硝化和好氧反硝化细菌的特性及其在膜生物反应器中的生物强化性能

4.1　微生物鉴定

在这项工作中，共获得了33株纯化菌株，并进行了初步实验以测试其脱氮能力。结果表明，菌株TSH1具有最高的脱氮能力，可用于进一步分析。经过比对表明菌株TSH1与不动杆菌形成了明显的连锁（图12）。因此，菌株TSH1被鉴定为不动杆菌属TSH1。

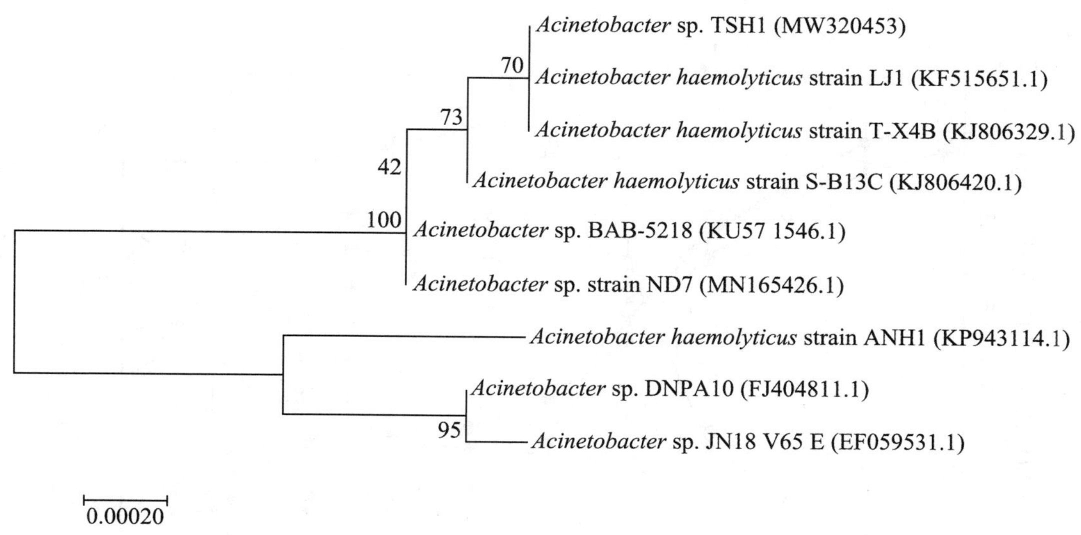

图12　菌株TSH1与不动杆菌LJ1的发育树

4.2　脱氮能力评估

4.2.1　单一氮源下的脱氮能力

菌株TSH1的生长在4～16小时内在对数生长阶段成倍增长，并在20小时时直接进入下降阶段。同时，氨浓度在4～20小时内急剧下降（从51.2 mg/L降至0.96 mg/L）。相应地，约96.6%的NH_4^+-N在36 h时被去除，NH_4^+-N的最大去除率达到3.64 mg-N/（L·h），TN的消除效率达到98.1%（图13a）。狭窄单胞菌DQ01的TN去除效率为94.43%。

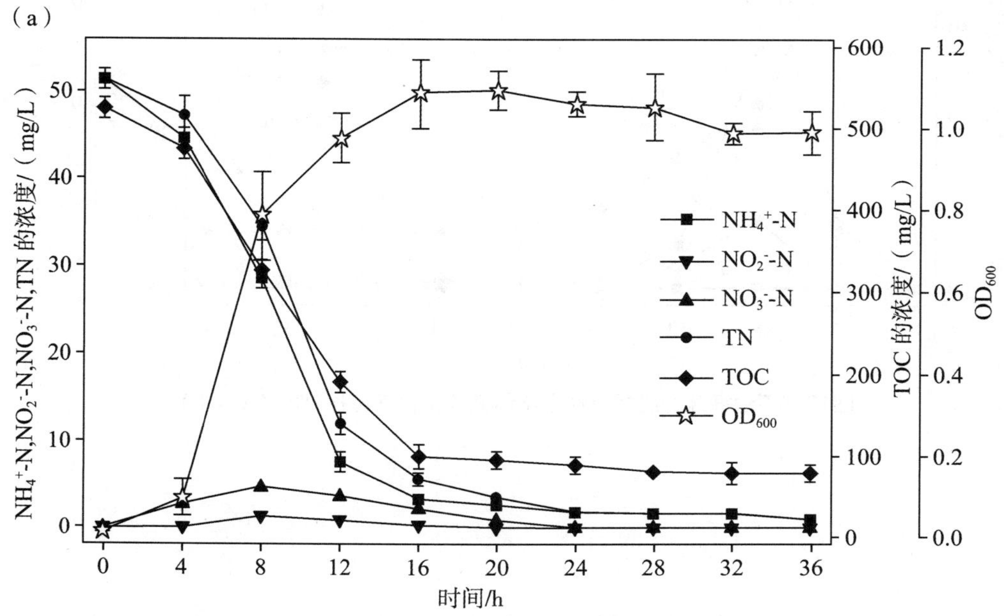

图13　不动杆菌的脱氮特性在不同氮源条件下菌株TSH 1

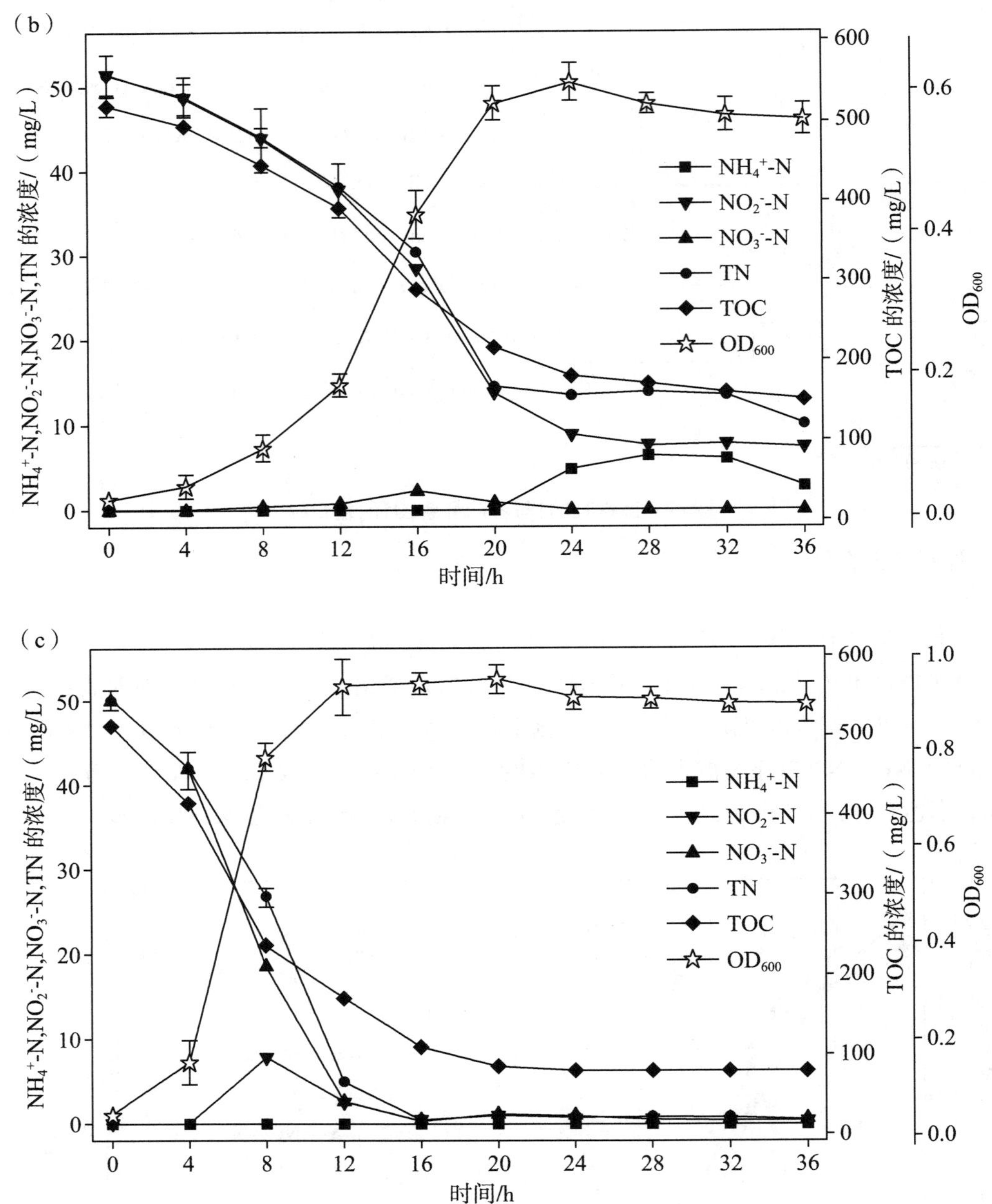

图13　不动杆菌的脱氮特性在不同氮源条件下菌株TSH 1（续1）

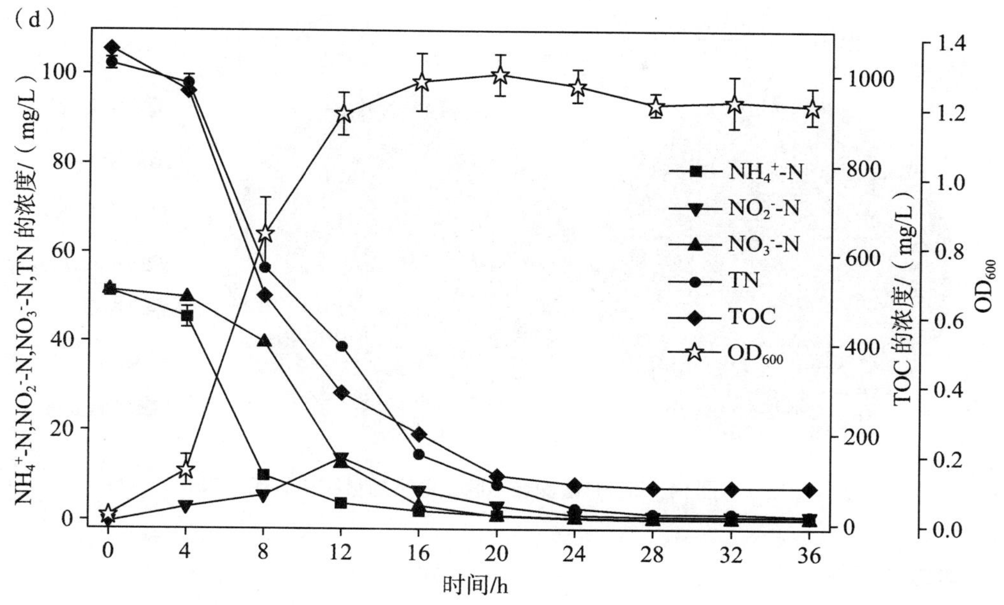

图13　不动杆菌的脱氮特性在不同氮源条件下菌株TSH 1（续2）

好氧条件下硝酸盐和亚硝酸盐的去除能力如图13所示。结果表明，菌株TSH1具有较高的NO_3^-−N去除能力，在未来处理含硝酸盐废水方面具有潜在的应用前景。

4.2.2　混合氮源脱氮能力

混合氮源下的脱氮能力如图13d所示。结果显示，菌株TSH1可以优先去除NH_4^+−N。这表明菌株TSH1对NH_4^+−N的亲和力高于对NO_3^-−N的亲和力。

4.2.3　氮平衡分析

为了进一步分析氮转化途径，将菌株TSH1分别接种在15HNM和15DM2中进行氮平衡分析。结果表明菌株TSH1消除氮的主要途径是通过同化用于细菌细胞生长，并通过异养硝化和反硝化过程将氮转化为气态氮，可以确认菌株TSH1具有高的异养硝化和好氧反硝化能力。因此，菌株TSH1在废水处理中具有潜在的应用前景。

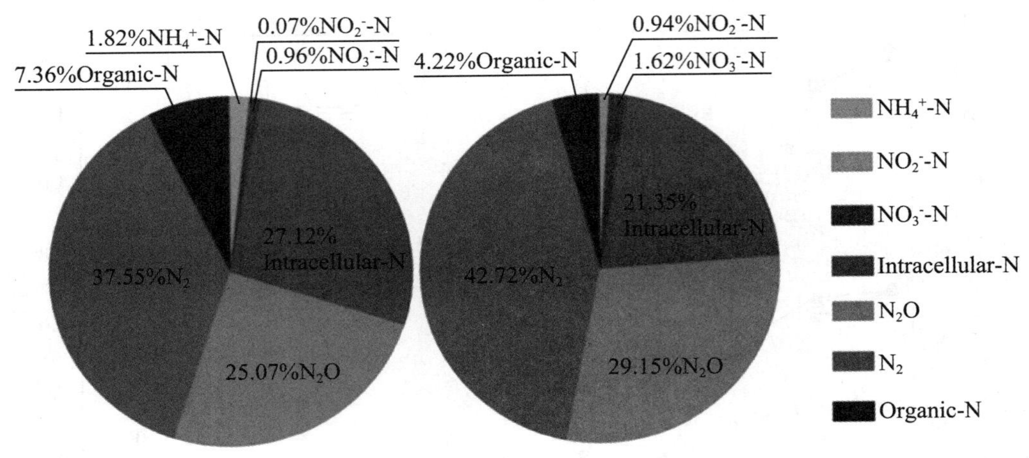

图14　TSH1菌株在不同氮源下的氮平衡饼图

4.3　动力学实验

菌株TSH1在不同初始NO_3^--N和NH_4^+-N浓度下的氮去除率如图15所示。结果表明菌株TSH1对氨和硝酸盐具有良好的亲和力。此外，抑制系数（KI）反映了底物浓度对细菌底物利用能力的抑制作用，与底物利用能力成反比。如图15所示，氨的KI值为1 906.93 mg-N/L，显著高于硝酸盐的KI（360.52 mg-N/L）。这进一步表明菌株TSH1对NH_4^+-N的亲和力显著高于对NO_3^--N的亲和力。此外，NH_4^+-N的高K（151.64 mg-N/L）和KI（1 906.93 mg-N/L）表明菌株TSH1可用于处理富铵废水。

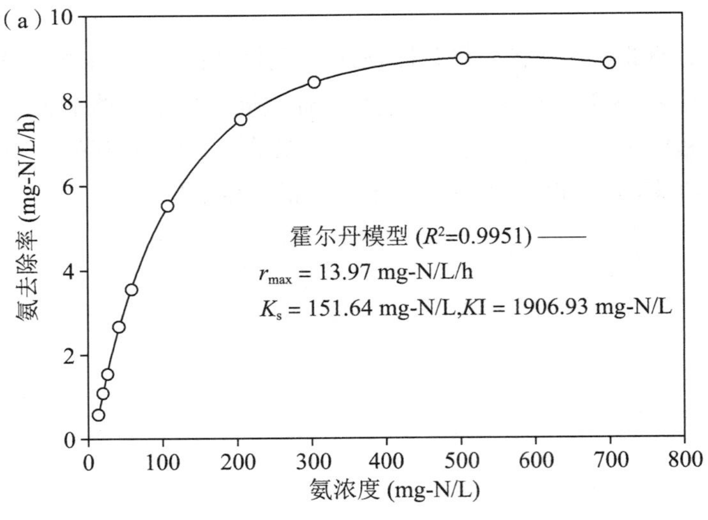

图15　不同杆菌的去除动力学

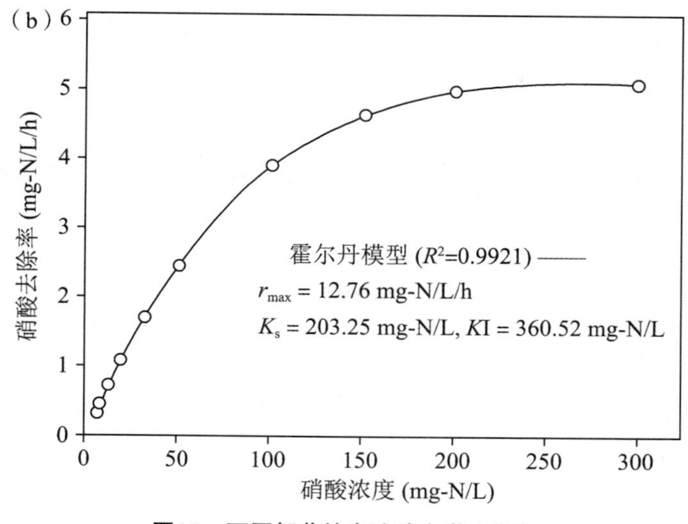

图15　不同杆菌的去除动力学（续）

4.4　菌株TSH1的强化生物处理

图16描述了连续流MBR反应器的脱氮和COD去除性能。在启动阶段，出水NH_4^+−N浓度逐渐降低，第23天达到稳定的NH_4^+−N去除效率（45.2%～47.0%）（图16a）。结果表明不动杆菌TSH1可以通过MBR系统中的生物强化显著降低NO_3^-−N的浓度。

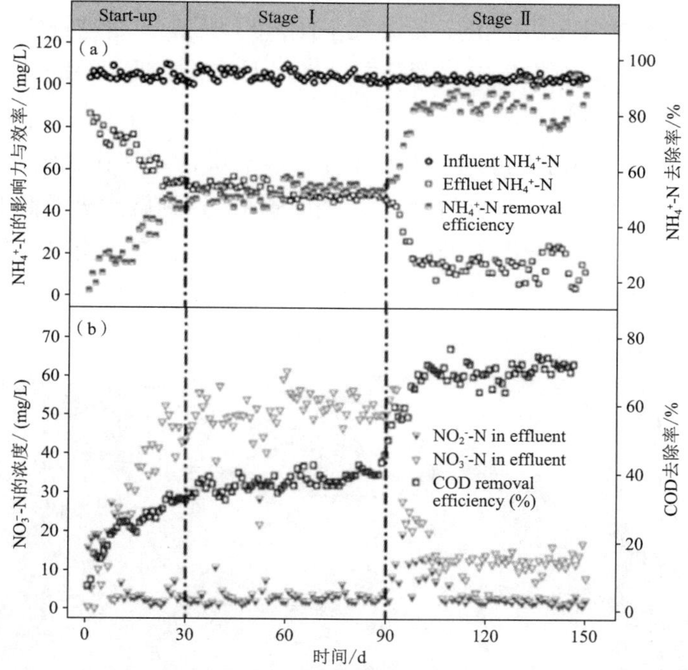

图16　TSH1菌株在MBR系统中的生物增活性能

（岗位科学家　李军）

海水鱼类网箱设施与养殖技术研发进展

网箱养殖岗位

2022年，网箱养殖岗位围绕新型集污型网箱研制、开放海域适养鱼类养殖示范、网箱养殖环境影响监测、养殖配套装备研发、潜降式网箱水动力特性试验研究等重点任务开展技术研发，主要进展如下。

1 新型集污网箱研制与试验

岗位团队与中集蓝海洋科技公司合作，开发了一种具有养殖废弃物收集功能的新型环保网箱，在南隍城岛海域开展海上养殖试验。1月份完成了网箱主体结构的安装，6月份进行了双层网衣与集污装置的整体装配，并投放150 g的许氏平鲉1 000尾开展养殖试验（图1）。

在集污网箱网衣安装完成并且在养殖许氏平鲉5个月后，开始进行集污实验。由于集污装置的吸污管一直是暴露在空气中，管路中没有水无法满足吸污泵的自吸要求，故在吸污泵腔体内加注海水，同时将在网箱上的多余的吸污管尽可能的往水中下放，以降低泵吸口高度及管路吸程，保证吸污泵可进行吸水工作。随着吸污泵转速加大（约2 000转），网底集污桶内污水开始排出至微滤机内。当微滤机内污水达到微滤机最低工作水位时，微滤机开始工作。截留在微滤机滤网上的杂质被转鼓带到上部，微滤机筛网外侧的反冲洗水冲到排污槽内流出，实现了固、液分离。吸污泵及微滤机运行约10分钟，微滤机内排出的污水基本为清水，证明网箱网底集污桶内污物已全部吸完。

图1　集污网箱海上安装

2　网箱养殖配套装备研发

2.1　养殖鱼声呐探测信息分析系统

根据声呐探测原理，检测回声信号后进行放大、滤波和检波，再进行计算处理，然后连接计算机等设备将鱼群信息显示出来。对回声声波结构进行分析，即可估算出水下的情况与鱼群的分布。

试验方案采取三种不同方式：① 在消声水池中选择合适的位置进行单条鱼的声呐探测，使用两个声呐探测器水平布放。② 在停靠码头的中科院科考船上选取适合实验的地点，开展了单鱼、两条鱼和三条鱼进行声呐检测实验。③ 在莱州湾围栏养殖平台选取适合实验的地点，将2个声呐探测器分别按照垂直、倾斜、横向的角度布放在水下0.5 m和1.1 m位置进行鱼群的分布探测实验及探测器的校检实验。

利用鱼群呈现在电脑上的回波信号可以有效的估计鱼群的密度、数量。鱼群回波曲线宽度越大，颜色从蓝色越趋近于红色，其代表所探测到的鱼群数量越多，密度越大。在进行大量实验的情况下，对声学探测器的探测精度进行了统计分析，分析结果表明，探测精度大概为0.1 m，再对误差进行计算分析，根据误差的分布情况，可以得出不确定度达到2%，因此，目前实验的探测精度在一个理想的范围内。该实验建立了数据分析模型，运用Python中的相关公式将数据进行非线性拟合，拟合出信号强度、鱼的体长、以及距离的关系，从而反演出精确的目标长度（图2）。

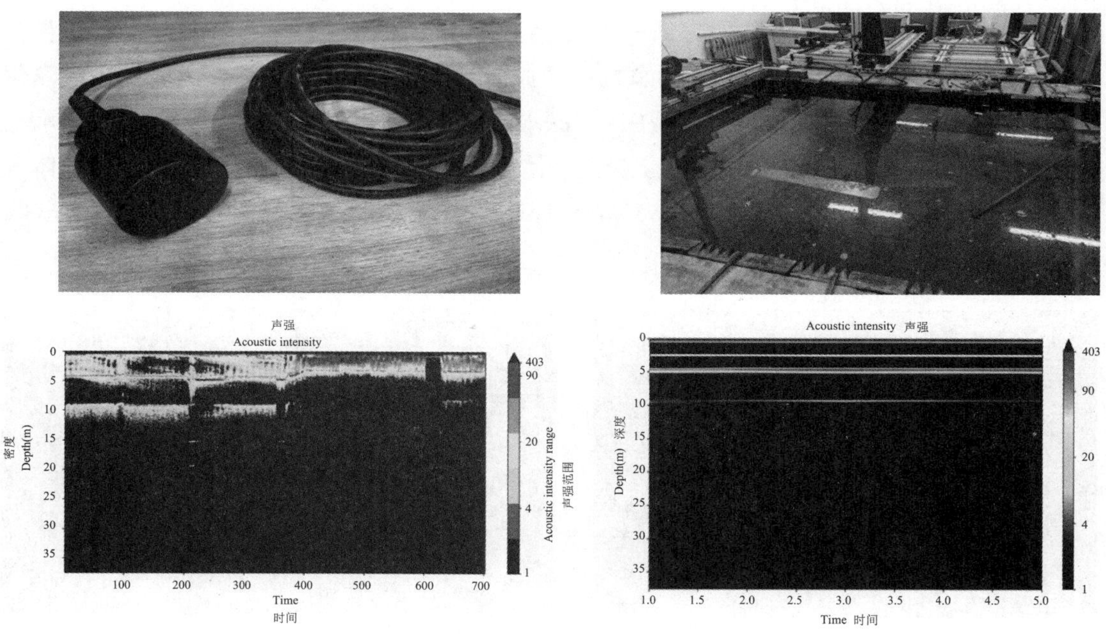

图2　养殖鱼声呐探测试验

2.2 网箱网衣高压水双盘清洗机研制

为实现网箱网衣高效低成本清洗，研发了一套基于空化水射流技术的高压水双盘清洗机，清洗效果明显，能有效降低洗网作业的工作强度，大大提高洗网的效率。清洗机包含清洗机本体、高压水泵、高压软管、电缆、绞车，通过吊机或者绞车将清洗盘吊放到网箱内作业，最大工作水深50 m（图3）。吊放式清洗盘由保护罩、旋转接头、喷嘴、歧管洗盘、框架、反推装置、分流管路等组成，有效清洗宽度0.75 m，清洗压力150 bar，清洗流量65 LPM。下一步将开展清洗机不同入口压力、喷嘴孔径特性的研究。

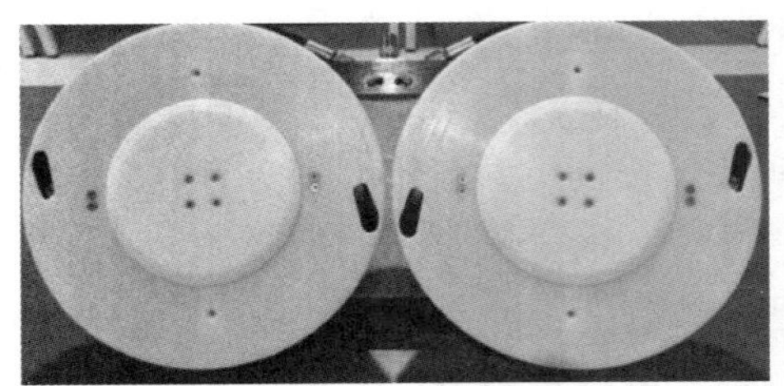

图3　高压水双盘清洗机

3　开放海域适养鱼类陆海接力养殖示范

本年度，岗位团队与莱州综合试验站合作，在黄渤海莱州湾开放海域2个大型管桩围栏（“蓝钻一号”“蓝钻二号”）完成斑石鲷陆海接力养殖示范，共投放大规格苗种37.1万尾（体重213.42 ± 29.12 g、体长17.16 ± 0.64 cm），经过4个月养殖，斑石鲷长至体重441.33 ± 31.73 g、体长20.81 ± 0.47 cm，成活率99%，所构建陆海接力养殖模式熟化稳定，养殖效益提高超过35%。利用HDPE深水网箱（周长40 m，养殖水体880 m^3）示范养殖卵形鲳鲹10 000尾（体重7.87 ± 2.95 g、体长5.91 ± 0.81 cm），经过50天养殖，体重66.07 ± 6.80 g，体长11.24 ± 0.61 cm，成活率99.8%，养殖状况良好，通过专家现场验收（图4）。

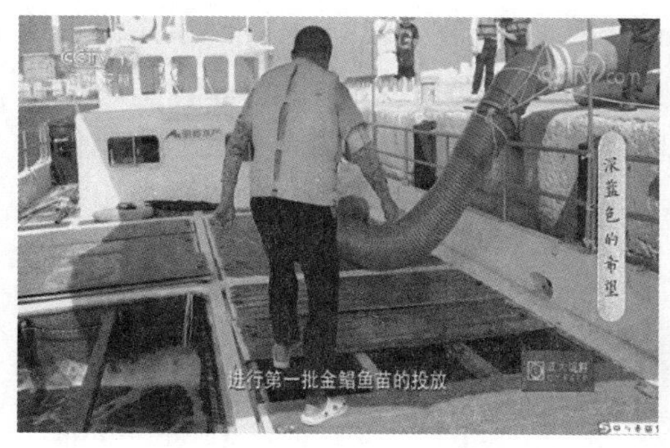

图4　黄渤海区卵形鲳鲹深水网箱养殖试验

4　网箱养殖区生态环境监测与评估

以近岸新型塑胶网箱养殖区为主要监测对象，在宁德市蕉城区海域近岸新型塑胶网箱养殖区设置监测点2个、对照点1个，于2022年11月对其进行网箱养殖环境基础数据采集，监测水质指标温度、盐度、溶解氧、pH、化学需氧量、无机氮、活性磷酸盐、石油类、活性硅酸盐、总氮、总磷、有机碳和悬浮颗粒物，沉积环境指标硫化物、总有机碳、总磷和总氮，依据《国家海水水质标准》（GB 3097−1997）和《国家海洋沉积物质量》（GB 18668−2002）对海区进行单因素评价。通过对比分析，从环境和污染负荷等方面评价网箱设施装备升级改造效果。

本次监测海区海水COD值为0.75 ~ 1.03 mg/L，平均值为0.88 mg/L，对照区低于养殖区，全部符合一类海水水质标准；海水无机氮含量为0.87 ~ 1.18 mg/L，平均值为1.00 mg/L，对照区低于养殖区，全部超出四类海水水质标准；海水活性磷酸盐含量为0.122 ~ 0.127 mg/L，平均值为0.125 mg/L，养殖区低于对照区，全部超出四类海水水质标准。本次监测海区海水总磷含量为0.971 ~ 1.160 mg/L，平均值为1.06 mg/L，养殖区含量低于对照区，趋势与活性磷酸盐相同；海区海水总氮含量为1.27 ~ 1.42 mg/L，平均值为1.32 mg/L，养殖区含量高于对照区，趋势与活无机氮相同（图5）。

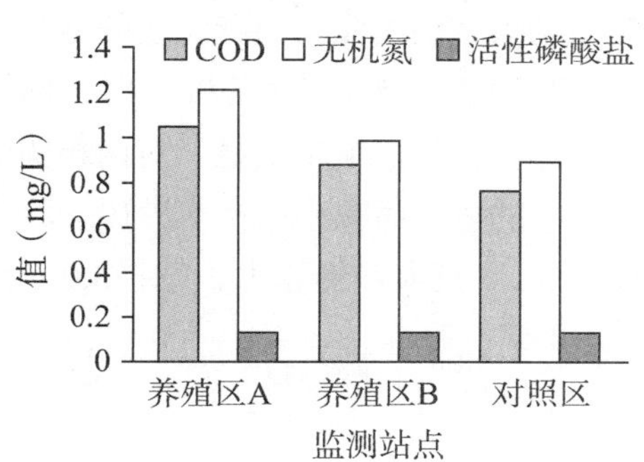

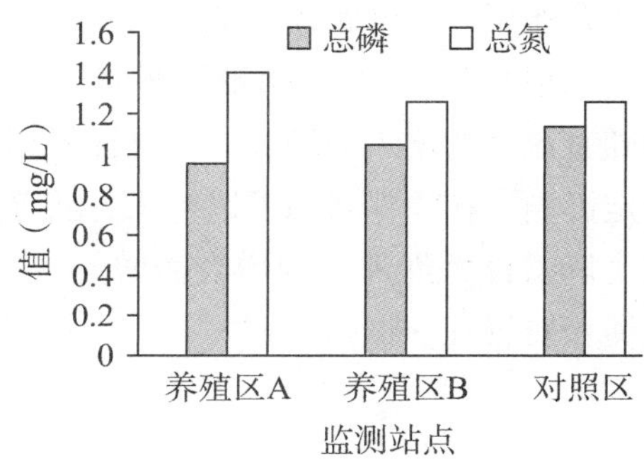

图5　各监测站点水质参数值

本次监测海区沉积物总磷含量为326～855 mg/kg，平均值为528 mg/kg，最高值出现在对照区，最低值出现在养殖区B；海区沉积物总氮含量为671～834 mg/kg，平均值为753 mg/kg，最高值出现在养殖区A，最低值出现在对照区。本次监测海区沉积物硫化物含量为0.16～0.127 mg/kg，平均值为0.136 mg/kg，最高值出现在养殖区A，最低值出现在对照区，全部符合第一类海洋沉积物质量标准（图6）。

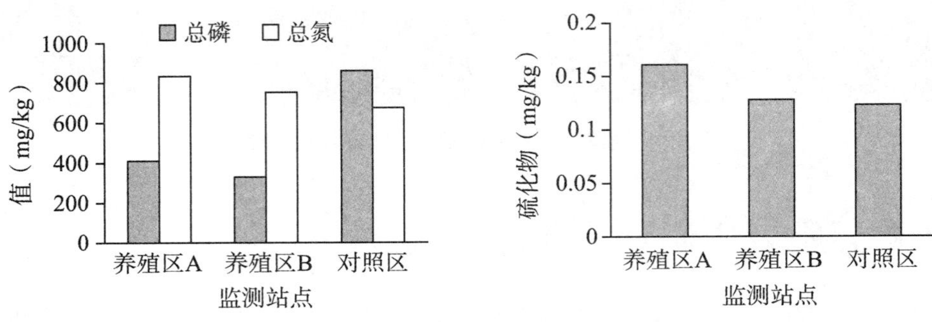

图6　各监测站点沉积物参数值

5　潜降式网箱锚泊系统水动力特性研究

开展了潜降式网箱锚泊系统水动力特性研究，研究漂浮及不同下潜深度对锚泊系统荷载与形态变化的影响；研究不同波浪、水流及其组合要素对锚泊系统的荷载及形态变化的影响。基于数值模拟技术，研究最优锚泊系统布局参数，获得锚泊系统最佳网格深度、网格大小、锚绳坡比、锚链长度、锚块重量、浮球大小与数量等，最终获得适用于网箱多向平衡的锚泊系统优化设计方案（图7）。

结论：受纯波作用时，下潜深度越大，锚绳张力越小，漂浮状态时的锚绳张力最大。除部分波高为6 m时的纵摇纵荡值，下潜深度越大，网箱摇荡值越小。受纯流作用时，迎浪侧锚绳张力随着流速的增大而增大，漂浮状态下背浪侧锚绳张力不变，下潜10 m状态下背浪锚绳张力随着流速增大而减小，且漂浮状态下的迎浪锚绳张力要大于下潜10 m状态。受波流联合作用时，网箱摇荡值随着流速的增大略微增大，锚绳张力随着流速的增大明显增大。当入射角为0°时，网箱摇荡值与流速的关系不明显。当入射角为90°时，网箱摇荡值会随着流速的增大而增大。不同浮框绳深度对网箱摇荡值影响不明显，对网箱锚绳张力有一定影响，在漂浮状态下锚绳张力随着浮框绳深度的增大而减小，在下潜10 m状态下锚绳张力随着浮框绳深度的增大而增大，所以为避免出现较大锚绳张力，选择5.0 m深度的浮框绳相对较好一点。

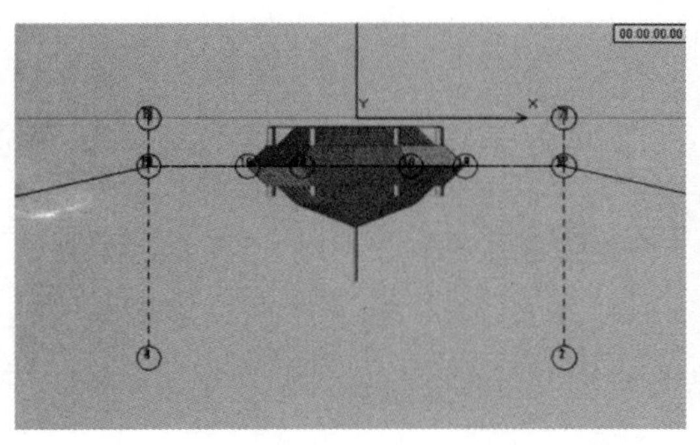
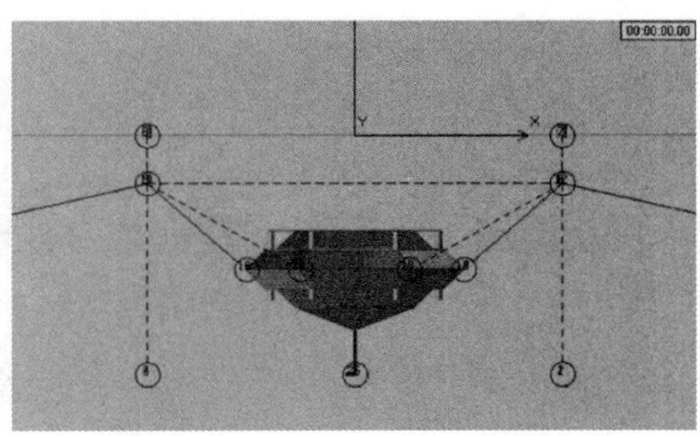

图7　网箱漂浮与下潜状态

6　年度进展小结

（1）与企业合作研制了一种底部具备集污功能的新型环保网箱并开展养殖试验。

（2）在莱州湾海域2个大型管桩围栏完成斑石鲷陆海接力养殖示范，共投放大规格苗种37.1万尾，深水网箱投放卵形鲳鲹苗种1万尾，经过4个月养殖，成活率达99%。

（3）完成本年度网箱养殖区水环境变化评估报告。

（4）研发养殖鱼群声呐探测信息分析系统并进行海上测试；设计并制作了一种自动洗网机。

（5）开展了潜降式网箱锚泊系统水动力特性研究，研究漂浮及不同下潜深度对锚泊系统荷载与形态变化的影响。

（岗位科学家　崔勇）

海水鱼池塘养殖技术研发进展

池塘养殖岗位

2022年，池塘养殖岗位主要开展了池塘养殖产业发展概况和技术需求调研、海水池塘养殖系统工程化设计改造与养殖示范、池塘养殖专用设备与养殖智能化管控系统研发、池塘生态高效养殖技术示范等重点工作，并开展了半滑舌鳎、黄条鰤等重要养殖海水鱼类生殖与生长调控等应用基础研究，为海水鱼类健康生殖与生长技术完善提供理论参考。

1 海水鱼池塘养殖产业发展概况和技术需求调研

1.1 珠海市斗门区海鲈养殖产业发展概况和技术需求调研

7月29日—8月1日，由首席科学家带队，池塘养殖岗位参加了海鲈“一县一业”任务实施推进工作组，赴珠海市斗门区开展海鲈养殖产业的系统调研，对接地方政府、行业协会和养殖龙头企业，协同推进体系服务县域经济发展重点任务实施。本岗位重点调研了斗门区海鲈池塘养殖现状、存在问题及技术需求，摸清了珠海斗门区池塘养殖过程中饵料等投入品使用情况（图1）。主要参与完成《2021年度海水鱼体系服务广东省珠海市斗门区经济支撑海鲈“一县一业”产业发展报告》1份，提交珠海渔业主管部门并获得好评。

图1　珠海斗门区海鲈池塘养殖调研

1.2　内蒙古自治区盐碱池塘开发利用概况和技术需求调研

7月19日—23日，根据科教司部署和首席委托，应内蒙古自治区农牧厅农牧技术推广中心邀请，池塘养殖岗位与海鲈种质资源与遗传改良岗位、养殖水环境调控岗位组成联合调研小组到内蒙古自治区开展盐碱水养殖概况调研，专项调研了盐碱池塘开发利用现状、技术需求（图2），为利用内蒙古盐碱池塘养殖海鲈提供了发展建议，撰写《三个岗位联合调研内蒙古自治区盐碱水养殖，海水鱼体系助力地方践行鱼类养殖大食物观》的调研与产业发展建议报告1份，受到了内蒙古自治区农牧厅农牧技术推广中心领导和当地养殖企业、产业技术处领导的肯定。

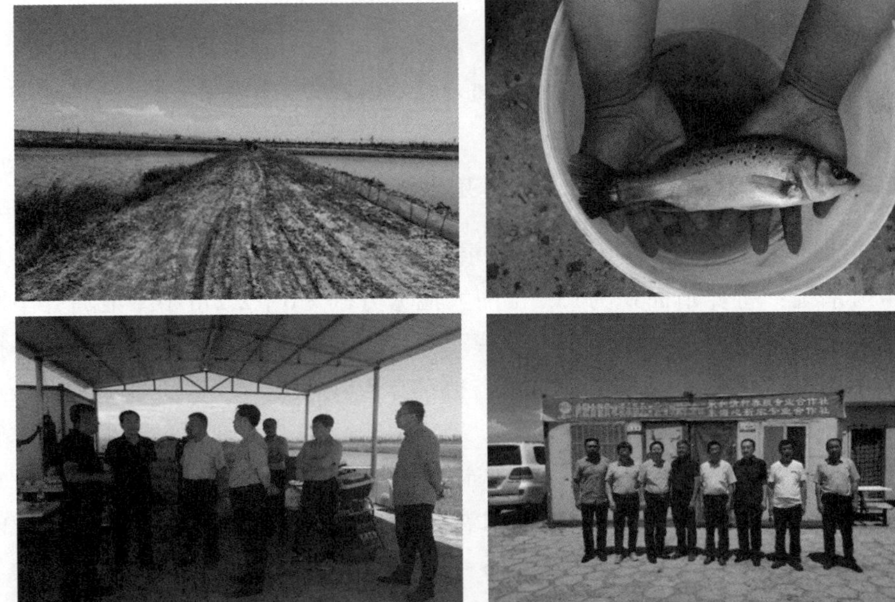

图2　体系调研组在内蒙古达拉特旗调研与指导海鲈盐碱水池塘养殖

2 海水鱼池塘养殖专用设备与养殖智能化管控系统研发

筛选了适用于鱼类池塘养殖的风送式饵料自动投喂机1台，主要性能参数为：风机功率370 W，下料电机60 r/min，投料角度180° ~ 360°，饵料投送能力50 ~ 60 kg/h（图3）。目前，设备已在珠海海鲈池塘养殖和青岛牙鲆池塘养殖基地进行性能测试，并提出了参数优化方案，支撑饵料精准投喂技术构建。根据斗门区海鲈池塘养殖连片集中的特点，联合智能化养殖岗位、养殖水环境调控岗位、珠海粤顺水产养殖有限公司、珠海斗门区新泗海养殖场等单位，制定海鲈池塘养殖智能化管控系统方案1套：针对海鲈养殖企业池塘的分布和生产情况，搭建一个集投入品管理、饵料精准投喂、水环境监测、病害预警等功能于一体的池塘养殖物联网智能管控平台，通过与人工管理技术的协同，对企业连片养殖池塘进行相对独立的小区化管理，建立海鲈池塘养殖智能管理系统，为池塘养殖标准化和信息化发展提供技术支撑。目前，相关方案优化、技术研发和硬件测试工作正在进行中。

图3 风送式自动投饵机组成部件

3 海水鱼池塘生态高效养殖技术示范

3.1 牙鲆工程化池塘养殖系统设计改造及养殖示范

针对不同地理环境下鱼类养殖的技术需求，在日照东港区设计与建造了一套工程化池塘循环水养殖系统：将养殖面积为13.2亩的大池塘分割为6个2.2亩小型池塘并串联联通组成池塘养殖系统。每个养殖池塘塑料薄膜（厚度1.1 cm）覆底护坡，设置中心排水管（200 mm的PVC管两根），设置管道进水与独立排水口（图4）。工厂化式罗茨鼓风增氧机通过池塘内铺设的纳米充气管道实现增氧。池塘养殖系统设置独立的进水和排水管道，水流单向进出，设置轴流泵（30 kW）加快进排水速度。同时，池塘设置有地下水、车间水综合利用保温系统，保证越冬期塘内水温可达6℃以上，可保障冬季池塘养殖的顺利进行。7月份在工程化池塘养殖系统中投放6 ~ 7 cm的牙鲆苗种（密度为3.0万尾/塘），每天投喂2次，养殖过程中投入微生态制剂以达到调控养殖水体水质的目的。截止到11月下旬，养殖牙鲆体重达到69 ~ 123 g，全长17.6 ~ 21.5 cm。11月底陆续进行筛苗、分塘，将原先的1个池塘筛分为2个，养殖密度维持在1.2万 ~ 1.5万尾/塘。目前苗种生长情况良好。

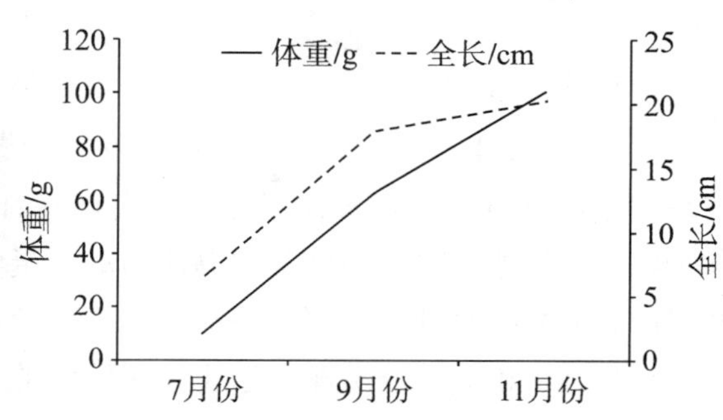

图4　牙鲆苗种室外越冬保育工程化池塘（左）和苗种生长情况（右）

3.2　牙鲆工程化岩礁池塘高效养殖示范

在青岛基地利用2口面积为10亩的工程化岩礁池塘开展了牙鲆高效养殖示范，5月份放养全长18～20 cm的大规格牙鲆苗种15万尾，按照工程化岩礁池塘高效养殖技术规程进行生产操作，至12月底养殖鱼平均体重分别达770克/尾、710克/尾，养殖成活率分别为86.5%、87.2%，养殖单产达5 328.4千克/亩、4 338.4千克/亩。养殖示范过程中，应用5–HMF进行水环境调控和养殖鱼免疫力提升，提高了池塘养殖成活率，促进了养殖鱼生长。

3.3　海鲈池塘生态高效养殖示范

在珠海斗门基地利用两口面积为10亩的池塘开展了海鲈生态养殖示范，其中1#塘放养全长2～3 cm的苗种8.0万尾，养殖成活率达87.70%，截止11月底，养殖鱼平均体重592.2 g，养殖单产达4 154.8千克/亩，2#塘放苗7.8万尾，养殖成活率达86.6%，目前养殖鱼平均体重587 g，养殖单产达3 965.1千克/亩（图5）。养殖示范过程中，开发了2种池塘养殖海鲈免疫增强剂和促生长制剂，基本摸清海鲈池塘养殖环境氮磷循环利用特性，完善了池塘生态养殖技术工艺。

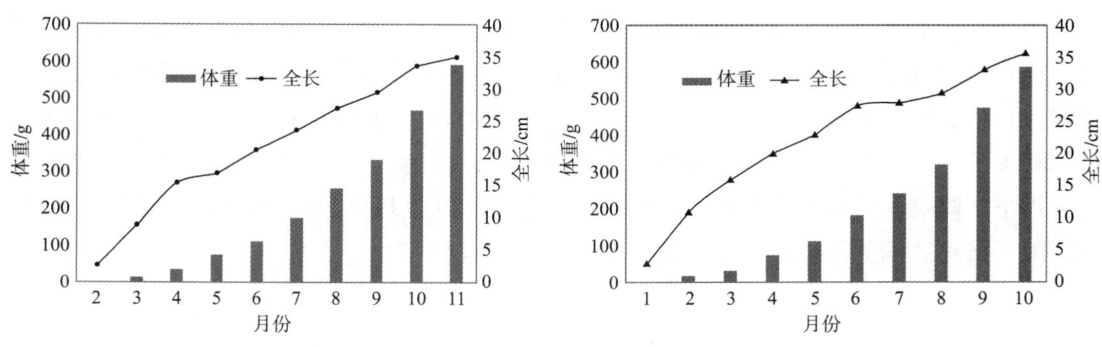

图5　珠海基地1#塘（左）与2#塘（右）海鲈生长情况

3.4 海鲈免疫增强剂的开发与应用

3.4.1 5−HMF对海鲈生长与免疫性能的提升效果研究

测试了5−HMF对海鲈生长和抗应激性能的提升效果，为海鲈池塘养殖促生长制剂和免疫增强剂的筛选及应用提供了依据。发现5−HMF应用后海鲈增重率、特定生长率均显著高于空白对照组，同时可明显提高成活率、蛋白酶活性和免疫酶活性；但是，谷草转氨酶和谷丙转氨酶活性显著下降，可能是在不降低机体氨基酸代谢水平的前提下，降低了肝脏这两种代谢酶的合成与分泌，这也是对肝脏的一种保护机制，间接地反映了产品的添加有利于鱼体肝脏的保护（表1）。

表1 5−HMF各产品对海鲈幼鱼生长、消化代谢和免疫酶活性指标的影响

指标	A0组	A1组	A2组	A3组
特定生长率/（%/d）	0.68 ± 0.18^{a}	1.38 ± 0.12^{b}	1.28 ± 0.12^{b}	1.45 ± 0.08^{b}
增长率/%	37.01 ± 8.45^{a}	72.49 ± 8.36^{b}	65.37 ± 8.21^{b}	76.28 ± 5.52^{b}
肥满度/（g/cm^3）	1.79 ± 0.03^{a}	2.03 ± 0.05^{b}	1.98 ± 0.05^{ab}	2.01 ± 0.08^{b}
成活率/%	93.33%	96.67%	95.56%	92.22%
胰蛋白酶/（U/mg prot）	$2\,236.03 \pm 78.96^{a}$	$3\,447.21 \pm 64.49^{b}$	$2\,725.8 \pm 340.72^{ab}$	$2\,722.24 \pm 320.05^{ab}$
谷草转氨酶/（U/g prot）	29.34 ± 0.43^{b}	25.98 ± 0.81^{a}	25.21 ± 0.58^{a}	24.49 ± 1.2^{a}
谷丙转氨酶/（U/g prot）	313.38 ± 8.26^{b}	229.98 ± 6.74^{a}	229.92 ± 2.73^{a}	235.29 ± 3.18^{a}
超氧化物歧化酶/（U/mg prot）	30.56 ± 2.81	31.84 ± 0.97	32.78 ± 2.36	33.26 ± 0.99
谷胱甘肽过氧化物酶/（U/mg prot）	184.2 ± 7.24^{a}	190.65 ± 7.78^{ab}	208.06 ± 2.89^{b}	208.15 ± 8.32^{b}
过氧化氢酶/（U/mg prot）	28.39 ± 1.24^{a}	29.35 ± 0.41^{ab}	31.17 ± 0.44^{b}	37.47 ± 0.22^{c}
溶菌酶/（μg/mg prot）	39.46 ± 3.18^{ab}	30.72 ± 2.36^{a}	39.93 ± 5.11^{ab}	47.07 ± 2.92^{b}
免疫球蛋白M/（μg/mg prot）	974.76 ± 18.03^{a}	957.77 ± 10.82^{a}	$1\,400.55 \pm 11.69^{c}$	$1\,248.01 \pm 33.24^{b}$

注：上标不同小写字母表示不同实验组有显著差异（$P<0.05$）。

3.4.2 褐藻寡糖对海鲈生长与免疫性能的提升作用研究

以饲料为载体进行褐藻寡糖的添加，通过生长、免疫和肠道微生态等角度综合探究褐藻寡糖对海鲈健康生长的调控机理。饲料中添加不同浓度的褐藻寡糖能够显著提高海鲈的特定生长率、增重率和非特异性免疫酶活性；显著提高了胰蛋白酶活性，但与氨基酸代谢密切相关的谷草转氨酶和谷丙转氨酶活性显著下降，可能是在不降低机体氨基酸代谢水平的前提下，降低了肝脏这两种代谢酶的合成与分泌，这也是对肝脏的一种保护机制，间接地反映了褐藻寡糖的添加有利于鱼体肝脏的保护（表2）。

表2　不同浓度褐藻寡糖对海鲈幼鱼生长、消化代谢和免疫酶活性指标的影响

指标	A0组	A1组	A2组	A3组	A4组
特定生长率/（%/d）	1.27 ± 0.04[a]	1.81 ± 0.05[c]	2.16 ± 0.04[d]	1.54 ± 0.02[b]	1.16 ± 0.08[a]
增重率/%	51.85 ± 3.46[a]	95.37 ± 3.81[b]	129.7 ± 4.72[c]	91.75 ± 5.88[b]	51.09 ± 4.6[a]
肥满度/（g/cm^3）	1.95 ± 0.01	2.03 ± 0.04	2.07 ± 0.08	2.05 ± 0.07	2.12 ± 0.11
成活率/%	97.78%	100.00%	91.11%	96.67%	94.44%
胰蛋白酶/（U/mg prot）	1233.39 ± 31.78[a]	1525.45 ± 25.08[b]	1869.65 ± 34.31[c]	2215.46 ± 39.71[d]	1433.58 ± 40.11[b]
谷草转氨酶/（U/g prot）	33.85 ± 1.14[c]	33.28 ± 1.88[c]	28.78 ± 0.42[b]	23.39 ± 1.03[a]	26.2 ± 0.75[ab]
谷丙转氨酶/（U/g prot）	255.62 ± 2.14[d]	212.64 ± 8.11[c]	152.78 ± 1.72[a]	185.62 ± 4.16[b]	162.5 ± 2.78[a]
超氧化物歧化酶/（U/mg prot）	24.06 ± 0.08[a]	25 ± 0.48[bc]	25.12 ± 0.14[b]	26.07 ± 0.2[c]	24.09 ± 0.37[a]
谷胱甘肽过氧化物酶/（U/mg prot）	37.66 ± 0.84[a]	40.05 ± 0.44[b]	44.44 ± 0.08[c]	45.07 ± 0.6[c]	41.38 ± 0.53[b]
过氧化氢酶/（U/mg prot）	11.02 ± 0.16[a]	19.58 ± 0.42[c]	20.32 ± 0.47[c]	21.84 ± 0.17[d]	14.81 ± 0.74[b]
溶菌酶（μg/mg prot）	7.11 ± 0.36[a]	11.28 ± 0.52[b]	14.18 ± 0.53[c]	20.58 ± 1.44[d]	8.79 ± 0.57[a]

注：上标不同小写字母表示不同实验组有显著差异（$P<0.05$）。A1—A3为褐藻寡糖同一生产工艺产品的不同浓度，A4为不同生产工艺产品。

3.5　海鲈池塘养殖N、P元素的收支与利用研究

在珠海斗门区基地选择2口面积为4亩的海鲈养殖池塘开展了养殖生境N、P元素收支与利用特性研究。一个养殖换水周期为7 d，初始池塘内的N：P=24.8：1，养殖过程中主要投喂饵料（N：P=8.2：1）、微生态制剂等水质调控产品，实验结束时塘内N：P=52.5：1（表3）。饲料为养殖过程中氮、磷的主要来源，其贡献率分别为86.6%和62.9%，整个实验周期内11.7%的N、76.9%的P被池塘中生物净利用。这提示海鲈池塘养殖过程中P元素利用率高，为保持生境微生态平衡，应采取适当的方式和产品补充P元素。

表3　1个完整水交换过程中养殖池塘氮、磷元素含量

指标		进水口	池塘水体	排水口
试验初始	总氮/（mg/L）	0.62	8.15	8.82
	总磷/（mg/L）	0.286	0.329	0.292
试验结束	总氮/（mg/L）	1.28	11.6	12.2
	总磷/（mg/L）	0.25	0.221	0.24
饲料中氮含量/%			2.83	
饲料中磷含量/%			0.34	

4　“工程化池塘+工厂化车间”联动培育黄条鰤苗种的生理适应机理

在“工程化池塘+工厂化车间”规模化培育黄条鰤苗种过程中，当苗种培育至2～3 cm时需要转运至车间进行中间培育，苗种由池塘到车间的过程中由于“降温–维温–升温”操作会造成较强的生理应激反应。检测了苗种出塘前以及到达车间后的3 h、1 d、2 d和3 d的应激相关非特异性酶活性和基因表达特性、生长与摄食相关基因表达趋势，以期为苗种接力培育过程中环境生理安全适应调控技术构建提供依据（表4、图6和7）。

表4　黄条鰤苗种非特异性免疫酶活性特征

酶活指标	出池前	3 h	1 d	3 d
超氧化物歧化酶	98.39 ± 2.46[a]	93.87 ± 1.33[a]	134.00 ± 0.89[c]	126.37 ± 2.92[b]
过氧化氢酶	15.19 ± 5.00[b]	4.56 ± 0.56[a]	5.12 ± 0.26[a]	12.27 ± 2.81[ab]
谷草转氨酶	223.10 ± 5.17[a]	211.64 ± 4.14[a]	304.25 ± 5.18[b]	300.28 ± 4.51[b]
谷丙转氨酶	213.71 ± 1.71[b]	188.45 ± 5.29[a]	325.38 ± 5.76[d]	301.47 ± 12.66[c]

注：上标不同小写字母表示不同实验组有显著差异（$P<0.05$）。

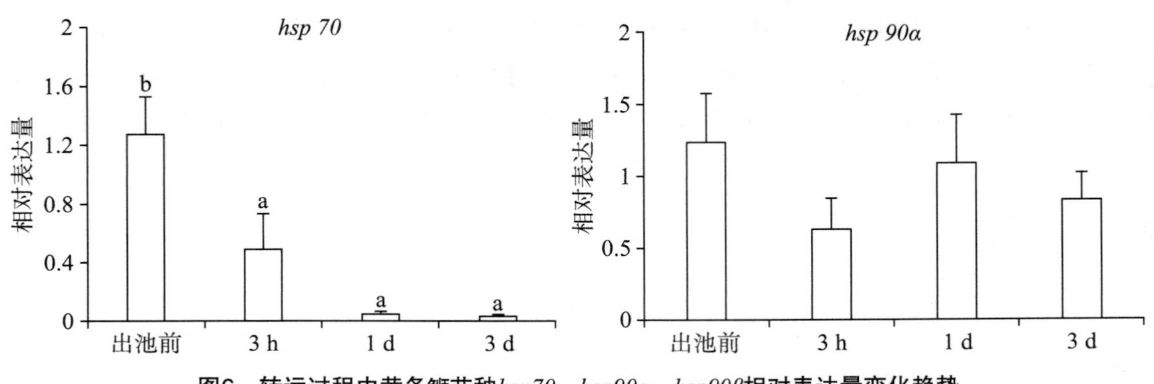

图6　转运过程中黄条鰤苗种*hsp70*、*hsp90α*、*hsp90β*相对表达量变化趋势

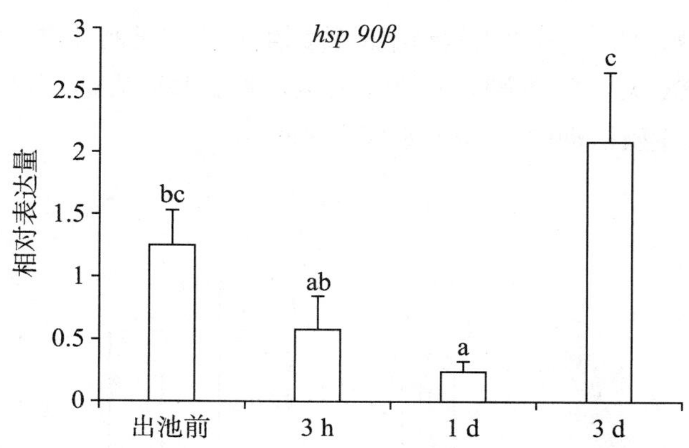

图6　转运过程中黄条鰤苗种*hsp70*、*hsp90α*、*hsp90β*相对表达量变化趋势（续）

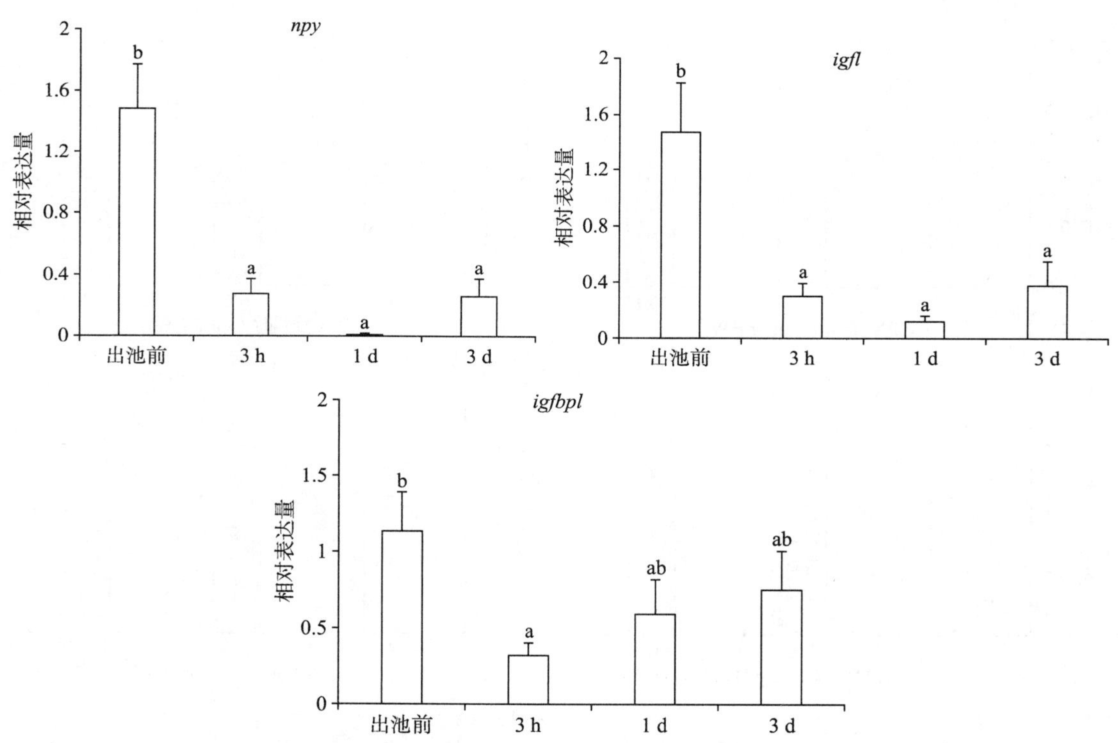

图7　转运过程中黄条鰤*npy*、*igf1*、*igfbp1*相对表达量变化趋势

5　半滑舌鳎生殖调控机制研究

揭示了半滑舌鳎卵巢成熟过程中具有调控作用的miRNAs以及与卵巢成熟和繁殖相关的基因，整合构建了miRNA与mRNA以及通路与mRNA的调控关系。初步阐明了调控半滑舌鳎卵巢成熟和繁殖的关键miRNAs及其作用信号通路，首次发现miR-186-x通过Igf2r参与调控半滑舌鳎生殖机能，为深入阐释半滑舌鳎生殖调控机制提供了资料积累。通过腹腔注射实验阐明了SPX2对半滑舌鳎脑和垂体中生殖相关基因表达调控的影响，初步解析了SPX2调控半滑舌鳎生殖活动的作用机理（图8和9）。

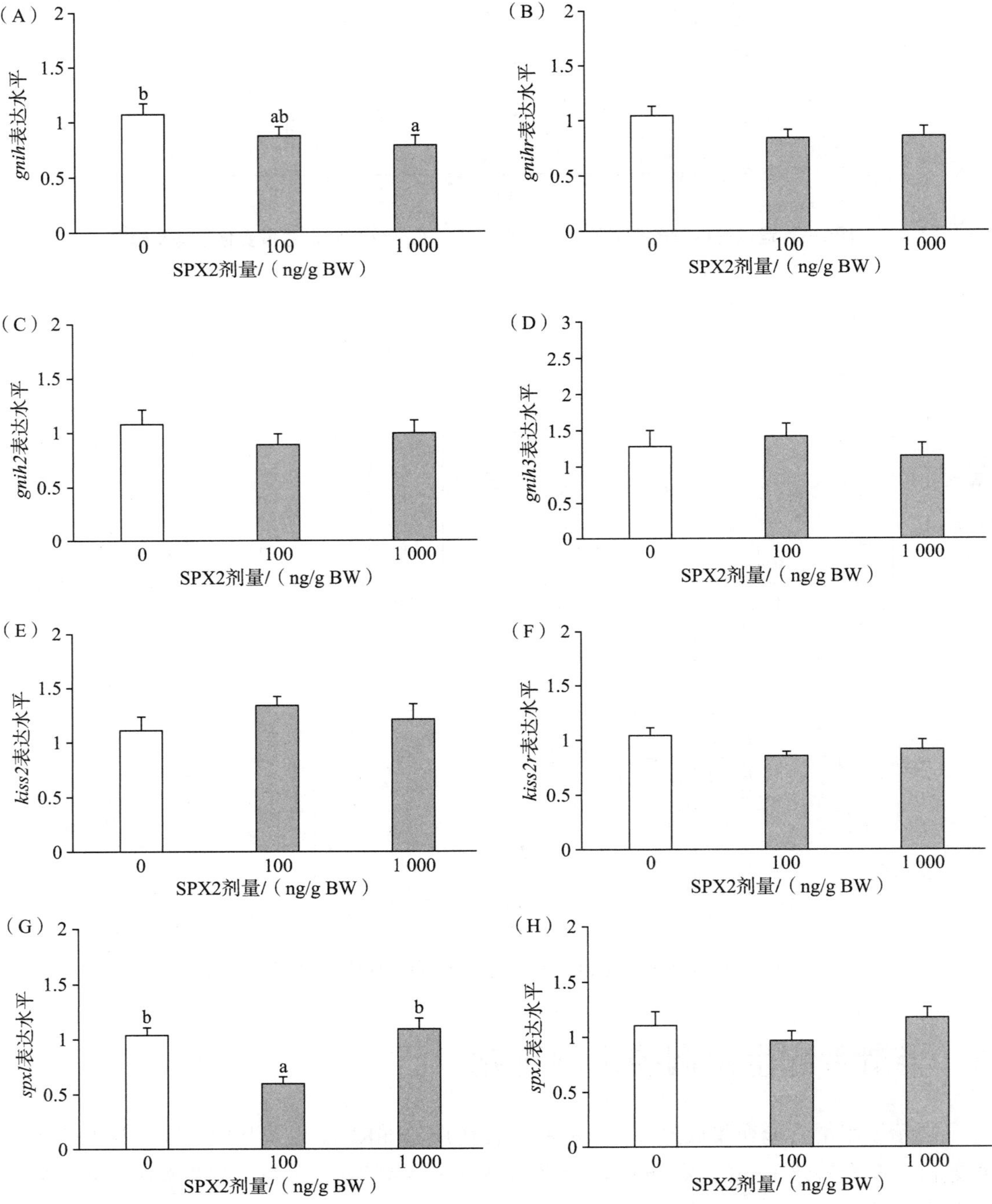

图8　SPX2的不同注射剂量对半滑舌鳎脑组织中生殖相关基因表达的调控

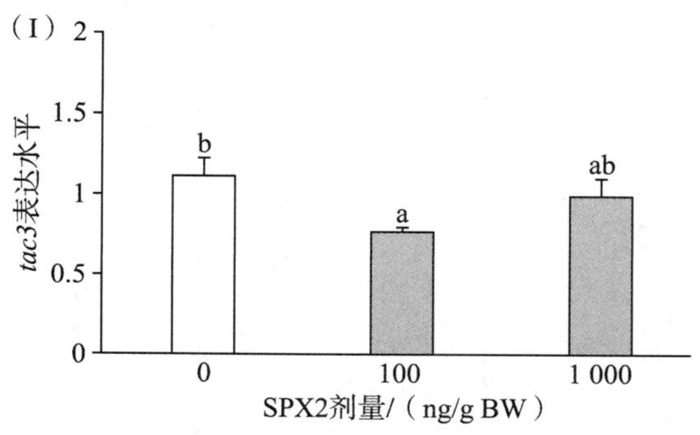

图8　SPX2的不同注射剂量对半滑舌鳎脑组织中生殖相关基因表达的调控（续）

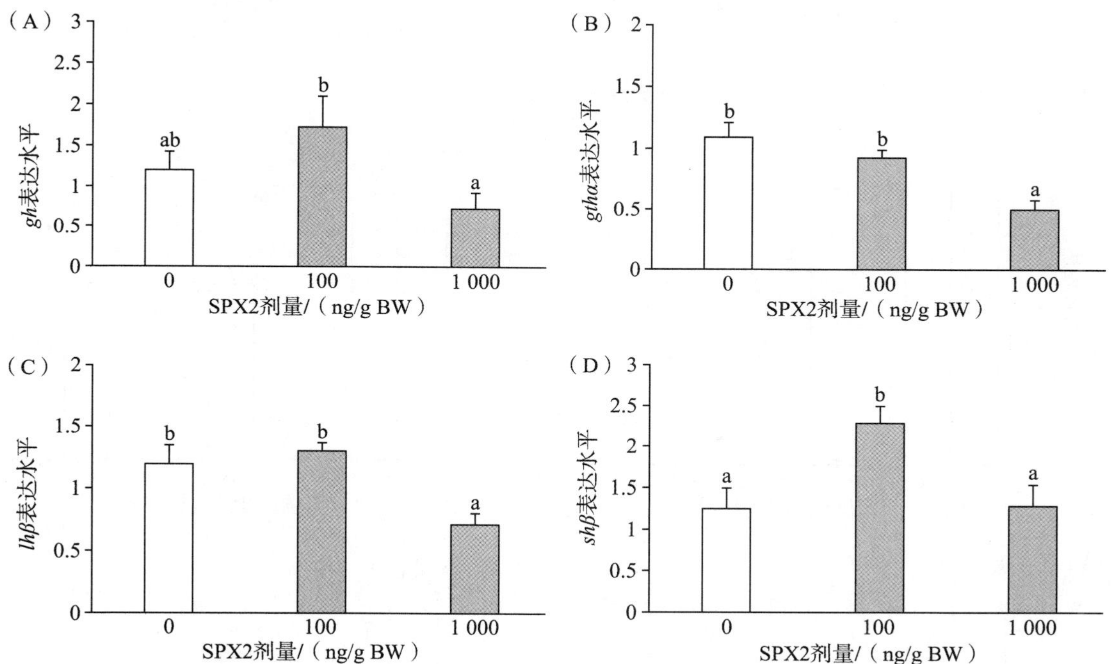

图9　SPX2的不同注射剂量对半滑舌鳎垂体组织中生殖相关基因表达的调控

6　黄条鰤生长调控机制研究

获得了黄条鰤生长相关*igfbp-1*、*igfbp*-2a、*igfbp*-2b、*igfbp*-3、*igfbp*-5a和*igfbp*-5b等6个功能基因cDNA序列及组织分布特征，检测了工厂化不同养殖密度下肝脏中8个IGF基因对生长的调控作用，生长较快的黄条鰤肝脏中生长功能基因显著高表达（图10），表明*igfbp-1*、*igfbp*-2a、*igfbp*-2b、*igfbp*-3、*igfbp*-5a和*igfbp*-5b参与了不同密度下黄条鰤生长的调控过程，且与*igf*-1、*igf*-2对生长的表达调控存在正向协同效应。

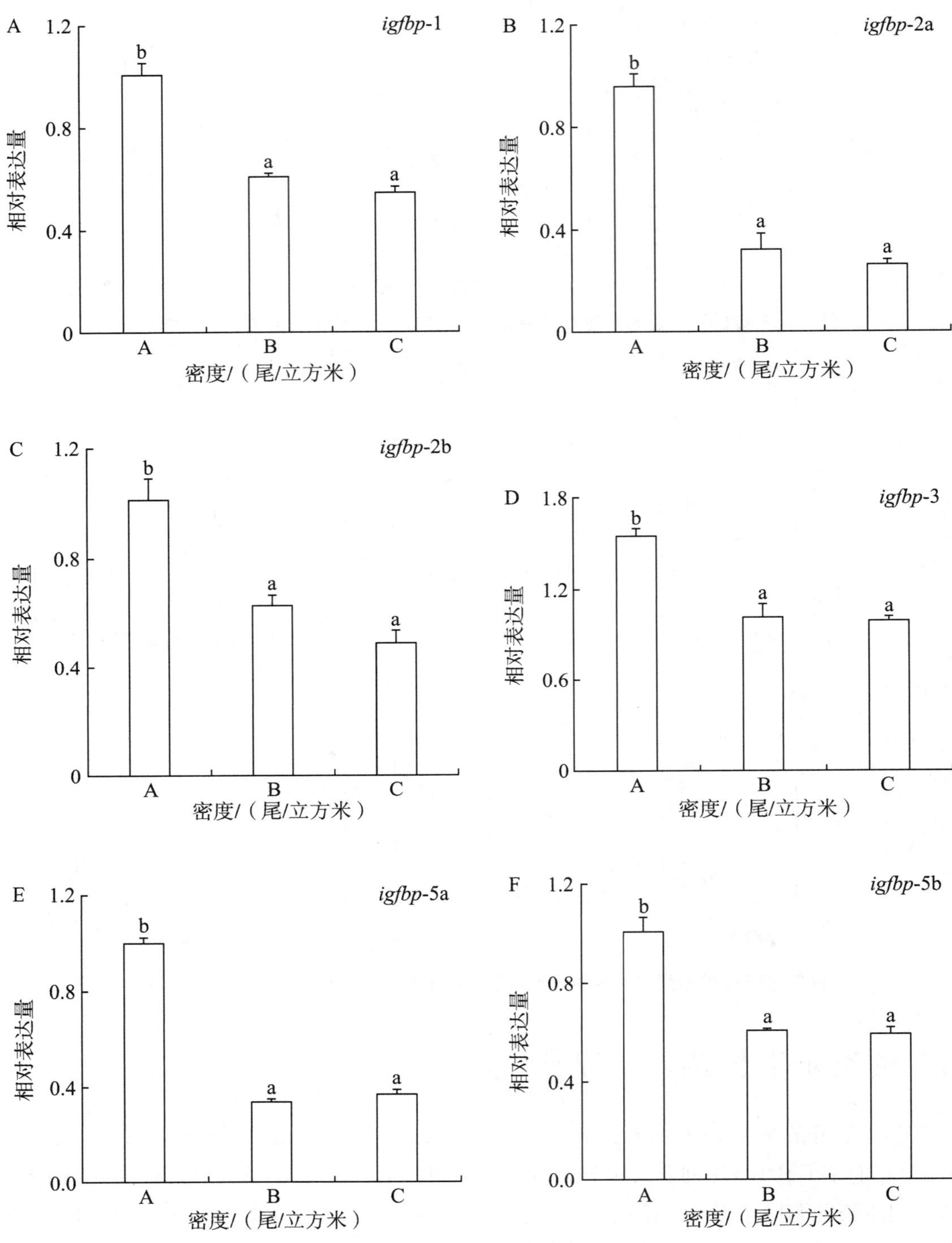

图10　黄条鰤生长相关基因对养殖密度的响应机理

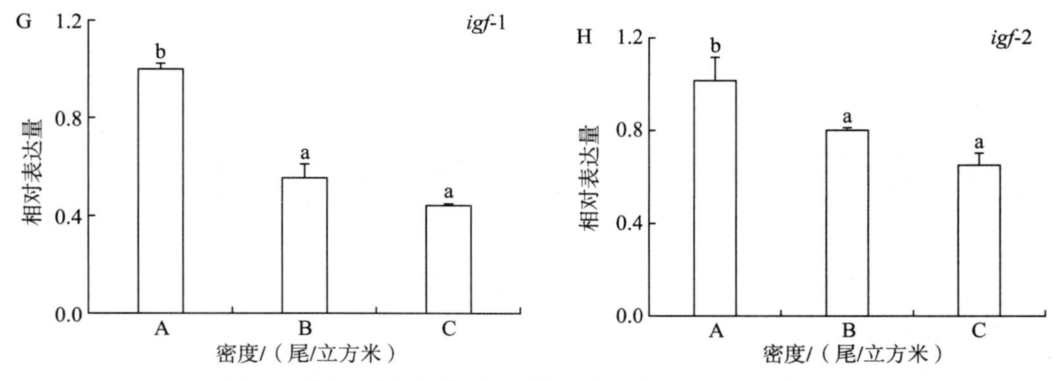

图10　黄条鰤生长相关基因对养殖密度的响应机理（续）

7　年度研究进展小结

（1）系统调研了珠海市斗门区海鲈养殖产业，参与完成了海鲈“一县一业”产业发展报告，完成了地方政府、行业协会和养殖龙头企业对接工作；完成了内蒙古自治区盐碱池塘开发利用现状、技术需求调研，撰写产业发展建议。

（2）在山东日照设计与建造了一套牙鲆工程化池塘养殖系统，开展牙鲆工程化养殖与越冬实验，取得良好生长与越冬效果；在山东青岛基地示范牙鲆工程化岩礁池塘高效养殖，单产达4 833.4千克/亩，养殖成活率达86.9%。

（3）在珠海斗门基地示范海鲈池塘生态高效养殖，单产达3 965.1千克/亩，养殖成活率达86.6%；开发了5-HMF 和褐藻寡糖2种免疫增强剂和促生长制剂，基本摸清海鲈池塘养殖环境氮磷循环利用特性，完善了池塘生态养殖技术工艺。

（4）完成了岗位基础数据库和产业技术研发中心数据库信息采集及更新工作。

（5）在海水鱼类苗种“工程化池塘+工厂化车间”联动培育过程的生理适应机制、生殖与生长内分泌调控机理等应用基础研究取得新进展，为建立海水鱼类苗种高效培育、生殖与生长调控等关键技术研发提供理论依据。

（岗位科学家　徐永江）

海水鱼工厂化养殖技术研发进展

工厂化养殖模式岗位

2022年，工厂化养殖模式岗位围绕着四大重点研发任务“工厂化养殖模式升级与示范、工厂化循环水苗种高效繁育系统与工艺、构建标准化管理策略与工厂化高效健康养殖技术”，重点开展了工厂化循环水养殖模式和技术的集成、推广示范工作，具体研发内容如下。

1 开展海水鱼类工厂化养殖工艺集成研究与示范

岗位团队于2022年主导完成日照国丰工厂化种业基地规划，完成了22 000平方米工厂化养殖与育苗系统的工艺和建设方案设计，现已完成土地平整，12月下旬将开工建设。为服务地方企业发展，联合半滑舌鳎种质资源与品种改良岗位，开展了经海渔业种业研究院陆海接力示范基地规划设计工作，设计完成虹鳟工厂化循环水大规格苗种培育系统15 000 m^3，为未来深远海大型养殖装备提供优质苗种。完成了文昌鲲诚现代海水养殖创新产业园循环水养殖车间的工艺设计，在建车间面积8 000平方米，已完成两套RAS系统的建设安装工作。完成了日照市蔡家滩北繁基地工厂化苗种产业园区的规划设计，规划设计工厂化车间面积16.6万平方米。为日照市海洋渔业主管部门编制完成了《北方海洋水产苗种繁育中心实施方案》，并获水产技术推广总站批复。联合虾蟹体系工厂化岗位专家和广东恒兴集团，为印度尼西亚海洋事务与渔业部规划设计了穆纳国家南美白对虾生态工程化养殖园区，规划设计工厂化养殖车间3.44万平米，为世界渔业可持续发展提供中国方案。

2 开展了海水鱼类苗种培育系统与工艺研发

通过优化水处理工艺和育苗池基础构造，构建了2套适用于海水鱼的循环水苗种繁育系统，并开展了花鲈全封闭循环水苗种培育工作。培育过程中通过苗种体长及体重的测量，拟合出了不同发育阶段的特定生长及异速生长模型。通过消化道解剖法，研究了不同发育阶段摄食特性及消化参数，制定了不同发育阶段生物饵料投喂策略，并定时检测了相应水质参数的动态变化，在整个循环水繁育过程中，水温始终维持在（19.64 ± 0.8）℃，溶解氧保持在（7.95 ± 0.41）mg/L，NH_3水平控制在（0.21 ± 0.04）mg/L左右，亚硝酸盐始终控制在（0.16 ± 0.02）mg/L，养殖用水pH维持在（7.26 ± 0.15），盐度为（28.77 ± 0.37）（图1），到实验结束后，2套系统卵的孵化率分别达到了（97.755 ± 0.56）%及（97.495 ± 0.74）%；各个系统的苗种成活率分别为（93.26 ± 1.15）%、（93.65 ± 1.24）%，而且系统较传统育苗生产节约用水量94%以上。经统计两套系统养成密度分别保持在（5.31 ± 0.23）尾/升及（5.15 ± 0.32）尾/升，两套系统总共出鱼51 214尾。

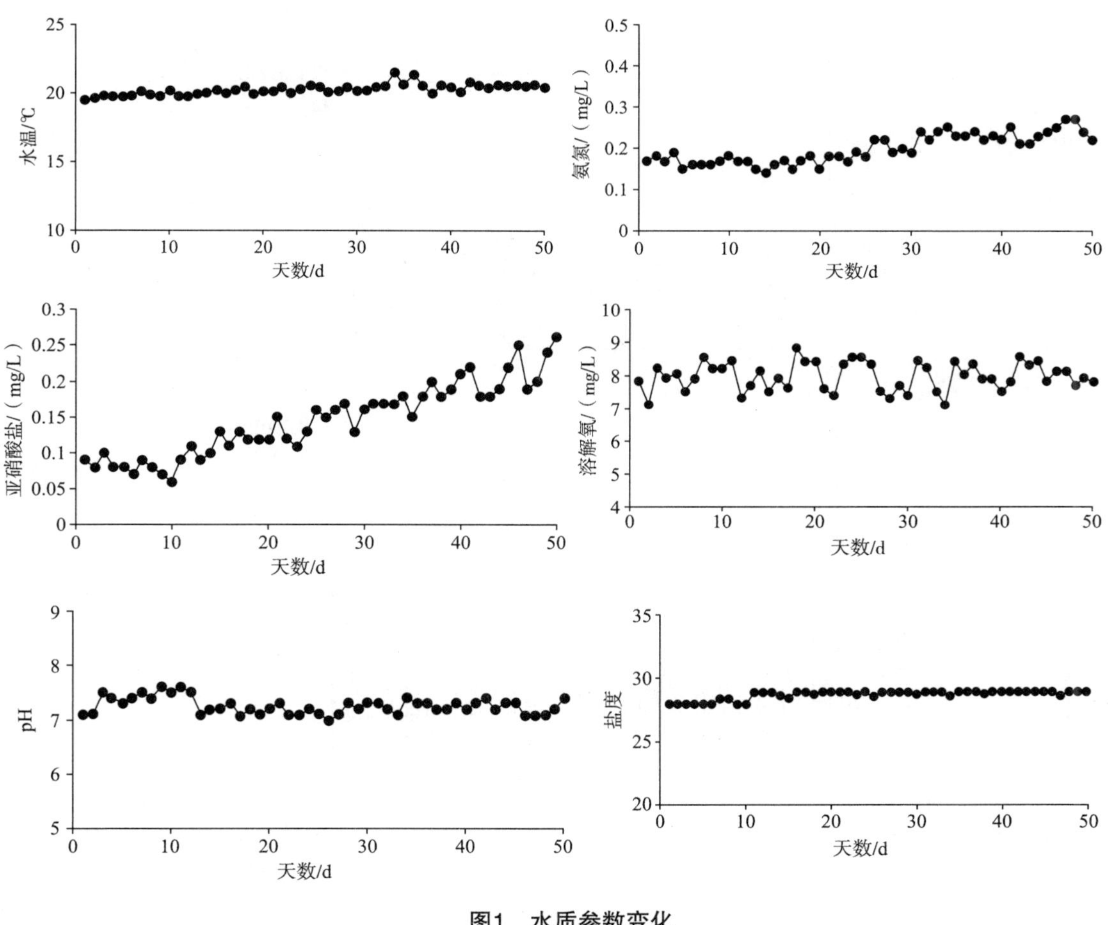

图1　水质参数变化

3　开展了地下井水中特定成分对工厂化鱼类苗种早期发育影响研究

针对地下井水育苗难（孵化时间延长、畸形率和死亡率增加、生长缓慢等）的问题，我们开展了锰对工厂化鱼类苗种早期发育影响的研究。结果（图2）表明，高浓度的锰（4 mg/L）会显著降低云龙石斑鱼的生长性能，导致死亡率升高、生长缓慢和饲料转化率下降。不仅如此，锰在鱼体内的积累会引起氧化应激，导致抗氧化物质（SOD、CAT、GPx、GSH等）含量上升和MDA含量下降，而且引起免疫相关因子（C3、C4、Hsp70和Hsp90）、炎症因子（TNF-α，IL-1β，IL-6和TLR3）的大量升高及表达，从而产生免疫应答免受机体损伤。随着暴露时间及浓度的增加，机体氧化应激所产生的ROS超过自身的处理能力时，导致抗氧化系统崩溃，诱导肝脏损伤以及线粒体凋亡途径的细胞凋亡。升高了TSH、T3等水平，降低了DA、5-HT、GH、IGF-1、T4等水平，干扰了GH/IGF-1轴和HPT轴的调控，导致生长相关激素紊乱。

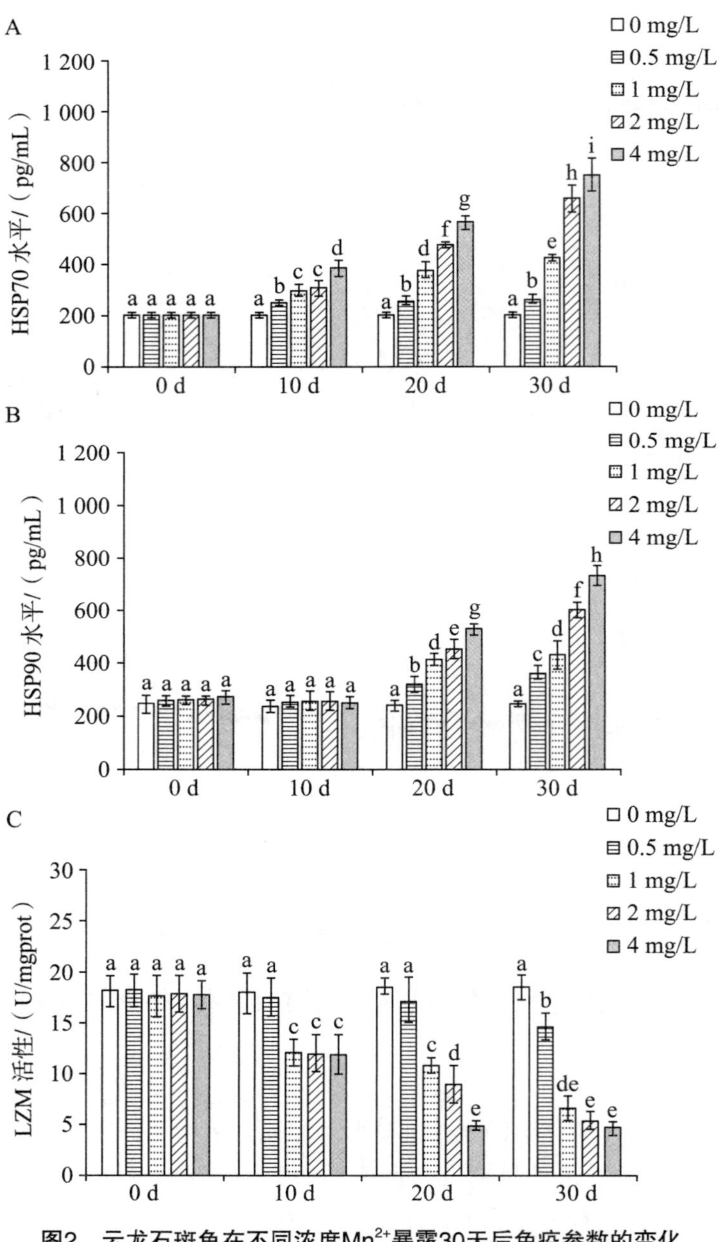

图2　云龙石斑鱼在不同浓度Mn^{2+}暴露30天后免疫参数的变化

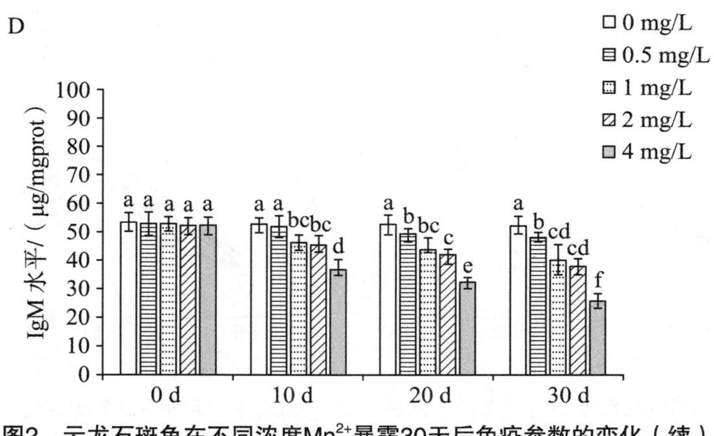

图2　云龙石斑鱼在不同浓度Mn^{2+}暴露30天后免疫参数的变化（续）

4　开展了投喂频率对石斑鱼肠胃消化酶活性节律变化影响

研究了四种不同的日投喂频率（1次、2次、4次和8次投喂）对珍珠龙胆石斑鱼肠胃消化酶及两种肠胃激素的日节律变化影响。结果（图3）显示，不同投喂频率下的石斑鱼体内的消化酶都在一天中有两个峰值，分别是下午的16：00和夜间的24：00。这两个峰值的出现时间不受投喂频率的影响，但是峰值的高低却有显著差异，在下午6点，1次投喂组和2次投喂组的胃蛋白酶显著高于4次和8次，而到了夜间则是8次投喂组高于其他三组。提高投喂频率可以增加部分消化酶活性，4次投喂组和8次投喂组的胰蛋白酶（LPY）、脂肪酶（LPS）、淀粉酶（AMS）均显著高于1次投喂组和2次投喂组。因此适当提高投喂频率可以强化消化与摄食。研究结果表明石斑鱼消化酶活性每日出现两次峰值，建议适当减少早上的投喂量，提高中午和晚上的投喂量，投喂次数选择每天2 ~ 4次，可以提高饲料利用率5%以上。

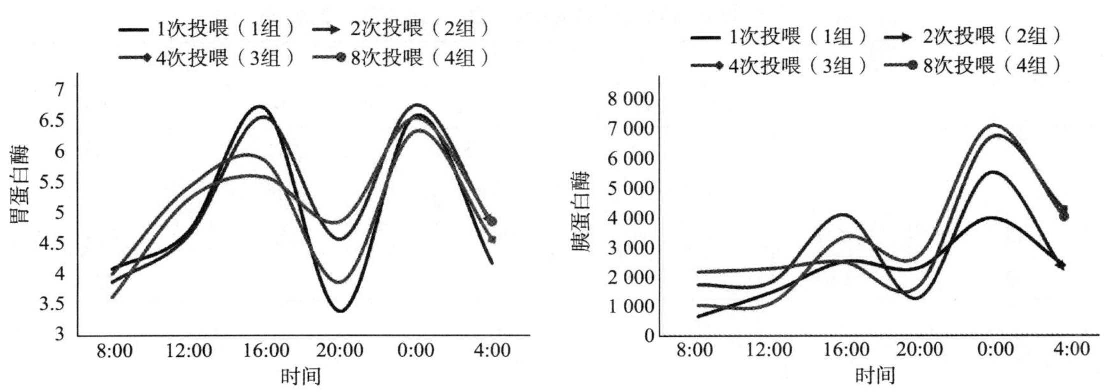

图3　不同投喂频率下胃蛋白酶、胰蛋白酶、脂肪酶、淀粉酶日节律变化

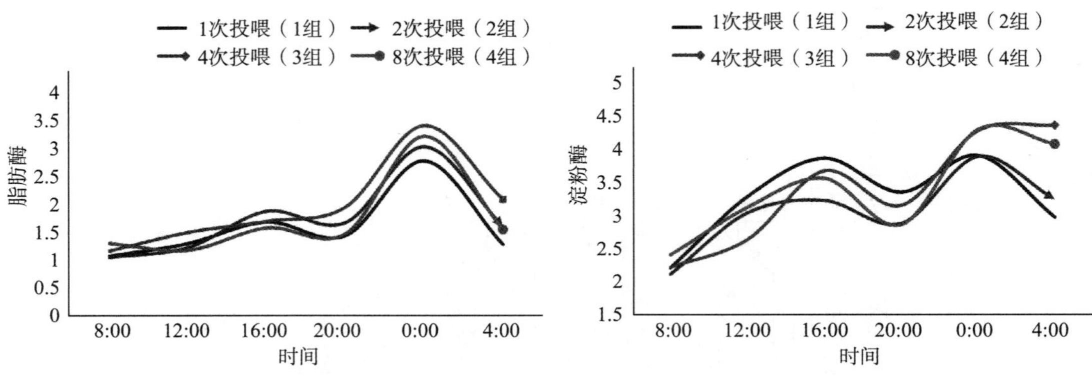

图3　不同投喂频率下胃蛋白酶、胰蛋白酶、脂肪酶、淀粉酶日节律变化（续）

5　解析了珍珠龙胆石斑鱼饥饿损伤和补偿生长的内在营养生理代谢机制，明确石斑鱼幼鱼最适投喂水平

开展了工厂化循环水养殖条件下石斑鱼投喂–饥饿–补偿与内在营养生理代谢、生长规律之间的关联性研究。实验过程中我们选取了1%～5%五个投喂量，研究结果表明，饥饿组1在先投喂1%饲料30天后提高到3%再投喂30天后没有达到完全补偿生长的结果，而且生长性能与正常投喂组（3%）有显著差异，出现了饥饿损伤的迹象（表1）。后续转录组学分析显示饥饿1组与正常投喂组相比存在1903个差异基因，将这些差异基因进行KEGG富集分析，映射的通路主要有真核生物中的核糖体生物发生、核糖体、氨酰tRNA的生物合成、RNA聚合酶、内质网中的蛋白质加工、酪氨酸代谢、补体系统、甘氨酸、丝氨酸和苏氨酸代谢等。可以归类到代谢（M）、遗传信息处理（GIP）、生物体系统（OS）方向，在GO富集分析中大量的下调基因与脂质代谢、蛋白质代谢功能相关，暗示了饥饿加速了自身营养物质的消耗，激活了相关的代谢通路。

表 1　不同投喂策略对珍珠龙胆石斑鱼特定生长率的影响

时期	组别				
	1%	2%	3%	4%	5%
15	1.66	1.77	3.83	3.17	4.09
30	1.14	2.26	2.57	3.08	2.85
45	2.41	2.06	1.94	2.35	1.74
60	1.69	1.51	1.40	0.82	0.79

6　开展了东星斑工厂化养殖补光技术研究

联合莱州综合试验站，开展了东星斑工厂化养殖补光技术研究，通过三因素三水平的正交实验法筛选出了东星斑养殖最优光环境，旨在为东星斑工厂化循环水养殖提供一定的理论参考。实验设置为光照度：300 lx、600 lx、900 lx；光谱：全光谱3 000 k＋红蓝光、全光谱100 000 k、全光谱6 000 k；光照时间：8 h、12 h、16 h，共九组实验，探究不同光环境对东星斑体色的影响，以Lab色彩模型为判断依据，a值越大，代表颜色越红。研究结果：图4显示，养殖60 d结束后，头颊、鳃盖、背部、腹部、尾柄、尾鳍、背鳍、腹鳍八个部位均在光强600 lx、光色全光谱100 000 k、光照时间12小时的组合下a值更高；图4显示，第5组鳃盖、背部、尾柄部的a值均大于其他处理组。且随着时间的延长，除去1、3处理组鳃盖a值出现了下降状态，其他处理组a值均出现不同程度的上升；图4显示，每个处理组的体重在每个阶段都出现上升。而体长组1、2、7、9组在30 d～60 d之间并没有显著上升，可能是体高、眼距等指标发生变化引起的体重显著变化；另外，饲料系数、增重率、特定生长率等生长指标在这一组合中也显著优于其他组合。综上，在光强600 lx、光谱全光谱100 000 k、光照时间12 h组合下，东星斑各部位a普遍较高，体色最红，生长也最优，说明第5组光环境为本实验最优光环境。

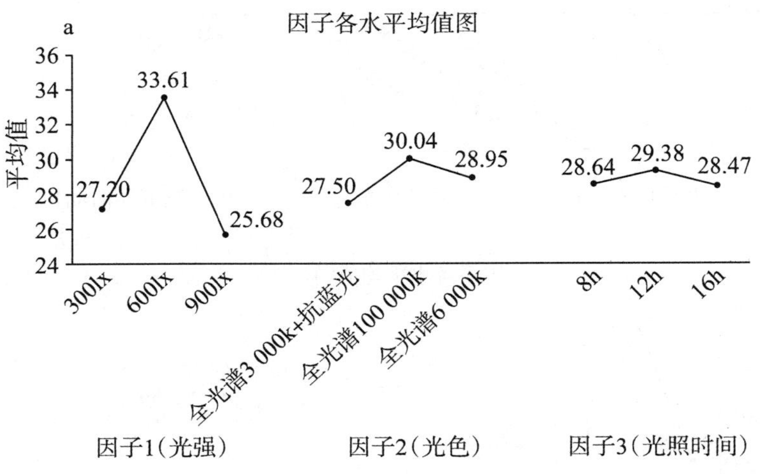

图4　不同部位a值平均值比较

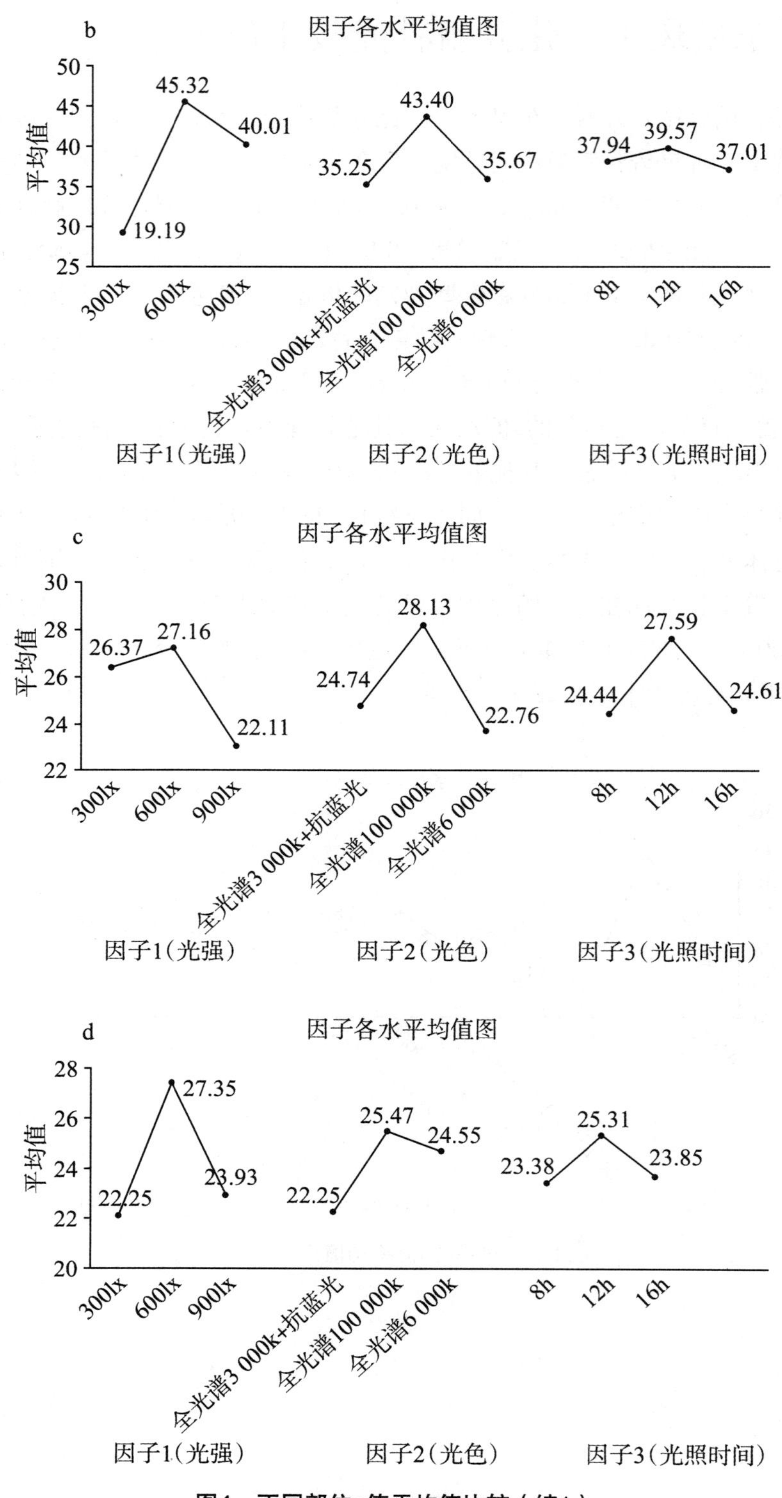

图4　不同部位a值平均值比较（续1）

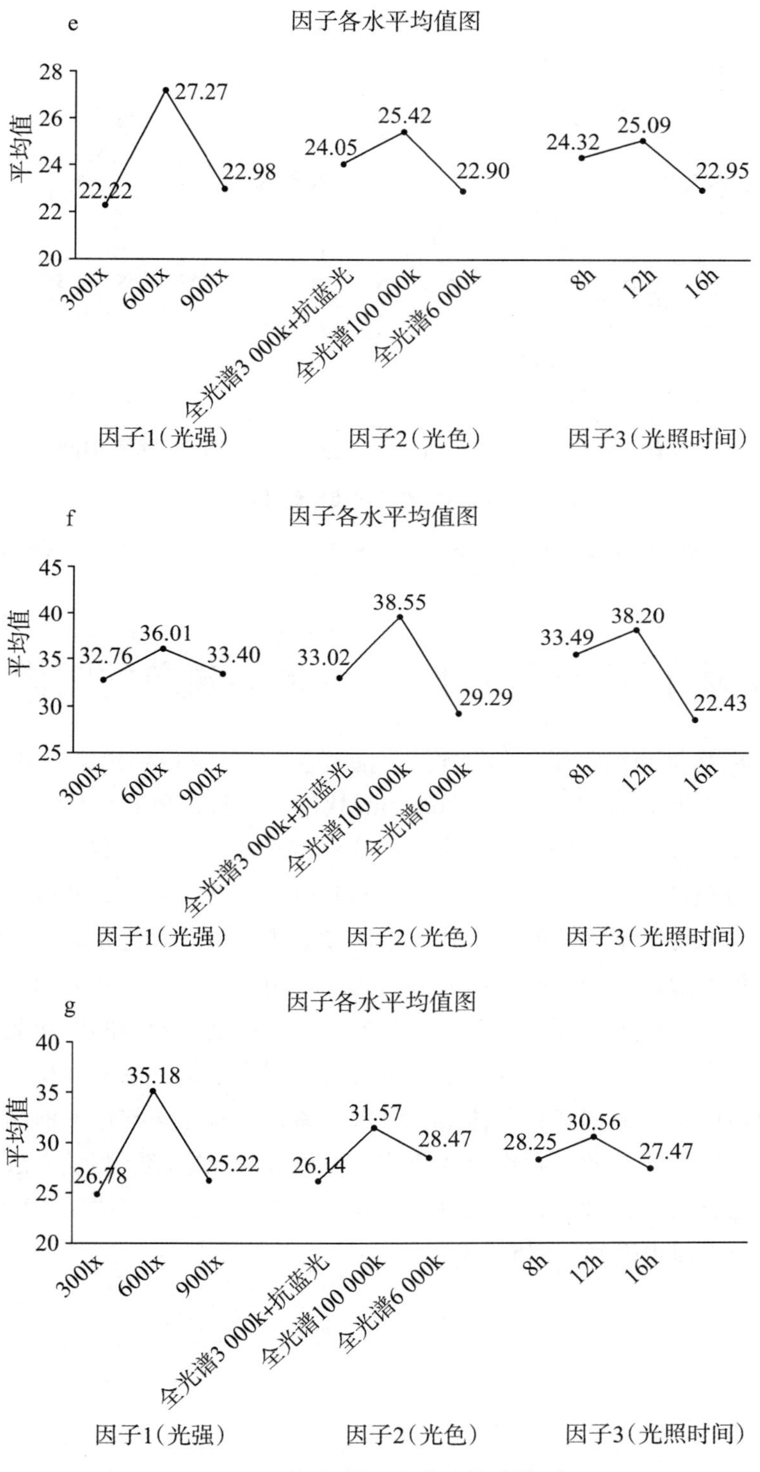

图4 不同部位a值平均值比较(续2)

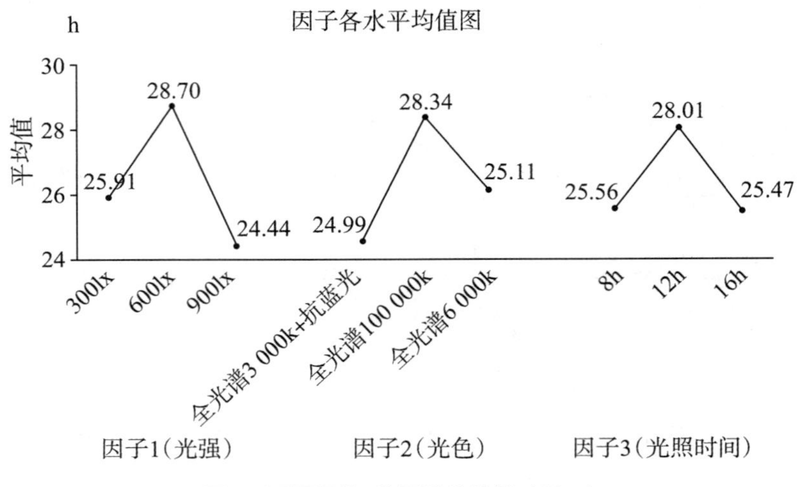

图4　不同部位a值平均值比较（续3）

a：头颊，b：鳃盖，c：背部，d：腹部，e：尾柄，f：尾鳍，g：背鳍，h：腹鳍

7　开展了基于深度学习对珍珠龙胆石斑鱼的图像识别研究

利用计算机视觉和深度学习分别将鱼身、鱼鳍、鱼尾识别出来。通过手机、摄像头等照相设备采集近600张图片，通过labelme软件，将石斑鱼的鱼身、鱼鳍、鱼尾进行标记。将这些图片按照9∶1的比例分为训练集和测试集，并传入U-net语义分割模型训练得到识别石斑鱼的识别模型。通过主要参数mIoU和mPA来测试识别模型对石斑鱼各个部位的识别，取得了不错的效果。其次，通过摄像头采集放置在桌面上的珍珠龙胆石斑鱼，在石斑鱼旁边放置一个硬币作为参照物。利用深度学习语义分割模型将石斑鱼的鱼身、鱼尾、鱼鳍分成了三部分。鱼身的后半段体长根据其轮廓的中间值计算求得，鱼身的前半段体长根据矩形框长度的一半来求得。将图像中鱼的像素面积和鱼长根据硬币参照物换算成鱼的真实面积和真实体长。将弯曲体长测量方法与矩形框测量方法比较分析。研究结果表明：珍珠龙胆石斑鱼弯曲体长测量方法比矩形框测量方法更接近于真实体长。在鱼身笔直时，两种测量方法得到的体长近似；在鱼身弯曲时，弯曲体长测量方法比矩形框测量方法更准确（图5）。

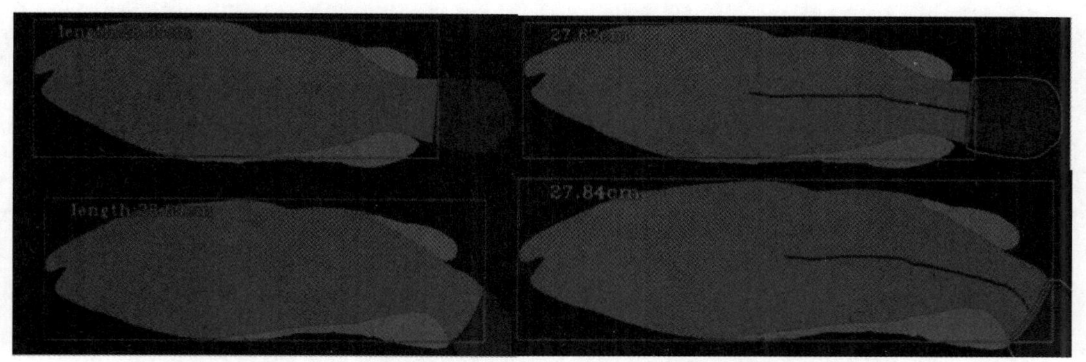

图5　鱼身笔直及弯曲时体长测量比较

（岗位科学家　刘宝良）

深远海养殖技术研发进展

深远海养殖岗位

1　深远海智能沉降式网箱集成应用示范

1.1　锚泊系统

针对该智能网箱系统投放海域的底质情况选择了锚泊系统，为4组犁锚加铁链，犁锚单个重量约1吨，铁链单组长20米，规格为20 kg/m。在安装海域根据GPS定位，将4组犁锚加铁链投放在预定区域内，犁锚连接20米长的铁链作为锚系统，铁链后端为绳框，通过绳框再与网箱框架相连接。

图1　锚泊系统——犁锚

1.2　沉降系统

沉降系统由浮舱、沉舱和控制系统共同组成。浮舱高约2 m，直径1.2 m，圆形桶状，重约1吨，内部加装淡水1吨，整体重量约2吨。沉舱高约1.5 m，直径1.2 m，圆形桶状，重约2吨，内部填充配重沉块，整体重量约2吨。在海上装配前，先对浮舱加注约1吨淡水并进行浮沉舱管路系统测试，启动控制系统，可实现将内部淡水通过浮舱与沉舱之间的连接管路排到沉舱内。

图2　浮沉舱海上运输

1.3　框架及网衣系统

海上拖曳时将网衣系统提升2米，减小拖曳时的阻力，拖曳至预定海域后再将网衣系统降下系轧在框架上。

图3　网箱框架

2　深远海升降式网箱抗老化网衣材料研究

2.1　老化过程中热性能变化

图4为纯HDPE、TiO_2/HDPE（3.0wt%）、TiO_2/HDPE（7.0wt%）复合材料老化648 h时间熔点曲线图，各熔点分别为130.1℃、131.5℃、131.9℃。可以看出，虽然老化后，熔点都降低了，但可以看出，纯的HDPE熔点的降低更加明显。这说明加了纳米TiO_2屏蔽部

分紫外线，对聚合物分子链的影响减弱，使聚合物分子量减小的程度更低，熔点降低的就越小。

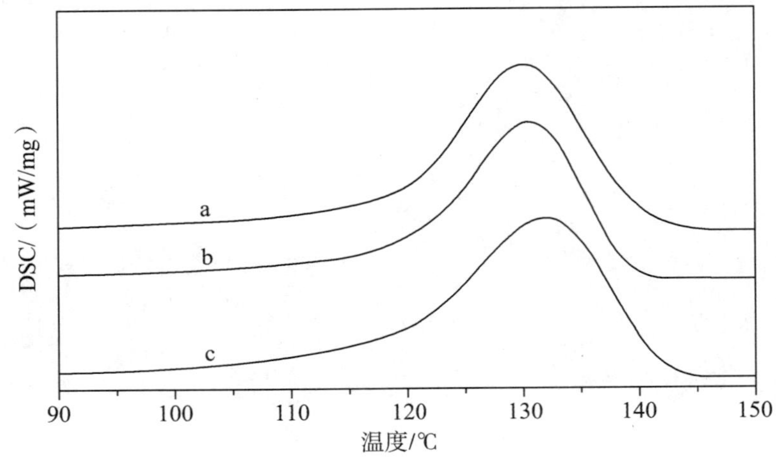

图4　复合材料老化648 h时间熔点曲线图

a：纯HDPE，b：TiO_2/HDPE（3.0wt%），c：TiO_2/HDPE（7.0wt%）

2.2　材料老化后力学性能分析

图5为纯HDPE及含有不同纳米TiO_2添加量TiO_2/HDPE纳米复合材料的拉伸强度随老化时间变化的曲线图。从图中可以看出，随着老化时间的变化，纯HDEP与纳米复合材料的拉伸强度都明显降低了。在材料氙灯加速老化前，纯HDPE、TiO_2/HDPE（1.0wt%）、TiO_2/HDPE（3.0wt%）、TiO_2/HDPE（7.0wt%）初始拉伸强度分别为21.5 MPa、22.1 MPa、22 MPa、22.8 MPa。从图中纯HDPE拉伸强度随老化时间的变化可以看出，在开始老化9天时，拉伸性能下降程度较低，但随着老化时间进行，HDPE的拉伸强度在老化18天后下降幅度明显加大，在老化27天后拉伸强度只有15 MPa。拉伸强度只有原来的69.8%，即保持率为69.8%，损失率近30%。而与纳米TiO_2改性的HDPE复合材料相比较，TiO_2/HDPE（1.0wt%）、TiO_2/HDPE（3.0wt%）、TiO_2/HDPE（7.0wt%）纳米复合材料在老化9天后，拉伸性能损失较弱，在老化18天后拉伸性能才较大程度的降低，老化27天后拉伸强度分别为17.5 MPa、18.4 MPa、19.8 MPa。保持率分别为79.2%、83.6%、86.8%。可以看出，纳米TiO_2改性的HDPE拉伸强度经人工加速老化后拉伸性能损失较小，并且随纳米添加量的增加保持率也越高。说明加入的纳米TiO_2提高了HDPE抗老化性能，减少了HDPE材料氙灯加速老化时力学性能的损失。

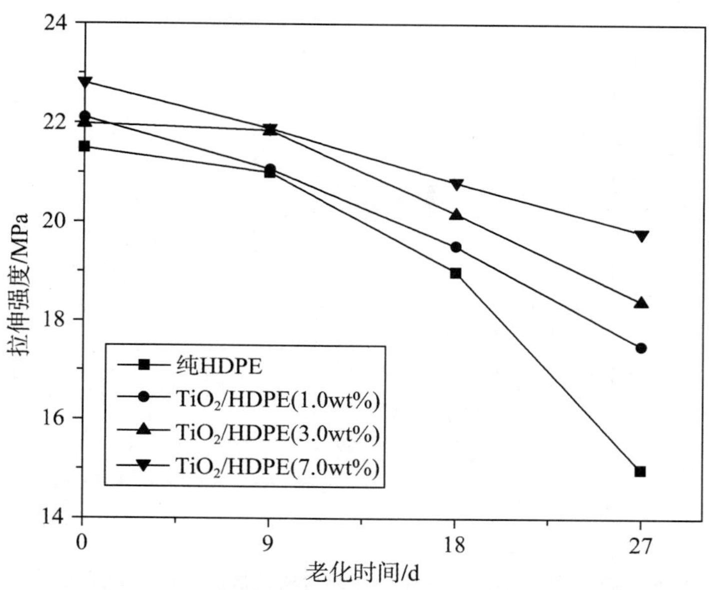

图5　纯HDPE和TiO_2/HDPE纳米复合材料加速老化前后拉伸强度

图6为纯HDPE、TiO_2/HDPE（1.0wt%）、TiO_2/HDPE（3.0wt%）、TiO_2/HDPE（7.0wt%）纳米复合材料冲击强度随老化时间变化曲线图。从图中可出，材料老化后冲击强度都有所变化，并随着老化时间的加长而降低。未老化之前，纯HDPE、TiO_2/HDPE（1.0wt%）、TiO_2/HDPE（3.0wt%）、TiO_2/HDPE（7.0wt%）初始冲击强度分别为23.3 kJ/m^2、22.5 kJ/m^2、21.9 kJ/m^2、21 kJ/m^2。经加速老化之后，从图中可以看出，纯HDPE冲击强度强显下降，特别是老化27天后，冲击强度为15 kJ/m^2，冲击强度保持率仅为63.4%。而在同样的老化27天后，TiO_2/HDPE（1.0wt%）、TiO_2/HDPE（3.0wt%）、TiO_2/HDPE（7.0wt%）纳米复合材料冲击强度分别为19.8 kJ/m^2、19 kJ/m^2、18.5 kJ/m^2，保持率分别为88%、86.8%、88.1%，都明显高于纯HDPE。从材料老化后冲击强度变化可以看出，加入的纳米TiO_2有助于提高HDPE材料的耐老化性能，使材料力学性能在老化过程中受到的影响较小，提高HDPE材料的使用期限。

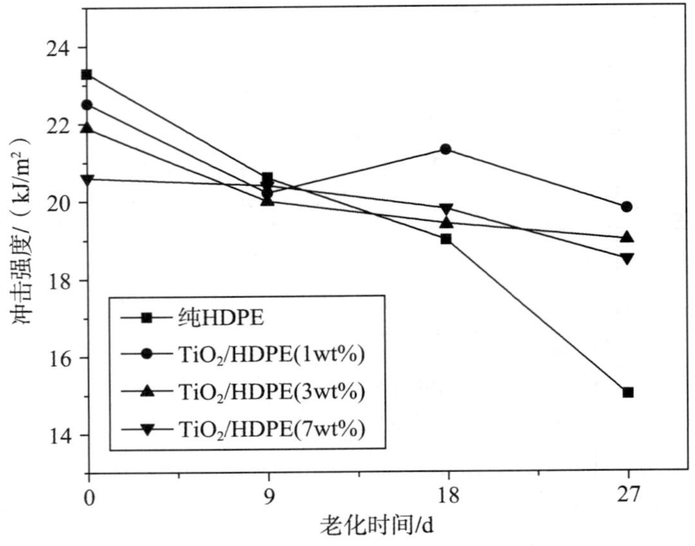

图6　纯HDPE和TiO_2/HDPE纳米复合材料加速老化前后冲击强度

3　培育适宜深远海养殖大黄鱼抗流F1代选育系

3.1　抗流性状遗传解析

通过抗流群体与非抗流群体中脑、肌肉、鳃和肝脏组织（每组3重复，共24个样品）转录组测序工作。完成24个样品的转录组测序工作，共获得165.95 Gb Data，各样品Clean Data均达到6.01 Gb及以上，Q30碱基百分比在92.27 %及以上。分别将各样品的Clean Reads与指定的参考基因组进行序列比对，比对效率为91.48%以上。对所有基因进行功能注释，包括与NR、Swiss-Prot、KEGG、COG、KOG、GO和Pfam数据库的比对，共获得24 252条基因的注释结果。4个组织共富集到4 504个差异基因，对其进行KEGG代谢通路富集发现，MAPK signaling pathway和AGE-RAGE signaling pathway in diabetic complications通路对大黄鱼抗流性状的形成起着关键作用。

对60份大黄鱼个体进行重测序（抗流群体30尾，非抗流群体30尾），获得225.98 Gb原始数据。测序数据与参考基因组上面的覆盖比例为 79.99%-93.76%，平均测序深度为12.09X。SNP 在基因组上呈不均匀分布，其中 27.30%在基因间区，55.59%位于内含子，3.77%位于外显子，通过分析共计446，612个SNP位点影响蛋白翻译结果。通过对群体的PCA分析，群体遗传结构、亲缘关系分析表明此两个群体可以用于全基因组关联分析。采用GML和MML模型进行全基因组关联分析，挖掘有效SNP位点。GML以模型中-log10（P）＞10为阈值共筛选到3 170个SNP位点； GML模型中-log10（P）＞6为阈值共筛选到2 421个SNP位点。这些位点为后续深远海养殖专用育种芯片研发及选育工作提供基础。

3.2　候选群体的筛选

利用“宁芯”55k SNP液相芯片对参考群体的目标位点进行深度重测序，进而进行基因分型检测。育种参考群体（抗流群体400尾；非抗流群体400尾）共计800尾，其中Q30≥80%且检出率≥95%的样本有790尾（占总样本的98.75%），获得Clean及VCF数据1 215 GB，与参考基因组比对率均≥60%，共获得29多万个SNP位点，符合后续GWAS分析和GS模型构建的需求。与厦门大学、宁德市富发水产有限公司合作，从体型选育F2代中选择400尾生长快、条形好的大黄鱼构建了抗流选育候选群体。利用“宁芯”55k SNP液相芯片对400尾候选亲本进行基因分型检测，Q30≥80%且检出率≥95%的样本有392例（占总样本的99.75%），获得Clean及VCF数据674 GB，与参考基因组比对率均≥78%，共获得29多万个SNP位点，符合后续GWAS分析和GS模型构建的需求。对两个群体检测结果进行GWAS分析和GS模型的构建，同时对两个群体进行群体结构分析（PCA），初步分析抗流性状的遗传力为0.51。

3.3　筛选繁育亲本并进行人工催产

基于mSNP的GWAS位点预测（GEBV），其值越小，抗流能力越强，筛选育种值排名前40的亲本（10%的选择压力），其中雄鱼：雌鱼=1：3。于2022年1月27日和1月28日注射两次催产针，经自然受精后，于1.29日和1.30日，采用静止分层法收集受精卵，共计收集优质受精卵4.1 kg。

总共获得初孵仔鱼180余万尾，大黄鱼初孵仔鱼全长3毫米左右，口裂、卵黄囊相对较大，孵化率大致为45万尾/千克受精卵；4日龄后的仔鱼口径约400微米，开始投喂轮虫等开口饵料；6日龄后开始投喂丰年虫，经1天轮虫和丰年虫混合投喂后，改为全部投喂丰年虫；9日龄后开始丰年虫和桡足类混合投喂；19日龄后全部投喂桡足类；21日龄后开始桡足类和微粒饲料混合投喂。仔鱼29日龄后开始全部使用微粒饲料投喂（0#），50日龄后开始0#料和1#料混合投喂，53日龄后全部投喂1#料。在55日龄时检查大黄鱼苗种质量，幼鱼生长状态良好，体表颜色正常，鳍条未发现寄生虫。在69日龄时，对幼鱼的全长和体质量进行测量，幼鱼的平均全长4.3 cm，平均体质量0.5 g，达到下渔排养殖的条件，苗种数量共计48万余尾。

3.4　子代苗种海上渔排养殖及其性状测评

2022年4月12日，将选育子代幼鱼转移到海上渔排中继续养殖，苗种放置于三口网箱（宽×长×深4 m×8 m×4.5 m），每口网箱放养约16万尾。5月19日，随机取20尾大黄鱼检查生长情况，幼鱼平均全长4.5 cm，平均体质量0.6 g。6月22日对子代苗种进行分框处理，三个小框换为三个大框，剩余苗种16万尾左右，4月11日至6月22日，共73天，成活率为32%。2022年11月，选取500尾抗流F1苗种与500尾正常繁育的大黄鱼苗种进行抗流能力测试。通过本课题组自行设计的抗流装置，以流速0.5 m/s，抗流30 min为筛选条件，与未经过选育的同时期大黄鱼幼鱼相比，经选育后大黄鱼抗流F1代的抗流比例提升8%左右，选育效果显著。

4 基于多孔介质模型的养殖装备网衣水动力特性研究

针对养殖装备网衣的水动力特性进行研究，利用多孔介质理论对网衣结构进行建模，以规则波和聚焦波作为输入海况，使用开源CFD软件OpenFOAM对波浪与网衣的相互作用用进行数值模拟研究（图7）。在规则波输入下，研究了密实度、特征速度对网衣阻力的影响，同时分析了网绳直径与波浪透射系数的关系；在聚焦波输入下，探究了波浪与网衣相互作用下波浪场的时空演化特征，分析了网目尺寸对网衣阻力的影响规律。最后，结合数值计算的结果，考虑将雷诺数和KC数作为输入参数，建立了多孔介质网衣阻力的预报模型。

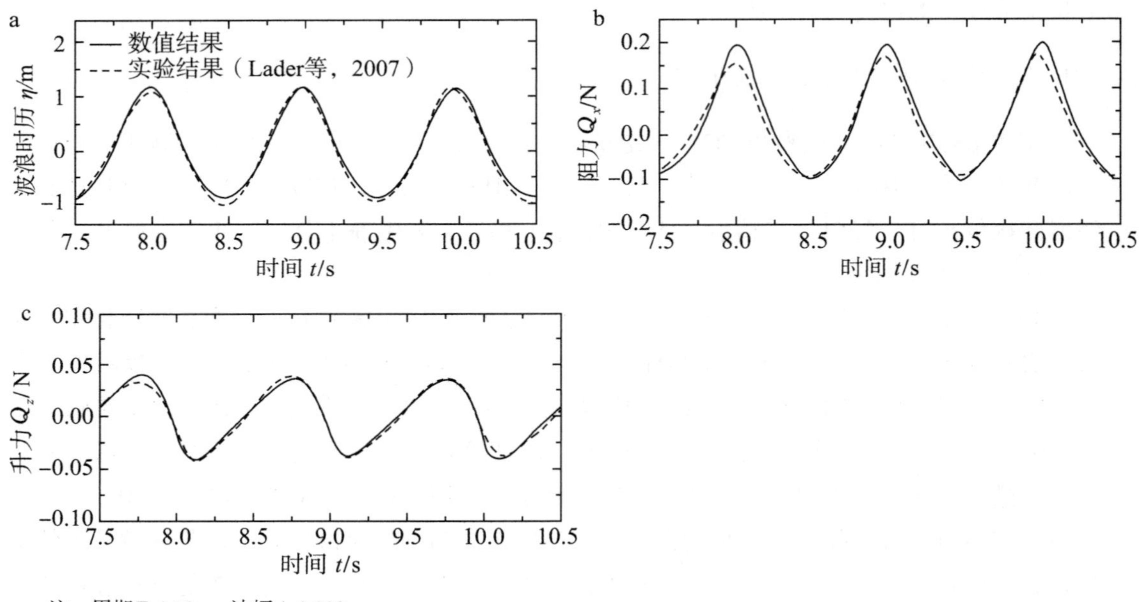

注：周期T=0.70 s，波幅A=0.022 m

图7 数值模拟验证

5 基于转录组解析铜驯化对低温胁迫下大黄鱼氧化损伤的影响

为探讨铜驯化对低温胁迫下大黄鱼*Larimichthys crocea*氧化损伤和基因表达水平的影响，本实验将体质量为（48.92 ± 3.62）g的大黄鱼暴露在铜浓度为0和10 μg/L的水体中14 d，再暴露在温度为8℃的水体中24 h。结果显示，低温胁迫显著增加了活性氧（ROS）和脂质过氧化物（LPO）含量。尽管铜驯化对ROS和LPO含量不产生影响，但铜驯化显著增加了低温胁迫下大黄鱼ROS和LPO含量，表明铜驯化加剧了低温胁迫对大黄鱼的氧化损伤。从铜驯化vs对照组、低温胁迫vs对照组和铜驯化+低温胁迫vs低温胁迫中分别筛选出2 288个、1 425个和1 382个差异基因。GO和KEGG分析发现差异基因主要富集在与脂肪酸代谢、糖类有氧代谢、谷胱甘肽代谢、内质网应激、自噬和凋亡等相关的通路中（图8）。聚类分析表明，低温胁迫上调了不饱和脂肪酸合成、内质网应激、自噬和凋亡等相关通路中的大部分基因表达，而铜驯化则对低温胁迫下大黄鱼的这些基因表达调控产生了拮抗效应，表明铜驯化通过抑制不饱和脂肪酸合成、内质网应激、自噬和凋亡来降低大黄鱼的低温胁迫耐受性。研究结果为深入研究铜污染物对大黄鱼低温胁迫耐受性的影响及其分子机制提供科学依据。

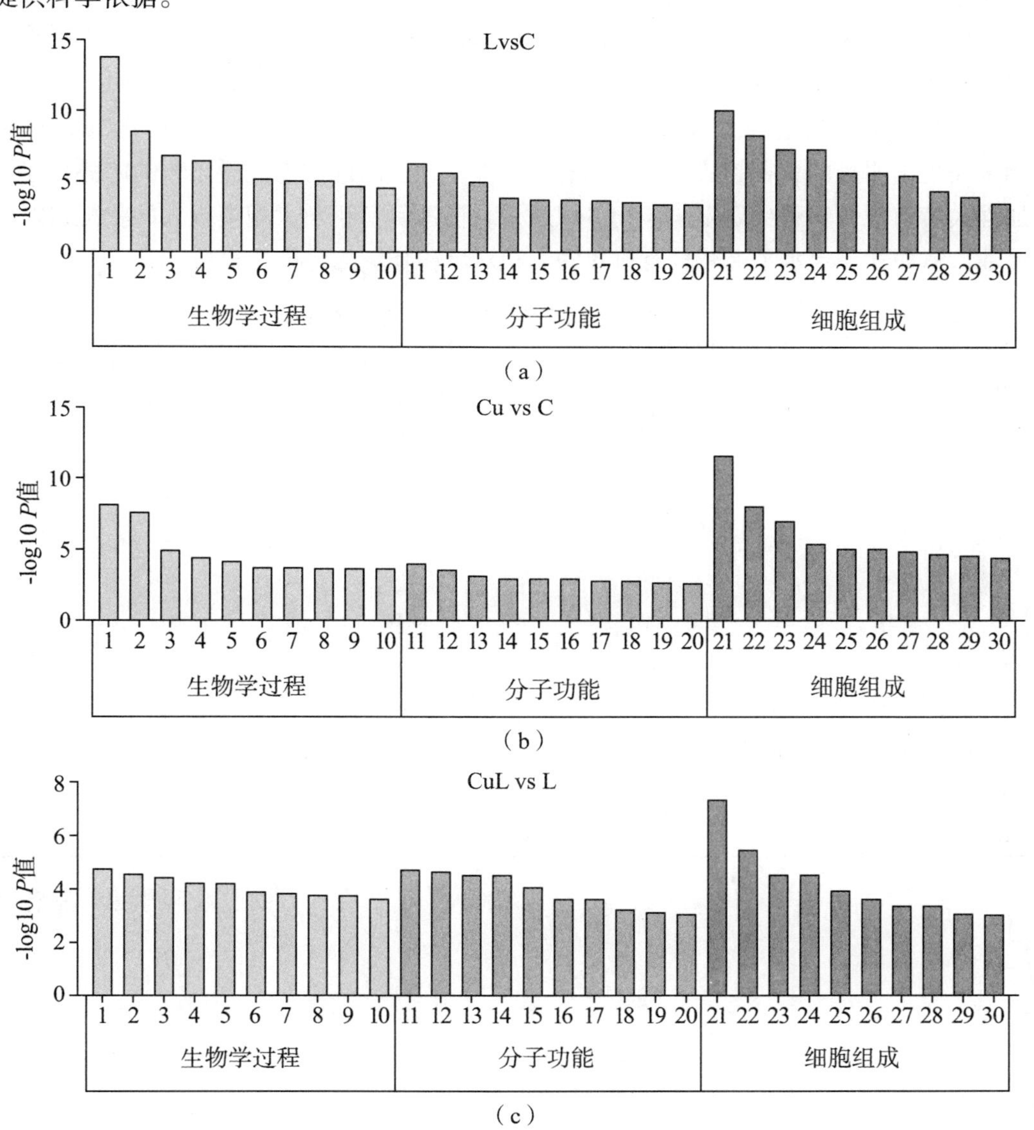

图8　转录组差异基因的GO分析

6 深远海大型围栏养殖大黄鱼海域沉积物质量评价与分析

为评价深远海大型围栏养殖大黄鱼海域的沉积物质量状况，通过对大黄鱼不同养殖期围栏养殖区、围栏外围区、网箱外围区和对照区的4次调查，分析评价了调查海域沉积物中的Cu、Zn、有机碳、硫化物等指标的区域分布、含量变化及污染水平，并采用内梅罗指数对调查海域沉积物进行了质量综合评价。4次调查结果显示，大黄鱼围栏养殖区沉积物Cu的含量范围为15 ~ 33 mg/kg，Zn的含量范围为80 ~ 137 mg/kg，有机碳的含量范围为0.14% ~ 1.90%，硫化物的含量范围为0.3 ~ 128.0 mg/kg。围栏中心区沉积物有机碳、硫化物的含量相对其他区域高，但均符合《海洋沉积物质量》（GB18668-2002）中的一类标准。不同调查区域沉积物Cu、Zn和有机碳的含量差异不显著（$P>0.05$），围栏中心养殖区沉积物硫化物含量显著高于对照区（$P<0.05$）。内梅罗综合评价结果表明，调查区域沉积物质量均为清洁或较清洁状态，沉积物质量符合海水养殖标准。沉积物Cu、Zn和硫化物未表现出明显的累积趋势，沉积物有机碳在本调查时间内有轻微累积的趋势，建议通过加强大黄鱼配合饲料的研发与应用，以缓解目前冰鲜鱼饵料大规模投入的状况，降低饵料系数，从而在一定水平上减轻有机质的累积对沉积环境的污染（表1）。

表1 内梅罗指数综合评价法沉积物评价结果

站位	2017-06		2017-08		2017-10		2018-05	
	*P*值	污染等级	*P*值	污染等级	*P*值	污染等级	*P*值	污染等级
1	0.52	Ⅰ	0.57	Ⅰ	0.58	Ⅰ	0.47	Ⅰ
2	0.71	Ⅱ	0.59	Ⅰ	0.64	Ⅱ	0.52	Ⅰ
3	0.65	Ⅱ	0.67	Ⅱ	0.45	Ⅰ	0.59	Ⅰ
4	0.60	Ⅱ	0.61	Ⅱ	0.50	Ⅰ	0.57	Ⅰ
5	0.57	Ⅰ	0.57	Ⅰ	0.44	Ⅰ	0.66	Ⅱ
6	0.55	Ⅰ	0.53	Ⅰ	0.44	Ⅰ	0.58	Ⅰ
7	0.64	Ⅱ	0.57	Ⅰ	0.44	Ⅰ	0.55	Ⅰ
8	0.66	Ⅱ	0.59	Ⅰ	0.49	Ⅰ	0.65	Ⅱ
9	0.62	Ⅱ	0.67	Ⅱ	0.62	Ⅱ	0.67	Ⅱ
10	0.59	Ⅰ	0.61	Ⅱ	0.51	Ⅰ	0.55	Ⅰ

（岗位科学家　王鲁民）

智能化养殖技术研发进展

智能化养殖岗位

2022年，智能化养殖岗位围绕海水鱼绿色健康养殖、服务区域产业技术进步、提高生产效率、降低管理成本，开展了智能装备、智能模型、物联网系统和大数据技术的研究和示范，研发了海水鱼养殖源水耦合调控系统与装备、多路水源水质在线监测装置与系统等智能化硬件装备和软件系统，在江苏、河北、天津等地的海水鱼池塘养殖和陆基工厂化养殖企业开展了示范，并总结、形成了1个智能物联网系统技术规范。通过智能化养殖技术的示范，降低了养殖生产管理成本，提高了生产效率。综合测算，劳动力成本和液态氧消耗分别降低50%以上，生产效率提高30%以上。

1　基于温度-盐度平衡的海水鱼养殖源水耦合调控模型与系统

海水工厂化循环水系统的养殖源水主要由海水、温水、井水搅拌混合制成，季节变化导致海水水温不稳定，凭经验制备的源水质量参差不齐。对此，通过对10余家养殖企业调研，采集了近19 000条数据，进行数据转换、特征筛选处理后，构建了基于XGBoost的养殖源水盐度与温度耦合制备模型。通过数据扩充处理，分别建立了基于SVM和PSO-XGBoost的养殖源水盐度与温度耦合调控模型。在上述模型基础上，研发了前馈-反馈控制的养殖源水盐度与温度耦合智能控制模型，开发了养殖源水自动调控系统，实现了基于盐度温度平衡的养殖源水耦合智能调控。

图1　养殖源水智能调控装置

1.1 养殖源水盐度与温度耦合制备模型

1.1.1 数据处理

以海水、温水、井水流量比值作为养殖源水盐度与温度耦合制备模型的输出结果，通过公式将海水流量累计值、温水流量累计值与井水流量累计值转换为流量比例，形成养殖源水制备材料比例。

$$HP=\frac{HL}{HL+WL+JL}$$

$$WP=\frac{WL}{HL+WL+JL}$$

$$JP=\frac{JL}{HL+WL+JL}$$

式中，HP为养殖源水制备海水配置比，WP为养殖源水制备温水配置比，JP为养殖源水制备井水配置比。

养殖源水制备过程中，海水、温水、井水应处于相对稳定状态。但由于传感器灵敏度问题、蓄水装置内存在温度场、盐度场等原因常常导致水质监测数据出现波动，需要对传感器数据进行处理。采用简单移动平均线方法对海水水温、海水盐度、温水水温、井水水温、井水盐度进行数据处理。数据处理公式如下：

$$HW=\frac{1}{n}\sum_{i=1}^{n}hw_i$$

$$HY=\frac{1}{n}\sum_{i=1}^{n}hy_i$$

$$WW=\frac{1}{n}\sum_{i=1}^{n}ww_i$$

$$JW=\frac{1}{n}\sum_{i=1}^{n}jw_i$$

$$JY=\frac{1}{n}\sum_{i=1}^{n}jy_i$$

式中，HW表示海水水温平均值，hw_i表示海水水温样本值，HY表示海水盐度平均值，hy_i表示海水盐度样本值，WW表示温水水温平均值，ww_i表示温水水温样本值，JW表示井水水温平均值，jw_i表示井水水温样本值，JY表示井水盐度平均值，jy_i表示井水盐度样本值。

以养殖源水制备海水配置比、养殖源水制备温水配置比、养殖源水制备井水配置比作为养殖源水盐度与温度耦合制备模型的因变量，源水调配桶内水温、源水调配桶盐度、海水水温、海水盐度、温水水温、井水水温、井水盐度、是否存在温水作为养殖源水盐度与温度耦合制备模型的自变量，组合形成模型部分数据集见表1。

表1　养殖源水盐度与温度耦合制备模型的部分数据集

源水水温/℃	源水盐度	海水温度/℃	海水盐度	温水温度/℃	井水温度/℃	井水盐度	室内温度/℃	是否添加温水	海水配比	温水配比	井水配比
21.75	16.32	17.43	30.51	41.19	18.98	10	12	1	0.49	0.22	0.28
20.7	16.88	13.81	27.17	45.1	19.71	8	11	1	0.48	0.22	0.29
21.4	15.86	16.87	29.79	40.18	17.06	10	8	1	0.42	0.27	0.32
20.63	14.45	23.35	23.05	35.86	19.34	6.7	11	0	0.55	0	0.45
22.86	14	30.82	28.88	33.8	18.75	8.2	24	0	0.36	0	0.64
15.8	20.1	14.19	36.69	47.84	20.54	8.5	12	1	0.37	0	0.63
17.6	17.86	12.92	29.22	43.15	19.04	6.7	9	1	0.5	0.12	0.38
18.97	15.46	7.26	32.29	36.88	20.03	11	9	1	0.34	0.43	0.23
22.05	15.7	18.49	31.79	54.26	17.08	6	13	1	0.29	0.12	0.59

1.1.2　训练集与测试集

利用Python语言sklearn库train_test_split方法将养殖源水盐度与温度耦合制备模型实验数据按4：1的比例随机划分为训练集与测试集。选用训练集对养殖源水盐度与温度耦合制备模型进行监督学习训练，利用测试集对养殖源水盐度与温度耦合制备模型进行结果验证。

1.1.3　养殖源水盐度与温度耦合制备模型

以养殖源水制备材料比例作为养殖源水盐度与温度耦合制备模型的输出结果，以目标温度、目标盐度、海水水温、海水盐度、温水水温、井水水温、井水盐度、是否添加温水作为模型输入特征，以XGBoost作为模型建立方法，选用Python语言调用XGBoost库，构建了养殖源水盐度与温度耦合制备模型。

1.1.4　模型验证

以划分出的测试数据集对养殖源水盐度与温度耦合制备模型进行验证。经验证，真实值与预测值具有较高的相关性。测试数据集的真实值与预测值的拟合结果为：（1）海水配置比的表达式：y=1.022 3x−0.009 7、R^2=0.931 9、MSE=0.000 78、MAE=0.019 8；（2）温水配置比的表达式：y=1.008 2x−0.0008、R^2=0.972 2、MSE=0.000 38、MAE=0.010 9；（3）井水配置比的表达式：y=1.022 9x−0.009 9、R^2=0.951 6、MSE=0.000 91、MAE=0.020 6。

1.2　养殖源水盐度与温度耦合调控模型

1.2.1　粒子群算法对模型进行优化

利用粒子群算法（PSO）对XGBoost超参数集进行优化，需进行优化的参数见表2。选用模型性能指标作为PSO算法的目标函数，建立基于PSO-XGBoost的养殖源水盐度与温度耦合调控模型。通过PSO算法优化XGBoost，计算XGBoost超参数集，更加准确预测水质调控方案。具体流程如图2所示。

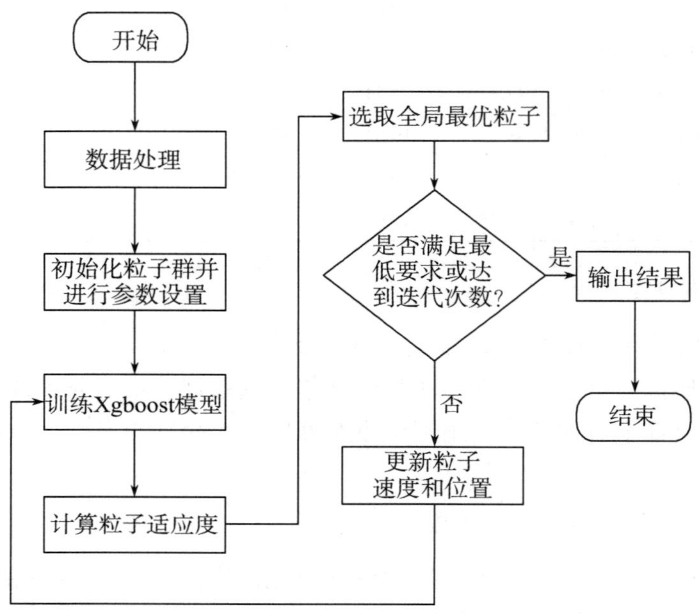

图2　PSO-XGBoost算法流程图

表2　需要优化的XGBoost参数

参数名称	默认值	说明	设置范围
n_estimators		树的个数	[50，300]
learning_rate	0.3	学习率	[0，1]
max_depth	6	构建树的深度	[3，10]

选用养殖源水盐度与温度耦合调控模型数据对基于PSO-XGBoost的养殖源水盐度与温度耦合调控模型训练。通过PSO算法对XGBoost超参数优化，得到最优参数。对应的超参数为：n_estimators=298，learning_rate=0.16，max_depth=9。

1.2.2　模型对比

PSO-XGBoost改进算法与BP神经网络、SVM、决策树、线性回归等算法进行性能对比，结果如图3所示。

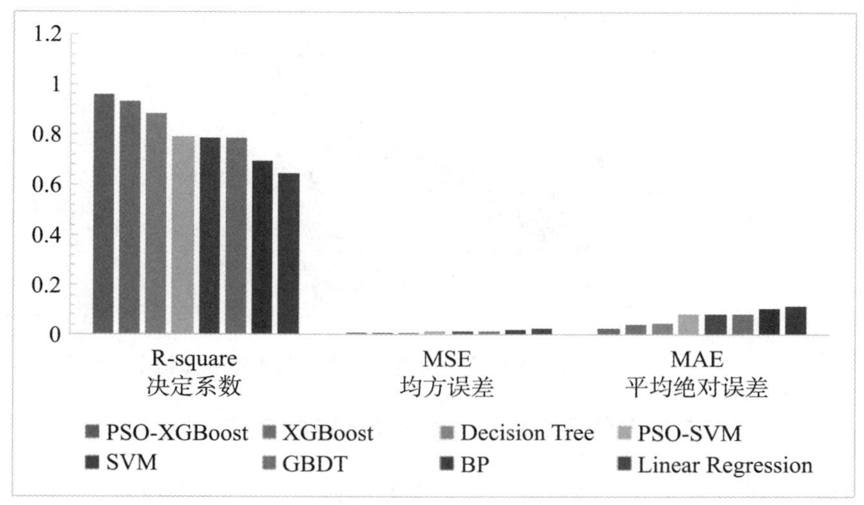

图3 模型性能对比柱状图

可以看出，PSO−XGBoost模型性能最优。与XGBoost比较，R^2提升了2.2%，未被捕捉到的信息量占比减少了33.95%。

1.2.3 模型验证

通过验证，真实值与预测值具有较高的相关性，结果如图4所示。

测试数据集的真实值与预测值的拟合结果为：① 海水配置比的表达式：y=1.032x−0.011 4、R^2=0.956 9、MSE=0.008 45、MAE=0.031 8；② 温水配置比的表达式：y= 1.028 9x− 0.005、R^2=0.973 4、MSE=0.004 60、MAE=0.018 0；③ 井水配置比的表达式：y=1.024 5x−0.012 3、R^2=0.963 2、MSE=0.003 94、MAE=0.0.029 5。

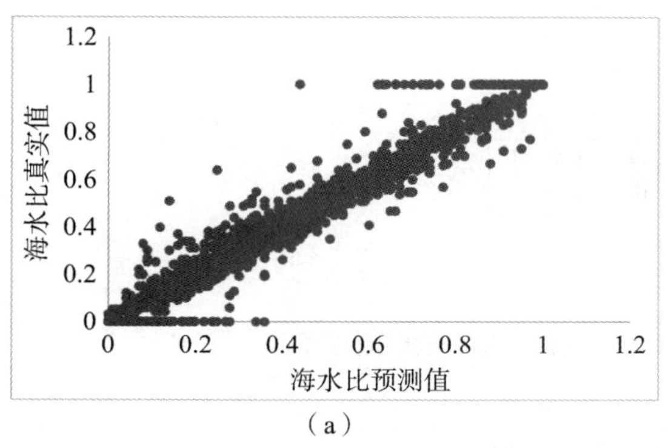

（a）

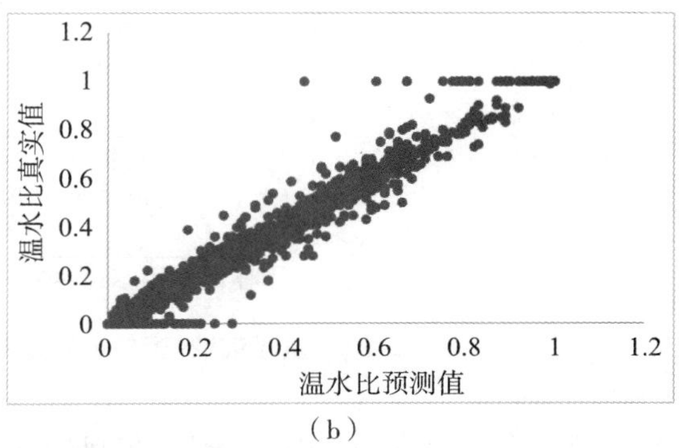

（b）

图4 养殖源水盐度与温度耦合调控模型验证

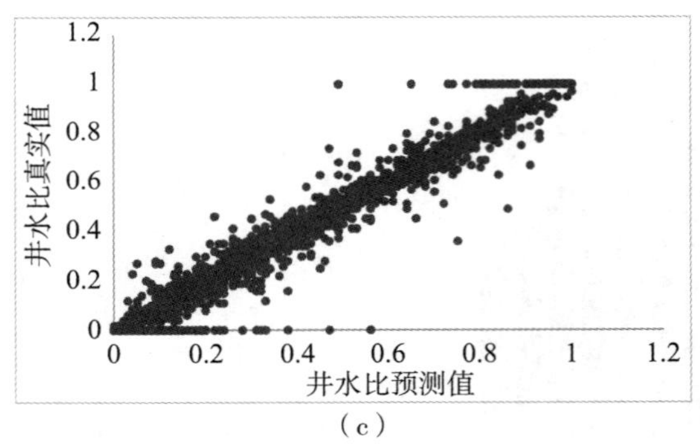

（c）

图4　养殖源水盐度与温度耦合调控模型验证（续）

1.3　基于前馈–反馈控制的养殖源水盐度与温度耦合控制系统

基于前馈–反馈的养殖源水盐度与温度耦合智能控制流程如图5所示。

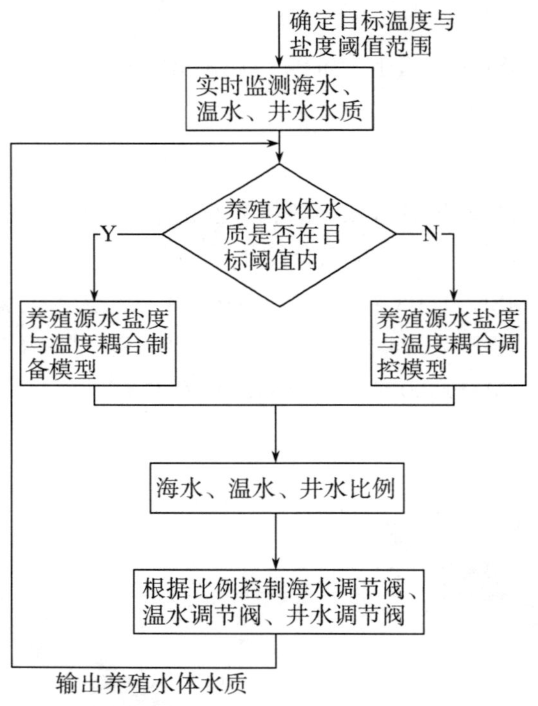

图5　基于前馈–反馈的养殖源水盐度与温度耦合控制流程图

2　多路水源水质在线监测装置与系统

使用成本和技术难度是制约海水养殖物联网技术推广发展的瓶颈，而传感器数量和使用寿命是导致成本居高不下的主要因素。对此，研制出多路养殖水源水质在线监测装置与系统，采用一组传感器对多路养殖水源水质进行监测。系统通过PLC时序控制多路养殖水体输水电动阀的导通与关闭、控制多路水源的输入与排出、控制水质传感器的工作状态，自动对输入的多路养殖水体进行水质数据循环采集，只需要一组水质传感器即可完成多路水体的水质监测，明显减少了传感器数量，显著降低了物联网系统的应用成本。多路水源水质在线监测装置如图6所示。

图6　多路水源水质在线监测装置

2.1　系统方案

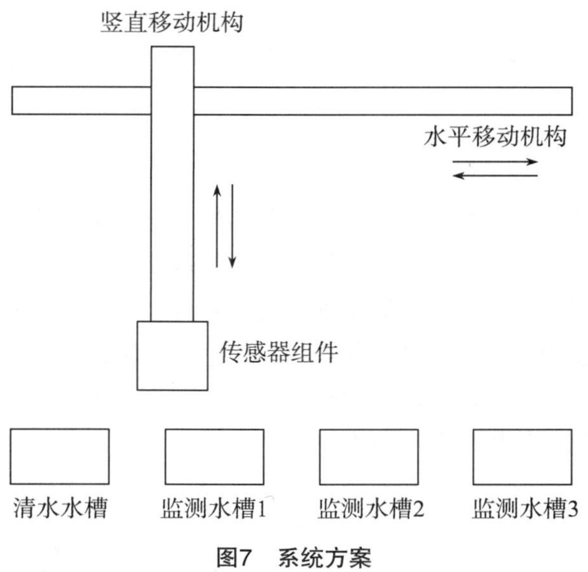

图7　系统方案

其结构如图7所示。包括监测水槽系统、清水水槽系统、水质监测传感器、三轴移动系统和控制器。在监测水槽系统中设有多个监测水槽，在清水水槽系统中有一个清水水槽，清水水槽和监测水槽均为敞口水槽。清水水槽分别与多个监测水槽连接在一起，三轴移动系统安装在监测水槽和清水水槽的上方，水质监测传感器安装在三轴移动系统的底部并随三轴移动系统移至清水水槽内或监测水槽内。控制器与监测水槽系统、清水水槽系统、水质监测传感器、三轴移动系统相连接实现水产养殖多路水源水质实时监测。

2.2 移动平台设计

三轴移动系统中*X*、*Y*轴通过TB6560步进电机驱动板控制42步进电机转动，实现*X*、*Y*平面的精确定位，通过推杆电机实现*Z*轴的上下移动。在*X*、*Y*、*Z*轴方向设置有两组限位开关，实现三轴运动系统的复位和保护。步进电机驱动器、推杆电机驱动器、限位开关连接到PLC的I/O接口模块，由PLC控制三轴移动系统带动集成传感器组件实现在不同水槽之间的切换，实现传感器数据采集与清洁维护状态的切换。

以*X*轴为例，其结构如图8所示。其中1、左侧*Y*轴支架，2、右侧*Y*轴支架，3、水平移动支架，4、直线轴承，5、右侧限位开关，6、左侧限位开关，7、导轨，8、同步带，9、*X*轴步进机，10、左侧辅助同步轮。

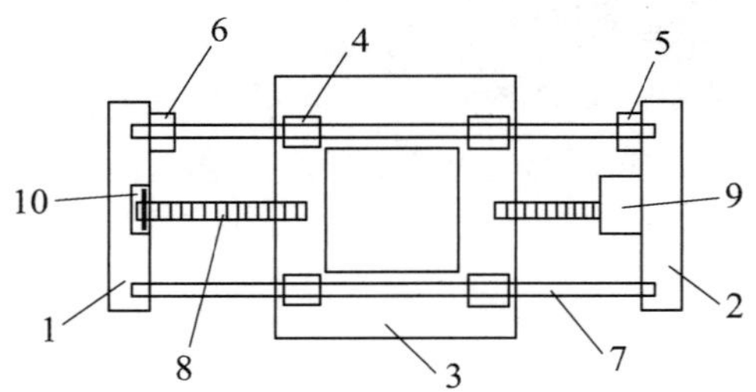

图8　X轴运动结构示意图

2.3 清水循环系统

清水槽外部设计有专门的清水循环系统，包括清水循环泵、清水储水箱、清水过滤系统。清水储水箱设置有除藻系统，除藻系统采用紫外灯除藻，清水过滤系统采用过滤精度为0.001～0.02μm的超纯过滤系统，保证用于浸泡的清水系统的纯度。当传感器完成水质监测任务，传感器组件自动返回到清水箱中进行传感器清洗，在清水水槽内设置有海绵擦拭装置，控制器控制水平*X*、*Y*轴驱动传感器组件以适当的速度移动，实现了传感器的柔性擦拭，延长了传感器的使用寿命和精度。

2.4 控制系统

控制器采用具有可靠性高、抗干扰能力强、性价比较高的HW-36MT-3PG型PLC。

通过PLC控制移动平台，实现传感器组件移动到设定好的监测箱进行水质监测工作，完成水质指标的采集、处理、储存，并对传感器进行自动清洗维护，整个过程可以在触摸屏中进行参数设置。系统上电后，传感器组件搭载在移动平台上进行位置初始化，系统默认设置为实现养殖池1、养殖池2、养殖池3自动循环监测模式。完成监测任务后，进行传感器的清洁维护，传感器运动到清水槽的擦拭位置。首先对附着在传感器表面的藻类等难于清洗附着物进行柔性擦拭，然后控制传感器组件在清水槽中进行来回清洗。完成清洗后，通过清水槽中的校准传感器进行监测传感器的监测参数校核，如果监测传感器与校准传感器的偏差太大，发出报警信息，提示相关工作人员采取必要措施。

（岗位科学家　田云臣）

海水鱼保鲜与贮运岗位技术研发进展

海水鱼保鲜与贮运岗位

2022年海水鱼保鲜与贮运岗位重点开展了暗纹东方鲀商品化保鲜贮运新技术研发，研究了不同贮藏温度对暗纹东方鲀品质变化影响及货架期预测模型。优化了大菱鲆保活后品质的工艺，开展了MS−222对大菱鲆的麻醉效果试验，以及MS−222麻醉保活过程大菱鲆主要呈味成分和营养的变化；研发了多频超声波辅助浸渍冷冻大黄鱼保鲜技术及超声波辅助浸渍冷冻技术对大黄鱼冻结、冻藏品质影响。

1　大宗养殖暗纹东方鲀商品化保鲜贮运新技术研发

1.1　不同贮藏温度对暗纹东方鲀品质变化影响及货架期预测模型的构建

以养殖暗纹东方鲀为研究对象，将其分别贮藏于−3℃、−1℃、4℃、10℃和15℃，定期观察感官、理化、微生物指标，同时构建货架期模型，并利用270 K（−3℃）贮藏环境中各指标的变化验证其有效性（表1、2、3）。研究结果显示，总体上，各温度贮藏下鱼肉的持水力、弹性、硬度、白度和感官评分总体呈下降趋势，挥发性盐基态氮（TVB−N）、菌落总数（TVC）和硫代巴比妥酸（TBA）值呈上升趋势。综合各指标结果，15℃、10℃、4℃、0℃、−3℃贮藏的暗纹东方鲀货架期分别为64 h、80 h、6 d、10 d、21 d，降低贮藏温度可明显延缓品质劣变速率。相关性拟合结果显示TVC和TVB−N与感官评分的相关性最高（$|r|>0.95$，$R^2>0.90$），并以此建立了货架期预测模型，并利用270 K贮藏环境中各指标变化验证其有效性。验证结果表明，结合Arrhenius方程构建的动力学模型能较准确地预测−3～15℃贮藏范围内的暗纹东方鲀的货架期，测值与实测值间的相对误差不超过±10%。

表1　不同贮藏温度暗纹东方鲀品质指标随贮藏时间变化的动力学模型参数

检测指标	贮藏温度/K	回归方程	反应速率常数k	回归系数R^2
TVB−N	288	$A=7.105\ 78e^{0.313\ 84t}$	0.313 84 ± 0.042 76	0.903 61
	283	$A=6.425\ 27e^{0.294\ 69t}$	0.294 69 ± 0.037 38	0.910 97
	277	$A=7.290\ 66e^{0.053\ 89t}$	0.053 89 ± 0.008 23	0.968 65
	272	$A=7.709\ 71e^{0.053\ 89t}$	0.053 71 ± 0.003 16	0.976 39

续表

检测指标	贮藏温度/K	回归方程	反应速率常数k	回归系数R^2
TVC	288	$A=1.200\ 01e^{0.640\ 44t}$	0.640 44 ± 0.025 79	0.986 61
	283	$A=0.708\ 46e^{0.701\ 43t}$	0.701 43 ± 0.055 71	0.960 30
	277	$A=1.080\ 39e^{0.294\ 79t}$	0.29479 ± 0.011 54	0.988 09
	272	$A=1.345\ 96e^{0.100\ 14t}$	0.100 14 ± 0.007 98	0.947 35

表2　TVB-N和TVC值变化预测模型中的指前因子k_0和活化能E_A

	指前因子k_0	活化能E_A /（kJ/mol）	决定系数R^2
TVB-N值	3.031 × 109	54.842	0.984 89
TVC值	8.466 × 108	49.972	0.988 13

暗纹东方鲀的TVB-N和TVC的货架期预测模型：

$$t_C=\frac{1nA_C-1nA_{C0}}{3.031\times 10^9\times \exp\left(-\frac{54.842}{RT}\right)}$$

$$t_E=\frac{1nA_E-1nA_{E0}}{8.466\times 10^8\times \exp\left(-\frac{49.972}{RT}\right)}$$

式中：A_C和A_E分别代表贮藏时间对应的TVB-N和TVC值；A_{C0}和A_{E0}分别代表TVB-N和TVC的初始值。

表3　270 K温度下暗纹东方鲀的货架期预测误差

品质指标	温度条件/ K	预测值/d	实测值/d	相对误差/%
TVB-N	270	17.8	19	−6.31%
TVC	270	19.1	21	−9.04%

1.2　不同贮藏温度下暗纹东方鲀蛋白质、风味及质构的变化规律

以新鲜暗纹东方鲀为实验材料，定期观测低温贮藏条件下（10℃、4℃、−3℃）水分、蛋白质和质地的变化规律，探究快速监测低温贮藏下暗纹东方鲀品质变化的方法。结果表明：各组结合水（P_{2b}）、不易流动水（P_{21}）和自由水（P_{22}）的相对含量变化差异不显著（$P>0.05$），结合水（T_{2b}）和自由水（T_{22}）的弛豫时间随贮藏时间不断增加（图1）。此外，蒸煮损失、离心损失、汁液损失、羰基、α－螺旋、β－折叠、二硫键、水溶性蛋白（WSP）和游离氨基酸（FAAs）含量随贮藏时间呈上升趋势，而盐溶性蛋白（SOP）、巯基、弹性、硬度和Ca^{2+}−ATPase活性呈下降趋势。相关性分析表明10℃、4℃和−3℃的T_{2b}、T_{22}和离心损失、汁液损失、二硫键、β－折叠、总FAAs、巯基、Ca^{2+}− ATPase活

性、内源荧光强度、弹性及硬度均显著相关（$P<0.01$），证明水分弛豫时间的变化可用于快速监测低温贮藏期间的暗纹东方鲀的品质变化。

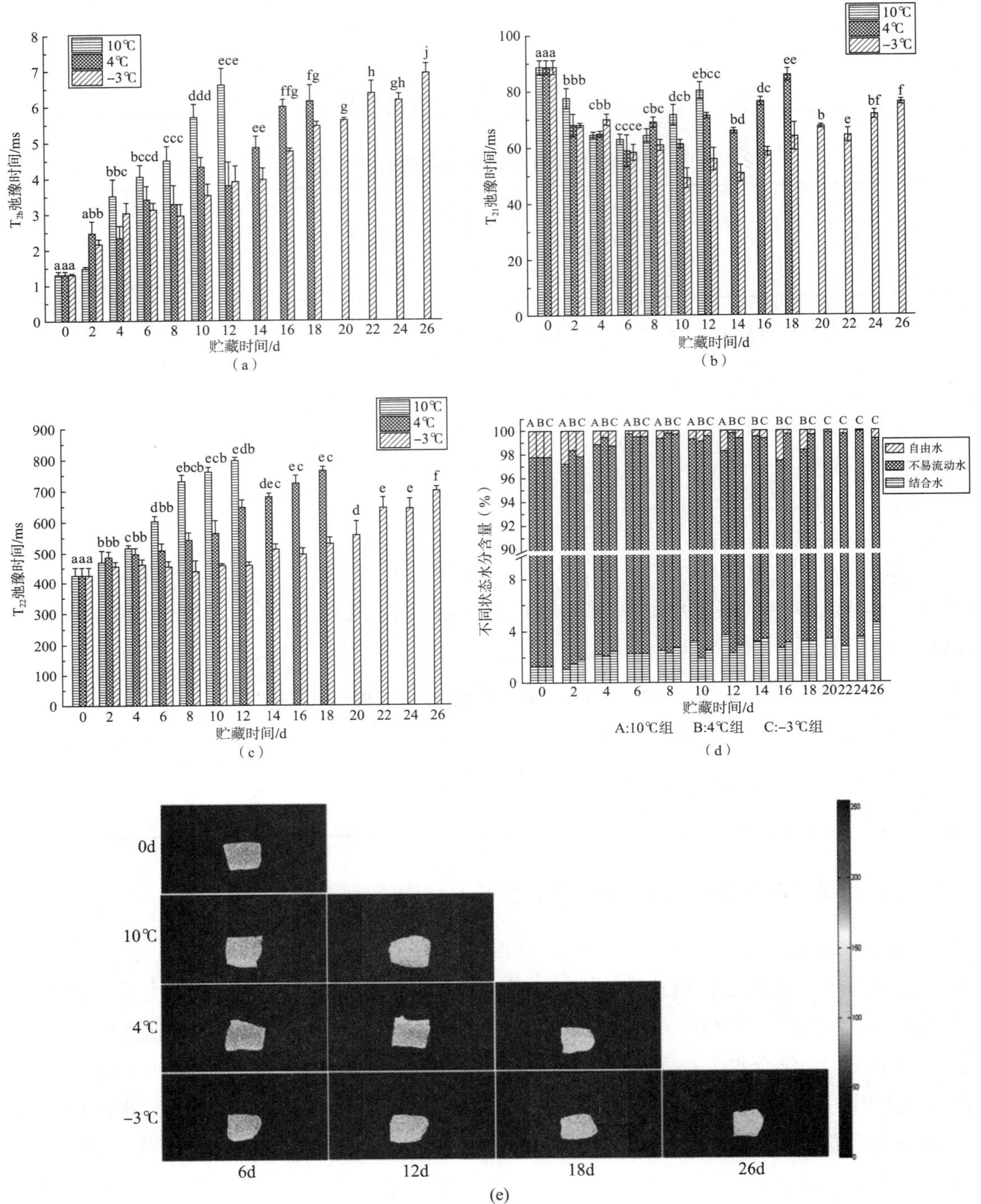

图1　低温贮藏暗纹东方鲀弛豫时间（T_{2b}、T_{21}、T_{22}）、峰面积比例和核磁共振成像图

2　优化大菱鲆保活后品质的工艺研究

2.1　间氨基苯甲酸乙酯甲磺酸盐（MS–222）对大菱鲆的麻醉效果试验

研究MS–222对大菱鲆的有水麻醉效果，并进行模拟运输实验。结果表明：水温为8 ℃、MS–222质量浓度为40 mg/L、鱼水比为1∶3时，大菱鲆保活运输时间长，适合大菱鲆24 h运输，存活率达到100 %（表4）；随运输时间延长，水中氨氮质量浓度升高，溶解氧含量降低；在大菱鲆血清生化指标中，乳酸脱氢酶、谷草转氨酶、血糖、尿素和肌酐浓度在运输过程中变化显著（$P<0.05$），表明大菱鲆肝脏、肾功能在运输过程中受到一定损伤，麻醉处理组的大菱鲆血清生化指标的变化小于未麻醉处理组的大菱鲆（表5）。综上，适当使用MS–222可以提高大菱鲆保活运输的存活率，延长保活运输时间。

表4　不同质量浓度MS–222对大菱鲆的麻醉效果

MS–222质量浓度/（mg/L）	进入不同麻醉程度的时间/s					
	Ⅰ	Ⅱ	Ⅲ	Ⅳ	Ⅴ	Ⅵ
20	0	203.00 ± 5.57^{a}	416.33 ± 12.10^{a}	–	–	–
40	0	149.67 ± 7.51^{b}	270.33 ± 9.07^{b}	–	–	–
60	0	123.00 ± 3.61^{c}	218.33 ± 4.16^{c}	671.33 ± 12.90^{a}	–	–
80	0	100.33 ± 3.51^{d}	175.67 ± 4.73^{d}	316.33 ± 8.50^{b}	618.00 ± 4.36^{a}	–
100	0	73.67 ± 2.52^{e}	105.67 ± 5.51^{e}	224.00 ± 6.56^{c}	351.33 ± 7.02^{b}	419.33 ± 3.06^{a}
120	0	59.33 ± 2.08^{f}	91.67 ± 2.52^{f}	129.33 ± 2.52^{d}	187.67 ± 4.51^{c}	267.67 ± 4.04^{b}

注：–表示无法进入该时期；同列上标小写字母不同表示差异显著（$P<0.05$）。

表5　大菱鲆模拟运输后血清生化指标的变化

血清生化指标	组别	保活时间/h				
		0	6	12	18	24
乳酸脱氢酶活性/（U/L）	对照组	387.67 ± 22.37^{Aa}	942.00 ± 37.75^{Ab}	$1\,142.00 \pm 44.51^{Ac}$	$1\,375.67 \pm 61.23^{Ad}$	$1\,922.67 \pm 66.03^{Ae}$
	麻醉组	397.67 ± 38.63^{Aa}	768.33 ± 33.61^{Bb}	831.33 ± 44.99^{Bb}	$1\,132.00 \pm 54.67^{Bc}$	$1\,768.33 \pm 37.82^{Bd}$
谷草转氨酶活性/（U/L）	对照组	11.45 ± 0.57^{Aa}	18.57 ± 0.90^{Ab}	26.47 ± 0.69^{Ac}	48.36 ± 0.95^{Ad}	63.30 ± 1.35^{Ae}
	麻醉组	12.85 ± 0.80^{Ba}	14.05 ± 1.24^{Bab}	15.51 ± 1.04^{Bb}	24.91 ± 0.82^{Bc}	40.61 ± 1.71^{Bd}
肌酐浓度/（μmol/L）	对照组	40.19 ± 2.23^{Aa}	61.54 ± 5.13^{Ab}	90.92 ± 3.66^{Ac}	102.77 ± 3.85^{Ad}	112.54 ± 4.54^{Ae}
	麻醉组	44.43 ± 3.39^{Aa}	56.49 ± 3.12^{Ab}	74.55 ± 2.55^{Bc}	84.51 ± 2.84^{Bd}	95.78 ± 3.29^{Be}
葡萄糖浓度/（mmol/L）	对照组	2.86 ± 0.03^{Aa}	3.47 ± 0.05^{Ab}	4.63 ± 0.08^{Ac}	6.83 ± 0.07^{Ad}	7.54 ± 0.08^{Ae}
	麻醉组	2.87 ± 0.03^{Aa}	3.18 ± 0.04^{Bb}	3.47 ± 0.06^{Bc}	4.30 ± 0.07^{Bd}	4.90 ± 0.07^{Be}
尿素浓度/（mmol/L）	对照组	3.20 ± 0.03^{Aa}	3.33 ± 0.05^{Ab}	3.96 ± 0.06^{Ac}	4.32 ± 0.07^{Ad}	4.93 ± 0.08^{Ae}
	麻醉组	3.24 ± 0.03^{Aa}	3.28 ± 0.04^{Aa}	3.87 ± 0.08^{Ab}	4.06 ± 0.07^{Bc}	4.55 ± 0.09^{Bd}
皮质醇质量浓度/（ng/L）	对照组	298.33 ± 4.93^{Aa}	363.00 ± 4.58^{Ab}	387.67 ± 5.51^{Ac}	435.67 ± 8.33^{Ad}	465.00 ± 8.89^{Ae}
	麻醉组	322.00 ± 7.00^{Ba}	323.00 ± 6.25^{Ba}	327.00 ± 2.65^{Ba}	340.67 ± 6.03^{Bb}	366.00 ± 3.61^{Bc}

注：不同大写字母表示同列平均值之间的差异显著，不同小写字母表示同行平均值之间的差异显著（$P<0.05$）

2.2 MS−222麻醉保活过程大菱鲆主要呈味成分和营养成分的变化

评估了不同质量浓度（0、20、40和60 mg/L）的MS−222在模拟有水运输过程中对大菱鲆肌肉品质的影响。结果表明，模拟运输导致大菱鲆肌肉品质发生显著变化，乳酸含量增加，pH和肌肉糖原含量降低，并导致肌肉弹性和咀嚼性变差（表6）。与未麻醉处理的大菱鲆相比，经MS−222麻醉处理的大菱鲆肌肉显示出更高的糖原含量以及更好的弹性和咀嚼性。模拟运输结束后，大菱鲆肌肉中的游离氨基酸总含量增加，其中，鲜味和苦味氨基酸含量显著增加。研究结果表明，MS−222麻醉处理可以减少大菱鲆在有水运输中的应激压力，改善大菱鲆肌肉品质。然而，高麻醉浓度（60 mg/L）MS−222导致大菱鲆品质受损，综合考虑，推荐使用40 mg/L MS−222来保持大菱鲆的品质。

表6　模拟运输压力对大菱鲆肌肉化学成分的影响

	样品	0 h	6 h	12 h	18 h	24 h
水分含量/%	CK	78.29 ± 0.17^{A}	78.14 ± 0.08^{A}	78.02 ± 0.10^{A}	77.85 ± 0.08^{A}	77.60 ± 0.19^{A}
	MS−222−20 mg/L	78.29 ± 0.17^{A}	78.19 ± 0.06^{A}	78.12 ± 0.04^{A}	78.01 ± 0.13^{AB}	77.84 ± 0.07^{AB}
	MS−222−40 mg/L	78.29 ± 0.17^{A}	78.20 ± 0.12^{A}	78.15 ± 0.05^{A}	78.09 ± 0.09^{B}	78.01 ± 0.14^{BC}
	MS−222−60 mg/L	78.29 ± 0.17^{A}	78.21 ± 0.13^{A}	78.17 ± 0.10^{A}	78.12 ± 0.09^{B}	78.05 ± 0.03^{C}
粗脂肪/%	CK	1.44 ± 0.02^{A}	1.26 ± 0.04^{A}	1.07 ± 0.08^{A}	0.81 ± 0.07^{A}	0.67 ± 0.05^{A}
	MS−222−20 mg/L	1.44 ± 0.02^{A}	1.32 ± 0.07^{B}	1.19 ± 0.12^{B}	0.91 ± 0.12^{B}	0.77 ± 0.10^{B}
	MS−222−40 mg/L	1.44 ± 0.02^{A}	1.33 ± 0.03^{B}	1.22 ± 0.03^{B}	1.04 ± 0.15^{C}	0.92 ± 0.07^{C}
	MS−222−60 mg/L	1.44 ± 0.02^{A}	1.35 ± 0.03^{B}	1.23 ± 0.06^{B}	1.02 ± 0.08^{C}	0.89 ± 0.04^{C}
粗蛋白/%	CK	18.53 ± 0.06^{A}	18.77 ± 0.13^{A}	18.90 ± 0.07^{A}	19.19 ± 0.10^{A}	19.55 ± 0.19^{A}
	MS−222−20 mg/L	18.53 ± 0.06^{A}	18.69 ± 0.17^{B}	18.83 ± 0.21^{AB}	18.98 ± 0.06^{B}	19.28 ± 0.14^{B}
	MS−222−40 mg/L	18.53 ± 0.06^{A}	18.61 ± 0.15^{C}	18.72 ± 0.09^{B}	19.86 ± 0.12^{B}	19.15 ± 0.27^{C}
	MS−222−60 mg/L	18.53 ± 0.06^{A}	18.62 ± 0.21^{C}	18.74 ± 0.10^{B}	18.89 ± 0.17^{B}	19.12 ± 0.11^{C}

注：同一列不同上标字母A−C表示显著性差异（$P<0.05$）。

3　多频超声波辅助浸渍冷冻大黄鱼保鲜技术

3.1 超声波辅助浸渍冷冻技术对大黄鱼冻结品质影响的研究

3.1.1 不同功率单频超声波辅助浸渍冷冻对大黄鱼品质的影响

研究不同功率的单频超声波辅助浸渍冷冻（图2）对大黄鱼品质特性的影响。在单频（28 kHz）超声条件下，选用不同功率（160 W、175 W、190 W、205 W、220 W）的超声波辅助大黄鱼的浸渍冷冻过程，研究大黄鱼理化性质、微观结构等指标的变化。结果表明：超声波处理可以加快大黄鱼的冷冻速率，175 W超声波处理组的冷冻速率最高（图3）。超声波辅助冷冻处理减少了大黄鱼的品质损失。与其他处理组相比，175 W超声波辅助冷冻后的大黄鱼在保水能力、TVB-N值、水分分布情况、质构、肌原纤维蛋白品质上都与新鲜鱼肉最接近（图4）。扫描电镜观察的结果显示，功率为175 W的超声波处理样品中形成的冰晶更小、更均匀，有助于保持肌肉组织的完整性（图5）。因此，相比其他超声功率，175 W的单频超声辅助浸渍冷冻更有助于保持大黄鱼样品的品质。

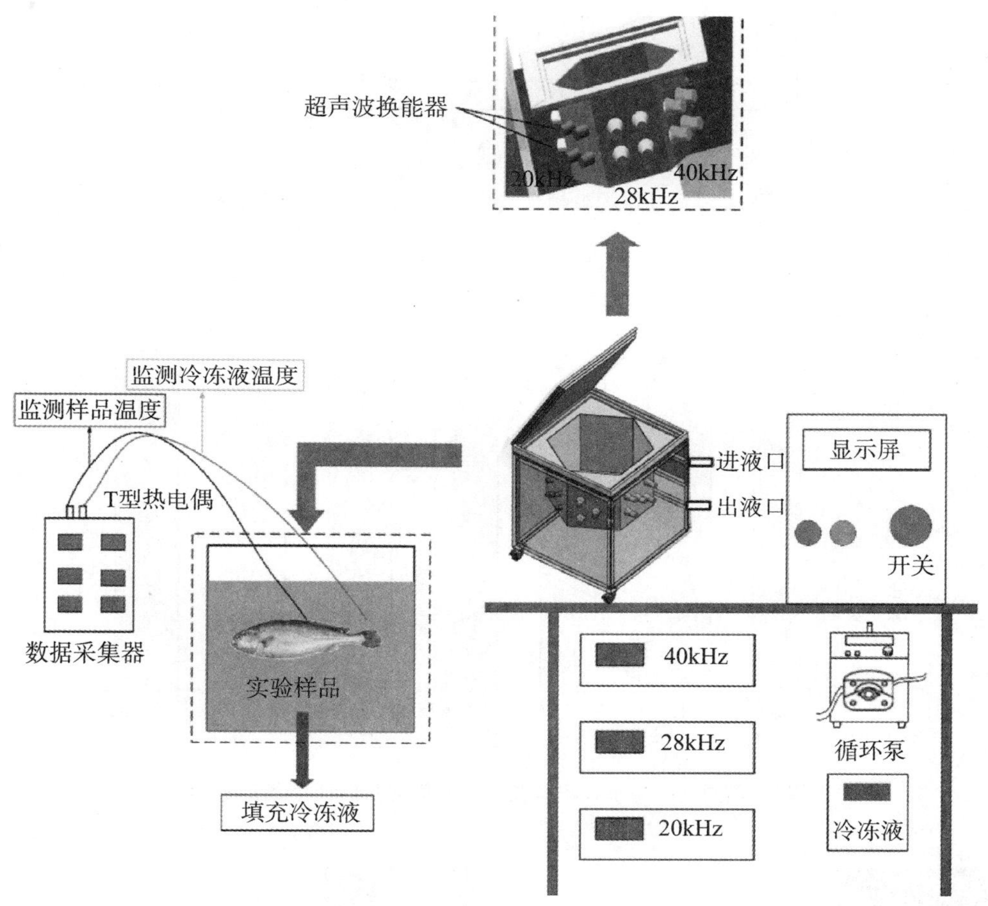

图2　超声辅助冷冻系统示意图

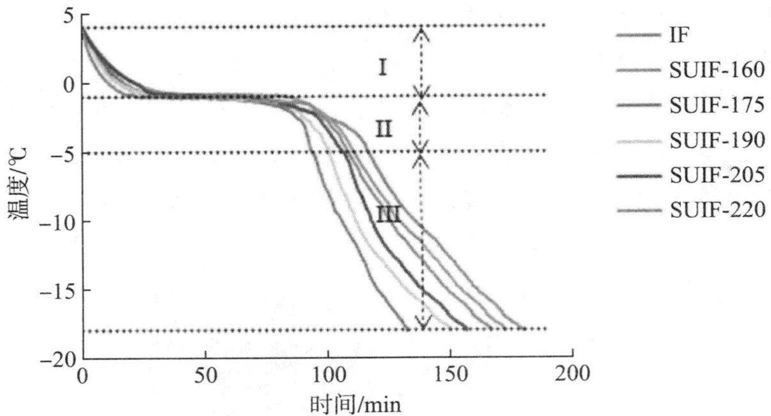

图3　不同功率的单频超声波作用下大黄鱼的冻结曲线

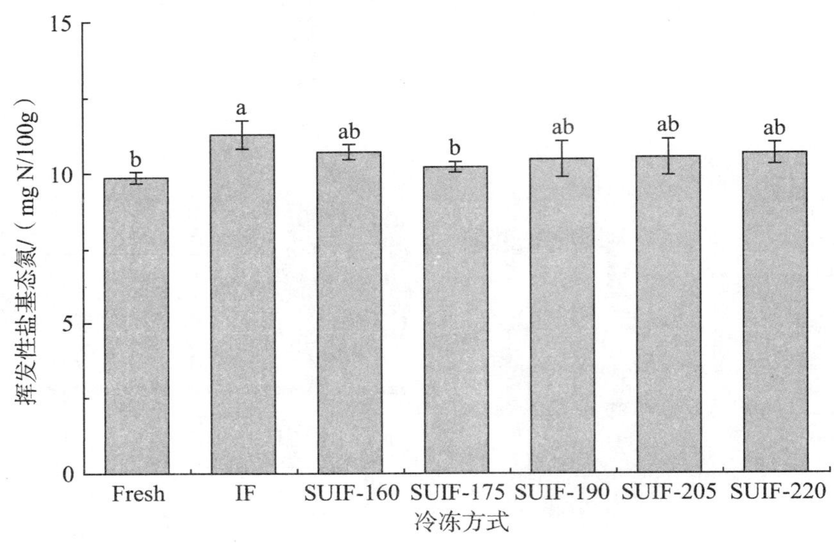

图4　不同功率的单频超声波对大黄鱼样品TVB-N值的影响

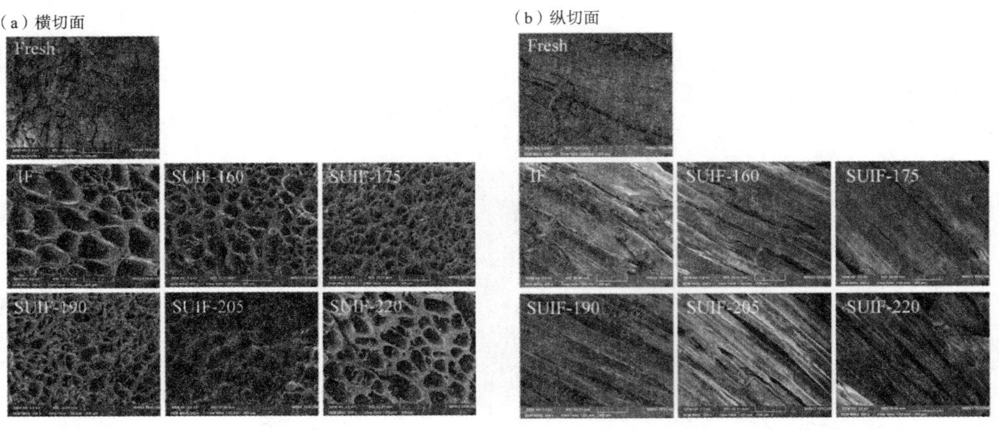

图5　不同功率的单频超声波作用下大黄鱼横切面（a）和纵切面（b）微观结构

3.1.2　多频超声波辅助浸渍冷冻对大黄鱼品质的影响

研究多频超声波辅助浸渍冷冻对大黄鱼冻结品质的影响。在功率为175 W的条件下，采用单频（20 kHz）、双频（20/28 kHz）、多频（20/28/40 kHz）超声辅助浸渍冷冻大黄鱼，研究大黄鱼冻结过程冷冻速率、理化性质以及微观结构等指标的变化。结果表明：大黄鱼样品的冷冻速率随着超声波频率的增加而升高，多频超声处理样品的冷冻速率最高（图6）。与对照组相比，多频超声处理后的大黄鱼具有更好的质构特性和持水力、更高的不易流动水含量、更低的解冻损失、蒸煮损失、K值、TVB−N值和TBA值（图7和图8）。多频超声处理抑制了异味风味化合物的形成和肌原纤维蛋白的降解。光学显微镜观察的结果显示，多频超声处理的样品中形成的冰晶更细小、规则且分布均匀，其肌肉组织受损程度最小，肌纤维之间的间隙最小且排列最为整齐，从而减少了对冷冻大黄鱼样品的损伤（图9）。因此，多频超声辅助浸渍冷冻更有利于保持大黄鱼样品的品质。

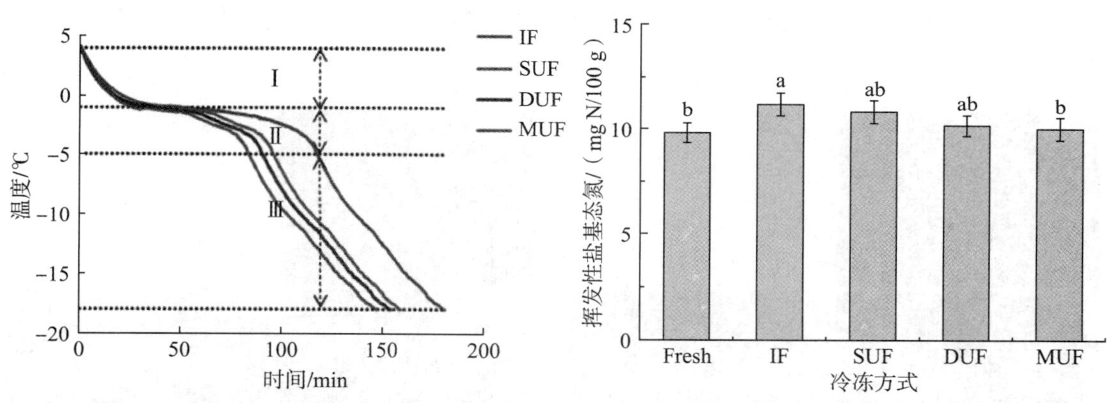

图6　单频、双频和多频超声波作用下大黄鱼样品的冻结曲线

图7　单频、双频和多频超声波对大黄鱼样品TVB−N值的影响

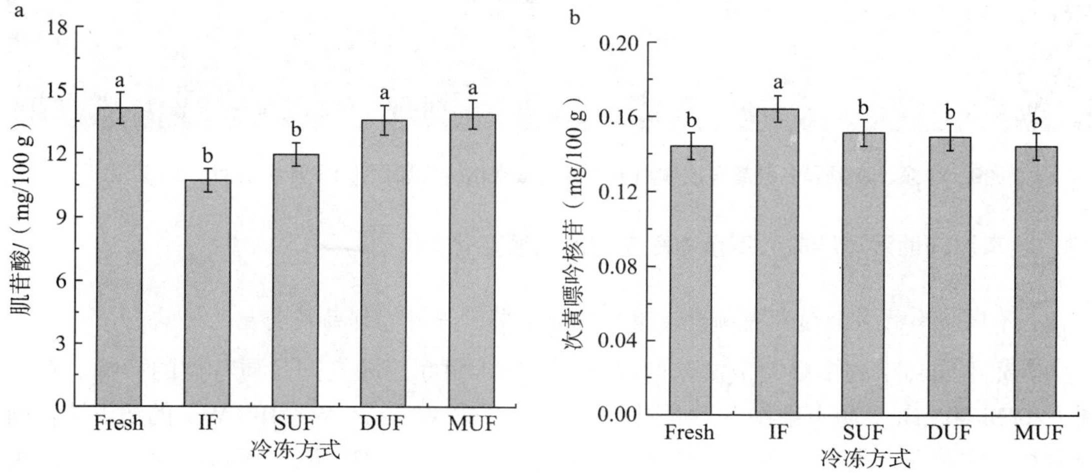

图8　单频、双频和多频超声波作用下大黄鱼样品核苷酸降解产物及K值的变化

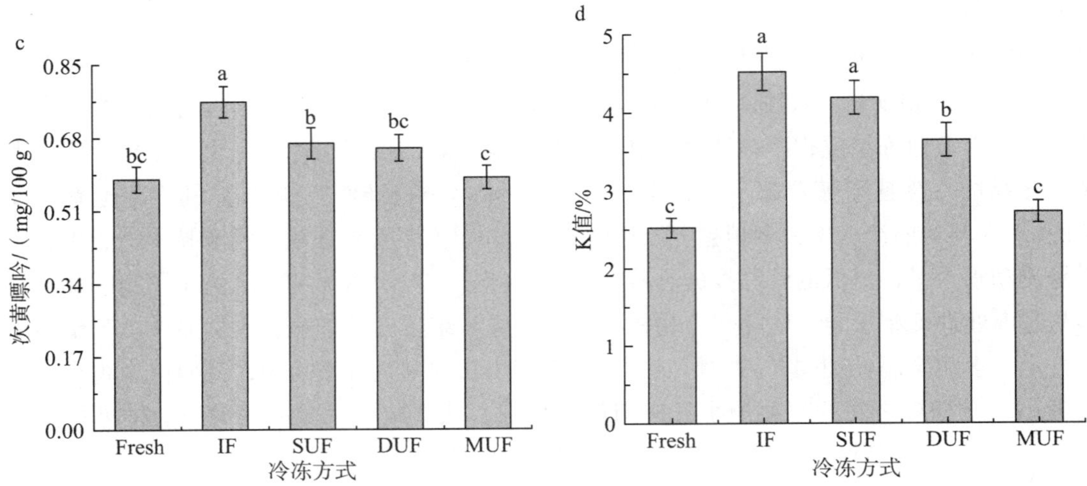

图8　单频、双频和多频超声波作用下大黄鱼样品核苷酸降解产物及K值的变化（续）

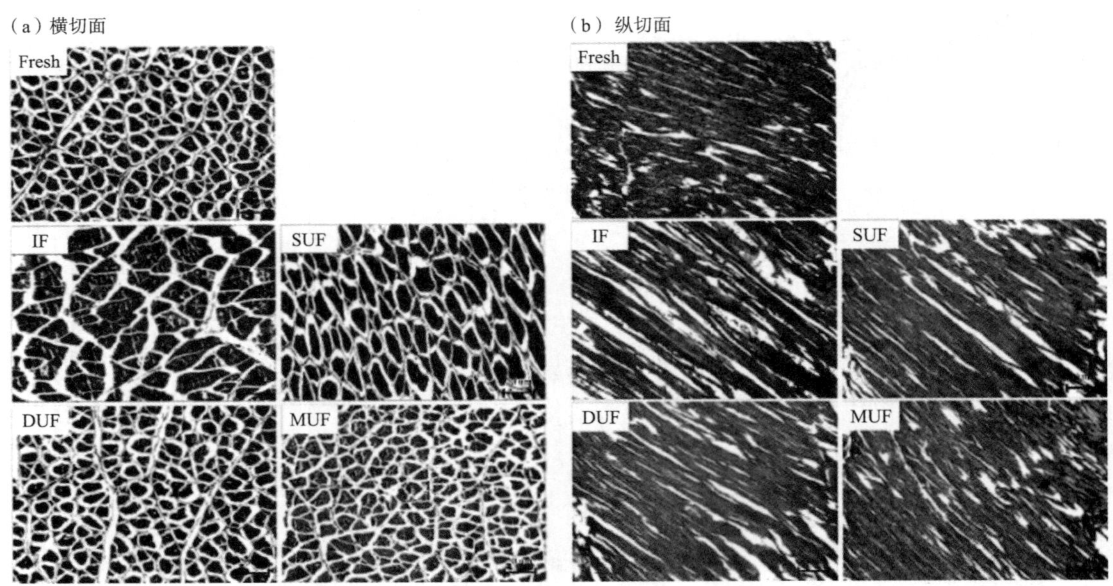

图9　单频、双频和多频超声波作用下大黄鱼微观结构横切面（a）和纵切面（b）变化

3.2　超声波辅助浸渍冷冻大黄鱼冻藏期间的品质变化

3.2.1　不同功率的多频超声波辅助浸渍冷冻对大黄鱼冻藏期间品质变化的影响

研究不同功率的多频超声波辅助浸渍冷冻对大黄鱼冻藏期间品质特性的影响。在多频（20/28/40 kHz）超声条件下，选用不同功率（160 W、175 W、190 W）的超声波辅助浸渍冷冻大黄鱼，研究大黄鱼冻藏期间理化性质、微观结构、感官等指标的变化。结果表明：175 W超声处理维持了大黄鱼样品相对更低的解冻损失、蒸煮损失、TVB-N、K值和更高的持水力（图10和图11）。在整个冻藏期间，175 W超声处理样品的TVB–N值由9.74 mg N/100 g增长到12.84 mg N/100 g，能够保持大黄鱼的一级鲜度。在该种处理下，大黄鱼样品具有较好的质构特性，能够有效地缓解样品的质构劣化问题。低场核磁共振结果显示，175 W超声处理能够有效维持大黄鱼水分含量，降低水分迁移。随着冻藏时间的延长，大黄鱼样品中冰晶尺寸逐渐增大，与其他处理组相比，175 W超声处理样品中冰晶尺寸较小且分布均匀，减少了对肌肉组织造成的损害。结合感官评价结果可以得出，175 W的多频超声处理能够有效减缓大黄鱼冻藏期间的品质劣变。

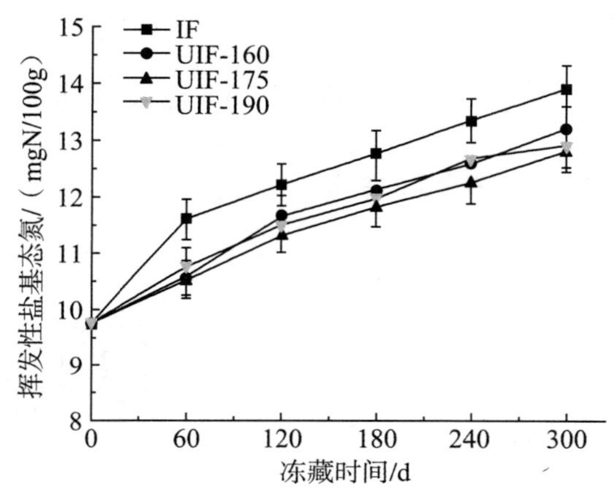

图10　冻藏过程中大黄鱼TVB–N值的变化

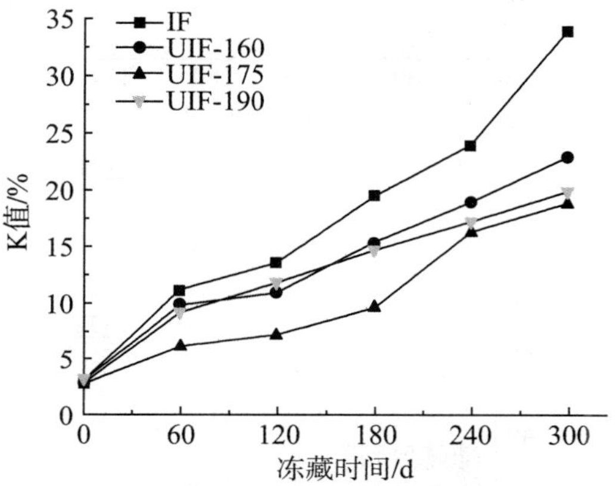

图11　不同功率超声辅助浸渍冷冻对冷藏过程中大黄鱼K值的影响

3.2.2　不同功率的多频超声波辅助浸渍冷冻对大黄鱼冻藏期间肌原纤维蛋白结构和脂质变化的影响

研究不同功率的多频超声波辅助浸渍冷冻对大黄鱼冻藏期间肌原纤维蛋白结构和脂质的影响。在多频（20/28/40 kHz）超声条件下，选用不同功率（160 W、175 W、190 W）的超声波辅助浸渍冷冻大黄鱼，研究大黄鱼冻藏期间肌原纤维蛋白结构、脂质氧化等指标的变化。结果表明：与对照组相比，功率为175 W的多频超声波处理组具有较高的巯基含量，较低的羰基含量（图12）。在冻藏末期，功率为175 W的超声波处理的样品中α–螺旋比例为各组最高，无规则卷曲占比为各组最低，表明它能够使肌原纤维蛋白二级结构相对较好地保持完整有序性（图13）。内源荧光强度结果显示，175 W超声波处理的样品具有较高的荧光强度，表明蛋白质三级结构得到了较好的保持（图14）。在整个冻藏期间，175 W超声处理组的硫代巴比妥酸值均低于其他各组，脂肪酸分析中多不饱和脂肪酸含量呈下降趋势但降幅较小，延缓了脂肪酸的降解。因此，功率为175 W的多频超声波辅助浸渍冷冻可以在大黄鱼冷冻贮藏过程中有效地抑制肌原纤维蛋白的降解，减缓脂质的氧化程度。

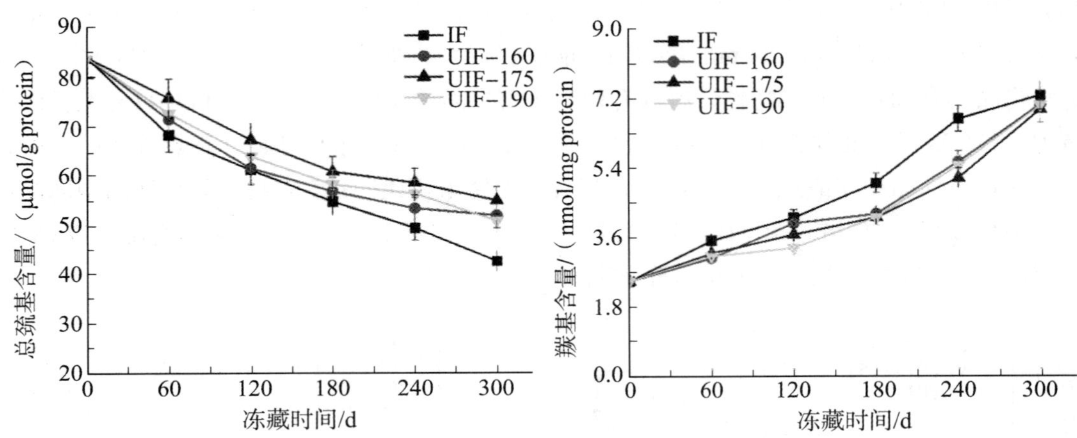

图12 冻藏过程中大黄鱼总巯基、羰基含量的变化

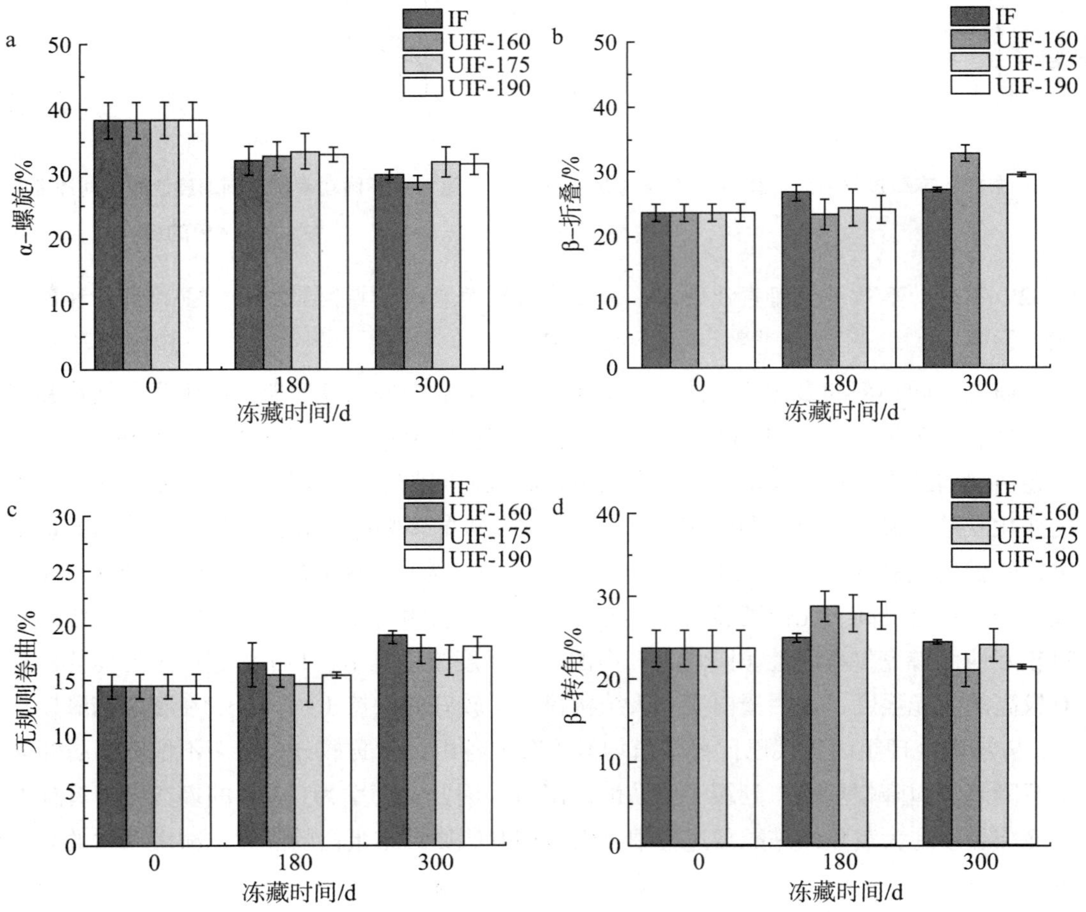

图13 冻藏过程中大黄鱼肌原纤维蛋白二级结构的比例变化

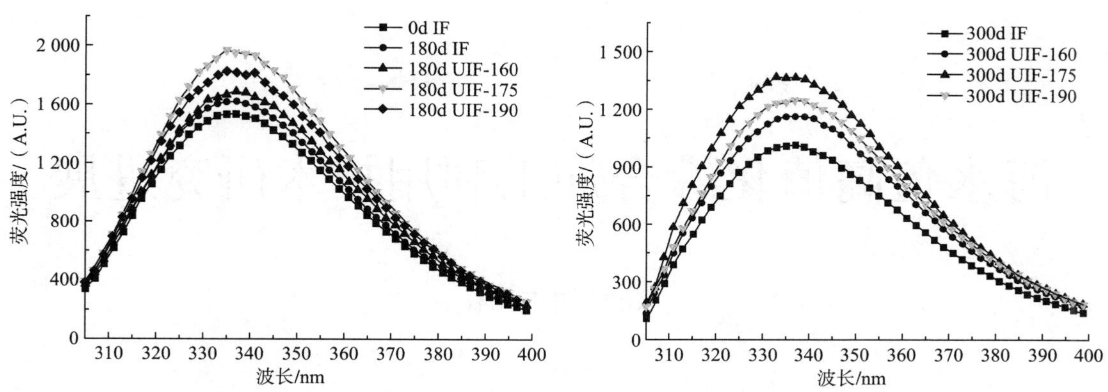

图14　冻藏过程中大黄鱼样品的荧光强度的变化

（岗位科学家　谢晶）

海水鱼高值化综合加工利用技术研究进展

鱼品加工岗位

1 研究建立了海鲈鱼肉质嫩化技术

目前，珠海斗门海鲈养殖主要采用低盐度的海淡水池塘养殖模式，养殖密度较大，海鲈鱼生长快且养殖周期短，鱼肉组织较疏松、水分含量较大，蒸煮之后容易造成水分流失，导致鱼肉口感粗糙、渣感强，从而影响后续的加工，也严重影响消费者的喜爱程度。针对产业存在的这个急需解决的问题，开展了提升养殖海鲈鱼嫩滑品质的技术攻关。通过单因素实验分析表明$NaHCO_3$、PA、FI和嫩化时间对鱼肉嫩度（剪切力）、系水力和感官品质有显著影响（图1），海鲈鱼肉系水力随着$NaHCO_3$用量增加而增加，但$NaHCO_3$使肉制品的结构变疏松，剪切力随$NaHCO_3$用量的增加而下降；PA用量在0～1%时系水力呈上升趋势，在1%达到最高分，而后呈下降趋势；FI用量在1%～2.5%感观评分呈波动性变化，其中系水力和感官评分在2%时达到最大，但剪切力则较小；海鲈鱼肉的系水力随嫩化时间延长先升高后降低，但剪切力随着嫩化时间的延长而降低。通过正交实验法优化获得无磷复合嫩化剂的最优配方，建立了海鲈鱼肉嫩化工艺技术。微观结构（图2）显示嫩化后鱼肉肌纤维膨胀变粗，空隙因挤压变小，表面肌束膜完整无明显破损。嫩化后鱼肉鲜嫩多汁、颜色良好、口感润滑，因此该工艺可以显著改善海鲈鱼肉嫩度，有利于提升海鲈鱼肉的进一步加工和食用品质。

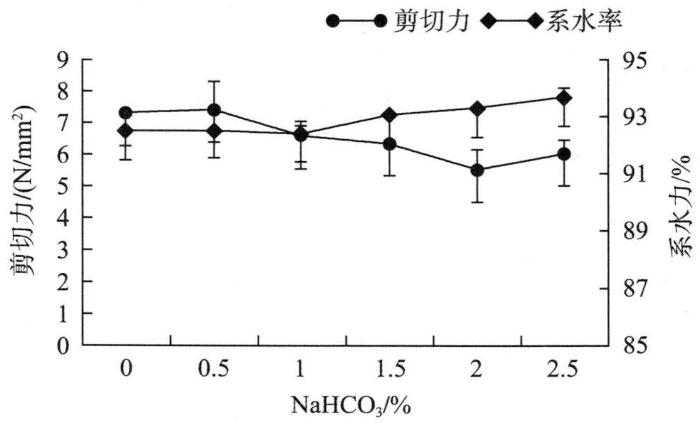

图1 不同嫩化剂对海鲈鱼肉嫩度（剪切力）、系水力的影响

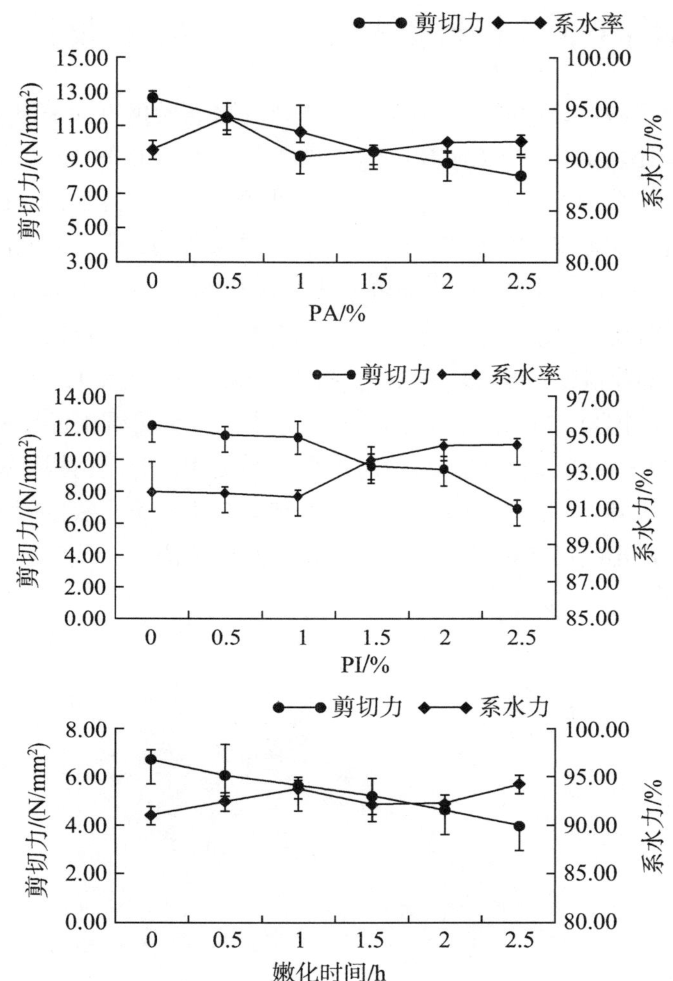

图1　不同嫩化剂对海鲈鱼肉嫩度（剪切力）、系水力的影响（续）

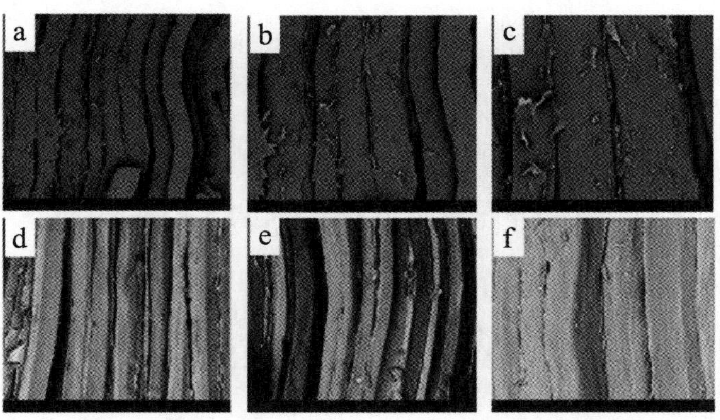

图2　海鲈鱼肉嫩化前（a—c）、嫩化后（d—f）在不同放大倍数下的微观结构

注：a—c放大倍数分别为80×、300×、1000×，d—f放大倍数分别为80×、300×、1000×。

2 研究揭示了Ca^{2+}对未漂洗海鲈鱼肉糜凝胶特性的影响

为了提高未漂洗海鲈鱼肉糜的凝胶强度，本研究将海鲈鱼直接采肉，不经过漂洗直接加工鱼肉糜，研究比较氯化钙（$CaCl_2$）不同添加量（0.01～0.08 mol/L）对采肉后未经漂洗工序直接制成海鲈鱼肉糜的凝胶强度、质构特性（TPA）、持水力、白度、微观结构等的影响，并与传统方法制备的海鲈鱼糜进行比较。结果表明Ca^{2+}对未漂洗的海鲈鱼肉糜品质有显著影响（$P<0.05$）；$CaCl_2$的添加可显著提高未漂洗海鲈鱼肉糜凝胶强度、TPA、持水力和白度，使鱼肉糜组织结构紧密均匀；当$CaCl_2$添加量在0.02 mol/L时，未漂洗的海鲈鱼肉糜的凝胶特性（凝胶强度7 364.21 g·mm、持水力88.93%、硬度421.8 g、弹性10.03 mm、胶着性229.5 g、咀嚼性22.21 mJ、白度86.72）与传统鱼糜品质相近，其效果最好；而当$CaCl_2$添加量达到0.08 mol/L时，Ca^{2+}与鱼肉蛋白过度交联，形成钙桥结构，造成凝胶强度和硬度增加、弹性下降（图3和图4）。该研究为海鲈鱼生产鱼糜提供无需漂洗、通过添加适量钙离子就能生产出高品质的鱼糜产品的新技术及理论依据。

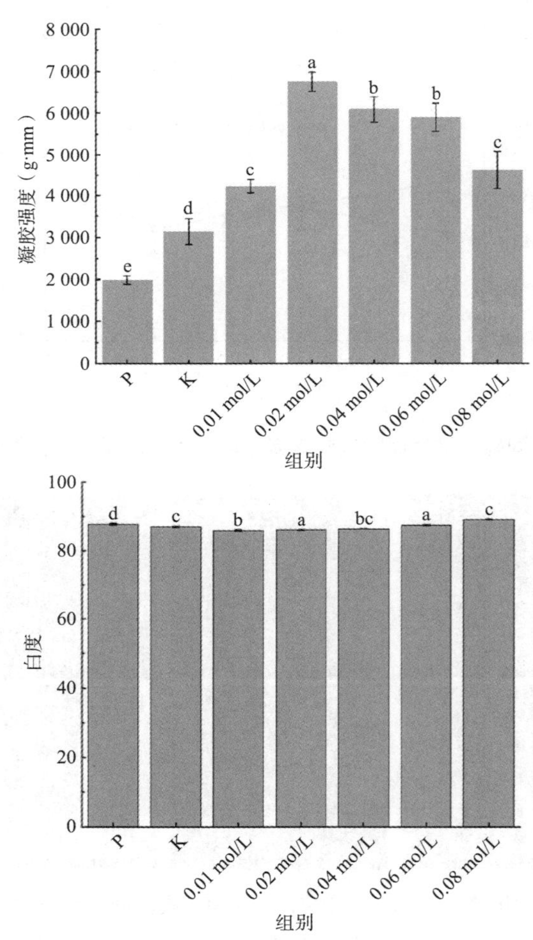

图3 Ca^{2+}添加量对未漂洗海鲈鱼肉糜凝胶强度和白度的影响

（a）P组　（b）K组

（c）0.02 mol/L　（d）0.08 mol/L

图4　$CaCl_2$添加量对海鲈鱼糜微观结构的影响

3　研发适于老龄人群食用的海鲈鱼滑加工技术

以海鲈鱼肉糜为原材料，根据老龄人群的膳食要求，开发一种适于老龄人群食用的海鲈鱼滑，其工艺流程为：

海鲈鱼肉糜→斩拌→调味→挤压成型→二段加热→冷却→成品

配方：海鲈鱼采肉后，按鱼肉糜质量添加其他辅料：海藻糖0.3%、大豆分离蛋白3.5%、木糖醇0.01%、食盐1.0%、大豆油1.5%、鱼油1.5%、淀粉10.0%、蔬菜粉（如胡萝卜粉、芹菜粉、菊粉等）1.00%，冰水及其他调味料适量等。

对产品进行营养品质分析，结果表明其蛋白质含量（15.24 g/100 g），脂肪含量（5.73 g/100 g），糖含量（11.67 g/100 g），水分含量（72.90 g/100 g），灰分含量（1.31 g/100 g），能值（883.38 KJ/100 g），E/P（62.04 KJ/100 g）；检测出17种氨基酸，EAA/TAA为40.56%，EAA/NEAA为68.24%，EAAI为68.35；脂肪酸共检测出18种，UFA相对含量为72.1%，其中PUFA占43.56%，EPA和DHA总含量占11.12%；维生素共检测到7种，VE含量最高（3.54 mg/100 g），凝胶强度（1 861.6 g·mm）和持水性（10.27%）（表1—表4）。这是一款很适合老年人食用的健康食品，其蛋白含量高、甜度低、氨基酸和不饱和脂肪酸含量丰富，含有多种维生素，满足了老年人群对饮食方面的需求，且对预防高血脂、肥胖症、心脑血管等疾病有一定作用。

表1　海鲈鱼滑基本营养成分分析

项目	结果
蛋白质含量/（g/100 g）	15.24 ± 0.16
脂肪含量/（g/100 g）	5.73 ± 0.09
总糖含量/（g/100 g）	11.67 ± 0.21
灰分含量/（g/100 g）	1.31 ± 0.02
水分含量/（g/100 g）	72.90 ± 0.06
能值/（kJ/100 g）	883.38 ± 6.48
E/P/（kJ/100 g）	62.04

表2　海鲈鱼滑氨基酸组成与含量

氨基酸名称	氨基酸含量/（mg/g）	所含蛋白质中氨基酸含量/（mg/g）
天冬氨酸（Asp）***	13.4	73.57
谷氨酸（Glu）***	23.80	130.99
丝氨酸（Ser）	3.08	16.91
组氨酸（His）**	2.91	15.98
甘氨酸（Gly）***	6.06	33.27
苏氨酸（Thr）*	6.36	34.92
精氨酸（Arg）**	9.91	54.41
丙氨酸（Ala）***	8.62	47.32
酪氨酸（Tyr）	2.59	14.22
半胱氨酸（Cys）*	2.03	11.14
缬氨酸（Val）*	7.32	40.19
蛋氨酸（Met）*	4.08	22.40
苯丙氨酸（Phe）*	3.35	18.39
异亮氨酸（Ile）*	6.46	35.47
亮氨酸（Leu）*	12.97	71.21
赖氨酸（Lys）*	12.25	67.25
脯氨酸（Pro）	4.95	27.18
TAA	130.14	714.82
EAA	52.79	
HEAA	12.82	
NEAA	77.35	
DAA	51.88	
EAA/NEAA/%	68.24	
EAA/TAA/%	40.56	
DAA/TAA/%	39.86	

表3　海鲈鱼滑脂肪酸组成及相对含量

脂肪酸种类	脂肪酸名称	结构缩写	相对含量/%
SFA	肉豆蔻酸（myristic）	C14：0	3.14 ± 0.14
	十五烷酸（pentadecanoic）	C15：0	0.25 ± 0.01
	棕榈酸（palmitic）	C16：0	19.18 ± 0.04
	十七烷酸（heptadecanoic）	C17：0	0.22 ± 0.01
	硬酯酸（stearic）	C18：0	4.41 ± 0.02
	山嵛酸（docosanoic acid）	C22：0	0.39 ± 0.03
MUFA	棕榈油酸（palmitoleic）	C16：1	4.22 ± 0.01
	油酸（octadecenoic）	C18：1 n-9	23.80 ± 0.20
	二十烯酸（arachidic acid）	C20：1	0.39 ± 0.04
	神经酸（lignoceric）	C24：1	0.13 ± 0.02
PUFA	γ-亚麻酸（γ-linolenic acid，γ-LNA）	C18：3 n-6	0.60 ± 0.01
	亚油酸（linoleic acid）	C18：2 n-6	28.17 ± 0.01
	亚麻酸（linolenate）	C18：3 n-3	2.3 ± 0.18
	花生四烯酸（arachidonate）	C20：4 n-6	0.82 ± 0.01
	二十碳五烯酸（eicosapentaenoic acid，EPA）	C20：5 n-3	6.01 ± 0.18
	二十碳三烯酸（eicosatrienoic acid）	C20：3 n-6	0.26 ± 0.00
	二十碳二烯酸（eicosadienoic acid）	C20：2 n-6	0.24 ± 0.03
	二十二碳六烯酸（docosahexaenoic acid，DHA）	C22：6 n-3	5.11 ± 0.14
	SFA		27.59
	UFA		72.1
	MUFA		28.90
	PUFA		43.56
	n-3 PUFA		13.47
	n-6 PUFA		30.09
	EPA+DHA		11.12

表4　海鲈鱼滑维生素种类及含量

维生素种类	含量
VA/（μg/100 g）	22.8
VB_1/（mg/100 g）	<0.10
VB_2/（mg/100 g）	<0.05
VD_3/（μg/100 g）	<2.00
VE/（mg/100 g）	3.54
烟酸/（mg/100 g）	3.48
叶酸/（μg/100 g）	3.86

表5　海鲈鱼滑氨基酸营养学评价

氨基酸种类	含量/（mg/g）			CS	AAS
	鱼滑蛋白	全鸡蛋蛋白质	WHO/FAO		
苏氨酸	218.25	292	250	0.74	0.87
缬氨酸	251.19	411	310	0.61	0.81**
异亮氨酸	221.69	331	250	0.67	0.89
亮氨酸	445.06	534	440	0.83	1.01
赖氨酸	420.31	441	340	0.95	1.24
蛋氨酸+胱氨酸	209.63	386	220	0.54**	0.95
苯丙氨酸+酪氨酸	203.81	386	380	0.53*	0.54*
合计	1969.94	2960	2190		
EAAI	68.35				

注：*为第一限制性氨基酸；**为第二限制性氨基酸

4　研究海鲈鱼发酵过程的特征挥发性风味化合物、微生物菌群与代谢图谱演替机制

4.1　海鲈鱼发酵过程中的特征挥发性风味化合物分析

通过GC-IMS和GC-MS技术有效识别了海鲈鱼在发酵过程中的VOCs动态变化，结果见图5，通过GC-IMS和GC-MS分别鉴定出36种和104种VOC，包括醛、酸、醇、碳氢化合物等。OAV≥1的化合物有23种，其中3-甲基丁醛的平均OAV最高，其次是己醛和苯甲醛。通过PCA载荷图分析在GC-IMS和GC-MS中分别发现11种和5种特征VOCs，这些物质可能是发酵海鲈鱼形成独特风味的重要原因。基于VIP值揭示了发酵海鲈鱼中GC-IMS的PLS-DA模型并筛选出6种关键生物标志物，分别是butanoic acid、2-methylbutanoic acid-D、3-methylbutanoic acid-D、2-butanone、benzaldehyde-D和2-methylpropanoic acid-D。GC-MS的PLS-DA模型筛选出4种关键生物标志物，分别是butanoic acid、3-methylbutanoic acid、phenol和propanoic acid。其中丁酸、3-甲基丁酸和苯甲醛三种化合物即是生物标志物又是关键VOCs。此外，与GC-MS相比GC-IMS检测出的特征VOCs更为丰富，且采样时间短，可以作为一种简单、快速检测发酵海鲈鱼VOCs的工具。

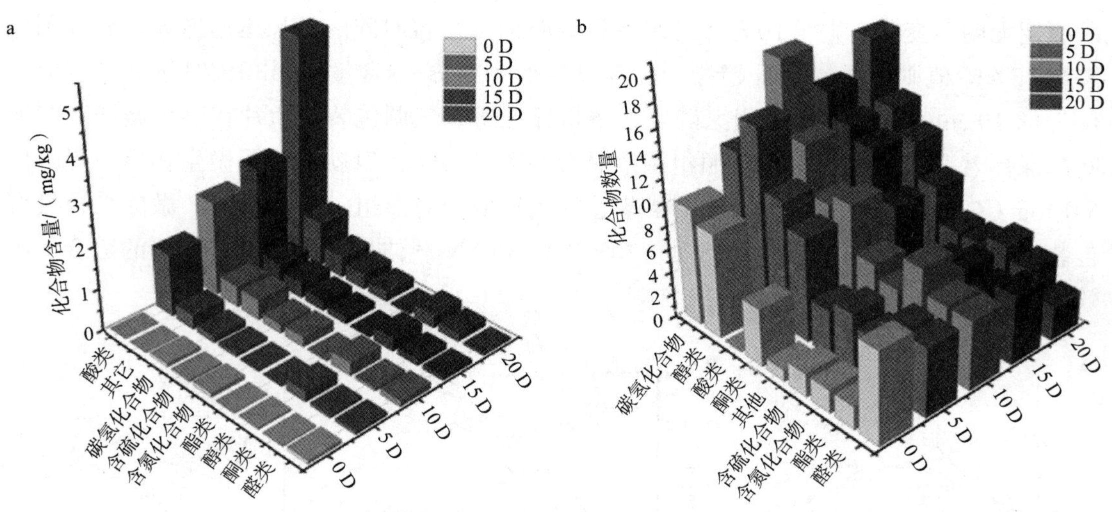

图5　用GC-MS检测不同发酵期海鲈鱼中的挥发性化合物。a：不同发酵期海鲈鱼中挥发性化合物的含量变化，b：不同发酵期海鲈鱼中挥发性化合物的数量变化。

4.2　海鲈鱼发酵过程中风味形成关键微生物及其调控途径

通过16*S* rRNA和18*S* rRNA基因测序对海鲈鱼发酵过程中微生物群落演替进行研究，8种细菌（Clostridiaceae、Clostridium sensu stricto 7、Streptococcus、Macrococcus、Hathewaya、Alkalibacillus、Vibrio和Psychrobacter）和4种真菌（Aspergillus、Trichosporon、Apiotrichum和Cutaneotrichosporon）是发酵过程中占主导地位的属。微生物和代谢物之间的相关网络分析表明，Streptococcus 、Macrococcus、Psychrobacter、Trichosporon、Aspergillus与氨基酸、短肽、脂类等代谢物间具有较明显的相关性。通过代谢途径分析发现Vibrio、Streptococcus、Aspergillus、Macrococcus和Staphylococcus可能与发酵海鲈鱼中代谢物的生成有关，说明细菌和真菌对发酵海鲈鱼中代谢物的生成都具有关键作用，揭示海鲈鱼发酵过程中微生物群落与代谢轮廓间的关系，有助于后续关键微生物菌株的分离和筛选。

5　研究了气调包装结合微冻对卵形鲳鲹鱼片保鲜效果的影响

探究不同气调包装协同微冻贮藏对卵形鲳鲹鱼片的品质影响和保鲜效果，结果见图6，50%CO_2+50%N_2气调包装组pH在贮藏前10天下降程度最大，70%CO_2+30%N_2气调包装组鱼片样品的pH变化最小。不同气体比例的气调包装会使鱼片有不同程度的汁液损失，气调包装组汁液损失率远高于对照组，其中50%CO_2+50%N_2气调包装组汁液损失率最高。鱼肉白度均呈先上升再下降趋势，70%CO_2+30%N_2气调包装组白度在贮藏第5天时升到最高，50%CO_2+50%N_2气调包装组在贮藏第30天时白度值降到最低。各实验组TBARs值贮藏期无明显变化，贮藏10天后对照组TBARs值随贮藏时间的延长迅速增大，而气调包装组TBARs值则呈缓慢上升趋势。气调包装组中TVB-N含量在第30天时达到最高值，仅为13.19 mg/100 g，根据国家鲜、冻鲳鱼标准所有气调包装组鱼片在整个微冻贮藏期间都保持着一级鲜度等级。对照组菌落总数在贮藏第20天时就达到了微生物腐败界限值6.0 log（CFU/g），而气调包装组菌落总数则远低于对照组。综上所述，微冻结合气调包装能明显改善卵形鲳鲹鱼片品质，70%CO_2+30%N_2气体比例的气调包装组的综合保鲜效果最佳。

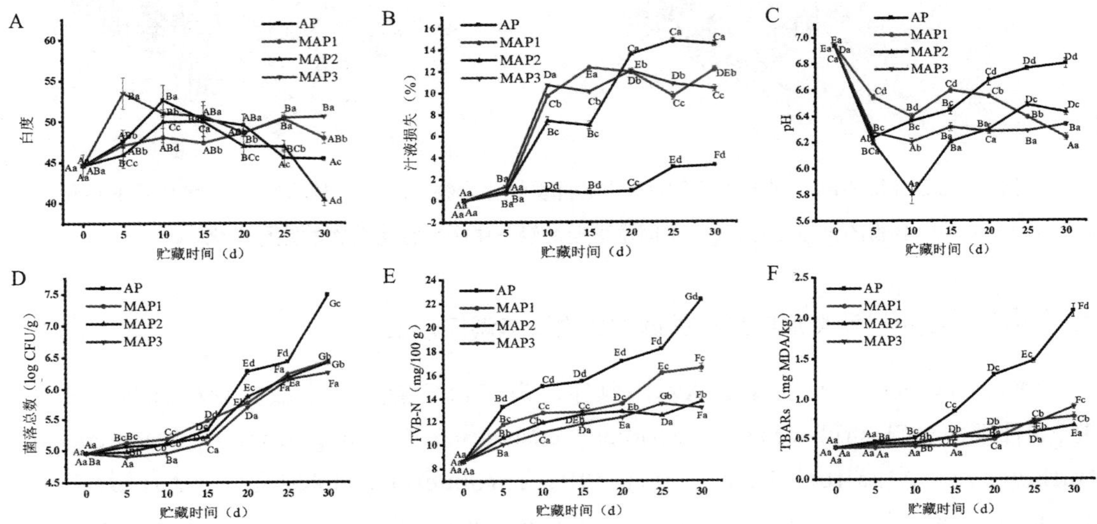

图6　不同气体比例包装对卵形鲳鲹鱼片在-3℃贮藏过程中白度（A）、汁液损失率（B）、pH（C）、菌落总数（D）、TVB-N（E）和TBARs（F）的影响。包装系统：AP（对照组），MAPl（30%CO_2/70%N_2），MAP2（50%CO_2/50%N_2），MAP3（70%CO_2/30%N_2）。不同的大写字母（A–E）表示在同一包装系统存在显著差异（p<0.05）；不同的小写字母（a–d）表示包装系统之间存在显著差异（p<0.05），下同

6　研究不同干制方式对卵形鲳鲹蛋白氧化及结构的影响

对比冰鲜鱼肉及三种干燥方式（热风干燥、热泵干燥、冷冻干燥）得到的干制品（图7），发现经干燥后羰基含量均显著上升、表面疏水性及内源性荧光强度均增强，而热泵及热风干燥巯基显著下降，冷冻干燥却差异不大；热风干燥卵形鲳鲹的肌原纤维蛋白降解最为严重，热泵干燥略有降解，而冷冻干燥变化不大；冷冻干燥鱼肉肌红蛋白氧化较轻（表5），颜色鲜艳，热风干燥与热泵干燥的鱼肉均氧化严重，颜色变深。微观结构分析发现相较冰鲜卵形鲳鲹，干燥使鱼肉肌纤维收缩，肌纤维间的间隙变大，其中热风干燥出现纤维断裂，热泵干燥呈现纤维扭曲收缩严重，而冷冻干燥的纤维则排列

较为整齐有序。红外光谱分析发现，热风干燥及热泵干燥皆使鱼肉肌原纤维结构趋于无序，而冷冻干燥使其趋于有序。热风干燥和热泵干燥的鱼肉，其主要作用力为二硫键，冷冻干燥鱼肉的最主要作用力是氢键与非二硫共价键。研究证明卵形鲳鲹干制品会由于干燥方法不同导致蛋白的性质有所差异，冷冻干燥卵形鲳鲹的组织纤维及肌原纤维蛋白保存较为良好。该研究从蛋白质学角度解析干制卵形鲳鲹鱼片品质的变化机理，同时为其干制方法的挑选提供参考。

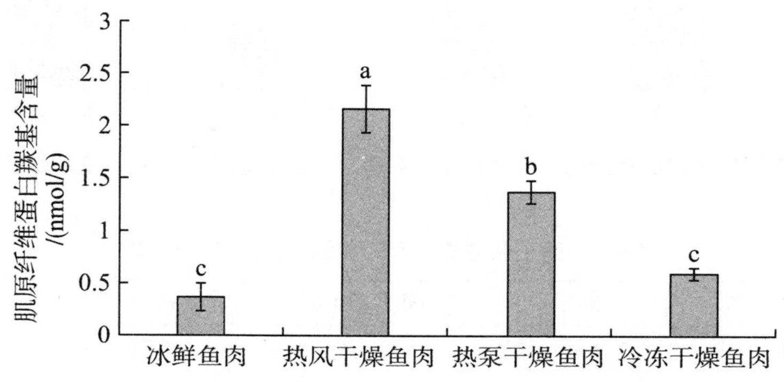

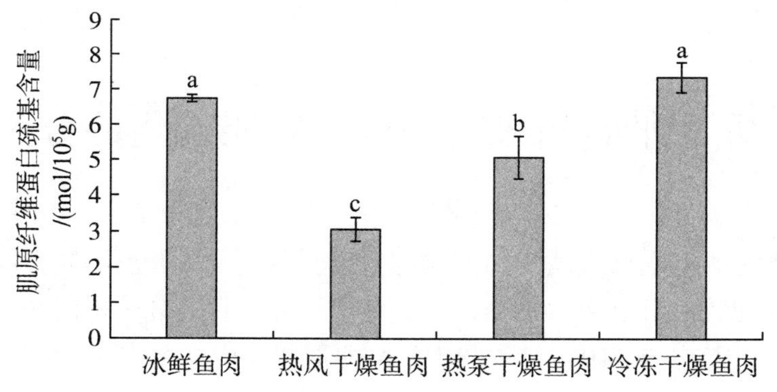

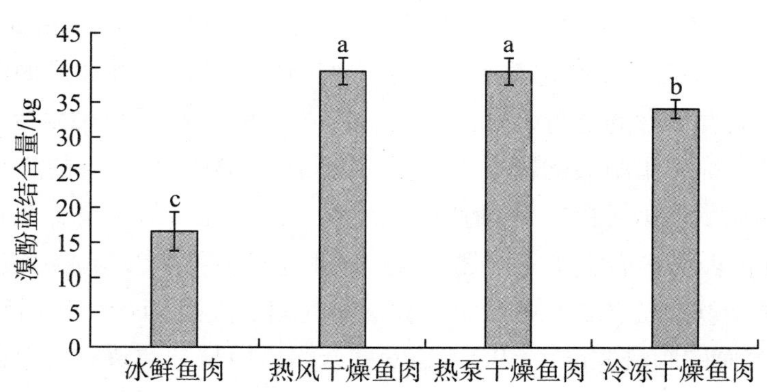

图7　不同干制方式对卵形鲳鲹肌原纤维蛋白羰基、巯基、表面疏水性、二级结构的影响

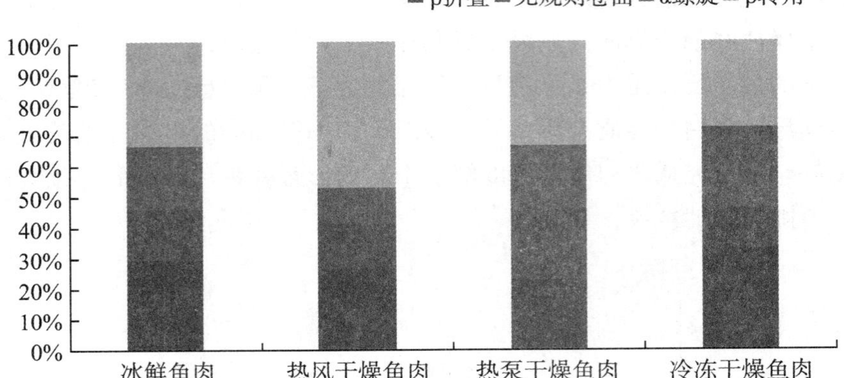

图7　不同干制方式对卵形鲳鲹肌原纤维蛋白羰基、巯基、表面疏水性、二级结构的影响（续）

表6　不同干制方式对卵形鲳鲹肌红蛋白的影响

	新鲜鱼肉	热风干燥鱼肉	热泵干燥鱼肉	冷冻干燥鱼肉
肌红蛋白/%	37.25 ± 0.15[a]	30.11 ± 1.21[b]	25.74 ± 1.12[c]	37.00 ± 0.26[a]
氧合肌红蛋白/%	4.93 ± 0.19[c]	4.51 ± 1.14[bc]	7.58 ± 1.21[a]	5.5 ± 0.28[b]
高铁肌红蛋白/%	46.73 ± 0.15[b]	58.78 ± 2.16[a]	60.35 ± 0.80[a]	46.18 ± 0.26[b]

7　研究解析了卵形鲳鲹发酵过程脂质变化的分子机制和代谢途径

为有针对性地调控传统酶香鲳鱼产品的质量，通过分析卵形鲳鲹不同发酵时间下鱼肉中脂质组分的动态变化及差异脂质的变化情况，并进行其分子机制和代谢途径分析。研究结果见图8，从0、5、10、15、20天发酵卵形鲳鲹中共鉴定出6大类998种脂类。其中甘油磷脂、甘油脂、鞘脂、脂肪酸、糖脂和甾醇脂分别占32.06%、47.70%、13.23%、4.21%、2.30%和0.50%。这些脂质可以进一步分为29个亚类。通过k-means分析将选定的脂类分为9个簇，这些簇的变化趋势不同，说明相同的脂质分子在卵形鲳鲹发酵过程中表现出动态变化。随着发酵的进行，甘油三酯（TAG）和甘油二酯（DAG）的含量先升高后降低，而含多不饱和脂肪酸的脂类（包括含有EPA、DHA、DPA的脂类）含量增加。TAG、DAG、磷脂酰胆碱（PC）和磷脂酰乙醇胺（PE）是传统发酵金鲳鱼重要的差异脂质。代谢途径分析表明它们主要来自甘油磷脂代谢途径，可能参与亚油酸代谢、α-亚麻酸代谢、糖基磷脂酰肌醇-锚生物合成、甘油脂代谢、花生四烯酸代谢和类固醇生物合成。PE、PC和溶血磷脂酰胆碱（LPC）是发酵金鲳鱼中与甘油磷脂代谢途径相关的主要脂质。LPC可以在磷脂酶A2（EC 3.1.1.4）的作用下由PC水解产生。LPC和酰基辅酶A可以在溶血磷脂酰基转移酶 （EC 2.3.1.23）存在下形成PC。该研究从脂质组学角度解析了卵形鲳鲹发酵过程脂质变化的分子机制和代谢途径，为下一步优化发酵鱼制品工艺技术和提升产品质量提供了理论参考。

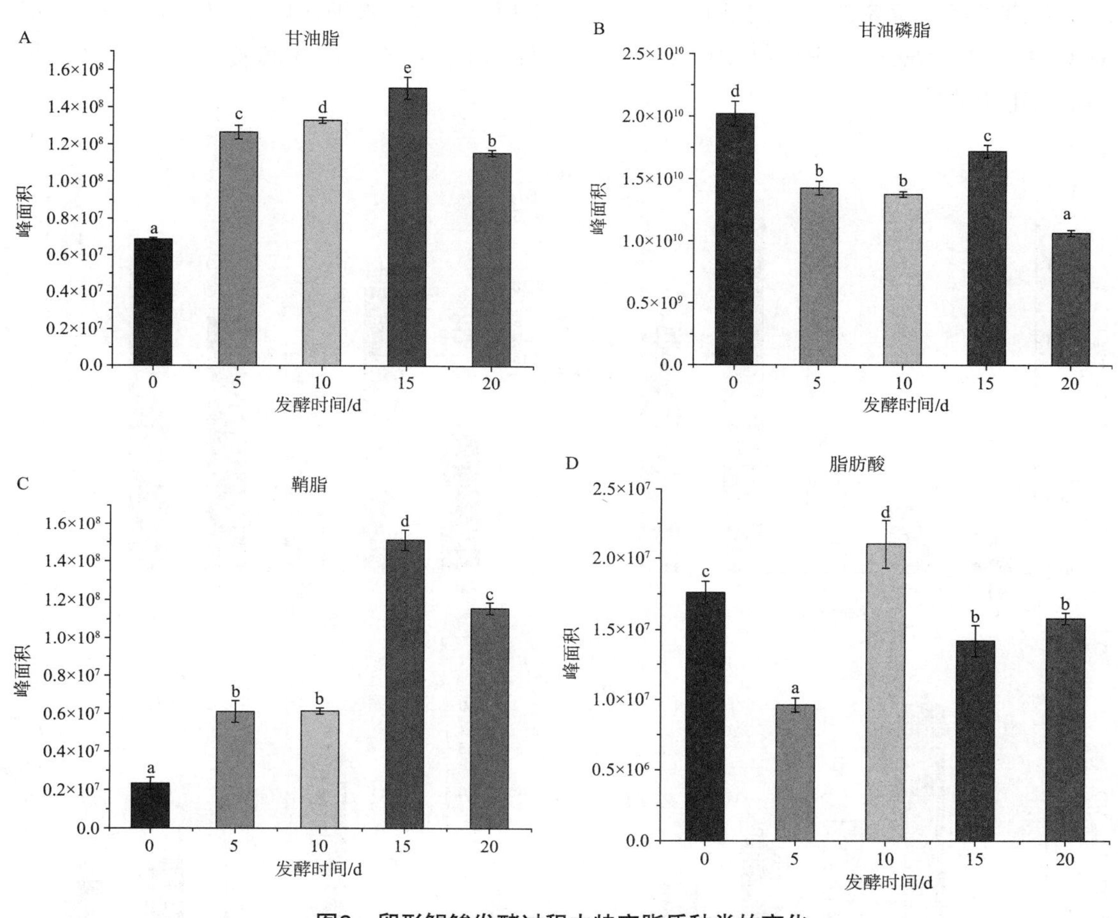

图8　卵形鲳鲹发酵过程中特定脂质种类的变化

8　研究揭示了卵形鲳鲹发酵过程脂质氧化对挥发性风味物质的作用

卵形鲳鲹在整个发酵期间，酸价（AV）值先增加后下降。过氧化值（POV）值随发酵时间的延长呈现先增加后下降又增加的趋势，发酵20 d后，整体呈上升的趋势。硫代巴比妥酸值（TBARS）和TOTOX具有相同的变化趋势，均呈先增加后下降的趋势，且两者的数值在发酵5 d时最大（图9）。四种内源酶中脂氧合酶（LOX）和中性脂肪酶的活性整体上升，磷脂酶的活性始终最高。在整个发酵阶段，不饱和脂肪酸的含量始终高于饱和脂肪酸和单不饱和脂肪酸（图10）。在卵形鲳鲹样品中共鉴定出95种潜在的挥发性风味化合物，与脂质氧化有关的化合物种类占据了54.74%。通过PLS-DA和OAV分析发现，脂质氧化的化合物可以作为区分发酵时间对卵形鲳鲹风味影响的标志物。其中，丙醛、戊醛、己醛、1-辛烯-3-醇和3-甲基丁酸的VIP和OVA均大于1，可以作为发酵卵形鲳鲹特殊风味的主要贡献者。重要的是，这些风味物质又与C18：3n6c、油酸（C18：1，n9c）、亚油酸（C18：2，n6c）、EPA（C20：5，n3c）、棕榈酸（C16：0）和硬脂酸（C18：0）呈一定的正相关性。

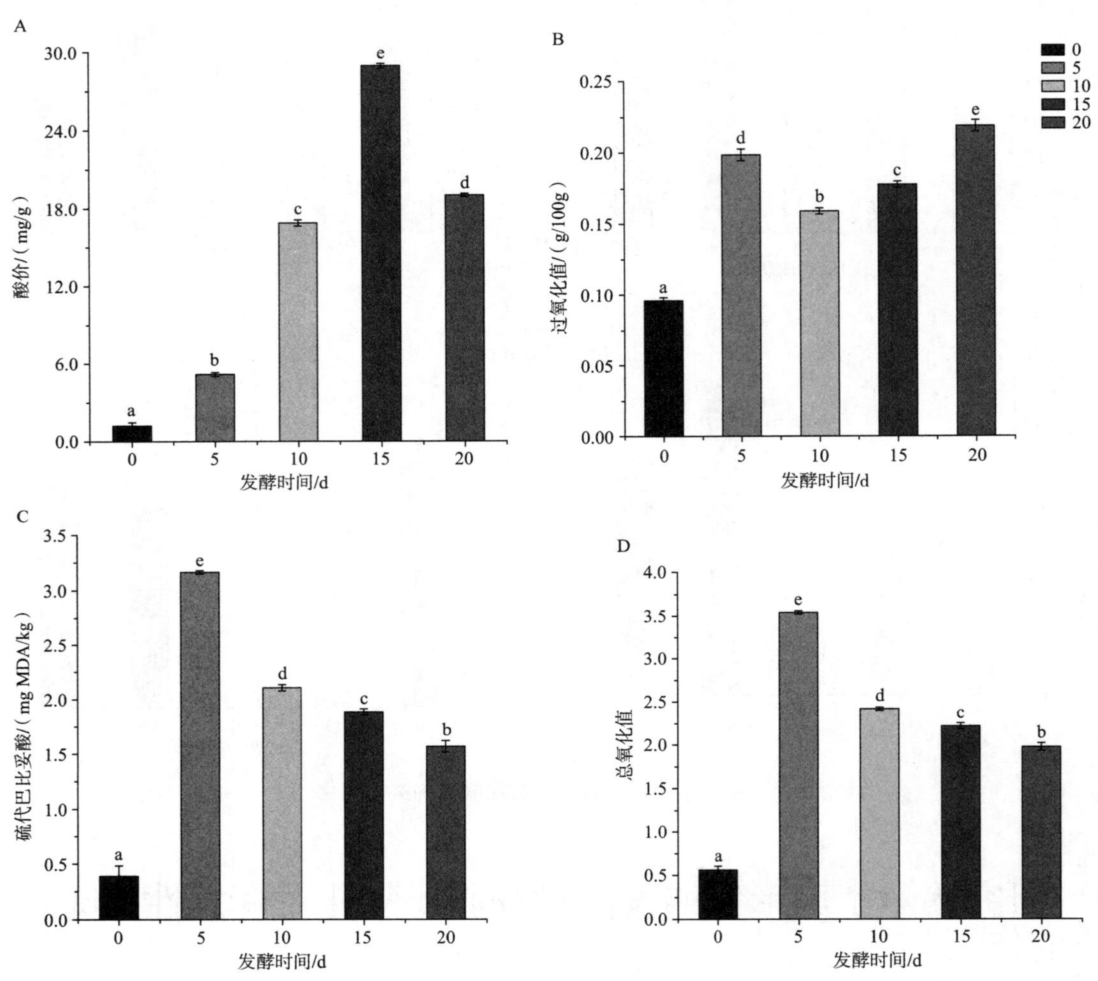

图9　不同发酵时间下AV、POV、TBARS、TOTOX的活性变化

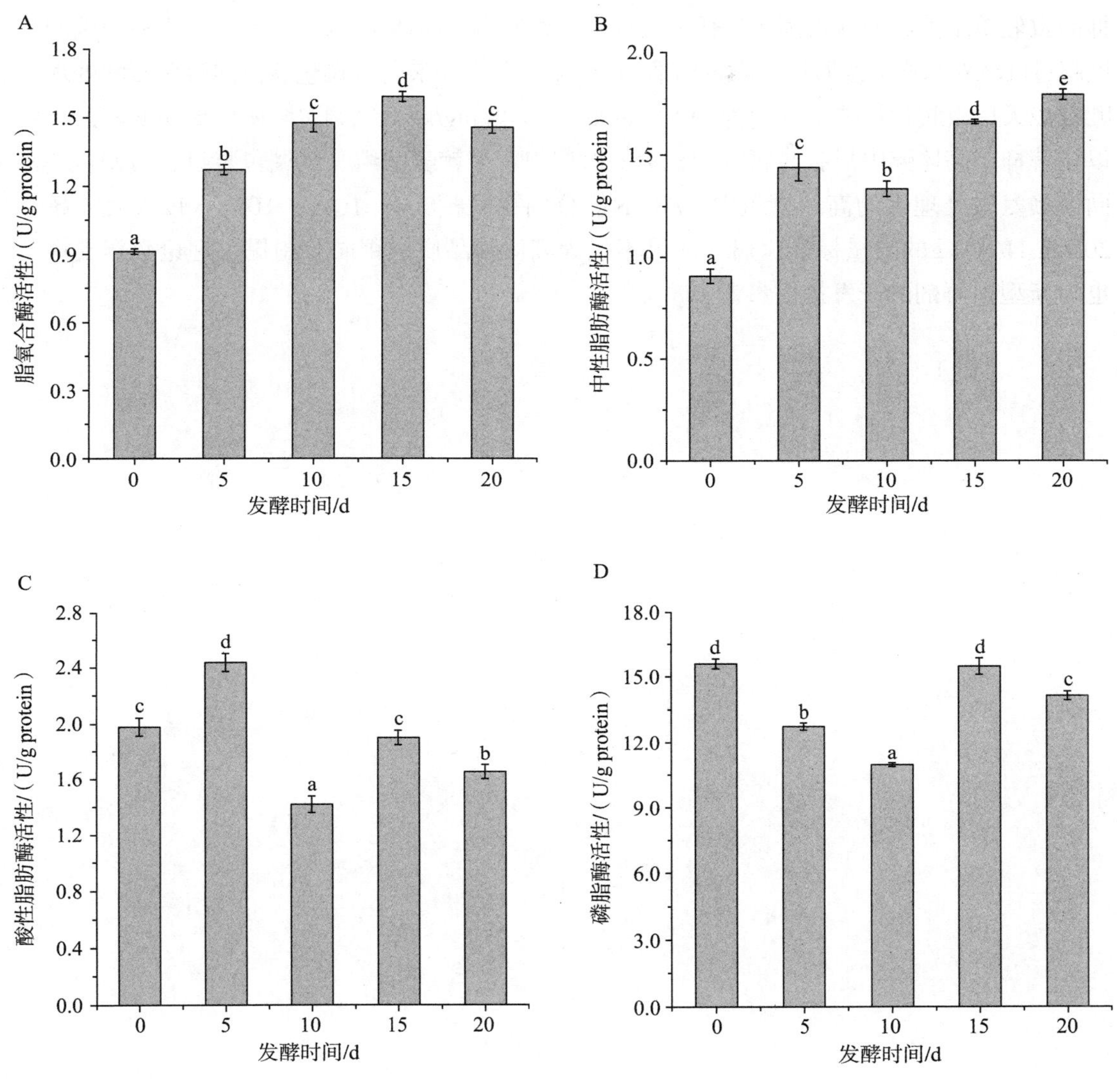

图10　不同发酵时间下内源酶活性的变化

9　研究气调包装协同聚赖氨酸对冷藏高体鰤鱼品质的影响

以养殖高体鰤为研究对象，研究经气调包装协同聚赖氨酸处理后的高体鰤在4℃贮藏期间的微生物与品质的变化情况，结果表明经过聚赖氨酸、气调包装、气调包装协同聚赖氨酸处理后的高体鰤细菌总数、挥发性盐基氮（TVB-N）、生物胺均照对照组呈现不同程度的下降（表7，图11）。菌落总数分别在对照组贮藏6天后、聚赖氨酸处理组贮藏10天后、气调包装处理组贮藏12天后、气调包装协同聚赖氨酸处理组贮藏12天后高于7 log CFU/g。通过高通量测序发现，随着贮藏时间的延长，气调包装协同聚赖氨酸处理可有效抑制致假单胞菌属和沙雷菌属生长（图12）。对照组的高体鰤在贮藏8天与10天后组胺的浓度超过FDA对水产品组胺浓度限量标准50 mg/kg，气调包装与气调包装协同聚赖氨酸处理组贮藏12天后组胺含量浓度分别为40.10 mg/kg与39.48 mg/kg。气调包装协同聚赖氨酸处理可以显著抑制高体鰤中尸胺与腐胺的积累。对照组、聚赖氨酸组、气调包装组、气调包装协同聚赖氨酸处理组的高体鰤鱼中TVB−N值分别在贮藏8天、10天、10天、12天后均超过20 mg N/100 g的限量标准。研究成果不仅为高体鰤品质的靶向控制提供理论数据支撑，也为新型保鲜剂的开发提供参考。

表7 不同处理条件下高体鰤4℃贮藏期间生物胺变化情况

生物胺/（mg/kg）	处理组	贮藏时间/d						
		0	2	4	6	8	10	12
尸胺	对照组	0.38 ± 0.08^{Ae}	2.23 ± 0.14^{Ae}	48.29 ± 0.63^{Ad}	65.59 ± 1.53^{Ad}	110.91 ± 5.67^{Ac}	130.44 ± 6.10^{Ab}	169.52 ± 14.90^{Aa}
	聚赖氨酸组	0.43 ± 0.05^{Ae}	1.77 ± 0.23^{ABe}	26.75 ± 0.94^{Bd}	36.06 ± 3.57^{Bd}	75.16 ± 2.52^{Bc}	127.46 ± 9.51^{Ab}	172.18 ± 6.91^{Aa}
	气调包装组	0.38 ± 0.00^{Ae}	1.33 ± 0.21^{Be}	6.81 ± 0.72^{Cde}	17.52 ± 1.26^{Cd}	45.28 ± 2.94^{Cc}	89.88 ± 7.57^{Bb}	106.83 ± 8.16^{Ba}
	聚赖氨酸+气调包装组	0.36 ± 0.01^{Ae}	0.65 ± 0.13^{Ce}	1.71 ± 0.19^{Dde}	16.55 ± 2.90^{Ccd}	31.31 ± 6.64^{De}	58.11 ± 8.38^{Cb}	87.01 ± 9.73^{Ba}
腐胺	对照组	0.76 ± 0.08^{Ae}	1.32 ± 0.29^{Ae}	4.61 ± 0.71^{Ae}	64.81 ± 10.57^{Ad}	95.11 ± 7.11^{Ac}	130.80 ± 5.48^{Ab}	183.65 ± 10.33^{Aa}
	聚赖氨酸组	0.74 ± 0.06^{Ae}	1.30 ± 0.26^{Ae}	4.31 ± 0.23^{Ae}	34.36 ± 4.22^{Bd}	63.21 ± 3.37^{Bc}	88.40 ± 0.79^{Bb}	121.67 ± 5.47^{Ba}
	气调包装组	0.73 ± 0.08^{Ae}	0.86 ± 0.10^{ABe}	1.18 ± 0.32^{Be}	3.50 ± 0.32^{Ce}	31.40 ± 2.23^{Cc}	73.31 ± 2.70^{Cb}	110.30 ± 17.29^{BCa}
	聚赖氨酸+气调包装组	0.68 ± 0.28^{Ad}	0.56 ± 0.15^{Bd}	1.06 ± 0.06^{Bd}	3.39 ± 0.42^{Cd}	27.85 ± 5.24^{Cc}	61.30 ± 2.83 Db	83.29 ± 1.75^{Ca}
组胺	对照组	ND	0.03 ± 0.02^{Ad}	0.18 ± 0.05^{Ad}	31.21 ± 11.63^{Ac}	84.53 ± 9.40^{Ab}	97.51 ± 5.70^{Aab}	109.10 ± 2.18^{Aa}
	聚赖氨酸组	ND	0.03 ± 0.02^{Ae}	0.04 ± 0.02^{Be}	10.17 ± 1.92^{Bd}	23.54 ± 2.90^{Bc}	58.19 ± 2.44^{Bb}	66.21 ± 4.99^{Ba}
	气调包装组	ND	0.07 ± 0.03^{Ad}	0.06 ± 0.01^{Bd}	5.53 ± 0.78^{Bcd}	10.90 ± 1.74^{BCc}	28.38 ± 2.59^{Cb}	40.10 ± 4.20^{Ca}
	聚赖氨酸+气调包装组	ND	0.04 ± 0.02^{Ad}	0.07 ± 0.00^{Bd}	2.93 ± 0.57^{Bcd}	4.61 ± 1.15^{Cc}	19.43 ± 2.02^{Cb}	39.48 ± 1.76^{Ca}

A

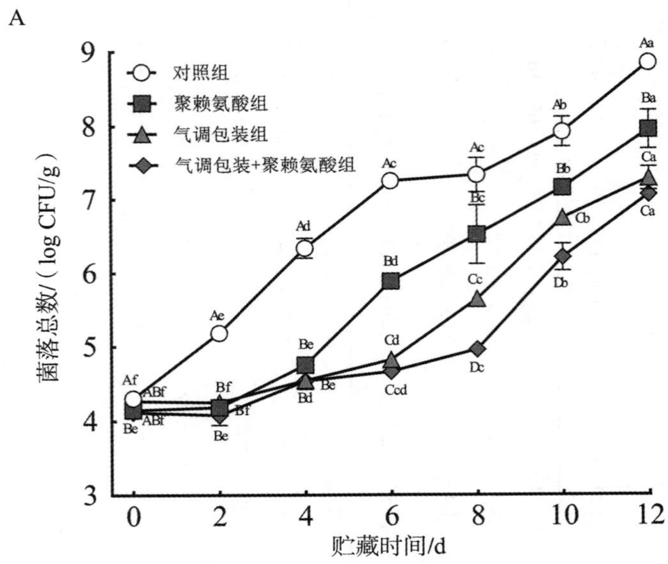

B

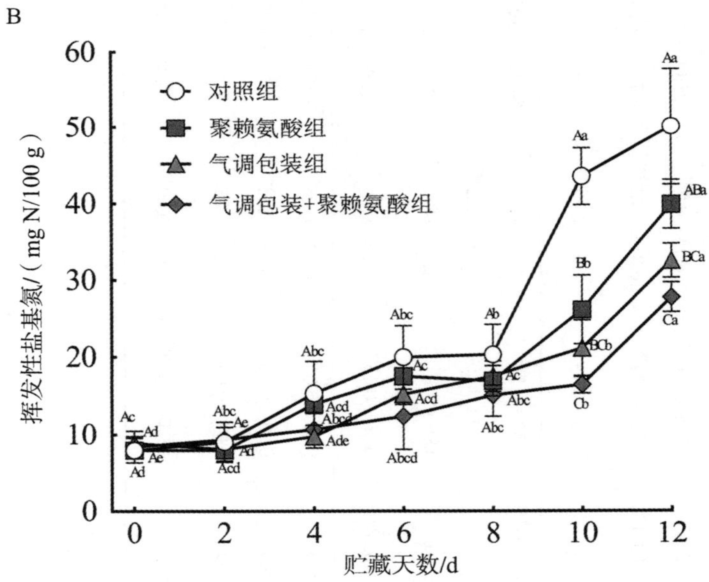

图11 不同处理条件下高体鰤4℃贮藏期间菌落总数（A）、TVB-N（B）变化情况

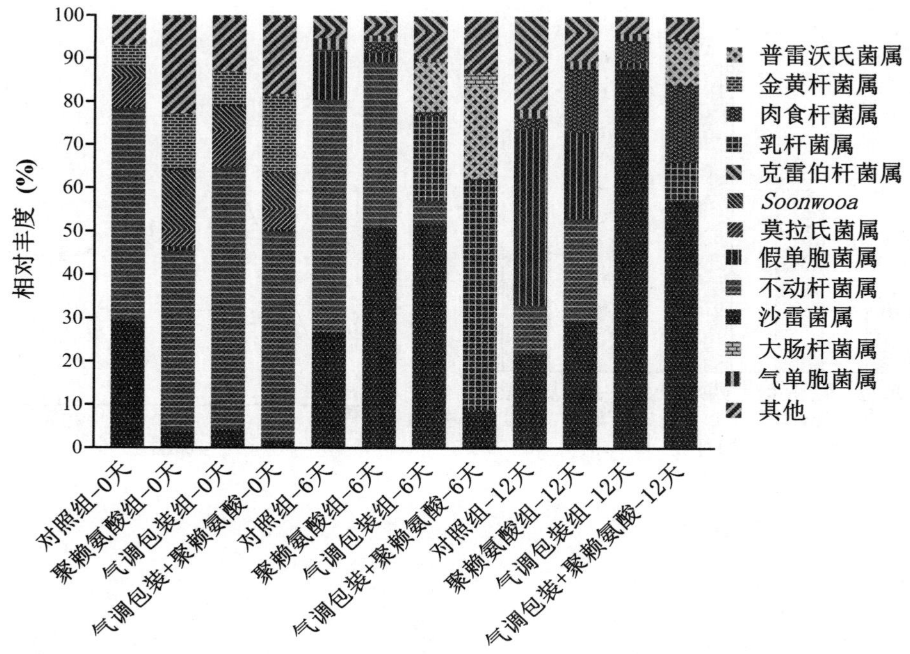

图12　在属水平下高体鰤不同处理条件下菌群丰度变化

10　研究鮸鱼α－葡萄糖苷酶抑制活性肽制备技术

以鮸鱼加工副产物鱼碎肉为原料，利用生物酶技术，通过筛选合适的酶制剂，研究从鮸鱼加工碎肉中提取α－葡萄糖苷酶抑制肽（降糖肽）的制备技术，研究结果见图13，采用不同蛋白酶对鮸鱼肉进行酶解，其酶解物均可抑制α－葡萄糖苷酶活性，且具有显著性差异（$P<0.05$），其中胰酶酶解产物对α－葡萄糖苷酶的抑制效果最好。当酶解反应时间小于4 h时，抑制率随反应时间的延长而呈现上升趋势，而当反应时间大于4 h时，抑制率显著降低（$P<0.05$）。加酶量为0.1%～0.2%时，抑制率会随着酶添加量的增加而提高，但加酶量大于0.2%时，抑制率显著下降（$P<0.05$）。当pH为8.5时，抑制率达到最大值47.52%，但增大pH至9.0时，抑制率显著降低（$P<0.05$）。当底物浓度高时反应体系较黏稠，酶的扩散运动受到抑制，无法与底物充分结合，影响了酶解反应的有效进行，导致酶解产物对α－葡萄糖苷酶抑制活性降低，但底物的浓度较低时酶解产物的α－葡萄糖苷酶抑制活性显著降低（$P<0.05$），当料液比为1：2时，酶解物的α－葡萄糖苷酶抑制活性最高。温度影响较明显，当温度＜50℃时，随着酶解温度的不断升高，抑制率逐渐增大，当温度＞50 ℃则随温度升高而降低。根据各因素的影响结果，采用响应面法进行优化酶解工艺（图13），获得最佳制备条件：酶解时间4.85 h、胰蛋白酶添加量0.21%、温度为46 ℃，料液比1：2，pH 8.5，通过3组重复实验得到的α－葡萄糖苷酶抑制率为53.35%。

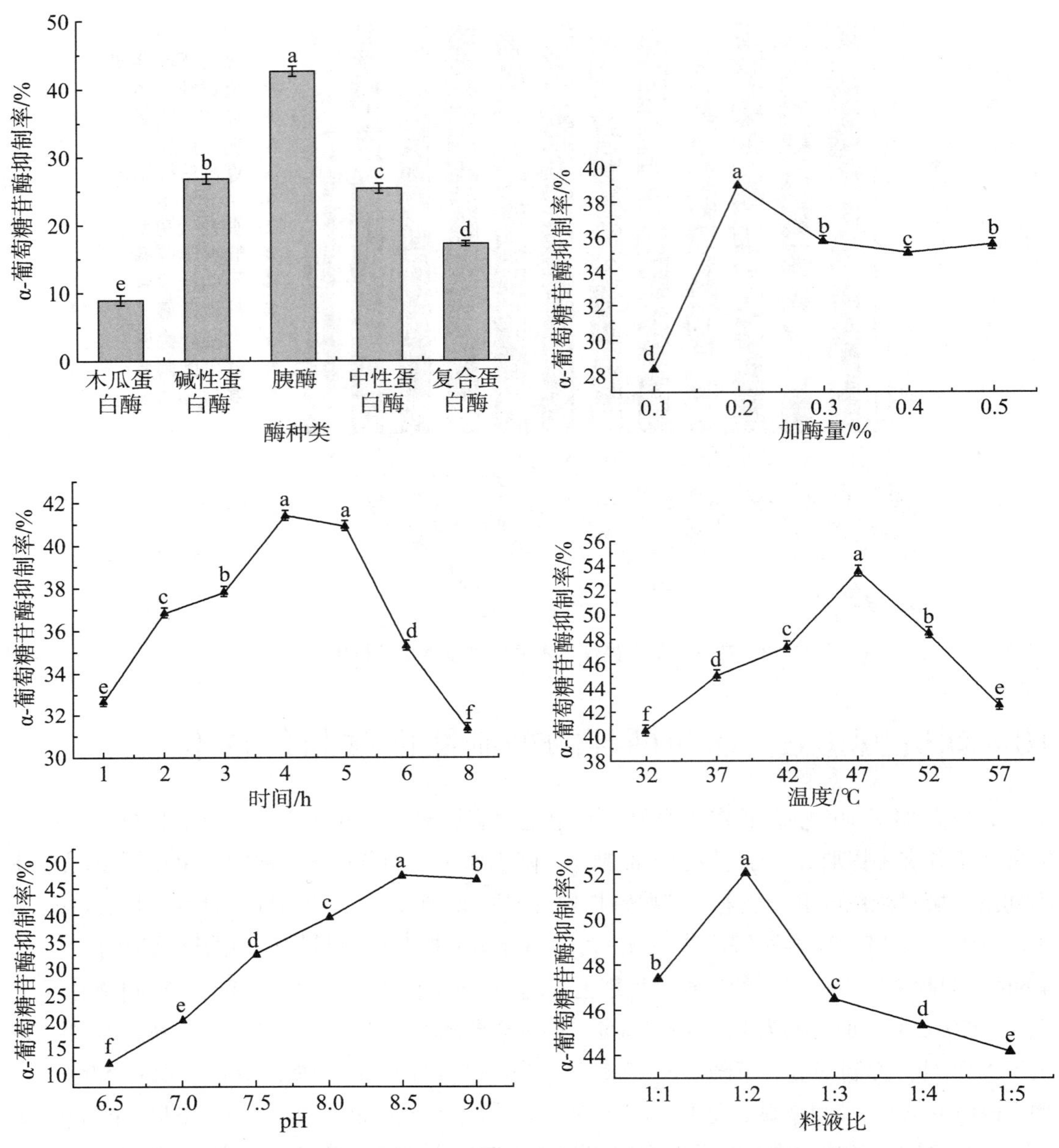

图13　酶解条件各因素对选择对α-葡萄糖苷酶抑制活性的影响

（岗位科学家　吴燕燕）

海水鱼质量安全与营养品质评价技术研发进展

质量安全与营养品质评价岗位

1　养殖大菱鲆品质快速评价方法的构建

探究了养殖大菱鲆近红外光谱特征与品质评价指标的关系，选取规格和产地两个因素作为主要研究对象，从外观、风味、质地和营养四个方面出发，研究不同规格、不同产地等因素对大菱鲆的形体生物学指标、体色、肉色、质构和风味等的影响，找到差异性较大的品质指标并进行分析，最后对大菱鲆的品质进行了感官评价，筛选出有效的感官品质评价指标，明确了大菱鲆的品质评价方法（图1）。

1：外侧背部，2：外侧腹部，3：内侧背部，4：内侧腹部，5：裙边。

图1　大菱鲆不同部位的划分

1.1　大菱鲆不同可食部位间肌肉组织营养特征的分析比较

研究发现大菱鲆外侧背部、外侧腹部、内侧背部和内侧腹部肌肉的氨基酸总量、必需氨基酸含量、鲜味氨基酸含量较高，必需氨基酸与总氨基酸含量的比值在40%左右，必需氨基酸与非必需氨基酸的比值在60%以上，氨基酸组成符合FAO/WHO的理想模式，多不饱和脂肪酸含量丰富，其主要成分为亚油酸、DHA和EPA，具备功能食品研发的潜质，且其脂肪酸组成符合健康食品的要求。

1.2 养殖大菱鲆主要品质指标近红外光谱快检方法的研究与验证

以MicroNIR1 700微型便携式近红外光谱仪为硬件支撑，借助生态学数据多变量统计分析软件CANOCO5，对大菱鲆近红外光谱特征信息与各项理化指标做响应分析，结果表明：大菱鲆整鱼外侧背部近红外光谱信息对总脂肪酸含量、肥满度、可接受度有较好的响应，可以作为重点品质指标（图2）。

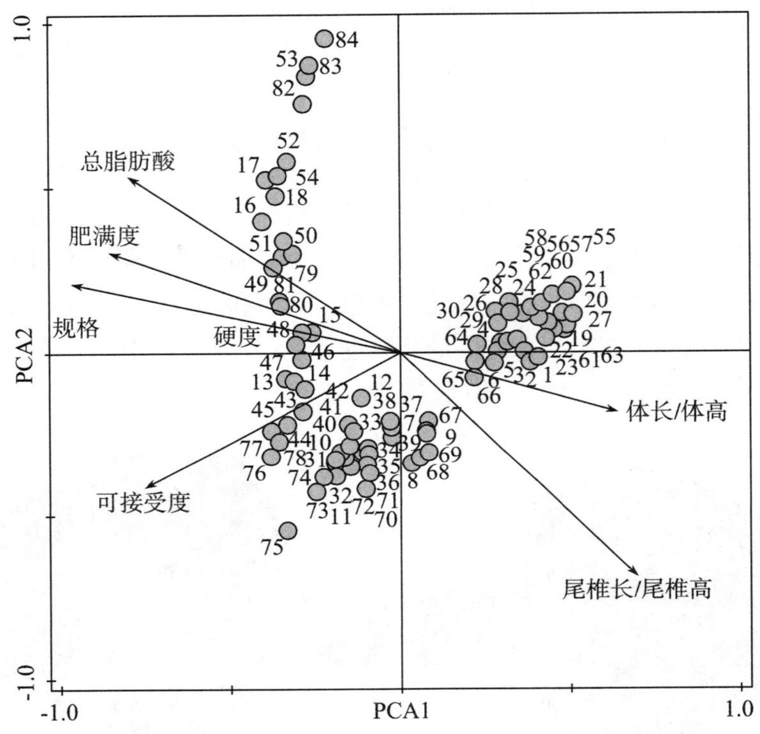

图2 大菱鲆整鱼外侧背部近红外信息结构分布与品质指标的相关性

2 氟喹诺酮类药物特异性鲨源单域抗体的淘选与制备

2.1 特异性噬菌体淘选新技术的研究

本研究针对小分子特异性噬菌体淘选难度大的问题，采用免疫原性低、氨基基团丰富的支化聚乙烯亚胺（PEI）作为半抗原载体，通过碳二亚胺法将靶标物恩诺沙星（ENR）与支化聚乙烯亚胺进行偶联，偶联效率比传统蛋白载体提高约10倍。建立了基于该复合物的特异性噬菌体淘选方法，同传统淘选方法相比，阳性克隆率可提高5.67倍，显著提高了小分子特异性噬菌体的淘选效率，为小分子靶标特异性噬菌体的淘选及相应单域抗体的制备提供了新的技术手段（图3）。

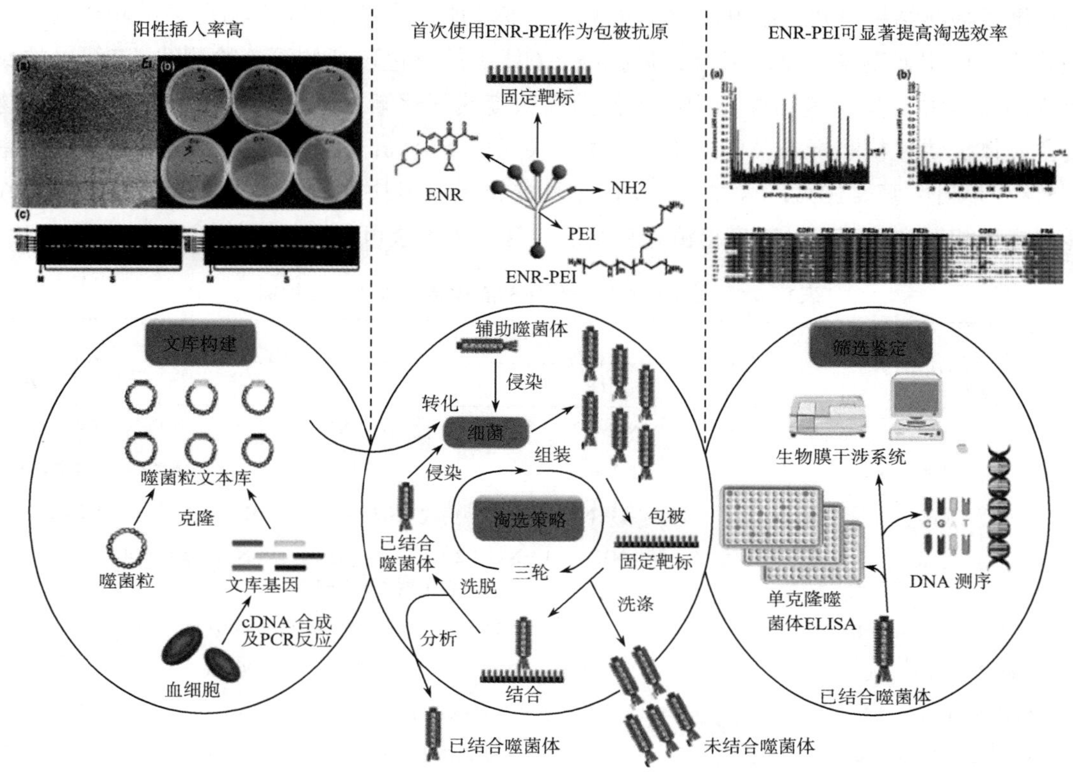

图3　支化聚乙烯亚胺作为半抗原载体的恩诺沙星特异性噬菌体淘选流程

2.2　恩诺沙星特异性单域抗体的制备及性能验证

通过本淘选方法获得一条单域抗体目的基因，经异源可溶性表达后得到的单域抗体能够特异性识别靶标物恩诺沙星，IC_{10}值为0.975 ng/mL，在鱼类样品检测中未见明显的基质干扰效应，阴性样品基质干扰指数为4.85 %～11.75 %，恩诺沙星加标鱼肉的回收率为89.30 %～126.38 %，为恩诺沙星的免疫检测提供了新的识别元件。

3　水产品中甲氰菊酯残留的胶体金快速检测技术研究

本研究针对海产鱼类等水产品的基质特点，对提取净化等前处理关键环节进行了改进完善，利用不同的材料制备了复合型固相分散萃取材料，有效消除了来自水产品基质的干扰，提升了检测的准确度和可靠性。建立起的甲氰菊酯胶体金快速检测技术的评价结果见表1。由计算可知，建立的前处理方法以及甲氰菊酯胶体金快检卡的性能良好。对于海产鱼类、梭子蟹、虾等典型样品，灵敏度为95%，特异性为96.6%，假阴性率为5%，假阳性率为3.3%，相对准确度为95%。通过配对四格表的卡方检验，显著性差异为3.84，$P>0.05$，根据统计学原理，可认为样品的实际情况与该方法的检测结果相同，一致性显著。

由试纸条检测结果可知，该方法对不同甲氰菊酯添加终浓度的样品具有明显的趋势效应，随着样品中甲氰菊酯浓度的升高，质控线（C线）的颜色逐渐加深，检测线（T线）的颜色逐渐变浅并消失，说明样品中的甲氰菊酯浓度残留逐渐升高。参考相关水产品中药物残留胶体金快速检测标准，要求检测方法的灵敏度≥95%，相对准确率≥95%，假阴性率≤5%，假阳性率≤10%，本方法的这两个性能指标满足快速检测要求。综合该方法的性能指标、相对准确度以及浓度检测趋势情况，认为本方法可以用于现场样品的检测。

表1　水产品中甲氰菊酯残留的胶体金试纸条性能指标

样品情况[a]	检测结果[b]		总
	阳性	阴性	
阳性	N11=57	N12=3	N1.=N11+N12=60
阴性	N21=2	N22=58	N2.=N21+N22=60
总数	N.1=N11+N21=59	N.2=N12+N22=61	N=N1.+N2.=120
显著性差异（χ^2）	χ^2=（N12（3）−N21（2）−1）^{2}/（N12（3）+N21（2））=0，自由度（df）=1		
灵敏度（p+，%）	p+=N11（57）/N1（60）=0.95.=95%		
特异性（p−，%）	p−=N22（58）/N2.（60）=0.966=96.6%		
假阴性率（pf−，%）	pf−=N12/N1.=100−灵敏度=0.05=5%		
假阳性率（pf+，%）	pf+=N21/N2.=100−特异性=3.3%		
相对准确度，%[c]	［N11（57）+N22（58）］/［N1.（60）+N2.（60）］=0.95=95%		

注：[a]由参比方法检验得到的结果或者样品中实际的公议值结果；[b]由待确认方法检验得到的结果。灵敏度的计算使用确认后的结果；[c]为方法的检测结果相对准确性的结果，与一致性分析和浓度检测趋势情况综合评价。N：任何特定单元的结果数，第一个下标指行，第二个下标指列。例如：N11表示第一行第一列，N1.表示所有的第一行，N.2表示所有的第二列；N12表示第一行第二列。

4　鱼类过敏原大鼠嗜碱性白血病细胞模型（RBL）评价方法的研究

面对我国食品种类复杂、地域辽阔且差异性大、过敏现象多种多样、过敏危害较为严重的现实情况，食品致敏性评价细胞模型相关的基础理论研究及技术突破显得尤为重要。

本研究将RBL细胞接种于96孔细胞培养板中（图4）。用抗鱼类过敏原鼠IgE抗体进行致敏，加入鱼类过敏原后诱导受体结合的IgE分子的交叉连接，细胞膜的稳定性下降，通透性增强，导致细胞脱颗粒。RBL脱颗粒释放的β−氨基己糖苷酶裂解底物p−硝基苯基−N−乙酰−β−D−氨基葡萄糖苷（PANG），并在pH＞10的情况下在酶标仪405 nm 时测定有色产物，鱼类过敏原的特异性释放量以总β−氨基己糖苷酶率（由细胞裂解决定）计算，计算公式为：释放率=（实验组−血清阴性对照）/（全裂解组−PBS释放组）×100%。

实验组和对照组的典型OD值为：PBS阴性对照组、阴性血清组、过敏原阴性对照组、羊抗鼠IgE抗体交联组、C48/80阳性对照组、Triton X−100全释放组。

（1）PBS阴性对照组：0.055+0.004，低于“阴性血清对照”。

（2）阴性血清组：0.054+0.003，与自身释放相同。

（3）过敏原阴性对照组：0.055+0.003，由于某些过敏原制剂中可能含有β−己糖胺酶或脱颗粒诱导因子，因此用未致敏的细胞与过敏原进行交联。

（4）羊抗鼠IgE抗体交联组：全释放组吸光值的20%～30%。

（5）C48/80阳性对照组：全释放组吸光值的20%～30%，与抗体交联组相近。

（6）全释放组：典型数值为0.5～0.6，与铺板密度、细胞状态有关。

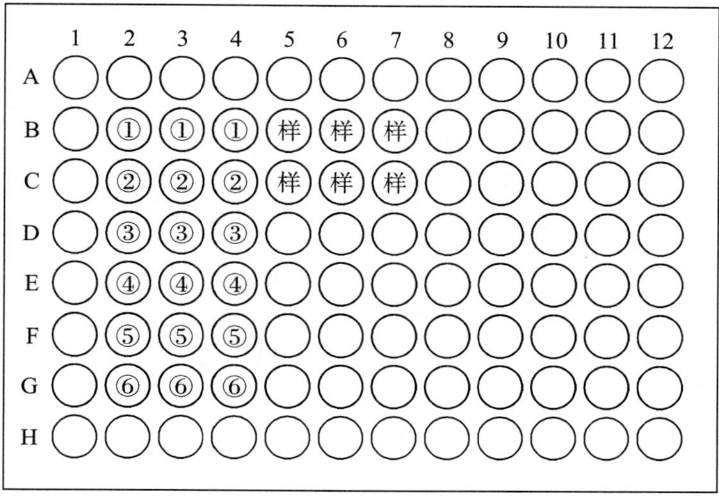

图4　96孔板加样示意图

5　鲈鱼新鲜度无损鉴别评价技术研究

利用激光诱导击穿光谱技术（LIBS），对4℃放置0 d～14 d的不同鲜度的鲈鱼肉中的元素进行分析，分别建立两种分类模型以证明LIBS光谱对不同鲜度鲈鱼样本的区分效果。结合化学计量学，实现了对不同新鲜程度的鲈鱼进行快速和准确的分类鉴别。

将新鲜鲈鱼置于4℃放置0 d～14 d，得到不同鲜度的鲈鱼样品。对不同鲜度的鱼肉进行拉曼光谱和LIBS光谱分析。将采集的拉曼光谱和近红外光谱按照一定比例分为训练集和测试集，利用训练集建立模型，以测试集进行模型评价，通过数据层的数据融合方法，利用PLS−DA模型对新鲜、次新鲜和腐败鲈鱼的鉴别准确率达100%；利用采集的拉曼和LIBS光谱数据对鲈鱼中挥发性盐基氮（TVB−N）进行预测，与单独的拉曼和LIBS光谱建模相比，拉曼−LIBS数据层作为数据集建立PLSR模型的结果最佳。该方法准确率高，能准确对各类样品进行分类和回归，可有效地对不同新鲜程度的鲈鱼进行区分。

（岗位科学家　曹立民）

第二篇

2022 主产区调研报告

天津综合试验站产区调研报告

1　示范县（市、区）海水鱼养殖现状

本综合试验站下设5个示范县（市、区），分别为：天津市塘沽区、天津市大港区、天津市汉沽区、天津市宁河区、浙江省温州市苍南县。其育苗、养殖品种、产量及规模详见附表1。

1.1　育苗面积及苗种产量

1.1.1　育苗面积

5个示范县海水鱼类育苗总面积为50 000 m^2，其中塘沽区1 000 m^2、汉沽区46 000 m^2、大港区3 000 m^2。按品种分：大菱鲆育苗面积10 000 m^2、半滑舌鳎育苗面积33 000 m^2、牙鲆育苗面积2 000 m^2、珍珠龙胆石斑鱼育苗面积5 000 m^2。

1.1.2　苗种年产量

5个示范县共计25户海水鱼类育苗厂家，2022年总计育苗4 950万尾，其中：大菱鲆2 000万尾、半滑舌鳎1 850万尾、牙鲆600万尾、珍珠龙胆石斑鱼500万尾。各县育苗情况如下：

塘沽区：1户育苗厂家，生产半滑舌鳎150万尾，用于本场自用养殖。

汉沽区：22户育苗厂家，生产大菱鲆2 000万尾、半滑舌鳎1 500万尾、牙鲆600万尾，用于天津地区养殖及供应山东、河北、辽宁，珍珠龙胆石斑鱼苗种400万尾，用于天津地区养殖及供应福建。

大港区：2户育苗厂家，生产半滑舌鳎苗种200万尾，用于本场自用养殖，珍珠龙胆石斑鱼苗种100万尾，用于天津地区养殖及供应福建。

1.2　养殖面积及年产量、销售量、年末库存量

1.2.1　工厂化养殖

养殖方式有工厂化循环水养殖、工厂化流水养殖，养殖企业共有29家，工厂化养殖面积110 500 m^2，年总生产量为1 510 t，销售量为1 107 t，年末库存量为403 t。

塘沽区：1户，养殖面积35 000 m^2，用于养殖半滑舌鳎，年产量450 t，销售350 t，年末库存100 t。

汉沽区：19户，养殖面积55 000 m^2，半滑舌鳎50 000 m^2，年产量600 t，销售457 t，

年末库存143 t；养殖珍珠龙胆石斑鱼5 000 m^2，年产量150 t，销售120 t，年末库存30 t。

大港区：6户，养殖面积14 500 m^2，半滑舌鳎10 000 m^2，年产量120 t，销售80 t，年末库存40 t；珍珠龙胆石斑鱼4 000 m^2，年产量60 t，销售50 t，年末库存10 t；红鳍东方鲀500 m^2，年产量10 t，销售10 t，年末库存0 t。

苍南县：1户，半滑舌鳎6 000 m^2，年产量120 t，销售40 t，年末库存80 t。

1.2.2 池塘养殖（亩）①

只有天津市宁河区采用池塘养殖的方式，种类为花鲈，采用与南美白对虾池塘混养，养殖户2户，养殖面积50亩，年总生产量为40 t，销售量为40 t，年末库存量为0 t。

1.3 品种构成

品种养殖面积及产量占示范县养殖总面积和总产量的比例详见附表2。

统计5个示范县海水鱼养殖面积调查结果，各品种构成如下。

工厂化育苗总面积为50 000 m^2，其中大菱鲆为10 000 m^2，占总面积的20%；半滑舌鳎为33 000 m^2，占总面积的66%；牙鲆为2 000 m^2，占总面积的4%；珍珠龙胆石斑鱼5 000 m^2，占总育苗面积的10%。

工厂化育苗总出苗量为4 950万尾，其中大菱鲆为2 000万尾，占总出苗量的40.40%；半滑舌鳎为1 850万尾，占总出苗量的37.37%；牙鲆为600万尾，占总出苗量的12.12%；珍珠龙胆石斑鱼为500万尾，占总出苗量的10.10%。

工厂化养殖总面积为110 500 m^2，其中半滑舌鳎为101 000 m^2，占总养殖面积的91.40% ；珍珠龙胆石斑鱼为9 000 m^2，占总养殖面积的8.14%；红鳍东方鲀为500 m^2，占总养殖面积的0.45%。

工厂化养殖总产量为1 510 t，其中半滑舌鳎为1 290 t，占总养殖产量的85.43%；珍珠龙胆石斑鱼为210 t，占总养殖产量的13.91%；红鳍东方鲀为10 t，占总养殖产量的0.66%。

池塘养殖总面积为50亩，全部为天津宁河养殖本地花鲈。

池塘养殖总产量为40 t，全部为天津宁河养殖本地花鲈。

从以上统计可以看出，在5个示范县内，半滑舌鳎、珍珠龙胆石斑鱼两个品种养殖面积和产量都占绝对优势。

2 示范县（市、区）科研开展情况

2.1 科研课题情况

天津综合试验站通过体系内协作对接岗位科学家，在示范区域内集成岗位专家科技成

① 亩为非法计量单位，15亩=1 hm^2，下同。

果，为养殖企业提供科技服务，试验站在3个示范点推广示范了海水工厂化循环水养殖技术，示范面积总计6 000平方米，在设施与装备岗位专家的指导下进行了臭氧消毒杀菌设备和纯氧制造设备的试验。集成工厂化循环水养殖智能装备技术，在天津海升水产养殖有限公司示范智能化养殖岗位的“水产养殖全流程物联网精准监测与一体化智能控制系统”和“工厂化循环水养殖精细化管理系统”，与河鲀营养需求与饲料岗位合作开展了“循环水养殖条件下红鳍东方鲀专用配合饲料对比实验”，在天津5家海水工厂化养殖企业示范半滑舌鳎仔稚鱼微颗粒饲料、循环水系统专用优质配合饲料3 750千克。天津地区共引进半滑舌鳎抗病新品种“鳎优1号”优质受精卵100千克，完成了半滑舌鳎、褐牙鲆等8个养殖品种的种质资源系统调查。获得发明专利1项，发表论文2篇。完成1次应急调研，在体系平台发布2篇新闻简报，天津媒体报道本试验站宣传工作2次，主办培训3次，培训170人，发放资料170份。

2.2　发表论文、专利情况

发表论文2篇。

［1］Jia L，Liu H，Zhao N，et al. Distribution and transfer of antibiotic resistance genes in coastal aquatic ecosystems of Bohai Bay［J］. Water，2022，14（6）：938.

［2］马超，贾磊，陈春秀，等.半滑舌鳎循环水养殖系统中生物滤池细菌多样性及功能预测分析［J］.海洋湖沼通报，2022，44（03）：41-48.

授权专利1项。

［1］张博，贾磊，赵娜，等. 一种基于SNaPshot技术的多位点半滑舌鳎真伪雄鱼甄别体系和应用：中国，CN110616256B.［P］. 2022-11-22.

3　海水鱼产业发展中存在的问题

3.1　养殖品种存在的问题

海水工厂化养殖的品种，特别是循环水养殖品种选择要求比较高，由于运行成本高因此市场价格比较高，不能与南方网箱和池塘养殖的品种相冲突；其次，苗种质量要高，抗病能力强，适合高密度养殖，饲料转化率要高。

3.2　养殖模式存在的问题

目前天津市已经建成的具有工厂化循环水系统设施设备的养殖车间面积很大，但水处理单元缺乏根据养殖企业实际情况和科学计算的定制化设计，设施设备在自动化、智能化、信息化等高新技术应用上基本停留在简单的、局部的生产控制和单一设备层次，缺乏系统性和整体性的装备与数据集成系统研究。

附表1　本综合试验站示范县海水鱼育苗及成鱼养殖情况表

项目	品种	塘沽区	汉沽区				大港区			宁河区	苍南县
		半滑舌鳎	大菱鲆	半滑舌鳎	牙鲆	珍珠龙胆石斑鱼	半滑舌鳎	珍珠龙胆石斑鱼	红鳍东方鲀	花鲈	半滑舌鳎
育苗	面积/m^2	1 000	10 000	30 000	2 000	4 000	2 000	1 000	0	0	0
	产量/万尾	150	2 000	1 500	600	400	200	100	0	0	0
工厂化养殖	面积/m^2	35 000	0	50 000	0	5 000	10 000	4 000	500	0	6 000
	年产量/t	450	0	600	0	150	120	60	10	0	120
	年销售量/t	350	0	457	0	120	80	50	10	0	40
	年末库存量/t	100	0	143	0	30	40	10	0	0	80
池塘养殖	面积/亩	0	0	0	0	0	0	0	0	50	0
	年产量/t	0	0	0	0	0	0	0	0	40	0
	年销售量/t	0	0	0	0	0	0	0	0	40	0
	年末库存量/t	0	0	0	0	0	0	0	0	0	0
户数	育苗户数	1	5	12	2	3	1	1	0	0	0
	养殖户数	1	0	14	0	5	3	2	1	2	1

附表2　本综合试验站5个示范县养殖面积、养殖产量及主要品种构成

项目＼品种	合计	大菱鲆	半滑舌鳎	牙鲆	珍珠龙胆石斑鱼	红鳍东方鲀	花鲈
工厂化育苗面积/m^2	50 000	10 000	33 000	2 000	5 000	0	0
工厂化出苗量/万尾	4 950	2 000	1 850	600	500	0	0
工厂化养殖面积/m^2	110 500	0	101 000	0	9 000	500	0
工厂化养殖产量/t	1 510	0	1 290	0	210	10	0
池塘养殖面积/亩	50	0	0	0	0	0	50
池塘年总产量/t	40	0	0	0	0	0	40
各品种工厂化育苗面积占总面积的比例/%	100	20.00	66.00	4.00	10.00	0.00	0.00
各品种工厂化出苗量占总出苗量的比例/%	100	40.40	37.37	12.12	10.10	0.00	0.00
各品种工厂化养殖面积占总面积的比例/%	100	0.00	91.40	0.00	8.14	0.45	0.00
各品种工厂化养殖产量占总产量的比例/%	100	0.00	85.43	0.00	13.91	0.66	0.00
各品种池塘养殖面积占总面积的比例/%	100	0	0	0	0	0	100
各品种池塘养殖产量占总产量的比例/%	100	0	0	0	0	0	100

（天津综合试验站站长　贾磊）

北戴河综合试验站产区调研报告

1　示范县（市、区）海水鱼养殖现状

北戴河综合试验站下设10个示范县，分别为：河北省秦皇岛市昌黎县，河北省唐山市曹妃甸区、丰南区、乐亭县、滦南县，河北省沧州市中捷产业园区和黄骅市，辽宁省盘锦市盘山县，辽宁省营口市老边区和盖州市。主要养殖品种为大菱鲆、牙鲆、半滑舌鳎、红鳍东方鲀、海鲈和其他海水鱼，养殖方式有工厂化（流水和循环水）养殖和池塘养殖两种模式。2022年丰南区示范县养殖厂在升级改造，全年无任何生产记录。各个示范县的育苗、养殖品种、产量及规模见附表1。

1.1　育苗面积及苗种产量

1.1.1　育苗面积

10个示范县中，只有曹妃甸区、滦南县、中捷产业园区、黄骅市进行海水鱼育苗，其中曹妃甸区育苗品种主要为红鳍东方鲀，育苗模式包括工厂化育苗和池塘育苗，红鳍东方鲀工厂化流水育苗面积为50 000 m^2，池塘育苗面积为15 315亩（亩为非法定量单位，15亩=1 hm^2，下同）；滦南县育苗品种主要为牙鲆和红鳍东方鲀，育苗模式皆为工厂化流水育苗，其中牙鲆育苗面积为5 000 m^2，红鳍东方鲀育苗面积为10 000 m^2；中捷产业园区主要在第二、三、四季度进行半滑舌鳎的工厂化流水育苗和工厂化循环水育苗，其中工厂化流水育苗面积为14 280 m^2，工厂化循环水育苗面积为6 400 m^2；黄骅市育苗品种主要为牙鲆和半滑舌鳎，育苗模式皆为工厂化流水育苗，其中牙鲆育苗面积为6 000 m^2，半滑舌鳎育苗面积为5 000 m^2。

1.1.2　苗种年产量

曹妃甸区有红鳍东方鲀育苗厂家2家，培育苗种147.55万尾。滦南县有育苗厂家5家，其中牙鲆育苗厂家2家，累计培育苗种5万尾；红鳍东方鲀育苗厂家3家，累计培育苗种9.96万尾。中捷产业园区有半滑舌鳎育苗厂家1家，培育苗种合计90万尾。黄骅市有育苗厂家2家，其中牙鲆育苗厂家1家，累计培育苗种300万尾；半滑舌鳎育苗厂家1家，累计培育苗种360万尾。

1.2　养殖面积及年产量、销售量、年末库存量

示范县各养殖模式的养殖情况见附表1。

10个示范县成鱼养殖厂家共289家，养殖模式包括工厂化养殖和池塘养殖。其中曹妃甸区包含工厂化养殖和池塘养殖2种模式，中捷产业园区、滦南县、乐亭县、昌黎县和盖州市采用工厂化养殖模式，盘山县、老边区采用池塘养殖模式。

1.2.1　工厂化养殖

工厂化养殖主要集中在曹妃甸区、中捷产业园区、滦南县、乐亭县、昌黎县和盖州市，养殖面积729 335 m^2，年总生产量为4 851.74 t，销售量为3 118.06 t，年末库存量为6 563.7 t。其中：

曹妃甸区：半滑舌鳎养殖户30家，养殖面积400 000 m^2，全年生产量1 010.08 t，全年销售量328.68 t，年末库存量681.4 t。

中捷产业园区：半滑舌鳎养殖厂家2家。养殖面积为11 605 m^2，全年生产量190.4 t，全年销售量170.4 t，年末库存量108 t。

滦南县：牙鲆养殖厂家2家，红鳍东方鲀养殖厂家4家。其中牙鲆养殖面积为5 000 m^2，全年生产量8.22 t，全年销售量36.45 t，年末库存量0 t；红鳍东方鲀养殖面积为10 000 m^2，全年生产量5.42 t，全年销售量88.2 t，年末库存量0 t。

乐亭县：大菱鲆养殖厂家12家，半滑舌鳎养殖厂家2家。大菱鲆养殖面积为76 250 m^2，全年生产量210.5 t，全年销售量221.5 t，年末库存量125.9 t；半滑舌鳎养殖面积为8 500 m^2，全年生产量113.4 t，全年销售量122.9 t，年末库存量63.2 t。

昌黎县：大菱鲆养殖厂家42家，牙鲆养殖厂家6家，半滑舌鳎养殖厂家5家。大菱鲆养殖面积为144 000 m^2，全年生产量2 328.23 t，全年销售量1 340.71 t，年末库存量3 716.95 t；牙鲆养殖面积为24 000 m^2，全年生产量736.33 t，全年销售量567.37 t，年末库存量1 034.28 t；半滑舌鳎养殖面积为12 000 m^2，全年生产量136.16 t，全年销售量178.85 t，年末库存量693.97 t。

盖州市：大菱鲆养殖户7家，养殖面积38 000 m^2，全年生产量113 t，全年销售量63 t，年末库存量140 t。

1.2.2　池塘养殖

曹妃甸区、盘山县、老边区均有池塘养殖模式，面积合计49 015亩，年产量1 038.26 t，年销售量1 026.76 t，年末库存量30 t。池塘养殖的品种包含红鳍东方鲀、海鲈鱼和其他海水鱼。红鳍东方鲀池塘养殖面积为15 315亩，全年生产量777.26 t，全年销售777.26 t，年末无存量；海鲈鱼养殖面积为30 200亩，全年生产量181 t，全年销售量154.5 t，年末库存量30 t；其他海水鱼养殖面积为3 500亩，全年生产量80 t，全年销售量95 t，年末无库存量。

曹妃甸区：养殖户25家。养殖面积15 315亩，全部养殖红鳍东方鲀，全年生产量777.26 t，全年销售量777.26 t，年末无存量。

盘山县：养殖户150家。养殖面积30 000亩，养殖品种为海鲈鱼，全年产量180 t，全年销售量150 t，年末库存量30 t。

老边区：养殖户2家。养殖面积3 700亩，其中海鲈鱼200亩、其他海水鱼3 500亩。海鲈鱼全年养殖产量1 t，全年销售量4.5 t，年末无存量；其他海水鱼全年养殖产量80 t，全年销售量95 t，年末无存量。

1.3 品种构成

每品种养殖面积及产量占示范县养殖总面积和总产量的比例见附表2。

统计10个示范县海水鱼养殖面积调查结果，各品种构成如下：

工厂化育苗总面积为96 680 m^2。其中牙鲆为11 000 m^2，占总养殖面积的11.38%；半滑舌鳎为25 680 m^2，占总养殖面积的26.56%；红鳍东方鲀为60 000 m^2，占总面积的62.06%。

工厂化育苗总出苗量为912.51万尾。其中牙鲆为305万尾，占总出苗量的33.42%；半滑舌鳎为450万尾，占总出苗量的49.32%；红鳍东方鲀为157.51万尾，占总出苗量的17.26%。

工厂化养殖总面积为729 355 m^2。其中半滑舌鳎为432 105 m^2，占总养殖面积的59.24%；大菱鲆为258 250 m^2，占总养殖面积的35.41%；牙鲆为29 000 m^2，占总养殖面积的3.98%；红鳍东方鲀为10 000 m^2，占总面积的1.37%。

工厂化养殖总产量为4851.74 t。其中半滑舌鳎为1 450.04 t，占总量的29.89%；大菱鲆为2651.73 t，占总量的54.65%；牙鲆为744.55 t，占总量的15.35%；红鳍东方鲀为5.42 t，占总量的0.11%。

池塘养殖总面积为49 015亩。其中红鳍东方鲀为15 315亩，占总养殖面积的31.25%；海鲈鱼为30 200亩，占总养殖面积的61.61%；其他海水鱼3 500亩，占总养殖面积的7.14%。

池塘养殖总产量为1 038.26 t。其中红鳍东方鲀为777.26 t，占总量的74.86%；海鲈鱼为181 t，占总量的17.43%；其他海水鱼为80 t，占总量的7.71%。

从以上统计数据可以看出，10个示范县中，大菱鲆的工厂化养殖产量占比最高，为54.65%，半滑舌鳎的工厂化养殖面积占比最高，为59.24%。池塘养殖面积海鲈鱼的占比最高，达到了61.61%，但是产量占比仅为17.43%。池塘养殖产量占比最高的是红鳍东方鲀，占比达到74.86%。

从成品鱼价格来看，半滑舌鳎最高，为50元/千克～180元/千克，不同规格价格差别较大，一斤以下规格的鱼价格在50元/千克左右，一斤至一斤半规格的鱼价格在130元/千克左右，一斤半以上规格的鱼价格为170元/千克左右；大菱鲆价格为44元/千克～60元/千克；

牙鲆价格一直维持在55元/千克左右；红鳍东方鲀一斤半以上规格的鱼价格为120元/千克左右；海鲈鱼价格在22元/千克左右。

2　示范县（市、区）科研开展情况

2.1　科研课题情况

北戴河试验站依托单位中国水产科学研究院北戴河中心实验站实施科研项目24项，其中省部级12项、院级4项、横向联合8项。

2.2　发表论文、专利情况

2022年，发表论文6篇，其中SCI 4篇；申请发明专利5项，获授权发明专利2项。

2.2.1　发表论文

［1］Yannan Guo，Zhaodi Sun，Yitong Zhang，Guixing Wang，Zhongwei He，Yufeng Liu，Yuqin Ren，Yufen Wang，Yuanshuai Fu，Jilun Hou. 2022. Molecular identification and function characterization of four alternative splice variants of *trim25* in Japanese flounder（*Paralichthys olivaceus*）. Fish and Shellfish Immunology，120：142−154.

［2］Chunguang Gong，Yitong Zhang，Guixing Wang，Yufeng Liu，Zhongwei He，Yuqin Ren，Wei Cao，Haitao Zhao，Yuhao Xu，Yufen Wang，Jilun Hou. 2022. The isolation and full−length transcriptome sequencing of a novel nidovirus and response of its infection in Japanese Flounder（*Paralichthys olivaceus*）. Viruses，14：1216.

［3］Yitong Zhang，Chunguang Gong，Yaxian Zhao，Guixing Wang，Yufeng Liu，Zhongwei He，Yuqin Ren，Wei Cao，Haitao Zhao，Yufen Wang，Jilun Hou. 2022. Isolation and characterization of nidovirus and bacterial co−infection from cultured turbot（*Scophthalmus maximus*）in China. Aquaculture，561，738652.

［4］Yucong Yang，Yuqin Ren，Yitong Zhang，Guixing Wang，Zhongwei He，Yufeng Liu，Wei Cao，Yufen Wang，Songlin Chen，Yuanshuai Fu，Jilun Hou. 2022. A new cell line derived from the spleen of the Japanese Flounder（*Paralichthys olivaceus*）and its application in viral study. Biology，11：1697.

［5］赵雅贤，王桂兴，郝耀彤，宫春光，王玉芬，李洪彬，徐子雄，刘佳奇，何忠伟，刘玉峰，张祎桐，张晓彦，程波，侯吉伦. 2022. 一株牙鲆源黏质沙雷氏菌YP1的分离鉴定及致病性分析. 微生物学报，62（12）：4854−4867.

［6］王桂兴，何忠伟，刘玉峰，张晓彦，赵雅贤，任玉芹，王玉芬，侯吉伦. 2022. 牙鲆抗淋巴囊肿系肌肉营养成分的分析. 水产科学，42（03）：449−456.

2.2.2 申请专利

［1］赵雅贤，侯吉伦，王桂兴，王玉芬，张晓彦，何忠伟，刘玉峰，张祎桐.一种对鱼类具有强致病力和强耐药性的黏质沙雷氏菌YP1和应用：中国，202210206830.4.［P］. 2022-03-04.

［2］张晓彦，侯吉伦，王桂兴，韩甜，刘玉峰，何忠伟，王玉芬. 斑马鱼排卵障碍模型的构建方法、检测方法及应用：中国，202210271728.2.［P］. 2022-03-18.

［3］何忠伟，刘玉峰，侯吉伦，曹巍，张祎桐，徐子雄，李鸿彬，王桂兴，王玉芬. 一种松江鲈的人工授精方法及其应用：中国，115362961A.［P］. 2022-04-14.

［4］侯吉伦，任玉芹，张祎桐，王桂兴，贺暖，王玉芬，何忠伟，曹巍，刘玉峰. 一种牙鲆精原干细胞培养液及建立牙鲆精原干细胞系的方法：中国，202210483614.4.［P］. 2022-05-05.

［5］任玉芹，侯吉伦，王桂兴，王玉芬，张祎桐，孙朝娣，贺暖，刘玉峰，何忠伟. 牙鲆卵原干细胞培养液及牙鲆卵原干细胞体外培养方法及应用：中国，202210482138.4.［P］. 2022-05-05.

2.2.3 授权专利

［1］任建功，司飞，孙朝徽，刘霞，于清海. 一种快速摘取鲆鲽类幼鱼耳石的方法：中国，202011207239.8.［P］. 2022-04-15.

［2］刘玉峰，何忠伟，侯吉伦，王桂兴，王玉芬，徐子雄，李鸿彬. 一种繁殖后松江鲈亲鱼的养殖方法及其应用：中国，202111441124.X.［P］. 2022-11-11.

3 海水鱼养殖产业发展中存在的问题

3.1 市场供求关系掌握不及时

市场供求关系了解相对滞后，导致今年虽然红鳍东方鲀价格创历史新高，养殖户因对市场的了解和把控不够，养殖的红鳍东方鲀个体小，短期内不能供应商品鱼上市，无法获取较高的经济效益。

3.2 新品种缺乏保护

水产新品种保护存在诸多困难，由于品牌意识淡薄，新品种推广过程中没有注重品牌保护，难以形成品牌溢价，同时市场存在以假乱真、以次充好的现象，个别厂家冒充新品种鱼卵和苗种出售，造成市场混乱。

3.3　急需开发新品种

新品种及新模式有待开发，受养殖条件和塘租影响，单一品种养殖难以盈利，急需开发新的养殖模式，形成立体生态的养殖模式，这样既能充分利用池塘空间、减少环境污染，又能提高渔民的收入，而新品种的引入是最直接能够降低养殖成本提高产品溢价从而创收的方式。

附表1　2022年度本综合试验站示范县海水鱼育苗及成鱼养殖情况

项目	品种	曹妃甸		中捷产业园	盘山	老边		盖州	丰南	滦南		乐亭		昌黎			黄骅	
		半滑舌鳎	红鳍东方鲀	半滑舌鳎	海鲈鱼	海鲈鱼	其他海水鱼	大菱鲆	/	牙鲆	红鳍东方鲀	大菱鲆	半滑舌鳎	大菱鲆	牙鲆	半滑舌鳎	牙鲆	半滑舌鳎
育苗	面积/m^2		50 000	20 680					/	5000	10 000						6 000	5 000
	产量/万尾		147.55	90					/	5	9.96						300	360
工厂化养殖	面积/m^2	400 000		11 605				38 000	/	5 000	10 000	76 250	8 500	144 000	24 000	12 000		
	年产量/t	1010.08		190.4				113	/	8.22	5.42	210.5	113.4	2 328.23	736.33	136.16		
	年销售量/t	328.68		170.4				63	/	36.45	88.2	221.5	122.9	1 340.71	567.37	178.85		
	年末库存量/t	681.4		108				140	/	0	0	125.9	63.2	3 716.95	1 034.28	693.97		
池塘养殖	面积/亩		15 315		30 000	200	3 500		/									
	年产量/t		777.26		180	1	80		/									
	年销售量/t		777.26		150	4.5	95		/									
	年末库存量/t		0		30	0	0		/									
户数	育苗户数	6	2	1					/	2	3						1	1
	养殖户数	30	25	2	150	2	2	7	/	2	4	12	2	42	6	5		

附表2　本综合试验站十个示范县养殖面积、养殖产量及主要品种构成

项目＼品种	合计	大菱鲆	牙鲆	半滑舌鳎	红鳍东方鲀	海鲈	其他海水鱼
工厂化育苗面积/m^2	96 680		11 000	25 680	60 000		
工厂化出苗量/万尾	912.51		305	450	157.51		
工厂化养殖面积/m^2	729 355	258 250	29 000	432 105	10 000		
工厂化养殖产量/t	4 851.74	2 651.73	744.55	1 450.04	5.42		
池塘养殖面积/亩	49 015				15 315	30 200	3 500
池塘年总产量/t	1 038.26				777.26	181	80
各品种工厂化育苗面积占总面积的比例/%	100		11.38	26.56	62.06		
各品种工厂化出苗量占总出苗量的比例/%	100		33.42	49.32	17.26		
各品种工厂化养殖面积占总面积的比例/%	100	35.41	3.98	59.24	1.37		
各品种工厂化养殖产量占总产量的比例/%	100	54.65	15.35	29.89	0.11		
各品种池塘养殖面积占总面积的比例/%	100				31.25	61.61	7.14
各品种池塘养殖产量占总产量的比例/%	100				74.86	17.43	7.71

（北戴河综合试验站站长　于清海）

丹东综合试验站产区调研报告

1　示范县（市、区）海水鱼养殖现状

丹东综合试验站负责大连市的旅顺口区、瓦房店市、庄河市、营口市的鲅鱼圈区、丹东市的东港市5个示范县（市、区）。养殖品种主要为牙鲆、红鳍东方鲀、大菱鲆、黄条鰤等。养殖模式分别为工厂化循环水养殖、工厂化流水养殖、海上网箱和陆基工厂化结合的陆海接力养殖以及池塘养殖。各个示范县区的人工育苗、养殖品种、产量及规模见附表1和附表2。

1.1　育苗面积及苗种产量

1.1.1　育苗面积

丹东综合试验站所辖5个示范县的工厂化育苗总面积为34 000 m^2。其中，庄河市8 000 m^2、东港市22 000 m^2、旅顺口区2 000 m^2、营口市鲅鱼圈区2 000 m^2。按品种分：牙鲆27 000 m^2、红鳍东方鲀7 000 m^2。

1.1.2　苗种年产量

5个示范县共计12户育苗厂家，总计育苗2 920万尾，其中：牙鲆2 780万尾、红鳍东方鲀140万尾。各县育苗情况如下：

旅顺口区：1户育苗厂家，生产牙鲆苗300万尾，全部用于完成放流任务。

鲅鱼圈区：1户育苗厂家，生产牙鲆苗300万尾，全部用于完成放流任务。

庄河市：1户育苗厂家，生产牙鲆苗180万尾，红鳍东方鲀苗40万尾。

东港市：8户育苗厂家（其中有1户，1家生产2种苗），其中7户为牙鲆育苗，生产牙鲆苗2 000万尾，1户为河鲀育苗，红鳍东方鲀苗100万尾。

1.2　养殖面积及年产量、销售量、年末库存量

1.2.1　工厂化养殖

工厂化养殖有流水养殖与循环水养殖，5个示范县共计9家养殖户，养殖面积47 000 m^2，年总生产量为674 t，年销售量499 t，年末库存量为516 t。

旅顺口区：养殖2户，工厂化流水养殖大菱鲆面积20 000 m^2。全年生产量62 t，年销售

150 t，年末库存0 t；大龙六线鱼1 000 m²，全年产量10 t，年销售5 t，年末库存5 t。

瓦房店市：养殖1户，养殖种类为大菱鲆，工厂化流水养殖面积3 000 m²，年产量37 t，年销售40 t，年末库存18 t。

庄河市：养殖1户，工厂化循环水养殖面积15 000 m²。其中，红鳍东方鲀养殖面积10 000 m²，年产量330 t，年销售量210 t，年末库存258 t；黄条鰤养殖面积5 000 m²，年产量220 t，年销售量74 t，年末库存155 t。

东港市：养殖5户，工厂化养殖面积8 000 m²，用于室内越冬。其中，红鳍东方鲀养殖面积2 000 m²，年产量5 t，年销售量0 t，年末库存20 t；牙鲆养殖面积6 000 m²，年产量10 t，年销售量20 t，年末库存量为60 t。

1.2.2　池塘养殖

本试验站只有东港市进行池塘养殖牙鲆、红鳍东方鲀，均采用混养方式。养殖78户，池塘养殖总面积为27 000亩，年产量2 205 t，年销售量2 152 t，年末库存量为0 t。其中：养殖牙鲆25 000亩，年产量2 010 t，年销售量1 952 t，年末库存量为0 t；养殖红鳍东方鲀2 000亩，年产量195 t，年销售量200 t，年末库存量为0 t。

1.2.3　网箱养殖

5个示范县共计1家养殖户，普通网箱养殖面积20 000 m²，深水网箱养殖15 000 m³。其中：

庄河市：养殖1户，深水网箱养殖15 000 m³，养殖黄条鰤，年产量为150 t，年销售量36 t，网箱养殖库存0 t；普通网箱养殖面积20 000 m²，养殖红鳍东方鲀，年产量为135 t，年销售量20 t，网箱养殖库存0 t。

1.3　品种构成

经过对本试验站内5个示范县区的海水鱼养殖情况的调查统计，每个品种的养殖面积及产量占示范县养殖总面积和总产量的比例情况（附表2）如下：

工厂化育苗总面积为34 000 m²，其中，牙鲆为27 000 m²、红鳍东方鲀7 000 m²，分别占总育苗面积的79.41%、20.59%。

工厂化育苗的总出苗量为2 920万尾，其中，牙鲆2 780万尾、红鳍东方鲀140万尾，分别占工厂化总出苗量的95.21%、4.79%。

工厂化养殖的总面积为47 000 m²，其中，牙鲆为6 000 m²、大菱鲆为23 000 m²、红鳍东方鲀为12 000 m²、黄条鰤为5 000 m²、大泷六线鱼1 000 m²，分别占总养殖面积的12.77%、48.94%、25.53%、10.64%、2.13%。

工厂化养殖的总产量为674 t，其中，牙鲆10 t、大菱鲆为99 t、红鳍东方鲀335 t、黄条鰤为220 t、大泷六线鱼10 t，分别占总产量的1.48%、14.69%、49.70%、32.64%、1.48%。

池塘养殖总面积为27 000亩，其中，牙鲆25 000亩、红鳍东方鲀2 000亩，分别占总养殖面积的92.59%、7.41%。

池塘养殖总产量为2 205 t，其中，牙鲆2 010 t、红鳍东方鲀195 t，分别占总产量的91.16%、8.84%。

普通网箱养殖面积20 000 m^2，养殖红鳍东方鲀135 t，面积及产量占全部的100 %。

深水网箱养殖体积15 000 m^3，养殖黄条鰤150 t，面积及产量占全部的100%。

从以上统计可以看出，在5个示范县内，育苗以牙鲆、红鳍东方鲀为主；工厂化养殖以大菱鲆、红鳍东方鲀、黄条鰤、牙鲆为主；池塘养殖品种以牙鲆、红鳍东方鲀为主；网箱养殖以红鳍东方鲀、黄条鰤为主。

2 示范县（市、区）科研、示范开展情况

2.1 科研课题情况

丹东综合试验站依托辽宁省海洋水产科学研究院实施科研项目1项，承担辽宁省重大项目“辽宁重要海水鱼类高效绿色生产模式研发与示范”子课题“辽宁海水鱼种质资源库构建”，目前顺利完成结题验收。在丹东东港市示范区继续实施辽宁省乡村振兴“东港市黄土坎农场科技服务产业提升项目”，开展了牙鲆苗种繁育、池塘养殖技术研究与牙鲆“鲆优2号”、半滑舌鳎“鳎优1号”等新品种示范推广。

2.2 示范开展情况

海水鱼网箱养殖、工厂化养殖模式升级试验与示范；养殖病害免疫综合防控技术攻关和示范；海水鱼优质苗种选育与养殖示范；海水鱼种质资源普查与产业经济数据调查；海水鱼养殖突发与暴发性病害防控；完成各种应急性和突发性任务；完成产业技术培训与技术服务、养殖渔情信息采集工作、数字渔业示范基地的建设和海水鱼体系信息管理平台接入工作。

在庄河市大连富谷食品有限公司进行陆海接力养殖红鳍东方鲀、黄条鰤，海上网箱养殖10 000 m^2；进行红鳍东方鲀、黄条鰤工厂化养殖示范，面积5 000 m^2；在旅顺口区大连万洋渔业养殖有限公司进行许氏平鲉、大泷六线鱼等海上网箱养殖2 000 m^2；在瓦房店市大连颢霖水产有限公司进行大菱鲆“多宝1号”新品种及疫苗免疫鱼苗养殖示范5万尾，示范面积1 000 m^2；在东港市丹东友聚和水产养殖有限公司、黄土坎农场有限公司、东港市景仕水产有限公司等开展了牙鲆国家新品种“鲆优2号”、“北鲆2号”苗种繁育与养殖示范，池塘生态混养“鲆优2号”20万尾、“北鲆2号”30万尾，养殖面积1 000亩；绿色饲料养殖试验示范2 000 m^2；微生态制剂工厂化和池塘养殖试验示范1 000亩；在东港市椅圈镇桑溭海洋牧场中心开展了半滑舌鳎国家新品种“鳎优1号”苗种养殖示范，工厂化养殖“鳎优1号”3月龄幼鱼4.67万尾，面积1 000 m^2；开展海水鱼健康养殖技术线上培训1次。

在首席、岗位专家的指导下，完成风雪灾害、病害防控等应急性事件4次；建立海水鱼渔情信息采集点4个，完成月度数据采集和电子版上报；产业技术体系产业调研、调查30余次，现场、微信、电话等方式技术指导与服务200余人次，现场及线上技术培训5次，培训200余人。

2.3　发表论文情况

发表论文1篇。

［1］高祥刚等. 大泷六线鱼种质资源保护与利用现状. 中国水产，2022（11）：62-63。

2.4　专利、标准情况

授权专利2项。

实用新型专利：

［1］一种鱼类精子冷冻液氮熏蒸架（专利号：ZL202120491133.9）。

发明专利：

［2］一种鱼类精子冷冻液氮熏蒸架用可拆卸浮层材料的制备方法（专利号：ZL202110251980.2）。

制定省地方标准1项：

［1］《半滑舌鳎养殖技术规程》（DB21/T 1956—2022）。

3　海水鱼产业发展中存在的问题

3.1　海水鱼良种缺乏，养殖模式急需更新

目前养殖模式下，辽宁省海水鱼类养殖良种产业化程度低，优良品种缺乏，优质苗种供应不足，养殖中苗种来源混乱，质量良莠不齐。

3.2　海水鱼养殖技术有待更新

对于海水鱼养殖来说，无论是养殖何种鱼类，都应采用适宜的养殖技术，以有效提升海水鱼养殖的质量与产量。但从实际情况来看，目前辽宁地区整体海水鱼养殖行业依旧采用传统的养殖技术，现有的养殖技术已经不能满足日益增长的养殖需求，海水鱼养殖业发展受到阻碍，整体经济效益偏低。

3.3　养殖环境较差，设备落后

很多海水鱼养殖户养殖规模小、设备缺乏，养殖环境较差，从而导致其在养殖过程中出现诸多病害；池塘养殖模式基础性研究工作较薄弱，主要品种养殖病害时有发生，防控

措施有待完善。

3.4　成本上升、价格波动大

饲料、人力、能源成本的上升以及海水鱼市场价格波动剧烈等不利因素，对本区域的海水鱼产业发展产生了不利影响。

3.5　市场存在的问题

受疫情影响，商品鱼市场价格波动较大，影响企业经济效益。

附表1　2022年度丹东综合试验站示范县海水鱼育苗及成鱼养殖情况统计

项目	品种	庄河市			鲅鱼圈区	旅顺口区			瓦房店市	东港市	
		红鳍东方鲀	黄条鰤	牙鲆	牙鲆	大菱鲆	牙鲆	大泷六线鱼	大菱鲆	红鳍东方鲀	牙鲆
育苗	面积/m^2	5 000		3 000	2 000		2 000			2 000	20 000
	产量/万尾	40		180	300		300			100	2 000
工厂养殖	面积/m^2	10 000	5 000			20 000		1 000	3 000	2 000	6 000
	年产量/t	330	220			62		10	37	5	10
	年销售量/t	210	74			150		5	40	0	20
	年末库存量/t	258	155			0		5	18	20	60
池塘养殖	面积/亩									2 000	25 000
	年产量/t									195	2 010
	年销售量/t									200	1 952
	年末库存量/t									0	0
网箱养殖	面积/m^2	20 000	15 000（m^3）								
	年产量/t	135	150								
	年销售量/t	20	36								
	年末库存量/t	0	0								
户数	育苗户数	1	0	1	1	0	1	0	0	1	7
	养殖户数	1	1	0	0	2	0	1	1	10	78

附表2　丹东站5个示范县养殖面积、养殖产量及主要品种构成

项目 \ 品种	合计	牙鲆	大菱鲆	红鳍东方鲀	黄条鰤	大泷六线鱼
工厂化育苗面积/m^2	34 000	27 000	0	7 000		
工厂化出苗量/万尾	2 920	2 780	0	140		
工厂化养殖面积/m^2	47 000	6 000	23 000	12 000	5 000	1 000
工厂化养殖产量/t	674	10	99	335	220	10
池塘养殖面积/亩	27 000	25 000		2 000		
池塘年总产量/t	2 205	2 010		195		
网箱养殖面积/m^2	20 000			20 000		
网箱年总产量/t	135			135		
深水网箱养殖/m^3	15 000				15 000	
深水网箱年总产量/t	150				150	
各品种工厂化育苗面积占总面积的比例/%	100	79.41		20.59		
各品种工厂化出苗量占总出苗量的比例/%	100	95.21		4.79		
各品种工厂化养殖面积占总面积的比例/%	100	12.77	48.94	25.53	10.64	2.13
各品种工厂化养殖产量占总产量的比例/%	100	1.48	14.69	49.70	32.64	1.48
各品种池塘养殖面积占总面积的比例/%	100	92.59		7.41		
各品种池塘养殖产量占总产量的比例/%	100	91.16		8.84		
各品种网箱养殖面积占总面积的比例/%	100			100		
各品种网箱养殖产量占总产量的比例/%	100				100	

（丹东综合试验站站长　李云峰）

葫芦岛综合试验站产区调研报告

1　示范县（市、区）海水鱼养殖现状

本综合试验站下设5个示范县（市、区），分别为：葫芦岛兴城市、绥中县、龙港区、锦州滨海经济区和凌海市。其育苗、养殖品种、产量及规模见附表1。

1.1　育苗面积及苗种产量

1.1.1　育苗面积

5个示范县育苗总面积为10 000 m^2。其中，兴城市5 000 m^2，凌海市5 000 m^2。

1.1.2　苗种年产量

5个示范县共有3家育苗场，年繁育牙鲆鱼苗290万尾。其中：兴城市140万尾，凌海市150万尾，均用于牙鲆人工增殖放流。

1.2　养殖面积及年产量、销售量、年末库存量

5个示范县均为陆基工厂化养殖，有养殖户752家，面积276.5万m^2，年生产量为28 655 t，销售量为28 235 t，年末库存量为22 926 t。具体介绍如下。

葫芦岛兴城市：大菱鲆养殖户510家，养殖面积200万m^2，年产量24 500 t，销售24 000 t，年末库存量16 000 t。

葫芦岛绥中县：大菱鲆养殖户220家，养殖面积70万m^2，年产量1 499 t，销售1 590 t，年末库存量6 350 t。

葫芦岛龙港区：大菱鲆养殖户20家，养殖面积5万m^2，年产量2 601 t，年销售量2 600 t，年末库存量550 t。

锦州滨海新区：其他海水鱼养殖户2家，养殖面积1.5万m^2，年产量55 t，销量45 t，年末库存量26 t。

锦州凌海市：海水鱼育苗企业2家，育苗水体5 000 m^2，年繁育牙鲆鱼苗150万尾，用于人工增殖放流。

1.3 品种构成

本试验站5个示范县养殖面积、养殖产量及主要品种构成见附表2。

统计5个示范县海水鱼养殖面积、品种构成如下。

工厂化育苗总面积为10 000 m^2，牙鲆育苗面积10 000 m^2，占育苗面积100%。

工厂化育苗总出苗量为290万尾，全部为牙鲆鱼苗，占总出苗量的100%。

工厂化养殖总面积276.5万m^2，大菱鲆养殖面积275万m^2，大菱鲆养殖面积占总养殖面积99.46%。其他海水鱼养殖面积为1.5万m^2，占总养殖面积0.54%。

工厂化养殖总产量28 655 t，大菱鲆总产量28 600 t，大菱鲆产量占总产量99.81%。其他海水鱼产量占总产量0.19%。

从以上统计可以看出，在5个示范县内，大菱鲆为工厂化养殖的主要海水鱼品种，其他海水鱼占很小部分。

2 示范县（市、区）科研开展情况

根据体系任务要求，本试验站在示范县区开展大菱鲆养殖提质稳产关键技术攻关与集成示范。一是协助体系相关岗位科学家进行大菱鲆优质苗种推广应用示范，试验站引进体长为6 cm左右的大菱鲆多宝1号新品种苗种2 500万尾，在示范县区主要养殖区进行养殖试验示范，多宝1号新品种和普通苗种在相同条件下养殖7个月后，体重比普通苗种提高了36%，成活率提高了25%，新品种优势明显，具有较好的应用前景。二是协助体系细菌病防控岗位开展细菌病多联疫苗接种技术示范与新研发疫苗的试用评价，先后在葫芦岛金龙湾养殖专业合作社、兴城龙运井盐水水产养殖有限责任公司、兴城市赫远海水养殖有限公司、兴城市军玲水产养殖有限公司、兴城市鑫盛水产养殖有限公司进行生产性接种应用与示范（爱德华氏菌疫苗、杀鲑气单胞菌疫苗），累计接种大菱鲆鱼苗100万尾，全程监测病害发生和养殖生长情况，不使用抗生素，达到预期病害防控示范效果。

三是配合兴城市政府开展了大菱鲆工厂化养殖尾水集中治理工作，开展大菱鲆工厂化养殖现状摸底调查，研究尾水达标排放治理工作方案。引导大菱鲆养殖户安装三层过滤网、修建沉降池处理养殖尾水，经环保部门现场取样化验分析，除悬浮物外其他指标均达到正常标准。这对于养殖周边环境的改善及提高大菱鲆产品质量起到了积极作用，有利于大菱鲆养殖产业持续健康发展，提升“兴城多宝鱼”产品质量和声誉。四是协助大菱鲆营养与饲料开发岗位科学家团队，开展全价颗粒饲料替代冷冻鲜杂鱼投喂技术模式示范，先在一些重点养殖户抓点进行试验，待摸索出可行路子后逐步加以推广实施，促进大菱鲆养殖方式升级改进。

3　海水鱼养殖产业发展现状及存在的问题

3.1　海水鱼养殖产业发展现状

本试验站所覆盖的5个示范县分别为：葫芦岛兴城市、绥中县、龙港区、锦州滨海新区、凌海市。海水鱼养殖方式主要为工厂化流水养殖，主要品种为大菱鲆，其它海水鱼为三纹鱼，增殖放流品种为牙鲆鱼，海水鱼养殖品种比较少，有待引进海水鱼养殖新品种。

从海水鱼养殖情况看，大菱鲆工厂化养殖技术已经逐渐提高，改变了以往单纯注重数量而忽视质量的问题，从投苗开始就注重产品质量，为减少养殖过程中用药，采取减少养殖密度同时提高水体深度的方式，减少了病害的发生，提高了大菱鲆产品的质量，单位养殖水体产量却没有降低。经过多年发展，葫芦岛市的海水鱼已形成了较为完善的养殖和市场流通产业体系。大菱鲆养殖已成为葫芦岛市农村经济的重要组成部分，有力推动了农村经济发展和农民增收。

3.2　海水鱼养殖业存在问题

3.2.1　养殖尾水治理进展缓慢

针对大菱鲆工厂化养殖，开展了养殖尾水治理工作，而且当地政府也制定了工作目标和方案，但一直进展缓慢，养殖尾水不能达到《辽宁省海水养殖尾水控制标准》。如果长时间直排入海，很可能对周边海域造成影响，而且尾水排出后又被抽回进入养殖池塘，也会影响到养殖产品质量。因此尾水治理应快速推进，对不能达标排放的企业，当地环保部门应予以关停。

3.2.2　循环水养殖设施缺少资金扶持

目前，工厂化养殖大菱鲆均采用开放式流水养殖，这种养殖方式用水量大，对地下井盐水的依赖性较强，一旦地下井盐水资源短缺，势必给养殖生产造成影响及损失。循环水养殖模式，可节省60%～70%的地下水，是解决井盐水资源短缺、减轻对自然海域环境的污染的好办法。

国家应加大引导扶持力度，全面推行循环水技术。当地政府对利用循环水养殖的单位或个人给予一定优惠的政策无法实现。因此应将循环水养殖纳入政府补贴之列。

3.2.3　海水绿色养殖技术有待提高

配合饲料不能完全代替鲜杂鱼，目前葫芦岛大菱鲆养殖主产区大多数养殖企业在养殖中后期还是以鲜杂鱼饲料投喂为主，因为使用配合饲料养殖存在配合饲料质量不稳定，养殖过程中易出现生长慢、催肥不迅速等问题，致使大菱鲆成鱼养殖全程使用配合饲料的养殖场尚不多。所以如何提高配合饲料质量以及引导养殖户逐渐转变投喂方式，是下一步要重点解决的问题。

附表1　2022年度葫芦岛综合试验站5个示范县海水鱼育苗及成鱼养殖情况表

项目	品种	兴城市		绥中县	龙港区	锦州市滨海新区	凌海市
		大菱鲆	牙鲆	大菱鲆	大菱鲆	其他海水鱼	牙鲆
育苗	面积/m^2	–	5 000	–	–	–	5 000
	产量/万尾	–	140	–	–	–	150
工厂化养殖	面积/m^2	2 000 000	–	700 000	50 000	15 000	–
	年产量/t	24 500	–	1 499	2 601	55	–
	年销售量/t	24 000	–	1 590	2 600	45	–
	年末库存量/t	16 000	–	6 350	550	26	–
池塘养殖	面积/亩	–	–	–	–	–	–
	年产量/t	–	–	–	–	–	–
	年销售量/t	–	–	–	–	–	–
	年末库存量/t	–	–	–	–	–	–
网箱养殖	面积/m^2	–	–	–	–		–
	年产量/t	–	–	–	–	–	–
	年销售量/t	–	–	–	–	–	–
	年末库存量/t	–	–	–	–	–	–
户数	育苗户数	0	1	0	0	0	2
	养殖户数	510	0	220	20	2	0

附表2　葫芦岛综合试验站5个示范县养殖面积、养殖产量及主要品种构成

项目＼品种	合计	牙鲆	大菱鲆	其他海水鱼
工厂化育苗面积/m^2	10 000	10 000	–	–
工厂化出苗量/万尾	290	290	–	–
工厂化养殖面积/m^2	2 765 000	–	2 750 000	15 000
工厂化养殖产量/t	28 655	–	28 600	55
池塘养殖面积/亩	–	–	–	–
池塘年总产量/t	–	–	–	–
网箱养殖面积/m^2	–	–	–	–
网箱年总产量/t	–	–	–	–
各品种工厂化育苗面积占总面积的比例/%	100	100	–	–
各品种工厂化出苗量占总出苗量的比例/%	100	100	–	–
各品种工厂化养殖面积占总面积的比例/%	100	–	99.46	0.54
各品种工厂化养殖产量占总产量的比例/%	100	–	99.81	0.19
各品种池塘养殖面积占总面积的比例/%	–	–	–	–
各品种池塘养殖产量占总产量的比例/%	–	–	–	–

（葫芦岛综合试验站站长　王辉）

大连综合试验站产区调研报告

1 示范县（市、区）海水鱼养殖现状

本综合试验站下设5个示范县（市、区），分别为：大连市金普新区、大连市甘井子区、大连市长海县、福建省漳浦县、盘锦市大洼县。试验站主要示范、推广品种为红鳍东方鲀、许氏平鲉、大菱鲆等。本试验站育苗、养殖品种、产量及规模见附表1。

1.1 育苗面积及苗种产量

（1）育苗面积：5个示范县海水鱼育苗总面积15 500 m^2，其中金普新区无海水鱼育苗企业、甘井子区5 500 m^2、长海县无育苗企业、漳浦县10 000 m^2、大洼县无育苗企业。按品种分：牙鲆育苗面积5 000 m^2，双斑东方鲀育苗面积10 000 m^2，许氏平鲉育苗面积500 m^2。

（2）苗种年产量：5个示范县共计8户育苗厂家，总计育苗3 150万尾，其中：双斑东方鲀1 800万尾（4～5 cm）、许氏平鲉650万尾（5～6 cm）、牙鲆700万尾。各县育苗情况如下。

金普新区：无海水鱼育苗企业。

甘井子区：德洋水产、大连天正实业有限公司（大黑石基地）、鹤圣丰水产3家①，主要生产褐牙鲆苗种、许氏平鲉苗种。

长海县：无海水鱼育苗企业。

漳浦县：有5家双斑东方鲀育苗室，生产双斑东方鲀苗种1 800万尾（4–5 cm），全部用于本县养殖。

大洼县：无海水鱼育苗企业。

1.2 养殖面积及年产量、销售量、年末库存量

（1）工厂化养殖：大连甘井子区、盘锦大洼县均有工厂化养殖模式，且都作为成鱼养殖，养殖户普遍为开放式流水养殖，仅大连天正实业有限公司大黑石基地为全封闭式循环水养殖，共计养殖户31家，养殖面积60 000 m^2，上年度末存量255 t，年总产量为923 t，销售量为965 t，年末库存213 t。其中：

① 有的育苗厂培育多品种，存在叠加关系

金普新区：无工厂化养殖企业。

甘井子区：30户，养殖面积50 000 m²，其中10 000 m²封闭式循环水养殖模式。大菱鲆养殖面积30 000 m²，上年度末存量90 t，产量355 t，销售350 t，年末库存量95 t；牙鲆养殖面积10 000 m²，上年度末存量50 t，产量145 t，全年销售135 t，年末库存量60 t；红鳍东方鲀养殖面积5 000 m²，上年度末存量100 t，产量210 t，全年销售280 t，年末库存量30 t；其他海水鱼养殖面积5 000 m²，上年度末存量15 t，产量130 t，全年销售115 t，年末库存量30 t。

长海县：无工厂化养殖企业。

漳浦县：无工厂化养殖企业。

大洼县：1户，养殖面积10 000 m²。其他河鲀鱼养殖面积10 000 m²，上年度末存量42 t，产量83 t，全年销售85 t，年末库存量40 t。

（2）网箱养殖：金普新区、长海县、漳浦县是主要的网箱模式养殖地，共计养殖户567家，普通网箱养殖面积150.35万m²，深水网箱养殖总水体35.4万m³，年总生产量为9 097 t，销售量为9 057 t，年末库存40 t。

金普新区：18户，普通网箱养殖面积3 500 m²，深水网箱养殖水体9.6万m³。红鳍东方鲀深水网箱养殖水体9.6万m³，产量1 105 t，销售1 065 t，年末库存量40 t；许氏平鲉普通网箱养殖面积3 500 m²，产量182 t，销售182 t，年末库存量0 t。

甘井子区：无网箱养殖企业。

长海县：58户，深水网箱总水体25.8万m³。牙鲆养殖水体3万m³，产量410 t，销售410 t，年末库存0 t；红鳍东方鲀养殖水体13.2万m³，养殖产量475 t，销售475 t，年末库存量0 t；海鲈鱼养殖水体6万m³，养殖产量130 t，销售130 t，年末库存量0 t；许氏平鲉养殖水体3.6万m³，养殖产量145 t，销售约145 t，年末库存量0 t。

大洼县：无网箱养殖企业。

漳浦县：491户，普通网箱养殖面积150万m²，以石斑鱼养殖为主，养殖产量6 650 t，销售6 650 t，年末库存量0 t。

（3）池塘养殖：金普新区、漳浦县为主要的池塘养殖区，共计养殖户1 690户，主要为普通池塘养殖，养殖面积6万亩，上年度末存量785 t，年总产量为3 900 t，销售量为3 825 t，年末库存量860 t。

金普新区：210户，普通池塘养殖面积10 000亩，主要为海参池塘套养牙鲆、海鲈鱼。其中，海鲈鱼养殖面积5 000亩，上季度存量40 t，养殖产量200 t，销售210 t，年末库存量30 t；牙鲆养殖面积5 000亩，上季度存量45 t，养殖产量200 t，销售215 t，年末库存量30 t。

甘井子区：无池塘养殖企业。

长海县：无池塘养殖企业。

大洼县：无池塘养殖企业。

漳浦县：1 480户，普通池塘养殖总面积5万亩，以双斑东方鲀养殖为主，上年度末存量700 t，养殖总产量3 500 t，销售3 400 t，年末库存量800 t。

1.3　品种构成

每品种养殖面积及产量占示范县养殖总面积和总产量的比例见附表2。统计5个示范县各类海水鱼养殖面积调查结果，各品种构成如下。

工厂化育苗总面积为15 500 m^2，其中牙鲆为5 000 m^2，占总育苗面积的32.26%；双斑东方鲀为10 000 m^2，占总面积的64.52%；许氏平鲉为500 m^2，占总面积的3.23%。

工厂化育苗总出苗量为3 150万尾，其中牙鲆700万尾，占总出苗量的22.22%；双斑东方鲀为1800万尾，占总出苗量的57.14%；许氏平鲉为650万尾，占总出苗量的20.64%。

工厂化养殖总面积为60 000 m^2，其中大菱鲆为30 000 m^2，占总养殖面积的50%；牙鲆为10 000 m^2，占总养殖面积的16.67%；红鳍东方鲀为5 000 m^2，占总养殖面积的8.33%；其他河鲀鱼为10 000 m^2，占总养殖面积的16.67%；许氏平鲉为5 000 m^2，占总养殖面积的8.33%。

工厂化养殖总产量为923 t，其中大菱鲆355 t，占总产量的38.47%，牙鲆为145 t，占总产量的15.71%；红鳍东方鲀为210 t，占总产量的22.75%；其他河鲀鱼为83 t，占总产量的8.99%；许氏平鲉为130 t，占总产量的14.08%。

普通网箱养殖总面积150.35万m^2，深水网箱养殖总水体35.4万m^3。普通网箱养殖以石斑鱼为主，其他海鱼为辅，养殖面积分别为150万m^2、0.35万m^2；深水网箱养殖中，牙鲆养殖水体3万m^3，占总水体8.47%；红鳍东方鲀养殖水体22.8万m^3，占总水体64.41%；海鲈鱼养殖水体6万m^3，占总水体16.95%；许氏平鲉养殖水体3.6万m^3，占总水体10.17%。

网箱养殖总产量9 097 t，其中普通网箱养殖产量6 832 t，深水网箱养殖产量2 265 t。其中，红鳍东方鲀深水网箱养殖产量1 580 t，占总产量的17.37%；牙鲆深水网箱养殖总产量410 t，占总产量的4.51%；海鲈鱼深水网箱养殖130 t，占总产量的1.43%；许氏平鲉深水网箱产量145 t，占总产量的1.59%；许氏平鲉普通网箱产量182 t，占总产量的2.00%；其他海鱼普通网箱养殖产量6 650 t，占总产量的73.10%。

池塘养殖总面积为6万亩，其中牙鲆5 000亩，占总面积的8.33%；双斑东方鲀5万亩，占总面积的83.33%；海鲈鱼5 000亩，占总面积的8.33%。

池塘养殖总产量为3 900 t，其中牙鲆产量200 t，占总产量的5.13%；双斑东方鲀养殖产量3 500 t，占总产量的89.74%；海鲈鱼养殖产量200 t，占总产量的5.13%。

从以上统计可以看出，在5个示范县内，主要养殖品种为红鳍东方鲀、许氏平鲉、大菱鲆、牙鲆和海鲈鱼。

2　示范县（市、区）科研开展情况

2.1　科研课题情况

课题情况：

金普新区进行科研项目4项，为："辽宁省2020年度重大专项计划——辽宁重要海水鱼类绿色养殖标准化体系构建与产业化示范""大连市重点研发计划——红鳍东方鲀全雄新种质创新及其产业化""海洋领域科技成果产业化项目——大连特色海产品精深加工与冷链物流关键技术协同创新及产业化""大连市'揭榜挂帅'科技攻关项目——大连养殖海水鱼绿色保鲜与精深加工关键技术研究"，主要参与人员为张君、刘圣聪。

甘井子区进行科研项目4项，为："国家重点研发计划'蓝色粮仓科技创新'——工厂化智能净水装备与高效养殖模式""辽宁省重大专项——辽宁重要海水鱼类高效绿色生产模式研发与示范""大连市重点研发计划——红鳍东方鲀全雄新种质创新及其产业化""大连市'揭榜挂帅'科技攻关项目——大连养殖海水鱼绿色保鲜与精深加工关键技术研究"，主要参与人员为孟雪松、刘圣聪、张涛等。

长海县进行科研项目2项，为："许氏平鲉深水网箱养殖关键技术研究""长海县深水抗风浪养殖网箱建设"，主要参与人员为邹国华。

漳浦县和大洼县暂无海水鱼领域相关科研项目。

获奖情况：

（1）2022年大连市科技进步三等奖：黄条鰤养殖关键技术应用于产业化。

（2）大连天正实业有限公司被评为国家重点龙头企业。

（3）与大连市农产品和水产品检验检测院、大连市食品检验检测院成立检企合作。

（4）被认定为2022年"农业国际贸易高质量发展基地"。

（5）大连天正实业有限公司入选国家水产种业阵型企业。

（6）2022获评高级农艺师副高级职称——于德强。

（7）2022获评农艺师中级职称——周婧。

2.2　发表论文情况

发表论文4篇。

［1］张莹，刘圣聪，周婧，袁旭，郑秋月，曹际娟，胡冰.鱼皮明胶：凝胶特性的影响因素及其改善方法［J］.食品科技，2022，47（10）：164-170.

［2］卢宏博，刘鹰，沈旭芳，王佳，周慧婷，姜洁明，李泽群，刘奇，闫红伟，孙群汶.光谱对红鳍东方鲀幼鱼肠道微生物组成的影响［J/OL］.水产科学：1-16［2022-12-12］.

［3］于德强，王开杰，徐永江，姜燕.黄带拟鲹2龄鱼表型性状对体质量的影响［J］.

中国水产，2022（05）：91－94.

［4］王志彬 ，王彦堂，雪林.走深走远 科技引领大连渔业高质量发展［J］.东北之窗，2022（03）：22－25.

［5］张涛，杨祯，高铭鸿，曹新宇，赵睿虎，王舒慧，姜志强.黄带拟鲹养殖技术［J］.河北渔业，2022（02）：26－27+37.

3　海水鱼养殖产业发展中存在的问题

3.1　金普新区养殖业存在的问题

金普新区以普通网箱和深水网箱养殖为主，县区还积极参与政府和社会的增殖放流活动，每年提供数百万尾牙鲆、红鳍东方鲀和许氏平鲉的优质苗种，为大连海域生态资源修复作出贡献。

3.2　甘井子区养殖业存在的问题

甘井子区濒临渤海，冬季结冰，网箱等海上设施无法投放，基本以工厂化及池塘养殖为主，而池塘养殖受海参养殖热的影响，海水鱼养殖只能作为增加产值的副产品。

工厂化养殖以大菱鲆、牙鲆为主，天正基地冬季有海上养殖河鲀鱼进入车间越冬，随着许氏平鲉苗种早繁的成功，繁育量和养殖量逐渐增多。

3.3　长海县养殖业存在的问题

长海县以深水网箱为主，养殖品种包括红鳍东方鲀、海鲈、鲕鱼、许氏平鲉等，由于大连海域仅许氏平鲉可能自然越冬，因此冬季其他种类海水鱼必须尽快销售或运输至车间等，而长海县水域养殖许氏平鲉冬季网箱越冬安全性不高，成活率低，水温和营养状态不稳定，目前正在开展许氏平鲉越冬养殖关键技术的研究。

3.4　大洼县养殖业存在问题

大洼县海域处于渤海北部，夏季养殖周期短，影响鱼的生长速度及出池规格。

3.5　漳浦县养殖业存在问题

漳浦县养殖海水鱼从业者众多，几乎家家户户开展海水鱼网箱养殖或池塘养殖，不过该地区规模化养殖程度低，很少有大型的龙头企业，不能够有效推动地区海水鱼产业的发展。

附表1　2022年度大连综合试验站示范县海水鱼育苗及成鱼养殖情况统计表

项目	品种	甘井子区				金普新区				长海县				大洼县	漳浦县	
		大菱鲆	牙鲆	红鳍东方鲀	许氏平鲉	红鳍东方鲀	许氏平鲉	牙鲆	海鲈鱼	许氏平鲉	海鲈鱼	红鳍东方鲀	牙鲆	其他河鲀鱼	双斑东方鲀	石斑鱼
育苗	面积/m²		5 000		500										10 000	
	产量/万尾		700		650										1 800	
工厂养殖	面积/m²	30 000	10 000	5 000	5 000									10 000		
	年产量/t	355	145	210	130									83		
	年销售量/t	350	135	280	115									85		
	年末库存量/t	78	60	30	30									40		
池塘养殖	面积/亩							5 000	5 000						50 000	
	年产量/t							200	200						3 500	
	年销售量/t							210	215						3 400	
	年末库存量/t							30	30						800	
网箱养殖	面积/m²					9 600	3 500			36 000	60 000	132 000	30 000			1 500 000
	年产量/t					1 105	182			145	130	475	410			6 650
	年销售量/t					1 065	182			145	130	475	410			6 650
	年末库存量/t					40	0			0	0	0	0			0
户数	育苗户数		3		1										5	
	养殖户数	12	10	1	7	1	17	120	90	7	12	27	12	1	1 480	491

附表2　大连站五个示范县养殖面积、养殖产量及主要品种构成

项目＼品种	合计	双斑东方鲀	红鳍东方鲀	石斑鱼	大菱鲆	牙鲆	海鲈鱼	许氏平鲉	其他河鲀鱼
工厂化育苗面积/m^2	15 500	10 000				5 000		500	
工厂化出苗量/万尾	3 150	1 800				700		650	
工厂化养殖面积/m^2	60 000		5 000		30 000	10 000		5 000	10 000
工厂化养殖产量/t	923		210		355	145		130	83
池塘养殖面积/亩	60 000	50 000				5 000	5 000		
池塘年总产量/t	3 900	3 500				200	200		
网箱养殖面积/m^2	1 503 500			1 500 000				3 500	
网箱年总产量/t	6 832			6 650				182	
深水网箱养殖/m^3	354 000		228 000			30 000	60 000	36 000	
深水网箱年总产量/t	2 265		1 580			410	130	145	
各品种工厂化育苗面积占总面积的比例/%	100	64.52				32.26		3.23	
各品种工厂化出苗量占总出苗量的比例/%	100	57.14				22.22		20.64	
各品种工厂化养殖面积占总面积的比例/%	100		8.33		50	16.67		8.33	16.67
各品种工厂化养殖产量占总产量的比例/%	100		22.75		38.47	15.71		14.08	8.99
各品种池塘养殖面积占总面积的比例/%	100	83.33				8.33	8.33		
各品种池塘养殖产量占总产量的比例/%	100	89.74				5.13	5.13		
各品种普通网箱养殖面积占总面积的比例/%	100			99.77				0.23	
各品种网箱养殖产量占总产量的比例/%	100			97.33				2.67	
各品种深水网箱养殖水体占总水体积的比例/%	100		64.41			8.47	16.95	10.17	
各品种深水网箱养殖产量占总产量的比例/%	100		69.76			18.10	5.74	6.40	

（大连综合试验站站长　孟雪松）

南通综合试验站产区调研报告

1　示范县（市、区）海水鱼养殖现状

本综合试验站下设5个示范县（市、区），分别为：江苏省南通市海安市、广东省江门市新会区、台山市、广东省阳江市阳西县和广东省中山市。示范基地10处，分别是江苏中洋生态鱼类股份有限公司海安基地，海安县苏粤水产有限责任公司、海安县发华渔业专业合作社、南通龙洋水产有限公司银湖湾分公司、南通龙洋水产有限公司汶村分公司、中洋渔业发展（广东）有限公司广海分公司、中洋渔业发展（广东）有限公司深井分公司、中洋渔业发展（广东）有限公司阳西分公司、江门市江海区大洋水产专业合作社以及中山市海惠水产养殖有限公司。在示范县和示范基地主要进行暗纹东方鲀养殖技术的示范和推广工作，其他海水养殖品种主要为黑鲷、梭鱼、舌鳎、大菱鲆等，主要为小规模工厂化养殖或者小白虾养殖池中套养。各示范县区的人工育苗、养殖品种、产量及规模见附表1。

1.1　育苗面积及苗种产量

1.1.1　育苗面积

5个示范县育苗总面积约为80 000 m²，全部集中在江苏省海安市和广东省江门市，繁育的苗种为暗纹东方鲀。

1.1.2　苗种年产量

5个示范县共计2户育苗厂，总计繁育暗纹东方鲀优质有效水花约9 000万尾，经标粗后主要用于江苏、广东等地养殖。

1.2　养殖面积及年产量、销售量、年末库存量

5个示范县的海水鱼养殖模式主要是池塘养殖，其养殖面积约为7 180亩，年总养殖产量为6 115吨，养殖品种主要为暗纹东方鲀。

池塘养殖

5个示范县池塘养殖面积约为7 180亩，全部为普通池塘养殖，全年产量6 115吨，年销量4 080吨，年末库存量为2 035吨，全部为暗纹东方鲀养殖。

1.3 品种构成

经过对本试验站内五个示范县区的海水鱼养殖情况的调查统计，每个品种的养殖面积及产量占示范县养殖面积和总产量的比例（附表2）情况如下：

工厂化育苗总面积约为80 000 m^2，其中暗纹东方鲀为80 000 m^2，占总育苗面积的100%。

工厂化育苗的总出苗量约为9 000万尾（水花），其中暗纹东方鲀9 000万尾，占总出苗总量的100%。

池塘养殖总面积为7 180亩，全部养殖暗纹东方鲀，占总养殖面积的的100%。

池塘养殖年产量为6 115吨，其中暗纹东方鲀6 115吨，占总产量的100%。

从以上统计数据可以看出5个示范县内，育苗全部是暗纹东方鲀，其育苗面积和出苗量均达到了100%。池塘养殖面积和产量均是暗纹东方鲀，占比均为100%。

2 示范县（市、区）科研开展情况

2.1 科研课题情况

江苏中洋集团股份有限公司是南通综合试验站的建设依托单位，试验站始终保持与体系内外科研院所、岗位科学家、教授协作进行暗纹东方鲀种质资源调查和改良，营养饲料、养殖技术等各方面的合作和研究，并配合体系进行暗纹东方鲀等海水鱼品种的养殖技术试验和示范等工作。

本试验站围绕体系重点任务一“CARS-47-01A：海水鱼绿色养殖关键技术攻关与示范”开展了河鲀营养配合饲料和电商超市产品开发相关工作，主要工作如下：

电商超市产品开发方面，为了满足广大消费者对河鲀口感和品质的要求，试验站联合江苏中洋集团旗下中洋生态鱼股份有限公司研发人员进行了适于电商、超市和出口河鲀加工产品的研发或升级，形成了适于电商、超市和出口的河鲀加工产品河鲀鱼圆。

本试验站围绕体系重点任务二“CARS-47-02A：海水主养鱼类种质资源与新种质创制”开展了杂交河鲀、温度对河鲀性别分化的作用机理、低温胁迫对河鲀肌肉组织MAPK通路和脂类代谢影响的研究，主要工作如下。

杂交河鲀方面，建立了河鲀种质资源库1个，保存优质河鲀亲本约2500尾，培育杂交F1代河鲀鱼苗种约0.6万尾，为河鲀种质资源和品种改良岗位科学家王秀利教授提供暗纹×红鳍杂交F1代苗种大于250尾，暗纹东方鲀苗种大于100尾。此外，通过研究温度对河鲀性别分化的作用机理发现，抗冻蛋白AFP-IV具有低温保护作用，且AFP-IV融合蛋白的抗冻效果在一定程度上随浓度的增加而提高；研究暗纹东方鲀amhr2基因性别特异SNP位点的功能，初步揭示了暗纹东方鲀雌雄特异的Amhr2蛋白在其性腺分化过程中的分子机制；

低温胁迫对暗纹东方鲀肌肉有损伤的作用，能够激活肌肉中ERK、JNK和p38MAPK的磷酸化水平以及脂肪合成、分解和转录等基因，提出MAPK信号通路可能通过调节脂类代谢等相关基因从而改变脂肪酸的组成以及脂类代谢产物，以应对低温胁迫。

此外，南通综合试验站开展了河鲀新品种和新型功能性颗粒河鲀饲料的示范工作。

2.2　发表论文、标准、专利情况

2.2.1　发布江苏省级地方标准1项

［1］涂翰卿，黄丽萍，闫兵兵，朱新鹏，尹绍武，沈李元，陈义培，邱燕，朱芮雅，支宇. 暗纹东方鲀“中洋1号”养殖技术规范［S］DB32−T 4208−2022。

2.2.2　参与授权发明专利1项，申请发明专利1项

［1］王秀利，于云登，仇雪梅，朱浩拥，王耀辉，朱永祥，钱晓明. 一种用于选择暗纹东方鲀体重快速生长的SNP位点与应用：中国，202010654288. X［P］.2022−10−13。

［2］孙侦龙、吴爱君、朱永祥、叶建华、张巧云、寇明香. 一种暗纹东方鲀南北接力养殖方法：中国，202211262790.1.［P］. 2022−10−15。

2.2.3　参与发表论文1篇

［1］ Zhang Huakun，Hu Ziwen，Li Run，Wang Yaohui，Zhou Jinxu，Xu Hao，Wang Guan，Qiu Xuemei，Wang Xiuli. Metabolomic Analysis of the *Takifugu Obscurus* Gill under Acute Hypoxic Stress［J］. Animals，2022，12（19）.

3　海水鱼养殖产业发展中存在的问题

新冠疫情常态化导致南通综合试验站辖区工作开展较难：新冠疫情常态化对试验站辖区内饲料运输、成鱼销售和投苗等生产关键工作造成了很大的影响，消费端萎缩，养殖企业盈利困难，从而导致产业链各环节都损失严重，此次新冠疫情凸显了市场的不可控因素。

3.1　优质主导品种不突出，缺少品牌建设

优质主导品种的突出对海水鱼养殖大产业的形成和发展起到关键推动作用，如山东的大菱鲆，浙江、福建的大黄鱼都是主导品种，并形成了相关产业，但是和国外发达国家的主导品种三文鱼产业相比，无论是品牌影响力还是规模、产值等方面都还有不小的差距。我国海水鱼养殖生产仍处于分散经营的格局，没有形成产品品牌，缺少影响力和知名度，竞争力弱，抵御风险能力低，因此，急需一个有关海水鱼养殖的行业组织统筹规划，打造区域优势主导品种，创建本土海水鱼品牌。

3.2 冷藏生鲜预制调理食品保鲜技术有待创新

疫情时代，预制调理食品成为食品行业的朝阳产业之一，近些年呈井喷式发展，如何能够成为高品质生鲜预制调理食品引领者，关键在于保鲜技术的创新与应用。保鲜技术在高品质生鲜预制调理食品流通过程中起着重要的作用，不在额外添加防腐剂的条件下，创新能够延长水产品货架期、维持鲜冻品原有品质的保鲜技术，是惠及体系内加工端企业甚至整个水产品加工行业的研究。

4 暗纹东方鲀产业技术需求

4.1 暗纹东方鲀良种技术

2018年、2022年，习近平总书记两次到南繁考察，指出："要下决心把我国种业搞上去，抓紧培育具有自主知识产权的优良品种，从源头上保障国家种业安全。""中国人的饭碗要牢牢端在自己手中，就必须把种子牢牢攥在自己手里。"暗纹东方鲀良种保种、选育、推广落后于产业发展，目前暗纹东方鲀仅有1个抗寒新品种中洋1号，急需具有抗病、抗逆、生长速度快、全雌等性状的良种，来改变暗纹东方鲀良种数量少、良种覆盖率低的现状。

4.2 暗纹东方鲀养殖良法

目前，暗纹东方鲀已经有相对成熟的立体生态养殖技术、南北接力养殖技术，同时结合暗纹东方鲀早繁技术，已经能做到部分鱼当年达到商品规格，然而，暗纹东方鲀养殖单位产量、生长速度、抗病能力等和其他品种的鱼类相比仍有较大差距，急需开展暗纹东方鲀养殖水质调控、颗粒饲料与营养配方、鱼粉替代、疾病防控等"良法"的研究和创新。

4.3 暗纹东方鲀良用技术

目前暗纹东方鲀主要还是以鲜活消费为主，消费渠道以酒店消费为主，因此，急需研发新的精深加工技术，开发新的预制菜产品，开辟新的应用消费场景，来拓宽暗纹东方鲀的消费渠道和场景，提高暗纹东方鲀的市场占有率。

附表1　2022年度本综合试验站示范县海水鱼育苗及成鱼养殖情况

项目 \ 品种		海安市	江门市新会区	江门市台山市	阳江市阳西县	广东省中山市
		暗纹东方鲀	暗纹东方鲀	暗纹东方鲀	暗纹东方鲀	暗纹东方鲀
育苗	面积/m^2	20 000	60 000			
	产量/万尾	1 500	7 500			
工厂养殖	面积/m^2					
	年产量/t					
	年销售量/t					
	年末库存量/t					
池塘养殖	面积/亩	650	1 400	3 150	480	1 500
	年产量/t	560	1 150	2 880	395	1 130
	年销售量/t	350	850	1 650	250	980
	年末库存量/t	210	300	1 230	145	150
网箱养殖	面积/m^3					
	年产量/t					
	年销售量/t					
	年末库存量/t					
户数	育苗户数	1	1	0	0	0
	养殖户数	3	2	3	1	2

附表2　本综合试验站五个示范县养殖面积、养殖产量及主要品种构成

项目 \ 品种	年总量	暗纹东方鲀
工厂化育苗面积/m^2	80 000	80 000
工厂化出苗量/万尾	9 000	9 000
工厂化养殖面积/m^2	科研或放流	–
工厂化养殖产量/t		–
池塘养殖面积/亩	7 180	7 180
池塘年总产量/t	6 115	6 115
网箱养殖面积/m^2	–	–
网箱年总产量/t	–	–
各品种工厂化育苗面积占总面积的比例/%	100	100
各品种工厂化出苗量占总出苗量的比例/%	100	100
各品种工厂化养殖面积占总面积的比例/%	–	–
各品种工厂化养殖产量占总产量的比例/%	–	–
各品种池塘养殖面积占总面积的比例/%	100	100
各品种池塘养殖产量占总产量的比例/%	100	100
各品种网箱养殖面积占总面积的比例/%	–	–
各品种网箱养殖产量占总产量的比例/%	–	–

（南通综合试验站站长　叶建华）

宁波综合试验站产区调研报告

1　示范县（市、区）海水鱼养殖现状

宁波综合试验站下设5个示范区县（市、区），分别为舟山市普陀区、宁波市象山县、台州市椒江区、温州市洞头区、温州市平阳县。其育苗、养殖品种、产量及规模介绍如下。

1.1　育苗面积及苗种产量

1.1.1　育苗面积

5个示范区县中海水鱼育苗厂家主要分布于宁波象山、舟山普陀两地，育苗总面积为12 000 m^2，品种以大黄鱼为主。

1.1.2　苗种年产量

5个示范区县年培育海水鱼苗种22 200万尾，包括大黄鱼、黑鲷、黄姑鱼、小黄鱼、银鲳、条石鲷、日本鬼鲉、褐菖鲉、棘头梅童鱼、赤点石斑鱼等种类，其中大黄鱼苗种18 000万尾，占81.08%，其他海水鱼类4 200万尾，占18.92%。

1.2　养殖面积及年产量、销售量、年末库存量

1.2.1　普通网箱养殖

5个示范区县有普通网箱养殖面积273 016 m^2，分布于普陀、象山、洞头和平阳等区县，共计养殖户214户，全年养殖生产量2 327 t，销售量3 213 t，库存量1 978 t。具体介绍如下。

普陀区：10户，养殖面积10 517 m^2，产量203 t，销售648 t，年末库存量80 t。养殖大黄鱼4 000 m^2，产量115 t，销售375 t，年末库存量40 t。海鲈500 m^2，产量0 t，销售90 t，年末库存量0 t；鲷2017 m^2，产量0 t，销售55 t，年末库存量0 t；美国红鱼4 000 m^2，产量88 t，销售128 t，年末库存量40 t。

象山县：109户，养殖面积236 327 m^2，产量1 643 t，销售2 260 t，年末库存量1 570 t。养殖大黄鱼212 160 m^2，产量1 230 t，销售2 070 t，年末库存量810 t；海鲈18 380 m^2，产量365 t，销售165 t，年末库存量680 t；美国红鱼5 787 m^2，产量48 t，销售25 t，年末库存

量80 t。

洞头区：83户，养殖面积13 500 m^2，产量396 t，销售295 t，年末库存量308 t。养殖大黄鱼9 000 m^2，产量276 t，销售181 t，年末库存量200 t；海鲈900 m^2，产量27 t，销售27 t，年末库存量24 t；鲷900 m^2，产量27 t，销售27 t，年末库存量24 t；美国红鱼900 m^2，产量27 t，销售27 t，年末库存量24 t；其他海水鱼以鮸鱼为主，养殖面积1 800 m^2，产量39 t，销售33 t，年末库存量36 t。

平阳县：12户，养殖面积12 672 m^2，全部养殖大黄鱼，产量85 t，销售10 t，年末库存量20 t。

1.2.2 深水网箱养殖

5个示范区县有深水网箱养殖面积1 497 068 m^3，分布于普陀、椒江、平阳和洞头等区县，全年养殖生产量3 346 t，销售量3 756.629 t，库存量1 980.671 t。

普陀区，深水网箱面积88 368 m^3，年产量268 t，销售量626 t，年末库存55 t。其中，大黄鱼50 000 m^3，年产量190 t，销售量420 t，年末库存50 t；海鲈3 048 m^3，产量8 t，销售8 t，年末库存量0 t；鲷20 320 m^3，产量0 t，销售38 t，年末库存量0 t；美国红鱼15 000 m^3，产量70 t，销售160 t，年末库存量15 t。

椒江区，深水网箱面积692 000 m^3，均养殖大黄鱼，年产量1 384 t，销售量1 358 t，年末库存量976 t。

平阳县，深水网箱面积600 000 m^3，均养殖大黄鱼，年产量1 480 t，销售量1 642 t，年末库存量780 t。

洞头区，深水网箱面积116 700 m^3，均养殖大黄鱼，年产量222 t，销售量130.629 t，年末库存量169.671 t。

1.2.3 围网养殖

5个示范区县有围网养殖面积2 416 237 m^2，分布于椒江、洞头、普陀等区县，全年养殖生产量1 715.5 t，销售量2 169.5 t，库存量1 266 t。其中：

椒江区，围网面积912 000 m^2，均养殖大黄鱼，年产量1 368 t，销售量1 952 t，年末库存量911 t。

洞头区，围网面积404 182 m^2，均养殖大黄鱼，年产量197.5 t，销售量167.5 t，年末库存量180 t。

普陀区，围网面积1 100 055 m^2，均养殖大黄鱼，年产量150 t，销售量50 t，年末库存量175 t。

1.3 品种构成

统计5个示范区县主要养殖品种养殖面积及产量占示范区县养殖面积和总产量的比例：见附件2，各品种构成如下。

工厂化育苗总面积为12 000 m^2，其中大黄鱼为10 500 m^2，占育苗总面积的87.5%。

工厂化育苗总产量为22 200万尾，其中大黄鱼为18 000万尾，占育苗总产量的81.08%。

普通网箱养殖总面积为273 016 m^2，其中大黄鱼为237 832 m^2，占总面积的87.11%；海鲈为19 780 m^2，占总面积的7.25%；鲷为2 917 m^2，占总面积的1.07%；美国红鱼为10 687 m^2，占总面积的3.91%；其他海水鱼为1 800 m^2，占总面积的0.66%。

普通网箱养殖总产量为2 327 t，其中大黄鱼为1 706 t，占总产量的73.31%；海鲈为392 t，占总产量的16.85%；鲷为27 t，占总产量的1.16%；美国红鱼为163 t，占总产量的7.00%；其他海水鱼为39 t，占总产量的1.68%。

深水网箱养殖总面积为1 497 068 m^2，总产量3 346 t。主要为大黄鱼，面积为1 458 700 m^2，总产量3 276 t。

围网养殖均为大黄鱼，总面积为2 416 237 m^2，总产量为1 715.5 t。

从以上统计可以看出，在各个方面，大黄鱼都占浙江海水鱼主产区绝对优势。

2　示范县（市、区）科研开展情况

2.1　科研课题进展

2.1.1　参加体系重点任务“CARS-47-01A：海水鱼绿色养殖关键技术攻关与示范”

开展大黄鱼“甬岱1号”新品种苗种规模化繁育与养殖示范，繁育大黄鱼“甬岱1号”苗种2 540余万尾，在浙江象山县示范养殖大黄鱼“甬岱1号”新品种987万尾，养殖水体155 200 m^3，增效15%以上。其中核心示范养殖水体63 577 m^3，1龄鱼种平均规格523.9 ~ 532.4 g，体型修长均匀，产品市场综合售价较普通苗种提高23.3%以上。监测示范县大黄鱼等主要养殖鱼类疾病流行暴发情况，完成病害月度测报9次，养殖区域病害流行病学调查16次，采集大黄鱼病原样本43批次，分离鉴定病原菌株17株，检出寄生虫8批次，检出病毒4批次。推广应用优质颗粒配合饲料，10家示范企业2022年配合饲料实际使用率为66.2%，5个示范县颗粒配合饲料替代使用率超54%，分别比2021年提高10.3%和20%；在宁波4918只（19.92万m^3）核心示范区网箱，全年配合饲料替代率达72.4%，降本增效12%以上。指导和推进示范区网箱绿色升级改造，指导示范县象山县开展海水网箱绿色改造提升工作，建立示范19 566 m^2，改造新建碳纤维网箱15 228 m^2，消减养殖面积4 566 m^2。

2.1.2　参加体系重点任务“CARS-47-02A：海水主养鱼类种质资源与新种质创制”

开展基于大黄鱼“甬岱1号”的全雄鱼培育工作，培育出大黄鱼全雄苗种89.9万尾，雄性率100%，培育大黄鱼超雄鱼保存系亲鱼581尾。开展了全雄大黄鱼和超雄大黄鱼网箱养殖、生长、性腺发育等研究试验，结果表明全雄大黄鱼经2年网箱商品化养殖平均体重可达485.5 g，平均体长30.0 cm（同期养殖的大黄鱼“甬岱1号”平均体重523.9 g，平均体长30.8 cm），全雄大黄鱼体重性状无优势，但体型优势明显，综合市场表现可期。开展大黄鱼耐低氧全基因组选择育种研究，继续增补了基于大黄鱼低氧子代的1 000尾参考群体，进一步完善耐低氧性状育种值评估模型。结合低氧性状与生长性状，综合筛选88尾（其中雌鱼60尾、雄鱼28尾）培育出大黄鱼耐低氧F2代132.5万尾；设立3个养殖示范点用于开展基于耐低氧F2代的养殖试验，现场验收结果显示3处平均体重分别为69.6 g、93.6 g和125.2 g，同期养殖的大黄鱼“甬岱1号”平均体重分别为68.6 g、71.6 g和88.2 g，生长速度提高1.4%～42.0%、养殖成活率最大可提高11%。开展了大黄鱼抗内脏白点病选育系养殖试验，引进大黄鱼抗内脏白点病选育系鱼苗3.2万尾，并结合2021年选育系在象山港白石山海域进行的养殖试验，获得有效性状评价数据。联合示范企业开展野生大黄鱼活体采捕工作，在大目洋南韭山海域采集野生大黄鱼319尾，保活养殖193尾。

2.1.3 参加服务县域经济支撑宁德市蕉城区大黄鱼“一县一业”任务

建立宁波–宁德跨区域转运活体大黄鱼检疫工作机制，为3家浙江大黄鱼养殖企业开展了6批次的跨区大黄鱼检疫。开展大黄鱼“甬岱1号”新品种推介、推广，依托体系在福建宁德蕉城区举办的大黄鱼“一县一业”技术培训会和试验站线上线下技术培训会，推介大黄鱼“甬岱1号”新品种。在浙江象山县开展以水产绿色健康养殖“五大行动”为核心的综合示范工作，建立52 800 m^3水体大黄鱼网箱绿色养殖综合示范，养殖大黄鱼“甬岱1号”200万尾，养成优质商品鱼400余吨，产品较周边平均售价提高23.3%～70%不等，增效20%以上。在浙江温州洞头区浙江东一海洋集团公司和黄鱼岛海洋渔业公司分别建立了大黄鱼工程化座底式围栏绿色养殖示范40万m^2和HPDE抗风浪网箱绿色养殖示范14.67万m^3水体，颗粒配合饲料使用率65%，养殖产品禁用药残抽检合格率100%，品质接近野生，产品平均售价分别为220元/千克和160元/千克，销售大黄鱼分别为92 t和282 t，销售额分别为2 000余万元和4 200余万元，增效10%以上。

2.2 创新技术研发

2.2.1 大黄鱼低氧耐受性状GWAS分析

根据大黄鱼低氧耐受性状参考群体表观数据和液相芯片测序399个个体SNP数据进行低氧耐受性状GWAS分析，绘制低氧性状关联高质量SNP密度图谱，SNP位点数120 815个，平均SNP密度167 SNPs/Mb，基于这些高质量SNP的主成分分析表明，实验大黄鱼群体内存在轻微的群体分层。以鱼存活状态和存活时间为评价性状，分别发现2个和6个显著的SNP位点。对这些SNP位点进行连锁不平衡分析，发现1个单倍型块。对上述8个SNP位点上下游侧翼区内基因进行注释，共注释潜在基因82个，主要包括葡萄糖转运和代谢、红细胞生成、氧化应激、离子调节等生物过程相关的基因。对潜在基因进行GO和KEGG富集，候选基因主要显著富集在磷酸戊糖途径、氨基酸糖和核苷酸糖代谢、神经活性配体–受体相互作用、ErbB信号通路、淀粉和蔗糖代谢、泛素介导的蛋白分解、嘌呤代谢、糖酵解/糖异生、代谢途径和钙信号通路等相关通路。其中，磷酸戊糖途径是最显著富集到的通路。

2.2.2　大黄鱼耐低氧性状的全基因组选择育种方法研究

基于测序数据，分别对不同基因组选择模型、不同SNP密度、不同参考群体数目条件下耐低氧性状育种值预测准确性进行研究。结果表明，不同基因组选择模型下的基因组预测能力基本一致，且以GBLUP模型对存活性状的基因组预测准确性最高。对于不同的SNP密度，当SNP密度由 0.05K 升至 6.4K，基因组预测准确性增长迅速，随后基因组预测准确性随着SNP密度的增加趋于稳定。对于不同的参考群体数目，参考群体数目由 50升至 300，基因组预测准确性增长迅速，随后基因组预测准确性随着数目的增加继续缓慢增长，表明参考群体数目还可以进一步增加以提高预测的准确性。

2.2.3　大黄鱼耐低氧子代性状评价

在耐低氧子代8月龄时，进行耐低氧性状评价。评价方法采用固定溶解氧和梯度溶氧方法，分别测定DO=1.5 mg/L下的半致死时间（LD50_time）和半致死溶解氧浓度（LD50_DO）。实验结果表明，对照组、2021ddRAD系耐低氧子代和2022液相芯片系耐低氧子代在固定溶解氧下的半致死时间分别为241 min、315 min和282 min，两种子代耐低氧性状较对照组分别提高30.7%和17.0%。在梯度降氧条件下的半致死溶解氧浓度分别为1.475 mg/L、1.292 mg/L和1.397 mg/L，耐低氧子代耐受能力较对照组分别提高12.4%和5.3%。这些数据表明，利用基因组选择（GS）繁育出的大黄鱼子代的耐低氧能力较对照组有较大的提升。

2.3　专利、论文、标准和人才培养情况

2.3.1　专利

授权实用新型专利1项。

[1] 一种全自动水产动物溶解氧控制实验装置.专利号202121234428.4.

2.3.2　论文

（1）Jie Ding，Yibo Zhang，Jiaying Wang，et al. Genome-wide association study identified candidate SNPs and genes associated with hypoxia tolerance in large yellow croaker（*Larimichthys crocea*）. Aquaculture，2022，560，738472.

（2）Yibo Zhang，Weiliang Shen，Jie Ding，et al. Comparative Transcriptome Analysis of Head Kidney of Aeromonas hydrophilainfected Hypoxiatolerant and Normal Large Yellow Croaker. Marine Biotechnology，2022，24：1039–1054.

（3） 葛明峰，金晗，徐胜威，等. 浙江省宁波市大黄鱼病原菌分离鉴定及其耐药性分析. 中国动物检疫，2022. 39（6）：57-61.

2.3.3 人才培养

培养指导全日制在读硕士研究生2人、博士生4人。

2.3.4 成果鉴定获奖情况

"岱衢族大黄鱼养殖产业提升关键技术创新与应用"获2021年度宁波市科学技术奖一等奖、中国水产科学研究院科学技术奖二等奖、第六届中国水产学会范蠡科学技术奖二等奖。

3 海水鱼养殖产业发展中存在的问题

（1）受疫情影响，象山、普陀、椒江、洞头和平阳等示范县的大黄鱼等海水鱼养殖产品销售困难，养殖成品前期均有一定程度积压，销售相对迟滞且价格不理想，部分企业经营资金周转困难。

（2）海水鱼养殖产品加工短腿显现，海水养殖鱼类保鲜和加工环节能力不足、技术水平不高，仍然是影响养殖效益和产业高质量发展的突出短板。

（3）养殖病害频发，养殖大黄鱼"三白病"在传统网箱养殖区依然流行，防控手段传统，养殖成活率不高，影响养殖效益。

（4）台风灾害对一些离岸型深远海网箱养殖设施和大型围栏养殖设施毁损严重，今年"梅花"台风对舟山普陀东极岛海域的大黄鱼深水网箱养殖设施造成毁灭性损害，直接经济损失近亿元。我国离岸深远海抗风浪网箱和大型围栏养殖设施的选址、设计、建造和运行维护普遍缺乏海域风险等级及对应抗灾害技术标准，导致近年来一些投资巨大的海洋设施化养殖工程抵御台风灾害能力不足。

（5）近年来异常极端高温、低温天气较多，持续时间长，对近岸养殖大黄鱼的抗逆性能提出更高的要求，现有养殖的大黄鱼品种在抗逆、抗病等性状出现一定程度下降，影响养殖成活率。

附表1　2022年度本综合试验站示范县海水鱼育苗及成鱼养殖情况表

项目			象山县				椒江区	洞头区					平阳县	普陀区			
品种			大黄鱼	海鲈	美国红鱼	其他	大黄鱼	大黄鱼	海鲈	鲷	美国红鱼	其他	大黄鱼	大黄鱼	海鲈	鲷	美国红鱼
育苗	面积/m²		8 000			1 500								2 500			
	年产量/万尾		14 500			4 200								3 500			
养殖	普通网箱	面积/m²	212 160	18 380	5 787			9 000	900	900	900	1 800	12 672	4 000	500	2 017	4 000
		产量/t	1 230	365	48			276	27	27	27	39	85	115	0	0	88
	深水网箱	面积/m³					692 000	116 700					600 000	50 000	3 048	20 320	15 000
		产量/t					1 384	222					1 480	190	8	0	70
	围网	面积/m²					912 000	404 182						1 100 055			
		产量/t					1 368	197.5						150			
户数	育苗户数		3			3								3			
	养殖户数		99	75	56		12	9	38	36	36	39	12	12	5	6	5

附表2　本综合试验站五个示范县养殖面积、养殖产量及主要品种构成

项目 品种	合计	大黄鱼	海鲈	鲷	美国红鱼	其他
工厂化育苗面积/m^2	12 000	10 500				1 500
工厂化育苗产量/万尾	22 200	18 000				4 200
普通网箱养殖面积/m^2	273 016	237 832	19 780	2 917	10 687	1 800
普通网箱养殖产量/t	2 327	1 706	392	27	163	39
深水网箱养殖面积/m^3	1 497 068	1 458 700	3 048	20 320	15 000	
深水网箱养殖产量/t	3 346	3 276	70	0	0	
围网养殖面积/m^2	2 416 237	2 416 237				
围网养殖产量/t	1 715.5	1 715.5				
各品种育苗面积占育苗总面积的比例/%	100	87.5				12.5
各品种育苗量占总育苗量的比例/%	100	81.08				18.92
各品种普通网箱养殖面积占总面积的比例/%	100	87.11	7.25	1.07	3.91	0.66
各品种普通网箱养殖产量占总产量的比例/%	100	73.31	16.85	1.16	7.00	1.68
各品种深水网箱养殖面积占总面积的比例/%	100	97.44	0.20	1.36	1.00	
各品种深水网箱养殖产量占总产量的比例/%	100	97.91	2.09	0	0	
各品种围网养殖面积占总面积的比例/%	100	100				
各品种围网养殖产量占总产量的比例/%	100	100				

（宁波综合试验站站长　吴雄飞）

宁德综合试验站产区调研报告

1　示范县（市、区）海水鱼养殖现状

宁德综合试验站下设五个示范县（市、区），分别为福建省宁德市的蕉城区、霞浦县、福安市以及福建省漳州市的东山县、诏安县。示范基地10处，分别是宁德市富发水产有限公司、宁德市达旺水产有限公司、霞浦县蔡建华养殖场、霞浦县陈忠养殖场、福安市陈时红养殖场、福安市林亦通养殖场、东山县祥源汇水产养殖有限公司、福建省逸有水产科技有限公司、诏安县郑祖盛养殖场、诏安县高忠明养殖场，其示范区育苗、养殖品种、产量和规模见附表1。

1.1　育苗面积和苗种产量

1.1.1　育苗面积

五个示范县育苗总面积为64 160 m^2，其中蕉城区为50 000 m^2，霞浦和福安未统计到育苗场；东山县为9 500 m^2，诏安县为4 660 m^2；按品种来分，大黄鱼育苗面积为50 000 m^2，石斑鱼为6 700 m^2，鲷鱼为2 660 m^2，鲈鱼为4 800 m^2。

1.1.2　苗种年产量

五个示范县育苗户数为165户，总育苗量为10.08亿尾，其中大黄鱼为10亿尾，石斑鱼为330万尾，鲷鱼为150万尾，鲈鱼为320万尾。各县的育苗数量如下：

蕉城区：共有育苗户42家，共计育大黄鱼苗10亿尾；

东山县：共有育苗户105家，苗种繁育数量为600万尾，其中石斑鱼苗280万尾，鲷鱼苗100万尾，鲈鱼苗220万尾；

诏安县：共有育苗户18家，苗种繁育数量为200万尾，其中石斑鱼苗50万尾，鲷鱼苗50万尾，鲈鱼苗100万尾。

1.2　养殖面积及年产量、销售量、年末库存量

1.2.1　工厂化养殖

五个示范县工厂化养殖面积为12 000 m^2，其养殖产量为245吨，其中年销售量为160吨，年库存量为85吨。各县的养殖情况如下：蕉城区工厂化养殖面积800 m^2，养殖总产

量20吨，年销售量15吨，年库存量5吨；东山县工厂化养殖面积9 000 m²，养殖总产量150吨，年销售量为85吨，年库存量为65吨；诏安县工厂化养殖面积2 200 m²，养殖总产量为75吨，年销售量为60吨，年库存量为15吨。

1.2.2　池塘养殖

五个示范县池塘养殖面积为750 m²，养殖产量为55吨，其中年销售量为35吨，年库存量为15吨。各县养殖情况如下：东山县池塘养殖总面积为600 m²，年产量为30吨，销售量为20吨，库存10吨；诏安县池塘养殖总面积为150 m²，年产量25吨，销售15吨，库存5吨。

1.2.3　网箱养殖

五个示范县网箱养殖总面积为21 265 700 m²，总产量为165 488吨，其中年销售量为155 942吨，库存9 060吨。各示范县的养殖情况如下：蕉城区网箱养殖面积为12 720 000 m²，养殖产量为66 123吨，销售63 800吨，库存2 323吨；霞浦县网箱养殖面积为6 460 000 m²，养殖产量为63 466吨，销售61 521吨，库存1 495吨；福安市网箱养殖面积为1 860 000 m²，养殖产量为21 949吨，销售20 121吨，库存1 828吨；东山县网箱养殖面积为208 000 m²，养殖产量为11 100吨，销售8 200吨，库存2 900吨；诏安县网箱养殖面积为17 700 m²，养殖产量为2 850吨，销售2 300吨，库存550吨。

1.3　品种构成

每品种养殖面积及产量占示范县养殖总面积和总产量的比例见附表2。

统计五个示范县海水鱼养殖面积调查结果，各品种构成如下：

育苗面积：总育苗面积为64 160 m²，其中大黄鱼育苗面积为50 000 m²，占总育苗面积的77.93%；石斑鱼为6 700 m²，占总育苗面积的10.44%；鲷鱼为2 660 m²，占总育苗面积的4.15%；鲈鱼为4 800 m²，占总育苗面积的7.48%。

育苗产量：五个示范县育苗总量为100 800万尾，其中大黄鱼为100 000万尾，占总育苗量的比例为99.21%；石斑鱼育苗数量为330万尾，所占比例为0.32%；鲷鱼育苗数量为150万尾，所占比例为0.15%；鲈鱼育苗数量为320万尾，所占比例为0.32%。

工厂化养殖面积：工厂化养殖总面积为16 200 m²，其中大黄鱼工厂化养殖面积为5 000 m²，石斑鱼工厂化养殖面积为11 200 m²。

工厂化养殖产量：工厂化养殖总产量为245吨，大黄鱼养殖产量20吨，石斑鱼养殖产量225吨。

池塘养殖面积：池塘养殖总面积为750 m²，全部为石斑鱼池塘养殖。

池塘养殖产量：池塘养殖总产量为55吨，全部为石斑鱼。

网箱养殖面积：网箱养殖总面积为21 265 700 m²，其中大黄鱼养殖面积为21 040 000 m²，所占比例为99.03%；石斑鱼养殖面积为101 450 m²，所占比例为0.48%；鲷鱼养殖面积为32 160 m^2，所占比例为0.15%；鲈鱼养殖面积为56 060 m^2，所占比例为0.26%；美国红鱼养殖面积为54 000 m^2，所占比例为0.25%，鲆鱼养殖面积为11 200 m^2，所占比例为0.05%。

网箱养殖产量：网箱养殖总产量为165 488吨，其中大黄鱼网箱养殖产量为151 538吨，所占比例为90.94%；石斑鱼网箱养殖产量为4 600吨，所占比例为2.76%；鲷鱼网箱养殖产量为4 100吨，所占比例为2.46%；鲈鱼网箱养殖产量为4 200吨，所占比例为2.52%；美国红鱼网箱养殖产量为1 600吨，所占比例为0.96%；鲆鱼网箱养殖产量为600吨，所占比例为0.36%。

2　示范县（市、区）科研开展情况

2.1　主要科研课题情况

（1）开展新品种的遗传育种工作是宁德试验站长期以来的主要任务。以生长性状为选育目标，结合家系选育和群体选育技术，现已建立了大黄鱼核心选育群体，培育出具生长优势的“富发1号”大黄鱼新品种。大黄鱼“富发1号”共计培育9 500万尾。示范养殖大黄鱼“富发1号”苗种500口网箱（4 m×4 m），健康养殖技术辐射推广2 500口网箱。2021年示范基地苗种繁育技术和受精卵、亲鱼、鱼苗等产品已辐射推广至多家育苗户（企业），推广面积达到4 000 m^2。

（2）宁德站还联合厦门大学徐鹏教授课题组，围绕大黄鱼产业的发展需求，建立了成熟的基因组育种技术体系，开展速生、体型优良、抗虫和耐高温等多个大黄鱼新品系培育工作。其中，应用基因组选择育种技术开展大黄鱼抗刺激隐核虫新品系“宁抗1号”选育，推广苗种1 040万尾，至2022年7月30日测产，示范养殖52.8万尾、抗性测评存活率68.37%，对照组存活率为41.35%。

（3）利用丰富的大黄鱼基因组工具，使用基因组尺度的全基因组关联分析（GWAS），依托大黄鱼种质资源库，对大黄鱼高温耐受性性状进行精细定位和遗传分析，解析相关基因座位，开发与抗性强关联的标记工具。利用获得的遗传标记，采用分子标记辅助育种的方法培育大黄鱼耐高温新品种（或新品系），同时开发配套的新品系养殖技术，创制和保存耐高温大黄鱼种质资源。

（4）为宁德地区特色海水鱼类营养与饲料创新研究与应用提供大黄鱼等苗种、场地，并进行协助。宁德综合试验站配合海水鱼体系营养与饲料研究室岗位科学家麦康森院士及艾庆辉教授，开展大黄鱼的新型饲料蛋白源的开发与利用的试验示范。累计开展应用试验200多口网箱，包含沉性和浮性两种环保型全价颗粒配合饲料。

（5）配合体系工作，成立大黄鱼工作小组，开展“一县一业”大黄鱼质量安全保障与产业价值提升行动；牵头多家单位和育苗大户拟定成立大黄鱼健康优质苗种繁育示范区，推广应用大黄鱼优质健康苗种；配合疾病防控研究岗位，开展养殖大黄鱼流行性爆发性病害集成防控研究工作，对宁德养殖海水鱼类常见的刺激隐核虫病、内脏白点病、弧菌病、白鳃病等主要疾病暴发情况进行调研和综合防治机制研究试验示范；参与建立大黄鱼产地检疫制度；开放大黄鱼博物馆，介绍大黄鱼产业发展历程，学习大黄鱼科技攻关艰苦历程。

2.2 发表论文、标准、专利情况

授权发明专利4项；发表文章2篇；发布企业标准3项。

（1）发表文章2篇。

［1］Yuan Jin，Yong Mao，SuFang Niu，Ying Pan，Wei-Hao Zheng，Jun Wang. Molecular characterisation and biological activity of an antiparasitic peptide from Sciaenops ocellatus and its immune response to Cryptocaryon irritans. Molecular Immunology，2022，141：1-12.

［2］Yulin Bai，Zhixiong Zhou，Ji Zhao，Qiaozhen Ke，Fei Pu，Linni Wu，Weiqiang Zheng，Hongshu Chi，Hui Gong，Tao Zhou，Peng Xu. The Draft Genome of Cryptocaryon irritans Provides Preliminary Insights on the Phylogeny of Ciliates.Frontiers in Genetics，2022，12：808366.

（2）授权发明专利4项。

［1］《一种条石鲷流水式促产方法及仔稚鱼培育方法》，专利号：ZL201911056221.X，专利类型：发明专利，授权日期：2022年02月11日；

［2］《一种虎斑乌贼分层式养殖仓及其使用方法》，专利号：ZL202010556821.9，专利类型：发明专利，授权日期：2022年07月05日；

［3］《一种新型多功能大黄鱼室内养殖池的装置及其使用方法》，专利号：ZL202010641470.1，专利类型：发明专利，授权日期：2022年08月12日；

［4］《一种用于野生大黄鱼的保活方法》，专利号：ZL202110420111.8，专利类型：发明专利，授权日期：2022年11月25日；

（3）制定企业标准3项。

企业标准《无特定病原的大黄鱼苗种认定标准》Q/NDFF 001—2002，于2022年1月19日在企业标准信息公共服务平台备案。

企业标准《溶藻弧菌感染大黄鱼的攻毒实验操作规范》Q/NDFF 002-2002，于2022年8月19日在企业标准信息公共服务平台备案。

企业标准《变形假单胞菌感染大黄鱼的攻毒实验操作规范》Q/NDFF 003—2002，于2022年8月19日在企业标准信息公共服务平台备案。

3　示范县（市、区）海水鱼产业发展中存在的问题

（1）养殖投喂模式粗放和鱼病综合防控意识薄弱。

（2）内湾养殖容量有限，过度养殖是目前面临的主要问题，如何快速拓展外海养殖，迫切需求加速养殖模式转换。

附表1　2022年度本综合试验站示范县海水鱼育苗及成鱼养殖情况

		蕉城区	霞浦县	福安市	东山县				诏安县		
		大黄鱼	大黄鱼	大黄鱼	石斑鱼	鲷鱼	鲈鱼	美国红鱼	石斑鱼	鲷鱼	鲈鱼
育苗	面积/m^2	50 000	0	0	6 000	2 000	1 500	0	700	660	3 300
	产量/万尾	100 000	0	0	280	100	220	0	50	50	100
工厂化养殖	面积/m^2	800	0	0	9 000	0	0	0	2 200	0	0
	年产量/t	20	0	0	150	0	0	0	75	0	0
	年销售量/t	15	0	0	85	0	0	0	60	0	0
	年库存量/t	5	0	0	65	0	0	0	15	0	0
池塘养殖	面积/m^2	0	0	0	600	0	0	0	150	0	0
	年产量/t	0	0	0	30	0	0	0	25	0	0
	年销售量/t	0	0	0	20	0	0	0	15	0	0
	年库存量/t	0	0	0	10	0	0	0	5	0	0
网箱养殖	面积/m^2	12 720 000	6 460 000	1 860 000	90 000	27 000	45 000	46 000	7 500	3 000	7 200
	年产量/t	66 123	63 466	21 949	3 600	3 300	2 400	1 800	600	900	1 350
	年销售量/t	63 800	61 521	20 121	3 000	2 300	1 500	1 400	400	750	1 150
	年库存量/t	2 323	1 495	1 828	600	1 000	900	400	200	150	200
户数	育苗户数	42	0	0	62	40	13	0	18	0	0
	养殖户数	1 100	1 560	480	160	85	66	50	120	108	120

附表2　本综合试验站五个示范县养殖面积、养殖产量及主要品种构成

	合计	大黄鱼	石斑鱼	鲷鱼	鲈鱼	美国红鱼	鲆鱼
育苗面积/m^2	64160	50 000	6 700	2 660	4 800	0	0
育苗产量/万尾	100 800	100 000	330	150	320	0	0
工厂化养殖面积/m^2	16 200	5 000	11 200	0	0	0	0
工厂化养殖产量/t	245	20	225	0	0	0	0
池塘养殖面积/m^2	750	0	750	0	0	0	0
池塘养殖产量/t	55	0	55	0	0	0	0
网箱养殖面积/m^2	21 246 270	21 040 000	101 450	32 160	56 060	54 000	11 200
网箱养殖产量/t	166 638	151538	4 600	4 100	4 200	1 600	600
各品种育苗面积占总面积的比例/%	100	77.93	10.44	4.15	7.48	0.00	0.00
各品种出苗量占总出苗量的比例/%	100	99.21	0.32	0.15	0.32	0.00	0.00
各品种工厂化养殖面积占总面积的比例/%	100	30.86	69.14				
各品种工厂化养殖产量占总产量的比例/%	100	8.16	91.84				
各品种池塘养殖面积占总面积的比例/%	100		100				
各品种池塘养殖产量占总产量的比例/%	100		100				
各品种网箱养殖面积占总面积的比例/%	100	99.03	0.48	0.15	0.26	0.25	0.05
各品种网箱养殖产量占总产量的比例/%	100	90.94	2.76	2.46	2.52	0.96	0.36

（宁德综合试验站站长　郑炜强）

漳州综合试验站产区调研报告

1　示范县（市、区）海水鱼养殖现状

漳州综合试验站下设5个示范县，分别为：福建省宁德市福鼎市、福建省福州市连江县、福建省福州市罗源县、福建省漳州市云霄县、广东省潮州饶平县。试验站主要示范、推广品种为鲈鱼、大黄鱼、鲷鱼。其育苗、养殖品种、产量及规模见表1。

1.1　育苗体积及苗种产量

1.1.1　育苗体积

5个示范县育苗总体积为124 515 m^3，其中福鼎市为39 245 m^3、连江县为55 270 m^3、罗源县为21 500 m^3、饶平县为8 500 m^3，云霄县没有苗种生产。按品种分：大黄鱼为53 940 m^3、鲈鱼为48 505 m^3、鲷鱼22 070 m^3。

1.1.2　苗种年产量

5个示范县年育苗19 310万尾，其中：鲈鱼9 740万尾、大黄鱼8 270万尾、鲷鱼1 300万尾。各县育苗情况如下：

福鼎市：年生产海鲈鱼苗种7 800万尾，大黄鱼苗种5 200万尾，鲷鱼500万尾。

连江县：年生产海鲈鱼苗种750万尾，大黄鱼苗种1 850万尾，鲷鱼300万尾。

罗源县：年生产海鲈鱼苗种320万尾，大黄鱼苗种670万尾，鲷鱼240万尾。

饶平县：年生产海鲈鱼苗种870万尾，大黄鱼苗种550万尾，鲷鱼260万尾。

云霄县：没有育苗。

1.2　养殖面积及年产量

1.2.1　普通网箱养殖

5个示范县普通网箱养殖面积共计5 484 100 m^2，其中养殖产量较多的分别为鲈鱼、大黄鱼、鲷鱼，故仅统计这三类鱼品种，普通网箱共计为4 581 120 m^2，年总生产量为53 974 t。

福鼎市：普通网箱养殖面积2 239 300 m^2，鲈鱼养殖面积722 600 m^2，年产量18 410 t，年销售量12 230 t，年末库存量15 207 t；大黄鱼养殖面积963 600 m^2，年产量20 510 t，年

销售量14 866 t，年末库存量17 107 t；鲷鱼养殖面积312 600 m^2，年产量1 607 t，年销售量1 516 t，年末库存量1 527 t。

连江县：普通网箱养殖面积1 917 680 m^2，鲈鱼养殖面积475 600 m^2，年产量6 300 t，年销售量4 916 t，年末库存量5 444 t；大黄鱼养殖面积732 000 m^2，年产量867 t，年销售量1 813 t，年末库存量1 204 t；鲷鱼养殖面积173 900 m^2，年产量2 239 t，年销售量2 023 t，年末库存量2 054 t。

罗源县：普通网箱养殖面积1 178 860 m^2，鲈鱼养殖面积221 300 m^2，年产量5 500 t，年销售量4 336 t，年末库存量4 761 t；大黄鱼养殖面积545 200 m^2，年产量8 300 t，年销售量6 304 t，年末库存量7 010 t；鲷鱼养殖面积350 460 m^2，年产量6 200 t，年销售量5 224 t，年末库存量5 519 t。

云霄县：普通网箱养殖面积59 860 m^2，鲈鱼养殖面积48 700 m^2，年产量688 t，年销售量490 t，年末库存量448 t；鲷鱼养殖面积11 160 m^2，年产量132 t，年销售量107 t，年末库存量68 t。

饶平县：普通网箱养殖面积24 000 m^2，鲈鱼养殖面积24 000 m^2，年产量173 t，年销售量149 t，年末库存量150 t。

1.2.2　深水网箱养殖

5个示范县内深水网箱养殖体积共计144 900 m^3，年总生产量为15 262 t。

福鼎市：深水网箱养殖体积49 780 m^3，其中鲈鱼养殖体积15 040 m^3，年产量7 890 t，年销售量5 068 t，年末库存量6 540 t；大黄鱼养殖体积16 440 m^3，年产量8 789 t，年销售量6 330 t，年末库存量7 396 t；鲷鱼养殖体积18 300 m^3，年产量750 t，年销售量668 t，年末库存量639 t。

连江县：深水网箱养殖体积86 620 m^3，其中鲈鱼养殖体积36 040 m^3，年产量2 700 t，年销售量1 900 t，年末库存量2 241 t；大黄鱼养殖体积40 200 m^3，年产量371 t，年销售量600 t，年末库存量429 t；鲷鱼养殖体积10 380 m^3，年产量758 t，年销售量646 t，年末库存量729 t。

饶平县：深水网箱养殖体积8 500 m^3，鲈鱼养殖体积8 500 m^3，年产量36 t，年销售量50 t，年末库存量46 t。

云霄县：深水网箱养殖面积小，未统计。

罗源县：没有深水网箱养殖。

1.3　品种构成

每品种养殖面积及产量占示范县养殖总面积和产量的比例：见表2。统计5个示范县海水鱼类养殖面积调查结果，各品种构成如下。

5个示范县育苗总体积为124 515 m^3，其中，大黄鱼为53 940 m^3，占总育苗体积的

43.32%；鲈鱼为48 505 m^3，占总育苗体积的38.96%；鲷鱼为22 070 m^3，占总育苗体积17.72%。

5个示范县年育苗19 310万尾，其中：鲈鱼9 740万尾，占总产量的50.44%；大黄鱼8 270万尾，占总产量的42.83%；鲷鱼1 300万尾，占总产量的6.73%。

普通网箱养殖总面积为4 581 120 m^2，其中鲈鱼为1 492 200 m^2，占总面积的32.57%；大黄鱼为2 240 800 m^2，占总面积的48.91%；鲷鱼为848 120 m^2，占总面积的18.52%。总产量为53 974 t，其中鲈鱼为22 121 t，占总产量的40.98%；大黄鱼为22 983 t，占总产量的42.58%；鲷鱼为8 870 t，占总产量的16.44%。

深水网箱养殖养殖总体积为144 900 m^3，其中鲈鱼为59 580 m^3，占总体积的41.11%；大黄鱼为56 640 m^3，占总体积的39.09%；鲷鱼为28 680 m^3，占总体积的19.80%。总产量为15 262 t，其中鲈鱼产量7 018 t，占总产量的45.98%；大黄鱼为6 932 t，占总产量的45.41%；鲷鱼为1 314 t，占总产量的8.61%。

2　示范县（市、区）科研开展情况

2.1　科研课题情况

福建闽威实业股份有限公司是漳州综合试验站建设依托单位，试验站积极与体系内外科研院所、岗位科学家、研究人员合作，开展海鲈鱼种质选育、水产品精深加工、网箱养殖技术等方面的合作和研究，并踊跃向有关部门申请海水鱼产业相关项目。根据国家海水鱼产业技术体系“绿色发展、增产增收、提质增效、富裕渔民”的发展战略，面向我国海水鱼养殖产业发展需求，开展关键技术研发、试验和示范工作。漳州综合试验站以网箱升级优化、海水鱼优质饲料开发、海鲈鱼良种选育与健康苗种繁育、海水鱼产品加工等为研究方向，积极展开各项工作，取得了诸多显著成效。

2.1.1　助力传统网箱转型升级，构建深水网箱养殖模式

2022年我站开展传统网箱转型升级，共升级改造12口规格为26 m × 26 m的新型塑胶深水网箱，面积达8 112 m^2，进一步拓宽了水产养殖发展空间，优化提升网箱养殖设施，并积极配合和协助示范县福鼎市开展海上综合治理工作，取得良好效果。此外，我站还开展“福建省级一类基地建设”项目，与集美大学水产学院、福建农林大学海洋学院、福建省闽东水产研究所等科研教学单位共建水产实验基地；与福建省水产技术推广总站共同申报2022年水产绿色健康养殖技术推广“五大行动”骨干基地，示范推广水产绿色健康养殖技术。

2.1.2　开展优质花鲈苗种繁育，带动养殖户健康养殖

今年，我站开展花鲈优质苗种的规范化繁育工作，累计提供海鲈优质健康苗种200万

尾。带动周边养殖户进行绿色、健康养殖，帮助罗源、云霄、连江、饶平等5个示范县渔民增产创收。种业是农业的“芯片”，也是国家战略性、基础性核心产业。我站与中国海洋大学、福建农林大学、闽江学院、福建省农科院等科研院校开展现代种业提升工程、重点产业产学研协同创新等诸多项目。如“现代海洋牧场重要技术集成创新及应用”“花鲈种质资源挖掘与耐高温性状的遗传基础与分子育种研究”“花鲈高密度SNP芯片开发及其在基因组选择育种中的应用”等，为种业的可持续发展持续助力。

2.1.3　开展海洋食品预制菜研发，提高产品附加值

我国预制菜产业潜力巨大，水产品占重要比例，积极进军预制菜赛道将对传统鲈鱼产业变革产生巨大且积极的影响。我站以敏锐的市场感知能力，获悉市场需求，持续投入研发，成功掌握烤鱼预制菜制作技艺，已研发青花椒烤鲈鱼、麻辣烤鲈鱼、红焖烤鲈鱼3种海鲈鱼加工食品和酸菜烤黄鱼、蒜香烤黄鱼等4种大黄鱼加工食品。同时我站与农林大学水产学院合作开展的“福鼎鲈鱼精深加工增值关键技术与产业化示范”项目已完成验收。该项目建立了海鲈鱼最佳脱腥工艺，确定棕榈油为优质海鲈鱼鱼松炒制植物油，优化了鱼松最佳加工条件和配料配比，确定了鱼脯加工方式为烘干后烘烤及制备时鱼糜与鱼肉的最适配比，确定了鱼松的最优抗氧化剂组合。项目实施促进当地海鲈鱼精深加工产品产业化经营，提升了企业技术创新力度、产业化规模化发展进程。

2.1.4　夯实健康养殖基础创建，带动产业示范推广

2022年试验站获授权专利9项；完成“国家学会创新驱动服务站”“国家食物营养教育示范基地”“福建省企业技术中心”“渔业结构调整福建省名牌农产品‘闽威大黄鱼’品牌推广”“福建省科技计划项目福鼎鲈鱼精深加工增值关键技术与产业化示范”“农业国际贸易高质量发展基地”“宁德市众创空间”共7个项目的验收。试验站依托单位获得全国质量标杆企业、国家水产种业阵型企业、国家花鲈繁育标准化示范区、福建省科技进步奖、福建福鼎鲈鱼科技小院、福建省企业技术中心、福建食品工业40年成长潜力企业等荣誉，“鱼松、烤鱼、鱼小方鱼脯”获中国（福州）国际渔业博览会金奖产品。此外，试验站年度开展示范县产业数据调查4次，技术培训2次，基地观摩活动8次，培训相关养殖从业人员和科技示范户800人次，发放培训/科普资料共计425份；帮助示范县内养殖企业、提供技术咨询、帮助养殖户提升养殖技术，走可持续健康养殖之路。

2.2　发表论文、专利情况

申请9项实用新型专利：

［1］一种鱼松制备轮肉机，2022年9月23日，专利号：ZL202220881545.8

［2］一种鱼脯生产用成型机，2022年9月23日，专利号：ZL202220884246.X

［3］一种带升降功能的包装箱压平机，2022年9月23日，专利号：ZL202220672600.2

［4］一种热量均匀的热收缩设备，2022年9月23日，专利号：ZL202220759293.1

［5］一种用于生产鱼松的鱼刺分离机，2022年9月23日，专利号：ZL202220759261.1

［6］一种高压水去鳞机的进料装置，2022年12月16日，专利号：ZL202220672173.8

［7］一种具有辅助定位加工功能的不锈钢切片机，2022年12月16日，专利号：ZL202220672223.2

［8］一种全自动立式制袋用的包装机，2022年12月16日，专利号：ZL202220760008.8

［9］一种鱼松制备用筛选机，2022年12月30日，专利号：ZL202220883560.6

3　海水鱼养殖产业发展中存在的问题

随着我国冷链技术水平的逐步完善以及消费者对于食材新鲜度、口味的要求越来越高，预制菜也因产品新鲜度高、后期可再自主调味等多方优势，行业将迎来更加快速的发展，市场前景广阔。目前市场上精深加工的水产品预制菜种类少，类型较为统一，精深加工工艺技术尚不成熟，需进一步加大力度完善发展。

附表1　2022年度本综合试验站示范县海水鱼育苗及成鱼养殖情况表

项目	品种	福鼎市			连江县			罗源县			云霄县			饶平县		
		鲈鱼	大黄鱼	鲷鱼	鲈鱼	大黄鱼	鲷鱼	鲈鱼	大黄鱼	鲷鱼	鲈鱼	大黄鱼	鲷鱼	鲈鱼	大黄鱼	鲷鱼
育苗	体积/m^3															
	产量/万尾	7 800	5 200	500	750	1 850	300	320	670	240				870	550	260
工厂养殖	面积/m^2															
	年产量/t															
	年销售量/t															
	年末库存量/t															
普通网箱	面积/m^2	722 600	963 600	312 600	475 600	732 000	173 900	221 300	545 200	350 460	48 700		11 160	24 000		
	年产量/t	18 410	20 510	1 607	6 300	867	2 239	5 500	8 300	6 200	688		132	173		
	年销售量/t	12 230	14 866	1 516	4 916	1 813	2 023	4 336	6 304	5 224	490		107	149		
	年末库存量/t	15 207	17 107	1 527	5 444	1 204	2 054	4 761	7 010	5 519	448		68	150		
深水网箱	水体/m^3	15 040	16 440	18 300	36 040	40 200	10 380							8 500		
	年产量/t	7 890	8 789	750	2 700	371	758							36		
	年销售量/t	5 068	6 330	668	1 900	600	646							50		
	年末库存量/t	6 540	7 396	639	2 241	429	729							46		
户数	育苗户数															
	养殖户数															

附表2　本综合试验站五个示范县养殖面积、养殖产量及主要品种构成

项目＼品种	合计	鲈鱼	大黄鱼	鲷鱼
育苗体积/m^3	124 515	48 505	53 940	22 070
出苗量/万尾	19 310	9 740	8 270	1 300
工厂化养殖面积/m^2				
工厂化养殖产量/t				
池塘养殖面积/亩				
池塘养年总产量/t				
普通网箱养殖面积/m^2	4 581 120	1 492 200	2 240 800	848 120
普通网箱年总产量/t	53 974	22 121	22 983	8 870
深水网箱养殖面积/m^3	144 900	59 580	56 640	28 680
深水网箱年总产量/t	15 262	7 018	6 932	1 314
各品种育苗体积占总体积的比例/%				
各品种出苗量占总出苗量的比例/%				
各品种工厂化养殖面积占总面积的比例/%				
各品种工厂化养殖产量占总产量的比例/%				
各品种池塘养殖面积占总面积的比例/%				
各品种池塘养殖产量占总产量的比例/%				
各品种普通网箱养殖面积占总面积的比例/%	100	32.57	48.91	18.52
各品种普通网箱养殖产量占总产量的比例/%	100	40.98	42.58	16.44
各品种深水网箱养殖体积占总体积的比例/%	100	41.11	39.09	19.8
各品种深水网箱养殖产量占总产量的比例/%	100	45.98	45.41	8.61

（漳州综合试验站站长　方秀）

烟台综合试验站产区调研报告

1　示范县（市、区）海水鱼养殖现状

本综合试验站下设5个示范县（市、区），分别为：烟台市福山区、海阳市、蓬莱区、牟平区、芝罘区。福山区、海阳市、蓬莱区、牟平区以工厂化养殖海水鱼为主，养殖品种主要有大菱鲆、石斑鱼、大西洋鲑等；芝罘区以网箱养殖海水鱼类为主，养殖品种主要有花鲈、绿鳍马面鲀等。各示范县育苗、养殖品种、产量及规模见附表1。

1.1　育苗面积及苗种产量

1.1.1　育苗面积

五个示范县育苗总面积为35 600 m^2，其中海阳市10 300 m^2、福山区14 300 m^2、蓬莱市4 500 m^2、牟平区6 500 m^2。按品种分：大菱鲆育苗面积9 000 m^2、牙鲆1 800 m^2、半滑舌鳎2 000 m^2、大西洋鲑500 m^2、许氏平鲉4 500 m^2、花鲈1 000 m^2、石斑鱼2 800 m^2、黄盖鲽2 500 m^2、其他海水鱼类11 500 m^2。

1.1.2　苗种年产量

五个示范县共计17户育苗厂家，总计育苗3 350万尾，其中：大菱鲆830万尾（5 cm～6 cm）、牙鲆200万尾（5 cm～6 cm）、半滑舌鳎120万尾（5 cm～6 cm）、大西洋鲑50万尾（5 cm～6 cm）、黄盖鲽210万尾（5 cm～6 cm）、许氏平鲉520万尾（4 cm～8 cm）、绿鳍马面鲀200万尾（5 cm～6 cm），黑鲷、石斑鱼、花鲈等其他海水鱼类1 220万尾。芝罘区主要是网箱养殖海水鱼类，因此无育苗业户，所需苗种均为外地购买。各县育苗情况如下。

海阳市：5户育苗厂家，较大规模的育苗厂家为海阳黄海水产有限公司、海阳富瀚海洋科技有限公司。大菱鲆育苗面积2 000 m^2，生产苗种150万尾；石斑育苗面积2 800 m^2，生产苗种120万尾；半滑舌鳎育苗面积2 000 m^2，生产苗种120万尾；其他海水鱼类3 500 m^2，生产苗种400万尾。

福山区：共6户育苗厂家，主要育苗企业有烟台开发区天源水产有限公司、国信东方（烟台）循环水养殖科技有限公司、烟台宗哲海洋科技有限公司。大菱鲆育苗面积5 000 m^2，生产苗种500万尾；牙鲆育苗面积1 800 m^2，生产苗种200万尾；大西洋鲑育苗面积500 m^2，生

产苗种50万尾；黄盖鲽育苗面积1 500 m^2，生产苗种130万尾；许氏平鲉育苗面积2 000 m^2，生产苗种220万尾；其他海水鱼类育苗面积3 500 m^2，生产苗种400万尾。

蓬莱市：2户育苗厂家，较大规模的为蓬莱海岳水产养殖有限公司、烟台市多宝海洋科技有限公司。大菱鲆育苗面积1 000 m^2，生产苗种80万尾；黄盖鲽育苗面积1 000 m^2，生产苗种80万尾；其他海水鱼类育苗面积2 500 m^2，生产苗种200万尾。

牟平区：共4户育苗厂家，主要育苗企业有烟台经海渔业有限公司、烟台合普佳和生物工程有限公司、烟台兴运海尚生态渔业有限公司等。大菱鲆育苗面积1 000 m^2，生产苗种100万尾；许氏平鲉育苗面积2 500 m^2，生产苗种300万尾；花鲈育苗面积1 000 m^2，生产苗种100万尾；绿鳍马面鲀等其他海水鱼类育苗面积2 000 m^2，生产苗种200万尾。

1.2　养殖面积及年产量、销售量、年末库存量

1.2.1　工厂化养殖

五个示范县中，海阳市、福山区、蓬莱市、牟平区均为工厂化养殖，共计24家养殖户；养殖面积131 100 m^2，工厂化流水式养殖面积101 100 m^2，工厂化循环水养殖面积30 000 m^2；年总生产量为1 799.4 t，销售量为1 390.1 t，年末库存量为409.3 t。

海阳市：现有11家养殖业户，工厂化养殖面积43 100 m^2。大菱鲆养殖面积8 300 m^2，年产量126 t，销售97.6 t，年末库存28.4 t；半滑舌鳎8 200 m^2，年产量99.4 t，销售88.2 t，年末库存11.2 t；石斑鱼养殖面积18 000 m^2，年产量60 t，销售38 t，年末库存22 t；其他海水鱼类养殖面积6 600 m^2，产量80 t，销售62 t，年末库存18 t。

福山区：现共有5家养殖业户，工厂化养殖面积67 000 m^2。大菱鲆养殖面积39 000 m^2，年产量586 t，销售415.6 t，年末库存170.4 t；大西洋鲑养殖面积20 000 m^2，年产量420 t，销售360 t，年末库存60 t；其他海水鱼类养殖面积8 000 m^2，年产量128 t，销售96 t，年末库存32 t。

蓬莱市：共有4家海水鱼类养殖业户，工厂化养殖面积13 000 m^2。大菱鲆养殖面积10 000 m^2，年产量140 t，销售108.7 t，年末库存31.3 t；其他海水鱼类养殖3 000 m^2，年产量35 t，销售30 t，年末库存5 t。

牟平区：共有4家养殖业户，工厂化养殖面积8 000 m^2。大菱鲆养殖面积5 000 m^2，年产量70 t，销售54 t，年末库存16 t；石斑鱼养殖面积3 000 m^2，年产量55 t，销售40 t，年末库存15 t。

1.2.2　网箱养殖

在芝罘区以浅海筏式网箱的养殖方式进行海水鱼类养殖，主要养殖品种为花鲈、绿鳍马面鲀、红鳍东方鲀、许氏平鲉等。

芝罘区：海水鱼养殖业户8户，网箱养殖面积16 000 m^2，养殖产量104.8 t，销售90.6 t，年末库存14.2 t。

1.3　品种构成

统计五个示范县海水鱼类育苗面积调查结果，各品种构成如下。

工厂化育苗总面积为35 600 m^2。其中大菱鲆为9 000 m^2，占育苗总面积的25.28%；牙鲆为1 800 m^2，占育苗总面积的5.06%；半滑舌鳎为2 000 m^2，占育苗总面积的5.62%；大西洋鲑为500 m^2，占育苗总面积1.4%；许氏平鲉4 500 m^2，占育苗总面积12.64%；黄盖鲽2 500 m^2，占育苗总面积的7.02%；石斑鱼为2 800 m^2，占育苗总面积7.86%；绿鳍马面鲀2 000 m^2，占育苗总面积5.62%；花鲈为1 000 m^2，占育苗总面积2.81%；其他海水鱼类9 500 m^2，占育苗总面积的26.69%。

工厂化育苗总产量为3 350万尾。其中大菱鲆830万尾，占总产苗量的24.78%；牙鲆为200万尾，占总产苗量的5.97%；半滑舌鳎为120万尾，占总产苗量的3.58%；许氏平鲉520万尾，占总产苗量的15.52%；黄盖鲽210万尾，占总产苗量的6.27%；绿鳍马面鲀200万尾，占总产苗量的5.97%；其他海水鱼类为1 270万尾，占总产苗的37.91%。

工厂化养殖总面积为131 100 m^2。其中大菱鲆为62 300 m^2，占总养殖面积的47.52%；半滑舌鳎为8 200 m^2，占总养殖面积的6.25%；大西洋鲑为20 000 m^2，占总养殖面积的15.26%；石斑鱼养殖面积20 000 m^2，占总养殖面积的15.26%；其他海水鱼类为20 600 m^2，占总养殖面积的15.71%。

工厂化养殖总产量为1 799.4 t。其中大菱鲆为922 t，占总量的51.24%，大西洋鲑为450 t，占总量的18.95%；半滑舌鳎为120 t，占总量的5.52%；石斑鱼为115 t，占总产量的6.39%；其他海水鱼类192.4 t，占总产量的10.69%。

网箱养殖总面积16 000 m^2，养殖总产量104.8 t。

从以上统计可以看出，在进行工厂化养殖的四个示范县中，大菱鲆为主要养殖品种，面积和产量都占绝对优势。在进行网箱养殖的一个示范县中，受养殖环境限制，主要养殖品种为花鲈、红鳍东方鲀和绿鳍马面鲀。

2　示范县（市、区）科研开展情况

海阳市2022年新申报并承担国家重点研发项目（蓝色粮仓专项）课题2项，主持承担课题1项：舱养大黄鱼健康养殖技术与工艺研究（课题编号：2022YFD2401102）；参与课题（即承担子课题）1项：牙鲆抗病抗逆新种质创制及育繁推体系建设（课题编号：2022YFD2400404）。承担地方其他科技项目2项（海阳地方科技发展项目）。

福山区申报承担山东省重点研发计划——深远海设施渔业科技示范工程；山东省科技型中小企业创新能力提升工程——海马北方生态健康养殖模式下的细菌性肠炎防控技术研究与示范；承担烟台市科技创新发展计划项目——适宜深远海网箱养殖的绿鳍马面鲀大规格苗种早育技术研究；大规格苗种规模化培育及养殖关键技术集成。

3　海水鱼产养殖业发展中存在的问题

海水鱼产业发展中的问题瓶颈就是养殖设备的自动化提升及养殖品种的选择。随着深远海网箱养殖业的发展，需要发掘适宜于北方全年养殖的品种；随着养殖的集约化和工厂化发展，对配套设施设备的机械化程度提出更高的要求，但是目前海水鱼养殖中使用的工器具机械化程度明显无法满足需求。

北方沿海地区深水网箱适养品种短缺，应加大适养品种的选育工作，建议在九大主养品种外增加其他主推品种，如许氏平鲉，促进海水鱼产业的多样化发展。

附表1　2022年度烟台综合试验站示范县海水鱼育苗及成鱼养殖情况统计表

项目	品种	海阳市				福山区						蓬莱市			牟平区					芝罘区
		大菱鲆	石斑	半滑舌鳎	其他海水鱼	大菱鲆	牙鲆	大西洋鲑	黄盖鲽	许氏平鲉	其他海水鱼	大菱鲆	黄盖鲽	其他海水鱼	大菱鲆	许氏平鲉	花鲈	绿鳍马面鲀	石斑	花鲈、绿鳍马面鲀
育苗	面积/m^2	2 000	2 000	2 000	2 000	5 000	1 800	500	1 500	2 000	3 500	1 000	1 000	2 500	1 000	2 500	1 000	2 000		
	产量/万尾	150	120	120	400	500	200	50	130	220	400	80	80	200	100	300	100	200		
工厂化养殖	面积/m^2	8 300	18 000	8 200	6 600	39 000		20 000			8 000	10 000		3 000	5 000				3 000	
	年产量/t	126	60	99.4	80	586		420			128	140		35	70				55	
	年销售量/t	97.6	38	88.2	62	415.6		360			96	108.7		30	54				40	
	年末库存量/t	28.4	22	11.2	18	170.4		60			32	31.3		5	16				15	
网箱养殖	面积/m^2																			16 000
	年产量/t																			104.8
	年销售量/t																			90.6
	年末库存量/t																			14.2
户数	育苗户数	5				6						2			4					/
	养殖户数	11				5						4			4					8

附表2　烟台综合试验站五个示范县养殖面积、养殖产量及品种构成

项目＼品种	合计	大菱鲆	牙鲆	半滑舌鳎	大西洋鲑	许氏平鲉	黄盖鲽	石斑鱼	绿鳍马面鲀	花鲈	其他海水鱼	红鳍东方鲀等
工厂化育苗面积/m^2	35 600	9 000	1 800	2 000	500	4 500	2 500	2 800	2 000	1 000	9 500	
工厂化出苗量/万尾	3 350	830	200	120		520	210		200		1 270	
工厂化养殖面积/m^2	131 100	62 300		8 200	2 000			2 000			20 600	
工厂化养殖产量/t	1 799.4	922		120	450			115			192.4	
各品种工厂化育苗面积占总面积的比例/%	100	25.28	5.06	5.62	1.4	12.64	7.02	7.86	5.6	2.81	26.69	
各品种工厂化出苗量占总出苗量的比例/%	100	24.78	5.97	3.58		15.52	6.27	2.52	5.97		37.91	
各品种工厂化养殖面积占总面积的比例/%	100	47.52		6.25	15.26		10.85	15.26			15.71	
各品种工厂化养殖产量占总产量的比例/%	100	51.24		5.52	18.95			6.39			10.69	
网箱养殖面积/m^2	16 000											16 000
网箱年总产量/t	104.8											104.8
各品种网箱养殖面积占总面积的比例/%	100											100
各品种网箱养殖产量占总产量的比例/%	100											100

（烟台综合试验站站长　杨志）

青岛综合试验站产区调研报告

1　示范县（市、区）海水鱼养殖现状

本综合试验站下设五个示范县（市、区），分别为：青岛市黄岛区、烟台市莱阳市、日照市岚山区、威海市环翠区和江苏省赣榆县。其育苗、养殖品种、产量及规模见附表1。

1.1　育苗面积及苗种产量

（1）育苗面积：五个示范县区育苗总面积为9 500 m^2，其中黄岛区3 000 m^2、环翠区4 000 m^2，岚山区2 500 m^2，赣榆县和莱阳市没有苗种生产。

（2）苗种年产量：五个示范县区总计育苗1 170万尾，与2021年相比减少13.33%。苗种产量中：大菱鲆共计550万尾，占总产量的47.01%；牙鲆共计260万尾，占总产量的22.22%；石斑鱼共计100万尾，占总产量的8.55%；鲷鱼共计50万尾，占总产量的4.27%；许氏平鲉共计210万尾，占总产量的17.95%。与2021年相比，品种有所减少。

1.2　养殖面积及年产量、销售量、年末库存量

（1）工厂化养殖：青岛市黄岛区大菱鲆工厂化养殖面积15 000 m^2，与2021年相比显著减少，产量为38 t。

莱阳市工厂化养殖面积50 000 m^2，养殖面积比2021年显著扩大，该地区2022年工厂化养殖的海水鱼品种仍为大菱鲆，养殖模式全部为工厂化养殖，产量587 t。

日照岚山区工厂化养殖面积9 000 m^2，养殖规模比2021年有所减少，养殖品种主要是牙鲆与半滑舌鳎，其中牙鲆产量28 t，半滑舌鳎产量25 t。

赣榆县海水鱼工厂化养殖总面积130 000 m^2，与2021年规模相当，养殖品种为大菱鲆，产量231 t。

威海环翠区海水鱼产业主要集中在育苗领域，育苗品种主要是大菱鲆，工厂化养殖面积4 000 m^2，养殖品种为大菱鲆，产量24 t。

（2）池塘养殖（亩）：各县区均无海水鱼池塘养殖。

（3）网箱养殖：各县区均无规模化的海水鱼网箱养殖。

1.3　品种构成

每品种养殖面积及产量占示范县养殖总面积和总产量的比例见附表2。统计五个示范县海水鱼养殖面积调查结果，各品种构成如下。

工厂化育苗总面积为9 500 m^2，其中大菱鲆为4 000 m^2，占总育苗面积的42.11%；牙鲆1 000 m^2，占总面积的10.53%；石斑鱼类3 000 m^2，占总育苗面积的31.58%；鲷鱼500 m^2，占总育苗面积的5.26%；许氏平鲉1 000 m^2，占总育苗面积的10.53%。

工厂化育苗总出苗量为1 170万尾，其中大菱鲆550万尾，占总出苗量的47.01%；牙鲆为260万尾，占总出苗量的22.22%；石斑鱼为100万尾，占总出苗量的31.58%；鲷鱼为50万尾，占总出苗量的4.27%；许氏平鲉为210万尾，占总出苗量的17.95%。

工厂化养殖总面积为208 000 m^2，其中大菱鲆为199 000 m^2，占总养殖面积的95.67%；牙鲆为5 000 m^2，占总养殖面积的2.40% ；半滑舌鳎为4 000 m^2，占总养殖面积的1.92%；

工厂化养殖总产量为921 t，其中大菱鲆868 t，占总量的94.25%，牙鲆为28 t，占总量的3.04%；半滑舌鳎为25 t，占总量的2.71%。

从以上统计可以看出，在五个示范县内，大菱鲆育苗、养殖的产量和面积都是最高的，但育苗品种出现多样化趋势。五个示范县区无规模性的池塘养殖和网箱养殖。这表明在五个示范县区内，工厂化养殖仍是海水鱼养殖的主要养殖模式，大菱鲆仍是海水鱼养殖的主要品种。

2　示范县（市、区）科研开展情况

2.1　科研课题情况

青岛市黄岛区青岛通用水产养殖有限公司是青岛综合试验站的建设依托单位，2022年主要进行的研究项目主要有：① 循环水大规格苗种培育和养殖系统应用示范，“循环水系统金虎斑大规格苗种培育应用示范”“石斑鱼工厂化高密度育苗技术研究”“循环水系统老鼠斑大规格苗种培育应用示范”等研究项目通过了专家现场验收；② 海水鱼工厂化养殖尾水处理应用示范；③ 海水鱼循环水育苗装备技术研究，集成研发了石斑鱼循环水育苗系统1套，完成现场验收1次。

2020年8月18日，经农业农村部渔业渔政管理局批复，青岛市黄岛区拥有全国第一个国家深远海绿色养殖试验区。现由山东深远海绿色养殖有限公司作为试验区项目的运营管理主体。2022年，黄岛区海洋发展局为该试验区的运行制定了《青岛深远海养殖试验区渔业生产管理体系》。2022年5月，试验区项目首次成功收获国内首批深远海大西洋鲑，实现了多品种、常态化养殖。

2022年5月20日，青岛国信集团的全球首艘10万吨级智慧渔业大型养殖工船“国信1号”在中国船舶集团青岛北海造船有限公司交付运营。“国信1号”排水量13万t，载重量10万t，设15个养殖舱，养殖水体近9万cm^3，可实现年产3 700 t高品质鱼类和650 t的优质蛋白供给。9月1日，产自“国信1号”的首批大黄鱼起鱼上市。“国信1号”交付运营以来，实现鱼苗入舱300余万尾，累计航程3 000余海里。养殖密度是传统网箱的4−6倍，养殖周期可缩短1/3以上。2022年12月，青岛国信集团养殖工船养殖的大黄鱼（品牌：裕鲜舫）荣获ASC认证，并纳入全国特质农产品名录。

青岛市蓝色粮仓科技有限公司在2022年继续于赣榆县进行大黄鱼工厂化养殖研究，主要是为养殖工船进行养殖参数研究。青岛蓝色粮仓海洋渔业发展有限公司赣榆大菱鲆养殖基地通过BAP认证，成为中国大陆地区唯一一个大菱鲆BAP认证基地。

威海市环翠区圣航公司在2022年继续与科研院所合作开展了大菱鲆选育等研发工作，其选育的大菱鲆新品种开始进行示范，推广至不同养殖区进行生长性能统计。

2.2　发表论文情况

无。

3　海水鱼产业发展中存在的问题

3.1　大菱鲆出血症问题

大菱鲆出血症是一种新近出现的危害严重的病害。我站于2020年根据调研情况向体系提交了《技术需求——一种大菱鲆出血性病症的病原诊断及防控措施》，建议体系将其作为一项应急任务。体系首席科学家关长涛研究员向疾病防控研究室和相关试验站紧急下达了应急性任务，要求进行病原鉴定和防控措施研究。我站与细菌病防控岗位、病毒病防控岗位的科学家团队密切合作，分别在威海乳山、山东日照、青岛黄岛等地联系病鱼样品，并配合采样、储存和邮寄样品等工作。

根据疾病防控研究室的病原鉴别、诊断和防控技术研究，我站开展了对大菱鲆养殖业户的技术培训，经培训或经历过此病害的养殖业户的经验性措施有：① 一旦出现发病的池子，尽量隔离或及早销售；② 加强环境消毒，比如车间地面、工具消毒；③ 购置卖鱼的工具，不再使用水车上的筐，避免污染；④ 购置水鞋、工作服、刷池用具，雇佣临时工人时，全部采用本场工具，避免污染。

2022年，我站继续宣传该病害的防控要点，提高养殖业户生物安防意识，避免了盲目处理，本年度该病害发生率继续下降。

3.2 海水鱼产品的质量提升问题

大菱鲆等海水鱼主要是鲜活上市，鱼的营养与口味存在差异性，建议研究产品异味产生的原因和去除异味的技术方法。

3.3 产业面临转型发展的压力

海水鱼处在向工业化升级的关键阶段，而大多数养殖业户仍以经验养殖为主，产品质量的提升、病害的防控等方面仍存在较多误区，且技术不足。建议体系更多地进行养殖工艺方面的研究，为养殖业户提供更多直接指导生产的技术，推动养殖的科学化、标准化，从而提高养殖稳定性、质量和效益。

3.4 循环水养殖技术需加大推广力度

水源短缺是海水鱼养殖质量和产量的瓶颈，循环水养殖是该瓶颈问题的重要解决方案，也是海水鱼向工业化养殖发展的重要措施，但当前循环水养殖在海水鱼养殖产业中的比例仍很低。从2022年示范县区情况看，在苗种培育、高温品种养殖方面，已有养殖场成功运行循环水系统，但系统设计、运行管理技术仍存在不稳定与效率低的问题，需技术研发支持，由于投资较大，循环水养殖系统的发展仍需产业政策扶持推动。

4 当地政府对产业发展的扶持政策

海水鱼养殖仍是各示范县区重要的产业之一，2022年各示范县区主管部门的扶持政策主要集中在海水养殖尾水排放治理、种业发展等方面。

5 海水鱼产业技术需求

根据2022年示范县区调研及我站对示范县区产业状况的分析，总结技术需求如下。

（1）养殖所需的机械化、自动化设备和技术，如投饵机、鱼苗计数器、分苗机等。

（2）循环水养殖技术：大菱鲆等品种的工厂化养殖依赖地下海水，水源短缺是一项普遍的限制因素，循环水养殖是该瓶颈问题的有效解决方案，亟待发展该技术并推广应用。

（3）海水鱼养殖尾水处理技术：随着各地方养殖尾水排放标准的制定，养殖尾水需净化后排放，亟待开发尾水净化技术。

附表1　2022年度青岛综合试验站示范县海水鱼育苗及成鱼养殖情况统计

项目 \ 品种		青岛市黄岛区		日照市岚山区				连云港市赣榆县	莱阳市	威海市环翠区
		大菱鲆	石斑鱼	牙鲆	半滑舌鳎	许氏平鲉	鲷鱼	大菱鲆	大菱鲆	大菱鲆
育苗	面积/m^2		3 000	1 000		1 000	500			4 000
	产量/万尾		100	260		210	50			550
工厂养殖	面积/m^2	15 000		5 000	4 000			130 000	50 000	4 000
	年产量/t	38		28	25			219	587	24
	年销售量/t	35		22	24			231	582	44
	年末库存量/t	26		9	4			73	280	8
池塘养殖	面积/亩									
	年产量/t									
	年销售量/t									
	年末库存量/t									
户数	育苗户数		1	1		1	1			5
	养殖户数	15		2	2			50	20	5

附表2　青岛站五个示范县养殖面积、养殖产量及品种构成

项目＼品种	合计	大菱鲆	牙鲆	半滑舌鳎	石斑鱼	鲷鱼	许氏平鲉
工厂化育苗面积/m^2	9 500	4 000	1 000		3 000	500	1 000
工厂化出苗量/万尾	1 170	550	260		100	50	210
工厂化养殖面积/m^2	208 000	199 000	5 000	4 000			
工厂化养殖产量/t	921	868	28	25			
池塘养殖面积/亩							
池塘年总产量/t							
网箱养殖面积/m^2							
网箱年总产量/t							
各品种工厂化育苗面积占总面积的比例/%	100	42.11	10.53		31.58	5.26	10.53
各品种工厂化出苗量占总出苗量的比例/%	100	47.01	22.22		8.55	4.27	17.95
各品种工厂化养殖面积占总面积的比例/%	100	95.67	2.40	1.92			
各品种工厂化养殖产量占总产量的比例/%	100	94.25	3.04	2.71			
各品种池塘养殖面积占总面积的比例/%							
各品种池塘养殖产量占总产量的比例/%							

（青岛综合试验站站长　张和森）

莱州综合试验站产区调研报告

1　示范县（市、区）海水鱼养殖现状

莱州综合试验站下设莱州市、昌邑市、龙口市、招远市、乳山市五个示范县。其育苗、养殖品种、产量及规模见附表1。

1.1　育苗面积及苗种产量

（1）育苗面积：五个示范县育苗总面积为170 000 m^2，其中莱州市160 000 m^2、乳山市10 000 m^2。按品种分：大菱鲆育苗面积94 600 m^2、半滑舌鳎25 000 m^2、石斑鱼30 000 m^2、斑石鲷20 000 m^2、牙鲆400 m^2。

（2）苗种年产量：五个示范县共计63户育苗厂家，总计育苗2 670万尾，其中：大菱鲆1 800万尾（5 cm）、半滑舌鳎500万尾（5 cm）、石斑鱼240万尾（6 cm）、斑石鲷120万尾（6 cm）、牙鲆10万尾（5 cm）。各县育苗情况如下：

莱州市：29家育苗企业，其中大菱鲆育苗企业12家、半滑舌鳎育苗企业15家、石斑鱼育苗企业1家、斑石鲷育苗企业1家。生产大菱鲆1 680万尾、半滑舌鳎500万尾、石斑鱼240万尾、斑石鲷120万尾。苗种除自用外，其余主要销往辽宁、河北、天津、山东、江苏、福建、广东、海南等省市。

乳山市：34家育苗企业，其中大菱鲆育苗企业33家、牙鲆育苗企业1家。生产大菱鲆120万尾、牙鲆苗种10万尾。苗种除本市自用外，其余销往山东沿海县市。

1.2　养殖面积及年产量、销售量、年末库存量

试验站所辖五个示范县养殖模式为工厂化养殖和网箱养殖，其中工厂化养殖面积为2 069 000 m^2，年产量为15 213 t、年销售量为15 520 t、年末库存量为4 354 t，养殖企业共计832家；网箱养殖面积为34 000 m^2，年产量为82 t、年销售量为0 t、年末库存量为82 t，养殖企业共计2家。

莱州市：工厂化养殖企业300户，养殖面积1 318 000 m^2，养殖大菱鲆1 269 000 m^2，年产量9 311 t、年销售量9 443 t、年末库存量2 743 t；养殖半滑舌鳎14 000 m^2，年产量112 t、年销售量129 t、年末库存量37 t；养殖石斑鱼10 000 m^2，年产量60 t、年销售量60 t、年末库存量12 t；养殖斑石鲷25 000 m^2，年产量162 t、年销售量160 t、年末库存量50 t。网箱养

殖企业2户，养殖面积34 000 m^2，养殖斑石鲷34 000 m^2，年产量82 t、年销售量0 t、年末库存量82 t。

龙口市：工厂化养殖企业53户，养殖面积188 000 m^2，养殖大菱鲆175 000 m^2，年产量1 339 t、年销售量1 351 t、年末库存量376 t；养殖半滑舌鳎13 000 m^2，年产量86 t、年销售量95 t、年末库存量21 t。

招远市：工厂化养殖企业38户，养殖面积67 500 m^2，养殖大菱鲆61 500 m^2，年产量480 t、年销售量489 t、年末库存量132 t；养殖半滑舌鳎6 000 m^2，全年产量40 t、年销售量为43 t、年末库存量10 t。

昌邑市：工厂化养殖企业317户，养殖面积417 500 m^2，养殖大菱鲆375 500 m^2，年产量2 764 t、年销售量2 868 t、年末库存量732 t；养殖半滑舌鳎42 000 m^2，年产量298 t、年销售量306 t、年末库存量82 t。

乳山市：工厂化养殖企业124户，养殖面积78 000 m^2，养殖大菱鲆60 000 m^2，年产量430 t、年销售量442 t、年末库存量121 t；养殖牙鲆18 000 m^2，年产量131 t、年销售量134 t、年末库存量38 t。

1.3 品种构成

每个品种养殖面积及产量占示范县养殖总面积和总产量的比例见附表2，统计五个示范县海水鱼养殖面积调查结果，各品种构成如下。

工厂化育苗总面积为170 000 m^2，其中大菱鲆为94 600 m^2，占总育苗面积的55.65%；半滑舌鳎为25 000 m^2，占总面积的14.71%；牙鲆为400 m^2，占总面积的0.24%；石斑鱼为30 000 m^2，占总面积的17.65%；斑石鲷为20 000 m^2，占总面积的11.76%。

工厂化育苗总出苗量为2 670万尾，其中大菱鲆1 800万尾，占总出苗量的67.42%；半滑舌鳎为500万尾，占总出苗量的18.73%；牙鲆为10万尾，占总出苗量的0.37%；石斑鱼为240万尾，占总出苗量的8.99%；斑石鲷为120万尾，占总出苗量的4.49%。

工厂化养殖总面积为2 069 000 m^2，其中大菱鲆为1 941 000 m^2，占总养殖面积的92.30%；半滑舌鳎为75 000 m^2，占总养殖面积的3.57%；牙鲆为18 000 m^2，占总养殖面积的0.86%；石斑鱼为10 000 m^2，占总养殖面积的0.48%；斑石鲷为25 000 m^2，占总养殖面积的1.19%。

工厂化养殖总产量为15 213 t，其中大菱鲆14 324 t，占总量的93.65%；半滑舌鳎为536 t，占总量的3.50%；牙鲆为131 t，占总量的0.86%；石斑鱼为60 t，占总量的0.39%；斑石鲷为162 t，占总量的1.06%。

网箱养殖总面积为34 000 m^2，其中斑石鲷为34 000 m^2，占总养殖面积的100%；网箱养殖总产量82 t，其中斑石鲷为82 t，占总量的100%。

从以上统计可以看出，在五个示范县内，大菱鲆养殖面积和产量最大，其次为半滑舌鳎，石斑鱼养殖面积最小、产量最少。

2　示范县（市、区）科研开展情况

科研课题情况

试验站依托莱州明波水产有限公司，积极承担国家、省市海水鱼良种研发和生态养殖模式创新等相关科研课题，设立企业横向课题、自研课题，做好产业技术支撑和引领。承担参与国家重点研发计划蓝色粮仓科技创新重点专项“开放海域和远海岛礁养殖智能装备与增殖模式”、国家重点研发计划中马政府间国际合作重大专项“稚幼鱼循环水养殖实时精准监测系统研究与示范”、高端外国专家引进计划“名优海水鱼育繁养关键技术研发与产业化示范”、泰山产业领军人才“石斑鱼抗病高产新种质培育及产业化应用”、山东省重大科技创新工程“水产种质资源挖掘与精准鉴定”、国家海水鱼产业技术体系莱州综合试验站等重大课题；设立横向课题“石斑鱼多倍体诱导及培育技术开发”“东星斑良种选育、苗种培育和精准养殖关键技术研发及产业化”等。科研课题的开展，有力推动海水鱼良种开发、大型管桩围网立体生态养殖模式构建、渔业精准化养殖等研发创新，带动试验站示范县及全国海水养殖业提质转型、创新发展。

3　海水鱼产业发展中存在的问题

海水鱼良种开发不足、养殖效益不高

目前，国内海水鱼育种技术水平不高，传统选择育种仍为主导，自繁自养品种的长期选育导致种质退化的现象存在。以杂交育种、分子标记辅助育种、全基因组育种、多倍体育种等为代表的现代育种技术应用较少，加之种业人才较少，海水鱼良种开发不足，特别是适于北方深远海养殖的高价值鱼类品种更是少之又少，深远海养殖盈利困难。

附表1　2022年度莱州综合试验站示范县海水鱼育苗及成鱼养殖情况统计

项目	品种	莱州市					昌邑市			招远市		龙口市		乳山市	
		大菱鲆	半滑舌鳎	石斑鱼	斑石鲷	红鳍东方鲀	大菱鲆	半滑舌鳎	斑石鲷	大菱鲆	半滑舌鳎	大菱鲆	半滑舌鳎	大菱鲆	牙鲆
育苗	面积/m^2	85 000	25 000	30 000	20 000	–	–	–	–	–	–	–	–	9 600	400
	产量/万尾	1 680	500	240	120	–	–	–	–	–	–	–	–	120	10
工厂养殖	面积/m^2	1 269 000	14 000	10 000	25 000	–	375 500	42 000		61 500	6 000	175 000	13 000	60 000	18 000
	年产量/t	9 311	112	60	162	–	2 764	298		480	40	1 339	86	430	131
	年销售量/t	9 443	129	60	160	–	2 868	306		489	43	1 351	95	442	134
	年末库存量/t	2 743	37	12	50	–	732	82		132	10	376	21	121	38
池塘养殖	面积/亩														
	年产量/t														
	年销售量/t														
	年末库存量/t														
网箱养殖	面积/m^2				34 000										
	年产量/t				82										
	年销售量/t				0										
	年末库存量/t				82										
户数	育苗户数	12	15	1	1	–	0	0	0	0	0	0	0	33	1
	养殖户数	259	38	1	2	–	196	120	1	35	3	49	4	98	26

附表2　莱州综合试验站五个示范县养殖面积、养殖产量及品种构成

项目＼品种	合计	大菱鲆	半滑舌鳎	牙鲆	石斑鱼	斑石鲷	红鳍东方鲀
工厂化育苗面积/m^2	170 000	94 600	25 000	400	30 000	20 000	–
工厂化出苗量/万尾	2 670	1 800	500	10	240	120	–
工厂化养殖面积/m^2	2 069 000	1 941 000	75 000	18 000	10 000	25 000	–
工厂化养殖产量/t	15 213	14 324	536	131	60	162	–
池塘养殖面积/亩							
池塘年总产量/t							
网箱养殖面积/m^2	34 000					34 000	
网箱年总产量/t	82					82	
各品种工厂化育苗面积占总面积的比例/%	100	55.65	14.71	0.24	17.65	11.76	–
各品种工厂化出苗量占总出苗量的比例/%	100	67.42	18.73	0.37	8.99	4.49	–
各品种工厂化养殖面积占总面积的比例/%	98.38	92.30	3.57	0.86	0.48	1.19	–
各品种工厂化养殖产量占总产量的比例/%	99.46	93.65	3.50	0.86	0.39	1.06	–
各品种池塘养殖面积占总面积的比例/%							
各品种池塘养殖产量占总产量的比例/%							

（莱州综合试验站　翟介明）

东营综合试验站产区调研报告

1　示范县（市、区）海水鱼养殖现状

本综合试验站下设5个示范县（市、区），分别为：日照东港、烟台长岛、威海荣成、威海文登和滨州无棣，其中威海荣成是全国大菱鲆苗种的主要产区。各示范县育苗、养殖品种、产量及规模见附表1。

1.1　育苗面积及苗种产量

1.1.1　育苗面积

5个示范县育苗总面积为202 500 m^2，其中日照东港59 500 m^2、威海荣成140 000 m^2、滨州无棣3 000 m^2、烟台长岛以及威海文登无育苗生产。按品种分：大菱鲆育苗面积140 000 m^2、牙鲆50 000 m^2、半滑舌鳎3 000 m^2、珍珠龙胆石斑鱼1 000 m^2、其他石斑鱼1 500 m^2、许氏平鲉6 000 m^2、黄姑鱼1 000 m^2。

1.1.2　苗种年产量

5个示范县总计育苗9 250万尾，其中：大菱鲆6 500万尾、牙鲆1 640万尾、半滑舌鳎300万尾、珍珠龙胆石斑鱼90万尾、其他石斑鱼110万尾、许氏平鲉600万尾、黄姑鱼10万尾。各县育苗情况如下：

日照东港：牙鲆1 640万尾、珍珠龙胆石斑鱼90万尾、其他石斑鱼110万尾、许氏平鲉600万尾、黄姑鱼10万尾；

威海荣成：生产大菱鲆苗种6 500万尾；

滨州无棣：生产半滑舌鳎苗种300万尾；

烟台长岛和威海文登无育苗生产。

1.2　养殖面积及年产量、销售量、年末库存量

1.2.1　工厂化养殖

养殖面积238 000 m^2，年总生产量为2 686.6 t，销售量为3 270.4 t，年末库存量为1 300.7 t。

日照东港：大菱鲆、牙鲆、半滑舌鳎、珍珠龙胆石斑鱼、其他石斑鱼、许氏平鲉、黄

姑鱼的养殖面积分别为55 000 m^2、11 000 m^2、90 000 m^2、13 000 m^2、18 000 m^2、1 000 m^2、10 000 m^2。大菱鲆产量649 t，销售714 t，年末库存量245 t；牙鲆产量96 t，销量13 t，年末库存量77 t；半滑舌鳎产量835 t，销售1337 t，年末库存量466 t；珍珠龙胆石斑鱼产量192 t，销量95 t，年末库存量30 t；其他石斑鱼产量260 t，销量69 t，年末库存量44 t；许氏平鲉产量15 t，销量15 t，年末库存量0 t；黄姑鱼产量121 t，销量110 t，年末库存量21 t；。

威海文登：因2020年行政管辖区域划分变更，养殖面积变为11 000 m^2，生产大菱鲆72.6 t，销售89.4 t，年末库存量43.7 t。

滨州无棣：养殖面积20 000 m^2，生产半滑舌鳎446 t，销售828 t，年末库存量374 t。

烟台长岛无工厂化养殖，主要为网箱养殖。

1.2.2　网箱养殖

养殖水体1 118 290 m^3，年总生产量2 145.43 t，销售量为1 608 t，年末库存量为1 801.07 t。其中：

烟台长岛：海鲈和许氏平鲉养殖水体分别为151 000 m^3、961 900 m^3，海鲈生产量1 061.96 t，销售0 t，年末库存量1 129.6 t；许氏平鲉生产量1 028.47 t，销售1 608 t，年末库存量616.47 t。

日照东港：海许氏平鲉养殖水体为5 390 m^3，生产量为55 t，销售0 t，年末库存量55 t。

1.3　品种构成

每品种养殖面积及产量占示范县养殖总面积和总产量的比例见附表2。

统计5个示范县养殖面积调查结果，各品种构成如下。

工厂化育苗总面积为202 500 m^2，其中大菱鲆为140 000 m^2，占总面积的69.14%；牙鲆为50 000 m^2，占总育苗面积的24.69%；半滑舌鳎为3 000 m^2，占总面积的1.48%；珍珠龙胆石斑鱼为1 000 m^2，占总面积的0.49%；其他石斑鱼为1 500 m^2，占总面积的0.74%；许氏平鲉为6 000 m^2，占总面积的2.96%；黄姑鱼为1 000 m^2，占总面积的0.49%。

工厂化育苗总出苗量为9250万尾，其中大菱鲆为6 500万尾，占总出苗量的70.27%；牙鲆1 640万尾，占总出苗量的17.73%；半滑舌鳎为300万尾，占总出苗量的3.24%；珍珠龙胆石斑鱼为90万尾，占总出苗量的0.97%；其他石斑鱼为110万尾，占总出苗量的1.19%；许氏平鲉为600万尾，占总出苗量的6.49%；黄姑鱼为10万尾，占总出苗量的0.11%。

工厂化养殖总面积为238 000 m^2，其中大菱鲆为66 000 m^2，占总养殖面积的27.73%；牙鲆为11 000 m^2，占总养殖面积的4.62%；半滑舌鳎为110 000 m^2，占总养殖面积的46.22%；珍珠龙胆石斑鱼为13 000 m^2，占总养殖面积的5.46%；其他石斑鱼为18 000 m^2，占总养殖面积的7.56%；许氏平鲉为10 000 m^2，占总养殖面积的4.20%；黄姑鱼为10 000 m^2，占总养殖面积的4.20%。

工厂化养殖总产量为2 686.6 t，其中大菱鲆为721.6 t，占总量的26.86%；牙鲆为96 t，占总量的3.57%；半滑舌鳎为1 281 t，占总量的47.68%；珍珠龙胆石斑鱼为192 t，占总量的7.15%；其他石斑鱼为260 t，占总量的9.68%；许氏平鲉为15 t，占总量的0.56%；黄姑鱼为121 t，占总量的4.50%。

网箱养殖总水体1 118 290 m^3，其中海鲈151 000 m^3，占总水体的13.50%；许氏平鲉为967 290 m^3，占养殖总水体的86.50%。

网箱养殖总产量2 145.43 t，其中海鲈为1 061.96 t，占总产量的49.50%；许氏平鲉为1 083.47 t，占总产量的50.50%。

从以上统计可以看出，在5个示范县内，工厂化养殖中半滑舌鳎养殖面积和产量均占优势，其次为大菱鲆；网箱养殖中许氏平鲉的养殖水体占优势。

2 示范县（市、区）科研开展情况

2.1 科研课题情况

本试验站承担了山东省重点研发计划“水产种质资源挖掘与精准鉴定”子课题“许氏平鲉资源调查、抗病机制及新品系培育研究”和烟台市科技创新发展计划项目“许氏平鲉新品系选育及产业化关键技术研究与应用”2项。

2.2 示范工作情况

本年度，我站积极开展传统网箱养殖模式升级技术研发与示范工作，在各示范县示范许氏平鲉、海鲈、绿鳍马面鲀网箱养殖，同时对大钦岛海域不同养殖年份的深水网箱养殖水环境和底质指标进行了采集和分析。在工厂化养殖模式升级与示范方面，我站指导烟台经海海洋渔业有限公司示范工厂化养殖尾水处理系统1套。养殖病害免疫综合防控技术攻关和示范方面，我站完成2株益生菌株的应用效果评价，并为网箱养殖的350万尾许氏平鲉示范应用益生菌制剂。海水鱼优质配合饲料开发与应用方面，累计推广海水鱼苗种及养成高效配合饲料3 171.5 t。在海水鱼优质苗种选育与示范方面，我站指导企业繁育优良许氏平鲉苗种162万尾，配合海鲈种质资源与品种改良岗指导企业生产海鲈苗种110万尾，示范企业生产优质大菱鲆受精卵110余千克，销售70余千克，主要推广至山东、河北、天津、辽宁沿海等地，培育优质大菱鲆512万尾，示范生产优质半滑舌鳎苗种300余万尾，向河北推广优质半滑舌鳎苗种50余万尾，推广优质牙鲆苗种100余万尾，示范企业生产优质河鲀苗种35万尾，并开展了河鲀网箱绿色养殖示范。

2.3 授权专利、发表论文情况

授权发明专利2件，授权软件著作权2件，发表论文1篇。

2.3.1　发明专利

［1］韩慧宗，姜海滨，王腾腾，张明亮，王斐，杜荣斌，刘立明，姜向阳，相智巍. 一种许氏平鲉的工厂化全人工繁育方法：中国，202011480115.7.［P］. 2022-04-09.

［2］韩慧宗，王腾腾，姜海滨，王斐，张明亮，王忠全，郭福元，史春芳，曹学彬.一种提高许氏平鲉亲鱼交配率的三段式培育方法：中国，202011484889.7.［P］. 2022-09-20.

2.3.2　授权软件著作权

［1］韩慧宗. 基于育种模型的许氏平鲉遗传育种系统V1.0. 登记号：2022SR1192581. 2022-08-18.

［2］韩慧宗. 许氏平鲉病原菌群库信息管理系统V1.0. 登记号：2022SR1134837. 2022-08-15.

2.3.3　发表学术文章

［1］崔广鑫，孙娜，王腾腾，陈钰臻，韩慧宗，姜海滨. 蜡样芽孢杆菌YB1对大菱鲆幼鱼生长性能、肠道消化酶、肝脏抗氧化酶及肠道组织结构的影响［J］.渔业科学进展，2022，43（01）：97-105.

［2］解维俊，赵玉庭，刘元进，胡顺鑫，姜海滨，韩慧宗，王腾腾，王斐，李兆龙，张明亮. 大钦岛不同养殖年限深水网箱沉积物微生物群落结构分析［J］.海洋科学，2022，46（12）：31-40.

3　海水鱼养殖产业发展中存在的问题

（1）养殖过程中发病频繁问题突出，涉及的病原各异，养殖苗种成活率低，优质苗种供应不稳定。建议加大科研攻关，研发疫苗、益生菌等病防制剂，开展良种选育，优化苗种培育技术，提升养殖产业技术水平，促进产业健康发展。

（2）受环保和规划影响，部分地区工厂化和网箱养殖受限，建议按政策要求，科学规划，合理布局，给予产业一定的生存与发展空间；可以由政府选定一区域，进行现代渔业园区建设，从业者入住园区，由政府统一管理。

附表1　2022年度东营综合试验站示范县海水鱼育苗及成鱼养殖情况

项目	品种	日照东港							威海荣成	威海文登	烟台长岛		滨州无棣
		大菱鲆	牙鲆	半滑舌鳎	珍珠龙胆石斑鱼	其他石斑鱼	许氏平鲉	黄姑鱼	大菱鲆	大菱鲆	海鲈	许氏平鲉	半滑舌鳎
育苗	面积/m^2	0	50 000	0	1 000	1 500	6 000	1 000	140 000	0	0	0	3 000
	产量/万尾	0	1 640	0	90	110	600	10	6 500	0	0	0	300
工厂养殖	面积/m^2	55 000	11 000	90 000	13 000	18 000	1 000	10 000	0	11 000	0	0	20 000
	年产量/t	649	96	835	192	260	15	121	0	72.6	0	0	446
	年销售量/t	714	13	1 337	95	69	15	110	0	89.4	0	0	828
	年末库存量/t	245	77	466	30	44	0	21	0	43.7	0	0	374
网箱养殖	面积/m^3	0	0	0	0	0	5 390	0	0	0	151 000	961 900	0
	年产量/t	0	0	0	0	0	55	0	0	0	1 061.96	1 028.47	0
	年销售量/t	0	0	0	0	0	0	0	0	0	0	1 608	0
	年末库存量/t	0	0	0	0	0	55	0	0	0	1 129.6	616.47	0
户数	育苗户数	0	8	3	1	1	5	1	53	0	0	0	1
	养殖户数	202	8	37	12	13	12	14	0	14	13	196	7

附表2 东营综合试验站五个示范县养殖面积、养殖产量及主要品种构成

项目 \ 品种	合计	大菱鲆	牙鲆	半滑舌鳎	珍珠龙胆石斑鱼	其他石斑鱼	许氏平鲉	黄姑鱼	海鲈
工厂化育苗面积/m^2	202 500	140 000	50 000	3 000	1 000	1 500	6 000	1 000	0
工厂化出苗量/万尾	9 250	6 500	1 640	300	90	110	600	10	0
工厂化养殖面积/m^2	238 000	66 000	11 000	110 000	13 000	18 000	10 000	10 000	0
工厂化养殖产量/t	2 686.6	721.6	96	1 281	192	260	15	121	0
网箱养殖水体/m^3	1 118 290	0	0	0	0	0	967 290	0	151 000
网箱养殖年总产量/t	2 145.43	0	0	0	0	0	1 083.47	0	1 061.96
各品种工厂化育苗面积占总面积的比例/%	100	69.14	24.69	1.48	0.49	0.74	2.96	0.49	0
各品种工厂化出苗量占总出苗量的比例/%	100	70.27	17.73	3.24	0.97	1.19	6.49	0.11	0
各品种工厂化养殖面积占总面积的比例/%	100	27.73	4.62	46.22	5.46	7.56	4.20	4.20	0
各品种工厂化养殖产量占总产量的比例/%	100	26.86	3.57	47.68	7.15	9.68	0.56	4.50	0
各品种网箱养殖水体占总水体的比例/%	100	0	0	0	0	0	86.50	0	13.50
各品种网箱养殖产量占总产量的比例/%	100	0	0	0	0	0	50.50	0	49.50

（东营综合试验站站长　姜海滨）

日照综合试验站产区调研报告

1　示范县（市、区）海水鱼类养殖现状

日照综合试验站下设山东省日照市开发区、山东省潍坊市滨海开发区、山东省青岛市崂山区、山东省青岛市即墨区、山东省东营市利津县五个示范县，其育苗、养殖品种、产量及规模见附表1。

1.1　育苗面积及苗种产量

1.1.1　育苗面积

5个示范基地育苗为工厂化育苗，总面积为4 000 m^2，主要分布在东营利津县和青岛崂山区，其中东营利津县1 400 m^2，青岛崂山2 600 m^2。按品种分：牙鲆鱼育苗面积1 100 m^2，许氏平鲉育苗面积1 000 m^2，海鲈鱼育苗面积700 m^2，半滑舌鳎育苗面积700 m^2，石斑鱼育苗面积500 m^2。

1.1.2　苗种年产量

5个示范基地总计育苗676万尾，其中牙鲆300万尾、许氏平鲉200万尾，海鲈鱼130万尾，半滑舌鳎26万尾，石斑鱼20万尾。各县育苗情况如下：

东营市利津县：半滑舌鳎育苗面积700 m^2，全年育苗26万尾；海鲈鱼育苗面积700 m^2，全年育苗130万尾。

青岛市崂山区：牙鲆育苗面积1 100 m^2，全年育苗300万尾；许氏平鲉育苗面积1 000 m^2，全年育苗200万尾；石斑鱼育苗面积500 m^2，全年育苗20万尾。

1.2　养殖面积及年产量、销售量、年末库存量

日照综合试验站所辖区域主要是工厂化流水养殖、深水网箱养殖、池塘养殖。5个示范县养殖面积：工厂化流水101 400 m^2、深水网箱养殖水体2 000 m^3、普通池塘25亩、工程化池塘1 000亩，年总产量为707.14 t，年销售量为724.39 t。

青岛市崂山区：工厂化养殖面积为1 300 m^2、工程化池塘养殖面积为1 000亩。其中大菱鲆工厂化养殖面积800 m^2，工程化池塘养殖面积100亩，年产量10 t，年销售量7 t，年末库存量5 t；石斑鱼工厂化养殖面积为500 m^2，工程化池塘养殖面积700亩，年产量15 t，年

销售量24 t，年末库存量0 t；牙鲆工程化池塘养殖面积100亩，年产量0 t，年销售量1.2 t；红鳍东方鲀工程化池塘养殖面积100亩，年产量0 t，年销售量1.5 t。

潍坊市滨海开发区：工厂化总养殖面积54 000 m^2。半滑舌鳎养殖面积54 000 m^2，年产量164 t，销售量104.4 t，年末库存量106.45 t。

日照开发区：工厂化养殖面积43 000 m^2、普通池塘25亩、深水网箱养殖水体2 000 m^3。其中大菱鲆工厂化养殖面积18 000 m^2，年产量233 t，年销售量279 t，年末库存量23 t；牙鲆工厂化养殖面积11 000 m^2，年产量77 t，年销售量75 t，年末库存量25 t；半滑舌鳎工厂化养殖面积14 000 m^2，年产量91 t，年销售量121 t，年末库存量14 t；海鲈鱼池塘养殖面积25亩，年产量42.55 t，年销售量41 t，年末库存量3 t；许氏平鲉深水网箱养殖水体2 000 m^3，年产量48 t，年销售量49 t，年末库存量5 t。

青岛市即墨区：工厂化总养殖面积2 400 m^2。大菱鲆养殖面积2 400 m^2，产量26.59 t，销售量21.29 t，年末库存量10.3 t。

东营市利津县：工厂化总养殖面积700 m^2。海鲈鱼养殖面积700 m^2，养殖为亲鱼，年末库存量5.5 t。

1.3　品种构成

统计5个示范基地养殖面积调查结果，各品种构成如下。

工厂化育苗总面积为4 000 m^2，其中半滑舌鳎育苗面积为700 m^2，占总育苗面积的17.5%；牙鲆育苗面积为1 100 m^2，占总育苗面积的27.5%，海鲈鱼育苗面积为700 m^2，占总育苗面积的17.5%；许氏平鲉育苗面积1 000 m^2，占总育苗面积25%；石斑鱼育苗面积500 m^2，占总育苗面积12.5%。

工厂化育苗总出苗量为676万尾，其中牙鲆300万尾，占总出苗量的44.38%；半滑舌鳎26万尾，占总出苗量的3.85%；海鲈鱼130万尾，占总出苗量19.23%；许氏平鲉200万尾，占总出苗量29.58%；石斑鱼20万尾，占总出苗量2.96%。

成鱼养殖总产量为707.14 t，其中大菱鲆269.59 t，占总量的38.12%；牙鲆77 t，占总量的10.89%；半滑舌鳎255 t，占总量的36.06%；海鲈鱼42.55 t，占总量的6.02%；许氏平鲉48 t，占总量的6.79%；石斑鱼15 t，占总量的2.12%。

从以上统计可以看出，在5个示范基地内，大菱鲆和半滑舌鳎的养殖面积、产量占比都较大，其次是牙鲆、许氏平鲉、海鲈鱼，石斑鱼所占的比例最少。

2 示范县（市、区）科研开展情况

2.1 产品研发情况

日照综合试验站依托的山东美佳集团有限公司是一个水产品加工进出口企业，开展海水鱼产品开发与市场推广工作，紧抓预制菜产业发展新风口，开发风味烤鲈鱼、膨化鱼片、日式鲽鱼头3款产品，制定新产品工艺流程和产品标准并进行示范生产。针对海水鱼健康绿色养殖使用饲料问题，继续开展海水鱼加工副产物生产发酵饲料蛋白工艺研究，在开展发酵饲料蛋白研究的基础上，拓展开发菌解鱼浆项目，本年度建设完成年处理海水鱼副产物9 000 t的菌解鱼浆生产线1条，完成调试生产并销售菌解鱼浆1 000余 t。研发的菌解发酵鱼浆，生产工艺简单，能源消耗少，全程不需要强热源，生产不产生污水，菌解发酵鱼浆可在饲料生产中作为添加剂，能加强饲料的诱食性和适口性，能长时间保持诱食效果，可提高饲料的利用率，相应地减少饲喂成本和保障养殖水体的安全。

2.2 专利、标准、发表论文情况

2.2.1 专利

授权国内实用新型专利1项：

［1］《自动喷油装置》专利号：ZL20202511932.6，授权日期：2022-11-18.

授权外观设计专利1项：

［2］《海鲜包（蝴蝶型）》 专利号：ZL202230347543.6，授权日期：2022-09-20.

申请实用新型专利1项：

［3］《红鳟鱼风干称》申请号：202221444358.X，申请日期：2022-06-10.

申请国内发明专利2项：

［4］《红鳟鱼风干称及实现方法》申请号：202210654301.0，申请日期：2022-06-10.

［5］《自动喷油装置及其使用方法》 申请号：202210653623.3，申请日期：2022-6-10.

2.2.2 论文

参与编写发表论文3篇，会议论文1篇。

［1］王瑶，李红玉，齐祥明，毛相朝，董浩，郭晓华.基于高通量测序的鲭鱼加工副产物固态厌氧发酵过程分析［A］. 南方水产科学，2022，18（4）.

［2］程娇梅，齐祥明，郭晓华.应用绿色液相色谱法定量检测发酵液中的乙醇［A］. 绿色科技，2022，24（6）.

［3］程娇梅，齐祥明，郭晓华.液相色谱法测定发酵液中阿魏酸酯酶的活力［A］. 粮食与饲料工业，2022，3：54-57.

[4] 石月，王金厢，李学鹏，励建荣，郭晓华，于建洋，王明丽.Caco−2细胞模型评价鱼骨泥发酵液对肠道细胞钙吸收转运的影响. 中国食品科学技术学会会议论文集，2022，第十八届年会摘要集.

2.2.3　参与编制国家标准1项，参与编制团体标准3项

《农业社会化服务生鲜农产品电子商务交易服务规范》GB/T 41714−2022

《石斑鱼分割产品的规格分级》T/HSY 0012−2022

《生鲜品无接触配送服务规范》T/CFLP 0035−2022

《海水鱼加工副产物发酵饲料原料》T/HSY 0013—2022

3　海水鱼养殖产业发展中存在的问题

3.1　海水鱼养殖面积缩减

日照综合试验站各示范县区主养大菱鲆、牙鲆、半滑舌鳎、海鲈鱼、许氏平鲉及少量养殖其他鱼类。养殖鱼发生病害较频繁，死亡率较高，养殖周期长，优质苗种供应不足，市场销售价格波动频繁，影响养殖业户经济效益，致使很多养殖户减少养殖面积，更换时间短、见效益较快的其他养殖品种。

3.2　养殖模式亟待转型

日照综合试验站各示范县养殖模式大部分还是比较传统的大棚式养殖模式，主要是采用海水流水养殖。面对周边近海生态环境保护的压力，养殖模式需升级转型。

3.3　病害防控意识薄弱问题

大菱鲆出血症的发生使养殖户开始加强病害防控。但防控意识还是比较淡薄，亟待加强。

3.4　海水鱼精深加工技术

预制菜产业的推行，冷链技术水平的完善，消费者对于食材新鲜度、口味要求越来越高，海水鱼预制菜也迎来了快速发展，市场前景广阔。水产品精深加工品类少、类型较简单，需进一步加大技术研发力度。不同地域对海水鱼产品口味不同，内陆地区对海水鱼产品的认知相对较低，还需要加大推广力度。

附表1　2022年度日照综合试验站示范县海水鱼育苗及成鱼养殖情况统计

项目 \ 品种		日照经济技术开发区					东营利津县		青岛崂山区					潍坊滨海区	青岛即墨区
		大菱鲆	牙鲆	半滑舌鳎	许氏平鲉	海鲈鱼	半滑舌鳎	海鲈鱼	牙鲆	大菱鲆	许氏平鲉	石斑鱼	红旗东方鲀	半滑舌鳎	大菱鲆
育苗	面积/m^2						700	700	1 100		1 000	500			
	产量/万尾						26	170	300		200	20			
工厂养殖	面积/m^2	18 000	11 000	14 000				700		800		500		54 000	2 400
	年产量/t	233	77	91				0		10		15		164	26.59
	年销售量/t	279	75	121				0		5		20		104.4	21.29
	年末库存量/t	23	25	14				5.5		5		0		106.45	10.3
池塘养殖	面积/亩					25									
	年产量/t					42.55									
	年销售量/t					41									
	年末库存量/t					3									
网箱养殖	面积/m^2				2 000										
	年产量/t				48										
	年销售量/t				49										
	年末库存量/t				5										
工程化池塘养殖	面积/亩								100	100		700	100		
	年产量/t								0	0		0	0		
	年销售量/t								1.2	2		4	1.5		
	年末库存量/t								0	0		0	0		
户数	育苗户数														
	养殖户数														

附表2　2022年度日照综合试验站五个示范县养殖面积、养殖产量及主要品种构成

项目＼品种	合计	大菱鲆	牙鲆	半滑舌鳎	许氏平鲉	海鲈鱼	石斑鱼	红鳍东方鲀
工厂化育苗面积/m^2	4 000		1 100	700	1 000	700	500	
工厂化出苗量/万尾	676		300	26	200	130	20	
工厂化养殖面积/m^2	101 400	21 200	11 000	68 000		700	500	
工厂化养殖产量/t	616.59	269.59	77	255		0	15	
池塘养殖面积/亩	1 025	100	100			25	700	100
池塘年总产量/t	42.55	0	0			42.55	0	0
深水网箱养殖/m^3	2 000				2 000			
深水网箱年总产量/t	48				48			
各品种工厂化育苗面积占总面积的比例/%	100		27.5	17.5	25	17.5	12.5	
各品种工厂化出苗量占总出苗量的比例/%	100		44.38	3.85	29.58	19.23	2.96	
各品种工厂化养殖面积占总面积的比例/%	100	20.91	10.85	67.06		0.69	0.49	
各品种工厂化养殖产量占总产量的比例/%	100	43.72	12.49	41.36		0	2.43	
各品种池塘养殖面积占总面积的比例/%	100	9.76	9.76			2.44	68.29	9.75
各品种池塘养殖产量占总产量的比例/%	100	0	0			100	0	0
各品种网箱养殖面积占总面积的比例/%	100				100			
各品种网箱养殖产量占总产量的比例/%	100				100			

（日照综合试验站站长　郭晓华）

珠海综合试验站产区调研报告

1 示范县（市、区）海水鱼养殖现状

珠海综合试验站下设5个示范县区，分别为：珠海鹤洲新区（筹）、阳江阳西县、湛江经济技术开发区、珠海斗门区、惠州惠东县。2022年鱼苗、养殖品种、产量及规模见附表1。

1.1 育苗面积及苗种产量

（1）育苗面积：5个示范县区育鱼苗总面积为625 000 m^2，其中阳西县563 000 m^2，湛江经济技术开发区26 000 m^2，斗门区36 000 m^2。按品种分：珍珠龙胆39 000 m^2，卵形鲳鲹育苗面积230 000 m^2，鲷鱼356 000 m^2。

（2）苗种产量：5个示范县区共计育苗10 290万尾，其中：珍珠龙胆990万尾，卵形鲳鲹3 600万尾，鲷鱼5 700万尾。情况如下：

阳西县：育苗总数为9 400万尾，其中：珍珠龙胆苗种约400万尾，卵形鲳鲹苗种3 600万尾，鲷鱼苗种5 400万尾，用于本地区养殖及供应海南和粤西等地区。

湛江经济技术开发区：育苗均为珍珠龙胆，苗种约590万尾，用于本地区养殖及供应海南、广西和福建等地区。

斗门区：生产鲷鱼苗种300万尾，用于本地区养殖。

1.2 养殖面积及年产量、销售量、年末库存量

（1）池塘养殖：5个示范县区池塘养殖面积30 900亩，年总产量92 438 t，销量为64 527 t，年末库存量为62 373 t。

阳西县：养殖面积700亩，年总产量338 t。其中养殖珍珠龙胆300亩，年产量118 t，销量175 t；养殖鲷鱼400亩，年产量220 t，销量285 t。

湛江经济技术开发区：工程化池塘养殖珍珠龙胆面积1 200亩，年总产量780 t，销量930 t，年末库存量140 t。

斗门区：养殖面积28 300亩，年总产量91 000 t，全年销量62 720 t，年末库存量62 020 t。其中海鲈鱼养殖面积21 000亩，年产量88 000 t，年销量60 000 t，年末库存量61 000 t；鲷鱼5 300亩，年产量1 650 t，年销量1 390 t，年末库存量620 t；美国红鱼2 000亩，年产量

1 350 t，年销量1 330 t，年末库存量400 t。

惠东县：养殖面积700亩，年总产量320 t，年销量417 t，年末库存量111 t。其中珍珠龙胆养殖面积200亩，年产量110 t，年销量167 t，年末库存量21 t；鲷鱼养殖面积500亩，年产量210 t，年销量250 t，年末库存量90 t。

（2）网箱养殖：5个示范县区普通网箱养殖海水鱼总面积147 900 m^2，年总产量1 588 t，年销量1 763 t，年末库存量577 t；深水网箱养殖总水体1 805 000 m^3，年总产量8 217 t，年销量10 536 t，年末库存量3 558 t。

鹤洲新区：普通网箱养殖面积52 900 m^2，年总产量848 t，年销量773 t，年末库存量286 t。其中珍珠龙胆养殖面积5 000 m^2，年产量70 t，年销量100 t，年末库存量30 t；其他石斑鱼养殖面积4 000 m^2，年产量90 t，年销量130 t，年末库存量40 t。深水网箱养殖水体129 000 m^3，年总产量2 102 t，年销量2 104 t，年末库存量873 t。其中大黄鱼养殖水体5 000 m^3，产量35 t，年销量12 t；卵形鲳鲹养殖水体60 000 m^3，产量890 t，销量530 t，年末库存量480 t；军曹鱼养殖水体10 000 m^3，产量422 t，年销量452 t，年末库存量40 t；鰤鱼养殖水体18 000 m^3，产量230 t，年销量450 t，年末库存量150 t；其他类海水鱼养殖水体14 000 m^3，年产量390 t，年销量480 t，年末库存量100 t。

阳西县：普通网箱养殖面积35 000 m^2，养殖海水鱼总产量286 t，年销售量501 t，年末库存量95 t。其中珍珠龙胆养殖面积2 000 m^2，养殖总产量32 t，养殖销售量44 t，年末库存量10 t；其他石斑鱼养殖面积10 000 m^2，年产量114 t，年销售量310 t，年末库存量30 t；其他海水鱼养殖面积23 000 m^2，年产量140 t，年销售量147 t，年末库存量55 t。深水网箱以养殖卵形鲳鲹为主，养殖水体1 000 000 m^3，总产量3400 t，年销量5 100 t，年末库存量2 000 t。

湛江经济技术开发区：普通网箱养殖面积4 000 m^2，养殖海水鱼总产量101 t，年销量111 t，年末库存量32 t。其中珍珠龙胆养殖面积 500 m^2，养殖产量29 t，年销量29 t，年末库存量12 t；其他海水鱼养殖面积3 500 m^2，养殖产量72 t，年销量82 t，年末库存量20 t。深水网箱养殖主养卵形鲳鲹，养殖水体600 000 m^3，养殖产量2 370 t，年销量2 820 t，年末库存量500 t。

惠东县：普通网箱养殖面积56 000 m^2，养殖产量353 t，年销量378 t，年末库存量164 t。其中珍珠龙胆养殖面积4 000 m^2，养殖产量36 t，年销量36 t，年末库存量8 t；大黄鱼养殖面积12 000 m^2，养殖产量86 t，年销量82 t，年末库存量60 t；卵形鲳鲹养殖面积20 000 m^2，养殖产量90 t，年销量110 t，年末库存量60 t；其他海水鱼养殖产量20 000 m^2，养殖产量141 t，年销量150 t，年末库存量36 t。深水网箱养殖水体76 000 m^3，养殖产量345 t，年销量512 t，年末库存量185 t。其中卵形鲳鲹6 000 m^3，养殖总产量4 t，年销量16 t；鲷鱼养殖水体20 000 m^3，年产量176 t，年销售量221 t，年末库存量115 t。

1.3 品种构成

每个品种养殖面积及产量占示范县区养殖总面积和总产量的比例见附表2。

统计5个示范县海水鱼养殖面积与产量调查结果，各品种构成如下。

普通网箱养殖总面积为147 900 m^2，其中珍珠龙胆11 500 m^2，占总面积的7.78%；其它石斑鱼14 000 m^2，占总面积的9.46%；大黄鱼为15 000 m^2，占总养殖面积的10.14%；卵形鲳鲹26 000 m^2，占总面积17.58%；军曹鱼为4 300 m^2，占总面积的2.91%；鲷鱼养殖面积为5 600 m^2，占总面积的3.79%；鰤鱼为12 000 m^2，占总面积的8.11%；其他海水鱼养殖总面积为59 500 m^2，占总面积的40.23%。

普通网箱养殖总产量为1 588 t，其中珍珠龙胆产量为167 t，占总产量的10.52%；其他石斑鱼产量为204 t，占总产量的12.85%；大黄鱼产量为116 t，占总产量的7.30%；卵形鲳鲹产量为168 t，占总产量的10.58%；军曹鱼产量为110 t，占总产量的6.93%；鲷鱼产量为55 t，占总产量的3.46%；鰤鱼产量为110 t，占总产量的6.93%；其他海水鱼产量为658 t，占总产量的41.43%。

深水网箱养殖总养殖水体为1 805 000 m^3，其中大黄鱼为5 000 m^3，占总养殖水体的0.28%；卵形鲳鲹为1 666 000 m^3，占总养殖水体的92.30%；军曹鱼为10 000 m^3，占总养殖水体的0.55%；鲷鱼为42 000 m^3，占总养殖水体的2.33%；鰤鱼为18 000 m^3，占总养殖水体的1.00%；其他海水鱼养殖水体为64 000 m^3，占总养殖水体的3.54%。

深水网箱总产量为8 217 t，其中大黄鱼产量为35 t，占总产量的0.43%；卵形鲳鲹产量为6 664 t，占总产量的81.10%；军曹鱼产量为422 t，占总产量的5.14%；鲷鱼产量为311 t，占总产量的3.78%；鰤鱼产量为230 t，占总产量的2.80%；其他海水鱼产量为555 t，占总产量的6.75%。

池塘养殖总面积为30 900亩，其中珍珠龙胆1 700亩，占总养殖面积5.50%；海鲈鱼为21 000亩，占总养殖面积的67.96%；鲷鱼为6 200亩，占总养殖面积的20.07%；美国红鱼2 000亩，占总养殖面积的6.47%。

池塘养殖总产量为92 438 t，其中珍珠龙胆为1 008 t，占总产量的1.09%；海鲈鱼为88 000 t，占总产量的95.20%；鲷鱼为2 080 t，占总产量的2.25%；美国红鱼为1 350 t，占总产量的1.46%。

2 示范县（市、区）科研开展情况

改进优化德海渔场网衣系统，完善相关配套，构建“陆基—近岸—深远海”接力养殖模式，开展大型智能养殖渔场越冬养殖试验示范。

在珠海桂山“德海1号”运行的基础上，结合南海区海况条件，针对金鲳鱼的生物学特性，改进了人行及工作区域的踏板选型与固定；完善了渔场靠泊停船区域设计及专门停船邦系点设置；优化了网衣受力邦系点的布局，改底部固定为挂重砣自然张紧，改善网衣与渔场框架随波浪受力的协调性，减少网衣固定点的应急受力，延长网衣使用寿命。优化完善后的相关技术全面在德海系列第三座“普盛网箱1号”上应用。

为进一步摸清大型养殖渔场的比较优势，确立金鲳不同规格越冬养殖管理要素，指导我国深远海养殖的健康发展，利用德海渔场进行金鲳越冬养殖试验示范，评估试验获取的数据，构建更为完善的“陆基–近岸–深远海”接力养殖模式。2022年10月4日在德海1号渔场第一养殖单元投放规格260克/条的金鲳大规格鱼种约23 000尾，鱼种为6月份投放的晚造苗，在近岸普通网箱进行标准粗养殖，放养密度近8条/立方米。同期与渔场第二、三养殖单元350克/条规格的和养殖在湾内普通网箱470克/条规格的金鲳进行对比养殖试验。经2个多月的试验养殖，养殖在渔场第一养殖单元的金鲳平均体重366 g，增长106克/条，投喂饲料量5 600 kg，饲料转化系数2.3，打样观察鱼体皮肤光滑，无红点，无疖结，非常干净；养殖在渔场第二、三养殖元的金鲳平均体重445 g，增长95克/条，饲料转化系数2.4，鱼体皮肤光滑，无红点；同期养殖在湾内普通网箱的平均体重556 g，增长86 g，饲料转化系数2.6，体表肛门周围及臀鳍下缘有红点，初步越冬养殖试验结果表明：规格相对较小的金鲳鱼越冬养殖优势明显。但因养殖密度与养殖季差别较大，其综合养殖经济性还需考虑越冬养殖全过程的成活率，结合冬季尽量减少换网操作的实际也可配养一定量的篮子鱼，以期提高越冬养殖的经济效益。

3　海水鱼养殖产业发展中存在的问题

（1）南方主养殖的石斑鱼、金鲳和海鲈在“种”的方面都或多或少存在一定的问题，育苗和选育工作与生产应用还有一定的距离。育苗生产不稳定、生长慢、病害多等问题突显。

（2）海水鱼产业链上不同环节对产业发展的影响不同，一线养殖生产者的组织程度有限。有些品种不是市场需求拉动养殖，而是利益相关方为了扩大市场驱动养殖，市场产业发展的稳定性不够。

（3）消费者对优质海水鱼的认知不足，难做到优质优价。品种多、体量小、替代性强，品种转换及消费波动较易，单一养殖品种产量难有较大突破。

附表1　2022年度珠海综合实验站示范县海水鱼育苗及成鱼养殖情况

项目	品种	鹤洲新区（筹）								阳西县					
		珍珠龙胆	其他石斑鱼	大黄鱼	卵形鲳鲹	军曹鱼	鲷鱼	鲫鱼	其他海水鱼	珍珠龙胆	其他石斑鱼	卵形鲳鲹	鲷鱼	其他海水鱼	军曹鱼
育苗	面积/m^2	–	–	–	–	–	–	–	–	13 000	–	230 000	320 000	–	–
	产量/万尾	–	–	–	–	–	–	–	–	400	–	3 600	5 400	–	–
工厂化养殖	面积/m^2	–	–	–	–	–	–	–	–	–	–	–	–	–	–
	年产量/t	–	–	–	–	–	–	–	–	–	–	–	–	–	–
	年销售量/t	–	–	–	–	–	–	–	–	–	–	–	–	–	–
	年末库存量/t	–		–	–	–	–	–	–	–	–	–	–	–	–
池塘养殖	面积/亩	–	–	–	–	–	–	–	–	300	–	–	400	–	–
	年产量/t	–	–	–	–	–	–	–	–	118	–	–	220	–	–
	年销售量/t	–	–	–	–	–	–	–	–	175	–	–	285	–	–
	年库存量/t	–	4 000	–	–	–	–	–	–	17	–	–	85	–	–
网箱养殖	面积/m^2	5 000	6 000	3 000	6 000	4 300	5 600	12 000	13 000	2 000	10 000	–	–	23 000	–
	水体/m^3（深水网箱）	–	–	5 000	60 000	10 000	22 000	18 000	14 000	–	–	1 000 000	–	–	–
	年产量/ t	70	90	65	968	532	190	340	695	32	114	3 400	–	140	–
	年末库存量/t	30	40	23	512	40	117	157	240	10	30	2 000	–	55	–

附表1　2022年度珠海综合实验站示范县海水鱼育苗及成鱼养殖情况（续）

项目	品种	湛江经济技术开发区				斗门区				惠东县					
		珍珠龙胆	军曹鱼	卵形鲳鲹	其他海水鱼	珍珠龙胆	海鲈鱼	鲷鱼	美国红鱼	珍珠龙胆	大黄鱼	卵形鲳鲹	鲷鱼	鲕鱼	其他海水鱼
育苗	面积/m^2	26 000	–	–	–	–	–	36 000	–	–	–	–	–	–	–
	产量/万尾	590	–	–	–	–	–	300	–	–	–	–	–	–	–
工厂化养殖	面积/m^2	–	–	–	–	–	–	–	–	–	–	–	–	–	–
	年产量/t	–	–	–	–	–	–	–	–	–	–	–	–	–	–
	年销售量/t	–	–	–	–	–	–	–	–	–	–	–	–	–	–
	年末库存量/t	–	–	–	–	–	–	–	–	–	–	–	–	–	–
池塘养殖	工厂化池塘面积/亩	1 200	–	–	–	–	–	–	–	–	–	–	–	–	–
	普通池塘面积/亩	–	–	–	–	–	21 000	5 300	2 000	200	–	–	500	–	–
	年产量/t	780	–	–	–	–	88 000	1 650	1 350	110	–	–	210	–	–
	年销售量/t	930	–	–	–	–	60 000	1 390	1 330	167	–	–	250	–	–
	年库存量/t	140	–	–	–	–	61 000	620	400	21	–	–	90	–	–
网箱养殖	面积/m^2	500	–	–	3 500	–	–	–	–	4 000	12 000	20 000	–	–	20 000
	水体/m^3（深水网箱）	–	–	600 000	–	–	–	–	–	–	2 000	6 000	20 000	–	50 000
	年产量/ t	29	–	2 370	72	–	–	–	–	36	86	94	176	–	306
	年末库存量/t	12	–	500	20	–	–	–	–	8	60	60	115	–	106

附表2　珠海综合试验站5个示范县养殖面积、养殖产量及主要品种构成

项目＼品种	合计	珍珠龙胆	其他石斑鱼	海鲈鱼	大黄鱼	卵形鲳鲹	军曹鱼	鲷鱼	美国红鱼	鰤鱼	其他海水鱼
育苗面积/m^2	625 000	39 000	–	–	–	230 000	–	356 000	–	–	–
出苗量/万尾	10 290	990	–	–	–	3 600	–	5 700	–	–	–
工厂化养殖面积/t	–	–	–	–	–	–	–	–	–	–	–
工厂化养殖产量/t	–	–	–	–	–	–	–	–	–	–	–
池塘养殖面积/亩	30 900	1 700	–	21 000	–	–	–	6 200	2 000	–	–
池塘年总产量/t	92 438	1 008	–	88 000	–	–	–	2 080	1 350	–	–
普通网箱养殖面积/m^2	147 900	11 500	14 000	–	15 000	26 000	4300	5 600	–	12 000	59 500
深水网箱养殖水体/m^3	1 805 000	–	–	–	5 000	1 666 000	10000	42 000	–	18 000	64 000
普通网箱年总产量/t	1 588	167	204	–	116	168	110	55	–	110	658
深水网箱年总产量/t	8 217	–	–	–	35	6 664	422	311	–	230	555
各品种育苗占总面积的比例/%	–	6.24	–	–	–	36.80	–	56.96	–	–	–
各品种出苗量占总出苗量的比例/%	–	9.62	–	–	–	34.99	–	55.39	–	–	–
各品种工厂化养殖面积占总面积的比例/%	–	–	–	–	–	–	–	–	–	–	–
各品种工厂化养殖产量占总产量的比例/%	–	–	–	–	–	–	–	–	–	–	–
各品种池塘养殖面积占总面积的比例/%	–	5.50	–	67.96	–	–	–	20.07	6.47	–	–
各品种池塘养殖产量占总产量的比例/%	–	1.09	–	95.20	–	–	–	2.25	1.46	–	–
各品种普通网箱养殖占总面积的比例/%	–	7.78	9.46	–	10.14	17.58	2.91	3.79	–	8.11	40.23
各品种普通网箱养殖产量占总产量的比例/%	–	10.52	12.85	–	7.30	10.58	6.93	3.46	–	6.93	41.43
深水网箱养殖占总水体的比例/%	–	–	–	–	0.28	92.30	0.55	2.33	–	1.00	3.54
深水网箱养殖产量占总产量的比例/%	–	–	–	–	0.43	81.10	5.14	3.78	–	2.80	6.75

（珠海综合试验站站长　陶启友）

北海综合试验站产区调研报告

1　示范区县海水鱼养殖情况

北海综合试验站下辖5个示范县，分别是广西钦州市钦南区龙门港、防城港市防城区和港口区、北海市铁山港区和合浦县。5个示范县基本已经覆盖全广西主要的海水鱼养殖产区，其中合浦县因为处在入海口，海水浊度高，海水鱼养殖只有少量池塘养殖和木排养殖。

1.1　示范县海水鱼育苗情况

广西作为一个沿海海水鱼养殖省份，一直以来缺少海水鱼育苗企业，主要原因有三个。一是广西海水鱼养殖方式相对落后，产业分散程度高。广西传统海水鱼养殖以木排网箱和池塘为主，养殖户比较分散，每户养殖的规模不大，一般每户有一到几组木排网箱（一组十二口）。但广西海水鱼养殖的品种却很多，传统养殖品种有卵形鲳鲹、黑鲳鱼、泥猛（褐篮子鱼）、金鼓（点篮子鱼）、海鲈鱼，真鲷，黄鳍鲷，海鲈鱼，军曹鱼等。二是临近省份海水鱼养殖发展更早更快，临近省份比如广东、福建、海南，养殖规模大，产业集中度高，育苗产业成熟。广西海水鱼养殖户一般从海南购买卵形鲳鲹苗和石斑鱼苗，从福建购买海鲈鱼苗。三是地理原因，如海南平均气温高，3—4月就有卵形鲳鲹苗出售，广西平均气温低，如果不使用加温设施要6月左右才能出苗。卵形鲳鲹从体长3 cm的苗种养到体重0.5 kg的商品鱼需要6个月左右的时间，广西冬季因为水温低卵形鲳鲹无法过冬，在10月底就陆续开始卖鱼，在11月底之前卖完。养殖户如果使用广西本地孵化的卵形鲳鲹苗，需等到6月中下旬才能投苗，在11月寒潮来临时达不到出售规格。

根据2022年对下辖示范区县的调查，广西海水鱼苗孵化主要集中在北海市，以零散养殖户育苗为主，特点是数量多、规模小、品种多。年孵化卵形鲳鲹苗种约1 000万尾，其他鱼种如点篮子鱼、褐篮子鱼、石斑鱼等共计约8 000万尾。

1.2　养殖面积及年产量、销售量、年末库存量

1.2.1　普通木排网箱养殖

示范县范围内共有木排网箱养殖81 000 m^2，年产量约12 324 t，产量基本约等于销售

量。2022年各示范县投苗成活率均不太理想，总体成活率为60%～70%，卵形鲳鲹生长速度较慢，后期存在多发本尼登虫和小瓜虫等问题。

其中北海市铁山港区养殖面积27 000 m^2，年产量约4 069 t。钦州市钦南区养殖面积21 000 m^2，养殖产量约3 827 t。防城港市防城区养殖面积15 000 m^2，养殖产量约3 000 t。防城港市港口区养殖面积18 000 m^2，养殖产量约1 428 t。

1.2.2 深水网箱养殖

示范区范围内共有深水网箱养殖水体5 544 770 m^3，总产量约23 302 t，2022年年末示范县内深水网箱养殖约有600 t存网量。

其中北海市铁山港区有养殖水体2 418 080 m^3，养殖产量约9 110 t。钦州市钦南区有养殖水体1 158 240 m^3，产量约4 012 t。防城港市防城区有养殖水体1 828 800 m^3，养殖产量约9 200 t。防城港市港口区有养殖水体139 650 m^3，产量约980 t。

1.3 品种构成

每个品种的养殖面积及产量占总养殖面积和产量的比例见附表2。

统计5个示范县的海水鱼养殖面积及产量，结果如下。

目前示范县内的育苗企业分布情况为防城港市港口区1家，防城港市防城区1家，北海市有1家，均为年产量不足200万尾的小型育苗企业。其余为非固定育苗户。

示范县木排网箱养殖总面积89 000 m^2，其中卵形鲳鲹40 000 m^2，石斑鱼养殖18 000 m^2，海鲈鱼13 000 m^2，其他杂鱼8 000 m^2。

示范县木排网箱养殖总产量12 324 t，其中卵形鲳鲹6 466 t，石斑鱼3 155 t，海鲈鱼2 703 t。

示范县深水网箱养殖总水体5 544 770 m^3，基本均为卵形鲳鲹养殖。

示范县深水网箱养殖总产量23 302 t。

根据2022年走访调研情况，示范县内深水网箱养殖品种基本只有卵形鲳鲹，木排养殖品种主要为卵形鲳鲹、珍珠龙胆、海鲈鱼，其他品种包括褐篮子鱼、点篮子鱼、燕尾鲳、美国红鱼等。

2022年海水鱼整体价格较2021年有增长，其中卵形鲳鲹冬鱼价格为30～32元/千克，0.5kg左右成鱼价格为26～28元/千克；但与上年养殖相比，存在成活率较低、养殖周期较长、饲料比提高、饲料价格升高等因素，总体成本为24～25元/千克，比上年提高约4元/千克。石斑鱼价格为62～76元/千克，全年价格较高。其他养殖品种价格相对较为稳定，褐篮子鱼2022年养殖量较往年有所增加，鲜活鱼价格为40～50元/千克。

2　示范区县科研开展情况

广西示范区县2022年共进行科研项目1项。

项目一：《北部湾陆海接力智慧渔场养殖装备与新模式》，合同编号：2022YFD2401200，项目牵头单位为广西科学院，实施时间为2022年—2026年。

3　海水鱼养殖产业发展中存在的问题

3.1　缺乏优质苗种

2022年卵形鲳鲹整体投苗成活率低于2021年，从2021年的80%左右降低到60%～79%，特别是清明前后投放的头批苗，成活率仅有30%～40%。甚至有养殖户投苗2个星期内仅剩10%。并且前期投苗成活率低的苗种后期生长速度较慢，同规格成鱼生长时间延长20天左右，饲料比从往年的1.8～2.2提高到2022年的2.2～2.4。这主要是由于目前苗种市场较为混乱，缺乏优质良种和规范的育苗管理模式，不规范用药情况普遍存在。

3.2　养殖病害多

2022年主要的养殖病害有3种。一是投苗早期的神经坏死症，俗称黑身病，主要由于苗种本身携带病原体和育苗阶段用药太多致使苗种内脏器官受损，投苗1～2星期内应激发病出现大量死亡。其他主要是本尼登虫病（白芝麻）和刺激隐核虫病（小瓜虫），一般在投苗早期和养殖后期出现，一般由于暴雨、寒流等导致海水水温、盐度降低。10月份出现的本尼登虫病害导致不少准备过冬养殖、规格仅达0.25千克/尾左右的卵形鲳鲹不得不提前出售，售价仅为8～10元/千克，同期0.5～0.6千克/尾规格的商品鱼售价约为14 元/千克。

3.3　产业结构有待升级

卵形鲳鲹产业结构的不合理主要表现为加工能力不足和销售途径不足。由于卵形鲳鲹具有遇病害集中上市和10—11月集中上市这两个特点，一旦出现集中上市，鱼价就会受到较大冲击。自2020年开始，示范县区内深水网箱养殖水体和卵形鲳鲹养殖量增加很快，但加工企业增加很少，仅有海大集团规划建设卵形鲳鲹加工产业链，但还未动工。卵形鲳鲹产品基本为活鱼、冰鲜、条冻或者冻片几种，相比其迅速增加的产量，其市场消费能力也限制了整个产业的发展。

4 产业发展建议

4.1 扶持优秀育苗企业

目前广西区内缺乏海水鱼育苗企业的困境正在逐步凸显，作为广西最大养殖海水鱼品种的卵形鲳鲹基本没有经过选育，苗种质量参差不一，苗种培育成活率降低，生长速度减缓，个体大小不均匀。由于卵形鲳鲹价格逐步走高，导致市场对苗种的需求量增大，需要有更多优秀的育苗企业参与其中，政府应提供资金扶持企业开展卵形鲳鲹品种选育工作。

4.2 增加技术培训和政策引导

一方面通过海水鱼体系的岗站联动机制、与地方水产技术推广站建立的长效合作机制，把海水鱼类的病害防控和深水网箱养殖技术向示范县养殖推广普及。另一方面主要还是依靠地方政府的政策引导，利用养殖合作社等手段让大多数养殖户都能享受到国家对于深水网箱养殖业的补贴，从而获得养殖设备升级的能力。只有大多数养殖户拥有能走向外海的养殖能力，才能将目前广西区内的养殖海域规划落到实处，从而避免因养殖容量超过环境的承受能力造成的病害损失。

4.3 大力发展鱼品加工业

卵形鲳鲹作为一种商品鱼，其具有肉质紧实、出肉率高等优势，加工潜力巨大。目前产业发展的最大困境还是需求不够旺盛，发展卵形鲳鲹预制菜能够提高卵形鲳鲹的市场知名度和需求量，驱动以需求为导向的供给侧结构改革。

附表1 2022年度北海综合试验站示范县海水鱼育苗及成鱼养殖情况

项目 \ 品种		北海市铁山港区		钦州市钦南区			防城港市防城区			防城港市港口区	
		卵形鲳鲹	其他	卵形鲳鲹	石斑鱼	海鲈鱼	卵形鲳鲹	石斑鱼	海鲈鱼	卵形鲳鲹	珍珠斑
育苗	面积/m^2		270		250			220			400
	产量/万尾		180		160			92			60
深水网箱	水体/m^3	2 418 080		1 158 240			1 828 800			139 650	
	年产量/t	9 110		4 012			9 200			980	
	年销售量/t	8 510		4 012			9 200			980	
	年末库存量/t	600		0			0			0	
池塘养殖	面积/亩										
	年产量/t										
	年销售量/t										
	年末库存量/t										
网箱养殖	面积/m^2	16 000	11 000	14 500	5 500	1 000	3 000		12 000	15 000	3 000
	年产量/t	2 230	1 839	2 276	1 008	543	840		2 160	1 120	308
	年销售量/t	2 150	1 839	2 276	1 008	543	840		2 160	1 120	308
	年末库存量/t	80	0	0	0	0	0		0	0	0
户数	育苗户数	6	11		1			1			1
	养殖户数	120	37	18	23		56		78	30	12

附表2　2022年度北海综合试验站五个示范县养殖面积、养殖产量及主要品种构成

项目＼品种	示范县总量	卵形鲳鲹	石斑鱼	海鲈鱼	其他杂鱼
普通网箱养殖面积/m^2	81 000	48 500	8 500	13 000	11 000
普通网箱养殖产量/t	12 324	6 466	1 316	2 703	1 839
深水网箱养殖水体/m^3	5 544 770	5 544 770			
深水网箱养殖产量/t	23 302	23 302			
普通网箱养殖面积占比/%	100	44.94	20.22	14.61	20.23
普通网箱养殖产量占比/%	100	52.47	10.68	21.93	14.92
深水网箱养殖水体占比/%	100	100	0	0	
深水网箱养殖产量占比/%	100	100	0	0	

（北海综合试验站站长　蒋伟明）

陵水综合试验站产区调研报告

1　示范县（市、区）海水鱼养殖现状

根据体系安排目前陵水综合试验站下设五个示范市县，分别为琼海市、东方市、万宁市、陵水黎族自治县、临高县。各示范县海水鱼养殖模式、品种等各有不同，如陵水黎族自治县以石斑鱼、卵形鲳鲹及军曹鱼为主养品种，养殖模式以池塘养殖、普通网箱养殖、深水网箱养殖为主；琼海市、东方市以池塘养殖及工厂化养殖石斑鱼为主；临高县以深水网箱养殖卵形鲳鲹为主；万宁市以池塘养殖石斑鱼为主。其人工育苗、养殖品种、产量及规模见附表1。

1.1　育苗面积及苗种产量

1.1.1　育苗面积

示范县育苗总面积为956 000 m^2，其中陵水666 000 m^2、琼海300 000 m^2，东方200 000 m^2，万宁90 000 m^2，育苗品种主要包括卵形鲳鲹、石斑鱼和军曹鱼。

1.1.2　苗种年产量

示范县育苗散养户较多，粗略统计有180户规模较大的育苗厂家，总计培育苗种11 480万尾，各县育苗情况如下。

陵水：10户育苗厂家，其中卵形鲳鲹10户，生产苗种8 000万尾，主要用于深水网箱养殖；石斑鱼10户，生产苗种100万尾，主要用于池塘、工厂化及普通网箱养殖。军曹鱼5户，生产苗种80万尾，主要用于普通网箱养殖。

琼海：80户育苗厂家，生产石斑鱼苗种800万尾，主要用于工厂化及池塘养殖。

东方：主要有30户育苗厂家，生产石斑鱼苗种500万尾，主要用于工厂化及池塘养殖。

万宁：主要有60户育苗厂家，生产石斑鱼苗种2 000万尾，主要用于池塘养殖及普通网箱养殖。

1.2　养殖面积及年产量、销售量、年末库存量

示范县成鱼养殖散养户较多，有2 193家，包括工厂化养殖、池塘养殖、普通网箱养

殖和深水网箱养殖。

1.2.1 工厂化养殖

五个示范县工厂化养殖品种都以石斑鱼为主，养殖面积851 000 m^2，年总产量为6 009 t。今年销售量4 409 t，年末库存量为1 000 t。

琼海：工厂化养殖面积400 000 m^2，年产量2 500 t，销售2 000 t，年末库存500 t。

东方：工厂化养殖面积50 000 m^2，年产量500 t，销售400 t，年末库存100 t。

陵水：工厂化养殖面积1 000 m^2，年产量9 t，销售9 t。

万宁：工厂化养殖面积400 000 m^2，年产量3 000 t，销售2 000 t。

1.2.2 池塘养殖

示范县池塘养殖面积7 800亩，主要养殖品种为石斑鱼，年产量10 400 t，年销售量8 480 t，年末库存量3 455 t。

陵水县：池塘养殖面积300亩，年产量100 t，年销售量100 t。

琼海市：池塘养殖面积2 000亩，年产量1 000 t，年销售量800 t，年末库存量200 t。

东方市：池塘养殖面积200亩，年产量100 t，年销售量80 t，年末库存量20 t。

临高县：池塘养殖面积300亩，年产量200 t，年销售量1 500 t。

万宁市：池塘养殖面积5 000亩，年产量9 000 t，年销售量6 000 t，年末库存量3 000 t。

1.2.3 网箱养殖

示范区内，普通网箱养殖主要有陵水县、万宁市，养殖面积104 000 m^2，主要养殖品种为石斑鱼和军曹鱼，产量共计2 850 t；深水网箱养殖示范区有陵水县、临高县，养殖主要品种为卵形鲳鲹，养殖水体5 500 000 m^3，产量30 000 t。

陵水县：普通网箱养殖面积90 000 m^2，养殖主要品种以石斑鱼及军曹鱼为主，石斑鱼普通网箱养殖面积60 000 m^2，年产量550 t，年销售量500 t，年末库存50 t；军曹鱼养殖面积30 000 m^2，年产量1 500 t，年销售量1 000 t。深水网箱养殖水体300 000 m^3，养殖品种主要为卵形鲳鲹，年产量2 000 t，年销售量1 500 t。

万宁市：普通网箱养殖面积14 000 m^2，养殖主要品种为石斑鱼，年产量800 t，年销售量800 t。

临高县：深水网箱养殖水体5 200 000 m^3，养殖主要品种为卵形鲳鲹，年产量28 000 t，年销售量23 000 t。

1.3 品种构成

每个品种养殖面积及产量占示范区养殖总面积和总产量的比例见附表2。

工厂化育苗总面积50 000 m^2，其中石斑鱼50 000 m^2，占育苗总面积100%。

工厂化出苗量348万尾，其中石斑鱼348万尾，占总出苗量100%。

工厂化养殖的总面积为851 000 m^2，养殖主要品种为石斑鱼，养殖总产量6 009 t。

池塘养殖总面积为7 800亩，养殖品种为石斑鱼，养殖总产量为10 400 t。

普通网箱养殖总面积为104 000 m^2，其中石斑鱼74 000 m^2，占普通网箱总养殖面积71%，石斑鱼总产量1 350 t，占普通网箱养殖总产量47%；军曹鱼普通网箱养殖面积30 000 m^2，占普通网箱总养殖面积29%，总产量1 500 t，占普通网箱养殖总产量53%。

深水网箱养殖总水体5 500 000 m^3，养殖主要品种为卵形鲳鲹，深水网箱养殖产量30 000 t。

从以上统计可以看出，在示范县内，育苗以石斑鱼、卵形鲳鲹、军曹鱼为主；工厂化养殖及池塘养殖以石斑鱼为主；普通网箱养殖以石斑鱼及军曹鱼为主；深水网箱养殖以卵形鲳鲹为主。

2　示范县（市、区）科研、开展情况

2.1　科研课题情况

试验站依托单位海南省海洋与渔业科学院积极申请海水鱼产业相关项目，做好产业技术集成与示范，通过地方科研体系与国家体系对接，更好地完成产业体系的示范工作。依托单位实施的海南省重大科技计划项目“南海开放海域潜浮渔场养殖模式构建”“水产养殖种苗工业化生产与新养殖对象人工繁育技术研究”分别在琼海和陵水实施，对示范市县海水鱼产业高质量发展起到了良好的支撑作用。

2.2　发表论文、标准、专利情况

［1］刘龙龙，罗鸣，陈傅晓，刘金叶.低盐对棕点石斑鱼幼鱼渗透压调节、Na^+/K^+-ATPase活性及相关基因表达的影响［J］.海洋渔业，2022，44（03）：315-327.

［2］陈傅晓、刘龙龙，罗鸣，等.DB4408/T-2022卵形鲳鲹养殖技术规程鱼苗和鱼种培育

3　海水鱼产业发展中存在的问题

陵水综合试验站各示范县区主养石斑鱼、卵形鲳鲹、军曹鱼等鱼类。各示范县区养殖条件与品种不同，养殖存在的问题也不同。目前在示范区海水鱼养殖过程中存在的主要问题有：

（1）优良苗种缺乏。优良苗种不足是目前石斑鱼产业发展的主要问题，卵形鲳鲹则由于种质退化，所育苗种生长速度和抗病能力降低；

（2）养殖病害种类较多。网箱养殖区片面追求高密度、高产量，超过了环境容纳量，引发鱼病种类越来越多；

（3）在全省海岸带环保督查背景下，对池塘及工厂化养殖影响较大，需要区县开展全面设施更新改造；

（4）养殖综合效益低。养殖品种单一，产品集中上市造成水产品市场价格剧烈波动，严重影响养殖户生产积极性；

（5）水产品储运加工生产技术滞后，水产品附加值低。

附表1　2022年度陵水综合试验站示范县海水鱼育苗及成鱼养殖情况统计

项目	品种	陵水			琼海	东方	临高		万宁
		石斑鱼	卵形鲳鲹	军曹鱼	石斑鱼	石斑鱼	石斑鱼	卵形鲳鲹	石斑鱼
育苗	面积/m^2	60 000	600 000	6 000	300 000	200 000			90 000
	产量/万尾	100	8 000	80	800	500			2 000
工厂养殖	面积/m^2	1 000			400 000	50 000			400 000
	年产量/t	9			2 500	500			3 000
	年销售量/t	9			2 000	400			2 000
	年末库存量/t	0			500	100			1 000
池塘养殖	面积/亩	300			2 000	200	300		5 000
	年产量/t	100			1 000	100	200		9 000
	年销售量/t	100			800	80	1 500		6 000
	年末库存量/t	0			200	20	235		3 000
普通网箱	面积/m^2	60 000		30 000					14 000
	年产量/t	550		1 500					800
	年销售量/t	500		1 000					800
	年末库存量/t	50		500					
深水网箱	水体/m^3		300 000					5 200 000	
	年产量/t		2 000					28 000	
	年销售量/t		1 500					23 000	
	年末库存量/t		500					0	
户数	育苗户数	10	10	5	80	30	0		60
	养殖户数	70	10	20	800	100	15	12	800

附表2　陵水综合试验站5个示范县养殖面积、养殖产量及主要品种构成

项目＼品种	合计	石斑鱼	卵形鲳鲹	军曹鱼
工厂化育苗面积/m^2	50 000	50 000	0	0
工厂化出苗量/万尾	348	348	0	0
工厂化养殖面积/m^2	851 000	851 000		
工厂化养殖产量/t	6 009	6 009		
池塘养殖面积/亩	7 800	7 800		
池塘年总产量/t	10 400	10 400		
普通网箱养殖面积/m^2	104 000	74 000		30 000
普通网箱年总产量/t	2 850	1 350		1 500
深水网箱养殖水体/m^3	5 500 000		5 500 000	
深水网箱年总产量/t	30 000		30 000	
各品种工厂化育苗面积占总面积比例/%	100	100	0	0
各品种工厂化出苗量占总出苗量的比例/%	100	50	0	0
各品种工厂化养殖面积占总面积的比例/%	100	100		
各品种工厂化养殖产量占总产量的比例/%	100	100		
各品种池塘养殖面积占总面积的比例/%	100	100		
各品种池塘养殖产量占总产量的比例/%	100	100		
各品种普通网箱养殖面积占总面积的比例/%	100	71		29
各品种普通网箱养殖产量占总产量的比例/%	100	47		53
各品种深水网箱养殖水体占总面积的比例/%	100		100	
各品种深水网箱养殖产量占总产量的比例/%	100		100	

（陵水综合试验站站长　罗鸣）

三沙综合试验站产区调研报告

1 示范县（市、区）海水鱼养殖现状

1.1 育苗面积及苗种产量

示范县育苗总量为2.036 8亿尾，三亚市0万尾、儋州市712万尾、乐东县19 117万尾、文昌县539万尾，育苗品种主要包括石斑鱼和军曹鱼。

三亚市无苗种产出。

儋州市712万尾：以石斑鱼苗为主，年产量为712万尾。

乐东县19 117万尾：军曹鱼2 729万尾，石斑鱼16 388万尾。

文昌县539万尾，石斑鱼292万尾，其他247万尾。

1.2 养殖面积及年产量、销售量、年末库存量

示范县养殖总量为122 378 t，养殖总面积为7 467.11公顷①，其中三亚市4 914 t，96.43公顷；儋州市42 516 t，2 606公顷；乐东县4 579 t，612.56公顷；文昌县70 369 t，4 152.12公顷，养殖品种主要包括石斑鱼、金鲳鱼、军曹鱼和鲷鱼。

三亚市以深水网箱养殖为主，养殖种类以金鲳为主，产出4 914 t，养殖水体95 000立方米。

儋州市以池塘养殖和深水网箱养殖为主，养殖种类以石斑鱼、金鲳和鲷科鱼类为主，池塘养殖产出27 342 t，养殖水体1 487公顷；深水网箱产出6 500 t，养殖水体802 773立方米。

乐东县以池塘养殖和深水网箱养殖为主，养殖种类以石斑鱼为主，池塘养殖产出4 579 t，养殖面积612.56公顷。

文昌县以池塘养殖和网箱养殖为主，养殖种类以石斑鱼、卵形鲳鲹、军曹鱼为主，池塘养殖产出28 413 t，养殖面积1 518公顷；网箱养殖产出567 t，养殖水体74 909 m^3。

① 统计数据为海域使用面积，因此为公顷。

1.3 品种构成

根据体系新增安排目前三沙综合试验站下设五个示范市县，分别为乐东县、文昌县、儋州市、三亚市、三沙市。其中三沙市数据保密。三亚市主要养殖类型为深水网箱养殖，养殖种类以金鲳为主。儋州市主要养殖类型为池塘养殖和深水网箱养殖，养殖种类以石斑鱼、金鲳和鲷科鱼类为主。乐东县主要养殖类型为池塘养殖和深水网箱养殖，养殖种类以石斑鱼为主。文昌县主要养殖类型为池塘养殖和网箱养殖，养殖种类以石斑鱼、卵形鲳鲹、军曹鱼为主。

2 示范县（市、区）科研开展情况

研制基于适合水产养殖的半自动投饵机的控制芯片，主要是解决在复杂工况下控制芯片耐久度低的问题。水产养殖尤其是海水养殖，海面上空气中的含盐量很高，各种不同的盐分对设备的机械结构、传输系统及集成电路有强烈的腐蚀作用，我们通过使用KDD®MR1715树脂、通过增加涂覆厚度（干膜100～200μm）满足了对控制芯片提出的更高的防腐要求。

研发了设备密封及防腐工艺，投饵机结构虽然不复杂，但是零部件和活动结构部分的防腐和密封尤为关键，传动轴部分采用直径更细、强度更高的材料制造，以完成双层密封，不会腐蚀电机部分。连接件和活动部件部分采用PVD喷涂防腐。

研发了海水鱼养殖网箱网衣清洗机器人，结合以上防腐工艺对机器人外壳整体塑形，采用防腐性更好的材料，实现不挑网、低功耗的清洗工艺。目前正在产品化过程中。

设计了更加合理的投饵模型，根据被动的实际动态的数据参数，自动判断鱼类的饥饿状况、鱼类吃饲料的时间及数量，设计了可确定投喂时间、数量的投饵模型，改变了靠经验的传统喂养模式，解决饵料浪费的问题，节约饵料50%。为下一阶段的全自动投饵模型的制定工作提供数据基础，研发低功耗低成本产品。

3 海水鱼养殖产业发展中存在的问题

三沙综合试验站各示范县区主养石斑鱼、卵形鲳鲹、军曹鱼等鱼类。各示范县区养殖条件与品种不同，养殖存在的问题也不同。目前在示范区海水鱼养殖过程中存在的主要问题如下。

（1）优良苗种缺乏。优良苗种不足是目前石斑鱼产业发展的主要问题，卵形鲳鲹则由于种质退化，所育苗种生长速度和抗病能力降低；

（2）养殖病害种类较多。网箱养殖区片面追求高密度、高产量，超过了环境容纳量，引发鱼病种类越来越多；

（3）在全省海岸带环保督查背景下，对池塘及工厂化养殖影响较大，禁养区池塘较多，普通池塘大量减少，其余池塘需要区县开展全面设施更新改造；

（4）养殖综合效益低。养殖品种单一，产品集中上市造成水产品市场价格剧烈波动，严重影响养殖户生产积极性；

（5）水产品储运加工生产技术滞后，加工厂数量少，水产品附加值低。

附表1　本综合试验站示范县海水鱼育苗及成鱼养殖情况

项目	品种	三亚市	儋州		乐东		文昌			三沙
		卵形鲳鲹	石斑鱼	卵形鲳鲹	石斑鱼	军曹鱼	石斑鱼	卵形鲳鲹	军曹鱼	石斑鱼
育苗	面积/亩	0	70	0	1 600	270	30	0	0	0
	产量/万尾	0	712	0	16 388	2 729	292	0	0	0
工厂化养殖	面积/m^2	0	0	0	0	0	0	0	0	0
	年产量/t	0	0	0	0	0	0	0	0	0
	年销售量/t	0	0	0	0	0	0	0	0	0
	年末库存量/t	0	0	0	0	0	0	0	0	0
池塘养殖	面积/亩	0	22 305	0	1 807	0	20 719	0	0	0
	年产量/t	0	27 342	0	3 064	0	26 642	0	0	0
	年销售量/t	0	27 342	0	0	0	0	0	0	0
	年末库存量/t	0	0	0	0	0	0	0	0	0
网箱养殖	水体/立方米	95 000	0	802 773	0	0	0	23 220	23 220	0
	年产量/t	4 914	0	6 500	0	0	0	167	376	0
	年销售量/t	4 914	0	6 500	0	0	0	167	376	0
	年末库存量/t	0	0	0	0	0	0	0	0	0

附表2　本综合试验站5个示范县养殖面积、养殖产量及主要品种构成

项目 \ 品种	合计	卵形鲳鲹	石斑鱼	军曹鱼
高位池育苗面积/m²	1 900	0	1 630	270
高位池出苗量/万尾	19 409	0	16 680	2 729
网箱养殖水体/立方米	944 213	920 993	0	23 220
网箱养殖产量/t	11 957	11 581	0	376
池塘养殖面积/亩	44 831	0	44 831	0
池塘年总产量/t	57 048	0	57 048	0
各品种高位池育苗面积占总面积的比例/%	100	0	86	14
各品种高位池出苗量占总出苗量的比例/%	100	0	86	14
各品种网箱养殖面积占总面积的比例/%	100	98	0	2
各品种网箱养殖产量占总产量的比例/%	100	97	0	3
各品种池塘养殖面积占总面积的比例/%	100	0	100	0
各品种池塘养殖产量占总产量的比例/%	100	0	100	0

（三沙综合试验站站长　孟祥君）

第三篇

轻简化实用技术

大菱鲆“多宝2号”优质苗种培育

1　技术要点

1.1　亲本选择

严格按照快速生长和耐高温性状遗传分析的结果选用亲鱼。选择规格：雌、雄鱼1.5龄以上，体重750 g以上。

1.2　亲本培育

亲鱼在3龄以上可进行人工生殖调控。亲鱼日常培育；利用人工配制的配合饲料、软颗粒饲料和饲料鱼等饲喂。配合饲料应符合NY5072−2002的要求。引用SC/T 2031−2004大菱鲆配合饲料。配合饲料的日投饲量为鱼体重的1%～2%，鲜活饵料的日投喂量为鱼体重的1.5%～3.0%，每日投喂1～2次。

1.3　人工繁殖

人工挤压鱼体腹部法分别采集成熟的卵和精液，干法授精。按1 105粒卵加入1 mL～5 mL精液，快速搅拌均匀使精卵充分接触，再加入少量经沉淀沙滤的海水（符合NY5052−2001的规定），使精液、卵子、水的体积比约为0.5：100：100，继续搅拌1分钟，然后静置5分钟，再加入海水，静置10～15分钟，待吸水膨胀后，清水冲洗1～2次，放入2 000 mL量筒中，用海水使上浮卵和沉淀卵分离，记录上浮卵数，上浮卵经消毒后放入孵化器中孵化，消毒用药应符合NY5071−2002的规定。

1.4　受精卵孵化

受精卵放入80 cm×60 cm×60 cm网箱中孵化，使之呈漂浮状态，孵化网箱露出水面10 cm左右。

1.4.1　孵化条件

水质：应符合NY5052海水养殖用水水质的规定。

光照度：100～2 000 lx，以500 lx为最好。

水温：12 ～16℃，以13～15℃最好，盐度：28～35；pH7.8～8.2； 溶解氧6 mg/L；氨氮0.1 mg/L。

1.4.2　孵化密度

受精卵按30万～60万粒/立方米的密度，放入0.5～1 m^3的孵化网箱中孵化。

1.4.3　孵化管理

充气：为保持孵化池中有充足的氧气，首先在孵化池中保持循环流水，并用若干充气石充气，使孵化池内溶解氧的水平保持在6 mg/L，在每个孵化箱中央安置气石1个，以保持微流水，使受精卵在水体中呈均匀分布状态。

水流量：每天水的循环量保持在2～3个量程。

吸沉卵：根据沉卵量的多少及时吸出沉卵。

1.4.4　孵化周期

在12～14℃条件下，一周以内孵化。在13℃条件下，116小时孵化。

1.4.5　出膜及管理

破膜后用光滑的器皿将仔鱼移入饲育槽中，分离卵膜和仔鱼，调整水量，保证溶氧充足，同时清除死苗，保持清洁卫生。进入苗种培育程序。

1.5　苗种培育

1.5.1　培育池；分前期培育池和后期培育池

前期培育池：圆形或方形水泥池，面积10～20 m^2，深0.8～1.0 m。

后期培育池：面积20～40 m^2，水深1～1.5 m，有独立的进、排水口；池底向排水孔以一定的坡度倾斜，以利于排水。

1.5.2　培育水质

盐度：苗种培育的盐度以20～40为宜。

温度：水温13～18℃。早期仔鱼培育期，水温应与孵化水温一致，第2 d开始缓缓升温，10 d后升到16～18℃，并稳定在18℃。

光照强度：500 lx～2 000 lx，光线应均匀、柔和。

pH：7.8～8.2。

溶解氧6 mg/L以上。

1.5.3　培育密度

培育密度根据水温、溶解氧、氨氮等水平而定。一般情况下，初孵仔鱼密度1×10^4尾/平方米～2×10^4尾/平方米。仔鱼体重0.1克/尾，培育密度2 000～3 000尾/平方米，换水量5～6个循环/日；仔鱼体重0.5克/尾，培育密度1 500～2 000尾/平方米，换水量6～8个循环

/日；变态伏底稚鱼（体重2克/尾）1 000尾/平方米～2 000尾/平方米，换水量8～10个循环/日。小球藻添加量：在苗种培育早期，从进水管以微流速加入，使水体中小球藻的浓度保持在8万～10万个/毫升，一方面用于保持水色，另一方面提高轮虫活力。苗种培育期间使用的小球藻应新鲜无污染。

1.5.4　轮虫添加量

轮虫作为开口饵料。从孵化后3 d投喂，连续投喂15～20 d；每日投喂2次～4次，每次投喂使水体中的轮虫密度达到5个/毫升～10个/毫升，苗种培育期间使用的轮虫应冲洗干净、无病原。

1.5.5　卤虫无节幼虫

从9～10 d开始投喂卤虫无节幼体，连续投喂20 d左右；每日投喂2次～4次，卤虫密度每次由开始的0.1～0.2个/毫升逐步增加至1～2个/毫升。苗种培育期间使用的卤虫应与卤虫壳完全分离。

1.5.6　微粒配合饵料

第12～15 d开始投喂颗粒配合饲料直至育苗结束。配合饲料的安全卫生指标应符合NY5072的要求；大菱鲆苗种前25 d投喂的颗粒饲料粒径为250～400 μm；0.1～0.15 g体重的仔稚鱼投喂的颗粒饲料粒径为400～600 μm；0.5 g体重仔稚鱼投喂的颗粒饲料粒径为800 μm左右。随着鱼体的生长，配合饲料粒径逐渐增加。配合饲料日投饲量为鱼体重的5%～15%。饲料颗粒大小适口，投喂及时，宜少投勤投。

1.5.7　池底吸、排污

采用专用的清底工具（“丁”字形吸污器），一般每天清底1～2次。

1.5.8　水量管理

1～5 d仔鱼可采用静水培育方式，日换水量可由1/5增至全部换水，日换水次数可由每天1次逐步增至每天两次；从6 d开始建立流水培育程序，水交换量随仔鱼的生长和密度的增大而逐步增加，可渐增至3～4个循环/日；仔鱼体重0.1克/尾，换水量5～6个循环/日；仔鱼体重0.5克/尾，换水量6～8个循环/日；变态伏底稚鱼（体重2克/尾），换水量8～10个循环/日。

1.5.9　分苗

随着育苗的生长应定期进行分苗。孵化后15～20 d进行首次分苗，第30～35 d可以进行第二次分苗，第60 d进行第三次分苗。第一次和第二次分苗可从密度上加以稀疏，第三次则需按大、中、小三个等级进行分拣，分类培育。

2 适宜区域

适宜在我国沿海人工可控的海水水体或地下井水水体中养殖。

3 注意事项

为保证亲鱼质量，只从国家级原良种场山东烟台天源水产有限公司获得亲鱼，并遵守授权生产协约。

4 技术委托单位及联系方式

技术依托单位：中国水产科学研究院黄海水产研究所
地址：青岛市南京路106号
联系人：马爱军
邮编：266071
联系电话：0532-85835103
邮箱：maaj@ysfri.ac.cn

*cdh1*基因在鉴别花鲈来源中的应用及其RNA探针和应用

1　技术要点

1.1　花鲈*cdh1*基因RNA探针的合成

体外扩增*cdh*1基因cDNA序列，测序；合成DIG标记的正、反义探针；检测探针完整性和浓度。

1.2　花鲈鳃组织*cdh1*原位杂交

鳃组织取样、固定；脱水、石蜡包埋、组织切片；*cdh1*原位杂交。

1.3　CDH1蛋白免疫组化

通过鳃组织取样、固定，脱水、石蜡包埋、组织切片，抗原修复，抗体孵育，显色等步骤，实现对CDH1蛋白的免疫组化定位。

1.4　*cdh1*基因实时荧光定量PCR

以花鲈的18*S*作为内参基因，按照相关试剂盒的操作要求检测花鲈*cdh1*基因在海淡水中的相对表达水平。

2　适宜区域

无限制

3　注意事项

无

4 技术委托单位及联系方式

技术委托单位：中国海洋大学

地址：青岛市崂山区松岭路238号

联系人：李昀

邮编：266100

联系电话：18561815489

邮箱：yunli0116@ouc.edu.cn

卵形鲳鲹肌肉细胞系构建方法

1　技术要点

1.1　肌肉组织的处理

取12月龄左右卵形鲳鲹幼鱼（重约300 g），滴入2～3滴丁香酚麻醉，然后用75%酒精棉球擦拭鱼体表面，无菌移入超净工作台快速解剖，分离出肌肉组织块，组织块用PBS（含有400 U/mL青链霉素混合液）清洗2～3次，去除血液，然后在含L−15基础培养基中剪碎，用眼科剪将肌肉组织剪碎成1 mm^3的组织小块接种25 cm^2培养瓶中干贴，加入适量细胞完全培养基于28℃培养箱培养；细胞完全培养基为含有20 vol%胎牛血清、200 U/mL青霉素、200 μg/mL链霉素的L−15培养基。

1.2　原代培养

用组织块法原代培养的第6天有细胞从组织块迁出；原代培养期间每2天按半量更换新鲜完全培养基，具体操作为：弃去一半旧培养基，更换新鲜完全培养基；待细胞汇合度达80%～90%时可以进行传代培养。

1.3　传代培养

待卵形鲳鲹肌肉细胞铺满单层后（细胞汇合度约为90%），用无菌移液管吸出旧培养基，加入PBS清洗两遍，用含EDTA的0.25%胰酶消化贴壁细胞，倒置显微镜下观察细胞变圆并开始脱落时，加入细胞完全培养基终止消化，轻轻吹打分散悬起细胞，按照1：2进行细胞分瓶，使完全培养基至5毫升/瓶，放入28℃培养箱中进行传代培养，3～4天传代一次。

2　适宜区域

卵形鲳鲹肌肉细胞系构建。

3　注意事项

注意做好细胞培育过程中无菌操作，防止污染。

4　技术委托单位及联系方式

技术依托单位：中国水产科学研究院南海水产研究所
地址：广州市海珠区新港西路231号
联系人：张殿昌
邮编：510300
联系电话：020-84108316
邮箱：zhangdch@163.com

大菱鲆三倍体静水压高效诱导技术

1　技术要点

选择性腺发育良好未排卵的大菱鲆雌鱼，注射催产剂促进雌鱼性腺发育成熟产卵，人工挤压腹部法采集卵子，将采集的鱼卵置于14.5℃水浴中避光保存备用；选择性成熟的大菱鲆雄鱼，人工采集精液，将精液置于4℃预冷的精子保护液中，精液与保护液稀释比为1∶10，于4℃冰箱中避光保存备用；将保存的精液和卵子采用人工干法受精，受精时保存的精液与卵子的体积比为1 mL：40～80 mL，以干燥的玻璃棒轻轻搅拌5～10 s，使精卵混合均匀，快速加入2倍卵子体积的新鲜海水完成受精过程，该时刻记录为受精起始时刻；受精后2～3 min，以过量海水洗涤受精卵去除多余的精液和卵巢粘液，洗涤完成后向受精卵中加入2倍卵子体积的新鲜海水，使受精卵悬浮。在受精后4.5～5.5 min，将受精卵放入静水压压力罐中进行静水压休克处理，静水压压力设置为60 MPa，持续处理时间为4～6 min，泄压后取出受精卵，置于海水中继续孵化；三倍体受精卵孵化、苗种培育条件均同正常二倍体，采用流式细胞术对三倍体倍性进行鉴定。

2　适宜区域

大菱鲆苗种繁育场。

3　注意事项

注意诱导条件的控制、苗种培育和倍性鉴定。

4　技术委托单位及联系方式

技术依托单位：中国水产科学研究院黄海水产研究所
地址：青岛市南京路106号
联系人：柳淑芳；孟振
邮编：266071

联系电话：18678616232；13864877094

邮箱：liusf@ysfri.ac.cn；mengzhen@ysfri.ac.cn

高温期花鲈高效配合饲料技术

1　技术要点

1.1　提供高能量饲料

高温环境下，动物的能量需求增加，可以适当提高饲料中的能量含量。

1.2　调整蛋白质含量和氨基酸平衡

高温环境下动物的氨基酸需求可能会有所变化，可以根据动物的需求和饲料配方，适量调整蛋白质含量和氨基酸比例，以提高饲料的氨基酸利用率和蛋白质沉积率。

1.3　补充维生素和矿物质添加剂

高温环境会导致动物内部产生更多的自由基，对细胞和组织造成氧化损伤。因此，可以添加抗氧化剂和矿物质，如维生素C、维生素E、磷、锌、铁等，以减轻氧化应激的程度。适当补充维生素、矿物质，以保证动物高温期对维生素和矿物质的需求。

1.4　合理选择功能性饲料添加剂

根据高温环境对动物的影响，选择具有缓解热应激、促进消化道健康或肝脏代谢功能的饲料添加剂。

2　适宜区域

南方（广东、福建）夏季高温海区

3　注意事项

3.1　定期检查饲料质量

高温环境下，饲料质量的变化会对动物生产性能产生影响。因此，及时检查饲料的质量和保存状态，确保饲料的营养成分完整、无霉变和变质。

3.2 控制投喂量和频次

在高温环境下，鱼类的新陈代谢率会增加，但摄食能力可能减弱。因此，控制投喂量和频次，避免过度投喂，以减少剩余饲料的堆积和水质污染。

3.3 合理饲喂时间

避免在高温时段投喂鱼类，应将饲喂时间安排在一天的低温时段，如清晨或傍晚。这可以减少鱼类在高温时摄食的压力，并提高饲料的利用率。

3.4 水质管理

高温期间，要特别注意水质管理，保持良好的水质条件。定期检查水质参数，如溶氧、氨氮、亚硝酸盐和硝酸盐的浓度，以确保水质符合鱼类的生存需求。

3.5 观察和监测

密切观察鱼类的行为和食欲，如果发现异常情况，如摄食减少、活动减缓或呼吸困难等，应及时采取措施。

4 技术委托单位及联系方式

技术依托单位：集美大学水产学院
地址：福建省厦门市集美区印斗路43号
联系人：张春晓
邮编：361021
联系电话：6182723
邮箱：cxzhang@jmu.edu.cn

一株新型异养硝化和好氧反硝化细菌在膜生物反应器中的应用

1　技术要点

1.1　微生物鉴定

菌株TSH1与不动杆菌LJ1（KF515651.1）的相似性为99%。因此，菌株TSH1被鉴定为不动杆菌属TSH1。

1.2　脱氮能力及应用

获得菌株TSH1具有理想的脱氮能力，菌株TSH1具有较高的NH_4^+-N和NO_3^--N去除能力，菌株TSH1消除氮的主要途径是通过同化用于细菌细胞生长，并通过异养硝化和反硝化过程将氮转化为气态氮，可以确认菌株TSH1具有高的异养硝化和好氧反硝化能力。

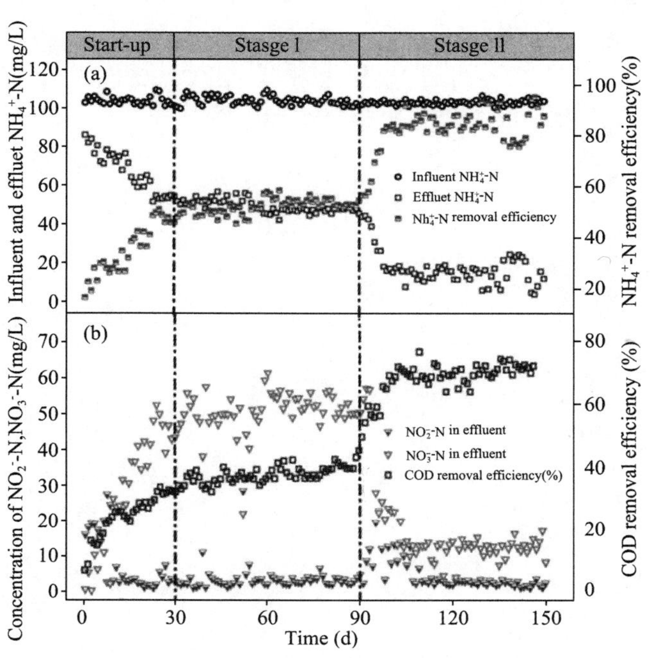

图1　TSH1菌株在MBR系统中的生物增活性能

2 适宜区域

适用于封闭循环水养殖系统生物滤池水处理单元升级。

3 注意事项

基于已有的水处理系统，对该系统的养殖管理进行调控，满足菌种前期生长条件，增殖TSH1菌种群落，使产生的污染负荷可被生物处理系统有效净化。

4 技术委托单位及联系方式

技术依托单位：中国科学院海洋研究所
联系人：李军
联系电话：0532-82898718

围栏养殖设施网衣强度支撑构造技术

1 技术要点

技术方案构成主要包括柱桩、网衣、钢丝绳、紧线器、绳纲，见图1。技术目的为设计一种网衣强度支撑的构造方法，使网衣的受力在松弛后也可以均匀受力，提升围栏养殖设施网体结构的安全性。

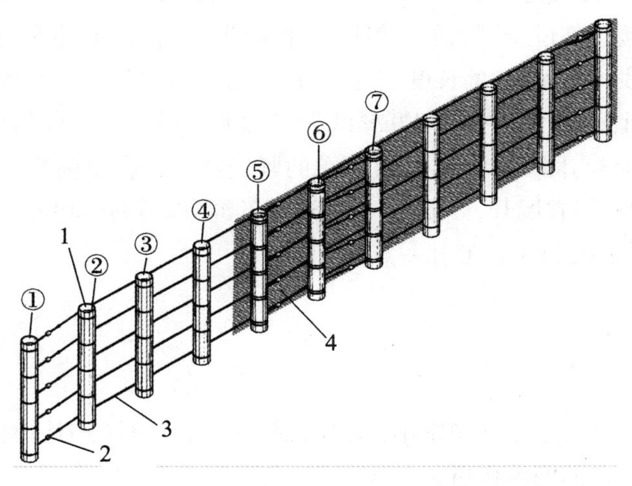

1. 柱桩　2. 紧线器　3. 钢丝绳　4. 网衣　①—⑦. 柱桩编号

图1　网衣增强支撑连接示意图

1.1　柱桩

围栏养殖设施使用的柱桩，主要为钢管桩或混凝土桩。本方案说明采用的柱桩规格为外部直径1 000 mm的钢管桩，桩间距为5 m。

1.2　紧线器

钢丝绳紧线器，用于调节钢丝绳3的松紧。

1.3 钢丝绳

不锈钢钢丝绳，本方案规格采用直径为22 mm的不锈钢钢丝绳，可根据需要调整，钢丝绳外部做包塑处理，增加钢丝绳的防腐蚀及耐磨性能。

1.4 网衣

合成纤维网衣，网衣材料网目尺寸为单边长度30 mm。铜丝相互交叉织成的网片，铜丝丝径4 mm，方形网目边长40 mm。用于围栏网网衣平潮水位以下部分，上部连接聚乙烯网衣，底部固定于海底，埋置入海底约20 cm。

1.5 网衣增强支撑连接方法单组构建说明

见图1，选取4根柱桩之间的网衣支撑为1组，对柱桩编号①②③④⑤⑥⑦，柱桩间距为5 m，可支撑网衣长度为20 m，即②③④⑤⑥之间的网衣；将连接卡环安装到桩②③④⑤⑥上，连接管都位于网衣的一侧同一水平线上，固定卡环安装到桩①⑦上，拉环相向而对同一水平线；钢丝绳3的长度定为22 m，钢丝绳穿过4个连纲管后，两端各自通过调节纲固定于拉环上；调节纲中间串联紧线器是为调节段，调节段的初始长度约4.5 m，通过环扣连接钢丝绳3与固纲卡环；通过两端的紧线器配合收短调节纲段的长度，收紧钢丝绳3；将连有绳纲的网衣展开，绳纲平行贴近钢丝绳3后用网线将绳纲与钢丝绳捆扎到一起，间距60 mm（约2～3目），捆扎一点即可。

2 适宜区域

本技术适用于采用铜合金编织网网衣/合成纤维网衣材料的围栏网设施，同时也适用于大型桁架式养殖平台的网体构造。

3 注意事项

本技术是一种围栏网衣的网体强度支撑构造技术。制作过程中，需要根据围栏设施或养殖平台的支撑结构进行调整，以达到网体加强的目的。

4 技术委托单位及联系方式

技术依托单位：中国水产科学研究院东海水产研究所，

地址：上海市军工路300号

联系人：王鲁民

联系电话：021-65810264

基于温度–盐度平衡的海水鱼养殖源水耦合调控模型与系统

1　技术要点

海水工厂化循环水系统的养殖源水主要由海水、温水、井水搅拌混合制成，季节变化导致海水水温不稳定，凭经验制备的源水质量参差不齐。通过对10余家养殖企业调研，采集了近19 000条数据，进行数据转换、特征筛选处理后，构建了基于XGBoost的养殖源水盐度与温度耦合制备模型。通过数据扩充处理，分别建立了基于SVM和PSO–XGBoost的养殖源水盐度与温度耦合调控模型。在上述模型基础上，研发了前馈–反馈控制的养殖源水盐度与温度耦合智能控制模型，开发了养殖源水自动调控系统，实现了基于盐度温度平衡的养殖源水耦合智能调控。

2　适宜区域

海水工厂化循环水养殖。

3　注意事项

无。

4　技术委托单位及联系方式

技术依托单位：天津农学院
地址：天津市西青区津静路22号
联系人：田云臣
邮编：300384
邮箱：tianyunchen@tjau.edu.cn

多路水源水质在线监测装置与系统

1 技术要点

使用成本和技术难度是海水养殖物联网技术推广发展的瓶颈，而传感器数量和使用寿命是成本居高不下的最主要因素。对此，研制了多路养殖水源水质在线监测装置与系统，采用一组传感器对多路养殖水源水质进行监测。系统通过PLC时序控制多路养殖水体输水电动阀的导通与关闭、控制多路水源的输入与排出、控制水质传感器的工作状态，自动对输入的多路养殖水体进行水质数据循环采集。只需要一组水质传感器即可完成多路水体的水质监测，明显减少了传感器数量，显著降低了物联网系统的应用成本。

2 适宜区域

水产养殖物联网系统。

3 注意事项

无。

4 技术委托单位及联系方式

技术依托单位：天津农学院
地址：天津市西青区津静路22号
联系人：田云臣
邮编：300384
邮箱：tianyunchen@tjau.edu.cn

海水鱼养殖全流程精准监测与一体化智能控制系统

1 技术要点

集成本岗位前期研发的水质传感器自适应接口中间件、传感器自动清洁装置，研制了集成式、游弋式、多参量移动水质监测装置。实时监测溶解氧、pH、盐度、浊度、温度等水质指标，完成传感器自主清洁，并可根据生产需要自由移动，极大地方便了使用，成本显著降低。

系统遵循“应测尽测，可控则控”的设计原则，实现了溶解氧、水温、pH、盐度等养殖水体水质指标，光照强度、温度、湿度、气压等养殖车间环境指标以及循环水系统水位、管道流量、流速、液氧流量的实时监测和养殖源水调配、水质调控、车间光照调节、投喂、微滤机、水泵、增氧等设备的一体化智能控制。

2 适宜区域

陆基工厂化养殖。

3 注意事项

无。

4 技术委托单位及联系方式

技术依托单位：天津农学院

地址：天津市西青区津静路22号

联系人：田云臣

邮编：300384

邮箱：tianyunchen@tjau.edu.cn

海水鱼养殖精细化管理系统

1　技术要点

基于耦合了环境、生物特征与生产管理的半滑舌鳎、石斑鱼生长模型，开发了具有病害诊断、投喂策略、水质调控、养殖密度调整、分鱼作业和数据可视化等功能的半滑舌鳎、石斑鱼养殖决策支持系统。

集成水质监测、设备控制、生产管理、出入库管理、数据查询与分析等功能，开发了海水鱼养殖精细化管理系统。

2　适宜区域

海水鱼养殖。

3　注意事项

无。

4　技术委托单位及联系方式

技术依托单位：天津农学院

地址：天津市西青区津静路22号

联系人：田云臣

邮编：300384

邮箱：tianyunchen@tjau.edu.cn

暗纹东方鲀商品化保鲜贮运新技术研发

1　技术要点

研究了暗纹东方鲀商品化保鲜贮运新技术。发现暗纹东方鲀贮藏于15℃、10℃、4℃、0℃、-3℃的货架期分别为64 h、80 h、6 d、10 d、21 d，降低贮藏温度可明显延缓品质劣变速率。建立了基于Arrhenius货架期的预测模型，能准确预测-3℃~15℃贮藏范围内的暗纹东方鲀的货架期，测值与实测值间的相对误差不超过±10%。

2　适宜区域

无限制。

3　注意事项

注意暗纹东方鲀是去鳃、去内脏鱼。

4　技术委托单位及联系方式

技术依托单位：上海海洋大学食品学院
联系人：谢晶
联系电话：021-61900351，15692165513

大菱鲆麻醉保活运输技术

1 技术要点

研究了间氨基苯甲酸乙酯甲磺酸盐（MS-222）对大菱鲆的有水麻醉效果。水温为8 ℃、MS-222质量浓度为40 mg/L、鱼水比为1∶3时，大菱鲆保活运输时间长，适合大菱鲆24 h运输，存活率达到100 %，鱼水比为1∶5时适合大菱鲆48 h运输，存活率达到96%；麻醉处理组的大菱鲆血清生化指标的变化小于未麻醉处理组的大菱鲆。适当使用MS-222可以提高大菱鲆保活运输的存活率，延长保活运输时间。经MS-222麻醉处理的大菱鲆肌肉显示出更高的糖原含量以及更好的弹性和咀嚼性。运输结束后，大菱鲆肌肉中的游离氨基酸总含量增加，其中，鲜味和苦味氨基酸含量显著增加。

2 适宜区域

无限制。

3 注意事项

注意大菱鲆保护运输中的鱼水比。

4 技术委托单位及联系方式

技术依托单位：上海海洋大学食品学院
联系人：谢晶
联系电话：021-61900351，15692165513

大黄鱼多频超声波辅助冻结技术

1　技术要点

研究了多频超声波辅助浸渍冷冻对大黄鱼冻结品质的影响。在功率为175 W的条件下，采用单频（20 kHz）、双频（20/28 kHz）、多频（20/28/40 kHz）超声辅助浸渍冷冻大黄鱼，结果表明：大黄鱼样品的冷冻速率随着超声波频率的增加而升高，多频超声处理样品的冷冻速率最高。多频超声处理后的大黄鱼具有更好的质构特性和持水力、更高的不易流动水含量、更低的解冻损失和蒸煮损失、K值、TVB-N值和TBA值。多频超声处理抑制了异味风味化合物的形成和肌原纤维蛋白的降解。多频超声辅助浸渍冷冻更有利于保持大黄鱼样品的品质。

2　适宜区域

无限制。

3　注意事项

注意超声波辅助冻结处理时的频率和功率。

4　技术委托单位及联系方式

技术依托单位：上海海洋大学食品学院
联系人：谢晶
联系电话：021-61900351，15692165513

海鲈鱼肉嫩化技术

1　技术要点

将前处理好的海鲈鱼或鱼片，浸入$NaHCO_3$、PA 、FI 按1：1：2比例组成的嫩化溶液中，嫩化时间为1～2小时。取出后进行后续加工或包装，可有效改善海鲈鱼肉嫩度，使鱼肉鲜嫩多汁、颜色好、口感滑润，有利于海鲈鱼肉进一步加工及食用品质的提升。

2　适宜区域

不限。

3　注意事项

保持在0～4℃温度下处理。

4　技术委托单位及联系方式

技术委托单位：中国水产科学研究院南海水产研究所
联系人：吴燕燕
联系电话：020-34063583

海水鱼鳞胨加工技术

1　技术要点

取海水鱼加工副产物——鱼鳞为原料，采用清水洗干净后，用1%食盐与2%白醋复合脱腥。脱腥后，将鱼鳞放蒸煮锅中，加入鱼鳞质量7～8倍的饮用水，开大火进行熬煮，煮开10分钟后改为小火慢慢熬煮30～50分钟，过滤后，可根据需要装在不同的容器中，然后在4℃下静置2小时以上至凝成固状，即为成品。产品可根据需要做成不同形状或规格。

2　适宜区域

无限制。

3　注意事项

可根据原料的量在熬煮时适当增减加水量，控制熬煮时间。

4　技术委托单位及联系方式

技术委托单位：中国水产科学研究院南海水产研究所
联系人：吴燕燕
联系电话：020-34063583

适于老年人群的海鲈鱼滑加工技术

1 技术要点

1.1 工艺流程

海鲈鱼肉糜→斩拌→调味→挤压成型→二段加热→冷却→成品

1.2 操作要点

海鲈鱼采肉后，将鱼肉用绞肉机绞碎，再用斩拌机进行斩拌，先空斩2分钟，再在斩拌机上进行斩拌。边斩拌边按鱼肉糜质量添加其他辅料：海藻糖0.3%、大豆分离蛋白3.5%、木糖醇0.01%、食盐1.0%、大豆油1.5%、鱼油1.5%、淀粉10.0%、蔬菜粉（如胡萝卜粉、芹菜粉）1.0%、菊粉1.0%及适量调味料等。形成的糊状物放在挤压模具中进行挤压，然后先在40 ℃下保温1 小时 ，然后直接放入90 ℃沸水中加热30分钟，捞出后冷却，放在0～4 ℃冰箱冷藏或是−18 ℃冷冻保存，即为海鲈鱼滑成品。

2 适宜区域

无限制。

3 注意事项

产品可根据需要选择冷藏或冷冻贮存。

4 技术委托单位及联系方式

技术委托单位：中国水产科学研究院南海水产研究所
联系人：吴燕燕
联系电话：020−34063583

鮸鱼α－葡萄糖苷酶抑制活性肽（降糖肽）制备技术

1　技术要点

以鮸鱼加工副产物鱼碎肉为原料，用均质机将鱼肉打浆，加入胰蛋白酶，加酶量0.21%（E/S，w/w）、料液比1：2（w/v）、pH为8.5，酶解温度46℃、酶解时间4.8 h。酶解后灭酶活，离心，上清液即为α－葡萄糖苷酶抑制肽。

2　适宜区域

无限制。

3　注意事项

酶解条件的控制。

4　技术委托单位及联系方式

技术委托单位：中国水产科学研究院南海水产研究所
联系人：吴燕燕
联系电话：020-34063583

鲈鱼新鲜度评价技术

1 技术要点

基于拉曼-激光诱导击穿光谱融合技术（LIBS），建立鲈鱼新鲜度快速鉴别技术。将新鲜鲈鱼置于4℃条件下贮藏0～14 d，得到不同新鲜度的鲈鱼样品，对不同新鲜度的鲈鱼肉进行拉曼光谱和LIBS光谱分析。将采集的拉曼光谱和近红外光谱按照一定比例分为训练集和测试集，利用训练集建立模型，以测试集进行模型评价。通过数据层的数据融合方法，利用PLS-DA模型对新鲜、次新鲜和腐败鲈鱼的鉴别准确率达100%；利用采集的拉曼和LIBS光谱数据预测鲈鱼中挥发性盐基氮（TVB-N）的含量，与单独的拉曼和LIBS光谱建模相比，拉曼-LIBS数据层作为数据集建立PLSR模型的结果最佳（R^2_C=0.943，R^2_{CV}=0.925，R^2_P=0.924，RPD=3.810），可较为准确预测TVB-N的含量，实现对不同新鲜程度的鲈鱼进行快速和准确的区分。

2 适宜区域

鲈鱼新鲜度快速检测。

3 注意事项

无。

4 技术委托单位及联系方式

技术依托单位：中国海洋大学食品安全实验室

联系人：曹立民

通讯地址：山东省青岛市黄岛区三沙路1299号

联系电话：13675323405

E-mail：caolimin@ouc.edu.cn

许氏平鲉早苗的规模化繁育

1　技术要点

（1）通过采用余热回收和海水源热泵升温方式，加上控光等其他环境条件，促使许氏平鲉性腺提前发育；

（2）首次在3月开展许氏平鲉的苗种繁育工作，实现了3月15日产出仔鱼，共繁育65万尾鱼苗，比正常季节繁育苗种提前55 d进行养殖；

（3）首次在苗种繁育过程中用自动投饵机进行颗粒饵料转口驯化。

2　适宜区域

黄、渤海。

3　注意事项

许氏平鲉早繁的亲鱼培育需要长时间控制光照和水温条件。

4　技术委托单位及联系方式

技术依托单位：大连天正实业有限公司

地址：甘井子区双台沟村黄咀子大黑石养殖场

联系人：张涛

邮编：116000

联系电话：84390022

新构建工厂化循环水系统

1　技术要点

（1）在牧海养殖基地构建全封闭循环水养殖系统，本循环系统养殖池10口，共计900 m^3水体，生物滤池体积为450 m^3，占养殖用水50%；物理过滤系统：包括固液分离装置、智能微滤机过滤系统；生物过滤系统：包括八级生物滤池过滤系统，采用毛刷生物填料和生物环交替布置；杀菌系统：紫外线杀菌装置；增氧气泵。

（2）采用双套生物滤池，每套生物滤池为225 m^3，其中一套为处理底层水系统，另一套为处理中上层水系统，每套生物滤池处理水量可调解，也可使用其中任意一套系统进行运行。

2　适宜区域

工厂化循环水建设。

3　注意事项

无。

4　技术委托单位及联系方式

技术依托单位：大连天正实业有限公司
地址：甘井子区双台沟村黄咀子大黑石养殖场
联系人：刘圣聪
邮编：116000
联系电话：84390022

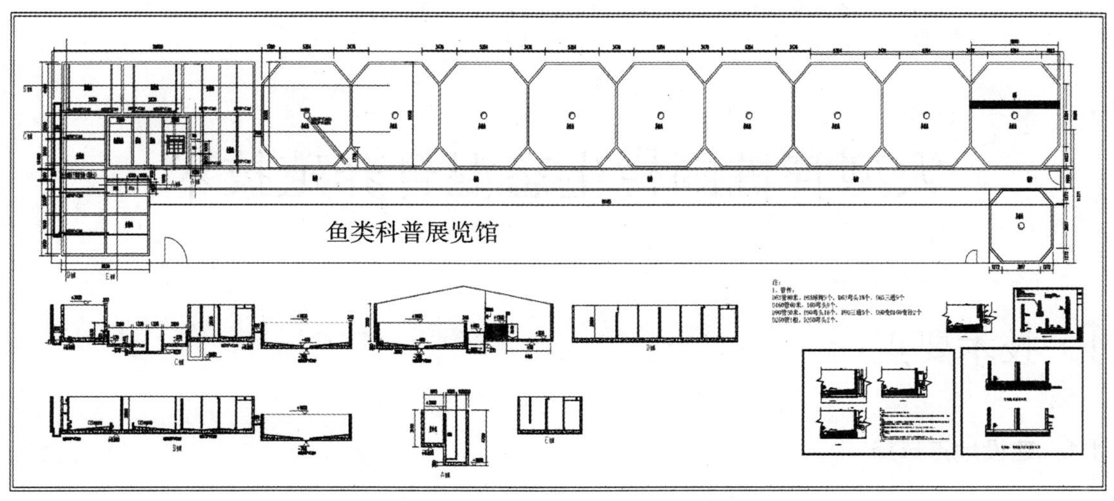
鱼类科普展览馆

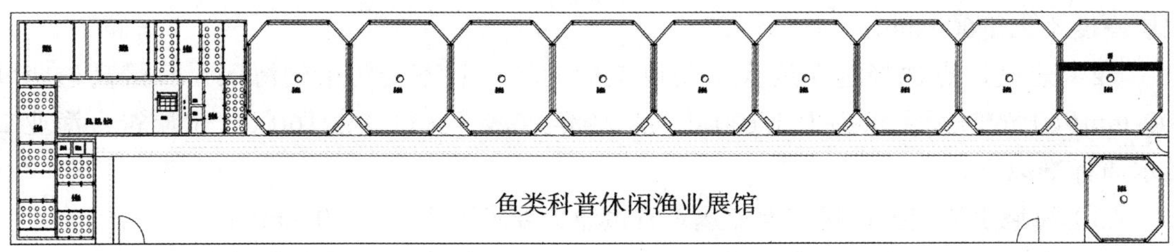
鱼类科普休闲渔业展馆

大型管桩围栏生态混合养殖技术

1　技术要点

1.1　建设地点选择

（1）建设地点选择地质较硬、泥沙淤积少水域，要求海底表面承载力不小于4 t/m^2，淤泥层厚度不大于600 mm；

（2）建设地点选择透明度大、受风浪影响较少、不受污染的海区，日最高透明度500 mm以上的时间要求不少于100 d，年大风（6级）天数少于160 d，水质符合渔业二类水质标准以上；

（3）海域水流交换通畅，但流速不宜过急，要求不大于1 500 mm/s；

（4）水深适宜，理论最低水深要求不低于10 m，最高水深要求不高于30 m；

（5）禁止在航道、港区、锚地、通航密集区、军事禁区、海底电缆管道通过的区域及其他海洋功能区划相冲突的海区进行建设。

1.2　钢制管桩围栏设计

远海大型钢制管桩围栏设计采用钢制管桩作为网衣的支撑架，采用双层结构，使用钢制管桩的原则是考虑到对国内废旧钢材的再利用，实现钢材去产能的目的；网衣采用PET龟甲网，目的是增加网衣强度，减少网衣海洋生物附着，保障养殖生产安全；养殖结构为圆形的主要目的如下：一是增加养殖水体，实现大水体养殖；二是养殖操作方便；三是抗风浪效果好。

1.3　管桩围栏设施设备配套

围栏建设多功能平台、休闲垂钓平台，发展休闲渔业，实现一三产业融合发展；配套环境观测网系统、气象监测系统、大型气动投喂装备、吸鱼泵、分级筛等装备，实现水质在线监测、水上水下视频监控、自动投喂等智能化操作。

1.4　大型管桩围栏生态混合养殖技术

构建管桩围栏底层养殖半滑舌鳎、中上层养殖斑石鲷、黄鰤鱼、许氏平鲉等游泳性鱼类、内外管桩夹层养殖大规格斑石鲷清理网衣的生态混合养殖。

2　适宜区域

适宜海域坡度平缓、水深适宜的我国大部分沿海地区。

3　注意事项

管桩围栏建设选址前，须做好海域底质调查；管桩围栏管桩直径与材质、围栏周长、双层管桩间距、同层管桩间距等，可根据应用单位养殖需求、当地海域风浪大小等因素，进行科学化、个性化设计；为保证双层网衣的透水性、耐流性和抗附着性，可以选择较大网目的PET网衣等，适于养殖较大规格苗种；管桩围栏养殖水体大对改善鱼类体形、体色、肉质和提高鱼类附加值意义重大。因此，宜开展名贵鱼类的较低密度混合生态养殖。

4　技术委托单位及联系方式

技术依托单位：莱州明波水产有限公司

地址：山东省烟台市莱州市三山岛街道吴家庄子村

联系人：李文升

联系电话：0535-2743518

基于适合水产养殖的半自动投饵机的控制芯片耐久覆膜

1　技术要点

主要是解决在复杂工况下控制芯片耐久度低的问题，水产养殖尤其是海水养殖，海面空气中的含盐量很高，各种不同的盐分对设备的机械结构、传输系统及集成电路有强烈的腐蚀作用。我们通过使用KDD®MR1 715树脂、增加涂覆厚度（干膜100～200μm）实现更好的防腐效果。

2　适宜区域

海水深水网箱养殖投饵机芯片上的耐久覆膜。

3　注意事项

保证涂覆厚度（干膜100～200μm），保证全覆盖。

4　技术委托单位及联系方式

技术依托单位：三沙美济渔业开发有限公司
地址：海南海口港澳开发区兴旺路正1号
联系人：胡良仁
联系电话：13637541011

第四篇

获奖或鉴定验收成果汇编

获奖成果

大菱鲆新品种多宝2号

获奖名称及级别：大菱鲆新品种多宝2号全国水产技术推广总站、中国水产学会2022年度渔业新技术新产品新装备奖励。

获奖时间：2021年3月24日。

主要完成单位：中国水产科学研究院黄海水产研究所，烟台开发区天源水产有限公司，威海市中孚水产养殖有限责任公司。

主要完成人员：马爱军，王新安，黄智慧，曲江波，刘志峰，乔学伟，徐荣静，孙志宾。

工作起止时间：2007年至2019年。

内容摘要：

以英国、法国、丹麦和挪威引进的大菱鲆为基础群体，以耐高温和生长速度为选育目标性状，经过一代群体选育和三代连续家系选育，选育出耐高温核心育种群和快速生长核心育种群，采用配套系杂交制种培育出大菱鲆“多宝2号”新品种。在相同周年养殖条件下，经过高温养殖期与未经选育的大菱鲆相比，体重平均提高30.63%，养殖成活率平均提高26.70%。“多宝2号”是我国海水鱼第一个耐高温国审新品种，良种推广可促进北方工厂化养殖达到节能环保、扩大养殖范围的目的，可延长南方网箱养殖期，也可以减少由于夏季水温过高导致的大菱鲆疾病暴发，对解决大菱鲆养殖业中存在的高温耐受性差问题具有重大的现实意义。

半滑舌鳎和斑石鲷分子育种技术创建及新品种创制与应用

获奖名称及级别：中国水产学会范蠡科技进步奖特等奖。

获奖时间：2022年10月26日。

主要完成单位：中国水产科学研究院黄海水产研究所、唐山维卓水产养殖有限公司、莱州明波水产有限公司、海阳市黄海水产有限公司。

主要完成人员：陈松林、李仰真、王娜、周茜、王磊、程佳禹、翟介明、薛致勇、徐文腾、崔忠凯、陈张帆、刘洋、陈亚东、杨英明、徐锡文、李希红、李明、李文龙、程向明、郑卫卫。

工作起止时间：2012年至2020年。

内容摘要：

系统揭示了半滑舌鳎和斑石鲷抗细菌病性状的遗传基础，阐明了半滑舌鳎生长性状的遗传基础和调控机制，揭示了斑石鲷新Y染色体起源与形成机制，建立了半滑舌鳎基因组选择、基因组编辑育种技术，发现了斑石鲷和半滑舌鳎雄性特异分子标记并建立了分子标记辅助性别控制技术，创制了抗病高产半滑舌鳎新品种“鳎优1号”和半滑舌鳎基因编辑快大型雄鱼新种质。新成果在6家单位推广应用后，产生直接和间接经济效益16亿元，社会效益显著。发表论文49篇，其中SCI论文33篇，包括Mol Biol Evol论文1篇，授权发明专利12件。成果原创性强，居国际领先水平。

卵形鲳鲹种质创新及绿色养殖加工产业化关键技术与应用

获奖名称及级别：海南省科学技术进步奖一等奖。

获奖时间：2022年11月8日。

主要完成单位：中国水产科学研究院南海水产研究所热带水产研究开发中心，中国水产科学研究院南海水产研究所，三亚热带水产研究院，海南晨海水产有限公司，广东恒兴饲料实业股份有限公司，海南翔泰渔业股份有限公司，海南联塑科技实业有限公司。

主要完成人员：张殿昌，郭华阳，胡静，朱克诚，郭梁，刘宝锁，江世贵，黄春仁，张旭娟，杨维。

工作起止时间：2002年1月1日至2019年8月31日。

内容摘要：

深远海养殖是绿色渔业发展的重要方向，卵形鲳鲹作为南方重要的深远海养殖品种，推进其产业链协同发展，对促进卵形鲳鲹养殖产业绿色高质量发展、拓展养殖空间、保障优质水产品的有效供应具有重要意义。

项目系统构建了卵形鲳鲹活体种质资源库，建立了卵形鲳鲹种质资源遗传评价技术，培育出快速生长、耐低氧、抗刺激隐核虫等卵形鲳鲹新品系。优化了卵形鲳鲹陆海接力养殖技术，结合优质配合饲料开发和免疫综合防控技术，构建了卵形鲳鲹绿色养殖技术体系；开发了多款卵形鲳鲹加工产品，建立了加工产品质量和食品安全管理体系，实现了加工产品的全程品质溯源追踪，有效保障了加工产品质量安全。通过相关技术集成创新，有效激发了卵形鲳鲹产业活力，延伸了产业价值链，实现了卵形鲳鲹从海洋到餐桌的无缝衔接，推动了卵形鲳鲹产业的转型升级。项目在海南、广东、广西等地进行了推广示范，取得了显著的社会经济效益，为推动我国卵形鲳鲹深远海养殖产业发展、保障国家食物安全做出贡献。

花鲈精准营养研究及绿色高效人工配合饲料开发与应用

获奖名称及级别：2020年度上海海洋科学技术奖一等奖。

获奖时间：2022年12月。

主要完成单位：中国海洋大学，通威股份有限公司，中国水产科学研究院黄海水产研究所，广东粤海饲料集团股份有限公司，集美大学，青岛七好营养科技有限公司，青岛玛斯特生物技术有限公司，山东新希望六和集团有限公司。

主要完成人员：艾庆辉，麦康森，梁萌青，张璐，张春晓，谭北平，徐玮，鲁康乐，马学坤，年睿，程镇燕，李燕，王珺，谭朋，张彦娇。

工作起止时间：2003年01月01日至2017年12月31日。

内容摘要：

本项目根据我国水产养殖行业资源节约、环境友好以及质量安全的转型需求，以我国及山东省重要海水养殖物种花鲈作为研究对象，聚焦现阶段花鲈集约化养殖存在的饲料原料短缺、水环境污染、鱼类健康以及水产品安全问题开展了花鲈精准营养学研究，构建和完善了花鲈精准营养数据库。在此基础上，该项目开展了花鲈蛋白源和脂肪源的替代研究，采用营养素平衡策略和营养干预手段形成了一系列低鱼粉和低鱼油配方，大大节约了饲料原料资源。同时，针对绿色养殖要求，该项目创新性研发了一系列绿色环保添加剂，形成了高效环保添加剂应用体系。通过与水产饲料龙头企业合作推广，有效提高了养殖花鲈免疫力和饲料利用率，减少了养殖药物使用，降低了氮磷排泄，极大程度上推动了我国花鲈以及整个海水鱼养殖行业的绿色健康可持续发展，创造了巨大的经济、社会和生态效益。

鲆鲽鱼类细菌病疫苗创制与应用

获奖名称及级别：2021年度上海海洋科技奖发明奖一等奖。

获奖时间：2022年08月25日。

主要完成单位：华东理工大学，上海浩思海洋生物科技有限公司。

主要完成人员：王启要，刘琴，张元兴，马悦，刘晓红，肖婧凡，吴海珍，王蓬勃，阳大海，邵帅。

工作起止时间：2000年1月1日至2021年11月30日。

内容摘要：

针对严重危害鲆鲽鱼类的主要细菌病害，本项目近20年来完成了从病原分离鉴定、基因组解析、致病机制阐明到疫苗设计开发的全链条创新实践。成果包括主（参）编专著5本，发表SCI研究论文143篇，论文他引3 000余次，单篇最高他引190次；获授权美国专利1件、中国发明专利15件，建立各类标准5项；获批临床批件4件、国家转基因生物安全证书2个、国家一类新兽药证书2个、疫苗生产文号2件。相关成果被编入加拿大、美国水产专业教科书；疫苗产品及其创制技术入选国家十二五和十三五科技创新成就展、获评农业农村部2019年和2021年十大新技术。实现累计推广疫苗达1亿尾份，辐射养殖用户超过300余家，显著提高鱼苗存活率40%并降低抗生素用量约50%以上，为推动产业绿色健康发展以及保障水产食品安全做出重要贡献。

（1）发明国内外首个大菱鲆爱德华氏菌病活疫苗EIBAV1株，获批国家一类新兽药证书和生产文号，并进行产业化规模应用，树立了我国海水鱼类疫苗开发里程碑。

（2）发明国家一类新兽药大菱鲆鳗弧菌基因工程活疫苗，获批国家转基因生物安全证书和国家一类新兽药证书，填补了鱼类基因工程疫苗技术空白。

（3）创制大菱鲆哈维氏弧菌病、鳗弧菌病灭活疫苗，构建鲆鲽类病害免疫防控健康养殖模式。

基于大黄鱼免疫分子机制的疾病防治产品创制与示范应用

获奖名称及级别：中国水产学会范蠡科学技术奖科技进步奖一等奖。

获奖时间：2022年10月26日。

主要完成单位：福建农林大学，厦门大学，自然资源部第三海洋研究所，山东深海生物科技股份有限公司，福州海马饲料有限公司，闽威实业股份有限公司。

主要完成人员：陈新华，母尹楠，艾春香，敖敬群，邵建春，鲍盛之，翁建顺，张伟妮，方秀，何天良，陈政榜，张向阳，吕志成，林旋。

工作起止时间：2001年7月1日至2020年12月31日。

内容摘要：

该成果针对养殖大黄鱼的病害问题，系统地揭示了大黄鱼免疫系统的分子特征、免疫应答规律及分子机制，奠定了大黄鱼疾病免疫防治的理论基础；发现了大黄鱼抗菌肽hepcidin的基因扩张和功能分化，明确了hepcidin2−5抑菌活性最强，创制出新型抗菌肽制品；阐明了大黄鱼3种I型干扰素的功能、转录调控及信号通路，发现并命名了1种鱼类特有的I型干扰素，揭示了鱼类I型干扰素反应新的调控机制，研制出新型抗病毒制品，开辟了大黄鱼病毒病防治新途径；证明了大黄鱼抗氧化酶Prx4可通过抑制NF-κB活性负调控炎性反应，并增强大黄鱼抵抗病原菌攻击的能力，揭示了鱼类抗细菌感染的新机制，为新型免疫调节剂研发奠定了基础；阐明了黄芪多糖对大黄鱼的免疫增强效应及其机制，确定了与其他中草药的复配种类和比例，研发出新的中草药免疫制剂；基于上述大黄鱼免疫分子机制的理论创新，创制了系列新型抗菌、抗病毒和免疫调节剂制品，开发了基于上述制品的大黄鱼抗病功能性饲料，其示范应用显著降低了养殖大黄鱼发病率，减少了抗生素使用，推动了大黄鱼产业绿色发展。该成果制定团体标准1项，授权发明专利16件，发表SCI论文85篇，入选“2015年度中国海洋十大科技进展”，新增产值10.87亿元，新增利润2.39亿元，经济、社会和生态效益显著。

海水工厂化养殖尾水高效处理技术的建立与示范

获奖名称及级别：天津市科技进步奖二等奖。

获奖时间：2022年2月23日。

主要完成单位：中国科学院海洋研究所。

主要完成人员：李军。

工作起止时间：2019年7月至2021年12月。

内容摘要：

本项目通过对天津、山东等地水产养殖企业的养殖模式、养殖规模、厂区车间及排水管道布局、养殖尾水排放量及水质特征的细致调研与分析，查明了海水工厂化养殖鱼类、虾类尾水的水质特点，研究开发了微小悬浮物去除技术、含盐固体颗粒物热裂解构建新型生物炭技术、荚膜固定化微生物技术以及高效稳定、环境友好的海水养殖尾水处理工艺，综合集成机械过滤、微生物硝化/反硝化处理、大型藻类净化、电化学氧化、海水人工湿地处理等技术，构建了海水工厂化养殖尾水高效处理及再利用技术工艺，并通过系统运转评估及优化，建立和完善了养殖尾水处理系统，提高了处理效率，实现养殖尾水达标排放和回用。缓解了水产养殖业面临的水资源压力、能源压力、环保压力，提升了陆基工厂化养殖的生态效益和经济效益。

该项目的实施和完成为海水工厂化养殖尾水高效处理及再利用提供了技术支撑和应用示范，满足了海水养殖产业所面临的国家需求、行业需求、企业需求，贯彻执行“青山绿水就是金山银山”国家战略，助赢渤海综合治理攻坚战，推动了北方地区水产养殖产业的健康和持续发展。

棘头梅童鱼种质资源遗传评价与人工繁育关键技术

获奖名称及级别：2021年度海洋工程科学技术奖二等奖。

获奖时间：2022年06月28日。

主要完成单位：中国水产科学研究院东海水产研究所、上海市水产研究所。

主要完成人员：宋炜，周文玉，杨刚，潘桂平，张涛，刘本伟，梁述章，曹平，马春艳，李羽，张凤英，谌微，蒋科技，晁敏，陈佳杰。

工作起止时间：2007年11月至2020年6月。

内容摘要：

项目属水产养殖技术领域。棘头梅童鱼是广泛分布于我国近海和河口的小型经济鱼类，其肉质鲜嫩味美，营养丰富，是沿海居民重要的鲜食水产品。近年来由于过度捕捞，天然资源呈衰退趋势，导致价格上升，无法满足市场需求。棘头梅童鱼具有生长速度快、适温适盐范围广、经济价值高等优点，种质资源开发应用前景广阔。项目组历经13年，从“资源调查—遗传分析—人工繁育”三个递进方面入手，针对棘头梅童鱼种质资源开发的各关键技术环节开展了系统深入地研究，获得了多项原创性成果，研究成果整体达到国际先进水平，为棘头梅童鱼的产业化开发和资源增殖提供了重要的科技支撑。

水产品保活运输应激胁迫生理调控技术及流化冰保鲜技术

获奖名称及级别：上海市技术发明二等奖。

获奖时间：2022年。

主要完成单位：上海海洋大学、四方科技集团股份有限公司、上海开创国际海洋资源股份有限公司、上海郑明现代物流有限公司、江苏康成食品有限公司、江苏中洋生态鱼类股份有限公司。

主要完成人员：谢晶，杨晓燕，王金锋，邱伟强，黄郑明，陈岳明，吴昔磊。

工作起止时间：2018年1月至2022年12月。

内容摘要：

针对冷链装备技术水平低、冷加工工艺落后等导致海陆冷链脱节、装备能耗高、冻品品质差的问题，谢晶教授等人发明了从渔船捕捞加工到陆上加工、贮运的新装备和节能新技术，以及物流过程品质监控和检测新技术。应用于海洋捕捞渔船制造、改造，渔获物船上冻结以及到港后陆地冷库贮藏，极大地降低了渔船能耗、提高了渔获物冻结效率，加大了渔船渔获物处理能力，减少了捕捞后的损失；发明了海水鱼新型冻结工艺与复合镀冰衣装置及方法、低温物流过程品质动态监控技术、水产品风味和新鲜度快速检测方法。有力支撑了水产食品新产品的研发、制造、贮藏，极大地丰富了冻品的品种、降低了冷库的能耗，并实现了冷链过程水产品品质的快速、精确的检测。项目实施至今，此技术应用带来了明显的社会、经济和生态效益，显著提升了我国海产品低温物流产业技术和装备的水平。

大宗海水鱼贮运加工关键技术及应用

获奖名称及级别："辽宁省科学技术进步奖"一等奖。

获奖时间：2022年6月29日。

主要完成单位：渤海大学，上海海洋大学，中国海洋大学，大连民族大学，蓬莱京鲁渔业有限公司，荣成泰祥食品股份有限公司，锦州笔架山食品有限公司。

主要完成人员：励建荣，谢晶，林洪，李学鹏，李婷婷，仪淑敏，崔方超，于建洋，王明丽，周小敏，郭晓华。

工作起止时间：2017年至2022年。

内容摘要：

针对我国海水鱼加工与流通行业存在的易腐难保鲜、加工后损耗大、冷链物流装备效率低且能耗高、精深加工与高值化利用水平低、质量安全问题突出、监管防控技术落后等瓶颈问题，本项目系统开展了海水鱼贮运加工关键技术与理论的创新和集成应用，取得了一系列突破性成果，推动了产业健康发展和转型升级。该成果在省内外多家大型海水鱼贮运加工企业得到了推广应用，产生了显著的经济效益和社会效益。

半滑舌鳎繁养关键技术的研究和应用

获奖名称及级别：天津市科学技术进步奖二等奖。

获奖时间：2022年2月。

主要完成单位：天津市水产研究所、南方海洋科学与工程广东省实验室（湛江）、天津乾海源水产养殖有限公司。

主要完成人员：贾磊，张博，刘克奉，赵娜，刘皓，王群山，马超，陈春秀。

工作起止时间：2017年至2021年。

内容摘要：

半滑舌鳎繁养关键技术的研究与应用工作是天津市水产研究所开展的种业发展工作。开展的背景是半滑舌鳎是天津市养殖规模最大、产值最高的海水鱼。针对半滑舌鳎产业中种质退化、雄鱼生长慢且比例高、细菌性疾病频发及免疫力低、无眼侧黑化（即黑底板）比例高、养殖系统除氮效率差及养殖产量不高等问题，近五年来进行了系统深入地研究。主要开展了半滑舌鳎种质资源库的构建及应用、半滑舌鳎高雌苗种制种技术开发与应用、半滑舌鳎养殖关键技术的研发与应用、半滑舌鳎循环水养殖系统的优化等工作。取得了多项创新成果，经鉴定达到国际先进水平，推动天津地区半滑舌鳎良繁育技术进步，促进天津市海水鱼工程化养殖的可持续发展，经济社会效益显著。

黄条鰤养殖关键技术应用与产业化

获奖名称及级别：大连市科学技术进步奖。

获奖时间：2022年。

主要完成单位：大连天正实业有限公司，大连富谷食品有限公司，大连现代农业生产发展服务中心。

主要完成人员：姜大为，张涛，吕伟，罗耀明，包玉龙。

工作起止时间：1999年1月1日至2020年12月31日。

内容摘要：

黄条鰤（*Seriola lalandi*）是我国黄、渤海域大型优良经济鱼类。20世纪90年代前以天然捕捞为主，随着渔业资源逐渐衰退，成鱼产量与品质得不到保障，未形成产业规模。本项目通过20年研究攻关，实现了黄条鰤养殖产业化，为北方养殖业发展做出贡献。主要创新如下。

（1）开展黄条鰤野生苗种资源调查研究，建立特许捕捞制度，形成资源保护管理办法，确立苗种采捕和驯化方式。年均捕捞、驯化鱼苗200万尾左右。

（2）开创黄条鰤海上网箱、陆基工厂化循环水、“陆海接力”标准化养殖模式先例，编制2项地方标准，建立市级名贵海水鱼标准化示范区。实现工厂化2万立方米水体和深水网箱200个的养殖规模。

（3）突破了黄条鰤亲鱼培育及黄条鰤池塘与工厂化人工繁育关键技术。培育亲鱼4 000余尾，年人工育苗20万尾，获省级水产良种场。

（4）构建黄条鰤“捕—驯—养—加—销”产业体系，创建3个出境水生动物养殖注册场，编制2部鱼类图册。开拓国内外消费市场，成为与金枪鱼、三文鱼相媲美的高档食材。

累计养殖黄条鰤6 000余吨，出口鱼苗4 000万尾，新增产值近12亿元，出口创汇6 000万美元，形成黄条鰤规模化生产体系，填补我国海水鱼养殖空白。

福建省政府质量奖提名奖

获奖名称及级别：第七届福建省政府质量奖提名奖。

获奖时间：2022年1月26日。

主要完成单位：福建闽威实业股份有限公司。

主要完成人员：方秀，汪晴，陈小辉，王丽霞。

工作起止时间：2020年1月至2020年4月。

内容摘要：

我站依托单位闽威实业建立了完善的质量管理体系，实行卓越绩效管理成效显著，质量管理处于国内同行业领先水平。主导产品严于国家（行业）标准要求；依法接受国家法定的质量管理部门监督检查；制造业申报主体在国家、省级质量监督抽查中连续三年合格；出口产品的企业，其出口的主导产品安全、卫生、环保项目连续三年合格，三年未因质量问题被进口国通报。经济效益指标居国内同行业前列，发展趋势良好。近三年以来无较大及以上质量安全事故、环境事故和生产安全事故。依法纳税，近三年以来未达到涉税犯罪立案追诉标准或无《重大税收违法失信案件信息公布办法》所称的“重大税收违法失信案件”标准的违法行为发生。通过申报和现场评审，获得第七届福建省政府质量奖提名奖荣誉。

大黄鱼深加工关键技术创新与产业化应用项目

获奖名称及级别：2020年度福建省科技进步三等奖。

获奖时间：2022年2月24日。

主要完成单位：福建农林大学、福建闽威食品有限公司

主要完成人员：方秀，汪晴，陈小辉。

工作起止时间：2020年1月至2020年12月。

内容摘要：

本项目以市场需求为导向，优化配置资金、科技等资源，转变水产品传统加工模式，完善产品精深加工，完善市场流通和技术服务体系，解决目前水产品全产业发展中存在的技术问题，拓展本地水产资源加工的深度和广度，不断提升水产品产业化经营水平。研究大黄鱼深加工关键技术实现水产品增值，为大黄鱼高品质和高值化加工利用提供技术支撑。本项目的实施，为水产品加工开发出一套增值加工途径，提高水产品在海内外销售市场中的竞争力；促进并带动水产品精深加工领域开展新技术的研究与应用，从而提高行业的创新竞争力，提升水产品精深加工业的技术水平。对带动区域渔业经济发展具有重要的经济效益和社会效益。可扩大健康养殖规模，提高养殖产量。

基于大黄鱼免疫分子机制的疾病防治产品创制与示范应用

获奖名称及级别：中国第六届中国水产学会范蠡科学技术奖。

获奖时间：2022年10月16日。

主要完成单位：福建农林大学、厦门大学、福建闽威实业股份有限公司。

主要完成人员：陈新华，方秀。

工作起止时间：2020年1月至2020年12月。

内容摘要：

随着大黄鱼养殖业的快速发展，养殖环境逐渐恶化，由细菌、病毒、寄生虫等病原引发的病害频频发生，造成重大经济损失。目前以化学药物为主的防治措施所引发的水产品质量安全和生态环境安全等问题严重制约了大黄鱼养殖产业的持续健康发展。针对上述问题，本项目系统地揭示了大黄鱼免疫系统特征、免疫应答规律及其分子机制，创制了系列新型抗菌、抗病毒和免疫调节剂制品，开发了基于上述制品的大黄鱼抗病功能性饲料，其示范应用显著降低养殖大黄鱼发病率，有效地减少了抗生素使用，有力推动了大黄鱼产业绿色发展。结合大黄鱼产业痛点与难点进行攻关，加强项目成果与地方产业的对接，将研发成果推广到市场，助力乡村振兴，为渔业的健康发展做出应有的贡献。

海洋食品产业链精准协同质量管控经验

获奖名称及级别：2022年全国质量标杆。

获奖时间：2022年10月19日。

主要完成单位：福建闽威实业股份有限公司。

主要完成人员：方秀，汪晴，陈小辉。

工作起止时间：2022年6月至2022年7月。

内容摘要：

“海洋食品产业链精准协同质量管控经验”是我站依托单位闽威实业多年来在海洋食品质量管控领域的实践经验与理论成果，是极具闽威特色的质量管理制度、模式和方法。该模式在海洋食品产业链中运用优质可持续的优良种苗培育、生态化的养殖技术、自动化的加工模式，运用“一尾鱼由海洋游向餐桌”的标准化生产模式及“一鱼一码”食品安全信息追溯管理，并以此为依托，在育种、养殖、加工的各个关键环节形成了一张“纵横交织”的产品品质防护网，实现海洋食品上中下游协同精准管控，确保了产品的质量、安全与生态。通过践行该模式，公司产品品质进一步提升，不断推动海洋食品产业链补链、强链、延链、稳链，为持续提升企业质量管理水平提供坚实保障。

花鲈健康苗种繁育及其大网箱养殖模式的示范与推广

获奖名称及级别：2021年度福建省科技进步三等奖。

获奖时间：2022年12月21日。

主要完成单位：福建实业股份有限公司、集美大学。

主要完成人员：方秀，汪晴，陈小辉。

工作起止时间：2017年4月至2019年12月。

内容摘要：

针对当前花鲈种质、育苗、养殖、加工存在的技术问题，本项目把已有的科技成果和技术进行有机集成、组装配套，依照“新工艺、高起点、规模化、产业化”的思路，对花鲈育苗、养殖、加工模式进行全面的技术改进和提高，以建立高科技化、可持续发展的花鲈产业化发展模式。本项目建设所围绕的“花鲈生殖调控与室内人工育种”技术，是公司与中国工程院雷霁霖院士共同合作研发的技术项目。通过利用生殖调控系列技术，提前花鲈产卵时间，缩短花鲈商品鱼养殖周期。从客观上规避南方沿海8～10月份台风高发期给海水养殖业带来的巨大风险，提高了花鲈品质并提前上市。与此同时，现代化、规模化育苗室的建立极大提高了育苗效率，目前缺乏优良花鲈苗的局面有巨大的改观，改变了传统“靠野生苗种养殖”的局面，项目培育的花鲈苗种品质提高、质量稳定，为不断选育良种品系打下了基础。

绿鳍马面鲀高效规模化苗种繁育与养殖技术

获奖名称及级别：山东省海洋科技创新奖。

获奖时间：2022年11月01日。

主要完成单位：中国水产科学研究院黄海水产研究所、青岛市渔业技术推广站、青岛金沙滩水产开发有限公司、烟台开发区天源水产有限公司、威海瀚珑江海洋生物科技有限公司。

主要完成人员：陈四清，边力，林治术，张天时，李凤辉，王绍军，常青，刘心田，徐荣静。

工作起止时间：2006年1月1日至2020年1月14日。

内容摘要：

项目历经16年攻关，针对绿鳍马面鲀种质资源和人工养殖存在的关键科学技术问题，率先绘制了绿鳍马面鲀基因组精细图谱，contig N50达到目前鱼类基因组的最高水平，探明了种群遗传多样性和遗传分化水平，制定的《绿鳍马面鲀》种质行业标准颁布实施。绿鳍马面鲀是首个建立原始种质遗传学背景后开发养殖的海水鱼类，具有重要历史和学术意义。项目攻克规模化苗种繁育、工厂化养殖、网箱养殖等关键技术，建立了南北接力、近海-远海网箱接力等养殖技术工艺，率先实现了绿鳍马面鲀苗种和商品鱼的规模化生产。技术成果已在山东、天津、江苏、福建等地推广应用，累计产值近10亿元。授权发明专利2项、实用新型专利5项，发表研究论文13篇，通过8次专家现场验收和3次成果评价。该项目为绿鳍马面鲀种质资源的保护和开发利用提供了科学依据，开发了一个可在全国海域养殖的优良新品种，可有效解决北方现有网箱空置无鱼可养的难题。绿鳍马面鲀消费市场遍及国内外，可为我国人民提供优质海洋蛋白质，是一个具有千亿价值的产业，将是蓝色粮仓建设新的经济增长点。

半滑舌鳎和斑石鲷分子育种技术创建及新品种创制与应用

获奖名称及级别：第六届中国水产学会范蠡科学技术特等奖。

获奖时间：2022年10月26日。

主要完成单位：中国水产科学研究院黄海水产研究所，唐山维卓水产养殖有限公司，莱州明波水产有限公司，海阳市黄海水产有限公司。

主要完成人员：陈松林，李仰真，王娜，周茜，王磊，程佳禹，翟介明，薛致勇，徐文腾，崔忠凯，陈张帆，刘洋，陈亚东，杨英明，徐锡文，李希红，李明，李文龙，程向明，郑卫卫。

工作起止时间：2020年1月至2021年12月。

内容摘要：

由中国水产科学研究院黄海水产研究所、莱州明波水产有限公司等单位合作完成的“半滑舌鳎和斑石鲷分子育种技术创建及新品种创制与应用”相关技术成果，推广至山东、天津、河北等地应用，其中“鳎优1号”新品种的市场占有率达50%以上，生长速度提高18%，养殖成活率提高16%，近2年的推广产生14亿多元的直接和间接经济效益；建立的遗传性别鉴定技术，大大方便了斑石鲷人工繁育和苗种培育工作，在山东推广应用，近2年的推广产生1亿多元的直接和间接经济效益。

冷冻分割多宝鱼的加工及产业化应用

获奖名称及级别：山东省食品科学技术学会技术进步奖二等奖。

获奖时间：2022年11月。

主要完成单位：山东美佳集团有限公司。

主要完成人员：郭晓华，董浩，张永勤，张廷翠，申照华，王裕玉，李有钢，孙爱华，王平，张宝欣。

工作起止时间：2016年6月1日至2019年12月1日。

内容摘要：

本成果属于水产品加工技术领域，在冷冻多宝鱼质量控制及其品质提升、多宝鱼冷冻加工及产品开发等方面具有创新性。集成了低温浸泡、电解水消毒、冷冻分割等多宝鱼加工技术，具有保持鱼肉鲜度、杀菌效果好、产品解冻损失率低、环境友好等优点。建立了年产1 000吨冷冻多宝鱼生产线，制定了冷冻分割多宝鱼加工操作规范，开发了系列冷冻多宝鱼制品，产品质量符合相关标准，提高了企业的市场竞争力。该技术成果先后在3家企业进行产业化应用推广，取得了良好的经济与社会效益。牵头制定山东省地方标准1项，授权国家发明专利1项。2016年至2019年该类产品累计总产值1 268万元，利润233.1万元，税收36.2 万元，具有显著的经济效益与社会效益，该成果在水产品加工领域具有良好的应用。

岱衢族大黄鱼养殖产业提升关键技术创新与应用

获奖名称及级别：2021年度宁波市科学技术进步奖一等奖。

获奖时间：2022年3月8日。

主要完成单位：宁波市海洋与渔业研究院，宁波大学，象山港湾水产苗种有限公司，中国海洋大学，浙江万里学院。

主要完成人员：吴雄飞，沈伟良，竺俊全，薛良义，徐万土，严小军，毛芝娟，申屠基康，艾庆辉，余心杰，施祥元，王雪磊，沈锡权。

工作起止时间：2011年1月1日至2020年12月30日。

内容摘要：

为保护和恢复濒临枯竭的岱衢族大黄鱼种质资源，针对养殖大黄鱼产品品质不高和养殖效益低等问题，开展岱衢族大黄鱼养殖产业提升关键技术创新与应用，取得以下主要技术创新成果。① 采捕了岱衢洋具有特定遗传标记的野生大黄鱼，经扩繁建立了岱衢族大黄鱼种质资源库，阐明了其形态、生长、繁殖、生理生化和遗传等生物学特性，研发出岱衢族大黄鱼与闽–粤东族大黄鱼的鉴别方法；建立了岱衢族大黄鱼种质活体保存和精子超低温冷冻保存技术，冷冻精子511份，保存岱衢族大黄鱼种质活体91399尾。② 以岱衢洋野生大黄鱼为基础群体，培育出大黄鱼“甬岱1号”新品种（GS–01–001–2020），生长速度提高16.36%，体型匀称细长，在浙江、福建应用后增效20%以上。③ 阐明了养殖岱衢族大黄鱼体型、体色、风味与饲料、环境的关系，建立了品质评价指标体系，研发出可提升品质的专用配合饲料投喂和分级养殖等技术，提质增效显著。技术成果已在浙江及福建的7个大黄鱼主产区（县）规模化应用，近三年繁育岱衢族大黄鱼和大黄鱼“甬岱1号”优质健康苗种4.49亿尾，技术推广应用养殖网箱224万m^3，围网182万m^2，养殖高品质大黄鱼6 776.7吨，新增产值7.87亿元，新增利税2.2亿元，取得了重大经济社会效益。

岱衢族大黄鱼养殖产业提升关键技术创新与应用

获奖名称及级别：2021年度中国水产科学研究院科学技术奖二等奖。

获奖时间：2022年1月12日。

主要完成单位：宁波市海洋与渔业研究院，宁波大学，象山港湾水产苗种有限公司，中国海洋大学，浙江万里学院。

主要完成人员：吴雄飞，沈伟良，竺俊全，薛良义，徐万土，严小军，毛芝娟，申屠基康，艾庆辉，余心杰，施祥元，黄琳，沈锡权，王雪磊，段青源。

工作起止时间：2011年1月1日至2020年12月30日。

内容摘要：

为保护和恢复濒临枯竭的岱衢族大黄鱼种质资源，针对养殖大黄鱼产品品质不高和养殖效益低等问题，开展岱衢族大黄鱼养殖产业提升关键技术创新与应用，取得的主要技术创新成果：① 采捕了岱衢洋具有特定遗传标记的野生大黄鱼，经扩繁建立了岱衢族大黄鱼种质资源库，阐明了其形态、生长、繁殖、生理生化和遗传等生物学特性，研发出岱衢族大黄鱼与闽-粤东族大黄鱼的鉴别方法；建立了岱衢族大黄鱼种质活体保存和精子超低温冷冻保存技术，冷冻精子511份，保存岱衢族大黄鱼种质活体91399尾。② 以岱衢洋野生大黄鱼为基础群体，培育出大黄鱼“甬岱1号”新品种（GS-01-001-2020），生长速度提高16.36%，体型匀称细长，在浙江、福建应用后增效20%以上。③ 阐明了养殖岱衢族大黄鱼体型、体色、风味与饲料、环境的关系，建立了品质评价指标体系，研发出可提升品质的专用配合饲料投喂和分级养殖等技术，提质增效显著。技术成果已在浙江及福建的7个大黄鱼主产区（县）规模化应用，近三年繁育岱衢族大黄鱼和大黄鱼“甬岱1号”优质健康苗种4.49亿尾，技术推广应用养殖网箱224万m^3，围网182万m^2，养殖高品质大黄鱼6 776.7吨，新增产值7.87亿元，新增利税2.2亿元，取得了重大经济社会效益。

岱衢族大黄鱼养殖产业提升关键技术创新与应用

获奖名称及级别：第六届中国水产学会范蠡科学技术奖二等奖。

获奖时间：2022年10月26日。

主要完成单位：宁波市海洋与渔业研究院，宁波大学，象山港湾水产苗种有限公司，中国海洋大学，浙江万里学院。

主要完成人员：吴雄飞，沈伟良，竺俊全，薛良义，徐万土，严小军，毛芝娟，申屠基康，艾庆辉，余心杰，施祥元，黄琳，沈锡权，王雪磊，段青源。

工作起止时间：2011年1月1日至2020年12月30日。

内容摘要：

为保护和恢复濒临枯竭的岱衢族大黄鱼种质资源，针对养殖大黄鱼产品品质不高和养殖效益低等问题，开展岱衢族大黄鱼养殖产业提升关键技术创新与应用，取得的主要技术创新成果：① 采捕了岱衢洋具有特定遗传标记的野生大黄鱼，经扩繁建立了岱衢族大黄鱼种质资源库，阐明了其形态、生长、繁殖、生理生化和遗传等生物学特性，研发出岱衢族大黄鱼与闽-粤东族大黄鱼的鉴别方法；建立了岱衢族大黄鱼种质活体保存和精子超低温冷冻保存技术，冷冻精子511份，保存岱衢族大黄鱼种质活体91 399尾。② 以岱衢洋野生大黄鱼为基础群体，培育出大黄鱼“甬岱1号”新品种（GS-01-001-2020），生长速度提高16.36%，体型匀称细长，在浙江、福建应用后增效20%以上。③ 阐明了养殖岱衢族大黄鱼体型、体色、风味与饲料、环境的关系，建立了品质评价指标体系，研发出可提升品质的专用配合饲料投喂和分级养殖等技术，提质增效显著。技术成果已在浙江及福建的7个大黄鱼主产区（县）规模化应用，近三年繁育岱衢族大黄鱼和大黄鱼“甬岱1号”优质健康苗种4.49亿尾，技术推广应用养殖网箱224万m^3，围网182万m^2，养殖高品质大黄鱼6 776.7吨，新增产值7.87亿元，新增利税2.2亿元，取得了重大经济社会效益。

验收成果

大菱鲆选育苗种生产和推广

主要完成人员：马爱军，王新安，黄智慧，刘志峰，孙志宾。

工作起止时间：2021年9月1日至2022年7月20日。

验收时间：2022年7月20日。

验收地点：烟台开发区天源水产有限公司。

组织验收单位：中国水产科学研究院黄海水产研究所。

验收结果：

大菱鲆耐高温性状苗种培育及推广：2021年秋季和2022年春季培育大菱鲆耐高温性状苗种91万尾、45 kg受精卵，推广至山东、天津、江苏、福建等地。其中烟台宗哲海洋科技有限公司采用2021年5月选育的大菱鲆耐高温苗种6万尾，进行养殖，（养殖水温：冬季水温10～15℃，夏季水温23～25℃左右），安全经过夏季的高温，池中养殖的规格平均710 g，养殖成活率达92%以上。2021年11月—2022年4月推广到福建三都澳网箱养殖的大菱鲆，成活率达90%以上。

大菱鲆“多宝1号”推广情况：2022年上半年生产大菱鲆“多宝1号”及增效苗种102万尾、42kg受精卵，推广至山东、江苏、福建、辽宁等地。

半滑舌鳎基因编辑性控育种

主要完成人员：陈松林等。

工作起止时间：2020年5月至2022年1月。

验收时间：2022年1月26日。

验收地点：唐山市维卓水产养殖有限公司。

组织验收单位：中国水产科学研究院黄海水产研究所。

验收结果：

以采用dmrt1基因突变的F2代雌鱼和雄鱼交配，获得基因编辑F3代鱼苗4 725尾。对其中1 500尾进行养殖，验收时选取F3代鱼中的生长快速个体139尾，检测到纯合突变ZZ雄鱼50尾，测定其中18尾纯合突变雄鱼的平均体重为745.8克；而普通对照雄鱼平均体重为124.2克，对照雌鱼平均体重820.5克。表明基因编辑雄鱼比普通雄鱼生长快2倍以上，大小接近普通雌鱼。遗传性别鉴定表明纯合突变F3代雄鱼只有1条DNA带，与对照雄鱼的遗传性别相同，而对照雌鱼则能扩出2条DNA带。现场解剖发现，纯合突变F3代快速生长雄鱼的性腺外形类似于对照雌鱼的卵巢，但明显小于雌鱼卵巢。突变F3代雄鱼挤不出精液，而对照雄鱼能挤出精液。表明纯合突变F3代雄鱼滞育。

上述阶段性成果开辟了半滑舌鳎基因编辑性控育种新途径，破解了半滑舌鳎雄鱼生长慢、长不大的难题，为解决阻碍半滑舌鳎养殖产业发展的雄鱼生长慢、个体小的产业问题提供了新的技术途径和技术支撑，对于半滑舌鳎养殖业的可持续发展具有重要现实意义和重大应用价值。

大黄鱼基因组选择育种技术研究与应用苗种现场测产

主要完成单位：天津农学院。

主要完成人员：王志勇，方铭，谢仰杰，张东玲，胡国良，王秋荣，尤维德。

工作起止时间：2021年12月至2022年4月。

验收时间：2022年4月9日。

验收地点：福建省宁德市蕉城区国家级大黄鱼遗传育种中心。

组织验收单位：集美大学科研处。

验收结果：

（1）以多性状复合基因组选择技术对“闽优1号”的生长速度、抗内脏白点病、白鳃病和体表白点病性状进行改良，2022年2月18日产卵，培育出平均全长4.38 cm的“速生多抗”组大黄鱼苗201万尾。

（2）以多性状复合基因组选择技术对“闽优1号”的生长速度、抗内脏白点病及对低鱼粉饲料适应性进行改良，2022年2月18日产卵，培育出平均全长4.68 cm的“速生抗病耐粗饲”组大黄鱼苗112万尾。

（3）以多性状复合基因组选择技术优选的大黄鱼“闽优1号”雌鱼与大黄鱼“甬

岱1号”雄鱼配组杂交，2022年2月18日产卵，培育出平均全长4.41 cm的“速生多抗”♀×“甬岱1号”♂组大黄鱼苗114万尾。

（4）以多性状复合基因组选择技术优选的大黄鱼“闽优1号”雄鱼与大黄鱼“甬岱1号”雌鱼配组杂交，2022年2月18日产卵，培育出平均全长4.11 cm的“速生多抗”♂×“甬岱1号”♀组大黄鱼苗126万尾。

（5）从大黄鱼“甬岱1号”群体中挑选个体大、体形好亲体进行繁育，2022年3月6日产卵，培育出平均全长2.53 cm的“甬岱1号”自繁组大黄鱼苗106万尾。

（6）从大黄鱼“闽优1号”群体中挑选个体大、体形好亲体进行繁育，2022年3月6日产卵，培育出平均全长3.03 cm的“闽优1号”自繁组大黄鱼苗1 230万尾。

大黄鱼基因组选择育种技术研究与应用现场测产验收

主要完成人员：王志勇，方铭，谢仰杰，张东玲，胡国良，王秋荣，尤维德。

工作起止时间：2021年12月至2022年11月。

验收时间：2022年11月20日。

验收地点：福建省宁德市蕉城区。

组织验收单位：集美大学科研处。

验收结果：

（1）以多性状复合基因组选择技术改良“闽优1号”的生长速度、抗内脏白点病、白鳃病和体表白点病性状，2022年2月18日产卵，4月12日移入海区网箱养殖，放苗量8.0万尾。至验收时，存活幼鱼4.1万尾，平均体长16.24 cm，平均体重81.19 g。

（2）以多性状复合基因组选择技术对“闽优1号”的生长速度、抗内脏白点病及对低鱼粉饲料适应性进行改良，2022年2月18日产卵，4月12日移入海区网箱养殖，放苗量8.0万尾。至验收时，存活幼鱼3.95万尾，平均体长117.62 cm，平均体重105.27 g。

（3）以多性状复合基因组选择技术优选的大黄鱼“闽优1号”雌鱼与大黄鱼“甬岱1号”雄鱼配组杂交，2022年2月18日产卵，4月12日移入海区网箱养殖，放苗量8.0万尾。至验收时，存活幼鱼3.45万尾，平均体长17.12 cm，平均体重95.90 g。

（4）以多性状复合基因组选择技术优选的大黄鱼“闽优1号”雄鱼与大黄鱼“甬岱1号”雌鱼配组杂交，2022年2月18日产卵，4月12日移入海区网箱养殖，放苗量8.0万尾。至验收时，存活幼鱼3.45万尾，平均体长16.85 cm，平均体重87.21 g。

（5）从大黄鱼“甬岱1号”群体中挑选个体大、体形好亲体进行繁育，2022年3月6日产卵，4月12日移入海区网箱养殖，放苗量10.0万尾。至验收时，存活幼鱼2.37万尾，平均体长15.29 cm，平均体重73.31 g。

（6）从大黄鱼“闽优1号”群体中挑选个体大、体形好亲体进行繁育，2022年3月6日产卵，4月12日移入海区网箱养殖，放苗量12.0万尾。至验收时，存活幼鱼1.0万尾，平均体长15.94 cm，平均体重75.79 g。

海鲈种质资源收集和苗种工厂化生产关键技术项目验收

主要完成人员：温海深，李昀。

工作起止时间：2021年2月至2022年1月。

验收时间：2022年1月15日。

验收地点：烟台高新区科研中试基地。

组织验收单位：中国海洋大学与烟台经海海洋渔业有限公司。

验收结果：

2022年1月15日，中国海洋大学与烟台经海海洋渔业有限公司组织有关专家，在烟台高新区科研中试基地对国家海水鱼产业技术体系海鲈种质资源与品种改良岗位科学家项目（CARS-47-G06）“2021年度海鲈种质资源收集和苗种工厂化生产关键技术”进行现场验收。验收专家听取了工作汇报，经质询讨论，形成如下验收意见：验收方法为查看海鲈2021年种质资源收集和苗种生产现场，查看生产记录与档案、亲体数量，估算苗种数量。随机抽取30尾鱼苗，测量全长指标。基地保有盐城来源亲鱼213尾（3.76千克）、日照来源亲鱼88尾（3.12千克）、招远来源亲鱼10尾（4.65千克）、牟平来源亲鱼3尾（1.56千克）、2019年莱州来源亲鱼573尾（0.48千克）。2021年10月25日开始苗种培育，经过82天培育出海鲈鱼苗80.0万尾，其中福建来源受精卵孵化率60.5%，苗种数量64万尾，苗种成活率16.8%；东营来源受精卵孵化率83.3%，苗种数量16万尾，苗种成活率44.4%。福建来源受精卵培育苗种平均全长50.04毫米，东营来源受精卵培育苗种平均全长55.10毫米。

海鲈淡水苗种培育项目验收

主要完成人员：温海深，李昀。

工作起止时间：2022年3月至2022年9月。

验收时间：2022年9月8日。

验收地点：全国水产技术推广总站北京淡水良种示范基地。

组织验收单位：中国海洋大学。

验收结果：

2022年9月8日，中国海洋大学组织有关专家，在全国水产技术推广总站北京淡水良种示范基地，对国家海水鱼产业技术体系海鲈种质资源与品种改良岗位科学家（CARS-47-G06）项目2022年度海鲈淡水苗种培育进行现场验收。专家查看了现场、听取了工作汇报，经质询讨论，形成如下验收意见：验收方法为查阅生产记录与查看现场，随机抽取30尾鱼苗，测量体长、体重。基地保有三龄海鲈20尾（体重2.65～3.25千克，平均3.0千克）、二龄海鲈510尾（体重1.0～1.75千克，平均1.3千克）。构建了“温棚标粗+池塘接力”的苗种淡水培育模式。2022年3月5日开始进行苗种淡水培育，经过74天温棚（温度24℃）培育，培育海鲈4.3万尾，体重25.2～40.6克，平均体重35.8克，体长11.5～15.0厘米，平均体长13.0厘米；经过191天接力培育，海鲈体重290.0～590.0克，平均体重397.3克，体长24.5～34.2厘米，平均体长30.6厘米，养殖成活率93.62%。“温棚标粗+池塘接力”的苗种淡水培育模式成效显著，超出了预期目标。

高温期海鲈营养需求研究和饲料配制技术

主要完成人员：张春晓，鲁康乐，宋凯，王玲，李学山。

工作起止时间：2022年5月至2022年12月。

验收时间：2022年12月22日。

验收地点：福建省漳州市诏安县四都镇庙西村海鲈养殖场。

组织验收单位：集美大学。

验收结果：

试验在养殖生产池塘中进行，对高温期海鲈高效配合饲料的应用效果进行评价。对照组海鲈初始平均体重为4.59 g，试验组海鲈为4.58 g。试验于5月1日开始，试验组池塘投喂高温期海鲈高效配合饲料，对照组池塘全程投喂海鲈商业饲料。池塘养殖实验于12月21日结束。

随机各取30尾海鲈进行称重，结果显示：高温期海鲈高效配合饲料组平均体重703 g，海鲈商业饲料组平均体重588 g。相较于投喂海鲈商业饲料的海鲈，投喂高温期海鲈高效配合饲料显著提高了海鲈的生长性能，且海鲈对高温期高效配合饲料具有更好的吸收利用效率。另外，根据对比养殖试验期间的观察，投喂高温期高效配合饲料的海鲈抗应激能力强，且池塘水质良好，鱼体规格均匀，效果显著优于商业饲料。

池塘养殖条件下红鳍东方鲀专用饲料的中试

主要完成人员：梁萌青，徐后国，卫育良，马强，贾磊。

工作起止时间：2022年7月至2022年9月。

验收时间：2022年9月23日。

验收地点：天津海升水产养殖有限公司。

组织验收单位：国家海水鱼产业技术体系河鲀营养需求与饲料岗位和天津综合试验站。

验收结果：

中试于7月19日开始，9月23日结束，历时66天，在室内工厂化循环水养殖车间进行二龄红鳍东方鲀的养成。实验结束后随机称重的结果为红鳍东方鲀专用饲料组平均体重770g，其增重率为55.56%；对照组平均体重700g，增重率为29.63%。专家组查阅了相关养殖试验记录资料，听取了项目组汇报，并根据现场取样、体重测量及健康状态评估，认为专用配合饲料与对照组商业饲料相比，能显著提高红鳍东方鲀的生长性能，同时，试验中发现专用配合饲料对小瓜虫感染具有一定的抵抗力，显示出专用配合饲料在提高红鳍东方鲀机体免疫力和抗病力等方面的重要作用。

鲆鲽鱼类细菌病疫苗创制与应用

主要完成人员：王启要，刘琴，张元兴，马悦，刘晓红，王蓬勃，肖婧凡，吴海珍。

工作起止时间：2001年1月1日至2021年11月30日。

验收时间：2022年1月7日。

验收地点：通讯评价。

组织验收单位：中国水产学会。

验收结果：

中国水产学会组织专家对华东理工大学等单位完成的“鲆鲽鱼类细菌病疫苗创制与应用”科技成果进行通讯评价。专家组审阅了相关资料，形成如下评价意见。

（1）该成果查明爱德华氏菌和鳗弧菌为大菱鲆重要病害的病原菌，分离和鉴定了相关病原，进行了全基因组序列分析和毒力分析，阐明了相关致病机制，为疫苗筛选设计奠定科学基础。

（2）该成果创制出大菱鲆爱德华氏菌病活疫苗和大菱鲆鳗弧菌基因工程活疫苗，填补了我国海水养殖鱼类病害疫苗防控的技术空白，具有显著的创新性和实用性。

（3）近5年实现了大菱鲆疫苗的产业化转让并累计推广达4 000多万尾份，辐射养殖用户超过300余家，显著提高鱼苗存活率约40%，降低抗生素用量约50%，为推动产业绿色发展以及保障水产品安全做出重要贡献。具有显著的社会、经济和生态效益。

综上所述，该成果具有较大的创新性，总体达到同领域国际先进水平。

石斑鱼循环水育苗及系统构建技术

主要完成人员：张宇雷、黄达。

工作起止时间：2022年1月至2022年7月。

验收时间：2022年7月。

验收地点：山东青岛。

组织验收单位：中国水产科学研究院渔业机械仪器研究所。

验收结果：

针对国内目前海水鱼繁育过程受环境制约、规模化生产过程不可控、生产操作主要依靠人工、出苗率和苗种质量不稳定等问题，开展循环水育苗及系统构建技术研究。设计构建石斑鱼循环水育苗系统1套，由育苗池、竖流沉淀池、砂滤罐、蛋白分离器、生物移动床、紫外杀菌器、管道式气力提升池底吸污装置和自动投饲装备等设施组成，系统总水体约12 m^3，单个育苗池有效水体3 m^3，系统循环量约为4～6 h/次。2022年4月—7月，在青岛通用水产养殖有限公司进行生产应用，孵化虎龙杂交斑受精卵45g，平均孵化率95%；布放初孵仔鱼0.5万尾/立方米，培育出68日龄苗种15 610尾，平均全长75 mm，平均体重9.2

g，成活率达到41.0%。该成果有助于解决传统生产方式可控度不足的问题，实现海水鱼育苗生境的全人工控制和现代化生产，推动我国海水鱼苗种产业技术转型升级，促进水产养殖业健康和可持续发展。

水产养殖全流程物联网精准监测与一体化智能控制系统

主要完成人员：田云臣，孙学亮，华旭峰，王庆奎等。

工作起止时间：2022年1月至2022年12月。

验收时间：2022年12月7日。

验收地点：天津市滨海新区。

组织验收单位：天津农学院。

验收结果：

针对现阶段存在的海水养殖智能化水平不高、缺乏养殖全流程监测与控制系统的问题，构建了水产养殖全流程物联网精准监测与一体化智能控制系统，实现了养殖源水自动调配、水质自动调控、光照自动控制和投喂、微滤与水泵等设备的一体化智能控制。同时，研发了耦合环境、生物特征与生产管理的半滑舌鳎、石斑鱼生长模型，集成半滑舌鳎、石斑鱼养殖决策支持系统建立了工厂化循环水智慧养殖管理平台，实现了半滑舌鳎和石斑鱼养殖精细化管理。示范应用表明，人力成本降低50%以上，劳动强度降低50%以上。

许氏平鲉早苗的规模化繁育

主要完成人员：张涛，包玉龙，姜志强，刘圣聪。

工作起止时间：2021年1月至2022年5月。

验收时间：2022年5月31日。

验收地点：大黑石养殖场。

组织验收单位：大连海洋大学。

验收结果：

今年3月首次开展许氏平鲉的苗种繁育工作，许氏平鲉适宜的生长月份为每年5月中旬—12月中旬，早期繁育苗种则可使适宜生长周期延长近2个月。今年实现了3月15日产出仔鱼，共繁育65万尾鱼苗，投放在11个循环水养殖池中，经过2个月的培育，鱼苗最小个体全长4.8 cm，最大个体全长6.0 cm，平均全长5.5 cm，比正常季节苗种提前55天达到商品苗的规格。

大黄鱼新品系选育

主要完成人员：潘滢，郑炜强，余训凯，翁华松。

工作起止时间：2019年4月至2022年3月。

验收时间：2022年8月25日。

验收地点：福建省宁德市蕉城区三都镇秋竹村里鱼潭29-1号。

组织验收单位：福建省科学技术厅。

验收结果：

利用基因组尺度的遗传分析工具，构建大黄鱼耐高温种质资源库，在养殖大黄鱼和野生大黄鱼群体中开展鱼高温耐受性状相关的遗传座位和基因的定位，筛选与高温耐受性相关的分子标记。在此基础上，通过全基因组选择育种方法培育高温耐受性较强的大黄鱼新品系。

以高温为主要选育目标，开展耐高温性状基因组精确定位，识别与其耐受性紧密连锁基因30个，开发抗性标记5个；利用全基因组选择育种技术制备了大黄鱼耐高温品系1个；繁殖大黄鱼耐高温品系苗种2 200多万尾，并中试养殖46 亩，新增养殖产量2 500多吨，其中，项目单位新增产值480多万元，新增利润170多万元；共发表SCI论文4篇；已授权专利4项，其中授权发明专利1项；发布《大黄鱼耐高温新品系养殖技术规范》企业技术标准1项；培养博士后1名、博士研究生2名和企业青年技术人才2名。

福鼎鲈鱼精深加工增值关键技术与产业化示范项目验收

主要完成人员：汪晴，陈小辉，梁鹏，刘荣城。

工作起止时间：2021年8月至2022年8月。

验收时间：2022年8月23日。

验收地点：福建省福鼎市山前铁塘里工业园区福临路340号。

组织验收单位：福建省科学技术厅。

验收结果：

福建省科学技术厅组织有关专家前往福鼎市山前铁塘工业园区对该项目进行现场验收。专家组听取了项目组的汇报，审阅了相关材料，经质询和讨论，认为项目组提供的材料符合验收要求。项目组以鲈鱼为原料，研究了香菜–薄荷复合脱腥液对鲈鱼的脱腥效果，优化了鲈鱼鱼松和鱼脯加工工艺，筛选出适合鲈鱼鱼松的抗氧化剂，制订了鱼松、鱼脯生产和抗氧化复配方案，开发出鲈鱼鱼松、鱼脯等即食产品，建成了鲈鱼鱼松、鱼脯精深加工生产线，并实现规模化生产，经检测产品质量符合标准，完成了任务书约定的各项经济指标。项目申请发明专利2件，发表核心文章3篇，培训人员128人次。项目实施期间资金使用符合《福建省级科技计划项目经费管理办法》的要求。综上所述，该项目已完成任务书规定的各项指标，验收组专家一致认为验收合格。

农业国际贸易高质量发展基地验收

主要完成人员：方秀，汪晴，陈小辉。

工作起止时间：2022年4月。

验收时间：2022年8月29日。

验收地点：福建省福鼎市山前铁塘里工业园区福临路340号。

组织验收单位：农业农村部。

验收结果：

漳州综合试验站依托单位于2022年4月申报农业国际贸易高质量发展基地。根据《农业农村部办公厅关于开展农业国际贸易高质量发展基地建设的通知》中的实施方案，经审核我单位现掌握多项国内行业领先的核心技术，践行“取之于水，惠之于民”的宗旨，通过“产业扶贫”“技术扶贫”“科技扶贫”等方式，助力我省乡村振兴发展。在农业技术上，具有较强创新能力、品牌影响力、市场竞争力及较成熟的经营模式，联农带农作用显著，产业集聚度高、生产标准高、出口附加值高、品牌认可度高、综合服务水平高，且单位近5年未发生出口食品农产品质量安全事故、重大动植物疫情疫病、环保和生产安全事故，未因失信等原因受到执法部门的行政处罚。综上所述，同意认定闽威实业国际贸易发展基地为2022年农业国际贸易高质量发展基地。

石斑鱼杂交种“金虎石斑鱼”规模化养殖（福建）

主要完成人员：翟介明，田永胜，李波，马文辉，李文升，王清滨，庞尊方。

工作起止时间：2020年7月至2022年1月。

验收时间：2022年1月8日。

验收地点：福建省漳浦县。

组织验收单位：中国水产科学研究院黄海水产研究所、莱州明波水产有限公司。

验收结果：

中国水产科学研究院黄海水产研究所和莱州明波水产有限公司对合作开展的“石斑鱼杂交种‘金虎石斑鱼’规模化养殖”进行了现场验收。验收专家组听取了工作汇报，查阅了相关记录，查看了现场，形成验收意见如下：18月龄金虎石斑鱼体重976.11 ± 76.12 g、全长39.90 ± 1.01 cm、体高10.50 ± 0.60 cm，18月龄珍珠龙胆体重686.11 ± 101.77 g、全长33.82 ± 1.48 cm、体高9.17 ± 0.68 cm，金虎石斑鱼和珍珠龙胆的养殖成活率分别为92.1%和64.1%。养殖结果显示，金虎石斑鱼较珍珠龙胆生长速度快，金虎石斑鱼体重是珍珠龙胆的1.42倍，适合在福建工厂化和池塘条件下大量养殖。

石斑鱼杂交种“金虎石斑鱼”规模化养殖（广东）

主要完成人员：翟介明，田永胜，李波，马文辉，李文升，王清滨，庞尊方。

工作起止时间：2020年6月至2022年1月。

验收时间：2022年1月9日。

验收地点：广东省饶平县。

组织验收单位：中国水产科学研究院黄海水产研究所、莱州明波水产有限公司。

验收结果：

中国水产科学研究院黄海水产研究所和莱州明波水产有限公司对合作开展的“石斑鱼杂交种‘金虎石斑鱼’规模化养殖”进行了现场验收。验收专家组听取了工作汇报，查阅了相关记录，查看了现场，形成验收意见如下：19月龄金虎石斑鱼体重 1 114.44 ± 118.52 g、全长40.98 ± 2.34 cm、体高10.35 ± 0.68 cm，19月龄珍珠龙胆体重790.38 ± 101.77 g、全长34.62 ± 1.48 cm、体高10.18 ± 0.68 cm。养殖结果显示，金虎石斑鱼较珍珠龙胆生长速度快，19月龄金虎石斑鱼体重是珍珠龙胆的1.41倍，适合在广东工厂化下大量养殖。

石斑鱼杂交种“金虎石斑鱼”规模化养殖（山东）

主要完成人员：翟介明，田永胜，李波，马文辉，李文升，王清滨，庞尊方。

工作起止时间：2020年7月至2022年1月。

验收时间：2022年1月15日。

验收地点：山东日照。

组织验收单位：中国水产科学研究院黄海水产研究所、莱州明波水产有限公司。

验收结果：

中国水产科学研究院黄海水产研究所和莱州明波水产有限公司对合作开展的“石斑鱼杂交种‘金虎石斑鱼’规模化养殖”进行了现场验收。验收专家组听取了工作汇报，查阅了相关记录，查看了现场，形成验收意见如下：养殖结果显示，金虎石斑鱼较珍珠龙胆生长速度快，10月龄金虎石斑鱼体重是珍珠龙胆的1.20倍，适合于山东工厂化大量养殖。

石鲽种质保存和人工繁育

主要完成人员：翟介明，李波，马文辉，李文升，王清滨，庞尊方。

工作起止时间：2021年11月至2022年2月。

验收时间：2022年2月18日。

验收地点：山东省莱州市。

组织验收单位：莱州市海洋发展和渔业局。

验收结果：

莱州市海洋发展和渔业局组织专家，对莱州明波水产有限公司完成的“石鲽种质保存和人工繁育”进行了现场验收。验收专家组听取了工作汇报，查阅了相关记录，查看了现场，形成验收意见如下：2021年11月12日，驯化培育野生石鲽亲鱼172尾，现存活171尾，其中最大个体体重1 100 g，最小个体体重250 g，平均体重706 g；雌性亲鱼成熟率100%，雄性亲鱼成熟率93%；

开展石鲽人工繁殖，2022年1月20日至2月5日，累计布上浮卵 1.5 kg，布池30个，孵化率75.4%，苗种成活率40.9%，体长1 cm的苗种数量46.3万尾，体色正常、健康活泼。

“金虎石斑鱼”杂交育种及苗种规模化培育

主要完成人员：翟介明，田永胜，李波，马文辉，李文升，王清滨，庞尊方。

工作起止时间：2019年1月至2022年7月。

验收时间：2022年7月29日。

验收地点：山东省莱州市。

组织验收单位：中国水产科学研究院黄海水产研究所、莱州明波水产有限公司。

验收结果：

中国水产科学研究院黄海水产研究所和莱州明波水产有限公司对合作开展的“‘金虎石斑鱼’杂交育种及苗种规模化培育”进行了现场验收。验收专家组听取了工作汇报，查阅了相关记录，查看了现场，形成验收意见如下：2019年至2021年建立金虎石斑鱼、棕点石斑鱼、珍珠龙胆家系共计22个，其中金虎石斑鱼3龄家系1个、2龄家系3个、1龄家系13个，棕点石斑鱼2龄家系1个、1龄家系2个，珍珠龙胆2龄家系2个。2龄金虎石斑鱼体重是棕点石斑鱼的2.41倍，是珍珠龙胆体重的1.57倍。2022年6月至7月，利用蓝身大斑石斑鱼冷冻精子库（300 mL）与棕点石斑鱼卵杂交授精，生产受精卵23.2 kg，受精率80%，孵化率 60%，推广到山东、海南、福建等养殖公司，苗种成活率30%以上，培育苗种约600多万尾；验收时莱州明波水产有限公司培育金虎石斑鱼苗种100万尾。

石斑鱼多倍体诱导及培育技术开发

主要完成人员：翟介明，田永胜，李波，马文辉，李文升，王清滨，庞尊方。

工作起止时间：2021年1月至2022年7月。

验收时间：2022年7月29日。

验收地点：山东省莱州市。

组织验收单位：中国水产科学研究院黄海水产研究所、莱州明波水产有限公司。

验收结果：

莱州明波水产有限公司和中国水产科学研究院黄海水产研究所对合作开展的“石斑鱼多倍体诱导及培育技术开发”进行了现场验收。验收专家组听取了工作汇报，查阅了相关记录，查看了现场，形成验收意见如下。

2021年初步研发建立了石斑鱼杂交种金虎石斑鱼三倍体诱导技术，金虎石斑鱼受精卵经诱导后，布卵量为1 844 g，成活率35%，验收时三倍体群体数量7 200尾，平均体重173.2 ± 30.5 g，平均全长21.5 ± 1.5 cm，通过染色体和倍性分析检测，三倍体率为30%以上。初步建立了棕点石斑鱼四倍体诱导技术，经诱导后，布卵量为110 g，成活率34%，验收时四倍体群体数量3300尾，平均体重124.0 ± 32.2 g，平均全长18.1 ± 1.7 cm，通过染色体检测发现四倍体率为4.1%。

斑石鲷大型管桩围栏陆海接力养殖示范

主要完成人员：翟介明，关长涛，李波，贾玉东，李文升，王清滨。

工作起止时间：2022年1月至2022年10月。

验收时间：2022年10月20日。

验收地点：山东省莱州市。

组织验收单位：国家海水鱼产业技术研发中心。

验收结果：

国家海水鱼产业技术研发中心组织专家，对莱州明波水产有限公司和中国水产科学研究院黄海水产研究所合作完成的“斑石鲷大型管桩围栏陆海接力养殖示范”进行了现场验收。验收专家组听取了工作汇报，查阅了相关记录，查看了现场，形成验收意见如下：利用工厂化循环水车间培育210～280 g斑石鲷大规格苗种50万尾，成活率96%；在莱州湾开放海域2个大型管桩围栏（周长400 m，养殖水体16万m^3；周长160 m，养殖水体2万m^3）完成斑石鲷陆海接力养殖示范，投放大规格斑石鲷苗种37.1万尾（体重213.42±29.12 g、体长17.16±0.64 cm），经过4个月养殖，体重441.33±31.73 g、体长20.81±0.47 cm，成活率99%。

黄渤海区卵形鲳鲹深水网箱养殖试验

主要完成人员：翟介明，关长涛，李波，贾玉东，李文升，王清滨。

工作起止时间：2022年1月至2022年10月。

验收时间：2022年10月20日。

验收地点：山东省莱州市。

组织验收单位：国家海水鱼产业技术研发中心。

验收结果：

国家海水鱼产业技术研发中心组织专家，对莱州明波水产有限公司和中国水产科学研究院黄海水产研究所合作完成的“黄渤海区卵形鲳鲹深水网箱养殖试验”进行了现场验收。验收专家组听取了工作汇报，查阅了相关记录，查看了现场，形成验收意见如下：利用工厂化循环水车间，通过优化温度、溶氧和流速等环境条件，建立了卵型鲳鲹暂养适应技术，暂养卵形鲳鲹苗种1.0万尾，成活率达99.5%；在HDPE深水网箱（周长40 m，养殖水体880 m^3）示范养殖卵形鲳鲹10 000尾（体重7.87 ± 2.95 g、体长 5.91 ± 0.81 cm），经过50天养殖，体重66.07 ± 6.80 g、体长11.24 ± 0.61 cm，成活率99.8%，养殖状况良好。

鉴定成果

大菱鲆新品种多宝2号

主要完成单位：中国水产科学研究院黄海水产研究所、烟台开发区天源水产有限公司、威海市中孚水产养殖有限责任公司。

主要完成人员：马爱军，王新安，黄智慧，曲江波，刘志峰，乔学伟，徐荣静，孙志宾。

工作起止时间：2007年至2019年。

鉴定时间：2022年7月9日，农业农村部发布第578号公告。

组织鉴定单位：全国水产原种和良种审定委员。

内容摘要：

以英国、法国、丹麦和挪威引进的大菱鲆为基础群体，以耐高温和生长速度为选育目标性状，经过一代群体选育和三代连续家系选育，选育出耐高温核心育种群和快速生长核心育种群，采用配套系杂交制种培育出大菱鲆“多宝2号”新品种。在相同周年养殖条件下，经过高温养殖期，与未经选育的大菱鲆相比，“多宝2号”体重平均提高30.63%，养殖成活率平均提高26.70%。“多宝2号”是我国海水鱼第一个耐高温国审新品种，良种推广可促进北方工厂化养殖达到节能环保养殖、扩大养殖范围延长南方网箱养殖期的目的，也可以减少由于夏季水温过高导致的大菱鲆疾病的爆发，对解决大菱鲆养殖业中存在的高温耐受性差问题具有重大的现实意义。

水产品保活运输应激胁迫生理调控技术及流化冰保鲜技术

主要完成单位：上海海洋大学。

主要完成人员：谢晶，梅俊，蓝蔚青。

工作起止时间：2018年10月至2022年12月。

鉴定时间：2022年8月29日。

组织鉴定单位：上海市制冷学会。

内容摘要：

① 海产品在保活过程中氨氮、亚硝酸盐胁迫应激生理调控机制。研究表明，海产品保活运输过程中氨氮、亚硝酸盐等环境因素造成的应激反应导致了海产品抗氧化防御系统失衡、免疫力下降，鳃片基部破裂，存在严重的细胞变形和细胞损失，对鳃等呼吸组织产生不可逆的损伤。

② 抗应激剂对海产品保活运输过程中的应激安抚作用。在石斑鱼有水保活运输过程中，Vc和β-1，3葡聚糖作为抗应激剂，可以延缓ALT和AST活性的增加，上调抗氧化剂和免疫相关酶的表达，抑制代谢酶和炎症因子的生长，并激活免疫和抗氧化信号通路，有效减缓了应激反应，提高了石斑鱼鱼体抗氧化能力、先天免疫力和成活率。

③ 微酸性电解水流化冰应用于海产品产后保险新计税。微酸性电解水流化冰处理可以有效抑制微生物生长，延缓鲭鱼保鲜期间微生物生长和蛋白质降解，降低了海产品贮藏期间肌红蛋白和脂质的氧化程度，保持其良好色泽，96 h内保持一级鲜度。

海产品海陆联动冷链物流贮藏关键技术研发和设备创制

主要完成单位：上海海洋大学。

主要完成人员：谢晶，杨大章，王金锋，梅俊。

工作起止时间：2018年10月至2022年12月。

鉴定时间：2022年8月29日。

组织鉴定单位：上海市制冷学会。

内容摘要：

① 船载冷舱CO_2跨临界制冷装置。研发了带高低压喷射器的船载冷舱CO_2跨临界双级压缩制冷技术；研制完成了冷凝温度35℃/蒸发温度−35℃的带喷射器的船载冷舱CO_2跨临界制冷装置。该制冷系统为水冷式双级压缩循环，可实现制冷量14.4 kW，海产品冻结能力120 kg/h，功耗10.5 kW，COP为1.37。

② 海陆一体化移动式节能型冷藏厢。开发了带涡流管的海陆一体化移动冷藏厢。冷藏厢的设计尺寸（外壳尺寸）为1.2 m×1.2 m×1.2 m，壁面厚度的设计尺寸为80 mm；设计的围护结构保温层采用真空绝热板与聚氨酯构成的复合壁面，综合传热系数K为0.3～0.5 W/（m^2·K）。

③ 冻藏水产品品质劣变防控等新技术。开展了大黄鱼等海产品在冷冻过程中水分特性和蛋白质稳定性的变化机理研究，研发了新型镀冰衣工艺、多频超声波辅助冻结技术。冷冻水产品冻藏300天时TVB−N值为11.28 mgN/100 g，实现了冻藏300天I级鲜度的目标。

黄条鰤养殖关键技术应用与产业化

主要完成单位：大连天正实业有限公司，大连富谷食品有限公司，大连现代农业生产发展服务中心。

主要完成人员：姜大为，张涛，吕伟，罗耀明，包玉龙。

工作起止时间：1999年1月1日至2020年12月31日。

鉴定时间：2022年。

组织鉴定单位：

内容摘要：

黄条鰤（*Seriola lalandi*）分布于北太平洋、中国黄海、渤海、东海以及日本和朝鲜半岛沿海，为中上层暖温性洄游鱼类，具有生长快、抗逆性强、品质优、营养丰富、经济价值高等特点，是国际公认的优良大洋性经济鱼类。为适应现代化社会需要，加快水产业发展，开辟新思路，寻找渔业新的经济增长点，充分开发合理利用近海渔业资源。20余年来，在黄条鰤野生苗种的采捕、陆基工广化循环水养殖、大型离岸网箱养殖、亲鱼培育、苗种繁育方面形成了一整套先进技术路线，为黄条鰤的规模化生产奠定了基础。

半滑舌鳎和斑石鲷分子育种技术创建及新品种创制与应用

主要完成单位：中国水产科学研究院黄海水产研究所，唐山维卓水产养殖有限公司，莱州明波水产有限公司，海阳市黄海水产有限公司。

主要完成人员：陈松林，李仰真，王娜，周茜，王磊，程佳禹，翟介明，薛致勇，徐文腾，崔忠凯，陈张帆，刘洋，陈亚东，杨英明，徐锡文，李希红，李明，李文龙，程向明，郑卫卫。

工作起止时间：2020年1月至2021年12月。

鉴定时间：2022年04月13日。

组织鉴定单位：农业农村部科技发展中心。

内容摘要：

由中国水产科学研究院黄海水产研究所、莱州明波水产有限公司等单位合作完成的“半滑舌鳎和斑石鲷分子育种技术创建及新品种创制与应用”相关技术成果，推广至山东、天津、河北等地应用。其中“鳎优1号”新品种的市场占有率达50%以上，生长速度提高18%，养殖成活率提高16%，近2年推广产生14亿多元的直接和间接经济效益；建立的遗传性别鉴定技术，大大方便了斑石鲷人工繁育和苗种培育工作，在山东推广应用，近2年推广产生1亿多元的直接和间接经济效益。

水产养殖信息化技术集成研究与示范

主要完成单位：山东省渔业发展和资源养护总站、中通联达（北京）信息科技有限公司、莱州明波水产有限公司。

主要完成人员：梁瑞青，陈笑冰，贾可美，李文升，张收元，李凯，杨建。

工作起止时间：2021年1月至2021年12月。

鉴定时间：2022年7月31日。

组织鉴定单位：山东省海洋发展研究会。

内容摘要：

由山东省渔业发展和资源养护总站、中通联达（北京）信息科技有限公司、莱州明波水产有限公司等单位合作完成“水产养殖信息化技术集成研究与示范”相关技术成果。该成果开展了4G/5G通讯技术下水产养殖信息化关键技术的集成研究与示范，集成应用了水质环境在线监控、无线采集与传输、智能控制和处理、水产品质量追溯、VR平台化管理等信息化关键技术，实现水产养殖企业生产数据数字化和质量可追溯，并开展产业化应用，集成信息化技术产品，提高国产化率、降低养殖成本，为推动我省水产养殖数字化生产提供切实可行的技术手段，降低养殖成本和养殖风险，提高经济效益。

第五篇
专利汇总

申请专利

鱼类低氧胁迫封闭式循环水养殖实验系统及使用方法

专利类型：发明专利。

专利申请人（发明人或设计人）：黄智慧，马爱军，王庆敏，孙志宾，郭晓丽。

专利申请号（受理号）：ZL202210879781.0。

专利权人（单位名称）：中国水产科学研究院黄海水产研究所。

专利申请日：2022年7月25日。

专利内容简介：

本发明公开了一种鱼类低氧胁迫封闭式循环水养殖实验系统及使用方法，属于鱼类环境胁迫研究领域，所述系统至少包括一个由循环养殖单元、照明系统、溶氧自动控制系统和温度控制系统组成的养殖组；所述照明系统设置在循环养殖单元的上方，照明系统用于给循环养殖单元提供光照，所述温度自动控制系统用于控制进入循环养殖单元的水温；所述的溶氧自动控制系统用于调节循环养殖单元养殖用水中的氧含量。所述系统可以精准控制溶氧水平，平行开展多组低氧胁迫封闭式循环水养殖实验，用于对鱼类环境胁迫机理的研究。

一种对鱼类具有强致病力和强耐药性的黏质沙雷氏菌YP1和应用

专利类型：国家发明专利。

专利申请人（发明人或设计人）：赵雅贤，侯吉伦，王桂兴，王玉芬，张晓彦，何忠伟，刘玉峰，张祎桐。

专利申请号（受理号）：CN202210206830.4。

专利权人（单位名称）：中国水产科学研究院北戴河中心实验站。

专利申请日：2022年03月04日。

专利内容简介：

本发明属于微生物技术领域，具体涉及一种对鱼类具有强致病力和强耐药性的黏质沙雷氏菌YP1和应用。所属菌株作为病原菌首次分离于海水牙鲆鱼病灶处，该菌对海水和淡水鱼类等具有强致病力，且具有强耐药性。该菌株有助于开发更加精准的免疫防控产品（疫苗），指导养殖生产高效、全面、有效地防控黏质沙雷氏菌传播和流行。另外，该菌株可以为黏质沙雷氏菌毒力相关基因及致病机制的研究提供研究材料；为黏质沙雷氏菌耐药基因的研究提供研究材料；为鱼类腹水病的防治研究提供理论基础；对于鱼类抗病种质的筛选、抗病品种的选育均有重要意义，并为其他动物的黏质沙雷氏菌感染疾病防治研究提供研究思路。

一种用于无家系低遗传力品种的基因组选择方法及应用

专利类型：发明专利。

专利申请人（发明人或设计人）：陈松林，瞿诗雨，卢昇。

专利申请号（受理号）：202211509983.2。

专利权人（单位名称）：中国水产科学研究院黄海水产研究所。

专利申请日：2022年11月29日。

专利内容简介：

本发明公开了一种用于无家系低遗传力品种的基因组选择方法及应用。具体如下：基于SNPs的非等效条件，通过校正SNPs之间的相关性关系，评估SNPs效应值；根据SNPs效应值，对无家系低遗传力品种进行选育；本发明提供的用于评估SNPs效应值的方法可用于无家系低遗传力品种的选育，有利推动种业发展。

一种半滑舌鳎miRNA及其在调控*tgfb2*基因表达中的应用

专利类型：发明专利。

专利申请人（发明人或设计人）：王娜，王佳林，石蕊，杨倩，程鹏，陈松林。

专利申请号（受理号）：202210239256.2。

专利权人（单位名称）：中国水产科学研究院黄海水产研究所。

专利申请日：2022年3月9日。

专利内容简介：

本发明涉及一种半滑舌鳎miRNA及其在调控*tgfb2*基因表达中的应用，属于分子生物学和基因工程技术领域，所述miRNA的名称为novel-m0083-3p，其序列如SEQ ID NO.1，其对应靶基因为半滑舌鳎*tgfb2*。本发明还提供所述半滑舌鳎miRNA在调控半滑舌鳎*tgfb2*基因表达中的应用。本发明发现了调控半滑舌鳎*tgfb2*基因的miRNA，利用所述的miRNA能够调控*tgfb2*基因在半滑舌鳎体内的表达，从而调节半滑舌鳎的生长。

一种半滑舌鳎的弧菌结合蛋白及其应用

专利类型：发明专利。

专利申请人（发明人或设计人）：周茜，陈亚东，王婕，马欣然，陈松林。

专利申请号（受理号）：202210788541.X。

专利权人（单位名称）：中国水产科学研究院黄海水产研究所。

专利申请日：2022年7月4日。

专利内容简介：

本发明提供半滑舌鳎的弧菌受体蛋白VI型胶原蛋白α2作为阻断弧菌病原粘附和侵染半滑舌鳎细胞的靶点蛋白的应用，为研究开发半滑舌鳎防治弧菌病感染策略和病害防控技术提供重要基础。本发明发现半滑舌鳎VI型胶原蛋白α2可介导多种弧菌属病原菌与半滑舌鳎的结合，可作为阻断弧菌粘附和侵染半滑舌鳎细胞的候选蛋白，从而为防治半滑舌鳎弧菌性疾病提供新策略。本发明还为研制新型抗菌药物提供了一种新途径，在半滑舌鳎病害防治等方面具有应用价值。

一种筛选抗哈维氏弧菌病半滑舌鳎的标记组合和筛选半滑舌鳎抗病个体的方法

专利类型：发明专利。

专利申请人（发明人或设计人）：周茜，宁康，朱雪，陈松林。

专利申请号（受理号）：202210706755.8。

专利权人（单位名称）：中国水产科学研究院黄海水产研究所，华中科技大学。

专利申请日：2022年6月21日。

专利内容简介：

本发明提供了一种筛选抗哈维氏弧菌病半滑舌鳎的标记组合和筛选半滑舌鳎抗病个体的方法，属于水产生物技术领域。所述标记组合包括微生物标记和宿主基因标记；所述微生物标记包括Alicyclobacillus pohliae、Phaeobacter inhibens和Propionibacterium acnes；所述宿主基因标记包括soat、meso1等基因。采用本发明提供的标记组合和筛选方法能够区分抗病和不抗病的半滑舌鳎个体，进而能够筛选抗病力强的半滑舌鳎优质良种。

一种抗内脏白点病大黄鱼的分子标记辅助选育方法

专利类型：发明专利。

专利申请人（发明人或设计人）：王志勇，李泽宇，李完波，方铭。

专利申请号（受理号）：202210330591.3（公布号：CN114657262A）。

专利权人（单位名称）：集美大学。

专利申请日：2022年3月31日。

专利内容简介：

本发明公开了一种抗内脏白点病大黄鱼的分子标记辅助选育方法。先通过人工攻毒实验对参考群体的个体抗病力表型值进行测定；对极端表型个体进行基因组重测序，获得SNP位点；筛选出合格的SNP位点，并将缺失的基因型填充；通过GWAS计算出每个SNP位点与表型值相关性的显著性，选取最显著的前5～30个SNP作为辅助育种的分子标记。对候选群体的亲鱼进行个体标记识别，通过MassArray或其他SNP分型方法进行基因分型，通过GBLUP方法计算基因组估计育种值，根据育种值的高低挑选亲鱼，培育出抗内脏白点病的大黄鱼。本发明可大幅提高育种效果，迅速选育出抗病力高的大黄鱼群体，缩短育种周期，降低费用。

赤点石斑鱼抗神经坏死病病毒育种的SNP标记及应用

专利类型：发明专利。

专利申请人（发明人或设计人）：王志勇，王卓标，方铭，郑乐云，何丽斌，葛辉。

专利申请号（受理号）：202210560249.2（公布号：CN115896297A）。

专利权人（单位名称）：集美大学。

专利申请日：2022年5月23日。

专利内容简介：

本发明提供了一种赤点石斑鱼抗神经坏死病病毒育种的SNP标记及应用，包括17个SNP标记，17个所述SNP标记所在的核苷酸的序列如SEQ ID No.1—SEQ ID No.17所示。此SNP标记可用于赤点石斑鱼抗神经坏死病性状选育。

*cdh1*基因在鉴别花鲈来源中的应用及其RNA探针和应用

专利类型：发明专利。

专利申请人（发明人或设计人）：李昀，陈通，温海深，李金库，齐鑫。

专利申请号（受理号）：CN202211142120.6。

专利权人（单位名称）：中国海洋大学。

专利申请日：2022年9月20日。

专利内容简介：

本发明涉及*cdh1*基因在鉴别花鲈来源中的应用及其RNA探针和应用，属于生物检测技术领域，本发明提供花鲈cdh1基因在海、淡水花鲈鉴别中的应用；本发明首先提供一种花鲈*cdh1*基因RNA探针，利用所述探针进行花鲈鳃组织原位杂交，根据mRNA阳性信号分布特征区分海、淡水花鲈，还可以通过CDH1蛋白免疫组化技术，从蛋白水平上鉴定两类花鲈，最后还可以通过*cdh1*基因实时荧光定量PCR技术，从定量的角度区分海、淡水花鲈，本发明可以在不损伤可食用肌肉的情况下，有效应用于鉴别市售活体花鲈是否为真正的野生海捕或海水养殖花鲈。

*atp1b1b*基因在海淡水养殖花鲈鉴定中的应用及应用方法

专利类型：发明专利。

专利申请人（发明人或设计人）：李昀，温海深，齐鑫，王灵钰，李金库，陈通。

专利申请号（受理号）：CN202210581233.X。

专利权人（单位名称）：中国海洋大学。

专利申请日：2022年5月26日。

专利内容简介：

本发明适用于生物检测技术领域，提供了*atp1b1b*基因在海淡水养殖花鲈鉴定中的应用及应用方法。*atp1b1b*作为一种有效的海淡水养殖花鲈鉴定的分子标志物，其鳃组织表达水平与离子转运密切相关；本发明通过检测花鲈鳃组织中*atp1b1b*基因的表达水平和表达位置，可以快速及准确地区分海淡水养殖的花鲈个体。

一种筛选具有快速生长性能的红鳍东方鲀个体的育种方法

专利类型：发明专利。

专利申请人（发明人或设计人）：王秀利，马文超，包玉龙，仇雪梅，刘圣聪。

专利申请号（受理号）：202211416049.6

专利权人（单位名称）：大连海洋大学。

专利申请日：2022年11月12日。

专利内容简介：

本发明提供一种与红鳍东方鲀早期体重生长相关的SNP位点，可用于选育具有快速育肥性状的红鳍东方鲀稚鱼和选配亲本。本发明首先提供与红鳍东方鲀体重生长性状相关的SNP位点，所述的SNP位点位于序列为SEQ ID NO：1的核苷酸片段的第264位，其碱基为C或T。 本发明通过分析位点基因型频率与红鳍东方鲀生长性状的相关性，发现红鳍东方鲀的GHR2基因的264碱基处存在与体重性状相关的SNP位点，基因型为CC纯合型个体的体重显著高于CT基因型个体的体重（$P<0.05$）。因此，生产中可优先选择该位点基因型为CC型个体作为亲本或者进行规模养殖。

一种改善大黄鱼生长和体色的复合功能性添加剂及其应用

专利类型：发明专利。

专利申请人（发明人或设计人）：艾庆辉，王震，王修能，何文昌，麦康森。

专利申请号（受理号）：202210793854.4。

专利权人（单位名称）：中国海洋大学。

专利申请日：2022年7月7日。

专利内容简介：

本发明公开了一种改善大黄鱼体色和肌肉脂肪酸组成的复合功能性添加剂，属于水产饲料添加剂领域，所述复合功能性添加剂包括含有胆汁酸、叶黄素、虾青素乳化藻油、*L*–蛋氨酸、溶血卵磷脂和大麻二酚的复合物和面粉，本发明还公开了所述大黄鱼复合功能性添加剂的应用以及包含所述大黄鱼幼鱼复合功能性添加剂的水产饲料。本发明提供的大黄鱼复合功能性添加剂能够显著改善大黄鱼幼鱼生长和体色，并显著提高了肌肉中二十二碳六烯酸（DHA）的含量。

丙酮酸钙在制备靶向激活大黄鱼AMPK饲料中的应用及饲料

专利类型：发明专利。

专利申请人（发明人或设计人）：艾庆辉，张运强，王震，赖文聪，崔坤，麦康森。

专利申请号（受理号）：202210226863.5。

专利权人（单位名称）：中国海洋大学。

专利申请日：2022年3月8日。

专利内容简介：

本发明涉及丙酮酸钙在制备（靶向激活大黄鱼AMPK）饲料中的应用，属于水产饲料添加剂技术领域，纯度＞97%丙酮酸钙在大黄鱼饲料中添加的有效量为0 mg/kg～1 500 mg/kg，但不包括0 mg/kg。本发明还提供一种靶向激活大黄鱼AMPK的饲料，本发明首次发现丙酮酸钙能够激活AMPK及其介导的AMPK/ACC/CPT1级联反应，从而降低大黄鱼幼鱼脂肪异常沉积的量，达到预防或治疗脂肪异常沉积及其不利影响的目的，使定向调控成为可能。

一种改善大黄鱼肠道结构的饲料添加剂、饲料及应用

专利类型：发明专利。

专利申请人（发明人或设计人）：艾庆辉，唐宇航，张州，王震，麦康森，徐玮。

专利申请号（受理号）：202210132097.6。

专利权人（单位名称）：中国海洋大学。

专利申请日：2022年2月14日。

专利内容简介：

本发明涉及一种改善大黄鱼肠道结构的饲料添加剂、饲料及应用，属于水产动物营养饲料领域，所述的饲料添加剂中包括单月桂酸甘油酯。本发明还提供一种包含所述饲料添加剂的饲料，在所述饲料中单月桂酸甘油酯的质量百分比为0.04%。本发明还提供所述饲

料添加剂在改善大黄鱼肠道结构中的应用，所述应用时间为70天以上。本发明饲料能够有效改善大豆油替代鱼油引发的肠道形态改变、肠绒毛减少、肠道周长比降低、肠道屏障损伤，缓解大豆油替代鱼油引发的肠道抗氧化力损伤。

一种定向改变红鳍东方鲀肌肉质构特性的营养学方法

专利类型：发明专利。

专利申请人（发明人或设计人）：卫育良，徐后国，马强，梁萌青，孙志远。

专利申请号（受理号）：CN202210501376.5。

专利权人（单位名称）：中国水产科学研究院黄海水产研究所。

专利申请日：2022年7月8日。

专利内容简介：

本发明公开了一种定向改变红鳍东方鲀肌肉质构特性的营养学方法，属于水产动物营养学领域。所述方法为在满足红鳍东方鲀对饲料的基本营养和其他2种支链氨基酸需求基础上，使饲料中亮氨酸的含量达到占饲料中蛋白质的质量分数为11.6%；或者使饲料中异亮氨酸的含量达到占饲料中蛋白质的质量分数为9.0%；或使饲料中缬氨酸的含量达到占饲料中蛋白质的质量分数为10.4%。本发明方法在不影响红鳍东方鲀生长的条件下，均能有效降低红鳍东方鲀肌肉的硬度，而且对弹性等直接测定质构指标和咀嚼性等二级测定质构指标的影响程度不同，满足不同消费者对肌肉感官品质的喜好，从而提高红鳍东方鲀的经济价值。

鱼类饲料中脂肪酸平衡方法、饲料及应用

专利类型：发明专利。

专利申请人（发明人或设计人）：徐后国，李琳，梁萌青，卫育良，马强，张斐然。

专利申请号（受理号）：CN202211179744.5。

专利权人（单位名称）：中国水产科学研究院黄海水产研究所。

专利申请日：2022年9月27日。

专利内容简介：

本发明涉及一种饲料脂肪酸平衡技术及其在海水鱼中的应用，属于水产营养饲料领域，对于肌肉极性脂含量占总脂含量低于70%的鱼类，控制饲料中饱和脂肪酸（SFA）/单不饱和脂肪酸（MUFA）/18碳多不饱和脂肪酸（18C−PUFA）/长链多不饱和脂肪酸（LC−PUFA）的比例为：2.5：2.5：1.5：1。其中，SFA（主要包括14：0、16：0、18：0和20：0）、MUFA（主要包括16：1n−7、18：1n−9、20：1n−9和22：1n−11）、18C−PUFA（主要包括18：2n−6和18：3n−3）和LC−PUFA（主要包括20：2n−6、20：3n−3、ARA、EPA、DPA和DHA）占总脂肪酸的百分比分别为25%、25%、15%和10%。对于肌肉极性脂含量占总脂含量高于70%的鱼类，控制饲料中SFA/MUFA/18C−PUFA/LC−PUFA的比例为：2.5：3：1.2：1。其中，SFA、MUFA、18C−PUFA和LC−PUFA占总脂肪酸的百分比分别为25%、30%、12%和10%。本发明所述方法能够在不影响生长和存活的前提下，节约饲料中86%的鱼油，大大降低配方成本。

一种斑石鲷虹彩病毒灭活疫苗及其制备方法

专利类型：中国发明专利。

专利申请人（发明人或设计人）：魏京广，廖嘉明，张东卓，秦启伟，康绍珠，黄友华，黄晓红，穆光慧，林德锐，杨傲冰。

专利申请号（受理号）：202210750561.8。

专利权人（单位名称）：华南农业大学。

专利申请日：2022年9月07日。

专利内容简介：

本发明利用斑石鲷虹彩病毒SD株病毒液制备得到了安全性高、免疫保护效果好的斑石鲷虹彩病毒灭活疫苗，利用该灭活疫苗，可以有效降低斑石鲷虹彩病毒感染后的养殖斑石鲷的死亡率，填补了目前斑石鲷虹彩病毒灭活疫苗的空白，有助于斑石鲷虹彩病毒病的防控。

一种哈维氏弧菌噬菌体V-YDF132及其应用

专利类型：中国发明专利。

专利申请人（发明人或设计人）：魏京广，康绍珠，秦启伟，张路豪，廖嘉明，张东卓，穆光慧，陈坚，林德锐，杨傲冰。

专利申请号（受理号）：202210886269.9。

专利权人（单位名称）：华南农业大学。

专利申请日：2022年12月06日。

专利内容简介：

本发明筛选获得一株新的烈性哈维氏弧菌噬菌体V-YDF132，其宿主专一性强，对哈维氏弧菌具有强力裂解和杀灭作用。该噬菌体对氯仿不敏感，具有较高的热稳定和pH稳定性，对60℃以下的温度耐受力较强，在pH值5～11内能保持较高的裂解活性，最佳感染复数为0.1～0.01。本发明提供的哈维氏弧菌噬菌体V-YDF132可广泛用于水产养殖过程中的容易因哈维氏弧菌感染造成损失的各个环节、养殖环境的日常消毒等方面。

一株海水鱼益生菌乳酸乳球菌菌株及其用途

专利类型：中国发明专利。

专利申请人（发明人或设计人）：秦启伟，朱正，许煜旻，孙红岩，何家扬，黄炜，梁钧翰，吴思婷，魏京广，黄友华，黄晓红，陈金顶。

专利申请号（受理号）：20221112517.0。

专利权人（单位名称）：华南农业大学。

专利申请日：2022年9月16日。

专利内容简介：

本发明公开了一株海水鱼益生菌乳酸乳球菌菌株及其用途。本发明从广东省南海近海地区半野生海鲈幼鱼的肠道粘膜中分离鉴定了一株对海水鱼具有抗菌、抗病毒特性及免疫调节和增强免疫功能特性的菌株：M48。根据菌落的形态特征观察及16*S* rDNA碱基序列测定和同源性分析，菌株鉴定结果为：M48属于乳酸乳球菌，保藏编号为：GDMCC 62621

M48 *Lactococcus lactis*。体外实验证明：乳酸乳球菌M48菌株与海鲈虹彩病毒（SPIV）感染的海鲈细胞共培养，具有体外抗SPIV在海鲈细胞增殖的特性；乳酸乳球菌M48菌株对海水鱼创伤弧菌、哈维氏弧菌、溶藻弧菌、海豚链球菌、柠檬酸杆菌和气单胞菌也具有抑制作用。动物实验证明：乳酸乳球菌M48菌株对海鲈具有免疫调节和增强免疫功能的特性，且M48菌株单独饲喂对海鲈也具有抗SPIV感染的特性。由此可见：本发明的乳酸乳球菌M48菌株在海水鱼抗病毒、抗病原菌方面以及免疫调节和增强海水鱼免疫功能方面有一定的应用前景。

一种斜带石斑鱼肠道细胞系ECGI-21及其用途

专利类型：中国发明专利。

专利申请人（发明人或设计人）：周胜，范洁梁，郑家颖，赖文洁，黄友华，秦启伟，黄晓红，魏京广。

专利申请号（受理号）：202210442554.1。

专利权人（单位名称）：华南农业大学。

专利申请日：2022年4月25日。

专利内容简介：

本发明公开了一种斜带石斑鱼肠道细胞系ECGI-21及其用途。斜带石斑鱼肠道细胞系*Epinephelus coioides* grouper intestinal ECGI-21，保藏编号为：GDMCCNo：62408。本发明的斜带石斑鱼肠道细胞系*Epinephelus coioides* grouper intestinal ECGI-21生长状态良好，细胞增殖稳定、细胞形态以上皮样为主要形态，不仅可以连续传代，并可超低温冻存和复苏，该细胞系的建立为石斑鱼种质资源保存的相关研究奠定基础。

一种黄鳍鲷肌肉组织细胞系及其应用

专利类型：中国发明专利。

专利申请人（发明人或设计人）：魏世娜，秦启伟，李雪竹，罗维，徐穗锋，何小川。

专利申请号（受理号）：202210854172.X。

专利权人（单位名称）：华南农业大学。

专利申请日：2022年7月20日。

专利内容简介：

本发明公开了一种黄鳍鲷肌肉组织细胞系，命名为YSBM。该细胞系于2022年5月24日保藏在中国典型培养物保藏中心，保藏登记入册编号为CCTCC NO：C2022122，请求保藏人为华南农业大学。该细胞系在低血清培养物中传代100次以上仍然可以正常生长，冻存后细胞复苏率90%以上，复苏细胞能够贴壁并生长分裂，并可以正常传代，细胞形态与增殖能力同冻存前无明显差异。该细胞系对神经坏死病毒（NNV）非常敏感，为深入研究NNV的感染与致病机理奠定了基础。

抗黄鳍鲷虹彩病毒SDDV分离株的单克隆抗体及其应用

专利类型：中国发明专利。

专利申请人（发明人或设计人）：黄晓红，黄友华，许伟华，秦启伟，王文基，杨家辉。

专利申请号（受理号）：202211202844.5。

专利权人（单位名称）：华南农业大学，岭南现代农业科学与技术广东省实验室。

专利申请日：2022年9月30日。

专利内容简介：

本发明公开了抗黄鳍鲷虹彩病毒SDDV分离株ZH−04/2020的单克隆抗体及其应用。所述的单克隆抗体是由杂交瘤细胞株SDDV（ZH−04/2020）−MCP−3H4 1E1产生，该杂交瘤细胞株SDDV（ZH−04/2020）−MCP−3H4 1E1的保藏编号为GDMCC No：62648。本发明中SDDV分离株（ZH−04/2020）MCP的单抗的成功制备为SDDV分离株（ZH−04/2020）免疫学检测方法的建立及病毒感染致病机理的研究奠定了基础，也可用于对SDDV分离株（ZH−04/2020）MCP在体内外的定量和定位分析。

大菱鲆复合免疫增强剂、其制备方法及应用

专利类型：发明专利。

专利申请人（发明人或设计人）：阳大海，王壮，姜宇，刘琴，王蓬勃，王启要，张元兴。

专利申请号（受理号）：CN202210283589.5。

专利权人（单位名称）：华东理工大学，上海纬中生物科技有限公司。

专利申请日：2022年3月22日。

专利内容简介：

本发明提供了一种大菱鲆复合免疫增强剂、其制备方法及应用。揭示了包含一系列组分的组合物在制备大菱鲆免疫增强剂中的应用，所述的免疫增强剂可有效提高大菱鲆促炎相关基因的表达、降低肝脏或肠道的细菌数量、增强大菱鲆杀菌能力、增强大菱鲆抗氧化应激能力、缓解大菱鲆在受到细菌感染后的肝脏损伤、缓解大菱鲆在受到细菌感染后的组织损伤。本发明的免疫增强剂组分简单易得、环境友好、成本低廉且效果理想，为提高海水鱼类的养殖水平、提高存活率提供了新的方案。

提高海水养殖鱼类抗病能力的组合制剂、其制备方法及应用

专利类型：发明专利。

专利申请人（发明人或设计人）：阳大海，王壮，何晶，刘琴，王蓬勃，王启要，张元兴。

专利申请号（受理号）：CN202210529727.3。

专利权人（单位名称）：华东理工大学，上海纬中生物科技有限公司。

专利申请日：2022年5月16日。

专利内容简介：

本发明提供了一种提高海水养殖鱼类抗病能力的组合制剂、其制备方法及应用。为了

应对鱼类易于患病而导致产量损失或提早捕捞导致产量规格不达标的缺陷，本发明提供了鱼用的配方组合及其制备方法，以β葡聚糖、甘露寡糖、黄芪多糖、poly（I：C）进行复配和配方优化，并以鱼油和卵磷脂等辅料进行乳化制备。所述组合制剂能够非常显著地提高鱼类如大菱鲆对感染后细菌的清除能力，缓解细菌感染导致的粘膜组织如肠道和鳃的病理损伤，增强大菱鲆的抗病能力。所述组合物也能极显著地减少脾脏和肾脏中细菌定植。与抗生素类药物相比，所述组合制剂环境友好、成本低廉且效果理想，为提高海水养殖鱼类抗病能力的养殖水平、提高存活率提供了新方案。

一种靶向变形假单胞菌的抗菌肽SKL17-2及其应用

专利类型：发明专利。

专利申请人（发明人或设计人）：陈新华，张向阳，林怡君，杨顺喆，刘欣怡，陈栋。

专利申请号（受理号）：202210837966.5。

专利权人（单位名称）：福建农林大学。

专利申请日：2022年7月16日。

专利内容简介：

本发明属于生物技术领域，具体涉及一种靶向变形假单胞菌的抗菌肽SKL17-2及其应用。抗菌肽SKL17-2的全序列为Ser-Ala-Leu-Lys-Gly-Leu-Arg-Lys-Lys-Met-Lys-Arg-Leu-Lys-Gln-Arg-Leu，其包括17个氨基酸残基，分子量为2054.6 Da，等电点为12.4，属于碱性多肽。本发明的抗菌肽SKL17-2具有窄谱杀菌活性，低浓度时可特异杀灭变形假单胞菌，而对其他革兰氏阳性菌和革兰氏阴性菌具有较弱抑菌活性。同时，SKL17-2具有较弱的溶血活性和较小的细胞毒性，可有望代替抗生素，应用于变形假单胞菌引起的鱼类内脏白点病的防治。

一种抗菌肽RMR26及其制备方法和应用

专利类型：发明专利。

专利申请人（发明人或设计人）：陈新华，张向阳，程洁，谢锐遥，姜基涛。

专利申请号（受理号）：202210837964.6。

专利权人（单位名称）：福建农林大学。

专利申请日：2022年7月16日。

专利内容简介：

本发明公开了一种抗菌肽RMR26及其制备方法和应用，其氨基酸序列为Arg-Ser-Thr-Lys-Ala-Gly-Val-Ile-Phe-Pro-Val-Gly-Arg-Met-Leu-Arg-Tyr-Ile-Lys-Arg-Gly-Leu-Pro-Lys-Tyr-Arg。抗菌肽RMR26可以用固相化学法合成。本发明所得到的抗菌肽RMR26具有较强的抑菌活性、较弱的溶血活性和较低的细胞毒性，可作为抗生素替代品使用，应用于药品抗菌制剂、食品防腐剂、养殖业饲料添加剂和化妆品防腐剂等。

一种添加杜仲和黄芪多糖的大黄鱼饲料及其制备方法

专利类型：发明专利。

专利申请人（发明人或设计人）：邵建春，陈新华，王学习，陈政榜，朱文博，王余鑫，郑运宗。

专利申请号（受理号）：202211094637.2。

专利权人（单位名称）：福建农林大学。

专利申请日：2022年9月15日。

专利内容简介：

本发明属于养殖技术领域，具体涉及一种添加杜仲和黄芪多糖的大黄鱼饲料及其制备方法。以占饲料总重的重量百分比含量计，所述大黄鱼饲料中含黄芪多糖0.1%，杜仲叶提取物0.1%。本发明的大黄鱼饲料配方设计合理，通过在传统大黄鱼饲料中添加黄芪多糖和杜仲，能够提高大黄鱼的存活率、生长性能、消化能力以及肠道健康，保护海洋渔业资源。

一种微滤机的反冲洗装置

专利类型：发明专利。

专利申请人（发明人或设计人）：管崇武，张宇雷，吴凡，陈石。

专利申请号（受理号）：202210080753.2。

专利权人（单位名称）：中国水产科学研究院渔业机械仪器研究所。

专利申请日：2022年1月24日。

专利内容简介：

本发明涉及一种微滤机的反冲洗装置，包括反冲洗水箱、消毒液存储箱、反冲洗水泵；所述反冲洗水箱通过进水管与微滤机净水箱体连通，所述进水管伸入反冲洗水箱内部的末端设置一浮球开关，所述浮球开关浮起至设定位置时，将所述进水管封堵，下落至另一设定位置时将所述进水管开通；所述反冲洗水泵进水端与伸入反冲洗水箱内部的水泵进水管连接，出水端与文丘里管进口连接，所述文丘里管的负压管伸入消毒液存储箱中，所述文丘里管的出口与高压反冲洗管连通，所述高压反冲洗管下部设有一排间隔而置的反冲洗喷嘴，相邻反冲洗喷嘴之间来回错开一设定角度。

一种鱼类神经肽NKB和NKBRP及其编码基因和应用

专利类型：发明专利。

专利申请人（发明人或设计人）：王滨，柳学周，徐永江，崔爱君，姜燕。

专利申请号（受理号）：202211391554.X。

专利权人（单位名称）：中国水产科学研究院黄海水产研究所。

专利申请日：2022年11月7日。

专利内容简介：

本发明提供了一种鱼类神经肽NKB和NKBRP及其编码基因和应用，该鱼类神经肽NKB和NKBRP分别包括SEQ ID NO.1和SEQ ID NO.2所示的氨基酸序列，编码鱼类神经肽

NKB和NKBRP的基因，其核苷酸序列如SEQ ID NO.3所示，多肽以SEQ ID NO.3的基因编码的前体的成熟多肽，多肽在制备用于调控鱼类生殖的制剂中得以应用，本发明以神经肽NKB和NKBRP对半滑舌鳎进行催产，可以显著上调垂体中*lhβ*和*fshβ*的表达水平，从而促进包括半滑舌鳎在内的鱼类进行催产，对推动半滑舌鳎等鱼类产业养殖规模和技术创新具有重要意义。

一种欧洲海鲈NPFFR2重组质粒、细胞系及其应用

专利类型：发明专利。

专利申请人（发明人或设计人）：王滨。

专利申请号（受理号）：202211178788.6。

专利权人（单位名称）：中国水产科学研究院黄海水产研究所。

专利申请日：2022年9月27日。

专利内容简介：

本发明属于海洋生物领域，具体涉及一种欧洲海鲈NPFFR2重组质粒、细胞系及其应用。所述欧洲海鲈NPFFR2重组质粒含有欧洲海鲈NPFFR21基因和NPFFR2-2基因；本发明首次扩增编码欧洲海鲈NPFFR2-1和NPFFR2-2蛋白的基因，并将该基因构建重组质粒，利用细胞转染和双荧光素酶报告系统可以用于研究NPFF的信号转导机制以及与其他神经内分泌因子之间的信号互作机制。

一种深远海大型养殖平台用水下网衣清洗机器人

专利类型：发明专利。

专利申请人（发明人或设计人）：宋炜，吉群，王鲁民，王磊，刘永利。

专利申请号（受理号）：202211151524.1。

专利权人（单位名称）：中国水产科学研究院东海水产研究所。

专利申请日：2022年9月20日。

专利内容简介：

本发明属于网衣清洗机器人技术领域，且公开了一种深远海大型养殖平台用水下网衣清洗机器人，包括：负吸构件，所述负吸构件的出气端用于连接负压吸液设备；放置于深远海大型养殖平台内部的支撑构件，所述负吸构件安装于支撑构件上，所述支撑构件用于支撑负吸构件；移动构件，所述移动构件安装于支撑构件上，且移动构件用于带动支撑构件在养殖平台内部移动。本发明通过连接管连接负压吸液设备，从而让吸液管、基管和连接管产生吸力，使侧架上的吸料槽产生吸力，通过吸料槽吸取装置刮擦养殖平台内壁产生的杂物，让装置刮下的杂物不会在养殖平台内部四散流动，避免杂物影响水质，并且延长了杂物堵塞网衣的时间，无需频繁的清理网衣，降低了网衣的清理难度。

一种深远海大型养殖平台用真空吸鱼泵

专利类型：发明专利。

专利申请人（发明人或设计人）：宋炜，王鲁民，王磊，刘永利。

专利申请号（受理号）：202211142802.7。

专利权人（单位名称）：中国水产科学研究院东海水产研究所。

专利申请日：2022年9月20日。

专利内容简介：

本发明属于吸鱼泵技术领域，且公开了一种深远海大型养殖平台用真空吸鱼泵，包括：铺设于深远海大型养殖平台内部的渔网，所述渔网的一侧固定于深远海大型养殖平台一侧，且渔网用于遮挡深远海大型养殖平台内部底端；收卷组件，所述渔网的自由侧绕设于收卷组件上，且收卷组件用于收卷渔网，使所述渔网在深远海大型养殖平台底端移动至平台上方；支撑构件，所述支撑构件固定于深远海大型养殖平台上方。本发明通过第一电机带动安装架上的收卷辊转动，收卷辊收卷渔网，从而拉动渔网移动，使渔网在深远海大型养殖平台内部上浮，当捕捞人员需要捕捞鱼类时，捕捞船无需拉动网箱内部的渔网，而且捕捞船无需频繁在深远海大型养殖平台附近调节位置，无需浪费较长时间，降低了养殖鱼类的捕捞难度，提高了捕捞效率。

一种水下充气圆顶全潜式网箱

专利类型：发明专利。

专利申请人（发明人或设计人）：宋炜，王鲁民，韩昕辰，刘永利，王磊。

专利申请号（受理号）：202210834090.95。

专利权人（单位名称）：中国水产科学研究院东海水产研究所。

专利申请日：2022年7月14日。

专利内容简介：

本发明属于海水养殖装备与技术领域，涉及一种水下充气圆顶全潜式网箱。所述水下充气圆顶全潜式网箱包括：圆顶；以及设在所述圆顶下方一侧的网箱；所述圆顶上还固定连接有调节组件，用于对网箱位置进行调节。所述调节组件包括：滑槽，与所述圆顶固定连接；以及与所述滑槽滑动连接的齿板。本发明通过设置转动组件，使得网箱得以在水平高度上进行位置调节，通过设置连接组件，使得网箱在受到外力袭击时，不会突然移动，影响养殖物的正常生产。在本实施例中，通过将调节组件和转动组件的结合，从而使得网箱在水平和竖直方向上的位置均得以进行调节，极大地提高网箱调节能力，也大大提高了网箱养殖安全系数，更加适宜推广使用。

一种水下液力饲料投喂机

专利类型：发明专利。

专利申请人（发明人或设计人）：宋炜，王鲁民，韩昕辰，刘永利，王磊。

专利申请号（受理号）：202210832961.3。

专利权人（单位名称）：中国水产科学研究院东海水产研究所。

专利申请日：2022年7月14日。

专利内容简介：

本发明属于水产养殖装备与技术领域，涉及一种水下液力饲料投喂机。所述水下液力饲料投喂机包括：底箱；以及固定连接在所述底箱上方的投放箱；所述投放箱的内部设有投喂组件，用于对饲料进行投喂。所述投喂组件包括：第一驱动件，固定连接在所述投放箱的内部；以及固定连接在所述第一驱动件输出端上的转动轴；所述转动轴上还固定连接有投料叶片；以及设在所述投料叶片外侧的过料盒；所述过料盒的内部还滑动连接有推杆。本发明通过设置捣料组件，使得装置得以对结块的投喂料进行捣碎，进一步提高装置的投喂效果。在本实施例中，通过将投喂组件和捣料组件结合，从而使得装置得以进行定量投喂，并且大大提高装置的投喂效果。

一种用于大黄鱼苗种培育池的吸污装置

专利类型：实用新型专利。

专利申请人（发明人或设计人）：宋炜，韩昕辰，王鲁民，刘永利，王磊。

专利申请号（受理号）：202222348223.X。

专利权人（单位名称）：中国水产科学研究院东海水产研究所。

专利申请日：2022年9月5日。

专利内容简介：

本实用新型专利属于鱼池清污技术领域，涉及一种用于大黄鱼苗种培育池的吸污装置，包括培育池主体，所述培育池主体的左侧连接有第一导管，所述培育池主体的内部安装有网孔板，所述网孔板的下侧设置有吸污组件；所述吸污组件包括往复螺杆，所述往复螺杆的左端位于第一导管的内部连接有叶轮，所述往复螺杆的侧端外表面分别安装有毛刷板和轴承，所述轴承的侧端外表面连接有固定座，所述毛刷板的上端安装有顶杆，所述顶杆的顶端嵌有滚珠。通过设置该用于大黄鱼苗种培育池的吸污装置，有利于沉积在培育池主体底部和沉积在网孔板上的污垢随水流一同被排污泵抽出，使得吸污组件对培育池主体内的吸污较为彻底。

一种用于大型围栏养殖设施的多点精准投喂装置

专利类型：实用新型专利。

专利申请人（发明人或设计人）：宋炜，韩昕辰，王鲁民，刘永利，王磊。

专利申请号（受理号）：202222356398.5。

专利权人（单位名称）：中国水产科学研究院东海水产研究所。

专利申请日：2022年9月5日。

专利内容简介：

本实用新型专利属于围栏养殖技术领域，涉及一种用于大型围栏养殖设施的多点精准投喂装置。包括料桶，所述料桶的侧端外表面安装有控制器，所述料桶的下端安装有支撑架，所述料桶的下端中心位置连接有多点投喂组件；所述多点投喂组件包括导料管，所述导料管的底部安装有锥形台，所述锥形台的上端安装有拨料杆，所述拨料杆的下端连接有电机，所述导料管的侧端外表面连接有倾斜料管，所述倾斜料管的侧端外表面安装有电磁阀，所述倾斜料管的下端连接有波纹导管，通过在该用于大型围栏养殖设施投喂装置中设置多点投喂组件，饲料通过倾斜料管和波纹导管导入各养殖区域的食槽内，能够实现多点精准投喂，减轻饲养员的劳动负担，提高投喂的效率。

一种溶解氧传感器清洗装置

专利类型：发明专利。

专利申请人（发明人或设计人）：田云臣，郑杰。

专利申请号（受理号）：202210060701.9。

专利权人（单位名称）：天津农学院。

专利申请日：2022年1月19日。

专利内容简介：

本发明提出一种溶解氧传感器清洗装置，包括：清洁机构、固定机构、控制箱及外空气导管，待清洁的溶解氧传感器放置于固定机构上，控制箱内设有压缩空气。清洁机构包括：清洁刷、连接件、电机、清洁喷头和清洁管，连接件包括呈L型且彼此连通的垂直连接段和水平连接段，清洁刷与垂直连接段可拆卸连接，清洁喷头固定于水平连接段上，清洁刷与清洁喷头均水平设置且朝向相同，连接件与清洁管连通且通过电机与清洁管的底端可转动连接，清洁管的顶端通过外空气导管与控制箱连接。本发明无需拆卸溶解氧传感器即可采用刷洗及气洗双重模式对其进行清洗，不仅不会损坏溶解氧传感器、不中断溶解氧监测，而且清洗效果更佳，功耗更低。

一种海水工厂化循环水系统水质调控平台及其水质调控方法

专利类型：发明专利。

专利申请人（发明人或设计人）：田云臣，李瑞鹏，郑杰。

专利申请号（受理号）：202211531050.3。

专利权人（单位名称）：天津农学院。

专利申请日：2022年12月1日。

专利内容简介：

本发明提出一种海水工厂化循环水养殖系统水质调控实验平台，可通过模拟不同季节的海水、养殖水体进行水质调控实验。用户可自行设计实验方案，控制海水、温水、井水的水泵流量大小从而对水质进行调控。其结构合理，易于装配，易扩展，具有监测、控制、模拟仿真、数据存储等功能，方便进行水质调控实验。同时本专利提出一种水质调控方法，用于海水工厂化循环水养殖水体调控。

一种养殖池自动清洗装置

专利类型：发明专利。

专利申请人（发明人或设计人）：田云臣，赵晴晴。

专利申请号（受理号）：202210099503.3。

专利权人（单位名称）：天津农学院。

专利申请日：2022年1月19日。

专利内容简介：

本发明提供一种具有自动清洗功能的养殖池清洗装置，无需排出池水，自动清洗养殖池池底、池壁，并完成整组多个养殖池全覆盖清洗，可靠度高、操作简易。通过多轴控制的方式，实现不同的路径规划。使用者可通过操控板，选择自动或者手动模式，操控清洗装置对养殖池进行清洗。

斑马鱼排卵障碍模型的构建方法、检测方法及应用

专利类型：发明专利。

专利申请人（发明人或设计人）：张晓彦，侯吉伦，王桂兴，韩甜，刘玉峰，何忠伟，王玉芬。

专利申请号（受理号）：202210271728.2。

专利权人（单位名称）：中国水产科学研究院北戴河中心实验站。

专利申请日：2022年3月18日。

专利内容简介：

本发明提供了斑马鱼排卵障碍模型的构建方法、检测方法及应用，属于基因工程技术领域。本发明提供了用于特异性敲除斑马鱼cyp21a2基因的sgRNA，通过CRISPR/Cas9技术构建并选育出cyp21a2基因缺失型斑马鱼，获得了斑马鱼排卵障碍模型。本发明所构建的斑马鱼排卵障碍模型同时具备高雄激素和高促黄体激素的内分泌特征，为深入解析内分泌激素调控排卵机制研究提供了良好的模型材料。

一种松江鲈的人工授精方法及其应用

专利类型：发明专利。

专利申请人（发明人或设计人）：何忠伟，刘玉峰，侯吉伦，曹巍，张祎桐，徐子雄，李鸿彬，王桂兴，王玉芬。

专利申请号（受理号）：115362961A。

专利权人（单位名称）：中国水产科学研究院北戴河中心实验站。

专利申请日：2022年4月14日。

专利内容简介：

本发明提供了一种松江鲈的人工授精方法及其应用，属于水产遗传育种技术领域。本发明采用独创的稀释液对松江鲈的精液进行稀释，在授精前先激活精子，并与平铺成一层的卵子混匀授精，避免了因卵子遇海水结成卵块所导致的受精率低和发育不同步等问题，

并获得了高达90%～95%的受精率。本发明提供的松江鲈人工授精方法简便高效，为大规模批量制备松江鲈苗种奠定了基础，同时也为松江鲈种质资源恢复和遗传育种研究提供了技术支撑。

一种牙鲆精原干细胞培养液及建立牙鲆精原干细胞系的方法

专利类型：发明专利。

专利申请人（发明人或设计人）：侯吉伦，任玉芹，张祎桐，王桂兴，贺暖，王玉芬，何忠伟，曹巍，刘玉峰。

专利申请号（受理号）：202210483614.4。

专利权人（单位名称）：中国水产科学研究院北戴河中心实验站。

专利申请日：2022年5月5日。

专利内容简介：

本发明提供了一种牙鲆精原干细胞培养液及建立牙鲆精原干细胞系的方法，属于生物技术领域。所述培养液包含以下成分：10%～18%的FBS、0.8%～1.2%的牙鲆血清和40～60 μ mol/L的β－巯基乙醇（β－ME）。本发明通过摸索牙鲆精原细胞的体外培养及纯化方法，提供了适于精原干细胞的培养液并建立了适宜精原干细胞稳定传代的培养条件，最终获得了比例较高的精原干细胞，并提供了全方面鉴定精原干细胞的方法。

牙鲆卵原干细胞培养液及牙鲆卵原干细胞体外培养方法及应用

专利类型：发明专利。

专利申请人（发明人或设计人）：任玉芹，侯吉伦，王桂兴，王玉芬，张祎桐，孙朝娣，贺暖，刘玉峰，何忠伟。

专利申请号（受理号）：202210482138.4。

专利权人（单位名称）：中国水产科学研究院北戴河中心实验站。

专利申请日：2022年5月5日。

专利内容简介：

本发明提供了一种牙鲆卵原干细胞培养液及牙鲆卵原干细胞体外培养方法及应用，属于生物技术领域。所述培养液包含以下成分：10%～15%的FBS，0.9%～1.2%的牙鲆血清，80～120μmol/L的β-巯基乙醇，380～450 U/mL的青霉素，0.35～0.50 mg/mL的链霉素，0.8～1.3μg/mL的两性霉素B，1.5～2.5 ng/mL的bFGF以及1.5～2.5 ng/mL的LIF。本发明通过摸索牙鲆卵原干细胞的体外培养条件，提供了适于卵原干细胞的培养液并建立了卵原干细胞体外稳定传代的培养方法，最终获得了比例较高的卵原干细胞，并提供了全方面鉴定卵原干细胞的方法以及应用。

一种暗纹东方鲀南北接力养殖方法

专利类型：发明专利。

专利申请人（发明人或设计人）：孙侦龙，吴爱君，朱永祥，叶建华，张巧云，寇明香。

专利申请号（受理号）：202211262790.1。

专利权人（单位名称）：南通龙洋水产有限公司（中洋集团）。

专利申请日：2022年10月15日。

专利内容简介：

本发明提供了一种暗纹东方鲀南北接力养殖方法，该方法通过上年11月—12月在江苏省内提早繁殖暗纹东方鲀苗种，然后利用广东省上年12月—当年4月水温比江苏省高的优势进行苗种标粗，最后当年4月份运回江苏省进行商品鱼养殖等措施，极大缩减了暗纹东方鲀的养殖周期，使得暗纹东方鲀当年即可养成平均300克/尾的上市规格，解决了当前暗纹东方鲀商品鱼养殖过程中需要跨年的技术难题，避免了跨年越冬过程中的死亡和减重损耗，有效降低了暗纹东方鲀养殖成本、极大提高了暗纹东方鲀养殖效益。

一种鱼松制备用轮肉机

专利类型：实用新型。

专利申请人（发明人或设计人）：方翔，方飞座。

专利申请号（受理号）：202220881545.8。

专利权人（单位名称）：福建闽威食品有限公司。

专利申请日：2022年4月16日。

专利内容简介：

本实用新型属于鱼松生产设备领域，具体涉及一种鱼松制备用轮肉机，包括机架，所述机架上设置有工作台，所述工作台上方架设有压辊、驱动压辊转动的压辊电机以及驱动所述压辊上下升降的升降机构，所述机架上绕设一用于输送物料的输送带、若干输送轮及输送电机，所述输送带盖设在所述工作台上表面，所述输送带上设置一用于控制输送带张力的张紧机构，所述张紧机构包括张紧辊、驱动所述张紧辊与输送带接触或分离的张紧气缸及其连接杆组件，所述升降机构包括设于所述压轮轴向两端的电动伸缩杆。本实用新型解决了现有的碾压机需要人工调整待加工物料位置的问题。

一种鱼脯生产用成型机

专利类型：实用新型。

专利申请人（发明人或设计人）：方翔，方飞座。

专利申请号（受理号）：202220884246.X。

专利权人（单位名称）：福建闽威食品有限公司。

专利申请日：2022年4月16日。

专利内容简介：

本实用新型属于鱼脯生产设备领域，具体涉及一种鱼脯生产用成型机，包括机架，所述机架上架设有料斗，所述料斗下方设置出料口，料斗上设有用于控制出料口启闭的出料阀，所述出料口处的所述机架上架设有成型辊，所述成型辊上连接有驱动其转动的转动电机，所述成型辊的内部嵌置有加热棒，所述出料口沿所述成型辊的轴向延伸设置，所述机架上架设有一与所述成型辊外表面配合的弧形热压块，所述弧形热压块上连接一用于弧形热压块靠近/远离所述成型辊的滑轨组件及压块气缸。本实用新型解决了鱼脯成型时厚度不均的问题。

一种鱼松制备用筛选机

专利类型：实用新型。

专利申请人（发明人或设计人）：方翔，张欢欢。

专利申请号（受理号）：202220883560.6。

专利权人（单位名称）：福建闽威食品有限公司。

专利申请日：2022年4月16日。

专利内容简介：

本实用新型属于鱼松生产设备领域，具体涉及一种鱼松制备用筛选机，包括塔体，所述塔体上端设置进料口，进料口上设置料盖，下端设置出料口，出料口上设置出料阀，所述进料口下方的所述塔体内设置一粗筛机构，所述粗筛机构包括粗筛网、驱动所述粗筛网沿其所在平面运动的粗筛电机及其连接杆组件；所述粗筛机构下方的所述塔体内设置有细筛机构，所述细筛机构包括细筛网、设于细筛网周侧端部的若干个筛网弹簧、固接且作用于细筛网上的振动电机。本实用新型解决了现有的筛选机效率低的问题。

一种带升降功能的包装箱压平机

专利类型：实用新型。

专利申请人（发明人或设计人）：方秀，陈小辉。

专利申请号（受理号）：202220672600.2。

专利权人（单位名称）：福建闽威食品有限公司。

专利申请日：2022年3月25日。

专利内容简介：

本实用新型公开了一种带升降功能的包装箱压平机，包括底座，所述底座的顶部固定连接有两个U形杆，两个U形杆的顶部固定连接有同一个顶板，顶板的底部固定连接有压板，所述顶板的两侧均固定连接有电动伸缩杆，两个U形杆上滑动套设有同一个安装板，电动伸缩杆的输出轴底端与安装板的顶部固定连接。本实用新型便于同步驱动四个夹板向内收缩对包装箱进行夹持限位，且四个夹板位置可单独调节的方式能够实现对不同规格的包装箱进行夹持限位，提高适用范围；便于通过对包装箱升降的方式实现压平作业，且由于此时四块夹板对包装箱从四侧进行夹持限位，进而可有效地减少压平过程中包装箱变形的现象，满足使用需求。

一种高压水去鳞机的进料装置

专利类型：实用新型。

专利申请人（发明人或设计人）：方秀，方翔。

专利申请号（受理号）：202220672173.8。

专利权人（单位名称）：福建闽威食品有限公司。

专利申请日：2022年3月25日。

专利内容简介：

本实用新型公开了一种高压水去鳞机的进料装置，包括底座，所述底座的底部四角均转动安装有带锁万向轮，所述底座的上方设有支板，支板的顶部右侧设为倾斜面，支板的底部左侧铰接有两根支杆，支杆的底端与底座的顶部固定连接，所述支板的底部右侧滑动安装有两个滑块，底座的顶部右侧嵌装固定有两个多级电动伸缩杆，多级电动伸缩杆的伸出端与对应的滑块的底部相铰接。本实用新型便于在低处自动向高处的高压水去鳞机进料口快速进料，无需人员登高放料，省时省力，降低劳动强度，且便于根据实际需要快速调整进料高度，方便适用不同高度规格的高压水去鳞机，提高适用范围，满足使用需求。

一种具有辅助定位加工功能的不锈钢切片机

专利类型：实用新型。

专利申请人（发明人或设计人）：方秀，汪晴。

专利申请号（受理号）：202220672223.2。

专利权人（单位名称）：福建闽威食品有限公司。

专利申请日：2022年3月25日。

专利内容简介：

本实用新型公开了一种具有辅助定位加工功能的不锈钢切片机，包括不锈钢切片机本体，所述不锈钢切片机本体包括底座，所述底座的底部四角均固定连接有支撑腿，所述底座的顶部开设有第一槽。本实用新型通过调节两个定位板之间的距离能够实现对不同宽度的鱼类进行定位，通过辅助定位的方式，进而可有效地降低鱼类传动过程中偏移的现象，且便于在移动切割刀片向下切割的过程中自动对鱼类进行压固，通过切割前压固的方式，提高切割稳定性，减少切割过程中鱼类打滑的现象。

一种全自动立式制袋用的包装机

专利类型：实用新型。

专利申请人（发明人或设计人）：方秀，郑其锌。

专利申请号（受理号）：202220760008.8。

专利权人（单位名称）：福建闽威食品有限公司。

专利申请日：2022年4月1日。

专利内容简介：

本实用新型公开了一种全自动立式制袋用的包装机，包括包装机本体，所述包装机本体的底部固定连接有底部为开口设置的盒形底座，所述盒形底座的前侧内壁和后侧内壁之间固定连接有安装板，安装板的顶部与盒形底座的顶部内壁之间固定连接有两个定位板，两个定位板上滑动套设有同一个移动板，移动板的两侧均固定连接有两个矩形盒，矩形盒的底部设为开口。本实用新型便于通过四个行走轮移动整个装置，通过缓冲弹簧的设置，能够缓解移动过程中的硬性颠簸震动力，降低因硬性颠簸力较大对包装机本体造成的损坏，便于同步对四个行走轮进行收纳，提高停放稳定性，降低使用过程中位移的风险。

一种热量均匀的热收缩设备

专利类型：实用新型。

专利申请人（发明人或设计人）：方秀，刘荣城。

专利申请号（受理号）：202220759293.1。

专利权人（单位名称）：福建闽威食品有限公司。

专利申请日：2022年4月1日。

专利内容简介：

本实用新型公开了一种热量均匀的热收缩设备，包括第一输送台和第二输送台，第一输送台与第二输送台的间隙部位设有安装架，安装架内设有用于塑料包装左右两侧热收缩的左热风组件和右热风组件，以及用于塑料包装上下两侧热收缩的上热风组件和下热风组件，该种设备在使用时，通过第一输送台与第二输送台在对电池塑料包装进行输送时，经过安装架中的左热风组件、右热风组件、上热风组件和下热风组件对电池塑料包装左、右、上、下侧进行热收缩，以达到上下面受到的风量和热量均匀，塑料包装表面收缩美观。

一种用于生产鱼松的鱼刺分离机

专利类型：实用新型。

专利申请人（发明人或设计人）：方秀，王丽霞。

专利申请号（受理号）：202220759261.1。

专利权人（单位名称）：福建闽威食品有限公司。

专利申请日：2022年4月1日。

专利内容简介：

本实用新型公开了一种用于生产鱼松的鱼刺分离机，包括分离机主体和分离机主体上的出料管，所述出料管的右端连通并固定有L形管道，L形管道的外侧底部套设有收料布袋，所述L形管道的外侧固定套设有安装套，安装套的左侧和右侧均开设有矩形结构的活动槽，所述活动槽的顶部内壁和底部内壁之间转动安装有螺纹驱动机构，安装套的顶部右侧固定连接有驱动电机，驱动电机的输出轴底端与右侧的螺纹驱动机构的顶端固定连接。本实用新型便于快速对收料布袋夹抱锁固和拆卸，提高拆装效率，方便人员快速对收料布袋拆装更换，且通过夹抱锁固的方式，能够有效避免收料布袋受风吹发生滑脱分离的现象，提高收料稳定性，满足使用需求。

修复水产养殖环境用生态浮床

专利类型：发明专利。

专利申请人（发明人或设计人）：李文升，王清滨，马文辉等。

专利申请号（受理号）：CN202210873908.8。

专利权人（单位名称）：山东明波海洋设备有限公司，莱州明波水产有限公司。

专利申请日：2022年7月25日。

专利内容简介：

本发明属于生态浮床技术领域，具体为修复水产养殖环境用生态浮床。包括由多个基板矩阵排布构成的浮床，浮床的两侧分别设置有风力拉紧机构和展开驱动机构，风力拉紧机构和展开驱动机构之间设有导向组件，导向组件由导向板和连接绳构成，导向板分别与连接绳两端滑动连接，且连接绳的两端分别与风力拉紧机构和展开驱动机构相连，风力拉紧机构由第一绕卷组件及第一驱动组件构成，展开驱动机构由第二绕卷组件及第二驱动组件构成，通过风力拉紧机构及展开驱动机构的配合使用，使得水面起大风时，多个基板相互之间能够紧密连接，可避免多个基板被大风吹散而造成浮床散架的问题，保障了生态浮床的正常工作，降低了生态浮床的维修管理成本。

水产养殖进水管的过滤装置

专利类型：发明专利。

专利申请人（发明人或设计人）：李文升，王清滨，赵侠等。

专利号（受理号）：ZL202210911525.5。

专利权人（单位名称）：山东明波海洋设备有限公司，莱州明波水产有限公司。

专利申请日：2022年7月25日。

专利内容简介：

本发明公开了水产养殖进水管的过滤装置，属于水产养殖清理器技术领域。包括进水管，进水管的一端设置有过滤箱，过滤箱内设置有第一过滤管、第二过滤管和两个方形管，第一过滤管的头端与进水管连通，第一过滤管的尾端设置有两个第一支管，两个第一支管的尾端分别与两个方形管的头端连通，第二过滤管的头端设置有两个第二支管，两个第二支管的头端分别与两个方形管连通。本发明需对一侧的方形管内进行清淤工作时，通过调节组件改变两个第一支管内调节阀的转动方向，使得水被导向至另一个第一支管中，并经方形管和第二过滤管继续排出，实现本过滤装置的不停机进水工作。

水产养殖废水的处理装置

专利类型：实用新型专利。

专利申请人（发明人或设计人）：李文升，王清滨，赵侠等。

专利号（受理号）：ZL202221653363.1。

专利权人（单位名称）：山东明波海洋设备有限公司、莱州明波水产有限公司。

专利申请日：2022年6月29日。

专利内容简介：

本实用新型涉及水产养殖技术领域，具体为一种水产养殖废水的处理装置。其便于处理废水时将养殖仓内的水产生物进行统一转移，避免了使用者需要将水产生物从养殖仓内逐个捞出的麻烦，相应地减少了起捕时间，从而便于使用者后续对养殖箱内的废水进行处理，实用性较好；本处理装置包括养殖箱，养殖箱的内底壁固定有一组连接柱，连接柱的外部安装滑动套结构连接块，两个连接块的另一端固定连接有养殖仓，养殖仓的底部开有多个出水孔，养殖箱的内部安装有一组压紧槽，压紧槽的内部滑动组件包括压紧板和支撑压紧板的一组弹簧，弹簧固定于压紧槽内壁，两个压紧板的另一端均固定连接有连接杆。

水产养殖用水质检测设备

专利类型：实用新型专利。

专利申请人（发明人或设计人）：李文升，王清滨，刘成磊等。

专利号（受理号）：ZL202221653365.0。

专利权人（单位名称）：山东明波海洋设备有限公司、莱州明波水产有限公司。

专利申请日：2022年6月9日。

专利内容简介：

本实用新型涉及水质检测技术领域，具体为一种水产养殖用水质检测设备。其对检测区域的杂质进行有效的隔离作业，从而避免杂质对水质检测结果的影响，提高了装置对检测区域水质数值的准确性，提高了实用性；船体的顶端平行安装有三个传动机构，每个传动机构均包括两个支柱，两个支柱平行安装在船体的顶端，两个支柱之间旋转安装有旋转轴，旋转轴上固定安装有辊子，升降块的顶端对称安装有两个底座并分别与每个拉绳的底端旋转连接，升降块的外侧壁上设置有环形滑槽并滑动连接有两个滑块，每个滑块上均安装有旋转板，每个旋转板的底端均通过连接件安装有毛刷，毛刷与隔离罩的外侧壁贴合。

一种用于水产品追溯的信息采集设备

专利类型：实用新型专利。

专利申请人（发明人或设计人）：陈笑冰，梁瑞青，孙作登等。

专利号（受理号）：ZL202220296044.3。

专利权人（单位名称）：莱州明波水产有限公司。

专利申请日：2022年2月14日。

专利内容简介：

本实用新型公开了一种用于水产品追溯的信息采集设备，涉及水产品质量安全技术领域，包括：箱体，箱体的内部固定设置有层板，层板设置有多个，层板的内部设置有缓冲机构；缓冲机构包括对称设置在层板两侧的缓冲板，层板的两侧对称开设有滑槽，缓冲板滑动设置于滑槽的内部，滑槽的内部设置有压缩弹簧，压缩弹簧的一端与缓冲板之间固定连接，压缩弹簧的另一端与层板之间固定连接；本发明可以增加水产品在移动时的稳定性、同时增加箱体的稳定性，同时可以在外部实时监测箱体内部的温度。

一种半滑舌鳎CHST12蛋白及其在抗菌中的应用

专利类型：发明专利。

专利申请人（发明人或设计人）：周茜，陈松林，陈张帆，马欣然，李仰真。

专利申请号（受理号）：202210580670.X。

专利权人（单位名称）：中国水产科学研究院黄海水产研究所。

专利申请日：2022年5月25日。

专利内容简介：

本发明提供一种具有抗菌功能的半滑舌鳎CHST12蛋白及其应用，所提供的CHST12蛋白的氨基酸序列为SEQ ID NO：1。本发明还提供所述的半滑舌鳎CHST12蛋白在制备抗菌制品中的应用；所述的抗菌制品，优选为抗哈维氏弧菌或迟缓爱德华氏菌的制品。本发明获得半滑舌鳎*chst12*基因并发现半滑舌鳎*chst12*基因具有抗菌功能，对哈维氏弧菌和迟缓爱德华氏菌均有抗菌效应。本发明不仅为进一步了解半滑舌鳎CHST12蛋白抗菌功能奠定基础，还为抗菌药物及杀菌剂的研制提供了基因资源。

授权专利

一个与红鳍东方鲀耐低温相关的微卫星标记引物及其应用

专利类型：发明专利。

专利授权人（发明人或设计人）：刘志峰，马爱军，袁晨浩，王新安，孙志宾。

专利号（授权号）：ZL202011425267.7。

专利权人（单位名称）：中国水产科学研究院黄海水产研究所。

专利申请日：2020年12月9日。

授权公告日：2022年3月1日。

授权专利内容简介：

本发明涉及一个与红鳍东方鲀耐低温相关的微卫星标记及其应用，属于鱼类DNA标记技术与应用领域，具体涉及红鳍东方鲀耐低温分子标记的筛选，以及利用标记进行分子标记辅助育种。利用BSASSR技术筛选到1个与红鳍东方鲀耐低温相关的微卫星标记（fms108），其引物序列如SEQUENCE LISTING 1和SEQUENCE LISTING 2所示。根据此标记可以进行育种亲本的选择，从而提高后代的耐低温性能。

大菱鲆丝氨酸蛋白酶抑制剂H1的重组蛋白及其制备和应用

专利类型：发明专利。

专利授权人（发明人或设计人）：孙志宾，马爱军，朱春月。

专利号（授权号）：CN202010105442.8。

专利权人（单位名称）：中国水产科学研究院黄海水产研究所。

专利申请日：2020年2月20日。

授权公告日：2022年8月9日。

授权专利内容简介：

本发明涉及一种大菱鲆丝氨酸蛋白酶抑制剂H1的重组蛋白及其制备和应用，属于分子生物学技术领域，所述的丝氨酸蛋白酶抑制剂H1基因的重组蛋白的氨基酸如SEQ ID NO.1所示。本发明利用体外重组表达技术获得了大菱鲆丝氨酸蛋白酶抑制剂H1蛋白SmSERPINH1，该蛋白具有显著的抗菌活性，在开发新的抗菌制剂、饲料添加剂等方面具有潜在的应用价值。

一种用于大规模测定大菱鲆个体饲料转化率的装置及方法

专利类型：发明专利。

专利授权人（发明人或设计人）：刘志峰，马爱军，孙志宾，王新安，王庆敏，李迎娣，常浩文，徐荣静。

专利号（授权号）：ZL202110205761.0。

专利权人（单位名称）：中国水产科学研究院黄海水产研究所。

专利申请日：2021年2月24日。

授权公告日：2022年8月26日。

授权专利内容简介：

本发明涉及一种用于大规模测定大菱鲆个体饲料转化率的装置及方法，属于水产养殖领域，所述方法包括如下步骤：① 制作圆柱形尼龙网箱，底部用圆形PVC板作为支撑。② 将网箱固定到长方形的养殖池内，单独饲养大菱鲆。③ 投喂颗粒饲料并记录每条鱼的日摄食粒数。④ 根据公式：个体饲料转化率＝个体增重/个体实际总摄食量，得到测试周期内每尾大菱鲆的个体饲料转化率。应用本发明可以解决现有技术无法获得大菱鲆个体饲料转化率从而导致该性状选育开展缓慢的问题，为后续开展该性状的遗传评估和选择育种夯实基础。

水产生物低氧胁迫封闭式循环水养殖实验系统

专利类型：实用新型专利。

专利授权人（发明人或设计人）：黄智慧，马爱军，王庆敏，孙志宾，郭晓丽。

专利号（授权号）：CN202221925884.8。

专利权人（单位名称）：中国水产科学研究院黄海水产研究所。

专利申请日：2022年7月25日。

授权公告日：2022年12月13日。

授权专利内容简介：

本发明公开了一种水产生物低氧胁迫封闭式循环水养殖实验系统，属于鱼类环境胁迫研究领域，所述系统至少包括一个由循环养殖单元、照明系统、溶氧自动控制系统和温度控制系统组成的养殖组；所述照明系统设置在循环养殖单元的上方，照明系统用于给循环养殖单元提供光照，所述温度自动控制系统用于控制进入循环养殖单元的水温；所述的溶氧自动控制系统用于调节循环养殖单元养殖用水中的氧含量.所述系统可以精准控制溶氧水平，平行开展多组低氧胁迫封闭式循环水养殖实验系统，用于鱼类环境胁迫机理的研究。

一种干扰半滑舌鳎配子发生基因的siRNA及其应用

专利类型：发明专利。

专利授权人（发明人或设计人）：徐文腾，陈松林，崔忠凯，刘洋。

专利号（授权号）：ZL202011361306.1。

专利权人（单位名称）：中国水产科学研究院黄海水产研究所。

专利申请日：2020年11月27日。

授权公告日：2022年4月1日。

授权专利内容简介：

本发明涉及RNA干扰领域，具体为一种干扰半滑舌鳎配子发生基因的siRNA及其应用；本发明提供了一种优化的siRNA，该siRNA成功干扰了ZZ型半滑舌鳎雄鱼中的配子发生基因，具有广阔的应用前景。

一种卵形鲳鲹性别特异性分子标记引物、鉴别方法及其应用

专利类型：发明专利。

专利授权人（发明人或设计人）：张殿昌，郭梁，杨静文，郭华阳，刘宝锁，朱克诚，张楠，杨权。

专利号（授权号）：2020100639966。

专利权人（单位名称）：中国水产科学研究院南海水产研究所。

专利申请日：2020年1月20日。

授权公告日：2022年6月21日。

授权专利内容简介：

本发明公开了一种卵形鲳鲹性别特异性分子标记引物，所述引物包括正向引物和反向引物，所述正向引物的碱基序列如SEQ ID NO：1所示，所述反向引物的碱基序列如SEQ ID NO：2所示。还公开了利用上述引物进行卵形鲳鲹雌雄鉴别的方法以及上述引物或方法在制备用于鉴别卵形鲳鲹雌雄的试剂盒或生物制剂中的应用。该引物特异性好，该鉴别方法，操作方便，简单易行，鉴定成功率高，且对卵形鲳鲹活体没有伤害，可一次性快速批量准确鉴定卵形鲳鲹的性别，具有重要的科研价值和实际应用价值。

卵形鲳鲹刺激隐核虫病关联的 SNP 分子标记及其引物和应用

专利类型：发明专利。

专利授权人（发明人或设计人）：朱克诚，张殿昌，刘宝锁，沈佩钰，江世贵，郭华

阳，郭梁，张楠。

专利号（授权号）：202111131036X。

专利权人（单位名称）：中国水产科学研究院南海水产研究所。

专利申请日：2021年9月26日。

授权公告日：2022年5月10日。

授权专利内容简介：

本发明公开了卵形鲳鲹刺激隐核虫病关联的SNP分子标记，所述SNP分子标记位于RAC3基因组如SEQ ID NO：1所示的碱基序列自5′端起的第4116位，其碱基分别为G或T，还公开了用于扩增SNP分子标记的引物，以及上述SNP分子标记或引物在鉴别或选育不易感刺激隐核虫病卵形鲳鲹品种方面的应用。本发明通过检测卵形鲳鲹SNP4116位点基因型，就能够有效地明确该个体是否易感染刺激隐核虫病，在早期候选亲本中淘汰掉TG基因型个体有利于提高后代抗刺激隐核虫病的能力，能够有效提高育种的效率和缩短育种年限。

一种用于选择暗纹东方鲀体重快速生长的SNP位点与应用

专利类型：发明专利。

专利授权人（发明人或设计人）：王秀利，余云登，仇雪梅，朱浩拥，王耀辉，朱永祥，钱晓明。

专利号（授权号）：202010654288.X。

专利权人（单位名称）：大连海洋大学。

专利申请日：2020年7月9日。

授权公告日：2022年10月4日。

授权专利内容简介：

本发明提供一种暗纹东方鲀快速生长相关的SNP位点与应用，所述的SNP位点位于核苷酸序列为SEQ ID NO：1的*leptin*基因的第126位，其碱基为T或G。本发明提供的SNP位点用于选育具有快速生长潜力的暗纹东方鲀个体。本发明通过分析位点基因型频率与暗纹东方鲀生长性状的相关性，发现暗纹东方鲀的*leptin*基因的126位碱基处存在与生长性状相关的SNP位点，基因型为TG杂合型个体的体重显著高于GG基因型个体生长性状的表型值（$P<0.05$）。因此，生产中可优先选择该位点基因型为TG型个体进行规模化养殖。

一种暗纹东方鲀快速生长相关的SNP位点与应用

专利类型：发明专利。

专利授权人（发明人或设计人）：仇雪梅，窦冬雨，王秀利。

专利号（授权号）：ZL201910395657.5。

专利权人（单位名称）：大连海洋大学。

专利申请日：2019年5月13日。

授权公告日：2022年6月3日。

授权专利内容简介：

本发明提供一种暗纹东方鲀快速生长相关的SNP位点与应用，所述的SNP位点位于核苷酸序列为SEQ ID NO：1的MSTN基因的第724位，其碱基为C或T。本发明提供的SNP位点用于选育具有快速生长潜力的暗纹东方鲀个体。本发明通过分析位点基因型频率与暗纹东方鲀生长性状的相关性，发现暗纹东方鲀的MSTN基因的724碱基处存在与生长性状相关的SNP位点，基因型为TT纯合型个体的体重、体长和体全长显著高于CC和CT基因型个体（$P<0.05$）。因此，生产中可优先选择该位点基因型为TT型个体作为亲本或者进行规模养殖。

一种红鳍东方鲀亲鱼促熟的温光调控方法

专利类型：发明专利。

专利授权人（发明人或设计人）：熊玉宇，刘鹰，王秀利，庞洪帅，田野，刘奇。

专利号（授权号）：ZL202110163976.0。

专利权人（单位名称）：大连海洋大学。

专利申请日：2021年2月5日。

授权公告日：2022年12月13日。

授权专利内容简介：

本发明公开了一种红鳍东方鲀亲鱼促熟的温光调控方法，属于鱼类苗种繁育技术领域。包括如下步骤：构建无自然光照射，具有绿光谱照射灯、全光谱照射灯、水温控制系统和循环水处理系统的红鳍东方鲀亲鱼培育养殖系统；挑选性成熟的红鳍东方鲀亲鱼；在无自然光照射的亲鱼培育系统中，模拟红鳍东方鲀自然繁殖的环境条件，设置水温和照射灯照射周期；根据行为特征和形态特征挑选成熟亲鱼个体；人工催产授精。本发明的方法采用循环水养殖系统饲养红鳍东方鲀亲鱼，以及配套的自动化温度控制装备和智能化光环境调控装备进行温度和光照调控，能够有效促进亲鱼性腺发育，精准调控亲鱼产卵时间，为红鳍东方鲀苗种稳定生产提供技术支撑。

一种静水压法批量诱导大菱鲆三倍体的方法

专利类型：发明专利。

专利授权人（发明人或设计人）：孟振，刘新富，贾玉东等。

专利号（授权号）：ZL202210193023.3。

专利权人（单位名称）：中国水产科学研究院。

专利申请日：2022年2月28日。

授权公告日：2022年12月2日。

授权专利内容简介：

本发明涉及一种静水压法批量诱导大菱鲆三倍体的方法，属于水产遗传育种技术领域，它的步骤如下：① 大菱鲆精液和卵子采集，保存和人工受精；② 三倍体诱导；选择性腺发育良好未排卵的大菱鲆雌鱼，使用催产剂获得卵子；选择性成熟的大菱鲆雄鱼，人工采集精液，将精液置于4℃预冷的精子保护液中，精液与保护液稀释比为1：10，于4℃冰箱中避光保存备用；将保存的精液和卵子采用人工干法受精，在受精后4.5 min，将受精卵放入静水压压力罐中进行静水压休克处理，静水压压力设置为60 MPa，处理持续时间为46 min，泄压后取出受精卵，置于海水中继续孵化；本发明方法能够批量获得大菱鲆三倍体，诱导效率100%。

一种基于红外计数的鱼苗计数装置及其应用

专利类型：发明专利。

专利申请人（发明人或设计人）：孟振，李娇，刘新富等。

专利申请号（受理号）：202210121009.2。

专利权人（单位名称）：中国水产科学研究院黄海水产研究所。

专利申请日：2022年2月9日。

专利内容简介：

本发明涉及一种基于红外计数的鱼苗计数装置及其应用，包括集鱼桶、计数器和分流装置；所述分流装置包括若干个设置于集鱼桶的底板上的分流管以及与若干个分流管一一对应的若干个分流槽；所述计数器设置于所述分流槽的出口端，所述分流管的进口端的水平高度高于出口端的水平高度。所述分流槽包括第一导流部和第二导流部，所述第二导流部倾斜设置，所述计数器设置于所述第二导流部的出口端。此外，分流装置内还设置有隔板和分流隔板。本发明提供了一种对鱼苗进行两次分流、两次导流的装置，将鱼苗批量连续计数，同时能够提高鱼苗计数的准确性和计数效率；通过设置麻醉液添加装置，降低鱼苗的应急损伤和逆流引起的计数误差。

一种大黄鱼仔稚鱼饲料及其加工工艺

专利类型：发明专利。

专利授权人（发明人或设计人）：艾庆辉，王震，张璐，薛敏，麦康森，徐玮，万敏，张彦娇，周慧慧。

专利号（授权号）：202110062246.1。

专利权人（单位名称）：中国海洋大学。

专利申请日：2021年1月18日。

授权公告日：2022年7月8日。

授权专利内容简介：

本发明提供一种大黄鱼仔稚鱼饲料，其颗粒由壁材包裹以饲料为主要成分的芯材构成，所述壁材主要由鱼油和硬脂酸构成。本发明还提供大黄鱼仔稚鱼饲料的加工工艺。该大黄鱼仔稚鱼饲料以鱼油和硬脂酸为主要成分的壁材对饲料颗粒进行包被，在饲料颗粒表面形成不溶于水且具备诱食性包膜，既提高饲料在水中的稳定性，又促进大黄鱼仔对饲料的摄取，而且又具有良好的体内消化性，有利于大黄鱼仔对饲料的吸收利用。

微颗粒饲料、制备方法、大黄鱼稚鱼复合诱食剂及应用

专利类型：发明专利。

专利授权人（发明人或设计人）：艾庆辉，黄文兴，姚传伟，刘勇涛，尹兆阳，许宁，麦康森，徐玮。

专利号（授权号）：201911304043.8。

专利权人（单位名称）：中国海洋大学。

专利申请日：2019年12月17日。

授权公告日：2022年2月8日。

授权专利内容简介：

本发明属于稚鱼养殖饲料技术领域，公开了一种微颗粒饲料、制备方法、大黄鱼稚鱼复合诱食剂及应用，复合诱食剂按质量百分数由5−鸟苷一磷酸二钠盐0%～25%、5−腺苷一磷酸二钠盐0%～25%、微晶纤维素0%～35%和鱿鱼粉60%～75%组成。本发明的微颗粒饲料真球度高、表面光滑、球粒内组分分布均匀。复合诱食剂及微颗粒饲料制作新工艺作为制作大黄鱼稚鱼高效人工微颗粒饲料应用，有效促进大黄鱼稚鱼早期适应人工微颗粒饲料，减少因微颗粒饲料物理性状差造成的稚鱼消化系统损伤，提高稚鱼的生长和存活，为大黄鱼苗种质量的提高奠定基础；推动了大黄鱼苗种产业的可持续发展发展，创造良好的经济效益。

一种水产养殖饲料

专利类型：发明专利（南非）。

专利授权人（发明人或设计人）：艾庆辉，郑修坤，于伟，徐建伟，李庆飞，王震，

麦康森，林伟东，徐玮。

专利号（授权号）：2022/02907。

专利权人（单位名称）：中国海洋大学、青岛中德健联杜仲生物科技有限公司。

专利申请日：2022年3月10日。

授权公告日：2022年5月25日。

授权专利内容简介：

本发明提供一种水产养殖饲料，所述水产养殖饲料中鱼油和杜仲籽油合计占总量的7.5%wt；其中，在鱼油和杜仲籽油的总量中杜仲籽油含量为25%wt～75%wt。本发明还提供了该饲料在水产养殖中的应用。在饲料中添加低含量的杜仲籽油可以改善大黄鱼肌肉品质且不会影响大黄鱼的生长性能，并具有降低脂肪异常沉积的效果。

一种大黄鱼仔稚鱼饲料及其加工工艺

专利类型：发明专利（南非）。

专利授权人（发明人或设计人）：艾庆辉，王震，张璐，薛敏，麦康森，徐玮，万敏，张彦娇，周慧慧。

专利号（授权号）：2022/02908。

专利权人（单位名称）：中国海洋大学。

专利申请日：2022年3月10日。

授权公告日：2022年5月25日。

授权专利内容简介：

本发明提供一种大黄鱼仔稚鱼饲料，其颗粒由壁材包裹以饲料为主要成分的芯材构成，所述壁材主要由鱼油和硬脂酸构成。本发明还提供大黄鱼仔稚鱼饲料的加工工艺。该大黄鱼仔稚鱼饲料以鱼油和硬脂酸为主要成分的壁材对饲料颗粒进行包被，在饲料颗粒表面形成不溶于水且具备诱食性包膜，既提高饲料在水中的稳定性，又促进大黄鱼仔对饲料的摄取，而且又具有良好的体内消化性，有利于大黄鱼仔对饲料的吸收利用。

一种降低红鳍东方鲀残食行为的复合添加剂及饲料

专利类型：发明专利。

专利授权人（发明人或设计人）：卫育良，梁萌青，徐后国。

专利号（授权号）：ZL202011040974.4。

专利权人（单位名称）：中国水产科学研究院黄海水产研究所。

专利申请日：2020年9月28日。

授权公告日：2022年3月25日。

授权专利内容简介：

本发明公开一种降低红鳍东方鲀残食行为的复合添加剂及饲料，属于水产动物营养学领域，所述方法针对红鳍东方鲀养殖过程中存在的严重残食行为。在红鳍东方鲀典型养殖条件下应用不同剂量和组合的复合添加剂（赖氨酸、蛋氨酸、半胱氨酸、二甲基-β-丙酸噻亭DMPT和色氨酸）。在冬季室内工厂化养殖及夏季海上网箱养殖中添加所述复合添加剂后，发现不仅能显著降低相互攻击、减少残食行为，而且能提高其在高温季节的成活率，增加养殖效益。这表明本发明的综合营养学方法在红鳍东方鲀全周期养殖过程中对降低残食行为具有良好的应用效果。

一种改善红鳍东方鲀肉质品质的饲料

专利类型：发明专利。

专利授权人（发明人或设计人）：卫育良，梁萌青，徐后国。

专利号（授权号）：ZL201810886349.8。

专利权人（单位名称）：中国水产科学研究院黄海水产研究所。

专利申请日：2018年8月6日。

授权公告日：2022年1月21日。

授权专利内容简介：

本发明公开了一种改善红鳍东方鲀肌肉品质的配合饲料，属于海水鱼类配合饲料领域，配方包含以下质量分数的原料：白鱼粉，42%～48%；酵母，4%～5%；磷虾粉，4%～6%；谷朊粉，4%～5%；玉米蛋白粉，3%～5%；豆粕，6%～8%；小麦粉，13.1%～14.5%；鱼油，5.5%～6%；磷脂，1.5%；磷酸二氢钙，1.5%；维生素混合物，1%；矿物质混合物，1%；功能性添加剂，4.8%～6.4%。本发明的专用配合饲料相比鲜杂鱼，显著改善市内流水养殖条件下的红鳍东方鲀生长、肌肉营养价值和肌肉品质，降低了养殖生产中对鲜杂鱼的依赖，减少了对野生渔业资源的浪费和对养殖海域环境的污染。

一种评估水生动物对低温和高温应激耐受性的装置

专利类型：实用新型专利。

专利授权人（发明人或设计人）：马强，徐后国，卫育良，梁萌青。

专利号（授权号）：ZL202123003267.0。

专利权人（单位名称）：中国水产科学研究院黄海水产研究所。

专利申请日：2021年12月1日。

授权公告日：2022年4月12日。

授权专利内容简介：

本实用新型涉及一种评估水生动物对低温和高温应激耐受性的装置，属于动物实验设施领域，所述装置包括下部盛水容器、上部盛水容器、可调节式动物养殖单元、水泵、上水管、下水管、加热装置、制冷装置、充气装置、造浪泵和温度控制装置；所述的可调节式动物养殖单元设有一个以上，放置在上部盛水容器内，上水管和下水管分别连通下部盛水容器和上部盛水容器的上下水；水泵和造浪泵位于下部盛水容器内；充气装置用于给水充氧；加热装置和制冷装置分别用于给水升温或降温；温度控制装置用于控制水温和时间，且能够定时启动或关闭加热装置或制冷装置。所述装置可以为多种水生动物提供同样稳定的低温或高温环境，操作简便，实验误差小。

检测石斑鱼抗神经坏死病毒性状相关的SNP分子标记组合的试剂

专利类型：发明专利。

专利申请人（发明人或设计人）：杨敏，秦启伟，王庆，陈锦鹏，李鑫帅，黄健玲。

专利授权号：ZL202011520740.X。

专利权人（单位名称）：华南农业大学。

授权公告日：2022年12月16日。

专利内容简介：

本发明公开了检测石斑鱼抗神经坏死病毒性状相关的SNP分子标记组合的试剂，本发明发现5个与赤点石斑鱼抗神经坏死病毒性状相关的SNP位点，当SNP位点1基因型为GG、SNP位点2基因型为AC、SNP位点3基因型为CC、SNP位点4基因型为TA、SNP位点5基因型为TT时，赤点石斑鱼感染神经坏死病毒后的死亡概率要显著低于其他基因型的个体。通过检测赤点石斑鱼上述SNPs，能够有效地确定其是否具有神经坏死病毒抗感性状。

一种用于五种石斑鱼的分子鉴别引物、试剂盒及方法

专利类型：发明专利。

专利申请人（发明人或设计人）：杨敏，王庆，秦启伟，王雨欣，王黎 。

专利授权号：ZL202010450619.8。

专利权人（单位名称）：华南农业大学。

授权公告日：2022年7月8日。

专利内容简介：

本发明公开了一种用于五种石斑鱼的分子鉴别引物、试剂盒及方法。本发明首先提供了一种用于五种石斑鱼的分子鉴别引物，所述引物的核苷酸序列如SEQ ID NO：1～2所示；所述五种石斑鱼为云龙杂交斑、虎龙杂交斑、红龙杂交斑、赤点石斑鱼或斜带石斑鱼

中的任意一种或几种。利用该引物，采用线粒体基因组DNA条形码与限制性核酸内切酶技术相结合的方法能够快速、有效地对五种石斑鱼进行鉴别，其反应稳定、重复性好；与传统的形态学鉴定相比，该方法具有检测准确性高、客观性强的特点；与单纯的线粒体基因组DNA条形码测序鉴定方法相比，该方法具有直观性强、判断简易的特点；因此，本发明提供的引物在鉴别五种石斑鱼或制备用于鉴别五种石斑鱼的试剂盒中具有广泛的应用前景。

增强型血清禽腺病毒4型亚单位疫苗的制备及其应用

专利类型：发明专利。

专利授权人（发明人或设计人）：刘琴，季国荣，王蓬勃，张元兴。

专利号（授权号）：CN201910348862.6。

专利权人（单位名称）：华东理工大学。

专利申请日：2019年4月28日。

授权公告日：2022年3月15日。

授权专利内容简介：

本发明涉及增强型血清禽腺病毒4型亚单位疫苗的制备及其应用。本发明中，利用杆状病毒表达系统表达禽腺病毒4型纤突蛋白（Fiber-2）、利用大肠杆菌表达系统构建表达两种细胞因子：白介素2（IL-2）和干扰素γ（IFN-γ），并将三者混合应用。利用本发明的方法制备疫苗，成本低廉，所获得的疫苗免疫效果良好，能够有效预防禽腺病毒4型的感染。

一种利用罗非鱼生物防控刺激隐核虫感染的方法

专利类型：发明专利。

专利授权人（发明人或设计人）：李安兴，钟志鸿。

专利号（授权号）：ZL202110205544.1。

专利权人（单位名称）：中山大学。

专利申请日：2021年2月24日。

授权公告日：2022年3月15日。

授权专利内容简介：

罗非鱼具有广盐性和杂食性的特点，红罗非鱼可以通过清除包囊从而降低刺激隐核虫对鱼体的二次感染，可有效防控刺激隐核虫感染。本专利提供了红罗非鱼的海水驯化优化方法、红罗非鱼与卵形鲳鲹混养的方式标准。

一种大黄鱼半胱氨酸蛋白酶抑制剂Cystatin重组蛋白及其应用

专利类型：发明专利。

专利授权人（发明人或设计人）：陈新华，黎球华，许丽冰，母尹楠，何天良。

专利号（授权号）：ZL202011195277.6。

专利权人（单位名称）：福建农林大学。

专利申请日：2020年10月31日。

授权公告日：2022年7月12日。

授权专利内容简介：

本发明提供一种大黄鱼半胱氨酸蛋白酶抑制剂Cystatin重组蛋白及其应用，属于基因工程技术领域。本发明构建了高效表达大黄鱼Cystatin重组蛋白的毕赤酵母工程菌，保藏于中国典型培养物保藏中心，保藏编号为CCTCC NO：M 2020369。利用毕赤酵母工程菌生产的大黄鱼Cystatin重组蛋白，可抑制木瓜蛋白酶、大黄鱼组织蛋白酶B和S的活性，上调巨噬细胞内炎症相关因子TNF α 的表达水平，并诱导巨噬细胞中抗菌活性物质一氧化氮产生，表明大黄鱼Cystatin重组蛋白作为蛋白酶抑制剂和免疫增强剂具有良好的应用前景。

斑石鲷雌雄遗传性别的特异性标记及鉴定方法和试剂盒

专利类型：发明专利。

专利授权人（发明人或设计人）：肖永双，马玉婷，李军，肖志忠，吴燕铎，赵海霞，马道远。

专利号（授权号）：ZL 202210088031.1。

专利权人（单位名称）：中国科学院海洋研究所。

专利申请日：2022年1月26日。

授权公告日：2022年5月6日。

授权专利内容简介：

本发明涉及分子生物学技术对物种种质鉴定的定性检测方法，具体是斑石鲷雌雄遗传性别的特异性标记及鉴定方法和试剂盒。斑石鲷雌鱼与雄鱼染色体的特异性标记的核苷酸序列为SEQ ID NO：1（Xfm ID Nm：1）和SEQ ID NO：2（Ym ID Nm：1）所示碱基。该方法利用一对引物在遗传雄性个体中扩增出635bp和925bp两个相差290bp的DNA片段，在遗传雌性个体中仅扩增出635bp的单一DNA片段，并可以通过琼脂糖凝胶电泳分辨，缩短了准确鉴定斑石鲷遗传性别的时间，提升了性别检测效率。本发明在斑石鲷性别鉴定、高雄苗种制备和家系选育上具有重要的意义和应用价值。

一种斑石鲷*RhoGEF10*重组基因及性别鉴定方法和试剂盒

专利类型：发明专利。

专利授权人（发明人或设计人）：肖永双，吴燕铎，李军，肖志忠，马玉婷，赵海霞，马道远，刘静。

专利号（授权号）：ZL 202210083551.3。

专利权人（单位名称）：中国科学院海洋研究所。

专利申请日：2022年1月25日。

授权公告日：2022年5月6日。

专利内容简介：

本发明涉及基因重组技术领域，具体是一种斑石鲷*RhoGEF10*重组基因及性别鉴定方法和试剂盒。斑石鲷*RhoGEF10*重组基因是斑石鲷*RhoGEF10*基因SEQ ID NO：1中第55位点和56位点之间插入DNA片段获得的。本发明获得斑石鲷X和Y染色体*RhoGEF10*基因同源区段且有大片段DNA插入重组标记序列，建立斑石鲷重组*RhoGEF10*基因快速检测方法。采用该方法可以快速、准确和高效地鉴定待检测斑石鲷*RhoGEF10*基因是否发生重组，缩短斑石鲷*RhoGEF10*基因重组准确鉴定时间，提升检测效率，并且其在雌雄性别鉴定、高雄苗种制备和家系选育上具有重要的意义和应用价值。

一种利用工程化池塘培育黄条鰤苗种的方法

专利类型：发明专利。

专利授权人（发明人或设计人）：徐永江，柳学周，王滨，姜燕，史宝，张言祥，李荣，吕伟。

专利号（授权号）：ZL 202010775082.2。

专利权人（单位名称）：中国水产科学研究院黄海水产研究所，大连富谷食品有限公司。

专利申请日：2020年8月5日。

授权公告日：2022年1月28日。

授权专利内容简介：

本发明提供了一种利用工程化池塘培育黄条鰤苗种的方法，属于水产养殖领域，所述的方法包括池塘设计与建设、育苗前池塘预处理与生物饵料培育、受精卵孵化管理、环境调控管理、早期培育饵料投喂策略、苗种出池与运输和苗种中间培育。本发明方法人工模拟自然生态环境，降低了早期苗种的应激胁迫，大大提高了苗种早期培育成活率，降低了苗种畸形率，成功培育出大批量优质黄条鰤苗种。

一种海水鱼类增殖放流苗种野性驯化系统及驯化方法

专利类型：发明专利。

专利授权人（发明人或设计人）：姜燕，徐永江，柳学周，王滨，崔爱君，李影，方璐，王开杰。

专利号（授权号）：ZL202011598257.3。

专利权人（单位名称）：中国水产科学研究院黄海水产研究所。

专利申请日：2020年12月29日。

授权公告日：2022年1月14日。

授权专利内容简介：

本发明提供了一种海水鱼类增殖放流苗种野性驯化系统及驯化方法，属于海洋生物资源养护技术领域，所述驯化系统包括驯化场、光源、造流泵、人工鱼礁和摄像系统。本发明系统用于驯化放流苗种的摄食和逃避捕食的能力，增强人工繁殖的增殖放流苗种适应海洋自然环境的能力，提高放流苗种的存活率，进而提升海水鱼类放流的增殖效果。

一种鱼类神经肽LPXRFa及其编码基因和应用

专利类型：发明专利。

专利授权人（发明人或设计人）：王滨，柳学周，徐永江，姜燕，崔爱君。

专利号（授权号）：ZL202011634249.X。

专利权人（单位名称）：中国水产科学研究院黄海水产研究所。

专利申请日：2020年12月31日。

授权公告日：2022年7月29日。

授权专利内容简介：

本发明公开了一种鱼类神经肽LPXRFa，属于基因工程领域。所述神经肽LPXRFa包括SEQ ID NO.2所示的氨基酸序列。本发明还公开了该神经肽LPXRFa的编码基因及以该神经肽LPXRFa为前体的成熟多肽，以及它们的应用。利用本发明，可以对包括黄条鰤在内的鱼类进行人工催产，对推动渔业发展具有重要意义。

养殖网箱升降调节装置及其开放海域重力式养殖网箱

专利类型：发明专利。

专利授权人（发明人或设计人）：王鲁民。

专利号（授权号）：2019250876。

专利权人（单位名称）：中国水产科学研究院东海水产研究所。

专利申请日：2018年4月12日。

授权公告日：2022年4月7日。

授权专利内容简介：

本发明涉及一种养殖网箱升降调节装置及其开放海域重力式养殖网箱，养殖网箱升降调节装置的储水浮仓和储水沉仓通过连通管连通形成连通器，储水浮仓与储水沉仓通过第一水管和第二水管连通，第一水管通过电磁阀控制开关，储水沉仓中设有潜水泵，潜水泵与第二水管连接并能够通过潜水泵将储水沉仓中的淡水泵送至储水浮仓中。开放海域重力式养殖网箱的若干锚泊缆绳沿网箱本体周向分布，开放海域重力式养殖网箱对应各锚泊缆绳设有养殖网箱升降调节装置，各养殖网箱升降调节装置的储水浮仓设置于锚泊缆绳上、储水沉仓对应各锚泊缆绳设置于网箱本体的底部。本发明保证了养殖网箱升降调节的长期可靠性，结构简单。

一种监测投喂饵料沉降过程的装置

专利类型：发明专利。

专利授权人（发明人或设计人）：刘永利，王鲁民，石建高，俞淳，王磊，余雯雯，闵明华。

专利号（授权号）：ZL201710796940.X。

专利权人（单位名称）：中国水产科学研究院东海水产研究所。

专利申请日：2017年12月22日。

授权公告日：2022年9月12日。

授权专利内容简介：

本发明涉及一种监测投喂饵料沉降过程的装置，网箱主浮管为首尾相接的封闭框架，下部挂有网衣，上部设有网箱扶手管，其上设有测试装置连接位置，测试装置连接位置处设有不锈钢卡箍和测试杆底座，不锈钢卡箍为环状，卡住弧形的测试杆底座，测试杆底座贴紧网箱主浮管，不锈钢卡箍和测试杆底座绕网箱主浮管转动后，停留在转动后的位置；支撑杆固定在测试杆底座上，中空并设有排气溢水孔，外部套有视频采集装置。本发明适用于水下检测、多点多方位多角度观察饲料沉降过程、监测鱼类的摄食行为，为饵料的投喂量及饵料开发提供依据。

一种用于围栏养殖的合成纤维网连接方法

专利类型：发明专利。

专利授权人（发明人或设计人）：王磊，王鲁民，宋炜，石建高，王帅杰，徐国栋。

专利号（授权号）：ZL202010317662.7。

专利权人（单位名称）：中国水产科学研究院东海水产研究所。

专利申请日：2020年4月21日。

授权公告日：2022年1月28日。

授权专利内容简介：

一种用于围栏养殖的合成纤维网连接方法，包括以下步骤：① 合成纤维网制成网片，网片竖直方向上的边缘固定好受力绳纲；② 将绳纲锁入连接扣内，连接扣呈圆形可以开合和锁闭，连接扣一端具有开孔；③ 连接扣与连接件在竖直方向上通过轴承串联形成合成纤维网模块，其中连接扣与连接件交替排列；④ 将柱桩预装件固定于柱桩上，柱桩预装件上具有预装件连接装置；⑤ 将合成纤维网模块的连接件开孔和预装件连接装置的开孔竖直方向对齐后穿插尼龙棒固定。

一种基于围栏养殖设施的网衣强度支撑构造方法

专利类型：发明专利。

专利授权人（发明人或设计人）：王磊，王鲁民，黄洪亮，宋炜，蒋科技，江航。

专利号（授权号）：ZL202010318267.0。

专利权人（单位名称）：中国水产科学研究院东海水产研究所。

专利申请日：2020年4月21日。

授权公告日：2022年2月22日。

授权专利内容简介：

该发明的网衣强度支撑构造包括柱桩、紧线器、钢丝绳以及网衣。所述柱桩一侧连接有多组紧线器，所述柱桩外部和紧线器连接处设有固纲卡环，所述柱桩外部靠近固纲卡环下端处设有连纲卡环，所述紧线器中间设有调节纲，所述调节纲一端设有接卡环，所述接卡环远离调节纲的一端连接有接环卸扣，所述固纲卡环和接环卸扣连接处焊接有拉环，所述固纲卡环和连纲卡环一侧均焊接有对接板，所述对接板上设有多组螺栓孔，所述螺栓孔内设有螺栓，所述调节纲远离接卡环的一端设有接纲环，所述接纲环远离调节纲的一端连接有接纲卸扣。该发明用于增强网衣的受力强度，防止网衣受力不均造成破损。

囊网可更换型养殖鱼类捕捞装置

专利类型：实用新型专利。

专利授权人（发明人或设计人）：王磊，王鲁民，刘永利，王永进，徐国栋，王帅杰。

专利号（授权号）：ZL 202120410798.2。

专利权人（单位名称）：中国水产科学研究院东海水产研究所。

专利申请日：2021年8月17日。

授权公告日：2022年3月25日。

授权专利内容简介：

本实用新型提供囊网可更换型养殖鱼类捕捞装置，包括网具，网具包括翼网、网身与囊网，翼网连接在网身前部开口的两边，囊网连接在网身后部开口处，囊网包括浮框、盖网拉链、囊网底网、囊网盖网、囊网口拉链和沉子纲，囊网通过囊网口拉链与网身后部网衣开口上的网身后口拉链连接，囊网盖网位于囊网的上部顶网，囊网盖网中央设有盖网拉链；浮框是由HDPE管焊接成的方形框架，方形框架尺寸为长2米，宽2米，方形框架连接在盖网边纲上，沉子纲是由囊网底网的网衣四边的边纲与铁链连结而成；网身内还设有漏斗网，漏斗网的前部开口与网身的前部开口重合，漏斗网的内部边缘纲绳通过漏斗纲系拉于网身的力纲上形成的一漏斗口。

一种提高棘头梅童鱼授精成功率的采捕方法

专利类型：发明专利。

专利授权人（发明人或设计人）：宋炜，王鲁民，曹平。

专利号（授权号）：ZL 202110520438.2。

专利权人（单位名称）：中国水产科学研究院东海水产研究所。

专利申请日：2021年5月13日。

授权公告日：2022年4月15日。

授权专利内容简介：

本发明涉及水产养殖技术领域，公开了一种提高棘头梅童鱼授精成功率的采捕方法，包括以下步骤：采用2艘机帆船作为操作船，其中一艘机帆船上带有网具，另一艘机帆船上带有伸缩式遮阳蓬，本发明通过将网囊缓慢提出水面，并利用伸缩式遮阳蓬使网囊区域处于相对黑暗的环境，同时保持在水中挑选亲鱼，可有效避免棘头梅童鱼亲鱼的应激反应，确保亲鱼的成活率，并避免亲鱼卵子流失，解决了以往在采捕野生棘头梅童鱼亲鱼过程中，棘头梅童鱼应激反应强烈、捕上的亲鱼死亡率高、亲鱼成熟卵子容易流失，从而造成受精率低，影响棘头梅童鱼苗种的培育数量的问题。

一种用于大黄鱼接力养殖的活鱼增氧装置

专利类型：发明专利。

专利授权人（发明人或设计人）：宋炜，王鲁民，熊逸飞，韩昕辰，刘永利，王磊。

专利号（授权号）：ZL 2021108112082.X。

专利权人（单位名称）：中国水产科学研究院东海水产研究所。

专利申请日：2021年7月19日。

授权公告日：2022年8月19日。

授权专利内容简介：

本发明涉及活鱼增氧装置技术领域，公开了一种用于大黄鱼接力养殖的活鱼增氧装置。它包括浮球圈，所述浮球圈上安装有定位支撑组件，所述定位支撑组件上安装有增氧组件，通过设置的浮球圈及上转接杆和下转接杆类似“L”型的结构，能够使定位支撑组件在水中的放置稳定性高；通过设置的定位支撑组件能够使增氧组件在水中的工作运行稳定性高，提高增氧使用的安全性；通过设置的增氧叶轮的转动能够有效地提高水体增氧效果；通过上推水叶板和下推水叶板交错排列设置能够将上层和下层的富氧水推向外侧，提高增氧率，并且结构简单可靠，使用效果好。

一种用于大黄鱼接力养殖转运的起捕网

专利类型：发明专利。

专利授权人（发明人或设计人）：宋炜，王鲁民，熊逸飞，韩昕辰，刘永利，王磊。

专利号（授权号）：ZL 202110817654.3。

专利权人（单位名称）：中国水产科学研究院东海水产研究所。

专利申请日：2021年7月20日。

授权公告日：2022年8月23日。

授权专利内容简介：

本发明涉及鱼类养殖技术领域，提供了一种用于大黄鱼接力养殖转运的起捕网，包括起捕网支撑架，所述起捕网支撑架的上侧安装有捕捞称重组件，所述起捕网支撑架的内部安装有网袋本体，所述起捕网支撑架的底部安装有驱动控制组件，所述起捕网支撑架包括上侧限位环、提拉带、捕捞吊环、侧面牵拉带、下侧限位环和底部支撑带，所述上侧限位环的上侧安装有呈圆周分布的提拉带，所述提拉带的上侧端部安装有捕捞吊环，所述上侧限位环的下侧安装有侧面牵拉带，所述侧面牵拉带的下侧端部安装有下侧限位环，所述下侧限位环的底部安装有底部支撑带，整体结构简单，能够对单次捕捉的大黄鱼进行重量限制，从而使得大黄鱼的养殖转运更加方便。

一种大黄鱼陆基工业化养殖池

专利类型：发明专利。

专利授权人（发明人或设计人）：宋炜，王鲁民，熊逸飞，韩昕辰，刘永利，王磊。

专利号（授权号）：ZL 202110777155.6。

专利权人（单位名称）：中国水产科学研究院东海水产研究所。

专利申请日：2021年7月9日。

授权公告日：2022年9月23日。

授权专利内容简介：

本发明涉及水产养殖技术领域，公开了一种大黄鱼陆基工业化养殖池，包括养殖池主体，所述养殖池主体的内部中间处设置有储污槽，所述储污槽的内部设置有定位柱，所述定位柱上设置有清污组件，所述养殖池主体的左侧面设置有水氧调和组件，通过设置的清污板能够对养殖池主体池底的沉淀物进行刮除，通过定位轮能够在清污时使装载架在养殖池主体上进行转动工作，使清污组件的清污运行稳定性高，并且清污组件的清污效果好，能够有效地定期对养殖池主体进行清污，使养殖池主体的养殖水质质量较高，通过水氧调和组件能够对养殖池主体中的养殖水进行水氧调和，使养殖池主体的水质调控简单方便，有效地提高大黄鱼工业化养殖效果。

一种棘头梅童鱼的人工授精及孵化方法

专利类型：发明专利。

专利授权人（发明人或设计人）：宋炜，熊逸飞，王鲁民。

专利号（授权号）：ZL 202110847963.5。

专利权人（单位名称）：中国水产科学研究院东海水产研究所。

专利申请日：2021年7月27日。

授权公告日：2022年9月23日。

授权专利内容简介：

本发明提供了一种棘头梅童鱼的人工授精及孵化方法，利用棘头梅童鱼生殖洄游特性，获得了大量优质亲本，棘头梅童鱼人工授精雌雄比例为1.2：1，采用干法授精方法，受精率达95%以上，苗种孵化率可达到70.0%～73.8%，能满足经济化生产的要求。

一种棘头梅童鱼苗种人工培育方法

专利类型：发明专利。

专利授权人（发明人或设计人）：宋炜，熊逸飞，王鲁民。

专利号（授权号）：ZL 202110848159.9。

专利权人（单位名称）：中国水产科学研究院东海水产研究所。

专利申请日：2021年7月27日。

授权公告日：2022年9月23日。

授权专利内容简介：

本发明涉及棘头梅童鱼苗种人工培育方法。苗种在工厂化育苗车间的苗种培育池内进行培育，根据棘头梅童鱼的生态习性和生理特性，控制水的盐度、水温、光照、水流、溶解氧、充气量、换水量，配备棘头梅童鱼仔稚幼鱼饵料，将棘头梅童鱼初孵仔鱼在人为设定的环境条件下，经55～65天培养，幼鱼叉长达到3 cm以上，苗种成活率达90%以上。

一种渔用聚偏二氟乙烯单丝的制备方法

专利类型：发明专利。

专利授权人（发明人或设计人）：闵明华，王鲁民，张勋，刘永利。

专利号（授权号）：ZL202110039579.2。

专利权人（单位名称）：中国水产科学研究院东海水产研究所。

专利申请日：2021年1月13日。

授权公告日：2022年7月29日。

授权专利内容简介：

本发明涉及一种渔用聚偏二氟乙烯单丝的制备方法，包括切片干燥、加热熔融、纺丝和拉伸。本发明通过独特的熔融纺丝和拉伸工艺制备得到渔用聚偏二氟乙烯单丝，具有不吸水、比重大、切水快、阻力大、钓力大、抗老化、寿命长的特性，可用于制造流刺网、钓鱼丝、网袋、缆绳、远洋拖网等。

一种渔用聚甲醛单丝及其制备方法与应用

专利类型：发明专利。

专利授权人（发明人或设计人）：闵明华，王鲁民，曾毅成，黄洪亮，王帅杰，刘永利，王磊。

专利号（授权号）：

专利权人（单位名称）：中国水产科学研究院东海水产研究所。

专利申请日：2019年3月27日。

授权公告日：2022年2月8日。

授权专利内容简介：

本发明公开了一种渔用聚甲醛单丝，是由以下重量份的组分制成：聚甲醛75～90份、石墨烯0.5～3份、热塑性聚氨酯7.5～17份、抗氧剂0.5～3份、甲醛吸收剂0.5～1份、甲酸吸收剂0.5～1份、润滑剂0.5～1份。本发明提供的渔用聚甲醛单丝，采用石墨烯与热塑性聚氨酯共混后再对聚甲醛进行增强增韧改性，经熔融纺丝、三级热拉伸、热定形工艺制成，具有操作工艺简单、生产成本低的优势。本发明制备的渔用增强增韧聚甲醛单丝可用于聚甲醛绳网、远洋拖网、养殖网、聚甲醛绳索等等。

一种聚甲醛单丝及制备方法与生态围栏用聚甲醛耐磨绳索

专利类型：发明专利。

专利授权人（发明人或设计人）：闵明华，王鲁民，曾毅成，刘永利，王磊，李子牛。

专利号（授权号）：ZL201910236285.1。

专利权人（单位名称）：中国水产科学研究院东海水产研究所。

专利申请日：2019年3月27日。

授权公告日：2022年2月8日。

授权专利内容简介：

本发明公开了一种聚甲醛单丝，是由以下重量份的组分制成：聚甲醛100份、聚乙烯辛烯共聚弹性体5～25份、纳米二氧化硅0.5～10份、抗氧剂0.1～1份、助抗氧剂0.1～1份、润滑剂0.1～0.5份。本发明还公开了一种由所述聚甲醛单丝制备的生态围栏用聚甲醛耐磨绳索，获得的绳索具有安全性好、价格低、耐磨性优、破断强力高的优点，具有一定的抗菌防污效果。

抗老化聚甲醛单丝及制备方法与制备的抗老化聚甲醛网片

专利类型：发明专利。

专利授权人（发明人或设计人）：闵明华，王鲁民，曾毅成，张勋，张禹。

专利号（授权号）：，ZL201910236293.6。

专利权人（单位名称）：中国水产科学研究院东海水产研究所。

专利申请日：2019年3月27日。

授权公告日：2022年2月8日。

授权专利内容简介：

本发明公开了一种高强度抗老化聚甲醛单丝，是由以下重量份的组分制成：聚甲醛60～85份、三元乙丙橡胶10～25份、纳米二氧化钛1～10份、抗氧剂0.5～1份、助抗氧剂0.5～1份、甲醛吸收剂0.5～1份、甲酸吸收剂0.5～1份、润滑剂0.5～1份。本发明还公开了一种由所述高强度抗老化聚甲醛单丝制备的安全性好、断裂强力高、抗老化、具有一定抗菌防污效果的高性能深水网箱用聚甲醛网片。

基于MapReduce和BP神经网络的人工养殖水产生长预测方法及系统

专利类型：发明专利。

专利申请人（发明人或设计人）：田云臣，侯嘉康。

专利号（授权号）：ZL202110234606.1。

专利权人（单位名称）：天津农学院。

专利申请日：2021年3月3日。

授权公告日：2022年5月24日。

专利内容简介：

本发明提供一种基于MapReduce和BP神经网络的人工养殖水产生长预测方法，包括以下步骤：获取影响养殖水产生物生长的特征因子，并将获取的特征因子进行归一化处理；将归一化处理后的特征因子输入至训练好的融合MapReduce算法的BP神经网络中，得出预测的养殖水产生物的体重。以养殖时间为横轴，将预测得出的养殖水产生物的体重作为纵轴，进行曲线拟合，得出的预测生长曲线与实际生长曲线进行对比，并根据对比结果，调整批量梯度。

一种用于免疫分析的高效氯氟氰菊酯半抗原、活化载体蛋白、完全抗原及多克隆载体

专利类型：发明专利。

专利授权人（发明人或设计人）：曹立民，崔南，隋建新，林洪，韩香凝，孙逊。

专利号（授权号）：ZL201911291688.2。

专利权人（单位名称）：中国海洋大学。

专利申请日：2019年12月12日。

授权公告日：2022年9月23日。

授权专利内容简介：

本发明涉及检测技术领域，公开了一种用于免疫分析的高效氯氟氰菊酯半抗原、活化载体蛋白、完全抗原及多克隆抗体。本发明低毒性试剂选择性水解氰基，可一步法制备高效氯氟氰菊酯半抗原，将高效氯氟氰菊酯中的氰基转化为酰胺。将该带酰胺基的半抗原与琥珀酸酐活化的载体蛋白偶联成完全抗原，并制备相应的多克隆抗体。该抗体对高效氯氟氰菊酯的最低检出限为10μg/L，对其他拟除虫菊酯类农药（溴氰菊酯、氯氰菊酯、氟氯氰菊酯和氰戊酸酯）无明显交叉反应。

一种用于检测恩诺沙星和环丙沙星的适配体、试剂盒及其应用

专利类型：发明专利。

专利授权人（发明人或设计人）：林洪，沙隽伊，隋建新，安然，王赛，曹立民。

专利号（授权号）：ZL2019112734244。

专利权人（单位名称）：中国海洋大学。

专利申请日：2019年12月12日。

授权公告日：2022年8月3日。

授权专利内容简介：

本发明提供一种用于快速同时检测恩诺沙星和环丙沙星的适配体、试剂盒及其应用。本发明基于目前已有的长度分别为60 mer和98 mer的恩诺沙星和环丙沙星适配体，通过对其二级结构、三级结构进行计算机模拟及与靶标模拟对接，在此基础上找到并对其结合位点进行剪短及拼接，得到一条长度为37 mer的适配体，通过实验验证其仅对恩诺沙星和环丙沙星具有较高结合特异性。本发明同时对已有的两条适配体建立了适配体纳米金检测方法，可用于实际样品中恩诺沙星和环丙沙星的检测。

一种鲢鱼鱼糜凝胶劣化的生物抑制剂

专利类型：发明专利。

专利授权人（发明人或设计人）：隋建新。

专利号（授权号）：ZL201911254211.7。

专利权人（单位名称）：中国海洋大学。

专利申请日：2019年12月9日。

授权公告日：2022年9月6日。

授权专利内容简介：

本发明涉及水产品领域，公开了一种鲢鱼鱼糜凝胶劣化的生物抑制剂，该抑制剂是以

引起鲢鱼鱼糜凝胶劣化的肌原纤维结合型丝氨酸蛋白酶（MBSP）为抗原免疫铰口鲨，从铰口鲨血清中分离单域抗体基因，建立单域抗体基因文本库，通过噬菌体展示技术得到高特异性的单域抗体目的基因，然后利用克隆表达技术及亲和层析技术分离得到高纯度、高活性、高表达量的鲢鱼MBSP特异性鲨源单域抗体；该生物抑制剂能显著抑制鲢鱼肌原纤维结合型丝氨酸蛋白酶的活性，有效抑制鲢鱼鱼糜的凝胶劣化。本发明涉及的生物抑制剂安全、特异、高效，使用过程操作简单，可应用于鲢鱼鱼糜的凝胶劣化的抑制。

一种支化聚乙烯亚胺–恩诺沙星的合成方法及其应用

专利类型：发明专利。

专利授权人（发明人或设计人）：隋建新，韩香凝，王略丰，曹立民，林洪。

专利号（授权号）：ZL202011216660.5。

专利权人（单位名称）：中国海洋大学。

专利申请日：2020年11月4日。

授权公告日：2022年4月5日。

授权专利内容简介：

本发明涉及分离纯化及检测技术领域，公开了一种支化聚乙烯亚胺–恩诺沙星的合成方法及其应用，本发明利用支化聚乙烯亚胺分子上丰富的氨基量，通过EDC/NHS反应，将恩诺沙星连接到支化聚乙烯亚胺上，可根据不同偶联比将该复合物分别应用于特异性抗体纯化以及作为包被抗原用于ELISA检测中。本发明方法的合成过程简单，可在较为粗糙的条件下进行，反应失败率几乎为零，所得复合物稳定性好。通过纯化抗体以及用于ELISA检测中，检测的灵敏度可提高10倍以上，有潜力作为新型材料克服免疫检测中的弊端，推广使用。

Rap v2 蛋白相关的抗原表位肽及其应用

专利类型：发明专利。

专利授权人（发明人或设计人）：李振兴，于闯，林洪，张自业，许利丽，黄玉浩。

专利号（授权号）：ZL202110397450.9。

专利权人（单位名称）：中国海洋大学。

专利申请日：2021年4月14日。

授权公告日：2022年9月6日。

授权专利内容简介：

本发明公开了一种Rap v2蛋白相关的抗原表位肽，属于生物学技术领域。本发明所述Rap v2蛋白相关的抗原表位肽，应用包括但不限于制备具有低致敏性的副肌球蛋白，过敏患者血清中Rap v2蛋白IgE抗体的检测，制备一种用于检测食品中Rap v2蛋白的试剂盒，制备治疗性抗体、药物组合物或疫苗等。

一种新型抗过敏肽及其制备方法

专利类型：发明专利。

专利授权人（发明人或设计人）：李振兴，王柯心，林洪。

专利号（授权号）：ZL201910856413.2。

专利权人（单位名称）：中国海洋大学。

专利申请日：2019年9月11日。

授权公告日：2022年5月6日。

授权专利内容简介：

本发明公开了一种新型抗过敏肽及其制备方法，包括如下步骤：将12%底物在蒸馏水（w/v）和胃蛋白酶中混合，然后使用1M HCl将pH调节至2.0，37℃保温8 h释放抗过敏肽，100℃加热15 min灭活胃蛋白酶，冷却后，使用0.45 μ m滤膜进行抽滤，去除未水解的蛋白质。本发明采用酶解技术对大西洋鲑副产物进行酶解处理，采用不同的体外评价方法以及连续色谱技术制备纯化出具有抗过敏作用的活性肽并鉴定。实现了将工业鱼副产物和活性肽有机地结合起来，在拟获取抗过敏活性肽的同时为工业鱼下脚料加工处理开辟了新的高值充分利用道路，使之在抗过敏领域发挥作用。

一种非诊断和治疗目的的过敏原蛋白T细胞表位多肽的鉴定和检测方法

专利类型：发明专利。

专利授权人（发明人或设计人）：李振兴，许利丽，林洪，曹立民，孙礼瑞，张自业，于闯，黄玉浩。

专利号（授权号）：ZL202011623255.5。

专利权人（单位名称）：中国海洋大学。

专利申请日：2020年12月31日。

授权公告日：2022年10月21日。

授权专利内容简介：

本发明公开了一种非诊断和治疗目的的过敏原蛋白T细胞表位多肽的鉴定和检测方法，属于过敏原蛋白T细胞表位多肽的鉴定和评价技术领域。本发明利用液相色谱串联质谱对树突细胞降解过敏原蛋白所产生的多肽进行鉴定和检测，并通过构建T淋巴细胞模型，评价T细胞表位多肽。该方法能够较为全面地反映过敏原蛋白在树突状细胞中的降解多肽产物以及多肽与抗原表位之间的关系，可用于评价过敏原蛋白在致敏阶段的致敏性变化，灵敏度高，准确性高，精密度高，适用于树突细胞降解所有类型的过敏原蛋白及抗原表位多肽的鉴定。

一种食物过敏原动态消化模型和体外模拟评价方法

专利类型：发明专利。

专利授权人（发明人或设计人）：李振兴，郭玉蔓，罗晨，黄玉浩，林洪。

专利号（授权号）：LU501261。

专利权人（单位名称）：中国海洋大学。

专利申请日：2022年1月18日。

授权公告日：2022年7月18日。

授权专利内容简介：

本发明公开了一种食物过敏原动态消化模型和体外模拟评价方法，主要包括过敏原动态消化模型和体外模拟评价方法的建立，通过消化系统模拟装置模拟了人体胃-十二指肠“生化反应”条件，并在模拟评价方法中提出了构建过敏原体外模拟动态消化实验方法，构建Caco-2（人克隆结肠腺癌细胞）小肠上皮细胞模型模拟小肠吸收转运作用的实验方法，以及构建KU812（人外周血嗜碱性白血病细胞）细胞模型评价食物过敏原消化、转运产物诱导肥大细胞脱颗粒能力的实验方法，适用于对纯化的食物过敏原或含有复杂食品基质的过敏原提取液的消化与致敏性评价。

一种基于SNaPshot技术的多位点半滑舌鳎真伪雄鱼甄别体系和应用

专利类型：发明专利。

专利授权人（发明人或设计人）：张博，贾磊，赵娜，刘克奉，何晓旭，王群山，赵东康，鲍宝龙。

专利号（授权号）：ZL201910762159.X。

专利权人（单位名称）：天津渤海水产研究所。

专利申请日：2019年08月19日。

授权公告日：2022年11月22日。

专利内容简介：

本发明涉及一种基于SNaPshot技术的多位点半滑舌鳎真伪雄鱼甄别体系，所述体系包括具有标记指示作用的8个SNPs，该8个SNPs位于同一条染色体NC_024328.1上，位置信息如下：SNP1-13754040，SNP3-14518947，SNP4-14546665，SNP5-15320226，SNP6-14238006，SNP7-14546702，SNP9-14802286，SNP10-14802427。本体系只可在多种遗传分析仪器上操作，可实现自动分型并鉴定出雄鱼和伪雄鱼。相比于目前鉴定半滑舌鳎遗传性别的方法，该方法操作更快捷，检测通量更高，更重要的是，该方法具有极高的准确率。

一种快速摘取鲆鲽类幼鱼耳石的方法

专利类型：发明专利。

专利授权人（发明人或设计人）：任建功，司飞，孙朝徽，刘霞，于清海。

专利号（授权号）：202011207239.8。

专利权人（单位名称）：中国水产科学研究院北戴河中心实验站。

专利申请日：2020年11月03日。

授权公告日：2022年4月15日。

授权专利内容简介：

本发明提供一种快速摘取鲆鲽类幼鱼耳石的方法，所述方法针对鲆鲽类幼鱼的结构特点，从吻段沿两眼中间位置向后剪开至鳃盖后缘，然后再沿鳃盖后缘从鱼头顶部垂直于脊椎方向将鱼头剪掉，将鲆鲽类幼鱼的头部与身体分离，得到头部；然后将鱼头部的头盖骨剪掉，使鱼的脑部组织暴露出来，把脑组织从后部剪断处向前翻，暴露出球状囊中的矢耳石，先摘出星耳石，然后再摘出矢耳石和微耳石。本发明提供的方法能够快速、准确、完整地摘出鲆鲽类幼鱼的三对耳石，节省鲆鲽类幼鱼耳石摘取的时间，缩短摘取周期，具有广阔的应用前景。

一种繁殖后松江鲈亲鱼的养殖方法及其应用

专利类型：发明专利。

专利授权人（发明人或设计人）：刘玉峰，何忠伟，侯吉伦，王桂兴，王玉芬，徐子雄，李鸿彬。

专利号（授权号）：202111441124.X。

专利权人（单位名称）：中国水产科学研究院北戴河中心实验站。

专利申请日：2021年11月30日。

授权公告日：2022年11月11日。

授权专利内容简介：

本发明属于水产养殖技术领域，具体涉及一种繁殖后松江鲈亲鱼的养殖方法及其应用。采用本发明提供的营养强化剂在松江鲈繁殖后强化并通过控制水温的养殖方法能够及时补充其所需的营养需求，有效改善松江鲈亲鱼繁殖后不摄食的情况，缩短恢复期以达到延长生命周期的目的，提高松江鲈亲鱼的存活率至30%以上，进而能够达到多次繁殖的效果，以保持松江鲈群体的遗传多样性，促进其种质资源的保护与利用。实施例结果表明本发明提供的繁殖后松江鲈亲鱼的养殖方法的存活率为30%～33%，显著提高了繁殖后松江鲈亲鱼的存活率。

一种全自动水产动物溶解氧控制实验装置

专利类型：实用新型。

专利授权人（发明人或设计人）：沈伟良，王雪磊，黄琳，丁杰，刘成。

专利号（授权号）：202121234428.4。

专利权人（单位名称）：宁波市海洋与渔业研究院。

专利申请日：2021年06月03日。

授权公告日：2022年01月11日。

授权专利内容简介：

本发明提供了一种全自动水产动物溶解氧控制实验装置，包括储水池、实验池和继电控制器，储水池与实验池之间通过管路相连通；所述实验池处于封闭状态下且实验池内设有循环热量交换器、溶氧探头和温度探头；所述储水池内连有气管；与现有技术相比，在实验池内设置溶氧探头和温度探头，控制循环热量交换器和水管启停，对实验池内的动态溶解氧和水温进行调节，确保溶解氧和水温具有一定的稳定性；同时装置配有储水桶，可以实现实验桶进水水源温度、溶解氧等条件的稳定。

一种条石鲷流水式促产方法及仔稚鱼培育方法

专利类型：发明专利。

专利授权人（发明人或设计人）：陈佳，刘兴彪，刘志民，柯巧珍，余训凯，黄匡南，翁华松。

专利号（授权号）：ZL201911056221.X。

专利权人（单位名称）：宁德市富发水产有限公司。

专利申请日：2019年11月1日。

授权公告日：2022年02月11日。

授权专利内容简介：

本发明涉及一种条石鲷流水式促产方法及仔稚鱼培育方法，属于水产养殖中鱼类水产生物养殖技术领域。具体方法如下：将消毒后的条石鲷亲鱼放入亲鱼池，经日常管理及养殖驯化得到驯化后的亲鱼；在条石鲷生殖期，在养殖池的中、下层水位提供持续局部性射流15～20 d，促进完成亲鱼交配和亲鱼排卵两个过程；加水使亲鱼池水位升高，从而让条石鲷浮卵从亲鱼池溢流孔流出，溢流口处设置挡板将浮卵引流到溢水管道；收集，得到条石鲷卵。本发明所述方法能够大幅提高条石鲷受精卵获得率，保证受精卵的完整性，提高仔稚鱼期的存活率，达到量产目的。

一种虎斑乌贼分层式养殖仓及其使用方法

专利类型：发明专利。

专利授权人（发明人或设计人）：余训凯，包欣源，陈佳，黄匡南，潘滢，翁华松。

专利号（授权号）：ZL202010556821.9。

专利权人（单位名称）：宁德市富发水产有限公司。

专利申请日：2020年06月18日。

授权公告日：2022年07月05日。

授权专利内容简介：

本发明提出了一种虎斑乌贼分层式养殖仓及其使用方法，包括从上至下依次设置的第一结构体和第二结构体。第一结构体和第二结构体均包括从下至上依次设置的第一养殖仓体、第二养殖仓体、第三养殖仓体和第四养殖仓体，所述第一养殖仓体的前侧、第二养殖仓体的右侧、第三养殖仓体的后侧和第四养殖仓体的左侧均设置为开口。本发明有效地利用了有限的水空间，较之以往提供了充足的养殖空间；其次该养殖仓为半封闭式结构，并且多个养殖仓堆叠在一起，提高了结构的稳定性，也保证了虎斑乌贼生活环境的稳定性；使用该分层式养殖仓不仅可以节约用水，而且操作简便，有利于目前养殖的操作与管理。

一种新型多功能大黄鱼室内养殖池的装置及其使用方法

专利类型：发明专利。

专利授权人（发明人或设计人）：包欣源，余训凯，刘兴彪，刘志民，黄匡南，翁华松。

专利号（授权号）：ZL202010641470.1。

专利权人（单位名称）：宁德市富发水产有限公司。

专利申请日：2020年07月06日。

授权公告日：2022年08月12日。

授权专利内容简介：

本发明公开了一种新型多功能的大黄鱼室内养殖池及其使用方法，其大黄鱼室内养殖池包括顶部为开口设置的养殖池主体，所述养殖池主体的右侧底部开设有第一槽，养殖池主体上开设有两个与第一槽相连通的空腔，空腔的前侧内壁和后侧内壁之间转动安装有同一个缠绕轴，两个缠绕轴上缠绕并固定有同一个塑料布运行面，两个缠绕轴的缠绕方向相反，塑料布运行面的底部与养殖池主体的底部内壁活动接触。本发明设计合理，便于通过释放和收卷塑料布运行面的方式实现自动对塑料布运行面顶部的杂质进行清理，便于在换水的过程中将清理掉的杂质抽取收集，且便于对清理收集的杂质快速取出清理，省时省力，提高工作效率，满足使用需求。

一种粘性卵孵化装置

专利类型：实用新型。

专利授权人（发明人或设计人）：徐荣静，曲江波，张琛，王田田。

专利号（申请号）：2021231147898。

专利权人（单位名称）：烟台开发区天源水产有限公司。

专利申请日：2021年12月13日。

授权公告日：2022年8月26日。

授权专利内容简介：

本实用新型公开了一种粘性卵孵化装置，包括底座，所述底座的上端固定连接有箱体以及泵液管，所述箱体的两端内壁之间共同固定有隔绝网，所述箱体内装有培养液，所述箱体的内部开设有腔体，所述腔体内设置有用于对箱体内的培养液进行搅拌的搅拌机构，所述搅拌机构包括固定连接在腔体底部的动力电机。本实用新型结构合理，通过设置搅拌机构，实现对箱体内的培养液以及鱼卵进行有效的搅拌，使得鱼卵在箱体内旋转，能够有效地防止鱼卵沉底发生粘连的情况，同时能够对鱼卵进行有效的保护，大大提高鱼卵的孵化成功率，通过设置泵液机构以及驱动机构，实现将营养液泵至箱体内，进而达到自动添加营养液的目的，无需人工添加，省时省力。

一种适用于鲈鱼养殖试验的网箱

专利类型：实用新型。

专利授权人（发明人或设计人）：徐荣静，曲江波，张琛，王田田。

专利号（授权号）：ZL202123114743.6（CN216627126U）。

专利权人（单位名称）：烟台开发区天源水产有限公司。

专利申请日：2021年12月13日。

授权公告日：2022年5月31日。

授权专利内容简介：

本实用新型公开了一种适用于鲈鱼养殖试验的网箱，包括底环以及顶环，所述底环与顶环上均固定套接有多个呈周向等间距设置的套管，位于同一竖直方向的两两套管相对的侧壁上均开设有凹槽，位于同一竖直方向的两个所述凹槽内均共同插设有侧柱。本实用新型结构合理，通过设置顶环、底环、多个侧柱以及多个套管，能够对顶网、底网以及侧网进行有效地限位，防止风浪较大导致网被挤压变形，提高网箱的稳定性，能够有效地防止鱼鳍戳伤鱼的情况发生，大大减小了鱼的死亡率，提高试验精准度，通过设置固定机构，当不需要使用网箱时，转动螺纹杆两端的螺母，使其脱离螺纹杆，此时抽出螺纹杆，即可对顶环以及底环进行拆卸，便于储存。

一种用于野生大黄鱼的保活方法

专利类型：发明专利。

专利授权人（发明人或设计人）：余训凯，包欣源，刘兴彪，黄匡南，翁华松，刘家富，陈佳。

专利号（授权号）：ZL202110420111.8。

专利权人（单位名称）：宁德市富发水产有限公司。

专利申请日：2021年04月19日。

授权公告日：2022年11月25日。

授权专利内容简介：

本发明公开了一种用于野生大黄鱼的保活方法，包括以下步骤：首先制作采捕网，制作时，首先选取左右对称设置的第一渔网，第一渔网分为左、右两个部分，每个部分细分成三段。本发明设计合理，圆形网框的设置为野生大黄鱼提供了充足的时间适应水压的变化，减少了起网过程中鱼鳞的脱落；运输和室内驯化暂养的过程中为野生大黄鱼提供足够的安全感，且生物饵料和人工饲料的设置能够有效地为野生大黄鱼提供充足的营养，增强其免疫力；将暂养后的野生大黄鱼混入人工繁育的大黄鱼群体的海上养殖网箱中养殖，也能加快野生大黄鱼的驯化过程，增强投喂效果，能够有效提高野生大黄鱼的保活率。

黄带拟鲹亲鱼培育方法

专利类型：发明专利。

专利授权人（发明人或设计人）：李文升，王清滨，马文辉等。

专利号（授权号）：ZL202111398177.8。

专利权人（单位名称）：莱州明波水产有限公司，莱州湾区海洋科技有限公司。

专利申请日：2021年11月19日。

授权公告日：2022年10月25日。

授权专利内容简介：

本发明提供了一种黄带拟鲹亲鱼培育方法，涉及水产养殖技术领域，包括如下步骤：

亲本来源及选择、培育池处理、亲本运输、亲本驯化、亲本培育和日常管理，其中，亲本培育又包括水温和光照调控、水环调控和饲料投喂。本方案可实现黄带拟鲹亲本工厂化驯化和培育，通过亲鱼驯化、培育水温、光照时间等周期性调控以及生殖营养强化，提高了黄带拟鲹亲鱼的驯化成活率、发育成熟率，提高了产卵率、受精率和孵化率，实现了黄带拟鲹亲鱼的工厂化培育，为海水养殖业带来新的高附加值养殖品种。

修复水产养殖环境用生态浮床

专利类型：发明专利。

专利授权人（发明人或设计人）：李文升，王清滨，马文辉等。

专利号（授权号）：ZL202210873908.8。

专利权人（单位名称）：山东明波海洋设备有限公司，莱州明波水产有限公司。

专利申请日：2022年7月25日。

授权公告日：2022年9月30日。

授权专利内容简介：

本发明涉及生态浮床技术领域，具体为修复水产养殖环境用生态浮床，包括由多个基板矩阵排布构成的浮床，浮床的两侧分别设置有风力拉紧机构和展开驱动机构，风力拉紧机构和展开驱动机构之间设有导向组件，导向组件由导向板和连接绳构成，导向板分别与连接绳两端滑动连接，且连接绳的两端分别与风力拉紧机构和展开驱动机构相连。风力拉紧机构由第一绕卷组件及第一驱动组件构成，展开驱动机构由第二绕卷组件及第二驱动组件构成，通过风力拉紧机构及展开驱动机构的配合使用，使得水面起大风时，多个基板相互之间能够紧密连接，可避免多个基板被大风吹散，造成浮床散架的问题，保障了生态浮床的正常工作，降低了生态浮床的维修管理成本。

水产养殖进水管的过滤装置

专利类型：发明专利。

专利授权人（发明人或设计人）：李文升，王清滨，赵侠等。

专利号（授权号）：ZL202210911525.5。

专利权人（单位名称）：山东明波海洋设备有限公司，莱州明波水产有限公司。

专利申请日：2022年7月25日。

授权公告日：2022年10月21日。

授权专利内容简介：

本发明公开了水产养殖进水管的过滤装置，涉及水产养殖清理器技术领域。包括进水管，进水管的一端设置有过滤箱，过滤箱内设置有第一过滤管、第二过滤管和两个方形管，第一过滤管的头端与进水管连通，第一过滤管的尾端设置有两个第一支管，两个第一支管的尾端分别与两个方形管的头端连通，第二过滤管的头端设置有两个第二支管，两个第二支管的头端分别与两个方形管连通。本发明对一侧的方形管内进行清淤工作时，通过调节组件改变两个第一支管内调节阀的转动方向，使得水被导向至另一个第一支管中，并经方形管和第二过滤管继续排出，实现本过滤装置的不停机进水工作。

水产养殖用悬浮物收集装置

专利类型：发明专利。

专利授权人（发明人或设计人）：李波，李文升，庞尊方等。

专利号（授权号）：ZL202111125344.1。

专利权人（单位名称）：莱州明波水产有限公司，山东明波海洋设备有限公司，莱州湾区海洋科技有限公司。

专利申请日：2021年9月26日。

授权公告日：2022年12月20日。

授权专利内容简介：

本发明公开了一种水产养殖用悬浮物收集装置，属于污水处理技术领域，包括水产养殖池和支撑架，所述支撑架固定设置在水产养殖池的顶部，支撑架上还设有驱动电机和工作桥，驱动电机设置在支撑架的顶部，工作桥设置在驱动电机的主轴上，工作桥上还设有收集设备和同步设备，同步设备固定设置在工作桥的底部，收集设备固定设置在工作桥的底部，收集设备包括驱动装置、提升装置和收集机构，驱动装置固定设置在工作桥的底部，提升装置设置在驱动装置上，收集机构设置在提升装置上。本发明通过驱动装置使水产养殖池中间的水流形成小型的漩涡，可将水产养殖池中的悬浮物引入小型的漩涡之中，便于提升装置配合收集机构对悬浮物进行收集处理。

远海管桩围网养殖平台

专利类型：发明专利。

专利授权人（发明人或设计人）：李文升，庞尊方，张秉智等。

专利号（授权号）：ZL201810027596.2。

专利权人（单位名称）：莱州明波水产有限公司。

专利申请日：2018年1月11日。

授权公告日：2022年12月23日。

授权专利内容简介：

本发明公开了一种远海管桩围网养殖平台，基础部分包括环绕中心桩的一圈内管桩以及一圈外管桩；内管桩和外管桩下端均埋于海底下方，上端部通过连接构件互相连接；还包括位于外管桩外侧的两组延伸管桩，其中一组作为办公生活平台的基础，另一组作为生产作业平台的基础；上层建筑部分包括内环走道以及外环走道；上层建筑部分还包括功能性平台。内环围网之内的区域为主养殖区域；内环围网和外环围网之间的区域为环形辅助养殖区域，环形辅助养殖区域用于养殖诸如斑石鲷之类的鱼类并通过这些鱼类清理围网上面的附着物。能够实现高效率、高质量远海围网牧渔。

集约型工厂化养殖用循环水处理系统

专利类型：实用新型专利。

专利授权人（发明人或设计人）：马文辉，庞尊方，毛东亮等。

专利号（授权号）：ZL202122303245.X。

专利权人（单位名称）：莱州明波水产有限公司，山东明波海洋设备有限公司，莱州湾区海洋科技有限公司。

专利申请日：2021年9月2日。

授权公告日：2022年2月11日。

授权专利内容简介：

本实用新型涉及一种集约型工厂化养殖用循环水处理系统，属于水产养殖技术领域，包括依次连通的养殖池、微滤机、缓冲池、离心泵、固定床、紫外线消毒装置、一级流化床、二级流化床、脱气装置和溶氧装置；所述溶氧装置与所述养殖池连通；所述离心泵与所述紫外线消毒装置连通；水体由所述养殖池排出，经过处理后再回流至所述养殖池，形成循环。本实用新型为水产养殖业提供了一种建设成本低、建设周期短、降低养殖能耗的养殖用循环水处理系统，是一种集约型精准化信息化的养殖循环水处理系统。

通用型亲鱼培育用循环水处理系统

专利类型：实用新型专利。

专利授权人（发明人或设计人）：王清滨，马文辉，庞尊方等。

专利号（授权号）：ZL202122596756.5。

专利权人（单位名称）：莱州明波水产有限公司，山东明波海洋设备有限公司，莱州湾区海洋科技有限公司。

专利申请日：2021年10月27日。

授权公告日：2022年3月8日。

授权专利内容简介：

本实用新型涉及一种通用型亲鱼培育用循环水处理系统，属于水产养殖技术领域，包括依次循环连通的培育池、微滤机、缓冲池、离心泵、固定床、流化床、脱气床和紫外线消毒井，水体由所述培育池排出，经过处理后再回流至所述培育池；所述缓冲池与井水管、热水管和海水管连通，且缓冲池与井水管、热水管和海水管之间分别设置有第一电动阀、第二电动阀、第三电动阀；所述固定床和脱气床分别与曝气管连通。本实用新型为水产养殖业提供了一种可实现差异化、定制化、精准化调控培育水环境条件，满足不同品种、不同规格亲本培育要求的通用型亲鱼培育用循环水处理系统，提高培育池利用率，节能减排、降低培育费用。

一种水产信息化用监控装置

专利类型：实用新型专利。

专利授权人（发明人或设计人）：陈笑冰，梁瑞青，胡明等。

专利号（授权号）：ZL202123140572.4。

专利权人（单位名称）：莱州明波水产有限公司。

专利申请日：2021年12月14日。

授权公告日：2022年7月26日。

授权专利内容简介：

本实用新型公开了一种水产信息化用监控装置，包括浮板、固定连接在浮板顶部的支架、分别设置在浮板顶部与底部的水面摄像机与水下摄像机。所述浮板的底部活动连接有套管，所述套管的顶端依次贯穿浮板和支架并延伸至支架的顶部，所述水面摄像机和水下摄像机的表面均通过销轴活动连接有连接框。本实用新型通过将水面摄像机和水下摄像机安装在可以旋转的套管表面，套管利用连接框同时带动水面摄像机和水下摄像机旋转，从而达到调节水面摄像机和水下摄像机监测范围的效果，解决了现有的监控装置不具备对水面及水下摄像头进行同步调节的效果，严重影响了监控装置的监控范围，无法满足不同环境监控需求的问题。

水产养殖废水的处理装置

专利类型：实用新型专利。

专利授权人（发明人或设计人）：李文升，王清滨，赵侠等。

专利号（授权号）：ZL202221653363.1。

专利权人（单位名称）：山东明波海洋设备有限公司、莱州明波水产有限公司。

专利申请日：2022年6月29日。

授权公告日：2022年9月13日。

授权专利内容简介：

本实用新型涉及水产养殖技术领域，具体为一种水产养殖废水的处理装置，其便于处理废水时将养殖仓内的水产生物进行统一转移，避免了使用者还需要将水产生物从养殖仓内逐个捞出，相应地减少了起捕时间，从而便于使用者在后续对养殖箱内的废水进行处理，实用性较好；本处理装置包括养殖箱，养殖箱的内底壁固定有一组连接柱，连接柱的外部安装滑动套结构连接块，两个连接块的另一端固定连接有养殖仓，养殖仓的底部开有多个出水孔，养殖箱的内部安装有一组压紧槽，压紧槽的内部滑动组件包括压紧板和支撑压紧板的一组弹簧，弹簧固定于压紧槽内壁，两个压紧板的另一端均固定连接有连接杆。

水产养殖用水质检测设备

专利类型：实用新型专利。

专利授权人（发明人或设计人）：李文升，王清滨，刘成磊等。

专利号（授权号）：ZL202221653365.0。

专利权人（单位名称）：山东明波海洋设备有限公司、莱州明波水产有限公司。

专利申请日：2022年6月9日。

授权公告日：2022年11月11日。

授权专利内容简介：

本实用新型涉及水质检测技术领域，提供了一种水产养殖用水质检测设备，其对检测区域的杂质进行有效地隔离作业，从而避免杂质对水质检测结果的影响，提高了检测区域水质数值的准确性，提高了实用性；船体的顶端平行安装有三个传动机构，每个传动机构均包括两个支柱，两个支柱平行安装在船体的顶端，两个支柱之间旋转安装有旋转轴，旋转轴上固定安装有辊子，升降块的顶端对称安装有两个底座并分别与每个拉绳的底端旋转连接，升降块的外侧壁上设置有环形滑槽并滑动连接有两个滑块，每个滑块上均安装有旋转板，每个旋转板的底端均通过连接件安装有毛刷，毛刷与隔离罩的外侧壁贴合。

一种用于水产品追溯的信息采集设备

专利类型：实用新型专利。

专利授权人（发明人或设计人）：陈笑冰，梁瑞青，孙作登等。

专利号（授权号）：ZL202220296044.3。

专利权人（单位名称）：莱州明波水产有限公司。

专利申请日：2022年2月14日。

授权公告日：2022年8月26日。

授权专利内容简介：

本实用新型公开了一种用于水产品追溯的信息采集设备，涉及水产品质量安全技术领域。包括：箱体，箱体的内部固定设置有层板，层板设置有多个，层板的内部设置有缓冲机构；缓冲机构包括对称设置在层板两侧的缓冲板，层板的两侧对称开设有滑槽，缓冲板滑动设置于滑槽的内部，滑槽的内部设置有压缩弹簧，压缩弹簧的一端与缓冲板之间固定连接，压缩弹簧的另一端与层板之间固定连接；本发明可以增加水产品在移动时的稳定性、增加箱体的稳定性，同时可以在外部实时监测箱体内部的温度。

一种许氏平鲉的工厂化全人工繁殖方法

专利类型：发明专利。

专利授权人（发明人或设计人）：韩慧宗，姜海滨，王腾腾，张明亮，王斐，杜荣斌，刘立明，姜向阳，相智巍。

专利号（授权号）：ZL202011480115.7。

专利权人（单位名称）：山东省海洋资源与环境研究院（山东省海洋环境监测中心、山东省水产品质量检验中心）。

专利申请日：2020年12月16日。

授权公告日：2022年4月8日。

授权专利内容简介：

本发明提供了一种许氏平鲉的工厂化全人工繁殖方法：① 工厂化亲鱼优选及培育；② 人工授精；③ 授精后亲鱼培育；④ 亲鱼布池与产仔；⑤ 苗种饲育。本发明建立了一种许氏平鲉的工厂化全人工繁殖方法，使其亲鱼授精成功率达到88.5%以上，产仔成活率达到78.6%以上，苗种成活率达到48.0%以上，经过2.5个月的培育可获得平均全长5.2 cm的优质苗种，有效地提高了许氏平鲉雌性亲鱼的繁殖效率，突破其优质苗种的规模化量产，解决了直接捞取带卵亲鱼对野生资源及网箱养殖亲鱼群体的依赖，解决了工厂化交配率低和产仔成活率低等问题，具有较高的推广价值。

一种提高许氏平鲉亲鱼交配率的三段式培育方法

专利类型：发明专利。

专利授权人（发明人或设计人）：韩慧宗，王腾腾，姜海滨，王斐，张明亮，王忠全，郭福元，史春芳，曹学彬。

专利号（授权号）：ZL202011484889.7。

专利权人（单位名称）：山东省海洋资源与环境研究院（山东省海洋环境监测中心、山东省水产品质量检验中心）。

专利申请日：2020年12月16日。

授权公告日：2022年9月20日。

授权专利内容简介：

本发明提供了一种提高许氏平鲉亲鱼交配率的三段式培育方法，步骤一，进行室内工厂化养殖期；步骤二，进行室外池塘网箱暂养交配期；步骤三，进行室内工厂化自然越冬培育及产前强化培育期。本发明通过“室内工厂化养殖期—室外池塘网箱暂养交配期—室内工厂化越冬及产前强化培育期”三段式培育；尤其是室外池塘网箱暂养交配期，充分利用10—11月份交配关键期的池塘与海区相似的水温等水质环境条件，从雌雄放养比例、水温变化监测、光照控制、遮蔽物设置和饵料投喂等技术环节采取措施，提高了许氏平鲉亲鱼交配率，经试验验证，本发明方法可以使许氏平鲉雌性亲鱼的交配率达84.0%以上。

一种高密度聚乙烯方形网箱及其连接件

专利类型：实用新型。

专利授权人（发明人或设计人）：陶启友、胡昱、王绍敏、袁太平、冼容森。

专利号（授权号）：ZL202122583921.3。

专利权人（单位名称）：珠海市强森海产养殖有限公司。

专利申请日：2021年10月26日。

授权公告日：2022年7月19日。

授权专利内容简介：

本实用新型公开了一种高密度聚乙烯方形网箱及其连接件，连接件由内管、外管、水平板、矩形层架、竖向延伸板和连接架组成，连接件能够实现方形网箱的内主浮管和外主浮管的连接，具有结构可靠、稳定性高的优点；本实用新型的连接件设有矩形层架，矩形层架的顶面和多层走道踏板安装层均能够用于方形网箱的走道踏板铺设，以能够依据走道踏板的不同离水高度需求而选择相应的走道踏板铺设位置。本实用新型的高密度聚乙烯方形网箱具有结构简单可靠、便于维护、造价低、对水域面积利用率高、安装操作高效方便的优点。